南京水利科学研究院　资助出版

闸坝工程水力学

设计·管理·科研

（第 2 版）

毛昶熙　周名德　柴恭纯　段祥宝　毛宁　著

中国水利水电出版社
www.waterpub.com.cn
·北京·

内 容 提 要

本书密切结合闸坝工程实际,对闸坝工程的安全设计、运行管理以及试验研究进行了详细的阐述。主要内容包括:总论,闸坝下游消能扩散,闸坝泄流局部冲刷,闸坝泄流能力,闸坝土基渗流与侧岸绕渗,高坝岩基渗流,高速水流的空蚀与掺气,闸门振动,闸门运行管理,闸坝泄流原型观测,模型试验等。

本书对闸坝工程的设计、管理、研究提供良好的水力计算方法和运行管理方式以及防止水力破坏的措施,同时也为水工试验科研工作和大专院校的水力学教学工作提供参考。

图书在版编目(CIP)数据

闸坝工程水力学 : 设计·管理·科研 / 毛昶熙等著
. -- 2版. -- 北京 : 中国水利水电出版社,2019.1
ISBN 978-7-5170-6550-0

Ⅰ. ①闸… Ⅱ. ①毛… Ⅲ. ①水工建筑物—水力学—研究 Ⅳ. ①TV135

中国版本图书馆CIP数据核字(2018)第147672号

书　　名	**闸坝工程水力学　设计·管理·科研(第2版)** ZHABA GONGCHENG SHUILIXUE SHEJI·GUANLI·KEYAN
作　　者	毛昶熙　周名德　柴恭纯　段祥宝　毛宁　著
出版发行	中国水利水电出版社 (北京市海淀区玉渊潭南路1号D座　100038) 网址:www.waterpub.com.cn E-mail:sales@waterpub.com.cn 电话:(010)68367658(营销中心)
经　　售	北京科水图书销售中心(零售) 电话:(010)88383994、63202643、68545874 全国各地新华书店和相关出版物销售网点
排　　版	中国水利水电出版社微机排版中心
印　　刷	北京瑞斯通印务发展有限公司
规　　格	184mm×260mm　16开本　28印张　664千字
版　　次	1995年2月第1版第1次印刷 2019年1月第2版　2019年1月第1次印刷
印　　数	0001—2000册
定　　价	**118.00元**

第 2 版 补 充 说 明
Second Edition with Supplement Explanation

  该书是再版《闸坝工程水力学与设计管理》的内容，并补充高坝岩基渗流一章，土基渗流固结理论与非达西渗流算法，边界水压力等同内水渗透力算法的涵义，堰闸隧洞泄流能力计算公式改进、船闸灌泄水时间等各一节。这些补充章节，段祥宝教授和毛宁高级工程师都参加了工作。最后还把未能完成的工作勉强总结作为该书的附录。

  该书第二作者周名德高级工程师不幸于 2014 年病故。他毕生献身于治淮闸坝科研工作，曾发表论文 70 余篇，著有《治淮闸坝工程水力学（论文集）》。

毛昶熙

2017 年 5 月

序
Preface

第 2 版 说 明 明

Second Edition with xxx nal Explanation

  闸坝工程在我国已有 2000 多年的发展历史，它是兴水利除水害必不可少的水工建筑物，这些工程的安全设计和运行管理又都离不开水力学计算，特别是近年来我国兴建闸坝工程规模日趋高大，泄流的消能防冲等问题就更加突出，发展工程水力学刻不容缓。我司最早于 1956 年曾主编了《水工建筑物下游消能问题》一书，倡导开展有关工程安全的水力学试验研究；20 世纪 80 年代又在水电部首批科研基金项目中推荐开展了"闸坝下游消能冲刷综合研究"专题研究，并已由毛昶熙同志主编《闸坝工程水力学与设计管理》讲义，办班讲授多次，并推广交流研究成果。现在讲义经过加工整理充实和提炼，得以出版问世，相信此书将对倡导工程水力学研究和鼓励出版交流起到积极作用。

  即将出版问世的该书内容有总论、消能扩散、局部冲刷、泄流能力、土基渗流和侧岸绕渗、高坝岩基渗流、高速水流空蚀与掺气、闸门振动、运行管理、原型观测、模型试验等十一章。该书的编写密切结合工程，扼要实用，是作者毛昶熙等同志从事水工试验研究数十年的成果总结，并适当吸取了国内外有关的先进技术经验。本书的出版相信会对闸坝工程的设计、管理、研究提供良好的水力计算方法和运行管理方式以及防止水力破坏的措施。同时也将是大专院校从事水力学教学工作者和从事水工试验科研工作者的有益参考文献。

水利部科教司

1994 年 10 月

自 序
Author's Preface

　　随着水工建筑的日益增多和规模的不断扩大，地表水泄流冲刷和地下水渗流冲蚀引起工程破坏的问题就更为突出，因而必须研究水流与工程边界面之间的相互作用机理和控制水流防止工程遭到水力破坏的措施，这就形成了"工程水力学"这门实用学科。因此，1986年水利电力部首批科研基金项目批准了"闸坝下游消能冲刷综合研究"专题，并于1987年由我们编写了《闸坝工程水力学与运行管理》讲义，在丹江口水利电力部培训中心连年举办学习研究班加以推广。随后应一些省的水利学会邀请，先后到山东、河南、安徽、内蒙古、江苏等地作短期讲授或办班培训推广研究成果。同时继续对讲义修改加工，定名为《闸坝工程水力学与设计管理》，决定正式出版。

　　本书主要介绍工程水力学在闸坝设计和运行管理中的应用，内容共分十章，第一、三、五章为毛昶熙写，第四、七、八、九章为周名德写，第六章为柴恭纯写，第二章为毛昶熙、周名德合写，第十章为毛昶熙、毛佩郁合写，全书由毛昶熙主编并统稿。本书即将与读者见面，届时尚望指正。

　　本书脱稿后，受到了原水利电力部科教司、水管司的推荐和资助，得以顺利出版；书稿还承蒙陈椿庭教授、王世夏教授等提出了不少宝贵意见，在此一并深表谢意。

　　在全书统稿之际，贤妻任怀素老师不幸突然永别，她对我的写作和研究勤劳相助，耗尽了毕生的心血，于此含泪永怀不忘！谨以此书出版怀念。

毛昶熙

1992年10月于南京

目　录

CONTENTS

Figures

Tables

Chapter 8

Chapter 10

Chapter 11

第一章 总 论
Chapter 1　General Introduction

第一节　闸坝工程发展的历史回顾
§ 1. Review of the developed history of sluice-dams engineering

　　水利工程中，作为工程建筑来说，除堤防外，要算闸坝工程发展最早了。早在我国战国时期就记载西门豹兴建漳水十二渠的故事（公元前 422 年），《水经·浊漳水注》记载："二十里中作十二墱，墱相去三百步，令互相灌注。一源分为十二流，皆悬水门"，即是梯级开发筑有十二个堰，分为十二流的渠首都有闸门控制。继而秦代兴建了著名的水利工程都江堰（公元前 256 年）和郑国渠（公元前 246 年），都是修筑堰（低滚水坝）的水利枢纽工程。可见闸坝工程早已在我国发展起来[1]。不仅如此，泄流时的水跃现象，我国在《管子·度地》中，也早有记载："杜曲激则跃，跃则倚，倚则环，环则中……"，认识到渠底局部突然升降（杜曲激）出现水跃现象；而"倚"和"环"则是描述水跃主流漩涡和两旁回溜形态，"环则中"是说有了水跃就要发生冲刷，指出了水力破坏性。

　　由引水灌溉工程发展起来的无坝引水到有坝引水，在透水地基河床上修建低滚水坝（堰），迄今，我国很多河流上还遗留着古代用竹笼河卵石或块石堆砌的拦河或分水的低滚水坝，但是，结合混凝土建造的闸坝还是近百年内的事。印度在旁遮普河的冲积平原上 1892 年建的第一个主拦河堰（Khanki 堰），因为没有经验，建成后不久（1895 年）就失事了[2]。经过组织讨论研究和试验，发现是地下水冲刷和水跃消能考虑欠周，从而为土基上滚水坝设计指出了方向，随后就出现了布莱（Bligh, 1910）的渗径长度设计方法。1934—1935 年印度重建该堰，在地下轮廓设计和水跃消能方面都取得了成功，并装置了测压管等观测设备，为后来设计提供了宝贵资料，在此期间莱恩（Lane, 1934）提出了渗径长度加权计算法，使土基上闸坝设计方法又向前推进了一步。

　　我国开始修建混凝土结构的闸坝工程，可能要算李仪祉先生于 20 世纪 30 年代初在陕西省规划建造的"关中八惠"灌溉枢纽工程了。到了 20 世纪 50 年代初，我国结合治淮工程修建了大量的水闸。

　　苏联的闸坝工程发展，同样开始于在透水地基上建造低坝。在第二次世界大战前后，在斯维尔河和伏尔加河等水利枢纽中修建了单宽流量大的重力式混凝土堰坝。由于透水地基需要大的坝断面，大战后改进建造了一些空心轻型结构的堰坝（高达 25m），比 1929—1938 年建造的溢流坝可节约混凝土 30％左右（Г. С. 1979 - 12）。

　　随着材料结构，特别是钢材水泥和设计施工技术的发展，原来以冲积平原上灌溉为主的闸坝工程，不但建造得更加普遍和日益高大，而且进入了以防洪、发电、灌溉、航运等

1

综合利用水资源的阶段，并向山区更高的坝发展。对于高坝来说，开始是在好岩基上修建高混凝土坝，例如美国在 20 世纪 30 年代建造了当时最高的胡佛坝，高 221m，是一座混凝土重力拱坝；40 年代建成了高 168m 的大古力重力坝等。苏联在 20 世纪 60 年代开始修建的英古里坝是一座混凝土双曲拱坝，高 272m；契尔克斯克拱坝，高 223m；沙彦岭舒申斯克重力拱坝，高 242m 等（Γ.C. 1979 - 12）。同样，我国从 20 世纪 50 年代开始在治淮工程中也首先在好岩基上修建于佛子岭水库和梅山水库，大坝为高 74m 和 88m 的混凝土连拱坝；接着又在黄河上于 60 年代建成了高 100m 的三门峡重力坝和高 147m 的刘家峡重力坝；70 年代建成了高 97m 的丹江口重力坝，以及在台湾省兴建了高 181m 的达见双曲拱坝。随后，由于好岩基的水库坝址逐渐减少，就不得不在较差的地基上寻求建造高土石坝的方案。从 20 世纪 60 年代起，高土石坝相对增多很快，如苏联最高的罗贡坝（高335m）、努列克坝（高 300m），美国最高的奥罗维尔坝（高 235m）等都是土石坝[3]。我国水资源开发较迟，好的岩基坝址仍多，因此，在高坝建设中，虽然目前仍以就地取材的土坝和土石混合坝占绝大多数，但混凝土坝并没有相对减少的趋势，20 世纪 80 年代又相继建造了高 175m 的龙羊峡重力拱坝和高 165m 的乌江渡拱形重力坝等。这样，从引水灌溉的低水头闸坝工程到综合开发利用水资源的高水头坝工建设，必然会对泄流的消能防冲以及地下水渗流的冲蚀提出新的问题，因此也就促进了工程水力学的发展。水力学著名学者伯诺里（D. Bernoulli, 1738）曾说过："发展水力学必须发展水工学"，即此道理。

据统计，我国建国 40 年来已建水闸 26000 多座，其中泄流量 1000m³/s 以上的大型水闸 299 座，泄流量 100～1000m³/s 的中型水闸约 2000 座。兴建水库 84000 座，其中蓄水 1 亿 m³ 以上的大型水库 353 座；0.1 亿～1 亿 m³ 的中型水库 2400 多座。在兴建水库中，混凝土坝和石坝有 800 多座，其中多为拱坝。这些混凝土坝本身都兼有溢流或泄洪的作用，即使土石坝或堆石坝也都布置有岸边泄洪闸或陡槽式溢洪道之类的工程。因此闸坝工程面广量大，可以说任何一个水利枢纽都少不了闸坝泄流工程，用"闸坝"二字来概括泄水建筑物，似乎也不过分。

第二节　闸坝工程分类及其泄流特点
§ 2. Classification and characteristics of siuice-dams engineering

闸坝既起挡水作用又要宣泄洪水，是控制水位、调节泄洪流量的建筑物。在结构上，水闸是以闸墩之间的闸门启闭控制闸前较平浅的水深；溢流坝则主要依赖坝体本身控制坝前较高蓄水位。介于闸坝之间，有时还把低的滚水坝称为堰。当然在堰或坝顶仍可设置闸门。现在按照结构型式与作用的不同，并结合其泄流特点，将闸坝工程划分成如下类型。

一、水闸
一般多指低水头的平原水闸而言，其作用不同，类别命名也有不同，例如拦河闸、节制闸、进水闸、泄洪闸、排涝闸、退水闸、挡潮闸、冲沙闸等。按结构型式上的不同，则有平底闸、反拱底板闸、带小堰的堰闸、涵洞式的涵闸、翻倒门闸等。

平原水闸泄流的特点为水头差不大，但尾水位变化幅度大，闸门开启调度过程中，能形成由急流到缓流的多变流态；而且当河道宽广闸孔多时，各孔难以齐步开启，容易造成不对称的集中水流和旁侧回溜，必须考虑侧向的扩散消能，又因土质河床抗冲力差，要求消能标准也较高。同时还得考虑透水地基的渗流控制。

二、堰

堰是低的滚水坝，其作用主要是抬高河水位，使河流在枯水时也能自流进入渠道，在汛期让多余无用的河水越顶下泄。由于在冲积平原上堰多筑在土基上，而且没有库容蓄水的要求，下泄洪水流量很大，一般的堰高不过几米，汛期多处于潜流状态。堰顶还可设置闸墩和闸门，起调节水量和水位的作用。水流情况与水闸类同。

三、溢流坝

溢流坝有时与堰、闸混在一起，无明显的界限，但一般可理解为较高的混凝土坝。最初是重力坝，优点是最为稳固而不需什么维护，随后由实体发展到空心坝和拱坝，近20年来的高坝发展趋势，只要坝址条件许可，多采用薄壁型的拱坝和双曲拱坝。这些拦河坝的作用是斩断河流，形成水库以达到防洪、发电、灌溉、航运等综合开发利用河流水资源的目的。混凝土坝本身都兼有泄洪作用，即利用坝顶溢流作为主溢洪道，此种溢流方式通常要比坝体泄水孔泄洪安全，比泄洪隧洞造价低，而且操作运行也较方便可靠。坝顶溢流或拱顶泄流均为自由宣泄的高速急流，所以多建造在岩基上；若在土基上建造混凝土坝，高度则限制在20m以下。

土基上或不好的岩基上造高坝以土石坝或堆石坝为宜，此时虽然也可加护面使之过水。但流量受限，还须利用岸侧的峡谷另开辟陡槽式溢洪道宣泄多余的洪水。

四、溢洪道（闸）

溢洪道或溢洪闸是设在水库岸侧或库边山凹处的溢流式泄洪工程，在土石坝工程枢纽中，经常采用此种设计方案；也有利用导流隧洞做成竖井式溢洪道的。这些溢洪道（或闸）与平原地区的分洪闸或进（退）水涵闸的不同水流特点和地质条件为在岩基上或混凝土陡槽中自由宣泄的高速水流，而且还有时带有弯道急流的特点。

第三节 闸坝工程的水力破坏及其实例
§ 3. Hydraulic destruction of sluice-dams and practical examples

作为水工建筑物主要类型的闸坝工程，其破坏或失事主要来源于水。从我国1981年统计241座大型水库1000宗事故来看，地下水渗流问题占30%～40%（因土坝多），属于地表水泄流问题的占19%（冲刷占11.2%，空蚀占3%，闸门失控4.8%）。如果只统计分析闸坝泄流工程而不计土坝，则地表水问题必将升级。据海河流域大中型水闸发生事故70余次的分析[6]，运用控制不当的占50%，其他是养护和观测方面的事故。当然也不应排除设计施工遗留下来的问题。总之闸坝工程由于设计施工或运用管理的不当，在水位高和泄洪流量大的不良水力条件下会遭到冲刷破坏，对于透水地基上的闸坝，还会遭到渗流冲蚀破坏。

闸坝泄流冲刷破坏的部位，首先是护坦下游不加防护的河床被冲刷成坑，当冲坑太近太深时将危及建筑物和侧岸的安全。至于建筑物本身，则容易在受冲击力最大的消能工〔如图 1-1（a）中的消力墩、槛、齿等处〕发生破坏或空蚀；对于消力池的水跃消能，由于泄流时水跃首部在斜坡上的波动冲击以及地下水的扬压力作用，池底前坡面常是破坏的薄弱环节，如图 1-1（a）和图 1-1（b）所示；无论是平原水闸还是山区岩基上的高坝溢洪道，都将容易在这些类似的部位发生破坏。除直接冲刷破坏外，还会由于高蓄水位的水推力大，造成坝的变形，使坝底前沿脱开岩基发生漏水，增大坝底扬压力，如图 1-1（c）所示。若射流直接进入河床，如图 1-1（d）所示的挑流或自由跌流情况，岩基河床也将被冲成深坑，距鼻坎太近也属不利。

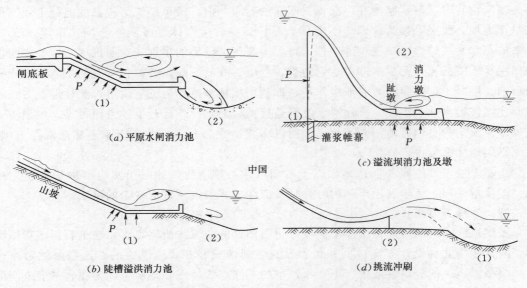

图 1-1　闸坝泄水建筑物破坏部位示意图
(1)、(2)—发生破坏的位置；P—渗流扬压力

下面将举一些国内外有关闸、坝、溢洪道及闸门等的典型破坏实例并加以分析，这些将会在设计施工和运行管理维修等方面起到好的参考作用。

一、水闸的破坏实例

印度的灌溉工程发展较好，在 19 世纪末和 20 世纪初建造了不少堰闸，但有些遭到了破坏。如 Khanki 堰 1895 年失事，Narora 堰 1985 年失事，Islam 堰和 Deoha 闸 1929 年失事。这些失败的教训促进了设计方法的发展，研究后得出的结论有两点[2]：一是地下轮廓设计不合理，必须在透水地基上的闸坝底板两端打板桩或增设垂直防渗；二是对水跃消能和河床冲刷设计不同，必须考虑水跃冲低消力池中尾水面部分与其下底板的扬压力失去平衡以及下游河床刷深后使尾水位降低的危险性。正是基于这些失败的教训，莱思（E. W. Lane，1934）提出了垂直渗径胜于水平渗径的加权计算法；柯斯拉（A. N. Khosla，1936）提出了地下轮廓设计的计算方法[2]。同时，印度灌溉总局还提出了水跃消能的设计方法，并指出应依靠模型试验定量解决。

我国也发生过一些水闸破坏事故，除由于地下水渗流失事破坏的水闸实例可参见文献

[5] 第285~288页的统计资料外，由于地表水冲刷破坏的水闸也不少。如黄河花园口泄洪闸，闸宽208.16m，18孔，每孔净宽10m，1961年运用时曾经过最大泄洪流量6300m³/s、最大水头差3.5m的考验。但在1962年泄洪时，由于集中开放第15、16、17孔而造成了严重冲刷破坏；消力池破坏，下部冲深达18.7m，池后沉排护底段中部冲深14.5m，宽度170m，全部消能防冲工程损坏63%。上游防冲槽也冲深达5m以上，最后该闸报废。又如广东芦苞闸，建成后泄洪时，两侧6孔关闭。只留带有低滚水坝的中孔23m过水，流量720m³/s，在闸后冲成26.75m的深潭；此后又在1942年7月19日被日本侵略军炸毁第1、2、3、6孔的闸门链条，强使闸门下坠关闭，只留中孔及第4、5孔集中泄洪，导致冲毁护坦，淘空闸基深达4~5m，使中部各闸墩发生偏倾沉陷，破坏严重，不得不进行重建。

像这样不对称地集中开启闸门、运行管理不当造成破坏事故的水闸还有不少，如废黄河上的杨庄闸，岳城水库下游香水河与民有渠平交的泄水闸，漳卫新河上的辛集闸和庆云闸[18]等。

虽然不是集中开闸放水，但其他方面考虑不周也会遭到破坏。如高良涧进水闸[19]，1952年建成，1954年大水后全面加固，消力池底板由0.3m加厚为0.5m，池前斜坡加厚为0.6m，经过一段时间的正常运行，于1958年开闸放水时，8孔闸门基本上是齐步提升，放水时上游洪泽湖水位12.66m，下游灌溉总渠水位7.70m。在提升闸门过程中发现平台上小坎挑起的水舌突然消失（图9-11），于是立即关闸检查，发现平台小坎全部被冲走，反滤排水也全部冲毁，消力池斜坡段冲毁2/3，断裂线参差不齐，破坏严重。对此问题专门进行了模型试验和计算分析，详见运行管理专章。

关于沿海挡潮闸的破坏，虽也有冲刷，但更存在普遍淤积以及时冲时淤的问题，这主要决定于河口入海处的闸址位置和河流来水量的控制是否恰当。江苏省[4]沿海有相距不远的两座挡潮闸，即六垛南北两闸，南闸下游冲刷严重，已冲至闸室附近，成为一座"险闸"；北闸下游则淤积严重，现已完全堵塞，成为一座"废闸"。河北省[6]的海河闸也是有冲有淤，1962年泄洪流量2040m³/s时，干砌块石也被淘空深1~2m，随后用石笼及水下混凝土修补，但后来入海流量减少，却又淤积严重，下游河道已淤3000万m³，河底高程由-6.40m淤高到-0.20m，闸下河段每年清淤挖泥50万m³，但年淤积量是250万m³，以致现在泄洪流量相同情况下比1959年的闸上水位抬高1m。

根据江苏省的经验[4]，挡潮闸距离海口宜控制在1km内。因为20世纪50年代建造的几座挡潮闸，距海口有10多km，闸下淤积均很严重，挖泥清淤后两年就又淤回原状；而新海连市燕尾闸建在紧靠海口处，闸下几乎就没有淤积。此外，对于普遍淤积的闸还可采取调度河水或其他水源定期冲淤以及纳潮水冲淤等措施。

二、溢流坝的破坏实例

较高的混凝土溢流坝虽然建筑在岩基上，但若设计施工或运行不当，泄洪时也会遭到破坏，现举例如下。

1. 苏联某高96m的重力溢流坝护坦被冲毁的实例（Г. С. 1955-5）[7]

当坝顶闸门全开、单宽流量31.3m²/s时，消力池护坦被冲坏1/3，冲成的碎块被急流带至下游，有500t的碎块冲到尾槛后面，并有最大的一块重1300t被掀起侧卧着。经过调查研究，先是认为下游左部围堰未拆除所造成的不同流态（左部是淹没水跃）和横向漩涡所致；后来又发现是底板扬压力大，若结合溢流波动压力计算，考虑掺气影响，用流速 $v=25\text{m/s}$（按水头差计算应为 40m/s）代入沙瓦廉斯基公式，波动压力水头 $h'=0.3\dfrac{v^2}{2g}$，加上扬压力一并考虑，就需要混凝土护坦厚度 10m 左右。由于厚度不够，护坦先被掀起，继而被急流冲走。另一原因是施工工序不妥，水库充满水后，在 100m 的水头下浇筑的混凝土护坦与基岩面接合不好。至于左部围堰未拆除也使破碎块在池中旋滚冲撞的时间延长，加剧了破坏程度。最后该工程修复时采用了排水孔两排，孔距 2.5m，深入混凝土以下 14m，并增厚护坦，加了锚筋。

2. 美国加州北部皮特 6 号及 7 号两座混凝土重力式溢流坝下游平底消力池中趾墩和消力墩的破坏实例（SAF 型消能工）

两座坝高分别为 56m 及 70m，其消能布置相同，都是大量的钢筋混凝土做成，而且部分加了钢板衬砌，趾墩和消力墩各边的棱角还有角钢包固并用锚栓焊牢[8]。经过 4 年运行之后，于 1970 年初检查发现 7 号坝的 10 个消力墩中的 6 个几乎全部毁坏，并堆积在溢流坝下游河槽里，幸存的 4 个消力墩也遭到了严重的空蚀（或冲损）破坏，以致不能修复；趾墩上的大部钢板被撕去，有几个严重损坏，趾墩之间的陡槽底板也有损坏；尾槛尚好，只有一处钢筋暴露；在趾墩下游，高出趾墩顶面的两侧导墙上都有蚀损坑，直径 1m 左右，深达 $0.3\sim0.9\text{m}$。主要原因是消能效果太高所引起的冲刷及空蚀。6 号坝有类似的破坏，程度稍轻，有 4 个消力墩不见了，在趾墩的下游护坦上只有 $2\sim3$ 个空蚀洞，尾槛下游冲刷程度较 7 号坝为烈，冲坑深 3.7m，而且损坏集中在左侧，消力池右侧堆积有大小卵石和沉积一些岩块，这种原因是泄流时经常开左边一个闸门造成右侧回溜所致。这两座坝的损坏可以证明，一般钢筋混凝土加以轻型钢板衬砌不能适应需要，材料和工艺必须与所在部位的水冲击能量相适应。后来修复时采用了 5cm 厚钢板封套护固新建的消力墩。

我国的混凝土溢流坝像上述破坏的严重事例尚少，但是岩基河床遭到严重冲刷的不少。例如西津水电站溢流坝为跌坎或面流消能，1961 年放水后，由于运用开闸方式不当，下游岩基河床冲刷逐年加深，1970 年发现溢流鼻坎处岩基淘空（该处横向流速在模型中测定达 8.3m/s），1977 年测定下游河床最大冲深 8m。经过模型试验研究，提出开闸方式并采取工程措施后得以控制。又如丹江口水电站为溢流坝挑流鼻坎消能，由于断层破碎带充填物性质不同，在相同泄流情况下冲深悬殊，右起 $1\sim2$ 号孔下游断层 F'_{100} 内充填物为糜棱岩和角砾岩，属柱状物破碎带，冲刷范围较小，深达 $11\sim17\text{m}$；$4\sim7$ 号孔充填物同上，但胶结坚实，只沿断层 F'_{204}、F'_{77} 各冲出一条沟槽，深 $1.4\sim6.5\text{m}$；$8\sim12$ 号孔对着 F'_{16} 断层破碎带，充填软弱糜棱岩和黏土岩，遇水易崩解，抗冲性差，在正对着 $9\sim10$ 号孔下游冲深 $19.7\sim24\text{m}$。此种冲刷实例很多。

三、溢洪道或溢洪闸的破坏实例

这里首先举海南省松涛水库的溢洪道挑流鼻坎下游冲刷加固实例。该溢洪道堰顶为 5 孔闸，总宽 68.8m，末端挑流鼻坎高程 177.80m，左岸花岗岩完整，出口 30m 范围内挖低到高程 176.00m，然后又渐升至 179.00m；右岸第 2 孔下游有顺向断层宽 $2\sim5\text{m}$，节理破碎，经过多次排洪，断层被淘刷成 $4\sim6\text{m}$ 深的沟槽，距鼻坎 130m 处断层冲刷达 17m，出口水流偏向右岸（闸门经常开左边 4 孔），更增加断层被冲空的危险以致怕影响工程安全，因而在 1969 年进行加固。在鼻坎下游 80m 内的断层冲沟底部浇筑一层 0.3m 厚的钢筋混凝土作为封闭处理，并把左岸 100m 内的底部高程降至 175m 使水流均匀。经过处理后，1978 年最大排洪达 3600m³/s，断层冲刷没有加深，出口偏流现象也有改善。

其次，举鹤地水库第一溢洪道的三级消力池陡槽底板破坏实例。该溢洪道上端的平底堰顶高程 35.20m，以每孔宽 10m 的 5 孔闸门控制，陡槽下游为三级消力池水跃消能，坦末高程 16.00m，最大设计泄洪流量 1500m³/s，正常运用放水泄流量 700m³/s。在 1964 年放水泄流量 500m³/s 时，消力池中水流有回溜，左导水墙曾冲毁 10m 长入池盘旋；12 月放水泄流量 100～200m³/s 时发生了严重事故，第三级消力池陡坡底板翻起，除最后边一块外，其他 4 块各为 10m×12m×1m 的混凝土板均被掀起，遂即关闸。经过分析，破坏原因为扬压力和水跃的双重作用。测得的水跃脉动压力为时均压力的 13%，陡坡底流速约 9m/s，而且水跃后水深处有排水孔出口及底板块的接缝会将跃后水深压力倒灌给跃前底板下，更助长了侧岸地下水对该底板的扬压力，再加上左侧山坡地下水较高，因而左侧底板破坏严重。后来加固修复并重新布置底部排水管。

类似上述溢洪道消力池破坏的事故很多，如青岛崂山水库 5 孔泄洪闸，1985 年泄洪流量仅 565m³/s，陡槽末端与消力池相接处底板就被冲毁，并将其下花岗岩冲深 5m 左右。又如江苏横山水库 5 孔溢洪闸，1973 年只放水泄流量 45m³/s，陡坡与消力池底衔接处就被冲成约 1m 的深坑，176m² 的混凝土被冲毁；1977 年开两孔泄流 30m³/s，陡坡平台 200m² 的混凝土被掀起冲毁。

国外也有类似上述溢洪道消力池底板的破坏实例。如墨西哥的玛尔巴索（Malpaso）坝的陡槽溢洪道[9]，上端为 3 孔泄洪闸，下端为长 100m、宽 50m 和深 26m 的消力池，水头差 118m。消力池底板是用混凝土板块 12m×12m×2m 衬护，并以 3m 圆钢筋锚定，伸缩缝充填沥青。从 1967 年运转到 1969 年，泄流量未超过 2500m³/s，发现充填缝的沥青被冲走一些。到 1970 年泄流量 3000m³/s 时（设计流量 6000m³/s），发现陡槽尾端许多块底板被冲走，锚筋被拉断，岩基也严重损坏，为了验证此 720t 重的混凝土块被掀起冲走而进行了模型试验，改变底板、水深、水头和流量 4 个参数研究结果，证明破坏原因是紊流引起的强烈脉动使底板与岩基脱开，水体由施工缝流进底板下形成一层薄膜传递为扬压力所致。若底板下设排水就不会破坏；而且当底板接缝完全封闭，则抗扬压力将显著增加，但增大流量时，仍发生破坏，几乎与失事时的流量相同。

四、闸门水击振动破坏实例

闸门振动破坏，仍以鹤地水库第一溢洪道上端堰顶溢洪闸门的破坏为例。该闸门上边有胸墙，顺水流方向的胸墙底沿宽度厚为 1m，为了按照模型试验增大流量系数的要求，将胸墙底沿向上游延伸 1m 并做圆角进口形式，这样就能使泄洪流量 1390m³/s 达到设计最大流量 1500m³/s 的要求。但当库水面淹没胸墙底沿 0.3m 左右时，受风浪冲击竟使闸门振动破坏。分析振动原因来源于胸墙下沿加长后的宽度在淹没 0.3m 的水面下正好与风浪的波长波高相适应，使胸墙底面卷入的空气频繁地消失而形成周期性的真空吸力导致闸门振动。实践证明：很多闸门振动来源于卷入水中空气的不断消失，在适应的水力条件下，例如当闸门某一开度与水面位置适应时就会发生振动，甚至发生较大的气流声。如果与闸门结构自振频率重叠共振就易于损坏。因此,对有风浪区的闸门前胸墙段应开设通气孔。

同样,沿海的挡潮闸,闸门受潮浪的冲击波动影响也容易遭到破坏,浙江省紧邻杭州湾某6孔闸,弧形门宽8m,高4m,由于受潮浪冲击,弧形门首先后3次失事(第4～6号孔闸门支臂弯曲失稳而遭到破坏)。据分析,是总布置及胸墙结构布置欠妥,对潮浪冲击力估计不足以及闸门支臂结构上的长细比过大等原因。最后在检修闸门槽位置装置了混凝土平板门作为工作门,而原来的弧形门退居第二线作为检修门使用[4]。

第四节　闸坝工程水力学问题
§ 4. Problems in the engineering hydraulics of sluice-dams

闸坝工程水力破坏的实践表明,地表水泄流冲刷和地下水渗流冲蚀是工程破坏的主要原因,而且随着建筑物结构型式和地基情况以及水力条件的不同,这两种水的作用也有主次之分。但是这两种水流的危害性都是表现在水与建筑物上、下表层的接触面及工程附近河床的边界面上。所以随着水工建筑的日益增多和高大,就必须研究水流与边界面之间的相互作用机理和控制水流防止工程遭到水力破坏的措施问题,于是就形成了"工程水力学"这门实用学科[10-14]。

我国研究工程水力学问题,可追溯到1955年在南京召开的首届水工试验研究专业会议,规定讨论中心题目为"水工建筑物下游消能防冲问题",并由水电部将论文编印成《水工建筑物下游消能问题》一书出版(1956)。随后也就引起了重视并相继出版了一些专著和论文。我们在这里只对"闸坝工程水力学"问题作一概括性介绍,特别是有关工程管理方面的问题。至于水流的破坏机理和估算以及控制预防方法措施等将在以下各章叙述,那些内容对设计和科研也将具有参考价值。

一、闸坝下游消能问题

消能是防止冲刷破坏的一种必要措施,以使泄流能量消减和扩散。不致发生下游严重冲刷危及安全为目的。一般是通过摩擦、冲击、旋滚、挑流、扩散、掺气等方式来实现,使水流发生强烈的紊动和掺混作用把动能转变为热能。具体工程措施则有消力池(槛、墩、齿等)、戽斗、跌坎、鼻坎、滑雪道等消能工。从水流形态的水力学观点出发,可区分为以下三种基本消能形式[15]。

1. 底流水跃消能

水跃消能是最古老也是最稳妥的消能措施,能在极短距离的消力池中消杀大部能量,随着弗劳德数的增加,消能率高达2/3以上(第二章图2-29),要比不产生水跃的渐变流动所消失的能量大几十倍。因此低水头的闸坝泄洪多采用消力池或倾斜护坦以及槛、墩、齿等辅助消能工,以适应产生水跃的共轭水深及其长度。长江葛洲坝工程二江泄洪闸就采用了水跃消能措施,设计单宽流量高达 $220m^2/s$,并已经过最大洪峰流量 $70800m^3/s$ 的考验,证明消能防冲效果很好。其他如盐锅峡、柘林、陆水等泄洪工程也采用了水跃消能。但在高速水流情况,若在池内设置墩、齿就易发生空蚀破坏,此时就应考虑墩、齿形式和掺气措施，以致高坝采用水跃消能的较少。

二元水跃计算已很精确，而实际问题多属三元空间水跃，特别是平原水闸，下游河道宽广，必须考虑跃后扩散水流的迅速均布问题。同时还得考虑个别闸孔出流所形成的不完全局部水跃的消能问题。但目前还没有一个好的设计计算方法，很难有一种适应各级水位和任意开闸方式的消能工，因此还要辅助以调度运行控制管理来保证泄流的安全。

2. 面流消能

面流消能介于水跃和挑流两种消能形式之间，利用跌坎或戽斗的末端仰角将主流挑向尾水面部形成坎后底部旋滚和戽斗内旋滚紊动达到消能的目的。这种面流式消能都是不脱离开下游水体的，所以受尾水面或尾水深度的影响极大。各级尾水位情况下会发生各种流态和不同位置的旋滚，这些多变流态过程也可总称为混合流。

跌坎消能工首先用于苏联伏尔霍夫水电站（1926 年），戽流消能工首先用于美国大古力坝（1942 年）。我国西津水电站开始采用跌坎消能（1964 年，$q=129\mathrm{m}^2/\mathrm{s}$），石泉水电站开始采用戽流消能（1975 年，$q=154\mathrm{m}^2/\mathrm{s}$），目前采用面流式消能的工程，多数运行良好，但水流余能大，水面波动较剧，影响距离远。例如西津溢流坝下游水面波浪影响河道岸坡的稳定，长达 3km；龚嘴溢流坝下游出口表面流速 30m/s，强烈底部旋滚挟带砂石对周围建筑物产生严重的冲击和磨损。

3. 挑流消能

高水头泄流时多采用挑流形式（连续式或差动式鼻坎），工程量小，投资省，检修方便。我国较早采用挑流消能的有丰满溢流坝、狮子滩溢流坝和佛子岭泄洪洞等工程。目前在岩基上建坝已被广泛采用，而且随着峡谷建坝的增多，新型挑流消能工也不断出现，其特点是强迫能量集中的水流向纵、横、竖三个方向撕开扩散和互相冲击，促进紊流掺气，扩大射流入水面积，减小和均化河床单位面积上的冲击荷载以减轻冲刷。例如乌江渡水电站的溢流坝和滑雪道，利用了挑流鼻坎控制水舌落点，使之沿河纵向撕开，冲刷较浅，但对挑流的雾化影响和下游堆丘抬高尾水位影响电站出力问题应加注意。

此外，拱坝坝顶自由跌流的消能措施主要是水舌跌落处有足够的水深，即以挖低岩基形成水池或筑二道堰抬高尾水位以及加强水舌跌落点的抗冲强度。同样，渠道跌水也属此类。

二、闸坝修建后的河床冲淤问题

河流上建造闸坝工程以后所引起的最大变化是改变了水流形态，而且随着不同的操作调度，其流态变化也各异。对河床的冲淤影响可分工程附近局部冲刷与河道普遍冲淤两种情况。

1. 闸坝下游局部冲刷

建造闸坝后，造成上、下游显著的水位差，同时泄洪宽度远较原河道缩窄，单宽流量增加，以致集中泄流的巨大动能，虽然经消能措施，仍将引起建筑物附近河床的局部冲刷。特别是下游，淘刷严重会危及建筑物的安全，因而必须采取消能防冲措施。这也是研究冲刷问题必须与消能措施所强制形成的各种流态联系起来考虑的原因；同时冲刷问题又与河床岩土抗冲强度密切相关。因此，研究各种不同流态情况下的各种岩土河床冲刷深度和范围是局部冲刷问题的主要内容。目前对砂土河床冲刷研究较多，对于黏性土和岩基冲刷尚待进一步研究。特别是岩基，由于节理裂隙和断层的存在，冲刷极不均匀。例如丹江口溢流坝下游由于有断层破碎带，冲坑水深达 32.6m，这种岩基结构很难在试验室内进行模拟，因此仍多依赖于野外观测资料的分析，在基本公式中寻求一个经验性的系数。

2. 闸坝上、下游河道普遍冲淤

河流上建造闸坝后，由于上游蓄水，将使上游河道坡降变缓，造成河床淤积；同时越过堰坝的下泄清水又将满足其固有的挟沙容量而造成下游河床的普遍冲刷。这样就导致尾水位降低使闸坝下游局部冲刷加剧，并且增加了地下水渗流的出口坡降。因此，在消能防冲设计时还应考虑水量调度运行情况下的河床演变。根据印度灌溉工程经验[4]，在兴建堰闸工程运行的头几年，下游河床普遍冲刷降低 1.2～2.1m。但运行几年之后，上游河床恢复原有的坡降而不再淤积；并由于拦河堰前的渠道引取清水，使多余的泥沙越堰流向下游。当控制流量比原有流量小的运用情况下，此多余泥沙就淤积在下游河床，因而河床将又逐渐恢复淤高。印度经验，运行二三十年后，下游河床淤积，反而比未建堰前的原有河床高 0.6m。

对于高坝形成的大型水库，使下游洪水发生变化，减低了特大洪水的频率，提高了中小洪水的频率，上、下游河床演变更为显著。即由水库下泄的清水具有挟带下游河床中细颗粒泥沙的能力，造成冲刷，而上游则拦截部分泥沙造成淤积。这种冲淤现象主要决定泥沙的临界推移力 $\tau = \zeta(\gamma_s - \gamma)d$ 与水流的拖曳力 γHJ 两者的平衡关系。式中 γ_s、γ 分别为泥沙和水的容重；d 为代表一层底沙运动的粒径；ζ 为泥沙层运动的摩阻系数；H、J 分别为河流水深和坡降。当两者相等，则达到无底沙运动的平衡状态。由此可知，唯一可以调整的是坡降 J，而且必须与库区的水深和泥沙的粗细特性相适应。对于多泥沙来源河流会使水库失效，下游刷深河床也会影响建筑物（闸坝、堤脚、桥梁、引水口等）的稳定和海潮的上溯[16]。一般库区泥沙淤积，距坝愈远愈粗而且随着水库运用方式不同，也影响其淤积的层次。我国黄河三门峡水库 1960 年建成蓄水后，经过一年半时间（一个汛期），淤积泥沙 15.9 亿 m^3，潼关河床上升 4.5m。到 1964 年，损失库容 39.9 亿 m^3（设计库容 162 亿 m^3）[17]，而且淤积向上游延伸，库区两岸土地的浸没、盐碱、沼泽化面积进一步增加。1965 年后对工程改建，增添左岸两条泄水洞，打开导流底孔，降低电站进口等措施，取得一定成效。1970 年以来，库容恢复 6.9 亿 m^3，潼关河床下降 1.9m，并冲刷形成高滩深槽，床砂组成逐渐变粗。对于下游，由于河道很长，往往出现上段冲刷、下段淤积的情况。如何控制淤积，避免冲刷，需要从运用调度管理中寻求水沙调节规律。

三、闸坝泄流能力问题

泄流能力是用堰流或孔流的基本公式乘一个实验性的修正系数计算的，所以需要根据闸坝泄流的边界条件寻求一个适用的流量系数，以便运用控制闸门开度满足宣泄的流量；同时在消能冲刷计算中也必须知道宣泄的流量。因此，泄流能力也是工程水力学中的主题之一。虽然泄流能力的计算比较成熟，容易从模型试验得出规律的结果，但由于缩尺影响，以及考虑侧岸及闸墩处水流收缩和行近流速不定，实际流量往往大于试验值，而且密切与出流淹没度这一不易准确计算的流态有关，所以仍存在一些问题。

在高淹没度的校核流量下确定用孔总净宽的设计中，过去有不少水闸经过水工模型试验都论证出设计的泄流能力过于保守。按照设计流量要求。很多闸，例如江苏省的高良洞、皂河、六塘河等闸试验结果比设计流量大 20% 左右，都可省去一孔；原废黄河大通地涵试验结果比设计流量大 40%～50%，可以缩减 5 孔；就以最近试验的通榆河总渠地涵水工模型试验结果来说，可由 15 孔缩减为 12 孔；又如山东省南四湖红旗四闸由于上、下游开挖引河很窄，与闸的放宽断面连接段扩张角太大，经模型试验论证，原设计的 134 孔可以减为 78 孔[23]等。总之，目前的泄流能力计算方法还有待进一步研究。根据水力学的概念，应注意以下两点。

（1）对出闸水流在出口处的流态和冲低了的尾水面形成逆坡应加考虑，但不容易掌握此出口处的水面和断面上的压力分布，以致造成较大的计算误差。例如通榆河总渠地涵，如果采用出口处的水面计算上、下游水头差，就有淹没流量系数 0.733，与设计取值 $\mu=0.751$ 极为一致，但是采用下游尾水面计算就得出较小的泄流能力，多取 2～3 孔。因此有必要向管理工作提出下游水尺装设的位置问题，似乎可以考虑设在墩尾或适当低压区部位。同样，上游水尺位置，为测记能头又可避免流速水头试算，似可把水尺设在迎水墩头，为避免流水波动不稳定影响，似可在墩头、尾各做成竖井。这些具体革新水尺装设问题，有赖于管理人员去实践或做一些专题研究。

（2）为求在很小水位差情况要求通过设计流量，而采用等于或大于河道宽的所谓"大肚子"水闸方案[22]是不合理的。因为这样会在闸室进口形成回溜，达不到增加流量的目的。从通榆河总渠地涵的试验结果已可看出，靠边岸闸孔的流量系数计算小于中孔，说明原设计 15 孔的边孔发挥不了应有的泄流能力。这也是一个侧边收缩问题，由此还可联想到迎水墩头的形状。由于来水不是相应于每个墩头对称，所以做成尖头不一定好。经过长闸墩导流作用，下游墩头做成尖头流线形是合理的。同样，胸墙进口设计成喇叭口也可增大流量系数。另外，地涵泄流能力的计算误差更大于平底水闸也是值得研究的，至于模型缩尺影响，还待运行管理工作中对原型测流的验证。

四、闸坝地基渗流及侧岸绕渗问题

地下水渗流冲刷对闸坝工程的破坏性不亚于地表冲刷。特别是透水地基，而且是隐蔽于地下更危险，需要有更安全的设计。对于实际复杂地基渗流的问题，目前均采用有限单元法等的数值计算方法进行研究，以及依赖已建工程的观测资料分析判断其安全性。当然也可引用近似计算方法研究比较渗流控制方案。

目前，大型水闸的渗流观测资料已积累不少，一些异常现象值得研究，例如江苏省的三河闸[20,21]，由于闸门支墩置于闸孔中间底板上，开闸放水的荷载变化会压缩土体使其孔隙水压力突增以致底板中部下的 2 号、3 号测压管水位上升，甚至比上游水位还高，发生倒坡现象；由于三河闸底板末端反滤排水出口前有一小消力槛，在闸门小开度放水射流情况下，射流越过小槛顶跌入消力池时在反滤排水出口形成低压区，以致影响其前面的 4 号测压管水位较低，发生下游测压管水位比尾水位还低的异常现象。由于洪泽湖蓄水面广阔而水深浅，对气温变化敏感，表面受日照的辐射热传达以及温升后湖水进入闸基的渗透性变化，使得三河闸在关闸期间，蓄水位不变情况下，靠上游的 1 号、2 号测压管水位由 3 月到 6 月升高 1m，然后再影响到 3 号测压管的上升，每年呈周期性变化，是比较有规律的。此种受开关闸泄流荷载变形以及气温影响的闸基扬压力计算设计问题尚待进一步研究。又如江苏省的射阳河挡潮闸，闸基测压管水位比潮水位滞后 0.5～2h，视距潮水位远近而异。由于非稳定渗流，下游测压管水位也有高于上游水位或底板下测压管水位高于上（下）游水位达 1m 的异常现象。总之，江苏省水闸的闸基渗流多属于非稳定渗流状态，将 20 世纪 50 年代观测资料与 80 年代相比，可知波动的变化幅度已有所衰减。

五、水流脉动与闸门振动问题

水流脉动现象对闸坝运行管理有着重要影响，它也反映在急流表面的波动及不稳定性方面，促使水流掺气，增强紊动，引起建筑物和闸门的振动，以及紊动水流加深河床冲刷等影响。此种随时间瞬变的脉动和振动现象，需要电子仪器设备来测定，20 世纪 50 年代开始了这方面的系统研究。其中测试手段、数据处理以及随机理论应用等彼此关系密切。

六、高速水流的空蚀与抗蚀问题

空化、空蚀是高坝建设中高速水流破坏的主要原因。水流在 20m/s 以上的流速时混凝土就会发生空蚀现象。水工建筑物混凝土首次出现空蚀而引起人们注意的是 20 世纪 30 年代末的美国邦纳维尔（Bonnevme）坝（Γ.C1969－1）。一般水头高达 40～50m 以上的坝不发生空蚀是不大可能的，除非采用一定的工程措施。发生空蚀的部位多在不平整表面、闸门槽、消力墩齿等处。防止空蚀破坏的措施最好是通气减蚀，即在边界层掺气。例如做成台阶式掺气坎或滑槽式挑水坎以及在泄流墙上设槛或设底槛，造成水流分离区，使空腔的形成和破裂都与壁面不直接接触，可完全消除空蚀（Γ.C.1971－8）。一般在射流底部掺气浓度 3‰～5‰ 即可免除空蚀。在体型方面也可采用消力墩的迎水面流线体型、楔形体型或逐渐向下游升高放宽的齿形尾槛等，把壁面尽量做光滑或护以能抗蚀的特殊材料等抗空蚀措施。目前对空化、空蚀和减蚀的机理研究深度尚不能达到在数量上预测的要求。

另外，在高速水流中所涉及的边界层理论也是工程水力学中一个重要问题。

七、水工模型试验问题

自从 19 世纪末，恩格斯（H. Engels）等用水工模型试验解决水工问题以来，特别是对于闸坝工程水力学方面，已被公认是解决实际生产问题的很成功的一种研究手段，虽然"计算水力学"数学模型也提供了方便，但是对于复杂的地表水运动还不能像地下水渗流那样可以用数学模型来取代物理模型，解决生产问题。因此，水工模型试验仍是解决问题的主要手段。如能在工地就闸门运行管理做一简单水工模型试验，将生动地对工程管理起到指导作用。然而还有一些较复杂问题的模型律及其缩尺影响尚需研究。

参 考 文 献
References

［1］ 武汉水利电力学院，水利水电科学研究院合编．中国水利史稿，上册．北京：水利电力出版社，1979.

［2］ Khosla. A. N. et al. Design of Weirs on Permeable. Foundations，1936.

［3］ 毛昶熙．水工渗流发展与坝工建设．人民长江，1986（12）.

［4］ 水闸设计规范报批稿．江苏水利勘测设计，1984（2）.

［5］ 毛昶熙．电模拟试验与渗流研究．北京：水利出版社，1981.

［6］ 慕知增．水闸工程技术管理．水利管理技术资料选编，1986.

[7]　N. N. 塔卡洛夫．高坝护坦的破坏．苏联水工建设，1955（5）．

[8]　A. G. 斯特拉斯伯格．溢洪道消能问题，第 11 届国际大坝会议译文选集．北京：水利电力出版社，1976.

[9]　S. J. L. 布赖比斯卡，等．紊流对消力池衬砌的影响，第 11 届国际大坝会议译文选集．北京：水利电力出版社，1976.

[10]　Rouse H. 主编．Engineering Hydraulics，1949.

[11]　Jaeger C. Technische Hydraulik，1949.

[12]　清华大学．工程水力学．北京：高等教育出版社，1959.

[13]　毛寿彭．工程水力学．国立编译馆（台湾），1977.

[14]　石原藤次郎主编．水工水理学，1972.

[15]　毛昶熙，周名德，高光星．闸坝下游消能与软基冲刷，水工模型试验（第二版）．北京：水利电力出版社，1985.

[16]　法国大坝委员会工作组编写．建坝对河流的固体径流和纵断面演变的影响，第 11 届国际大坝会议译文选集．北京：水利电力出版社，1976.

[17]　三门峡泥沙问题编写组．黄河三门峡水库的泥沙问题，坝工建设技术经验汇编第二集．北京：水利电力出版社，1976.

[18]　朱济圣．从工程冲刷破坏谈平原水闸的消能设计和调度运行．山东水利科技，1985（4）．

[19]　周名德，毛昶熙．论水闸消力池首端底板厚度计算与高良涧闸破坏原因的分析．南京水利科学研究院，1986.

[20]　毛昶熙．水闸运行管理中的水力学问题．江苏水利科技，1990（1）．

[21]　张世儒，等．三河闸闸基渗流观测的初步分析．水利工程管理技术，1990（2）．

[22]　张绍芳．堰闸水力设计．北京：水利电力出版社，1987.

[23]　唐为根．山东南四湖湖腰扩大工程水工模型试验报告．安徽省水利科学研究所，1979.

[24]　周名德．治淮闸坝工程水力学（论文集）．北京：海洋出版社，2002.

[25]　刘德润．普通水力学（上、下册）．正中书局出版，沪再版，1945，台北再版.

[26]　张长高．水动力学．北京：高等教育出版社，1993.

第二章 闸坝下游消能扩散
Chapter 2　Energy Dissipation and Diffusion below Sluice-Dams

　　消能是手段，防冲是目的。因而常把消能防冲联系起来考虑问题，既不能使下游河床发生严重冲刷危及建筑物的安全，也不应脱离防冲要求只求强化消能措施造成不必要的浪费。因此，结合河床抗冲能力和建筑物泄流的水力条件，采取较集中的消能扩散工程措施，自然要比长距离护砌加固下游河道来得经济合理。本章先概括介绍消能扩散及其措施类型，并介绍鉴别消能扩散良否的指标；然后介绍适用于不同流态的各种消能扩散措施及其水力计算。为了加深理解和推广这些水力计算方法，还简要介绍了闸坝等控制断面处的水面衔接有关水力学的要点。

第一节　消能扩散措施及其类型
§ 1. Measures and types of energy dissipation and diffusion

　　实现消能扩散的主要途径是利用水与固体、水与气体、水与水体自身之间的碰撞掺混和摩擦剪应力的作用，即通过摩阻、冲击、旋滚、挑流、扩散和掺气等方式把急流或主流尽快转变为扩散均匀的缓流，同时把过剩的动能转换为热能而消失。因此"消能"的涵义不仅是总能量的消失，而应更全面地理解为泄流能量的调整转换和消失。

　　消能扩散的类型，从水力学观点按流态划分，有底流水跃消能、面流消能、挑流消能等。这些内容已在第一章中概括论述，现在结合建筑物类型和具体消能扩散的工程措施概括介绍如下[1]。

　　平原水闸的下游尾水位高、变差大，闸孔出流从自由流到淹没流，从急流到缓流都会发生，因而经常采用消力池或斜坡护坦使产生水跃旋滚消能以适应之。但水头差较小，流速不大，不致产生空蚀破坏，故又经常采用消力槛、墩、齿、梁等的冲击消能方式促使水流迅速扩散。在出流平台上加设小槛或在间隔开放闸孔出流平台处设置分水槛，都有使出流转向和扩散的消能作用。至于减低渗流扬压力的滤层排水孔也应置于小槛的下游。同时，由于闸下河道展宽且属土质河床，则应采用适宜扩张的翼墙或边墙来引导主流扩散消能。紧接固定护坦下游的一段河床，也常用抛石海漫防冲，并具有摩阻消能扩散的效果。现将不同类型水闸及其常用的消能工措施示于图 2-1。有时为了避免消力池挖得太深或限于地势以及补救工程，则可采用二级消力池的消能措施。

　　溢流坝或溢洪道（闸），由于水头差大，下泄水流速度高，以及岩基抗冲性强，其消能型式除水跃消力池外，则多用尾水面以上的鼻坎挑流或滑雪式溢洪道以及淹没尾水面下的戽流和跌坎面流。对于拱坝顶自由跌流，则常采用消力池和逼高尾水位的下游副坝。这些消能型式如图 2-2 所示。图 2-2（a）的滑雪式溢洪道，把射流挑向远处，使冲刷坑不致影响建筑物的安全；挑流鼻坎有连续式和差动式，高低不同的差动式鼻坎更可使挑流水股分散掺气，提高消能效率。峡谷的边岸滑雪式溢洪道，若能设计成不同角度的两股挑流，使其互相对冲掺气，消能效果更好，根据两股挑流成 135°钝角对冲的试验，消能高达 86%。但汇冲点要低，并应注意两股水流相互作用的稳定性。图 2-2（b）的消力戽为使急流在戽内形成淹没旋滚消能，然后以面流式出戽。同样，图 2-2（c）的跌坎也是使主流形成面流式再进入下游河道。图 2-2（d）的拱坝顶自由跌流，由于水股潜入深水，消能有限，只有 20%左右，故应使潜入水中的水股沿池底转向形成旋滚以提高消能效果。

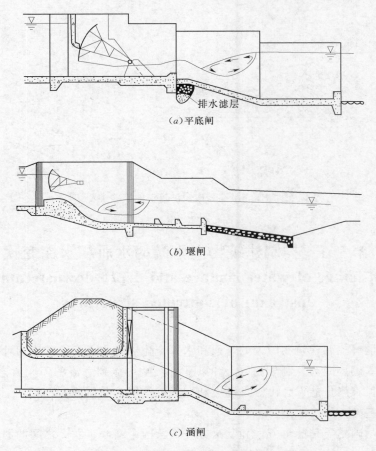

（a）平底闸

排水滤层

（b）堰闸

（c）涵闸

图 2-1　平原水闸消能扩散措施典型实例

高坝溢洪道的流速大且流程长，故沿程射流与混凝土表面的摩擦和掺气的能量损失也应考虑，一般溢流坝面损失水头约为 $0.1\dfrac{v_1^2}{2g}$，相当于流速系数 $\varphi=0.95$。对于很长的流程，沿混凝土面的能量损失能达 30%。若能人工加糙坝面，当可提高消能效果。因此有建造台阶式坝面（Stillwater 坝，1987）和多级台阶跌水的陡槽溢洪道（Tehri 坝，1984）

的，这样可以沿程充分掺气，消除空蚀危害，并可缩短消能段距离。Houston 等人研究台阶坝面的消能率在 60%～85%之间，小单宽流量时，消能可达 70%～97%。我国早在 20 世纪 30 年代就在陕西渭惠渠末端退水入渭河滩的高落差情况下，建造了这种台阶式跌水，运用情况良好。

　　以上消能措施的选用和优化设计，大多情况必须进行模型试验研究加以确定。

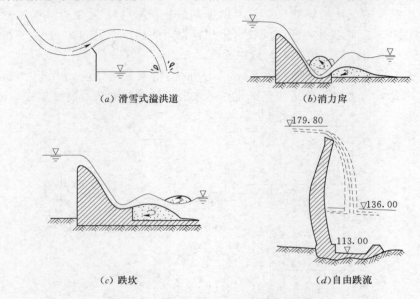

（a）滑雪式溢洪道　　　　　　　　　（b）消力戽

（c）跌坎　　　　　　　　　　　（d）自由跌流

图 2-2　溢流坝或溢洪道消能措施类型

第二节　控制建筑物上下游的水面和水深变化
§ 2. Change of water surface and depth downstream and upstream of controled structures

　　闸、坝、堰等控制建筑物附近的水面和水深变化以及水面衔接的水力计算是研究消能扩散的水力学基础。因为控制断面以上和以下将发生缓流到急流的不同流态及水深变化，不了解这些就很难想象能设计出合理高度和型式的消能扩散措施。

一、理论基础

　　作为理论基础主要是能量方程和动量方程，若两个断面 1 和 2 之间的河底高差为 Δz，断面平均流速各为 v_1 和 v_2 时，则能量方程为（不计摩擦损失）

$$h_1+\frac{\alpha'_1 v_1^2}{2g}=h_2+\frac{\alpha'_2 v_2^2}{2g}+\Delta z \qquad (2-1)$$

或写作以沿程河底为基面的比能方程

$$E_{s1}=E_{s2}+\Delta z \qquad (2-2)$$

并可绘比能曲线（参见图 2-4）求解能量损失及河底高差的关系。

因 $Q=Av$，$v=\varphi\sqrt{2gH}$，则闸坝前的总能头以下游收缩断面处的水深和流量表示时为

$$E_0 = h_1 + \frac{\alpha' Q^2}{2g\varphi^2 A_1^2} \qquad (2-3)$$

比能为

$$E_s = h + \frac{\alpha' Q^2}{2gA^2} \qquad (2-4)$$

动量方程为

$$M_2 - M_1 = F_1 - F_2$$

或

$$F_1 + M_1 = F_2 + M_2$$

对于某一固定流量，上式为一常数，即

$$F + M = 常数 \qquad (2-5)$$

并可绘出水深与外力＋动量的关系曲线，参见图 2-7（b），求解水跃的共轭水深。

因水压力 $F=\rho g(h/2)A$，动量 $M=\rho Q\alpha v$，则共轭水深关系为

$$\frac{\alpha Q^2}{gA_2} - \frac{\alpha Q^2}{gA_1} = \frac{1}{2}(h_1 A_1 - h_2 A_2) \qquad (2-6)$$

对于矩形断面河道，可写为单宽流量 q 的能量关系，由式（2-3）和式（2-4）可得

$$E_0 = h_1 + \frac{\alpha' q^2}{2g\varphi^2 h_1^2} \qquad (2-3a)$$

$$E_s = h + \frac{\alpha'}{2g}\left(\frac{q}{h}\right)^2 \qquad (2-4a)$$

矩形断面河道的共轭水深关系，由式（2-6）可得

$$\frac{1}{2}(h_1 + h_2) = \frac{\alpha q^2}{g}\frac{1}{h_1 h_2} \qquad (2-6a)$$

其中

$$\alpha' = \frac{1}{h\,\overline{v}^3}\int v^3\,\mathrm{d}h = \frac{\sum v^3}{n\,\overline{v}^3} \qquad (2-7)$$

$$\alpha = \frac{1}{h\,\overline{v}^2}\int v^2\,\mathrm{d}h = \frac{\sum v^2}{n\,\overline{v}^2} \qquad (2-8)$$

以上式中　α'——流速分布不均匀性的动能修正系数；

　　　　　α——流速分布不均匀性的动量修正系数；

　　　　　φ——流速系数，从坝顶溢流或闸孔出流到消能前的共轭水深或射流收缩断面，则视坝面流程的摩阻情况大致为 $\varphi=0.8\sim1.0$；

　　　　　v——每一分段深度上的流速；

　　　　　$\overline{v}$——平均流速。

根据流速分布，沿水深 h 分成 n 等分，即可按式（2-7）和式（2-8）算出修正系数，一般河道水流情况，$\alpha'=1.1\sim1.3$，$\alpha=1.05\sim1.2$。

由比能式（2-4）求导，设 $Q=$ 常数，求导 $\dfrac{\mathrm{d}E_s}{\mathrm{d}h}=0$；或设 $E_s=$ 常数，求导 $\dfrac{\mathrm{d}Q}{\mathrm{d}h}=0$，都可得到同一结果为

$$\frac{\alpha' Q^2 b}{gA^3} = 1 \tag{2-9}$$

式 (2-9) 表明临界水深发生在比能最小和流量最大的情况，如图 2-3 的宽顶堰所示。图 2-3 右边所示的比能曲线有两条渐近线，即 $h \to 0$ 时，$E_s \to \infty$；$h \to \infty$ 时，$E_s \to h$。

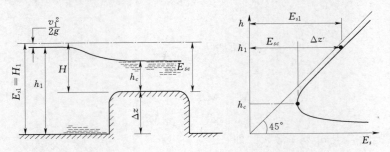

图 2-3　宽顶堰上水面变化

对于矩形河道：$Q = qb$，$A = bh$，代入式 (2-9) 可得临界水深为

$$h_c = (\alpha' q^2/g)^{1/3} \tag{2-10}$$

设 $\alpha' = 1$ 时

$$h_c = (q^2/g)^{1/3} \tag{2-11}$$

和临界流速（因 $q = v_c h_c$）

$$v_c = \sqrt{gh_c} \tag{2-12}$$

以及临界水流的弗劳德数

$$Fr = \frac{v}{\sqrt{gh}} = \frac{\sqrt{gh_c}}{\sqrt{gh_c}} = 1 \tag{2-13}$$

因此，可知弗劳德数是定义流态的，$Fr < 1$，则 $v < v_c$，为缓流；$Fr > 1$，则 $v > v_c$，为急流或射流。由于波动传播的速度 $c = \sqrt{gh}$，故知在急流时（$Fr > 1$），任何波动只能推向下游，上游不受影响；相反，在缓流时（$Fr < 1$），波动就能推向上游，上、下游的水面均会受到影响。这就是我们必须研究的控制断面的水面性质，例如闸坝上游缓流河道的回水曲线和闸孔出流或陡坡下游产生水跃的驻波水面等。

如果河底局部升高已能起到控制作用，使堰顶产生临界水流，此时最小值的临界比能为 $E_{sc} = h_c + \frac{v_c^2}{2g}$，将式 (2-11)、式 (2-12) 和 $q = vh_c$ 的关系代入此式可得临界水深

$$h_c = \frac{2}{3} E_{sc} = \frac{2}{3} H \tag{2-14}$$

对于宽顶堰来说（图 2-3），h_c 为堰顶上水深，H 为堰顶基面的上游总水头。此时，足够高的堰顶产生临界水流，流量最大，此控制断面可作为量水设备，流量为

$$Q = Av = bh_c \sqrt{gh_c}$$

或

$$Q = \frac{2}{3} \sqrt{\frac{2g}{3}} bH^{3/2} = 1.7bH^{3/2} \tag{2-15}$$

二、应用比能求解河底突升后的水面

图 2-4 为河底升高的堰坎，对水流深度的影响可应用比能方程式 (2-2) $E_{s1} = E_{s2} +$

Δz 求解，图 2-4 (b) 比能曲线上点 A 相当于堰坎前图 2-4 (a) 1 处的缓流；而堰坎上图 2-4 (a) 2 处水流在图 2-4 (b) 曲线上有 B 和 B' 两点，但水深变化由点 A 抵达点 B' 须经过中间的点 $E_{s1}-E_{s2}>\Delta z$，这是不可能的，因此堰上 2 处的水深只能是 B 点。这一点相当重要，因为解比能方程式（2-2）时将出现堰上水深的三次方程式，参看式（2-4a），故求解水深的结果应从物理意义上选取。下面结合图 2-4 举一算例[2]。

【例】 有一矩形槽宽 5m，流量 $Q=10\mathrm{m^3/s}$，正规水深 $h_1=1.25\mathrm{m}$，求升坎 $\Delta z=0.2\mathrm{m}$ 上的水深 h_2。

【解】 引用式（2-2）：

$$E_{s1}=E_{s2}+\Delta z$$

$$E_{s1}=h_1+\frac{v_1^2}{2g}=1.25+\left(\frac{10}{5\times1.25}\right)^2/(2g)=1.38\mathrm{m}$$

$$E_{s2}=h_2+\left(\frac{10}{5h_2}\right)^2/(2g)=h_2+\frac{2}{gh_2^2}$$

$$\Delta z=0.2\mathrm{m}$$

代入式（2-2），得

$$1.18=h_2+\frac{2}{gh_2^2}$$

此三次方程式试算求解，只能有一个合用解 $h_2=0.96\mathrm{m}$，即比能曲线上的 B 点。

当图 2-4 中的河底升高，Δz 有足够高度时，则沿比能曲线将达其最小值顶点 C，堰坎上缓流水深将降低为临界 h_c；若堰坎再继续升高，如图 2-5 所示[3]，堰坎上水深仍将保持为 h_c，但已影响上游水深（和能头）的增加，起到类似闸坝控制水流的作用。

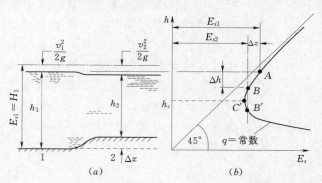

图 2-4 应用比能求解河底突升后的水面

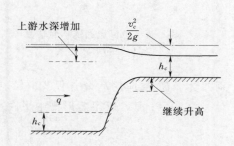

图 2-5 堰坎升高达临界水深 h_c 后
再继续升高对上游的影响

三、河床局部升高对水面的影响

图 2-6 所示为河底局部突然升高 Δz 的障碍物、潜坝或宽顶堰，则由式（2-11）可知临界水深只决定于流量，在给定流量时，堰顶水流所发生的水深变化 Δh 应与堰前水流的原始流态有关，缓流（$h_1>h_c$）时，堰顶水面下降；急流（$h_1<h_c$）时，堰顶水面升高。

如图 2-6 所示的水面线，则可对照右边的比能曲线加以理解，除粗线表示临界水流外，其他 4 种的水深变化为[2]：

(a) $h_1\gg h_c$，$\Delta h\approx\Delta z$； (b) $h_1>h_c$，$\Delta h>\Delta z$； (c) $h_1<h_c$，$\Delta h<\Delta z$； (d) $h_1\ll h_c$，

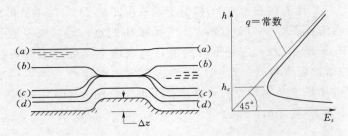

图 2-6　河底局部升高对水面的影响

$\Delta h \approx 0$。另外，上游来水愈趋近临界水流时，水面的高差变化愈显著。在实际河流洪水期间，河道水深接近临界，当河底不平时，水面就形成这种立波现象。

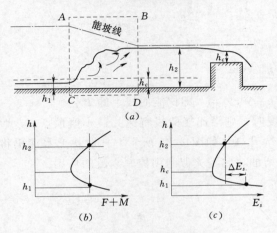

图 2-7　急流遇到堰坎前缓流所产生
的水跃关系

控制建筑物的作用主要是改变稳定流中的水深，保持所要的水面以及升高或缩窄断面，使之发生临界水流便于利用作为量水设备。在消能工中，也经常采用升坎和跌坎促使流态变化来消能，它们分别相当于图 2-6 中的前半部和后半部，均可应用上述理论计算水深变化关系。

四、应用动量与比能求解水跃问题

闸孔出流或坝顶溢流为急流，其下游遇到堰坎的障碍物不高时，堰坎上水深虽有增加，但仍将低于临界水深 h_c，若堰坎升高或尾水位上升有足够高，能阻碍前面水流超过临界水深时，则急流遇到缓流就必然发生水跃，如图 2-7 所示[3]。此时可对水体 $ABCD$ 应用动量方程式（2-6a）求解共轭水深，若认为底部摩阻力很小忽略不计，且 $\alpha' = 1$ 时，可得矩形槽中平底水跃共轭水深关系为

$$\frac{1}{2}\frac{h_2}{h_1}\left(1+\frac{h_2}{h_1}\right)=\frac{v_1^2}{gh_1}=\frac{q^2}{gh_1^3}=Fr_1^2 \tag{2-16}$$

或解出

$$h_2=\frac{h_1}{2}(\sqrt{1+8Fr_1^2}-1) \tag{2-17}$$

或

$$h_2=\frac{h_1}{2}+\sqrt{\frac{h_1^2}{4}+\frac{2q^2}{gh_1}} \tag{2-18}$$

再应用比能式（2-4a）所计算水跃的能量损失为［参看图 2-7（c）］

$$\Delta E=E_1-E_2=\frac{(h_2-h_1)^3}{4h_1h_2} \tag{2-19}$$

或

$$\Delta E=\frac{h_1(\sqrt{1+8Fr_1^2}-3)^3}{16(\sqrt{1+Fr_1^2}-1)} \tag{2-19a}$$

与总能头 $E_1=h_1+\dfrac{v_1^2}{2g}$ 相比，可得消能率为

$$\frac{\Delta E}{E_1}=\frac{(\sqrt{1+8Fr_1^2}-3)^3}{8(\sqrt{1+8Fr_1^2}-1)(2+Fr_1^2)} \tag{2-20}$$

式（2-20）说明水跃愈高，弗劳德数愈大，能量损失也愈大，并且随跃高而迅速增加。

现在结合图2-7举一算例[3]。

【例】 上游设为闸孔出流，已知 $q=11.83\text{m}^2/\text{s}$，$h_1=1.2\text{m}$。求堰坎前形成水跃的水深 h_2 和堰坎应有高度 Δz。

【解】 由式（2-18）求得 $h_2=4.31\text{m}$，而临界水深由式（2-11），$h_c=\sqrt[3]{q^2/g}=2.43\text{m}$，注意 $h_2>h_c$ 则堰前为缓流，其比能水头 $E_{s2}=h_2\dfrac{q^2}{2gh_2^2}=4.7\text{m}$。因堰顶临界水深与比能关系，由式（2-14）$h_c=\dfrac{2}{3}E_{sc}$，故知堰顶必须低于能坡线 $\dfrac{3}{2}h_c=1.5\times2.43=3.64\text{m}$，因此堰顶高度应为

$$z=4.7-3.64=1.06\text{m}$$

水跃前比能水头 $E_{s1}=h_1+\dfrac{q^2}{2gh_1^2}=6.16\text{m}$，故通过水跃旋滚紊动的能头损失为

$$\Delta E=E_{s1}-E_{s2}=6.16-4.7=1.46\text{m}$$

相当于消能

$$\rho gq\Delta E=1000\times9.8\times11.83\times1.46=169.3\text{kW/m}$$

产生水跃现象的计算对照水工模型试验是相当一致的，因为水跃段较短，忽略底部摩阻的外力作用影响不大。当图2-7的堰坎继续升高，水跃将向前推移，遇到上游的闸孔出流控制断面，就形成淹没水跃。至于堰坎下游为陡坡时，将形成小于临界水深的加速水流，相当于比能曲线下半部。

五、收缩与扩散水槽的水面

同样，收缩和扩散断面的水面线也可借助比能曲线的概念求解，如图2-8所示的收缩断面[2]，当流量 Q 一定时，收缩处的单宽流量 q 大于上游，当收缩处足够窄时，与河底升高的作用一样，就能使缩流处为临界水深 h_c，起到控制作用，可作为量水设备，此处的流量计算与宽顶堰相同，只是堰宽用收缩处的。其下游扩散段的水深在不受尾水影响时不再回复缓流而加速为急流水面。但若下游正常水流为缓流时，越过缩流处的急流将产

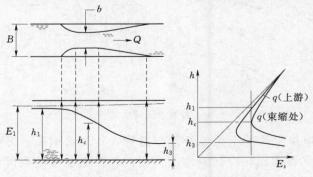

图2-8　收缩断面上、下游的水深变化

生水跃。若采用侧边收缩（文杜里水槽）的同时又使河底升高，则水流就更快发生临界状态，更便于作为量水设备（如巴歇尔量水槽）。

需要说明，若收缩处不能形成临界流（$h_2 > h_c$），则下游扩散段水流将呈渐升水面的缓流前进。

六、弯道水槽的水面

图 2-9 的弯道水流，由于离心力作用，外岸水面高于内岸，并可引证沿半径方向的水面曲线方程为

$$h = \frac{v^2}{g} \ln \frac{r}{r_1} \qquad (2-21)$$

式中　h——内岸水面为零计算的弯道中某点水面高度；

　　　　r——该点到圆心的半径；

　　　　r_1——内岸曲率半径。

设外岸曲率半径为 r_2 时，则沿半径方向内、外压力差或水面差应为[4]

$$\Delta h = \frac{v^2}{g} \ln \frac{r_2}{r_1} \qquad (2-22)$$

例如，云南鲁布革大坝左岸溢洪道上游弯道进水槽，在二孔闸前槽宽 40m 处，外岸墙曲率半径 $r_2 = 90$m，内半径平均 $r_1 = 50$m，经模型试验，正常高库水位为 1130.00m 时，泄洪流量为 3720m³/s，平均水深为 24.1m，计算弯道平均流速 $v = \dfrac{3720}{24.1 \times 40} = 3.86$m/s；代入式（2-22）可得 $\Delta h = 0.89$m。在模型试验中测得内、外水面差为 0.86m，甚为相近。

由于离心力造成的水面差，使横剖面上发生环流，它与纵向流速汇合而形成螺旋流前进，图 2-9 中实线为水面流速，虚线为水底流速。水底流速总是流向内边的这种现象，在日常生活中常见，如搅拌杯中茶水，水底茶叶都趋向中心即此道理。由于这种副流作用，河湾水流，自然要在凹岸冲深，凸岸淤积。同理，渠道的引水口也属此种弯道水流的性质，设计进水口形式以及与河流的交角必须尽量减少河流泥沙进入渠道。

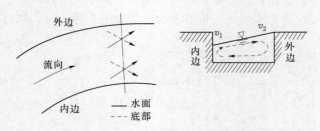

图 2-9　弯道水流的水面与流向

弯道水槽在边岸溢洪道的下游也经常会碰到，外侧水面高、流量大，常采用外边高、内边低的尾槛（和槽底）以起到均流作用；若再把槛顶做成齿形，则有削弱副流的作用，使其在更短距离内形成均匀水流。然后产生水跃或挑流出去能获得好的消能效果。

第三节　有升降台阶和消力池的二元水跃
§ 3.　2-D Hydraulic jump at step-up or down and stilling basin

作为本章第二节的继续，以较长的平坦台阶代替堰坎分析其水面变化关系，即相当于图 2-6 所示的局部升高，前半部升台阶和后半部降台阶。此时水面变化虽然类同，但本节将结合消能研究其受尾水影响产生水跃的共轭水深关系。实际上，消力池中的水跃稳定性也是依靠池末端的升台阶或尾槛以及池前斜坡降台阶或跌坎来保证的。因此，了解台阶前后急流转变为缓流的水力特性，对设计消力池有指导意义。

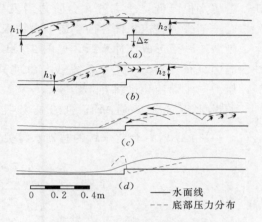

图 2-10　升台阶附近的水跃型式

一、升台阶水跃

图 2-10 所示为升台阶附近的水跃型式，上游急流遇较高的尾水位就在台阶前产生水跃，见图 2-10（a）；若尾水位降低，水跃后半部旋滚就冲上台阶，见图 2-10（b）；尾水位继续降低，则台阶上发生驻波，再跃入下游水面形成水跃，此时流态甚不稳定，受台阶高度形状及其压力分布的变化，驻波会起伏不定，若台阶后通气，驻波升高，见图 2-10（c）；若台阶后不通气，水流在台阶边沿下游分离形成低压区，会把驻波吸低贴附底面，见图 2-10（d）。

对于台阶前水跃和部分冲上台阶的水跃这两种型式，应用动量和力的关系式求得共轭水深与弗劳德数的关系式依次为[5]：

图 2-10（a）
$$Fr_1^2 = \frac{\dfrac{h_2}{h_1}\left[\left(\dfrac{h_2}{h_1}+\dfrac{\Delta z}{h_1}\right)^2 - 1\right]}{2\left(\dfrac{h_2}{h_1}-1\right)}$$
(2-23)

图 2-10（b）
$$Fr_1^2 = \frac{\dfrac{h_2}{h_1}\left[\left(\dfrac{h_2}{h_1}+\dfrac{\Delta z}{h_1}\right)^2 + \left(\dfrac{\Delta z}{h_1}\right)^2 - 1\right]}{2\left(\dfrac{h_2}{h_1}-1\right)}$$
(2-24)

式（2-23）和式（2-24）比较，当相同的弗劳德数和台阶高度时，下游水深 h_2 总是式（2-23）大于式（2-24），而且 $\dfrac{\Delta z}{h_1}$ 的值愈大，二者的差别也愈大；$\Delta z=0$ 时，式（2-23）和式（2-24）相同。至于两种水跃的产生条件，当 $\dfrac{\Delta z}{h_1}<1.25$，$Fr_1>1.75$ 时，部分水跃就冲上台阶。$Fr_1>4$ 时，将冲击坎面，发生驻波，最大波高与弗劳德数之间的关系，笔者根据 Hager 与 Bretz（1986）的试验资料分析，可表示为

$$\frac{(h_2)_{\max}+\Delta z}{h_1}=1+\frac{2}{3}(Fr_1^{3/2}-1) \qquad (2-25)$$

式（2-25）关于射流冲击台阶产生波浪时的边墙高度，在设计中可作参考。

台阶前水跃的长度，试验值为 $L_j/(h_2+\Delta z)=4.75$，见图 2-10（a），冲上台阶的水跃长度稍短，为 $L_j/(h_2+\Delta z)=4.25$。在试验中鉴别跃尾的方法，一是表面水流方向摆动于上、下游的分界点，另一是水面最高点，上述试验资料是用前一方法测量取得的。

二、降台阶水跃

图 2-11 所示为降台阶附近的水跃型式，其中图 2-11（a）为台阶前产生的正规水跃；若尾水位降低，急流就在台阶边沿发生波状水跃，见图 2-11（b）；继续降低尾水位，驻波消失，急流水面冲向下游，似波浪涌上海滩而破碎，见图 2-11（c）；再降低尾水，则急流跌下形成伏冲水跃，见图 2-11（d）。由于急流水面的向下弯或向上弯，其底部的压力分布（图 2-11 中的虚线）也就高于或低于静水压力分布，结合漩涡掺气或通气，压力与水面变化也将互相影响。

假设水跃上、下游断面的流速和压力分布均匀，以及作用于台阶的压力为 $\rho g\left(h_2-\dfrac{\Delta z}{2}\right)\Delta z$ 时，台前水跃的共轭水深关系为[5]

$$Fr_1^2=\frac{\dfrac{h_2}{h_1}\left[\left(\dfrac{h_2}{h_1}-\dfrac{\Delta z}{h_1}\right)^2-1\right]}{2\left(\dfrac{h_2}{h_1}-1\right)} \qquad (2-26)$$

对于图 2-11（d）台阶下的伏冲水跃，则为

$$Fr_1^2=\frac{\dfrac{h_2}{h_1}\left[\left(\dfrac{h_2}{h_1}\right)^2-\left(\dfrac{\Delta z}{h_1}\right)^2-1\right]}{2\left(\dfrac{h_2}{h_1}-1\right)} \qquad (2-27)$$

当 $\Delta z=0$ 时，即为水平底水跃式（2-16）。

关于降台阶处产生波状水跃或驻波图 2-11（b）的最大波高，根据 Hager 和 Bretz（1986）以及 Rajatatnam 和 Qrtiz（1977）的试验资料分析，可用表示为

$$\frac{(h_2)_{\max}+\Delta z}{h_1}=1+2.1(Fr_1-1) \qquad (2-28)$$

图 2-11（a）中，降台阶前水跃的长度平均约为 $L_j=3.5h_2$，随弗劳德数增大而减短。台阶下伏冲水跃长度 $L_j=4.25h_2$，但绝对长度仍较短。

从消能观点分析，降台阶水跃的消能率，可知与台阶高度及弗劳德数有关，而且台阶后伏冲水跃大于台阶前水跃。例如 $Fr_1=4$ 及

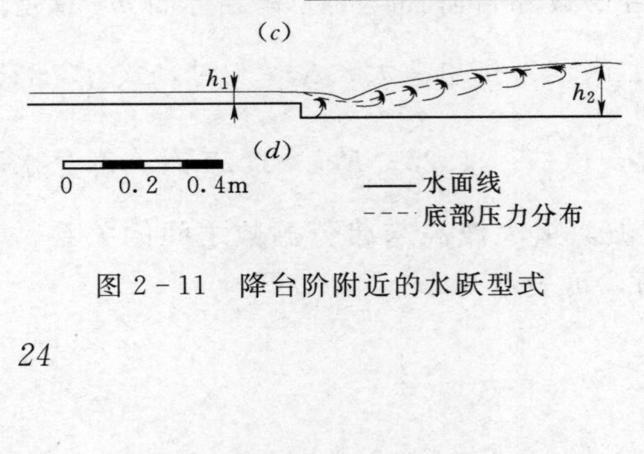

图 2-11　降台阶附近的水跃型式

$\frac{\Delta z}{h_1}=2$ 时的特定值，伏冲水跃消能率为 50％，台阶前水跃为 32％。因此，消力池前坡脚产生水跃消能胜于坡前平台上的水跃；至于波状水跃，因会引起剧烈波动传播到下游，宜加避免。经过对相当消力池尾槛的升台阶水跃消能率的比较分析，发现其也不及降台阶伏冲水跃的消能率高。

三、消力池水跃计算

上述升降台阶水跃，即消力池前部和后部结构的水跃计算，但在计算坝面溢流或闸孔出流的收缩断面水深（h_1）以及产生水跃的共轭水深（h_2）等问题时，需要试算求解方程式（2-3）、式（2-6）、式（2-17）等，甚不方便。苏联学者[6]曾将试算加以推演写成函数式，并列出数值表查用以便于设计。例如以闸坝前总能头 E_0 的关系式（2-3a）除以 $q^{2/3}$，得

$$\frac{E_0}{q^{2/3}}=\frac{h_1}{q^{2/3}}+\frac{\alpha' q^2}{2g\varphi^2 h_1 q^{2/3}}=f\left(\frac{h_1}{q^{2/3}}\right) \tag{2-29}$$

同样，共轭水深（参见图 2-12）关系式（2-6a）也可以函数表示为

$$\frac{h_1}{q^{2/3}}=f\left(\frac{q^{2/3}}{h_2}\right) \tag{2-30}$$

式（2-29）又可写成共轭水深的函数 $q^{2/3}/E_0=f\left(\frac{h_2}{q^{2/3}}\right)$ 等。

应用这些函数式求解消力池挖深 d_0 的计算（参见图 2-13），则可在一定单宽流量 q 情况下，由上游总能头 E_0 求得恰好适应急流收缩断面 h_1 的共轭水深 h_2，此种临界状态下的水跃，只是为判断产生水跃和计算上的方便，在实际计算中仍以产生淹没水跃为安全，即计算的第二共轭水深 h_2 稍小于尾水深 h_t。然后由比能式（2-2）推导得出池深公式为

$$d_0=q^{2/3}(\eta-\eta_t) \tag{2-31}$$

式中　η、η_t——第二共轭水深断面上比能、尾水处断面上比能与 $q^{2/3}$ 之比值。

写成函数式，有

$$\eta=\frac{h_2}{q^{2/3}}+\frac{1}{2g(h_2/q^{2/3})^2}=f\left(\frac{h_2}{q^{2/3}}\right)=f\left(\frac{Z'}{q^{2/3}}\right) \tag{2-32}$$

$$\eta_t=\frac{h_t}{q^{2/3}}+\frac{1}{2g(h_t/q^{2/3})^2}=f\left(\frac{h_t}{q^{2/3}}\right) \tag{2-33}$$

函数中的上、下游能差 Z'，可由比能式求得为（不计消力池出口处水头损失）

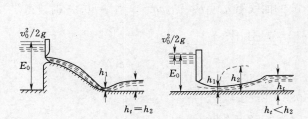

图 2-12　计算水跃的共轭水深

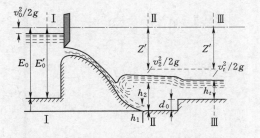

图 2-13　计算水跃消力池的深度

$$\frac{Z'}{q^{2/3}}=\frac{E'_0}{q^{2/3}}-\eta_t \tag{2-34}$$

式中　E'_0——以河底为基面的上游比能水头。

对于消力槛或尾槛高度 P_0 的计算，见图 2-14，同样可由比能式推出

$$P_0=q^{2/3}(\eta-\beta) \tag{2-35}$$

$$\beta=1/(m\sigma_s\sqrt{2g})^{2/3}$$

式中　m——越过消力槛或尾槛的自由流的流量系数，它与尾槛宽高型式和槛前水头 H_0 有关，在 $0.36\sim0.48$ 之间；

σ_s——淹没系数，它与淹没度 $\dfrac{h_s}{H_0}$ 有关，一般 $h_s/H_0<0.45$ 时，$\sigma_s=1$。

这些系数都是淹没度的函数，也可写成关于尾水深 h_t 的关系式，即

$$\beta=f(\eta') \tag{2-36}$$

$$\eta'=\eta-\frac{h_t}{q^{2/3}}$$

设计消力池，若计算结果挖池太深，代之以消力槛或尾槛又太高时，则可采取复式消力池，见图 2-15。

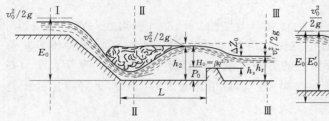

图 2-14　计算水力槛的高度　　　　图 2-15　计算池深及槛高的复式消力池

巴什吉罗娃（Башкирова，1953）[6] 按照式（2-36）的函数关系计算出大量数据表格供设计消力池的水力计算用，并引用模型试验加以验证，精度甚高。我们根据那些数表加以整理绘成图 2-16 的曲线组，供水力计算时查用。举以下 4 例说明应用方法。

【例 1】　水跃的共轭水深。设以下游底为基面的闸坝上游总水头 $E_0=20\text{m}$，单宽流量 $q=4\text{m}^2/\text{s}$，流速系数 $\varphi=0.95$。如图 2-12 所示，求急流收缩断面水深 h_1 及其共轭水深 h_2。

【解】　$q^{2/3}/E_0=\dfrac{2.52}{20}=0.126$，查图 2-16 的曲线组 $q^{2/3}/E_0-h_2/q^{2/3}$，当 $\varphi=0.95$ 时，得

$$h_2/q^{2/3}=1.51$$

再查曲线 $h_1/q^{2/3}-h_2/q^{2/3}$，得

$$h_1/q^{2/3}=0.085$$

则有

$$h_1=0.085\times2.52=0.21\text{m}$$

$$h_2=1.51\times2.52=3.80\text{m}$$

若实际尾水深 $h_t<3.80\text{m}$，就要产生远驱水跃。

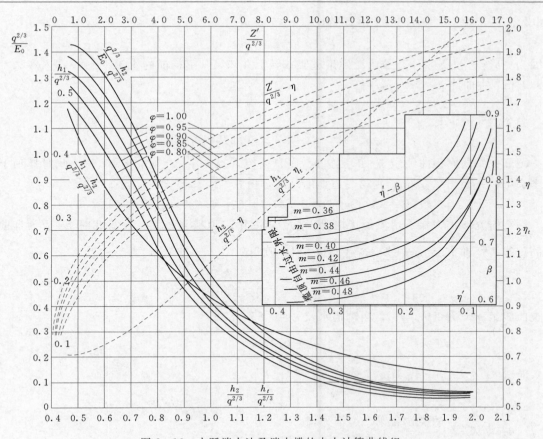

图 2-16　水跃消力池及消力槛的水力计算曲线组

【例2】　消力池的深度。设以河底为基面的闸坝上游实际总水头 $E_0' = 12.0\text{m}$，$q = 1.6\text{m}^3/\text{s}$，$\varphi = 0.9$，尾水深 $h_t = 1.2\text{m}$，如图 2-13 所示，试求池深 d_0。

【解】　$\dfrac{h_t}{q^{2/3}} = \dfrac{1.2}{1.368} = 0.877$，查图 2-16 的曲线 $h_t/q^{2/3} - \eta_t$，得

$$\eta_t = 0.94$$

代入式（2-35）计算：

$$\frac{Z'}{q^{2/3}} = \frac{E_0'}{q^{2/3}} - \eta_s = \frac{12}{1.368} - 0.94 = 7.83$$

查曲线组 $Z'/q^{2/3} - \eta$，当 $\varphi = 0.9$ 时，得

$$\eta = 1.56$$

代入式（2-31），则池深为

$$d_0 = q^{2/3}(\eta - \eta_t) = 1.368(1.56 - 0.94) = 0.85\text{m}$$

为设计安全起见，可再加深 5%，则池深 $d_0 = 0.89\text{m}$。

【例3】　消力槛或尾槛的高度。设 $E_0 = 11.5\text{m}$，$q = 4\text{m}^2/\text{s}$，$\varphi = 0.95$，$h_t = 1.5\text{m}$，消力槛顶水流的流量系数 $m = 0.40$，如图 2-14 所示，试求槛的高度 P_0。

【解】　$q^{2/3}/E_0 = \dfrac{2.52}{11.5} = 0.219$，$h_t/q^{2/3} = \dfrac{1.5}{2.52} = 0.595$，查图 2-16 的曲线组

$q^{2/3}/E_0 - h_2/q^{2/3}$，当 $\varphi=0.95$ 时，得

$$h_2/q^{2/3}=1.29>0.595$$

因为 $h_2/q^{2/3}>h_t/q^{2/3}$，故下游发生远驱水跃。并知第一道槛前的水深 $h_2=1.29\times2.52=3.25\text{m}$，查曲线 $h_2/q^{2/3}-\eta$，得

$$\eta=1.32$$

代入式（2-36）：

$$\eta'=\eta-\frac{h_t}{q^{2/3}}=1.32-0.595=0.725$$

查图 2-16 的右边曲线组 $\eta'-\beta$，槛顶已属自由流，当 $m=0.4$ 时，$\beta=0.68$，此时槛顶上水头 $H_0=\beta q^{2/3}=1.71\text{m}$，则第一道槛的高度，由式（2-35）得

$$P_0=q^{2/3}(\eta-\beta)=2.52\times(1.32-0.68)=1.61\text{m}$$

再研究该消力槛下水流衔接情况，是否需要第二道槛来控制。注意此时 E_0 应为槛前的总能头，即 $E_0=h_2+\dfrac{q^2}{2gh_2^2}$，各除以 $q^{2/3}$，则得

$$\frac{q^{2/3}}{E_0}=\frac{1}{\eta}=\frac{1}{1.32}=0.757$$

查曲线组 $q^{2/3}/E_0 - h_2/q^{2/3}$，当越槛水流 $\varphi=0.85$ 时，得

$$\frac{h_2}{q^{2/3}}=0.77>0.595$$

查曲线 $h_2/q^{2/3}-\eta$，得

$$\eta=0.86$$

因为 $\dfrac{h_2}{q^{2/3}}>\dfrac{h_t}{q^{2/3}}$，故需设备第二道消力槛。

再继续前面的计算，则

$$\eta'=0.86-0.595=0.265$$

查曲线 $\eta'-\beta$，当 $m=0.4$ 时，得 $\beta=0.7$，槛上水流呈淹没流。故第二道槛的高度为

$$P_0=2.52(0.86-0.7)=0.40\text{m}$$

再研究第二道槛下游水流衔接情况时，重复计算，则

$$\frac{q^{2/3}}{E_0}=\frac{1}{\eta}=\frac{1}{0.86}=1.163$$

查曲线组 $\varphi=0.85$ 时，得

$$\frac{h_2}{q^{2/3}}=0.56<0.595$$

故知第二道槛后已属淹没水跃，不需第三道槛。

【例4】 池和槛同时采用的复式消力池。设 $E_0'=10.0\text{m}$，$q=6.0\text{m}^2/\text{s}$，$\varphi=0.90$，$h_t=2.0\text{m}$，试设计复式消力池，如图 2-15 所示。

【解】 首先求消力槛的高度，假设槛后恰好发生水跃的临界连接形式，故设共轭水深等于尾水深，$h_2=h_t$。

由 $h_2/q^{2/3}=2/3.302=0.606$，查图 2-16 的曲线，得相应的 $h_1/q^{2/3}=0.35$，查曲线组，$\varphi=0.9$ 时，得槛前相应的 $q^{2/3}/E_0=1.16$，故知槛前总能头 $E_0=\dfrac{3.302}{1.61}=2.84\text{m}$。对此槛的 η

$=E_0/q^{2/3}=2.84/3.302=0.86$，$\eta'=\eta-h_1/q^{2/3}=0.86-0.35=0.51$，查曲线得 $\beta=0.66$，则消力槛的高度为

$$P_0=q^{2/3}(\eta-\beta)=3.302(0.86-0.66)=0.66\text{m}$$

采用槛高为 0.65m 时，槛顶水头 $H_0=\beta q^{2/3}=0.66\times3.303=2.18$m，槛前总能头 $E_0=0.65+2.18=2.83$m。

其次，求消力池的深度，计算 $Z'=10.0-2.83=7.17$m，由 $Z'/q^{2/3}=7.17/3.302=2.17$，查曲线 $\varphi=0.9$ 时，得

$$\eta=1.17$$
$$\eta_t=\frac{10.0}{3.302}-2.17=0.86$$

故池深为 $d_0=q^{2/3}(\eta-\eta_t)=3.302(1.17-0.86)=1.02$m，采用池深为 1.1m。

消力池底长度则按水跃长度计算，最大值 $L_j=4.75h_2$，则用新值 $E_0=10.0+1.1=11.1$m，$q^{2/3}/E_0=3.302/11.1=0.297$，查曲线，得 $h_2/q^{2/3}=1.14$，$h_2=1.14\times3.302=3.76$，$L_j=4.75\times3.76=17.86$m。

最后总结一下水跃消能问题：首先要了解上、下游的水面衔接情况，它决定于下游水深、下游底坡以及水流的性质。当不能满足发生水跃的下游水深时，最常用的消能设备是消力池和消力槛或两者并用以增加底深，使发生稍有淹没的水跃，达到最佳消能目的。计算方法，按照上述采用一张曲线图是很方便的，可以满足工程上的精度。此上述矩形槽水跃各式，原则上也可应用于梯形断面水槽，只是公式中换为流量 Q 和断面积 A 的关系。不过实际情况，若梯形水槽边坡很缓，就不能产生很好的水跃，而形成偏冲水流。

再者，消力池水跃消能，一般都是按照设计流量水位关系的稳定流情况下计算的。但是最危险情况是开闸放水时流量渐增而尾水位由浅水或无水渐升还达不到稳定流的下游水位情况的过程。据内蒙古灌溉渠道进水闸放水经验和按照圣维南方程非稳定流演算尾水位上升水深 h_t 与按照曼宁公式计算稳定流水深 h_s 的比值，主要与开闸时间长短有关，大致是[24]：开闸时间 5min 为 $h_t/h_s=0.5$，10min 为 0.6，20min 为 0.7；而且闸门开到最大的时刻是最危险的瞬间水位流量组合。因此考虑开闸放水时，设计消力池也可适当加深或在池后部增设矮的墩齿辅助消能工，或加长开闸时间以及注意观察水流，加强管理，参考第九章闸门运行管理。

第四节 三 元 扩 散 水 跃
§ 4. 3-D Hydraulic jump of difusion flow

底流消能的主要消能工是消力池。由于低水头闸坝工程，常采用上斜下平的消力池，故按池中水跃位置可分为 4 种类型：一般平底自由水跃；水跃首尾分别位于变坡点的上、下游，称为折坡水跃；水跃首端在斜坡上，而跃尾正好在斜坡与水平底板的交界处，即临界斜坡水跃；水跃首、尾端均位于斜坡上，是典型的斜坡水跃。以上 4 种水跃在实际工程中均可能出现，尤以折坡水跃为最多，因为工程界常将它作为消能设计的控制条件。而平

底水跃则是最基本的，实际消力池的深度和长度，多以此种水跃作为依据。考虑到这些情况，加上实际工程的三元特性，因此本节着重分析平底扩散水跃和折坡扩散水跃的水力计算，作为对前人研究的补充。

一、平底扩散水跃

如图 2-17 所示，沿用动量原理可以写出平底扩散水跃的动量方程式

$$\frac{Q}{g}(\alpha_1 v_1 - \alpha_2 v_2) = \frac{b_2 h_2^2}{2} - \frac{b_1 h_1^2}{2} - 2R_x \tag{2-37}$$

或

$$\frac{\alpha_1 q_1^2}{g h_1} + \frac{h_1^2}{2} = \left(\frac{\alpha_2 q_2^2}{g h_2} + \frac{h_2^2}{2} - 2R_x\right)\frac{b_2}{b_1} \tag{2-38}$$

式中　v——断面平均流速；

　　　　α——动量修正参数。

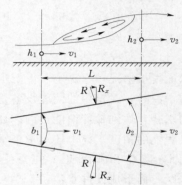

图 2-17　平底扩散水跃示意图

式（2-37）和式（2-38）的关键是对侧壁作用力 $2R_x$ 的处理问题，因为它需要预知或假定水跃水面线的形状。有人曾尝试按矩形、梯形、抛物线、椭圆和二次多项式等各种水跃水面线轮廓来计算侧壁反力，但不是假定与实际不符而失其精确性，就是计算方法过于繁杂而失其实用性。为简便实用起见，不妨略去侧壁反力不计，至少对宽度较大或翼墙扩张角较小的闸坝，误差不会太大。这样一来，再根据弗劳德数 $Fr_1 = \frac{q_1}{h_1\sqrt{gh_1}}$，$q_2 = q_1\left(\frac{b_1}{b_2}\right)$，整理后可得

$$\frac{1}{2}\frac{b_2}{b_1}\left(\frac{h_2}{h_1}\right)^2 + \frac{b_1}{b_2}\frac{h_1}{h_2}\alpha_2 Fr_1^2 = \alpha_1 Fr_1^2 + \frac{1}{2} \tag{2-39}$$

根据平面上圆弧闸门控制的扩散水跃试验，其流速分布的不均匀程度随着扩散角的增大而增大，这里可取 $\alpha_1 = \alpha_2 = 1.5$，代入式（2-39）后，即得到平底扩散水跃的共轭水深关系式为[1]

$$\left(\frac{b_2}{b_1}\right)\left(\frac{h_2}{h_1}\right)^2 + 3Fr_1^2\left(\frac{b_1}{b_2}\right)\left(\frac{h_1}{h_2}\right) = 3Fr_1^2 + 1 \tag{2-40}$$

试验验证结果见图 2-18，与式（2-40）计算结果尚属一致。在原有实验基础上，补充一些新的资料，再加上他人的资料，一并点绘在对数纸上，见图 2-19。图中纵坐标 η'/η，表示平底扩散水跃与二元平底水跃共轭水深的比值，横坐标 b_1/b_2 即平底扩散水跃前后的宽度比。

根据图 2-19，得出平底扩散水跃共轭水深的经验公式为

$$\frac{\eta'}{\eta} = \left(\frac{b_1}{b_2}\right)^{0.25} \tag{2-41}$$

或

$$\frac{h_2}{h_1} = \frac{1}{2}\left(\sqrt{1+8Fr_1^2}-1\right)\left(\frac{b_1}{b_2}\right)^{0.25} \tag{2-42}$$

式（2-41）和式（2-42）的适用范围是 $\frac{b_1}{b_2} \geqslant \frac{1}{5}$，$Fr_1 = 2 \sim 4.5$。当 $\frac{b_1}{b_2} = 1$ 时，即为熟知的二元平底水跃的计算共轭水深公式（2-43），即

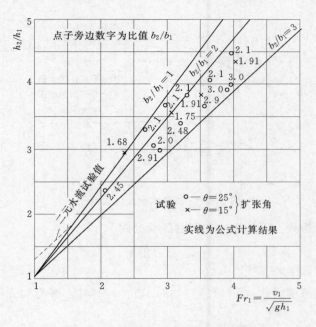

图 2-18 平底扩散水跃共轭水深关系

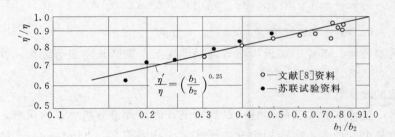

图 2-19 $\eta'/\eta - b_1/b_2$ 关系曲线

$$\frac{h_2}{h_1} = \frac{1}{2}\left(\sqrt{1+8Fr_1^2}-1\right) \qquad (2-43)$$

实际上，式（2-40）与式（2-42）是等价的，只是式（2-42）比式（2-40）简易明了，更便于记忆。

水跃长度，是决定池长的一个重要参数。对二元平底水跃的长度来说，目前经验公式很多，而对平底扩散水跃的长度，研究得还不多。文献［1］综合 20 个水工模型试验的资料点绘在图 2-20 上。图中点子分散的主要原因，是这些资料不是出自一人之手，各人对水跃长度的判别标准不同。尽管如此，跃长的变化趋势还是合理的，即与跃尾的水深比值 $\frac{L_j}{h_2}$，随着弗劳德数增大至某一值后逐步变小。因此，据图 2-20 的曲线求得平底扩散水跃（扩张角＜30°）的长度公式为[7]

$$L_j = 3h_2\left[\sqrt{1+Fr_1^2\left(1-\frac{Fr_1^2}{23}\right)}-1\right] \qquad (2-44)$$

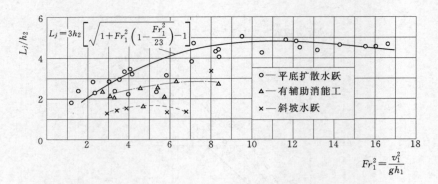

图 2-20 扩散水跃长度关系图

若式（2-44）计算嫌烦，不妨采用如下的经验公式[8]

$$L_j = 5h_2 \left(\frac{b_1}{b_2}\right)^{0.25} \qquad (2-45)$$

式（2-45）的适用范围与式（2-42）一样，当 $\frac{b_1}{b_2}=1$ 时，则为二元平底水跃的最大长度，即 $L_j = 5h_2$。

计算表明，若取 $\frac{b_1}{b_2}=0.5$ 和 $Fr_1=4$，则由式（2-44）和式（2-45）计算所得的水跃长度分别为 $4.50h_2$ 和 $4.35h_2$，两者基本上是一致的。

此外，试验表明，若池中加设齿墩等辅助消能工，则跃长将显著缩短，在三元扩散情况下，效果更为显著，见图 2-20。

二、折坡扩散水跃

前已指出，这种水跃在实际工程中最为常见，而其理论分析也最为困难。原因是斜坡上的水跃体积是个变量，不可能用数学式子表达。金兹瓦特（Kindsvater，1944）曾对二元临界斜坡水跃作过分析，见图 2-21 (a)，并得出以下半经验半理论公式，即

$$\frac{h_{2C}}{h_1} = \frac{1}{2\cos\theta}\left(\sqrt{1+\frac{8Fr_1^2\cos^3\theta}{1-2\phi i_0}}-1\right) \qquad (2-46)$$

关于斜坡水跃长度，金兹瓦特建议采用

$$L_C = 2\phi\left(h_{2C}-\frac{h_1}{\cos\theta}\right) \qquad (2-47)$$

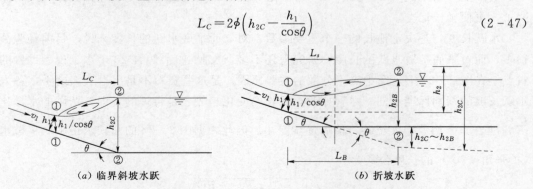

图 2-21 折坡消力池水跃示意图

式中符号意义见图 2-21，其中 $i_0 = \tan\theta$，ϕ 为水跃形状系数，公式的计算精度主要取决于 ϕ。随后，普雷德（Bradley，1977）通过 94 组试验，提供图 2-22 的经验曲线 $\phi = f(i_0)$ 后，金兹瓦特公式才得以推广应用。

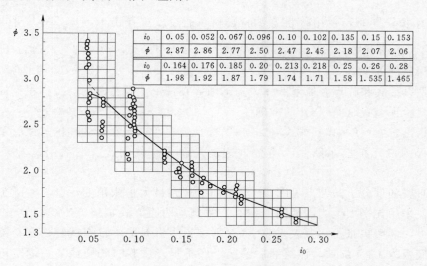

i_0	0.05	0.052	0.067	0.096	0.10	0.102	0.135	0.15	0.153
ϕ	2.87	2.86	2.77	2.50	2.47	2.45	2.18	2.07	2.06
i_0	0.164	0.176	0.185	0.20	0.213	0.218	0.25	0.26	0.28
ϕ	1.98	1.92	1.87	1.79	1.74	1.71	1.58	1.535	1.465

图 2-22　i_0-ϕ 关系曲线

对于分析难度较大的折坡水跃，长期以来，工程界一直查用普雷德的试验曲线（图 2-23），图中 h_2 是虚拟的平底自由水跃的第二共轭水深，h_{2B} 为折坡水跃的共轭水深，L_s 是从跃首到斜坡末端的距离。查算法的缺点是不可能显示 $\dfrac{h_{2B}}{h_2}$ 大到何值，即会发生 $L_B = L_C$，也即折坡水跃转变为临界斜坡水跃，见图 2-21（b），故使用时容易混淆两种不同的水跃类型而产生误差。

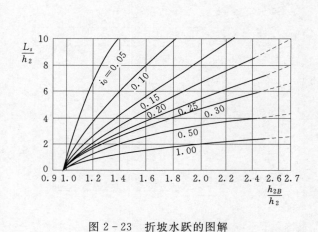

图 2-23　折坡水跃的图解

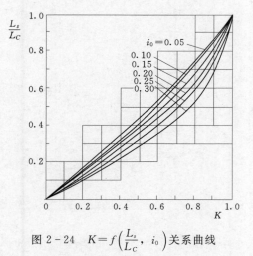

图 2-24　$K = f\left(\dfrac{L_s}{L_C}, i_0\right)$ 关系曲线

王瑞彭对折坡水跃的研究取得了新的进展，通过分析得出了下面半经验半理论公式[9]，即

$$\frac{h_{2B}}{h_1} = \frac{1}{2\cos\theta}\left(\sqrt{1 + \frac{8Fr_1^2\cos^3\theta}{1-2\phi i_0 K}} - 1\right) \qquad (2-48)$$

式（2-48）与式（2-46）基本形式相同，只是在式（2-48）右端根号内的分母项多了一个 K 值。同时，引用普雷德试验资料，通过反算作出 $K = f\left(\dfrac{L_s}{L_c}, i_0\right)$ 的经验曲线（图2-24），由图可知，当 $L_s = 0$、$i_0 = 0$ 和 $\theta = 0$ 时，$K = 0$，代入式（2-48）即得平底水跃共轭水深比的关系式。当 $\theta > 0$，$K = 1$，式（2-48）与式（2-46）相同。可见，式（2-48）是以平底和临界斜坡水跃作为上下限，在理论上是正确的。我们根据江苏高良涧闸试验资料验证了式（2-48）的准确性。

应该指出，式（2-46）或式（2-48）都是建立在二元水跃的理论与试验基础上，对于实际工程的三元扩散水跃是否有效，这是人们关心的问题。下面用试验来回答这个问题。

试验布置和部分试验结果见图2-25。为了达到最大扩张角度，以与实际工程翼墙扩张角相近，采用在平面上为圆弧闸门控制，两侧均为直立式翼墙，出口门宽22cm，经预备试验认可，翼墙扩张角不宜大于 $10°$，否则极易产生斜浪，影响试验精度。翼墙扩散段内消力池底板为1:4斜坡，出翼墙后紧接平底护坦。试验时先施放某一固定流量，调节下游水位，使水跃跃首分别落在斜坡不同位置上。然后，测量跃首处流速、水深及尾水深度，最后绘制水跃纵剖面线。

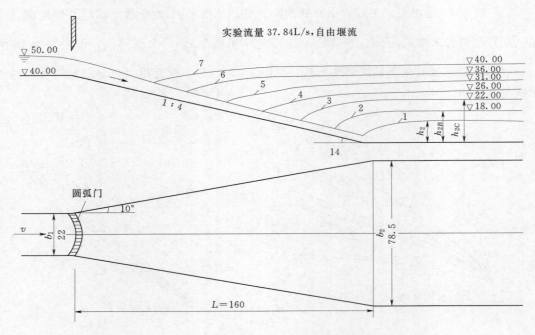

图2-25　斜坡扩散水跃部分实验结果（单位：cm）

1—平底扩散水跃；2—折坡扩散水跃；3—临界斜坡扩散水跃；4、5、6、7—斜坡扩散水跃

根据上述试验，如果在式（2-46）、式（2-47）和式（2-48）的右端分别乘上扩散

因数 $\left(\dfrac{b_1}{b_2}\right)^{0.25}$，则可推广应用于三元扩散水跃，修正后的公式为

$$\frac{h_{2B}}{h_1}=\frac{1}{2\cos\theta}\left(\sqrt{1+\frac{8Fr_1^2\cos^3\theta}{1-2\phi i_0 K}}-1\right)\left(\frac{b_1}{b_2}\right)^{0.25} \tag{2-49}$$

$$L_B=2\phi\left(h_{2c}-\frac{h_1}{\cos\theta}\right)\left(\frac{b_1}{b_2}\right)^{0.25} \tag{2-50}$$

当 $K=1$ 时，同样可用来计算 $\dfrac{h_{2c}}{h_1}$ 值。

【例】 高良涧进水闸共计 8 孔，每孔净宽 9.2m，由弧形闸门控制。8 孔齐步开启 1.5m，上游水位 13.00m，泄洪量为 800m³/s 时，设计要求跃首控制在消力池斜坡中段（即斜坡与平底交界点以上 6m 处），试求在这种情况下，消力池水深需多少？

【解】 已知：$q=9.8\text{m}^2/\text{s}$，$v=9.8\text{m/s}$，$h_1=1\text{m}$，则

$$Fr_1=\frac{9.8}{\sqrt{gh_1}}=3.13$$

$$i_0=0.25\cos\theta=0.97$$

$$b_1=82\text{m}$$

$$b_2=100\text{m}$$

计算步骤如下：

先由图 2-22 查得 $\phi=1.58$，然后根据式（2-49）取 $K=1$ 计算 h_{2c} 值，得

$$\frac{h_{2c}}{h_1}=\frac{1}{2\times0.97}\left(\sqrt{1+\frac{8(3.13)^2(0.97)^3}{1-2\times1.58\times0.25}}-1\right)\times\left(\frac{82}{100}\right)^{0.25}=8.30\text{m}$$

即

$$h_{2c}=8.30\times1=8.30\text{m}$$

再由式（2-50）计算 L_B 值，得

$$L_B=2\times1.58\left(8.30-\frac{1}{0.97}\right)\times\left(\frac{82}{100}\right)^{0.25}=22.42\text{m}$$

因 $\dfrac{L_s}{L_B}=\dfrac{6}{22.42}=0.27$，查图 2-24 得 $K=0.42$，将已知数据代入式（2-49）算得

$$\frac{h_{2B}}{h_1}=4.68\text{m}$$

或

$$h_{2B}=4.68\times1=4.68\text{m}$$

实测跃后，水深为 4.8m，计算误差在 $\pm5\%$ 以内。

第五节　消能率与其他消能指标
§ 5. Rate of energy dissipafion and other index of energy dissipation

闸坝下游消能措施的效果如何，是否经济安全而发挥了工程上的最大经济效益，需要有一个衡量的标准或某项指标，以便评价消能措施的优劣。关于这个问题，过去大都根据二元水流的试验资料从消能率或消能效率加以分析，很少涉及三元空间的水流扩散问题。

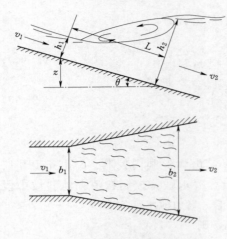

图 2-26　斜坡上扩散水跃示意图

下面就着重讨论三元扩散水跃消能指标问题[10]。

一、消能率

因为消能常被理解为总能量的消失，因而用消能率来衡量消能效果是很自然的一条途径。如图 2-26 所示的扩散水跃，跃前、后两断面间沿流程的能量损失，以水头计为

$$\Delta E = E_1 - E_2 = \left(z + h_1\cos\theta + \frac{\alpha_1' v_1^2}{2g}\right) - \left(h_2\cos\theta + \frac{\alpha_2' v_2^2}{2g}\right)$$

因为 $v_2 = \dfrac{b_1 h_1}{b_2 h_2} v_1$，$\dfrac{v_1}{\sqrt{gh_1}} = Fr_1$（弗劳德数），故可将上式化为消能率的计算式：

$$\frac{\Delta E}{E_1} = 1 - \frac{\dfrac{h_2}{h_1}\cos\theta + \alpha_2'\left(\dfrac{b_1 h_1}{b_2 h_2}\right)^2 \dfrac{Fr_1^2}{2}}{\dfrac{z}{h_1} + \cos\theta + \alpha_1'\dfrac{Fr_1^2}{2}} \qquad (2-51)$$

又因 $\dfrac{v^2}{2g} = \dfrac{q^2}{2gh^2}$，故也可化为下式：

$$\frac{\Delta E}{E_1} = 1 - \frac{h_2\cos\theta + \alpha_2'\dfrac{q_2^2}{2gh_2^2}}{z + h_1\cos\theta + \alpha_1'\dfrac{q_1^2}{2gh_1^2}} \qquad (2-52)$$

式中　　　　　z——水跃前、后两断面底部的高差，$z = L\sin\theta$，当某一断面的底部水平时，$\cos\theta = 1$；

v_1、v_2、q_1、q_2——两断面水流的平均流速和单宽流量；

α_1'、α_2'——两断面处水流的动能修正系数，应分别按式（2-53）、式（2-54）取值。

$$\alpha' = \frac{1}{A}\int\left(\frac{v}{\overline{v}}\right)^3 dA = \frac{1}{A\overline{v}^3}\int v^3 dA \qquad (2-53)$$

其中，A 为流水断面面积，$\overline{v}$ 为其平均流速，v 为各点流速对于垂直线上沿水深 h 的 n 个点流速，则式（2-53）为

$$\alpha' = \frac{1}{h}\int\left(\frac{v}{\overline{v}}\right)^3 dh = \frac{\sum v^3}{n\overline{v}^3} \qquad (2-54)$$

一般不扩散的二元水流，由于不均匀的流速分布，此修正系数 α' 可高达 1.3；但在扩散水跃的尾部，此修正系数高达 $\alpha' = 1.4 \sim 3.5$（HY9，1979，P.1065）[11]。

以上消能率的计算式，可以用于图 2-27 中不脱离水体的各种消能情况，即一般护坦或消力池中水跃、戽流旋滚鼻坎出流等消能方式，当然也包括池中或护坦上有辅助消能工的情况。

对于不扩散（$b_1 = b_2$）的平底上（$\cos\theta = 1$）临界水流 $\left(\dfrac{h_1}{h_2} = 1，Fr_1 = 1\right)$，分析式

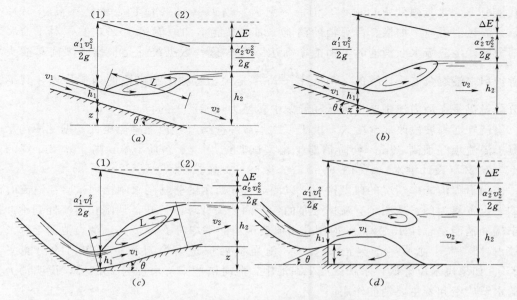

图 2-27 不脱开水体的旋滚消能情况

（2-51）可知消能率等于零；但是如为扩散水流，由式（2-51）可知有消能作用，可见扩散也是消能，而且在闸坝水流消能中占很重要的位置。

为了分析消能与水深的关系，可对式（2-51）求导数，并使之等于零，即

$$\frac{\mathrm{d}\left(\frac{\Delta E}{E_1}\right)}{\mathrm{d}\left(\frac{h_2}{h_1}\right)}=-\frac{\cos\theta-\alpha_2'\left(\frac{b_1}{b_2}\right)^2\left(\frac{h_1}{h_2}\right)^3Fr_1^2}{\frac{z}{h_1}+\cos\theta+\alpha_1'\frac{Fr_1^2}{2}}=0$$

则有

$$\alpha_2'\left(\frac{b_1}{b_2}\right)^2Fr_1^2=\left(\frac{h_2}{h_1}\right)^3\cos\theta$$

得

$$\frac{h_2}{h_1}=\left(\frac{b_1^2}{b_2^2}\frac{v_1^2}{gh_1}\right)^{1/3}\left(\frac{\alpha_2'}{\cos\theta}\right)^{1/3}=\left(\frac{b_1}{b_2}Fr_1\right)^{2/3}\left(\frac{\alpha_2'}{\cos\theta}\right)^{1/3} \tag{2-55}$$

及

$$h_2=\left(\frac{b_1^2}{b_2^2}\frac{v_1^2h_1^2}{g}\right)^{1/3}\left(\frac{\alpha_2'}{\cos\theta}\right)^{1/3}=\left(\frac{Q^2}{b_2^2g}\right)^{1/3}\left(\frac{\alpha_2'}{\cos\theta}\right)^{1/3}=\sqrt[3]{\frac{\alpha_2'q_2^2}{g\cos\theta}} \tag{2-56}$$

如果由式（2-52）求导，$\frac{\partial\left(\frac{\Delta E}{E}\right)}{\partial h_2}=0$ 则可直接得到式（2-56），此式说明临界下游水深是消能率最大的一个条件，尾水愈深，消能率愈低。同样，式（2-55）说明消能率最大时的尾、首水深共轭比所具备的条件，水流的平面扩散愈宽，要求最大消能率的水深共轭比则愈小，对于不扩散的平底上水流，可知 $h_2/h_1=Fr_1^{2/3}$ 时消能率最大。

从上面的分析可知，消能率计算式与弗劳德数、水深共轭比以及单宽流量等有密切的关系，对于三元扩散水流的消能率，计算时还必须知道水流扩散的流速分布情况，它与消能工布置及流态也有密切关系。根据对已做过的各项工程试验加以分析可知[10]，在产生

水跃情况下，弗劳德数 Fr_1 愈大，消能率愈大。当 $Fr_1=3\sim44$ 时，消能率高达 $50\%\sim$ 60%，而且消力池中加槛、齿等辅助消能工时，又能增加消能率 10% 左右；对于池后二级消力池产生二级水跃消能时，消能率高达 77%。这些数据统计是根据闸坝前总能头与下游护坦末端剩余能头计算的，消能率 $\dfrac{E_0-E_2}{E_0}$ 是代表着整个护砌段的消能作用，其绝大部分能量仍是在消力池中产生水跃和旋滚中转换为热能消失的。

溢流坝面斜坡段改成台阶式，由于下跌水流冲撞掺气，消能率会更大。据龙潭沟水库混凝土溢流坝（坝高 69m）台阶消能工模型试验结果[26]，台阶 0.9m 高、0.72m 宽的消能率为 87%（设计洪水，$q=13.65\mathrm{m^2/s}$）及 69%（校核洪水，$q=3.5\mathrm{m^2/s}$）。

作为沿程消能率情况的典型说明，以图 2-28 所示的骆马湖水闸模型试验在泄流时测得的一组资料为例，从图示有流速分布的各断面能头计算值可知，从闸孔出流处到不冲护坦末端的消能率总计 43.12%，而闸孔出流旋滚消能率却占了 31.2%，消力池前半部及其斜坡占 10.3%，池后半部只占 0.42%，池尾槛后护坦上摩阻和扩散作用的消能率占 1.2%。如果尾水位降低，水跃就产生在池中，此时消能率可增加为 76.3%，说明消力池中的水跃旋滚起着主要消能作用。

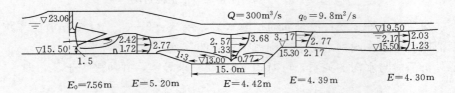

图 2-28 典型水闸泄流时沿程消能情况（流速单位：m/s）

对已做过的闸坝水工模型试验资料加以分析整理，可绘出图 2-29。从图 2-29 可知，消能率与弗劳德数保持了较好的规律性，而且三元水流由于扩散作用，比二元水流的消能率大，弗劳德数愈高，相差愈大[11,12]，扩散良好时最大差额可达 15% 以上。为便于比较，将二元和三元水跃的消能率理论值也绘入图 2-29 中，以虚线表示。对于矩形水槽平底上二元水跃的消能率，可在式（2-51）中代入共轭水深关系式 $\dfrac{h_2}{h_1}=\dfrac{1}{2}\left(\sqrt{1+8Fr_1^2}-1\right)$，并设 $\alpha'=1$，得出理论值为

$$\frac{\Delta E}{E_1}=\frac{(\sqrt{1+8Fr_1^2}-3)^3}{8(\sqrt{1+8Fr_1^2}-1)(2+Fr_1^2)} \tag{2-57}$$

对于三元水跃，以辐射状扩散水跃的理论值较符合规律，设 r_1 和 r_2 分别为弧形跃首和跃尾的辐射半径（参见图 2-17），其消能率为[11]

$$\frac{\Delta E}{E}=1-\frac{\alpha_2' Fr_1^2+2(r_2/r_1)^2(h_2/h_1)^3}{(r_2/r_1)^2(h_2/h_1)^2(\alpha_1' Fr_1^2+2)} \tag{2-58}$$

图 2-29 中的理论曲线消能率均比模型试验的结果稍低，其原因主要是所取试验资料包括从闸坝出流到不冲护坦（海漫）末端的全部护砌长度间的消能效果，即除了消力池段水跃消能外，还包括其前、后段的摩阻消能以及辅助消能工的作用。至于出流宽度 b_1 突

然扩宽为 b_2 的三元水跃，因为突扩愈宽，两侧回溜愈大，消能就愈小；只有在小到 b_2/b_1 ＝1.49 时，受边墙限制趋于均匀扩散，其消能率最大，超过二元水跃的消能率 14%。由此可知，个别闸孔开放形成突扩水跃不及有扩张适当的边墙引导的水跃消能率大。

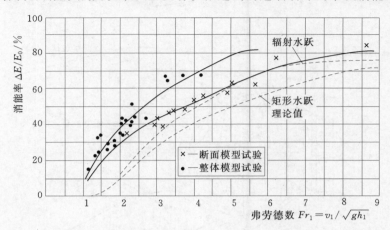

图 2-29　消能率与弗劳德数的关系（三元与二元水流比较）

应当指出，消能率只不过是衡量相对消能量的一个参数，虽然总的消能率相同，但由于在空间上分布不均，局部消能率各有不同，产生的冲刷破坏模式也不同。因此结合局部冲刷还有必要再讨论以下平面扩散和垂直流态两个鉴别消能好坏的指标。

二、平面水渣扩散的单宽流量比

结合防冲概念（见第三章），应使进入冲刷河床的单宽流量为最小，以护坦末端的最大单宽流量与闸孔出流单宽流量的比值 q_{max}/q_0 作为识别消能扩散好坏的一个指标是适宜的。分析大量试验资料，在闸门齐开时，随着水跃及消能情况，$q_{max}/q_0＝0.6～1.6$，若个别集中开放闸门，并采用全闸宽计算 q_0 时，q_{max}/q_0 则会高达 3 左右。说明个别集中开放闸孔的危害性最大，实际上有不少工程由于运用管理闸门不当而出了事故。因此必须开放少数闸孔时，除非在该孔出流处有特殊消能措施外，也得间隔对称小开度逐步提升闸门开放，以避免消能扩散不良发生严重冲刷。

水流平面扩散不良，将对平原水闸的土质河床冲刷极为严重。很多实例说明，若闸下主流抵达护坦末端尚未完全扩散而有侧边回溜时，则将压迫主流更加集中，会使单宽流量和最大流速加倍。而且随着冲刷坑的加深，回溜将继续发展，又会使已集中的单宽流量再次加倍，如图 2-30 的六垛南闸试验结果所示。

三、垂直流速分布的流态因子

结合防冲概念，除平面水流的扩散消能外，还应考虑尽快调整为正规的垂直流速分布。因此再提出一个消能指标，即决定于垂直流速分布的流态因子 $\sqrt{2\alpha-y/h}$，它既是防冲的一个因素，又是剩余能量的一个因素（见第三章）。其中 α 为动量修正系数，h 为水深，y 为最大流速的高度。根据二元水流的分析，这个流态因子在 1～2 之间，主要是受其前面发生水跃旋滚和消能工布置的影响。垂直流速分布愈不均匀，临底流速愈大，该指标就愈大。如图 2-31 所示为断面模型试验结果，经过消能后的出池水流将迅速调整流速

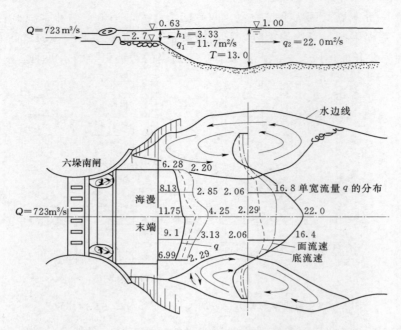

图 2-30 两侧回溜促使冲刷坑上水流集中情况

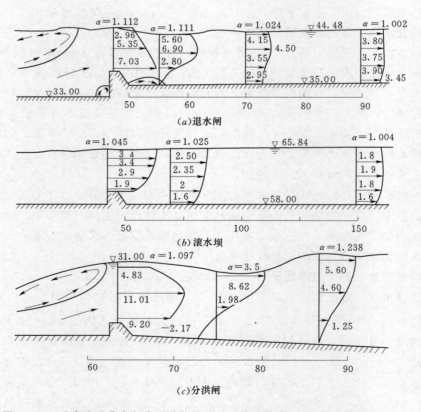

图 2-31 垂直流速分布与水跃消能的关系（流速单位：m/s；尺寸单位：m）

分布趋向正常，由于调整流速的能量损失也将淘刷河床进行做功，故在尾槛后的一段距离内必须加以保护。

图 2-31 (a) 的退水闸，为不产生水跃的缓流或波状水流情况，水流越过尾槛很快就形成正常的流速分布。图 2-31 (b) 的滚水坝，为淹没水跃到稳定水跃的一般情况，越槛水流需要较长的距离才能形成底部为小流速的正常均匀流动。此时消能段的总能量损失有 39%，而尾槛后调整流速的能量损失却占 5%。图 2-31 (c) 的分洪闸，为射流速度继续增大向远驱水跃发展情况，需要更远距离才能趋向正常的流动。至于越出尾槛的射流，那就要历经更长的距离，必须考虑二级消能措施。

四、消能量与消能效率

以上介绍的三个消能指标，对于闸坝泄流，其消能率如图 2-29 曲线所示，单宽流量比在 0.6~2.6 之间；流态因子在 1~2 之间。据此可大致比较各工程消能的好坏和冲刷的危害。但是并没有涉及工程设计的经济效益，所以还可以从消能的绝对数量考虑，例如用单宽池底或护坦的消能量（kW/m）表示，即 $\rho g q \Delta E$（见图 2-7 的算例）。或者用单位面积上消能量（扩散水流）与单位长度上消能量（二元水流）来表示，以及消力池单位容积的消能量等指标来表示，这些指标可称为单位工程量的消能量或消能效率，也就是说高效率消能应以最短距离的消能段或最小工程量来完成消能防冲的要求。有了这项单位工程量的消能指标，当更有利于衡量消能工设计的优劣，这个问题有待继续研究。

第六节　消力池布局与辅助消能工
§ 6. Arrangement of stilling basin and auxiliary energy dissipators

一、消力池的作用和布局

水跃消能为底流消能型式，借助池中水深的阻挡使急流突然转变流态形成水跃，通过水流内部旋滚的剪切、紊动和掺混作用，使大部分动能转换为热能和位能达到消能的目的，是比较可靠的急流消能方式，消能率高达 2/3；同时水流平面扩散也能助长消能，据分析，三元扩散水跃比矩形槽中的二元水跃消能率高约 15%。底流式水跃消能不仅效果好，而且还有适应性强、流态稳定、尾水波动小、进入尾渠的缓流流速分布均匀以及维修费用低等优点。因此，底流消能方式在各种地质条件下的不同泄水建筑物中都有采用，特别对减轻土质河床的冲刷尤为必要。

由于水跃消能主要靠旋滚水流内部在相对流速的剪切力做功并转化为热，因而消力池的形状就需要适应这一要求。例如池底宜做成逐渐升高的曲线形以适应旋滚的形成，这种池形也就演变为戽斗式消能。对于扩散水跃来说，要求中部水深大于边部，所以又有人提出汤匙勺子形的消力池，但由于施工不便，还没有被重视，只有在地形有利时才被采用，例如河北省朱家庄水库溢流坝下游消力池就接近勺子形，模型试验表明消能效果很好。按照水跃强烈旋滚消能的要求也可推知，适度的两级消力池往往比一个大体积池的消能效果更好，因为池中过度水深还会使急流潜底射出，达不到池中消能的目的，而且试验证明将一级池改换为二级池还可以减少产生波状水跃的几率，如图 2-32 所示。

若在池中加设消力槛、齿、墩等辅助消能工，不仅能使池深减少 10%～15%，而且能强迫水跃缩短 1/3 左右。但为避免出池水流的波动，设计池长可稍长于计算值的 10% 或 0.5h_2 左右，h_2 为池中共轭水深。没有辅助消能工的平底及斜坡消力池水跃消能扩散已在本章第五节论述，下面再介绍包括尾槛、平台小槛等在内的各种辅助消能工和池底厚度要求。这些对经济合理的设计和补救消能工程之不足有重要意义。

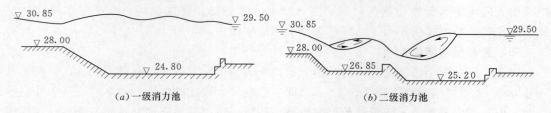

（a）一级消力池　　　　　　　　　　　（b）二级消力池

图 2-32　二级消力池消除波状水跃的作用

二、消力池尾槛[7]

消力池尾槛的作用在于控制水跃长度，逼高池中共轭水深，促使水跃扩散，使出池水流挑向水面以及避免槛脚处的河床淘刷等。若尾槛太低，作用固然不大；但过高又将造成槛后跌流或二次水跃，这样就需要加强槛后护坦再过渡到块石海漫，并应于坦末设第二道槛。为避免跌流这种不良现象，应使槛顶水深大于越槛水流的临界值，从而得出尾槛高出下游河床（图 2-33）的上限为

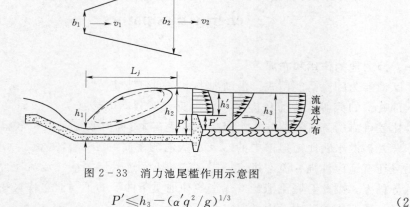

图 2-33　消力池尾槛作用示意图

$$P' \leqslant h_3 - (\alpha' q^2 / g)^{1/3} \tag{2-59}$$

式中　α'、q——流速分布不均匀的动能修正系数、单宽流量，且 α'、q 依赖于消能扩散情况，一般可设 $\alpha'=1.5$ 的同时，用过闸出流单宽流量 q_0 代替越槛单宽流量 q 来计算；

h_3——槛后河床上尾水深。

根据各闸试验资料分析尾槛高度，多采用 $P'/h_3=0.1～0.3$。冲刷比较试验的结果说明无尾槛冲刷严重，而尾槛过高则会使冲刷更加严重。因此，采用式（2-59）确定适宜的槛高是必要的。

尾槛形式以迎水面直立的连续实体槛作用较大。雷巴克齿形尾槛只有在浅水时有使出池水流均匀的优点，它对水跃计算的影响相当于上、下齿平均高度的实体槛。有时也可把直线尾槛改为折线或弧形尾槛，以利于水流扩散。

弯道上的消力池尾槛则必须考虑水流的离心力作用所造成的越槛不均匀流量分布，特别是水库侧岸溢洪道，水流经常绕过弯道泄入河道，此时弯道急流进入消力池将偏冲一侧，池中另一侧形成回溜还会造成堆丘，如富水电站溢洪道的消力池，弯道水流偏右侧，左侧堆丘高 3.5m，迫使过流宽度缩窄 1/3 以上。因此必须设计倾斜高度不同的尾槛以及左、右高程不同的倾斜池底，使越槛水流基本均匀，甚至再于尾槛后布置消力墩或二级池使进入下游河道的水流更趋均匀。

关于有尾槛时水跃共轭水深的计算（图 2-33），考虑到越槛水流的水面跌落，并在应用尾槛下游尾水位方便的原则下，认为槛前迎水面是静水压力分布，槛后只计槛顶以上部分水体流动时，则取槛前与槛后两断面列动量方程式，为

$$\frac{\gamma h_2^2}{2} - \frac{\gamma h_3'^2}{2} - \frac{\gamma P}{2}(2h_2 - P) = \frac{\gamma q_2}{g}(v_3 - v_2)$$

若设尾槛以后翼墙不再继续扩张，即 $q_2 = q_3$，则 $v_3 = q_2/h_3'$，$v_2 = q_2/h_2$，以及 $q_2 = q_1(b_1/b_2)$，代入上式略加整理，可得

$$\left(\frac{h_3'}{h_1}\right)^2 = \left(\frac{h_2}{h_1}\right)^2 - \frac{P}{h_1}\left(\frac{2h_2}{h_1} - \frac{P}{h_1}\right) - 2Fr_1^2\left(\frac{h_1}{h_3} - \frac{h_1}{h_2}\right)\left(\frac{b_1}{b_2}\right)^2 \tag{2-60}$$

式 (2-60) 与扩散水跃公式 (2-40) 联立求解，或直接查图 2-18 中的 h_2/h_1 值代入式 (2-60)，就可求得 h_3'/h_1 值。为避免试算麻烦还可计算一套关系曲线，如图 2-34 所示为 $b_2/b_1 = 2$ 的情况。又若式 (2-60) 对 h_3'/h_1 求导数，即 $\frac{dFr_1}{d(h_3'/h_1)} = 0$，则可确定最小 Fr_1 的分界线为

$$\frac{h_3'}{h_1} = \left(\frac{b_1}{b_2}\right)^{2/3} Fr_1^{2/3} \tag{2-61}$$

或

$$h_3' = (h_3')_c = \left(\frac{b_1}{b_2}\right)^{2/3}(h_1)_c \tag{2-62}$$

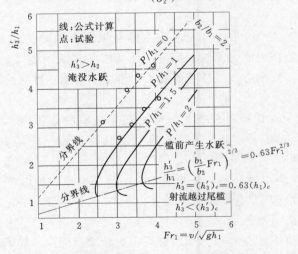

图 2-34 尾槛作用下扩散水跃的共轭水深关系

式中　$(h_3')_c$、$(h_1)_c$——水流在尾槛后、水跃前的临界水深。

结合 $P/h_1=0$ 的分界线，可把水流划分成三个区域（图 2-34）。同时应注意 $P/h_1=0$ 的线，其计算值与式（2-41）的计算结果相同。而当 $b_1=b_2$ 时就变成二元水流的特例。

关于扩散水跃受尾槛作用的验证资料也绘入图中，结果相当一致。同样也可绘出 $b_2/b_1=3$ 等的曲线图，供设计时查用。

三、出流平台小槛[1]

在闸孔出流平台末端加小槛是消减波状水跃和折冲水流危害的简单消能工，它使急流挑起转向，然后下跌入池能改变原来的波状水跃为潜没水跃，达到利用池中深水充分消能和扩散的目的，如图 2-35 所示。

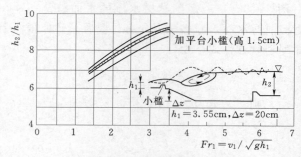

图 2-35　平台小槛消减波状水跃的试验结果

因为平台末端跌坡的存在，底流边界突变加深有助长急流波动的作用，较之沿平底急流有更大的尾水位范围适应于产生波状水跃。若加设小槛就能使产生波状水跃的尾水位范围显著缩小，如图 2-35 所示。关于跌坡前平台上水跃的共轭水深关系，可参见第三节降台阶情况的式（2-27）及式（2-28）。

出流平台上加小槛还能改善开闸始流情况和间隔开启闸门时的水流条件，有利于闸门管理。但应注意结构上的牢固，使小槛与底板联成整体。槛迎水面做成流线形可以减轻受出闸射流的冲击力和空蚀损坏。对于平原水闸，在小槛附近设渗流排水时则宜布置反滤排水出口于小槛的下游。至于小槛的高度则与闸孔出流的弗劳德数、出流水深及尾水位有关，一般为出流水深的 1/4 左右，实用为 0.5～1m。

针对不同的出闸水流，在出流平台上可以设置不同形式的小槛，如 W 形的曲折槛、弧形槛以及在间隔或个别开闸门出流处设置人字槛、分水槛或排齿等均能取得良好的消能扩散效果。

同理，如图 2-1（b）所示，溢流堰式闸的小坝也有消减波状水跃的功能。试验证明，堰式闸可利用闸室作为消力池的一部分，消减波状水跃的危害，也可控制底沙进闸，还可将坝体做成辛可夫式空心坝以节约混凝土，所以不失为一种好的闸型。

四、辅助消能工

消力池中或护坦上加设辅助消能工，使之在尽量短的距离内达到消能扩散的目的，已成为近年来消能研究的一个方面。目前流行的几种定型消力池就是根据不同的辅助消能工布置而成。例如 1948 年美国明尼苏达大学圣安东尼瀑布水工试验室（简称 S.A.F.）首先提出的消力池，是由一排趾墩、一排消力墩和护坦末端的一道实体尾槛组成。20 世纪 50 年代初美国垦务局水工试验室（简称 U.S.B.R.）根据系统的模型试验资料，又提出 3 种定型消力池（图 2-36）作为标准设计（其中 C 型池与 S.A.F. 类似），其弗劳德数的限制和池长见表 2-1。而后又有不少新池型问世，如印度的 U.P.I.R.I. 型消力池等。

表 2-1　　　　　　　　　U.S.B.R. 定型消力池的弗劳德数与池长关系

池型	弗劳德数 Fr_1	2.5	3.0	3.5	4.0	4.5	6.0	8.0	>10
A	L_B/h_2	4.8	5.2	5.6	5.8	5.9	—	—	—
B	L_B/h_2	—	—	—	3.6	3.72	4.02	4.21	4.3
C	L_B/h_2	—	—	—	2.1	2.2	2.5	2.62	2.78

　　显然，上述定型消力池不外乎由趾墩、消力墩和尾槛等辅助消能工组成。实践表明，在其适用范围内，对于稳定水跃、提高消能效果和缩短池长等方面确有作用。当尾水浅、水跃发生于坡脚时，趾墩则有吸住跃头的作用；但是在低弗劳德数情况下（$Fr_1=2.5\sim4.5$），趾墩对下游冲刷又几乎没有影响。因此，对于中低闸坝工程似可不加趾墩以降低造价和方便施工，只要把跃首控制在斜坡末端便可稳定水跃。对于高水头（高于 20m）的消力池，若设墩齿，特别是趾墩，由于墩尾水流形成马蹄形立轴漩涡容易发生空蚀，应设法防止。

　　此外，对于下游水深特大的广阔水面，文献 [1] 早已总结出的消力梁、消力栅以及利用闸墩的墩尾微曲导流扩散等特殊消能工，近年来随着结构设计的不断完善，也日见采用。据内蒙古河套灌区 50 座水闸的统计资料，有 90% 的水闸下游处于波状水跃或弱水跃之间，$Fr_1=1\sim2.3$，消能效果差，下游出现不同程度的冲刷，因而从 1984 年起，分别采用了筛梁式消能工（图 2-37）和曲折小槛（图 2-38）兴建和改建了 20 余座水闸，消能效果显著，下游冲刷坑已基本淤平[13]。

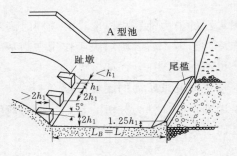

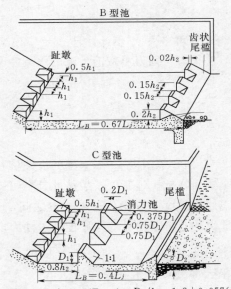

$D_1/h_1=1.3+0.163(Fr-4)$　　$D_2/h_1=1.2+0.057(Fr-4)$

图 2-36　U.S.B.R. 定型消力池

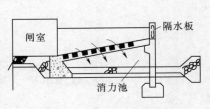

图 2-37　筛梁式消能工

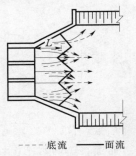

---- 底流　——面流

图 2-38　曲折小槛消能工

第七节　消力池底板厚度
§ 7. Thickness of bottom of stilling basin

闸坝工程的消力池底板厚度，必须同时满足抗冲和抗浮要求。前者取决于作用在底板表面的水流冲击力，后者则取决于作用在闸基的渗流扬压力。这是两种不同性质的力，其分析方法也不同。现在分述如下[14]。

一、按抗冲要求所需的底板厚度

这里用冲量原理作为分析的基础。消力池的水流冲击力，是由于消力池首、尾两端的动量骤变而引起的，即

$$F = \rho q(\alpha_1 v_1 - \alpha_2 v_2) \tag{2-63}$$

因为 $v_1 \gg v_2$，可略去 v_2 不计，且 $v_1 = \sqrt{2g\Delta H}$，$\rho = 1\text{t/m}^3$，$g = 9.8\text{m/s}^2$，并设 $\alpha_1 = 1.1$，代入式（2-63），则得单宽消力池的水流冲击力为

$$F \approx 0.5q\sqrt{\Delta H} \tag{2-64}$$

式中　ΔH——上、下游水位差，m；

　　　q——单宽流量，m^2/s。

表 2-2 列举了国内 15 个水闸的有关资料，并按式（2-64）计算单宽冲击力。这些水闸都是修建在软土地基上，故彼此具有可比性。由表 2-2 可见，国内大中型水闸的消力池首端底板厚度一般在 0.5～1.0m 之间，池首弗劳德数 $Fr_1 = 2 \sim 6$，水流冲力 $F = 5 \sim 30\text{tf/m}$。总的趋势是池首底板厚度随着冲力增大而增大。为便于同现有公式进行比较，将冲力 F 开方，然后绘制 $t - \sqrt{0.5q\sqrt{\Delta H}}$ 关系曲线，见图 2-39。由图 2-39 可见，国内水闸的绝大部分点子落在图中 Ⅱ、Ⅳ 两条直线之间，其中黑点子表示经过实践考验的水闸。

根据图 2-39，可以按抗冲要求得出池首底板厚度的经验公式为

$$t = K\sqrt{0.5q\sqrt{\Delta H}} \tag{2-65}$$

式中　K——系数，在 0.15～0.25 之间。

如与常用公式进行比较，式（2-65）可改写成

$$t = K_1\sqrt{q\sqrt{\Delta H}} \tag{2-66}$$

式中　K_1——系数，$K_1 = \sqrt{0.5K}$，其值在 0.11～0.18 之间，视建筑物等级与地基土质而定，国内水闸设计规范中的 K_1 值为 0.18～0.20。

表 2-2　　　　　　　　　　　　国内水闸资料统计表

编号	闸名	流量 Q /(m³/s)	单宽流量 q /(m²/s)	上游水位 H_1 /m	上、下游水位差 ΔH /m	弗劳德数 $Fr_1 = v_1/\sqrt{gh_1}$	单宽冲力 $F = 0.5q\sqrt{\Delta H}$ /(t/m)	池首底板厚度 t/m
1	高良涧	800 818①	9.85 10.1	17.0 15.24	6.2 4.4	5.60 4.95	12.27 10.59	0.6
2	皂河	50 865①	7.02 12.15	23.0 23.61	4.86 2.15	5.79 4.57	7.58 8.91	1.0
3	宿迁	600 860①	8.68 12.44	25.0 23.02	6.00 3.41	5.82 4.20	10.63 11.49	0.8
4	刘老涧	574① 500	15.92 13.88	18.30 17.53	0.82 0.48	2.94 2.93	7.25 4.81	1.0
5	三河	12000 10500①	19.0 16.6	16.32 13.31	1.92 1.21	3.11 2.69	13.16 14.13	0.5
6	二河	9000	21.3	17.7	2.4	3.54	16.60	0.8
7	万福	8320	22.6	5.0	6.91	2.57	29.70	0.7
8	淮阴	3000	10	15.20	5.2	4.96	11.40	0.6
9	嶂山	7500	20	25.7	6.7	3.83	25.89	1.0
10	六塘河	600	17.3	25.0	5.2	4.11	19.73	0.8
11	射阳河	6340	13.1	1.6	1.6	2.30	11.45	0.6
12	六垛南	800 723①	11.27 10.15	0 2.77	6.0 2.02	3.15 2.85	13.81 7.22	0.5
13	濛河洼	720	12	27.91	2.36	2.47	9.22	0.5
14	方集	216	10.8	30.89	1.89	2.8	7.43	0.4
15	白荡	100	6.67	9.02	2.85	3.11	5.63	0.6

①　实际通过最大流量。

　　为了对式（2-65）的适用性有进一步的认识，不妨举几个实例说明。图 2-39 直线 Ⅱ以上的 2、4 两座水闸，即江苏的皂河闸和刘老涧闸，这两座闸的底板厚度所以大，是因为按抗浮要求确定的，而直线Ⅳ以下的 5、7 两座水闸，即江苏的三河闸和万福闸，它们的底板厚度偏小，倒是值得注意的。至于苏联早期水闸消力池底板厚度普遍偏大的问题，主要原因是在 20 世纪 50 年代初，对消力池内的脉动压力估计过高所致，特别在当时对"点"与"面"的脉动幅值缺乏正确的认识。50 年代中期以后，随着量测仪器的进步，苏联专家们已经察觉到这一点。1957 年，苏联 И.И. 塔拉依莫维奇通过苏联水闸的统计分析，得出修正后的池首底板厚度的计算公式与式（2-65）相同，只是系数 $K=0.4$，相当于图 2-39 中的直线 Ⅰ。若按此计算，国内大多数水闸的池首底板厚度均嫌不够。然而，经过数十年来的运行考验，这些水闸的消力池大都完好无损。说明应用式（2-65）计算池首底板厚度是安全经济的。

　　此外，从冲力观点来看，消力池底板的首端和末端采用同样的厚度显然是不合理的。因为冲力总是随着消力池的纵向距离而逐步减弱，直至水跃尾部接近消失。所以，该处的底板厚度只需满足构造厚度即可（一般不小于 0.5m）。至于首、末端池底板厚度的比值，一般规范建议为 2:1，这是符合我国实际情况的。江苏水闸的底板末端厚度多为 0.5m，

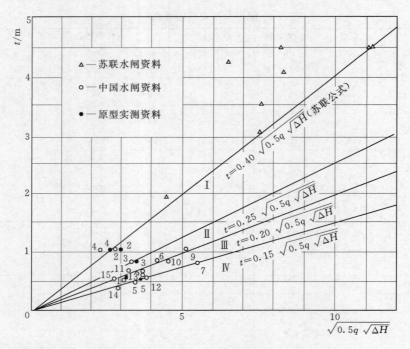

图 2-39　$t - \sqrt{0.5q}\sqrt{\Delta H}$ 关系曲线

按此推算，首端厚度应为 1.0m，相当于在 $\sqrt{0.5q}\sqrt{\Delta H} < 5$ 的范围内（图 2-39）。其他平原地区的水闸也基本如此。

二、按抗浮要求计算消力池底板厚度

消力池的底板厚度，除满足上述抗冲要求外，尚需校核在闸基渗流作用下底板的强度及其稳定性。具体说，底板各点的扬压力需与底板自重及其上的水重相平衡，其厚度计算方法及考虑的适用情况，可参考第五章第五节。

从抗浮观点来看，采用等厚度的消力池底板同样是不合理的。因为在底流消能情况下，为获得较好的消能效果，总是把水跃控制在消力池斜坡末端。这样，斜坡上的扬压力总是大于其他部位，特别是在跃首部位。因此，消力池斜坡段的底板厚度大于乎底段才是合理的。这一结论与前述抗冲要求是一致的。

综上所述，水闸消力池底板厚度的设计，大体上可分作两步：首先，按抗冲要求初步确定底板厚度；其次，根据抗浮要求校核整块底板的稳定性。然后，取两者之中的大值，确定底板的最终厚度。尽管如此，在确定消力池厚度方面，目前仍存在着相当大的不确定因素，诸如：材料强度、施工质量、地基性质和防渗措施的有效性等。因此，选用适当的安全系数还是必要的。

三、应用实例

【例】　三河闸是江苏最大的水闸，现有池首厚度只有 0.5m，鉴于工况和水情发生变化，决定对该闸进行全面加固，而消力池底板加厚即其中之一。试计算消力池底板厚度。

【解】　根据加固后的设计标准，最大单宽流量 $q = 19.05\text{m}^2/\text{s}$，上、下游水位差 ΔH

＝3.30m，代入式（2-65）得池首底板厚度（三河闸是大型重要工程，取 $K=0.25$）为

$$t=0.25\sqrt{0.5\times19.05}\sqrt{3.3}=1.04\text{m}$$

设计加固的池首底板厚度为 1.0m，与上述计算结果基本相符。故从抗冲角度出发，可以认为设计的加固厚度是合理的。下面根据抗浮要求再来校核消力池底板厚度。

根据三河闸的运行工况，即使泄洪流量为 $12000\text{m}^3/\text{s}$，上、下游水位差也不过 3.30m（上游水位 17.00m，下游水位 13.70m），加上脉动压力，最大水位差也不会超过 4.00m。但当闸门全关、下游无水时，上、下游水位差可达 6.00m（上游水位 13.50m，下游水位 7.50m），故从抗浮观点来看，这种情况是最不利的，应作为安全校核的重点。

为了取得闸底渗流扬压力数据，我们进行了简单的二向电算，根据计算所得的等势线分布，结合上述最不利工况，绘制消力池底板上的扬压力分布，见图 2-40。然后，对消力池底板厚度的安全性作出判断（表 2-3）。可见，只要现有滤层排水失效率控制在 10% 左右（即 $\eta=10\%$），则消力池加固厚度除能满足抗冲要求外，也能满足设计的抗浮要求；若失效率达到 15%，则消力池斜坡部分勉强能满足要求，而平底部分不能满足要求；若失效率超过 20%，则斜坡和平底两部分均不能满足要求。

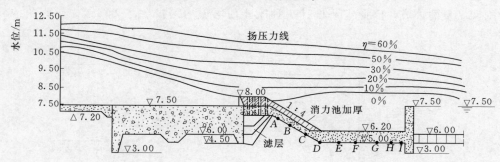

图 2-40　闸门全关时消力池底板扬压力分布

表 2-3　　　　　　　　　　　消力池底板厚度校核表

滤层排水失效率 η	消力池底板扬压力水头/m		抗浮需要厚度/m		是否安全
	斜坡段	平底段	斜坡段	平底段	
0	0.30	0.50	0.2	0.36	安全
10%	0.90	0.90	0.64	0.64	安全
20%	1.50	1.50	1.07	1.07	不安全
30%	2.00	1.80	1.43	1.29	不安全
50%	2.70	2.40	1.93	1.71	不安全
100%	3.00	2.70	2.14	1.93	不安全

注　1. 校核标准上游水位 13.50m，下游水位 7.50m（闸门全关）；
　　2. 设计加固厚度：斜坡 0.6～1.0m，平底 0.6m；
　　3. 取混凝土底板的比重为 2.4。

综上所述，消力池加固厚度能否满足抗浮要求，关键在于滤层排水的有效性。当然，

从三河闸现有消力池底板完好无损这一事实来看，滤层排水的有效性似乎得到确认，但上、下游水位差从未达到过 6m，这一事实亦不能忽略。再者，有些水闸虽已超过危险指标而尚未破坏的事例也是存在的。因此，趁消力池加固之机，认真检查一下滤层排水的有效性，同时采取必要的措施保持排水孔的畅通，这是完全必要的。

第八节　消力池的翼墙扩张型式
§ 8. Type of wing wall extension along stilling basin

一、翼墙的作用和适宜扩张角[1,15]

闸坝下游侧边翼墙或导墙具有导流和消除回溜的作用，能使泄流均匀扩散并尽快过渡到下游河渠的正常流速分布状态。但若扩张角度太大又无消能时，出闸急流就会脱离边墙形成"人"字形波继续保护急流前进，再结合出流受消力池前玻底边突扩影响，就更容易形成波状水跃，此时消能作用甚微，如图 2-41（a）所示。这种接近临界水流的波状水跃，一般发生在共轭水深 $h_2/h_1 \leqslant 2$，或弗劳德数 $Fr_1^2 \leqslant 3$ 的急流中。因为两侧回溜压迫主流更加集中，甚至还会形成左右摆动的折冲水流，如图 2-41（b）所示。这样将导致严重冲刷和昂贵的护坡，因此需要设计一种既能使水流均匀扩散，又有最大扩张角的较短翼墙。

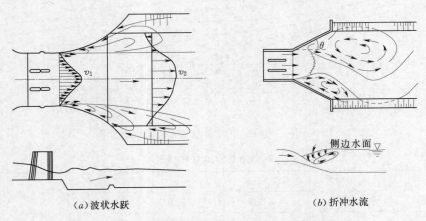

（a）波状水跃　　　　　　　　　　　（b）折冲水流

图 2-41　翼墙扩张角太大引起的波状和折冲水流

翼墙或边墙的扩张角大小，可从水流的扩散速度作简单说明，见图 2-42。下面以水流向旁侧扩散速度 v_y 与纵向速度 v_x 来表示出流扩散角度 θ，横向速度 v_y 决定于水流的厚度 h，平均值为

$$v_y = \frac{1}{h}\int_0^h \sqrt{2gz}\,\mathrm{d}z = \frac{2}{3}\sqrt{2gh}$$

它与原纵向流速的比值，即水流扩张率为

$$\tan\theta = \frac{v_y}{v_x} = \frac{2\sqrt{2}}{3}\bigg/\frac{v_x}{\sqrt{gh}} = \frac{0.94}{Fr} \tag{2-67}$$

由此可知，扩张率与弗劳德数 Fr 成反比。

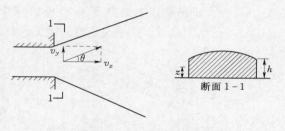

图 2-42　水流扩散原理

急流在平台上扩散，沿纵剖面方向不受重力影响，基本上符合式（2-67）的规律。若在陡坡上则受重力沿流向的分力作用，形成加速流而减小了扩散能力。相反，在反坡上就必然会加大水流的扩散能力。所以在出流平台上加小槛及消力池尾槛等促使水流发生仰角都有向旁侧扩散的作用，例如，某水库泄洪洞出口紧接 1:6 的陡坡，出流段 $Fr=4.5$，边墙扩张率 $\tan\theta=1/8$ 时，急流即与边墙脱离；模型试验中修改为 8m 长的出流平台再接以曲线陡坡至消力池时，急流段边墙扩张率则可加大为 1/7，说明出流平台对高速水流的扩散作用也很明显。

在没有消能措施的出闸水流情况下，我们曾对急流、缓流和临界水流等分别进行过试验。以水流扩散恰好不出现旁侧回溜为标准，试验结果如图 2-43 所示，急流的扩张率随 $\sqrt{h/H}$ 或 Fr 急剧地变化，而缓流和临界流的扩张率变化很缓。并知在没有任何消能工时，急流的边墙扩张率最大为 $\tan\theta=0.123$，扩张角约为 $\theta=7°$；缓流的最大扩张率 $\tan\theta=0.23$，$\theta=13°$ 左右。

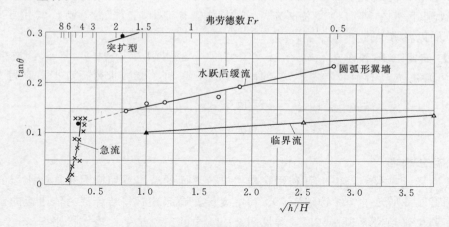

图 2-43　急流、缓流与临界流的翼墙扩张角试验结果

实际工程多在消力池中设置一些槛、齿、墩、梁之类的辅助消能工，以促使水流的进一步扩散，这时边墙最大扩张率可达 $\tan\theta=0.57$，$\theta=30°$ 左右。根据文献 [1] 对 25 座水闸的最终修改边墙和消能工的试验资料及没有任何消能工的试验资料（图 2-43）所作综合分析的结果，如图 2-44 所示。若从安全考虑取图中各点略偏下的实线值时，其方程式为 [15]

$$\tan\theta=0.19\sqrt{1+3\sum(P/h)}\,(h_2/H)^{1/4} \qquad (2-68)$$

式中　h_2——护坦上或消力池中水流扩散段的尾水深；

　　　H——上、下游水头差；

$\sum(P/h)$——消能工高度 P（排齿高或槛高）与该处水深 h 的比值之和，若消力池段的辅

助消能工有出流平台小槛，池中又有消力墩一排，池末端还有尾槛，则 $\sum(P/h)$ 就是这三道消能工的各比值之和。

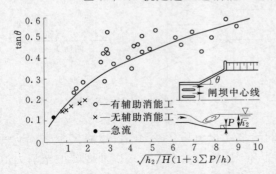

图 2-44　翼墙扩张角的综合分析

上面的边墙扩张角公式与文献 [1] 中分析的公式计算结果一致，只是式（2-68）的形式更为合理。式（2-68）既适用于水跃区及跃后缓流段的边墙平均扩张角计算，也可用于计算急流段的扩张角（$\sqrt{h/H}<\sqrt{2}$ 或 $Fr>1$ 时）。

关于边墙的综合分析，系指出流后水跃在消力池或固定护坦消能扩散过渡段的平均扩张角度分析，按照出流的各段特点，应在出流平台以下（可能是射流的陡坡段）采用最小的扩张角；在水跃后缓流的消力池段则可采用较大的扩张角；结合消力槛、齿、墩的扩散作用，还可在这些辅助消能工附近再加大扩角。

【例】　江都西闸 1991 年洪水超设计流量运行，$Q=1000\text{m}^3/\text{s}$，上游水位 4.20m，下游水位 2.70m，河底高程 -5.00m，消能工只有池深 0.8m；而翼墙扩角较大，平均 $\theta=25°$，以致闸下存在回溜使主流略偏，造成右侧岸坡脚的严重淘刷，试用扩角公式（2-68）加以核算。

【解】　护坦上尾水深 $h_2=2.70+5.00=7.70$，池水深 $7.70+0.8=8.50$，尾槛高 $P=0.8$，上下游水位差 $H=4.20-2.70=1.50$，代入式（2-68）求得适宜扩角应为

$$\tan\theta=0.19\sqrt{1+3(0.8/8.5)}\,(7.7/1.5)^{1/4}=0.324$$

$$\theta=18°$$

二、突扩翼墙[8]

侧边回溜危害很大，但也可利用它与主流分界面的漩涡剪切应力来加速水流的局部扩散。如图 2-45 所示的突扩边墙布局，利用突扩处局部漩涡并结合消力池尾槛的作用，就能使其平均扩张角增大为 $\theta=25°$（参见图 2-44 中的试验结果，最大扩张率 $\tan\theta=0.46$），也不致在护坦末端岸侧发生回溜，下游河床冲刷也有显著减轻。若采用单一直线或弧形边墙而无辅助消能工时，只允许平均扩张角 13° 左右。突扩边墙在急流区斜坡段的扩张角仍取 7°，消力池平底开始利用水跃后的扩散这一有利条件可突扩 25°，出池后利用尾槛对水流的扩散作用可再突扩一次，仍用 25°。此时由于增大扩角和突扩后的断面加宽，能使翼墙长度更为缩短。至于翼墙与渠道岩坡的衔接处仍可采用扭

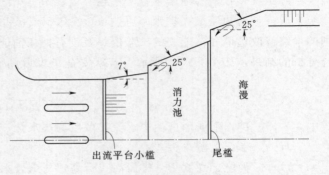

图 2-45　突扩翼墙的布局

曲面砌石。

　　突扩翼墙在消除侧边回溜较之单一圆弧翼墙也有较好的扩散效果，对于部分开闸门时发生波状水跃情况或全开闸门高淹没度情况下均能获得满意的扩散水流效果，如图 2-46 所示为高良涧闸试验中的一组结果。

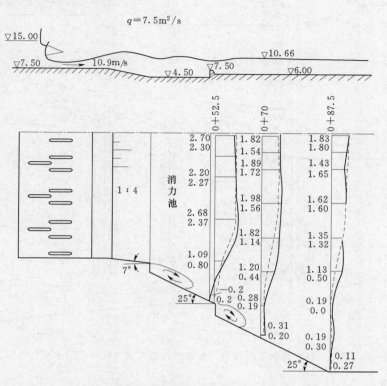

图 2-46　高良涧闸突扩翼墙试验闸下水流扩散情况（单位：m）

三、坡面边墙（梯形断面水跃）

　　水跃前和跃区（消力池或护坦等消能扩散段）的边墙应为直立式，而消力池与下游河道坡面的衔接宜采用扭曲面形式。若在水跃区采用坡面边墙，如梯形渠槽中的水跃（图 2-47），由于跃前、跃后水面宽度不同，边坡上水体不发生旋滚而形成立轴回溜，使主流集中或偏流。这种现象在高速水流中更为明显，如图 2-48 所示，为宜兴横山水库溢洪道模型试验实例[16]，急流在边坡 1∶1 梯形渠槽消力池中产生水跃时形成偏流，没有充分发挥池中水体旋滚的消能作用，故在 1973 年发生消力池底与陡坡的冲毁事故。经试验研究在消力池边墙坡面上各加设消力槛（肋槛）两道，把底部急流拨转到水流中部以阻隔回溜的形成，是消除坡面回溜的最佳措施；加固工程采用肋槛后也被证明是成功的。消除梯形槽水跃偏冲的另一措施，还可使陡

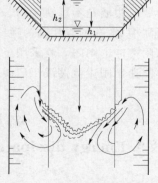

图 2-47　梯形断面水跃

槽在跃首处扩至最宽并开始向跃区把槽宽逐渐缩窄，然后进入正常宽度的渠槽，使跃前浅

水和跃后深水的水面宽度基本相等，也能得到较好的水跃消能效果。

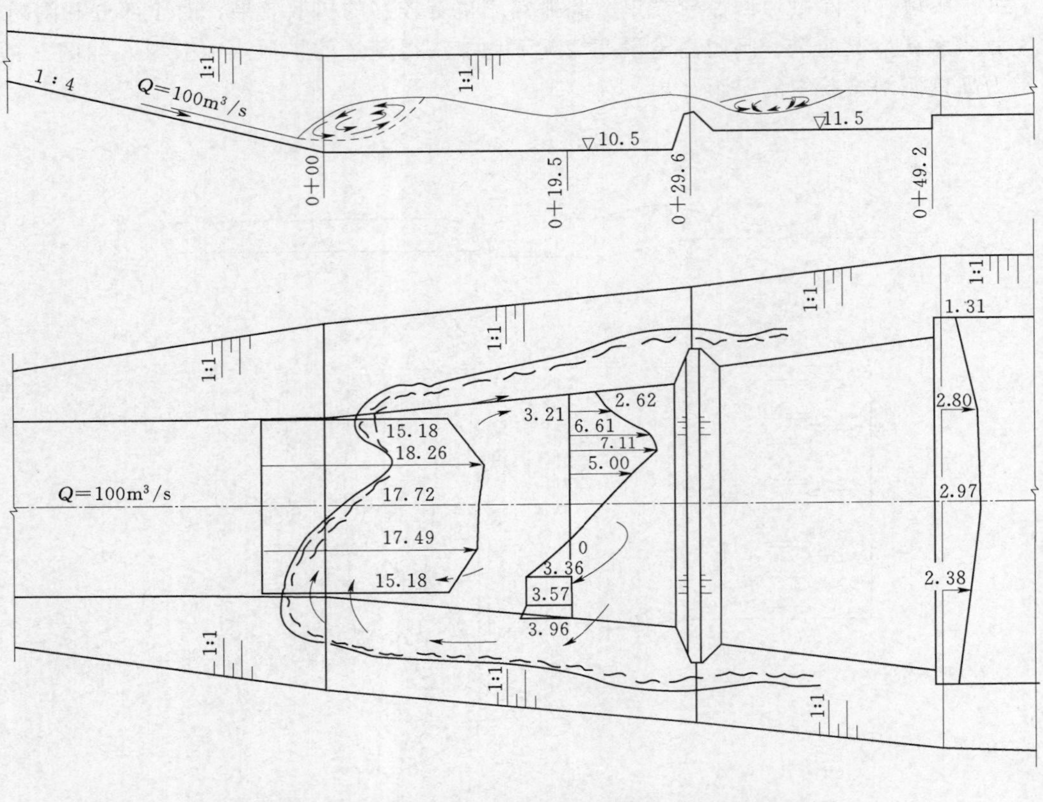

图 2-48　梯形断面槽消力池水跃偏流实例（宜兴横山水库）

四、导墙

水利枢纽中的溢流坝段下游，有时因不修建导墙或不拆除施工围堰等也会造成偏流。例如西津电站原建没有右侧导墙，泄流受回溜作用偏向右侧，岸坡处流速高达 7.1m/s，坝趾附近底部横旋流速高达 8.3m/s，风化岩石河床冲刷深 8m，经修建 30m 右侧导墙后，回溜减轻，岸坡处流速减为 2.2m/s，坝趾处旋流流速减为 3.6m/s。可见泄流侧边的适宜导墙或边墙是不可缺少的。有时为了满足分区间开放闸门的要求，也必须修建导墙，例如葛洲坝 27 孔的二江闸为适应下泄流量及下游水位大幅度的变化，使水跃既不远离又不进入闸室冲击闸门，就采用了闸下设二道隔墙形成三区间放水，便于灵活调度运用。总之，不能让出闸主流荡漾于广阔水体中。

第九节　面流消能及其水力计算
§ 9. Energy dissipation of surface flow and its hydraulic calculation

对于低弗劳德数闸坝工程，除应用最为广泛的水跃底流消能方式之外，另一种应用较少的是面流消能方式。面流消能又可分为戽斗面流和跌坎面流，基于两者之间有共同点，故放在本节内分别进行讨论[17,20]。

一、戽斗面流

在泄水建筑物的末端下方设置半径较大、挑角较大的反弧戽斗，射流水股以较大的曲率挑离戽斗时，形成较高的涌浪，涌浪的上、下游有水面横轴旋滚，这是称为"三滚一浪"的一种典型流态，见图 2-49。水面第二旋滚之后，还有成串的波浪，可以延续较长的距离。戽斗及其下游，常需修建较长的导墙，并常在导墙下游设置较长的护岸工程。

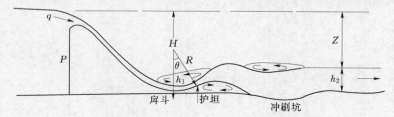

图 2-49　戽斗面流消能方式

戽斗面流的流态对尾水位变动的影响较敏感。这种消能方式对河床地质条件的要求稍高于底流消能方式，但对岸坡的稳定性则有较高的要求。高水头、大单宽流量泄洪建筑物，采用戽斗面流消能方式的工程实例尚不多。

戽斗面流相应于不同的尾水位，其基本流态如图 2-50 所示。其中，临界戽流是进行戽斗面流分析计算的重要依据。它的特点是除底部有横轴旋滚外，戽坎挑起的涌浪受尾水顶托而有足够的高度和曲率，涌浪的上游表面开始出现浪花或小旋滚，紧靠涌浪的下游有表面横轴旋滚，如图 2-50 (a) 所示。水力计算首先在于确定发生临界戽流所需的临界尾水深度 h_2。西北水科所在一项具体工程模型试验中，对单圆弧连续式戽斗做了 54 组水槽比较试验，连同国内外已建工程的 15 组原型资料，一并进行图解分析，得出临界戽流水跃共轭水深比的中值经验公式为

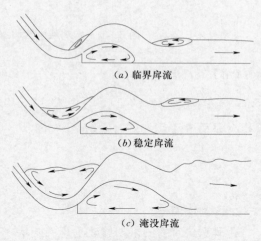

图 2-50　戽斗面流消能基本流态

$$h_2/h_1=Fr_1[1.3+0.3R(1-\cos\theta)/h_c] \tag{2-69}$$

$$h_1=0.71EK^{0.9} \tag{2-70}$$

$$K=q/(\sqrt{g}E^{3/2}) \tag{2-71}$$

式中　h_c——临界水深；

　　　h_2——临界戽流跃后水深；

h_1、Fr_1——跃前水深及相应的弗劳德数；

　　　E——戽底以上水头，$E=H+h_1$；

　　　K——流能比。

为了保证临界戽流流态的发生，尾水深 h_t 宜略大于临界戽流 h_2 计算值。

【例】 宝鸡峡渠首加固工程消力戽（图 2-51），已知戽内单宽流量 $q=56.8\text{m}^2/\text{s}$，戽底以上水头 $E=30\text{m}$，连续式消力戽 $\theta=45°$，$R=10\text{m}$，试计算临界戽流跃后水深 h_2。

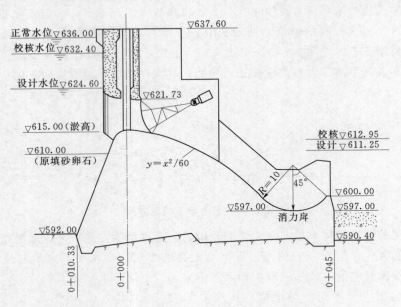

图 2-51 宝鸡峡渠首加固工程中孔剖面图（单位：m）

【解】 已知 $h_c=\sqrt[3]{\dfrac{q^2}{g}}=\sqrt[3]{\dfrac{56.8^2}{9.81}}=6.9\text{m}$。由式（2-71）得流能比 $K=q/(\sqrt{g}E^{3/2})=$
$56.8/(3.13\times30^{3/2})=0.11$。再由式（2-70）得跃前水深 $h_1=0.71\times30\times0.11^{0.9}=2.92\text{m}$
及相应弗劳德数 $Fr_1=q/\sqrt{g}h_1^{3/2}=56.8/(3.13\times2.92^{3/2})=3.64$。将以上数据代入式
（2-69），得

$$h_2/(h_1Fr_1)=1.3+0.3\times10(1-0.707)/6.9=1.43$$
$$h_2=2.92\times3.64\times1.43=15.2\text{m}$$

二、跌坎面流

在泄水建筑物的末端修建垂直的陡坎，坎的顶面可以是水平的或带有小的仰角，坎顶的高程一般略低于下游尾水位。射流离坎后沿程扩散，陡坎下游有底部横轴旋滚，水面也有旋滚及起伏的波浪，同样延续较长的距离。因此，在陡坎下游应修建导墙及护岸工程。下游尾水的变动以及陡坎高度，对陡坎面流的流态都有敏感的影响。

陡坎面流消能方式的特点之一在于：漂浮物可能排放通过。这种消能方式一般适用于中、低水头工程，见图 2-52。

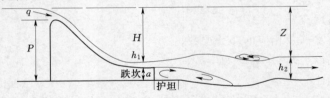

图 2-52 跌坎面流消能方式

跌坎面流水力计算中要求确定区别流态的区界水深。基于跌坎面流流态对下游水位的变动很敏感，下游水位逐步升高或逐步降低时，同一下游水位可能出现不同的流态，见图 2-53。换言之，流态的区界水深随下游水位的升或降而有所不同。水位渐升时，称为"上限"；水位渐降时，称为"下限"。为简化起见，以下采用 3 个区界水深，都是"上限"。

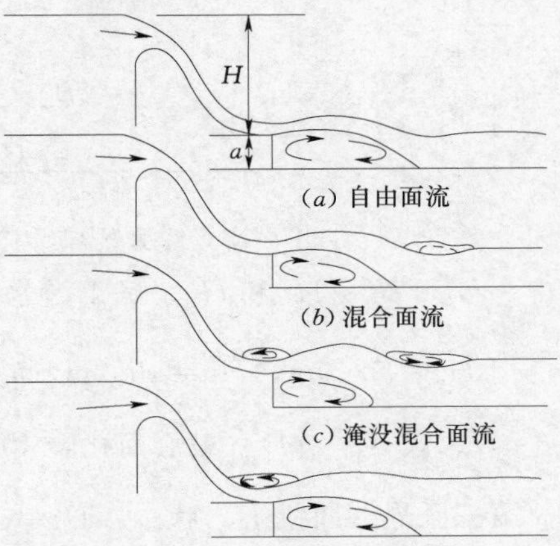

(a) 自由面流

(b) 混合面流

(c) 淹没混合面流

(d) 淹没面流

图 2-53　跌坎面流消能基本流态

（1）第一区界水深 h_{t1}，其定义为发生自由面流流态的最小下游水深。

（2）第二区界水深 h_{t2}，其定义为从自由面流或混合面流转为淹没面流的最小下游水深。

（3）第三区界水深 h_{t3}，其定义为保持淹没混合面流或淹没面流流态，而不形成回复底流（或称潜流）的最大下游水深。

文献 [19] 对国内外的一些算式进行了综合比较，并建议采用如下经验算式：

$$\frac{h_{t1}}{h_c} = 0.84\frac{a}{h_c} - 1.48\frac{a}{P} + 2.24 \tag{2-72}$$

$$\frac{h_{t2}}{h_c} = 1.16\frac{a}{h_c} - 1.81\frac{a}{P} + 2.38 \tag{2-73}$$

$$\frac{h_{t3}}{h_c} = \left(4.33 - 4\frac{a}{P}\right)\frac{a}{h_c} + 0.9 \tag{2-74}$$

式中　a——跌坎高度；

P——坝高，可取用 $P = H + a - 1.5h_c$，其中 H 为上游水位到跌坎顶的泄洪落差。

由于 $h_t < h_{t3}$ 的试验资料较少，式（2-74）的精度也较低，如取用与式（2-72）、式（2-73）相同的表达方式，则可近似地改为

$$\frac{h_{t3}}{h_c} \approx 2.7\frac{a}{h_c} - 2.5\frac{a}{P} + 1.7 \tag{2-75}$$

根据已知条件求定区界水深 h_{t1}、h_{t2}、h_{t3} 值后，考虑常用的跌坎面流流态为自由面流或混合面流，控制下游水深为 $h_{t1} < h_t < h_{t2}$；有时也可用淹没混合面流或淹没面流，控制下游水深为 $h_{t2} < h_t < h_{t3}$。

在面流式跌坎的水力设计中，主要是计算形成面流和淹没面流等主要流态的水力条件及产生面流式流态的范围，也就是要针对具体工程的最小和最大流量与相应的最低和最高下游水位等情况，选择产生面流式衔接流态的最适宜的鼻坎布置形式。下面利用上文所得的衔接流态，举一算例进行具体的水力计算。

【例】　设某工程已确定溢流顶高程为 52.00m，鼻坎出口断面平均最大单宽流量为 60.0m²/s，相应于坎上单宽流量为 60.0m²/s、45.0m²/s、30.0m²/s 以及 15.0m²/s 时的坝下水位高程分别为 46.20m、45.60m、44.70m 和 43.50m。分析并选择下游产生面流式衔接流态的鼻坎布置，并验算坎下的衔接流态。

【解】　首先分析最大流量时坎下形成面流式流态的条件（图 2-54），将式（2-72）、

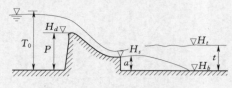

图 2-54　自由面流算例示意图

式（2-73）和式（2-75）中的下游水深 t、坎高 a 和坝高 P 改为以各种高程表示，即

$$t = H_t - H_b$$
$$a = H_s - H_b$$
$$P = H_d - H_b$$

式中　H_t、H_b、H_s 和 H_d——下游水位、下游河床、鼻坎坎顶和溢流坝顶的高程数值。

把 $H_d = 52.0\text{m}$，$H_t = 46.2\text{m}$，$h_c = \sqrt[3]{\dfrac{q^2}{g}} = \sqrt[3]{\dfrac{60^2}{9.81}} = 7.16\text{m}$ 等代入式（2-72）、式（2-73）、式（2-74），最后简化，得

第一区界（曲线Ⅰ）状态　$H_s = \dfrac{(46.2 - H_b) - 16.04}{0.84 - \dfrac{10.60}{52.0 - H_b}} + H_b$ 　　　　　　　（2-76）

第二区界（曲线Ⅱ）状态　$H_s = \dfrac{(46.2 - H_b) - 17.04}{1.16 - \dfrac{12.96}{52.0 - H_b}} + H_b$ 　　　　　　　（2-77）

第三区界（曲线Ⅲ）状态　$4.33(H_s - H_b) - 4.0\dfrac{(H_s - H_b)^2}{52.0 - H_b} + H_b = 39.76$ 　　（2-78）

式（2-76）~式（2-78）在以 H_s 和 H_b 分别为纵横坐标的方格图上依次为 3 条曲线（见图 2-55 曲线Ⅰ、Ⅱ和Ⅲ）。这 3 条曲线显示出在不同鼻坎和坎下河床高程情况下的坝下流态演变的分区情况，曲线Ⅰ的右上方为底流区，Ⅰ、Ⅱ两曲线之间为面流区，

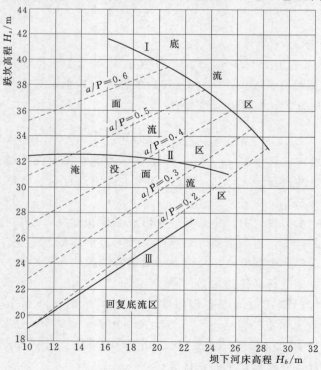

图 2-55　某工程不同跌坎高程和河床高程时的衔接流态（$q = 60.0\text{m}^2/\text{s}$）

Ⅱ、Ⅲ两曲线之间为淹没流区，曲线Ⅲ的下部为回复底流区。如欲使坝下发生某种衔接流态，鼻坎和河床高程的组合应该落在相应区域之内。在 H_d 已定的情况下，不同的 a/P 值的界线也能在以 H_s 和 H_b 为坐标轴的图上绘出。图 2－55 是根据单宽流量为 $60.0\text{m}^2/\text{s}$ 绘出的，如欲了解其他流量的情况，可以更换一个数值进行与上相同的计算。

第十节　挑流及自由跌流消能
§ 10. Energy dissipation of ski-jump and free over fall jet

　　对于修建在岩基上的高、中水头泄水建筑物，国内外采用鼻坎挑流消能方式日益增多。这种消能方式具有结构简单、工程量小和投资省等优点。但对下游冲刷区的地质条件要求较高，并须注意下游的冲刷坑不致危及大坝安全，以及两岸的岸坡稳定。同时，对于水花飞溅及雾化影响等问题，也应给予重视。关于岩床冲刷深度、冲坑位置及防冲措施等问题，在第三章中有论述，这里仅对挑流消能工形式（包括自由跌流）及消能量的估算作些介绍。

一、消能工形式与消能特点

1. 各种类型鼻坎挑流消能

　　泄洪建筑物末端的挑流坎体型是挑流消能的关键。由于高速水流具有灵敏性，故可利用水流导向和水股变形，对高速水股进行定向抛射，达到空中扩散消能并在适宜的下游河床进入水垫。我国 20 世纪 50 年代在佛子岭连拱坝泄洪管出口首次修建扩散式挑坎，使射流于空中得到充分扩散，消能效果显著[20]。但放水时细雨纷飞，影响附近电厂的工作条件。挑流鼻坎形式繁多，其中以等宽连续式、矩形齿槽差动式、梯形扩散差动式和扭曲式等 4 种鼻坎，应用最为广泛，见图 2－56。

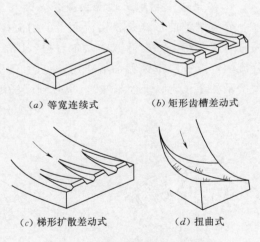

(a) 等宽连续式　　　　(b) 矩形齿槽差动式

(c) 梯形扩散差动式　　　(d) 扭曲式

图 2－56　挑流鼻坎体型示意图

　　连续式鼻坎构造简单，但挑流时水股密实集中，在高水头、大单宽流量情况下，下游河床冲刷较深。例如丹江口溢流坝末端挑角 $30°$，松涛水库溢洪道末端挑角 $15°$ 等工程均为连续式挑坎，下游河床断层带均有较深冲坑。齿槽差动式鼻坎由于水股在空气中的紊动掺气以及在水下的淹没扩散，对减轻下游的冲刷有利，但需注意避免齿槽的空蚀破坏。

　　我国 20 世纪 50 年代首次在狮子滩水电站溢洪道采用矩形差动式挑流坎，挑角分别为 $30°$ 及 $26°$，运行良好[21]。但河床为砂质黏土，抗冲力差，冲刷坑有所发展。柘溪水电站溢流坝原采用矩形差动式坎，侧面发生严重空蚀，后改为梯形差动式坎，抗空蚀性能有所提高，可视为齿槽式鼻坎的一种改进体型。目前很多高坝如梅山、乌江渡等都采用了差动式挑流坎，而且，还有高坎扩散、低坎收缩的差动式挑坎等。

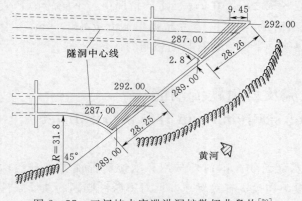

图 2-57 三门峡水库泄洪洞扩散扭曲鼻坎[20]
（单位：m）

对于岸边泄洪建筑物，需要使射流转向入河，则有斜挑坎和扭曲式鼻坎，可避免岸坡遭受冲刷。如我国三门峡水库增建的两条左岸泄洪洞，末端设置扩散式斜挑扭曲鼻坎（图 2-57），运行实践表明，挑射水股向右扩散情况良好。

2. 两侧滑雪道式溢洪道对撞消能

两侧滑雪道式溢洪道对撞消能形式是利用水股在空中对撞消能，从而增大空中的消能作用，同时将密实集中水流分散成多股水流下落，从而减轻下游河床的冲刷。我国东江等水电站曾采用这种消能形式。

3. 高低坎上、下挑流对撞消能

高低坎上、下挑流对撞消能形式的作用原理同上述第二种消能形式类似。其目的都是为了加强空中的消能作用。流溪河拱坝是我国较早采用高低坎上、下对撞消能的实例（图 2-58），它使入水最大流速由 30m/s 减少到 20m/s，对减轻下游河床的冲刷有明显效果。

4. 溢洪道或拱坝上设置巨型分流墩

分流墩消能形式是将溢流面上的射流撕裂，掺入大量空气后，再挑射出去，对消能防冲有一定作用。如巴西依哈索尔台拉（Ilhasolteira）溢流坝上设置了一种新型的薄而高的分流墩，兼有防空蚀和消能作用，见图 2-59。此外，我国河南宋家场溢洪道布置了一排大型砥柱墩（类似于分流墩），也收到同样消能效果。

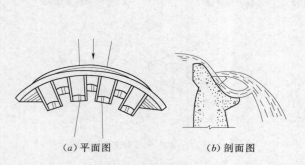

(a) 平面图　　　　　　(b) 剖面图

图 2-58　流溪河拱坝高低坎上、下对撞消能

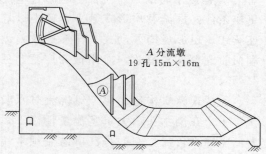

A 分流墩
19 孔 15m×16m

图 2-59　巴西依尔哈索尔台拉溢流坝
分流墩示意图

5. 窄缝式纵向扩散挑流消能

窄缝式纵向扩散挑流消能是一种适用于狭窄河谷的新型消能形式。其特点是将过水宽度在挑坎出口缩窄，促使水流在纵向充分扩散，从而拉开射流上、下缘间距，增大水流与空气的接触面，使之大量掺气，空中消能率显著增加，且入水面积较等宽挑坎增大较多，

对减轻下游河床冲刷有明显的作用，是一种很有发展前途的新型消能工。我国龙羊峡水电站的溢洪道就是采用这种消能工，见图 2-60。

6. 利用宽尾墩挑流消能

宽尾墩消能形式的工作原理与窄缝式挑流相近，都是促使水流的横向收缩，增强竖向扩散。而宽尾墩还使水流在坝面上互相撞击并掺气，进一步消耗水流的能量。我国潘家口水库溢流坝是利用宽尾墩挑流消能的实例（图 2-61），从而较好地解决了溢流坝下游冲刷问题。

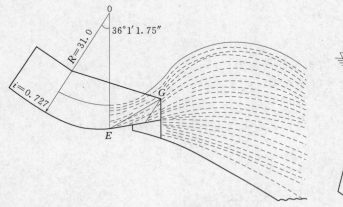

图 2-60　龙羊峡溢洪道窄缝鼻坎体型图　　　　图 2-61　潘家口宽尾墩溢流坝断面图

7. 坝顶自由跌落水垫池消能

这是溢流拱坝常用的消能方式。除第三章所述的卡里巴拱坝外，1968 年美国的莫西罗克双曲拱坝也采用这种消能方式。该坝高 185m，泄洪流量 7800m³/s，单宽流量 170m²/s。布置特点是坝顶挑坎短小，射距相应亦小。因此，入水角度大，冲坑位置靠近坝脚，故须在坝脚处有足够的水垫深度和较好的基岩条件，见图 2-62 和图 2-63。

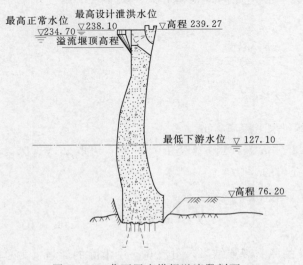

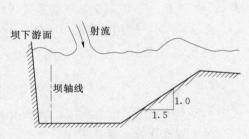

图 2-62　莫西罗克拱坝溢流段剖面　　　　　图 2-63　莫西罗克拱坝水垫池

综上所述，消能工体型的选择应结合坝型、枢纽布置、河谷地形、基岩及水流条件等综合考虑，以便得出理想的体型布置。

二、挑流消能能量损失的计算

挑流消能的能量损失，可分为坝面、空中及下游水垫三段来考虑，如图 2-64 所示，文献 [20] 对此三段的能头损失分别以 ΔE_{1-2}、ΔE_{2-3}、ΔE_{3-4} 表示，即

$$\Delta E_{1-2} = (H-Z-d)(1-\alpha_1\varphi_1^2)$$

$$\Delta E_{2-3} = H(\alpha_1\varphi_1^2 - \alpha_2\varphi_2^2) + (Z+d)(1-\alpha_1\varphi_1^2)$$

$$\Delta E_{3-4} = \alpha_2\varphi_2^2 H - \alpha_3 \frac{q^2}{2gh_2^2}$$

式中　φ_1、φ_2——断面（2）、（3）的流速系数；

　　　　Z——鼻坎起始断面至下游水位的高程差；

　　　　d——断面（2）的不掺气射流水深，此水深可引用式 $q=v_2 d$ 计算；

　　　　h_2——下游尾水深度；

　α_1、α_2、α_3——断面（2）、（3）、（4）的流速水头校正系数，一般取 $\alpha_1 = \alpha_2 = \alpha_3 = 1.1$。

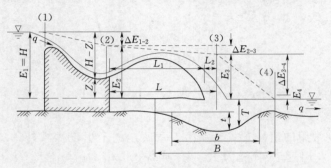

图 2-64　鼻坎挑流消能示意图

关于流速系数 φ_1 有很多人进行过研究，分别提出过很多算式。其中，文献 [22] 根据原型观测资料反求所得的 φ_1 为

$$\varphi_1 = 1 - \frac{0.0077}{(q^{2/3}/S)^{1.15}} \qquad (2-79)$$

$$S = \sqrt{Z'^2 + B'^2}$$

式中　Z'、B'——坝顶至鼻坎的垂直距离和水平距离，m。

式（2-79）适用范围为 $q^{2/3}/S=0.025\sim0.25$，当 $q^{2/3}/S>0.25$ 时，可取 $\varphi_1\approx0.96$。

关于 φ_2 的算式，可采用文献 [20] 提出的

$$\varphi_2 = K\sqrt{\varphi_1^2\left(1-\frac{Z+d}{H}\right) + \left(\frac{Z+d}{H}\right)} \qquad (2-80)$$

式中　K——流速系数校正值，略小于 1。

对于等宽连续式鼻坎挑流，根据国外的原型观测结果，射流在空中消除的能量仅为总能量的 20% 左右，能量主要是在下游水垫内消除，与上述计算结果略相近。

参 考 文 献

References

［1］ 毛昶熙，等. 闸下消能初步综合研究. 南京水利实验处研究报告，1955.

［2］ Chadwick A. J. and Morfett J. C.. Hydraulics in Civil Engineering，1986.

［3］ Francis J. R. D. and Minton P.. Civil Engineering Hydraulics，1984.

［4］ 刘德润. 普通水力学（下册）. 上海：正中书局，1946.

［5］ Hager W. H. and Bretz N. V.. 正负台阶上的水跃. 水利水运科技情报，1989（2）.

［6］ Башкирова Л. С.. 水工建筑物下游的水力计算. 黄骏，毛善培，译. 中国科学图书仪器公司，1954.

［7］ 毛昶熙. 土基上闸坝下游冲刷消能问题. 水利学报，1984（1）.

［8］ 周名德，毛昶熙. 闸坝下游消能冲刷试验研究. 水利水运科学研究，1988（3）.

［9］ 王瑞彭. 折坡消力池水跃水力计算. 水利学报，1987（2）.

［10］ 毛昶熙. 闸坝下游消能指标问题. 人民黄河，1986（4）.

［11］ Khalifa A. M. and Mccorquodale. A Radial Hydraulic Jump ［J］. ASCE，HY9，1979.

［12］ Younkin L. M.. A 3 – Dimensional Hydraulic Jump, Conference On Water Resource Development，Idaho，U. S. A. 1984.

［13］ 刘惠中，赵吉学. 河套灌区闸下冲刷原因及治理措施的探讨. 水利工程管理技术，1991（6）.

［14］ 周名德. 论水闸消力池首端厚度与破坏原因分析. 江苏水利科技，1986（4）.

［15］ 毛昶熙. 闸坝泄流局部冲刷问题（三）——冲刷与消能扩散的关系. 人民黄河，1988（5）.

［16］ 钱炳法. 宜兴横山水库溢洪道水工模型试验. 南京水利科学研究院报告，1983.

［17］ 毛昶熙，周名德，高光星. 底流、面流消能及软基冲刷，水工模型试验（第二版），1985：316.

［18］ 张志恒. 连续式消力戽的水力计算和设计，泄水建筑物消能防冲论文集. 北京：水利出版社，1980.

［19］ 王正昊. 溢流坝面流式鼻坎衔接流态的水力计算. 水利水运科学研究，1979（2）.

［20］ 陈椿庭. 高坝大流量泄洪建筑物. 北京：水利电力出版社，1988.

［21］ 焦文生. 挑流扩散泄水建筑物运行中的一些情况. 南京水利科学研究院报告，1984.

［22］ 徐秉衡，等. 溢流坝鼻坎挑流时岩基冲刷深度与位置的估算，泄水建筑物消能防冲论文集. 北京：水利出版社，1980.

［23］ 郭子中. 消能防冲原理与水力设计. 北京：科学出版社，1982.

［24］ 文恒，沈红膺. 水闸消能防冲设计中最不利的水位流量组合的确定. 内蒙古农牧学院学报，1987，8（3）.

［25］ 水电部教育司. 水工建筑物下游消能问题. 北京：水利电力出版社，1959.

［26］ 吴福生，等. 龙潭沟水库溢洪道泄洪消能局部冲刷实验研究. 水利水运工程学报，2014（1）.

第三章　闸坝泄流局部冲刷
Chapter 3　Local Scour due to Discharge
Flow of Sluice-Dams

局部冲刷为各种泄水建筑物下游及其附近所存在的一般性问题。当泄水建筑物兴建后，由于其泄流宽度远较原河道缩窄，单宽流量增加，同时由于抬高上游水位造成显著的上、下游水位差，因而上游来水流经建筑物后把势能转换为巨大的动能，集中向下游宣泄，水流湍急，虽经消能措施，仍将超过原有河道的正常流速或河床土质的允许不冲流速，因此必将引起局部冲刷。

局部冲刷类别按照建筑物和冲刷位置的不同则有闸坝下游、平底闸的上游、桥墩处、丁坝头处、围堰侧、缩流工程、河湾凹岸等的河床冲刷。本章主要根据文献［1］、［2］、［3］、［36］等国内的研究成果及国外一些文献资料整理编写，较系统地讨论闸坝下游各种流态对河床的局部冲刷，也略涉及其他的局部冲刷。

第一节　冲刷坑的形成及其水流分析
§ 1. Scour pit formed and its flow analysis

研究冲刷问题，首先应了解冲刷过程和冲刷的内部结构，然后始能在此基础上进一步作定量分析；而这种研究手段则多依赖模型试验。我们在模型中观察到的冲刷过程有开始的强烈冲刷与随后的逐步扩展两个阶段，并且可以按照垂直剖面和平面上的两种水流情况描述于下：

从沿纵剖面的二元水流观点来说，水流一出下游固定护坦（或不致冲动的海漫）进入冲刷河床，就开始紧贴河床沿底向前流动。由于水流的直接作用，河床发生强烈冲刷，靠近护坦末端的河床很快就形成冲刷坑，如图 3-1（a）所示。接着，由于河床淘刷，冲出护坦末端的主流就脱离冲刷坑的前坡而形成旋滚水流区域，并基本上改变了开始甚短时间该区坡面泥沙的运动方向。旋滚水流的末端大致与冲刷坑最深点相合，或稍在坑底后面。冲刷坑后坡面的泥沙仍然沿底向下游运动，而且后坡面逐渐变缓。同时由于主流下面边界处的旋滚水流作用，冲刷坑底逐渐向下游推移，深度也逐渐加深至冲刷平衡为止。因此，前坡面上回旋水流范围随冲刷坑的变化也在加大，如图 3-1（b）所示，这就是一直形成最大冲刷坑要延续很久的重要水流形式。至于沿前坡面（包括坑底在内）向上游推送的泥沙，则由于回旋水流的剧烈紊动现象，随时可能被吸升到主流区内而挟向下游或散落附近，随后又有坑底淘刷泥沙继续向前坡面补充。同时，由于前坡面上的局部漩涡不停地扬卷泥沙，造成时冲时淤的复杂现象。泥沙的搬运则以坑底附近和后坡面为最快，如图 3-1（b）中的阴影部分，前坡面则基本上没有改变。

如果射流冲出护坦末端，同样也有上述的两种流态。不过由于射流速度大，开始射出护坦时，其下形成的低压区更剧。因此射流被吸向下垂的现象也更显著，靠近护坦处河床的冲刷更深，甚至可以把护坦下基土淘空而折断护坦。但短暂时间后，射流就脱离冲刷河床，而较缓流更为显著地升高，甚至成仰角地射向水面，其下形成更大的漩涡水流。此时的最大冲刷点也就迅速地随射流跃向下游，原始的护坦末端处冲刷坑也就为沿坡面上升的泥沙所回填，其冲刷过程如图 3-2 所示。这里必须说明，下游水位对护坦末端射流的继续保持俯射或仰射状态有决定性作用。当然也有适应的尾水位会使仰射水流呈周期性的变化。

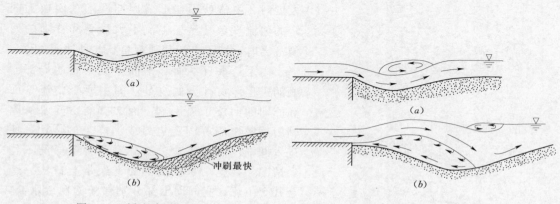

图 3-1　缓流冲刷过程　　　　　　图 3-2　射流冲刷过程

实际水流情况，由于水流内部的紊动现象、波动压力的不平衡、冲刷河床的边界不断变化等，虽然断面上各点的平均流速分布已相当均匀，仍难保持真正的二元水流性质，故常因局部漩涡或瞬时的不平衡水流现象造成各种复杂的冲刷地形。即使在玻璃水槽内做二元水流冲刷试验，也很难获得左右一致的冲刷。如果仔细观察冲刷试验，就会发现沿坡面排列着左右成对的回旋，不断地交替着将侧边泥沙扬卷到中部，以致在玻璃水槽中的冲刷地形时常会有中间显著高于侧边的情况。因此，有必要进一步从水流的平面上来说明冲刷的过程。

在水流的平面图上（见图 3-3），从横向的流速分布来看，若有流势集中的主流时，两侧就经常伴随着回旋水流。由于两旁回溜的互相消涨，难以保持对称而会把主流吸向一侧。当主流偏向左侧时，图 3-3（a）则左侧回溜被迫缩小而旋速加强，随而把左侧河床泥沙旋起淘刷；右侧回溜扩大而转弱，反可暂时形成淤积。同时，部分泥沙则被主流挟向下游。接着左右两侧河床继续冲淤变形，回溜范围逐渐改变，一直到河床土质与回旋流速相适应，左右回溜相平衡时，主流暂时摆到中间，见图 3-3（b）。但是由于漩流挟沙运动的惯性和泥沙开始起动的不易，因此左右回溜的发展往往超过均势状态而迅速把主流吸向右侧，再冲刷右侧河床，见图 3-3（c）。如此，主流不断左右摇摆，两侧冲刷坑就更替地向前推进加深，主流摆动的幅度也逐渐减小，直至河床冲刷平衡，水流稳定时为止。河床泥沙大都也同样被左右搬运而推向下游。有时冲刷严重者，两侧深坑向下游推进的结

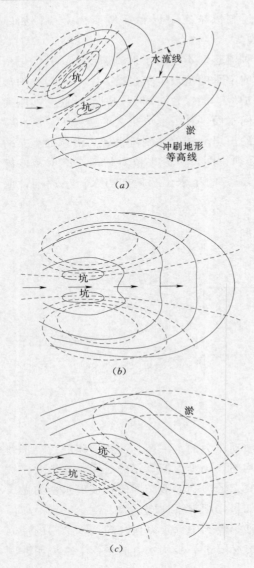

图 3-3　主流伴随回溜的冲刷过程

果也会合而为一。以图 3-3 的水流情形配合相应的冲刷地形表示此种冲刷过程。在整体模型冲刷试验中，如仔细观察有显著主流的底沙运动，就会发现这一现象。天然河道，主流行驶于宽阔的多泥沙河床，常蜿蜒如蛇行并左右摆动交换位置，即此道理。例如黄河在枯水期间的主流，对极细泥沙河床冲淤频繁，观察到主流每几分钟就摆动交换位置一次。但必须指出，当两侧回旋水流受河道固定边坡限制或河床土质抗冲力不同，以致河床变形不能适应回溜的发展时，主流就不能形成周期性摆动而成为固定的偏流现象。至于主流不太显著和伴随的回溜甚弱时，则不易清楚地观察到此种冲刷过程。

以上从垂直剖面和平面上观察到的局部冲刷的过程，实有类似之处，即主要受主流下面和侧面的回旋水流影响。而实有的空间水流因闸门桥墩岸墙等固定边界或消能工的作用，使进入冲刷河床的流速分布具有各种各样的不均匀情况，在整个水流横剖面上经常会造成一个至几个主流，它们周围都分别伴随着回旋水流，综合地形成复杂的冲刷过程。

局部冲刷的形成过程与水流作用间的关系已在前面作了现象的描述。不过要想正确求得冲刷深度的关系，仍需进一步研究冲刷坑的形态和冲刷河床上的水流内部结构。根据前面观察到的冲刷现象，主要由于坑上漩涡的作用所致，而这种作用力则可用水流的剪切应力表示为下面的形式，即

$$\tau = \mu \frac{\mathrm{d}v_x}{\mathrm{d}y} + \varepsilon \frac{\mathrm{d}v_x}{\mathrm{d}y} = \mu \frac{\mathrm{d}v_x}{\mathrm{d}y} - \rho \overline{v'_x v'_y}$$

式中　$\mu \dfrac{\mathrm{d}v_x}{\mathrm{d}y}$——层流的剪切应力；

　　　$\varepsilon \dfrac{\mathrm{d}v_x}{\mathrm{d}y}$——紊流的剪切应力；

　　　μ——黏滞系数，是一个代表流体性质的常数；

　　　ε——紊流系数，其值随水流的紊动程度和水流中的位置而不同，可高达 20000μ 的大小。

当然在局部冲刷中主要是紊流的作用，层流则由于只可能存在于极薄的河底边界层中而可略去不计。因此，紊动程度高和流速梯度大的水流区域发生的剪切应力最大，这就是

漩涡水流与主流的交界面。而且水流分界面还受波动压力的影响发生脉动或扬动流速。在经典的紊流力学中，这种剪切应力的产生就是理解为脉动流速 v'_x 和 v'_y 带着水体质量 ρ 互相交换所发生的动量改变，上式中的 $\overline{v'_x v'_y}$ 总是负值，$\tau = -\rho \overline{v'_x v'_y}$ 就代表紊流的单位剪力。普兰特曾用动量交换的一个混合长度 l 来表示此紊流剪力为 $\tau = p l^2 (dv_x/dy)^2$，根据流速梯度的测定可以找出 l。

这里我们只是借用上式说明影响冲刷的因素关系，不再作过多的数学演化。

关于水流内部的脉动流速，很早就有不少人研究过，例如库明（Кумин，1956）曾测定过完全水跃及淹没水跃的水流，证明主流与漩涡区的分界面上脉动流速最大，约为出口射流速度的一半。同样，在冲刷坑上的水流，根据菲德曼（Хидман，1953）、波波娃（Попова，1970）[4] 等人的测定，仍以坑底漩涡区分界面上的脉动流速最大。当护坦上产生水跃时，在冲刷坑上的纵向脉动流速的平均值 $\overline{v'_x}$ 为护坦末端出流流速的 0.46 倍，最大有 0.6 倍；当闸门全开的缓流情况，坑上脉动流速 $\overline{v'_x}$ 也可达护坦末端流速的 0.2 倍。对于带有侧边回溜的平面扩散水流，斯洛夫也娃（Соловъева，1951）的试验证明紊动系数 ε 在主流的横剖面上变化不大，而由于流速梯度关系，紊流的剪切应力 τ 仍以在回溜分界面附近内最大，向主流中心递减，并且从出流断面起沿漩涡水流分界面到达中段，τ 值就升为最大。总之，由这些试验测定，已可定性地证明紊流剪切应力的最大值在回溜或漩涡区的水流分界面附近，而且也定性地说明，沿水流方向以漩涡区中段部分的剪切应力为最大。因此，研究冲刷坑的形态必须研究此分界区水流的性质，如图 3-4 的影线部分，这部分流速梯度最陡，它直接造成床面的冲刷。

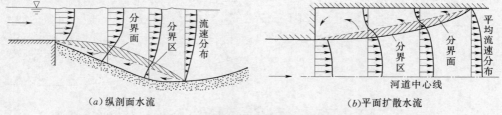

（a）纵剖面水流　　　　　　　　（b）平面扩散水流

图 3-4　主流与回旋水流的分界区

分界区水流和分界面的位置问题，在冲刷河床上尚很少研究，而且缺少这方面的精确测验资料。不过，根据对二元局部冲刷试验过程中的观察，分界面直接顶冲到坑底或稍下游处，逐渐使坑底加深并向下游推进，如图 3-5 所示。同时，由于坑底及其附近的前坡面继续冲刷后漩涡区扩展，压力可能稍增，水

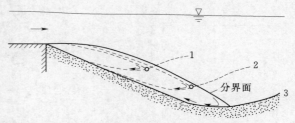

图 3-5　水流分界面对于冲刷坑的作用
1、2、3—3 个时刻的分界面顶点运动轨迹

流分界面也因此相应地微向上移。图 3-5 表示分界面和冲刷坑在进展中的相对位置，不过这种改变并不很大，在射流时则比较显著。

水流分界面的曲线形式，除在脱离护坦附近稍下垂弯曲外，向下游则渐近直线。冲刷坑的前坡面曲线则恰好相反，除在坑底附近弯曲外，向上游至护坦末端基本上为一直线。

由于脉动现象，护坦末端会被淘刷成一垂直跌差，故需要做一短截墙伸入地下。

关于水流分界面顶点在冲刷过程中运动的轨迹（图3-5中的圆圈点所示，基本上可以代表分界面），对于形成冲刷来讲可能更具有实际意义。根据局部冲刷研究试验测得各种砂粒的冲刷资料，绘制水流分界面顶点轨迹和冲刷坑最深点的运动轨迹，并对其分析比较可知：

（1）冲刷坑最深点位置大致与水流分界面顶点的位置相合。出流速度大时，冲刷坑最深点会向分界面顶点前面移动。

（2）冲刷坑最深点及水流分界面顶点的轨迹基本上是一直线，且当护坦上产生水跃，护坦末端水流成为底流式时，线的坡度较陡，因此冲刷就深。

此外，冲刷坑上游坡面的平均坡度均在1：3～1：6范围内，下游坡面在1：10左右或更平缓些。因此，冲刷坑底距护坦末端的距离为3～6倍的冲刷坑深度。

除上述分界面位置影响冲刷坑的形态外，分界面水流剪切应力的强度以及冲刷河床的土质等均有直接影响。关于剪切应力强度沿分界面的分布，在泥沙沿前坡面向上游运动的基本情况下，也可间接地从冲刷坑前坡的陡度以及分界面至坑面的影响距离相对地估计。因此，从这些现象也可说明最大剪切应力是在漩涡区的中间部分。

如果我们继续考虑影响水流分界面位置及强度的因素，自然就会想到水流本身的性质（流量、流速及其分布等）。根据局部冲刷试验资料，冲刷坑上水流各断面的流速分布转变过程如图3-6所示。由于水流开始进入冲刷河床的流态不同，其流速分布的过渡形式也

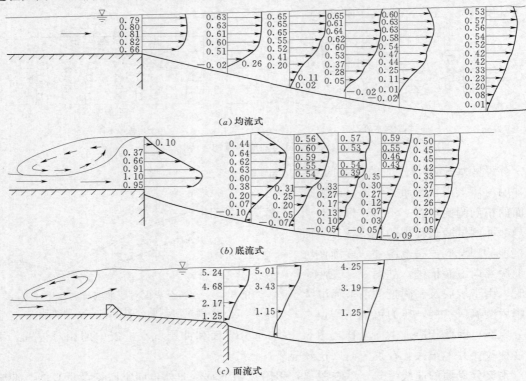

图3-6 冲刷坑上水流的流速分布（流速单位：m/s）

有不同，冲刷坑坡面当然也受不同的影响。最大流速愈靠下部，就愈会增大分界区水流的流速梯度而使冲刷坡面加陡，坑底加深。所以，有些学者直接引用底部流速来研究泥沙的移动和冲刷问题而容易得出较规律的关系即此原因[5,38]。

虽然各种流态不同，流速过渡形式也各异，但是坑底上的流速分布却趋向一致。根据图 3-6 的实测资料整理与垂线上平均流速 $\bar{v}$ 的比值关系绘成相对深度（y/h）线上的相对流速（$v/\bar{v}$）分布，就可知坑底上流速分布趋势相同。此外，因为从护坦末端出流的水流为底流式时，见图 3-6（b），其流速分布调整到坑底上的面流式，转变较大，做功也大，故冲刷较深且冲刷坡面也较陡。

如果进一步从流速分布不均匀性的动量修正系数式（2-8）（n 为等间隔的数目）

$$\alpha = \frac{1}{h\,\bar{v}^2}\int v^2\,\mathrm{d}h = \frac{\sum v^2}{n\,\bar{v}^2}$$

来研究坑上水流各断面的流速分布时，根据不同流态和粒径的冲刷实测资料计算沿冲刷坑各距离处剖面上的 α 值，并整理为距护坦末端距离与坦末水深比值（x/h_1）与 α 的关系，从中可知 α 的变化从护坦末端起到冲刷坑底均达到相差不多的数值，而且除开始一段外大致接近直线。同时，在一般情况下，α 沿水流方向至坑底是渐增的。

关于平面扩散水流，如图 3-4（b）所示，同样需要研究旁侧回溜的分界面对河床冲刷的影响。在模型试验中经常会发现带有回溜的水流，当岸坡被淘刷、回溜向外伸展时，回溜与主流的分界面也同时向河中心移动，回溜范围扩大。这种现象正与纵剖面水流［图 3-4（a）］的情况相呼应。

从上述水流的性质可知，平面扩散水流，其两侧伴随的回溜，对于冲刷坑形态的影响是：由于回溜区水流的回旋速度会更增强底部漩涡区的作用，而使冲刷坑的前坡面加陡和加深，并会使护坦末端淘刷成的垂直跌差加大。尤其当前面护坦上消能不均匀而在海漫末端形成局部较强漩涡，或者靠岸边流速较大在护坡末端淘刷岸坡土质后而形成局部漩涡时，淘刷最陡。

平面扩散水流两侧的回溜（立轴漩涡）各近似一偏心椭圆漩涡系，其回旋中心靠近分界面，参见图 3-3（b）。由于旁侧回溜的回旋作用，分界面处的水面较高，压缩水流集中，不仅影响冲刷坑的深度及陡度，而且影响冲刷坑的位置。模型试验屡次证明，如进入冲刷河床的水流两侧带有显著的回溜，冲刷坑就形成左、右两个，在靠近主流与回溜的分界处而不在主流的中线。甚至由于深坑靠近岸坡或由于回溜速度的直接淘刷，会影响西侧岸坡的稳定。如扩散良好没有回溜存在，则冲刷坑只有居中的一个，这里举一典型实例❶，图 3-7（a）所示为下游水位较高时（$H_2=26.1$），水漫过下游翼墙顶而形成两侧回溜，并延伸到护坦及海漫以外，则冲刷地形为左、右两坑。若降低尾水位（$H_2=25.1$），护坦后的回溜消失，冲刷坑即为中间一个，如图 3-7（b）所示。并知虽然尾水位降低，下游河道平均流速增大，冲刷深度并没有增加。若继续降低下游水位（$H_2=22.0$），由于消力池中水跃及消能工的作用显著，促使扩散良好，回溜全部消失，以致冲坑反而减浅1m。由此可知两侧回溜对冲刷深度及冲刷位置均属不利；同时更可推知个别集中开放闸门，

---

❶　治淮初期（1952）在淮河中游润河集建造的枢纽工程（拦河闸、分水进湖闸、船闸等），后来被拆除。

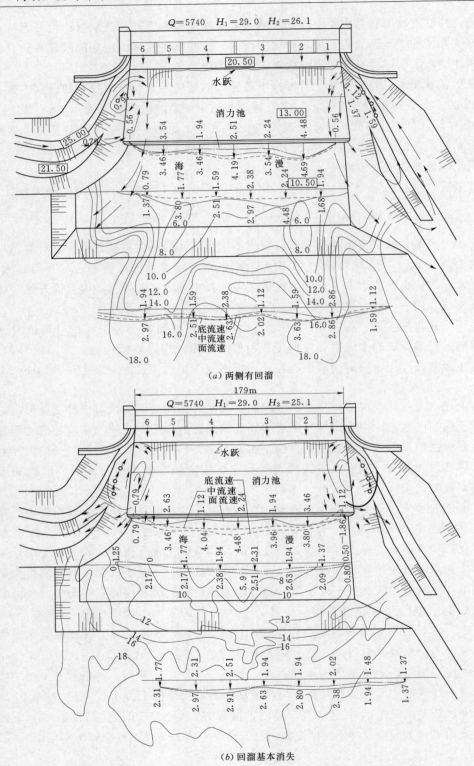

(a) 两侧有回溜

(b) 回溜基本消失

图 3-7　某进湖闸冲刷试验比较（平面水流扩散影响冲刷的典型试验例）（流速单位：m/s）

失去翼墙的导流扩散作用会导致危险后果。

但是这里又必须指出，从前述冲刷的形成可知，冲刷严重时主流两侧回溜分界处的两个冲刷坑，其坑底也会随深度的增加而逐渐向下游推进接合为一。如图 3－8 所示为两坑最深点移动的轨迹。

上述冲刷坑形态与水流的关系，为解剖成纵剖面水流和平面扩散水流进行分析所得的关系。而实际水流系受综合性的复杂影响，下面冲刷关系式的进一步推导，即根据本

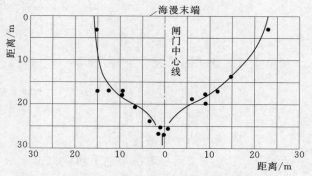

图 3－8　有回溜时二冲刷坑最深点的推进轨迹

节所述水流分界面的冲刷现象作近似的假定而引导出便于应用的形式。

第二节　基本冲刷公式推导与试验资料验证[*]
§ 2. Derivation of basic scour formula and verification of experimental data

根据本章第一节解剖成纵剖面水流和平面扩散水流的分析，主要是在回旋水流与主流的分界面上紊动最剧烈，此为造成冲刷坑的原因。因此，我们就从这一分界面上的水流剪切应力观点出发来研究所形成的冲刷深度。

今以二元水流为基础，沿水平方向写水流的运动方程式推求冲刷深度关系式。如图 3－9 所示，取水流的微分段 $\mathrm{d}x$，则所作用的力有：

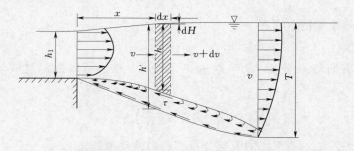

图 3－9　局部冲刷的水流作用力

（1）水流分界面上的剪切应力；

（2）两截面上沿水平方向的压力。

如果考虑水流内部仍为静水压力分布时，写沿水平方向的水流动量方程式，即第二章

＊　主要根据作者《水工建筑物下游局部冲刷综合研究》（1959 年，水利电力出版社）的内容精简编写。

式（2-5）：

$$M_2 - M_1 = F_1 - F_2$$

则有

$$\frac{\gamma q}{g}\mathrm{d}(\alpha v) = \frac{1}{2}\gamma h^2 - \frac{1}{2}\gamma(h + \mathrm{d}H)^2 - \tau\mathrm{d}x$$

展开上式，略去二阶无穷小时，则得

$$\frac{\gamma q}{g}\mathrm{d}(\alpha v) = -\tau\mathrm{d}x - \gamma h\mathrm{d}H$$

式中 q——单宽流量；

　　　v——断面上的平均流速；

　　　τ——主流与漩涡分界面上的剪切应力；

　　　h——漩涡分界面以上的水流深度；

　　　H——水面的高度；

　　　α——流速分布不均匀性的动量修正系数，见式（2-8）；

　　　γ——水体的单位重，$\gamma = \rho g$；

　　　g——重力加速度。

因为 $v = q/h$，代入上式整理得

$$\tau = -\frac{\gamma q^2}{g}\frac{\mathrm{d}}{\mathrm{d}x}\left(\frac{\alpha}{h}\right) - \gamma h\frac{\mathrm{d}H}{\mathrm{d}x} \tag{3-1}$$

在式（3-1）中，如果能知道沿着水流的 α 变化关系与沿水流分界面 τ 的变化关系，就可以解出水流分界面的方程式。但是那样是非常复杂的，而且还缺乏 τ 的实测资料，因此就作一些合理的近似假定来处理式（3-1）。

首先是水流分界面问题，根据上节所述，如图 3-5 所示，我们可以假定冲刷坑的最深点与水流分界面相合，也就是说在各冲刷阶段或各种土质冲刷平衡时，坑底直接受水流分界面的淘刷，而且允许我们假定这些最深点的轨迹为一直线，即

$$h = h_1 + k_1 x \tag{3-2}$$

式中 h_1——护坦末端的水深；

　　　k_1——常数。

关于沿水流方向的 α 变化，从本章第一节所述，我们可以近似地假定为下面的线性变化：

$$\alpha = \alpha_1 + k_2\left(\frac{x}{h_1}\right) \tag{3-3}$$

式中 α_1——护坦末端水流断面的流速分布不均匀性动量修正系数；

　　　k_2——常数。

将式（3-3）及式（3-2）代入式（3-1）的 $\dfrac{\mathrm{d}}{\mathrm{d}x}\left(\dfrac{\alpha}{h}\right)$ 项，并简化后，得

$$\frac{\mathrm{d}}{\mathrm{d}x}\left(\frac{\alpha}{h}\right) = -\frac{k_1\alpha_1 - k_2}{h^2} \tag{3-4}$$

其次，关于水面高度的变化项 $\dfrac{\mathrm{d}H}{\mathrm{d}x}$，可引用水面微分方程式作近似推求：

$$\frac{\mathrm{d}H}{\mathrm{d}x} = \frac{\mathrm{d}h'}{\mathrm{d}x} - \frac{\mathrm{d}y}{\mathrm{d}x} = \frac{\dfrac{\mathrm{d}y}{\mathrm{d}x} - \dfrac{q^2}{C^2 h'^3}}{1 - \dfrac{q^2}{g h'^3}} - \frac{\mathrm{d}y}{\mathrm{d}x}$$

式中　h'——由水面至河床底的深度；

　　　C——谢才（Chezy）系数，代表河床面的粗糙度；

$\dfrac{\mathrm{d}y}{\mathrm{d}x}$——河床底坡，一般以 i 表示。

现在把上式写成

$$\frac{\mathrm{d}H}{\mathrm{d}x} = \frac{i - \dfrac{q^2}{C^2}\left(\dfrac{1}{h'^3}\right)}{1 - \dfrac{q^2}{g}\dfrac{1}{h'^3}} - i = f\left(\frac{1}{h'^3}\right)$$

现在暂且不问冲刷坑底坡 i 的形状或它是怎样一个函数，先将上式展开为 $\dfrac{1}{h'^3}$ 项的泰勒级数，可得

$$\frac{\mathrm{d}H}{\mathrm{d}x} = q^2\left(\frac{i}{g} - \frac{1}{C^2}\right)\left(\frac{1}{h'^3}\right) + \frac{q^4}{g}\left(\frac{i}{g} - \frac{1}{C^2}\right)\left(\frac{1}{h'^3}\right)^2 + \cdots \tag{3-5}$$

由于上面的级数收敛很快，因此可只取前面的一项。

将式（3-4）及式（3-5）代入式（3-1），得

$$\tau = \frac{\gamma q^2}{g}\left[\frac{k_1\alpha_1 - k_2}{h^2} + \left(\frac{g}{C^2} - i\right)\frac{h}{h'^3}\right] \tag{3-6}$$

我们只求冲刷坑最深点时，依照前面的假定水流分界面顶点与坑底相合，即水面以下最大冲深 $T = h' = h$，而且坑底坡 $i = 0$，坑底的水流剪切应力用 τ_0 表示，在冲刷平衡时，它与河床土质的临界推移力相当，并因 $\gamma = \rho g$，则式（3-6）就可解出最大冲刷深度的关系式为

$$T = \frac{q}{\sqrt{\dfrac{\tau_0}{\rho}}}\sqrt{k_1\alpha_1 - k_2 + \frac{g}{C^2}} \tag{3-7}$$

式（3-7）中，$\sqrt{\dfrac{\tau_0}{\rho}} = v_*$，为坑底的摩擦速度或剪切速度，可以用冲刷河床土质的允许不冲流速或起动流速来表示，或者直接用土质的临界推移力均可。因此由式（3-7）可知，影响局部冲刷深度的主要因素为单宽流量 q 和土质的允许不冲流速或临界推移力 τ_0；其次为护坦末端开始进入冲刷河床的流速分布（α_1），水流分界面的路径（k_1），沿水流的流速分布变化（k_2），以及河床面的粗糙度 C 等。

关于表示水流分界面的常数 k_1 和表示由护坦末端到冲刷坑底沿水流的流速分布变化的常数 k_2，可以根据模型试验决定，经过分析试验资料后，知道两系数均与开始进入冲刷河床的流态有密切关系。现在设 y 代表护坦末端垂直流速分布最大流速的位置高度，选用它与护坦末端处水深 h_1 的相对比值 y/h_1 表示垂直流速分布的流态。根据底流式、面流式以及较为均匀的 3 种流态的资料分析结果，得

$$k_1 = 0.213 - 0.035 \frac{y}{h_1} \tag{3-8}$$

$$k_2 = \frac{0.076}{\alpha_1} \frac{y}{h_1} \tag{3-9}$$

关于式（3-7）中的 $\frac{g}{C^2}$ 项还可继续演化为河床土质粒径的关系，下面引用张有龄的实验公式[7]

$$n = 0.0166 d^{1/6} \tag{3-10}$$

式中　n——糙率系数（曼宁公式中的 n）；

　　　d——河床面泥沙的平均粒径，mm。

为了使将来公式中的单位一致，把式（3-10）的粒径 d 改用单位 m，并且为使式中的尺度和谐，我们引入 g，则式（3-10）可写成

$$n = \frac{0.163}{\sqrt{g}} d^{1/6} \tag{3-11}$$

再由谢才系数 C 与曼宁公式中 n 的关系，得

$$C = \frac{1}{n} R^{1/6} \approx \frac{\sqrt{g}}{0.163} \left(\frac{h_1}{d}\right)^{1/6} = 6.13 \sqrt{g} \left(\frac{h_1}{2}\right)^{1/6}$$

上式与岗查罗夫（Гончаров，1954）在试验室中所求得的结果 $C = 21.6(h/d)^{1/6}$ 相近，因此得

$$\frac{g}{C^2} = 0.0264 \left(\frac{d}{h_1}\right)^{1/3} \tag{3-12}$$

将式（3-8）、式（3-9）及式（3-12）的结果代入式（3-7），经过简化，合并为一个系数 ψ 时，可得

$$T = \psi_1 \frac{q}{\sqrt{\frac{\tau_0}{\rho}}} \sqrt{2\alpha_1 - \frac{y}{h_1} + \frac{1}{4} \left(\frac{d}{h_1}\right)^{1/3}} \tag{3-13}$$

由式（3-13）可知，局部冲刷深度除与单宽流量和土质的允许不冲流速或临界推移力（由于 $\sqrt{\tau_0/\rho}$ 可以用底砂的特性表示）有密切关系外，尚与护坦末端开始进入冲刷河床的流速分布不均匀系数和流态，以及冲刷河床的相对糙率有关。换句话说，局部冲刷深度的影响因素，一个是水力条件，另一个是河床的土质条件，也就是冲刷因素和抗冲因素。

因为式（3-13）中的相对糙率 $\frac{d}{h_1}$ 项，对于土质河床情形数值极小，可以略去不计，则式（3-13）就简化为

$$T = \psi_1 \frac{q}{\sqrt{\frac{\tau_0}{\rho}}} \sqrt{2\alpha_1 - \frac{y}{h_1}} \tag{3-14}$$

因为式（3-14）中的 $\sqrt{\frac{\tau_0}{\rho}} = v_*$，为冲刷坑底平衡时的水流剪切速度或摩擦速度，相当于底流速 v 有一定的比例关系 $\left(\tau_0 = c_f \frac{\rho v^2}{2}\right)$。因此我们可以把式（3-14）中的 $\sqrt{\frac{\tau_0}{\rho}}$ 定性

换为底砂开始被冲动的平均流速或起动流速 v_c，则式（3-14）可写为

$$T = \psi_2 \frac{q}{v_c} \sqrt{2\alpha_1 - \frac{y}{h_1}} \qquad (3-15)$$

虽然在式（3-14）和式（3-15）中分别引用了一般的剪切速度和起动流速，但是在定量方面，冲刷坑上的水流剪切速度将会远大于一般的平均流动时的剪切速度。反过来说，冲刷坑上泥沙所能抵抗的平均流速将远小于一般平均流动的河床上所能抵抗的流速。

式（3-15）就是局部冲刷深度的关系式，为一物理量尺度和谐的等式，根号内均为无尺度的系数或比值。如果已知冲刷坑深度和水流的最大局部单宽流量及垂直流速分布时，将土质的允许不冲流速或临界拖引力代入式（3-15），就可求得关系式中的系数。

关于底砂的起动流速公式，仍属经验性的或半经验性半理论的，因此，依据的实验资料不同，得出的各种公式的形式也不同，这里不多介绍，可以参考文献［8］。考虑到一般紊流流态的垂直流速分布接近对数曲线的规律，我们采用下面形式的起动流速公式：

$$v_c = \psi_3 \sqrt{(s-1)gd} \left(\frac{h_1}{d}\right)^{1/6} \qquad (3-16)$$

式中　s——河床砂粒的比重，$s = \gamma_s/\gamma = \rho_s/\rho$；

　　　ψ_3——系数，在粗砂时，只要形状一定，则为常数。

式（3-16）基本上相当于岗查罗夫或列维（И. И. Леви）的公式，只是把其中相对糙率或相对水深的对数函数改为近似的指数函数，以便于运算。所用的指数关系与沙莫夫（Г. И. Шамов）公式相同。

对于极细砂，根据列维和克罗诺兹的试验研究以及本所的研究，均证明尚受黏滞性的影响而为雷诺数的函数。不过由于冲刷坑上水流脉动很大，有别于一般的平均流动，可以略去不计。因此将式（3-16）代入式（3-15），改用一个系数 $\psi = \dfrac{\psi_2}{\psi_3}$ 时，就得出砂质河床局部冲刷的基本公式为

$$T = \psi \frac{q \sqrt{2\alpha_1 - y/h_1}}{\sqrt{(s-1)gd}\left(\dfrac{h_1}{d}\right)^{1/6}} \qquad (3-17)$$

式中　ψ——冲刷系数，可以根据水工模型试验冲刷资料来决定。

此上引导的基本公式的特点为式中分子项消能扩散的水流因素，即横向扩散取用出消力池或固定护坦末端进入冲刷河床水流的最大单宽流量与竖向流速分布的面流式或底流式水流的流态。见表3-1与表3-2。

对于闸坝下游局部冲刷，我们引用了40个模型的219组冲刷资料，将冲刷坑实测深度 T 与计算深度函数式绘成图3-10，根据最小二乘方原理求得公式中的冲刷系数 $\psi = 0.66$，因此从水面算起的局部冲刷深度公式为

$$T=\frac{0.66q\sqrt{2\alpha_1-y/h_1}}{\sqrt{(s-1)gd}\left(\dfrac{h_1}{d}\right)^{1/6}} \qquad (3-18)$$

式（3-18）的平均误差，经计算求得为±14%。随后又进行过几十个水闸运用情况的现场调查，证明公式比较合理适用，在水闸设计规范与《水工设计手册》（第2版）第7卷《泄水与过坝建筑物》中均已采用。应用公式计算时，只要取用单位一致即可。

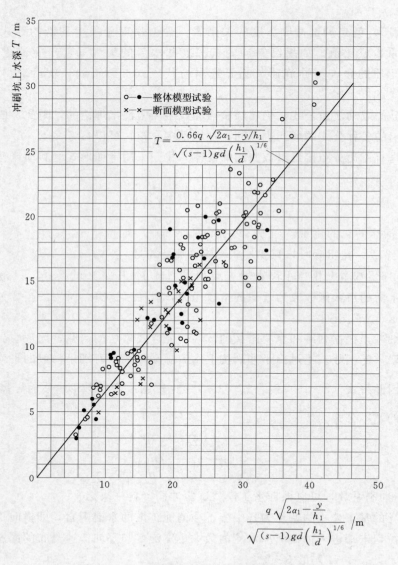

图 3-10　闸坝下游局部冲刷资料验证

（公式中的系数 $\psi=0.66$）

分析图 3-10 中的试验资料，在直线下面的点子多是很细砂粒（$d\leqslant0.2\mathrm{mm}$），说明粉细砂不易冲刷，公式中的平均冲刷系数 $\psi=0.66$ 稍偏大。这与起动流速的试验相一致，参考文献［43］。粒径小到粉细砂就会发生黏性作用，抗冲力增大。

第三节　局部冲刷公式的应用与消能扩散的关系
§ 3. Application of local scour formula and relationship to the energy dissipation and diffusion

防冲为消能的目的，消能为防冲的手段。因此不问消能扩散，而孤立地研究冲刷就是空中楼阁脱离实际。当然，不问冲刷而只求加强消能措施，同样也不切合实际。从式（3-18）已可看出消能措施的基本要求，就是首先要求护坦末端的横向扩散比较均匀，使局部单宽流量 q 为最小。其次应促成垂直流速不均匀系数 α_1 不大的面流式流态（$y/h_1=1$）。

首先讨论水流的平面扩散，它对平原水闸来说更是一个重要问题。其特征是河床冲刷愈深，水流愈集中，单宽流量愈大。如果原来出护坦水流扩散不良，旁侧带有回溜，则在模型试验中观察，就会发现回溜的范围随冲刷的过程逐渐扩大，压缩主流使之更形集中。同时回溜分界面也略向河中心移动。若岸坡被淘刷，回溜就更形扩大，此时海漫末端和冲刷坑上的单宽流量及流速分布趋势，如图 2-30 的六垛南闸测试结果所示，最大单宽流量 q 在冲坑上比护坦末端增大一倍。若个别闸孔开放，出流进入广阔水体的消力池，则受两侧回溜挤压，主流急剧缩窄，q 猛增更甚，根据个别孔宽 6m 出流的模型试验结果，急流收缩成 2.18m，q 增大 2.7 倍[22]。按此值计算共轭水深较大，所以不能形成水跃消能，以致主流会左右摆动前进。苏联学者的试验研究，同样得出了在突扩时旁侧回溜的作用下，q 会增加 1.5～2.2 倍[9]的结果，而且垂直跌坎时要比 1：4 斜坡情况的 q 增大 10％～15％。

河床冲深引起单宽流量更加集中的原因是各部分水流惯性的失调，由于垂线上流速分布重新改变，惯性力急骤变化，就要求不受任何限制的自由水面坡降来平衡。如果惯性力是顺水流方向作用的（即 $\alpha_1 v^2 > \alpha_2 v^2$），则宽广段的水面是逆坡降，就将助长两侧回溜压缩主流更加缩窄，这个事实就是 q 增加的原因。

关于因河床加深而引起的单宽流量的集中关系，罗欣斯基[6]、欧布拉柔夫斯基[9]等人都近似地引证了理论公式并各经过固定河床的模型试验证明，安顿尼可夫[10]也根据模型试验给出了经验公式。但是他们的结论差别较大，根据我们的试验资料点绘的关系曲线[1]，可以表示为

$$\frac{q_2}{q_1}=k\sqrt{\frac{h_2}{h_1}} \tag{3-19}$$

式中　q_1、q_2——护坦或不冲海漫末端处与冲刷坑上的最大单宽流量；

　　　h_1、h_2——其相应的水深；

　　　　k——系数，$k=0.8～1$，k 随冲深和回溜略有变化，当冲坑很深时（$h_2/h_1>6$）可取较小的系数。

一般消能扩散较好，冲坑又不很深时，$q_2/q_1=0.9\sim1.4$，否则会超过 2。因此应注意消除旁侧回溜，或不使回溜延伸到冲刷河床，以避免单宽流量集中，减小冲刷。可推知，采用加长海漫方法使伸出回溜区域来挽救已有的工程是有效的。同时也可利用回溜分界面水流的剪切应力能助长较大的扩散角度这一特点，采用突扩边墙使不冲海漫上产生回溜促成较快的扩散。

如何使泄流迅速扩散均匀，使局部最大的单宽流量 q 为最小，与消能工、翼墙形式和扩张角度、护坦海漫长度等有关（见第二章），可参考有关文献[11,12]。为了便于应用式（3-18）选用 q 值起见，我们根据模型试验资料加以统计，给出 q 与已知的平均值 q_m 或闸孔出流值 q_0 的比值，列入表 3-1 中，以供在没有确切资料时参考引用。这些比值的大小对于消能扩散措施的优劣有决定性的意义，因此也可以用这项比值作为鉴定消能工好坏的一个重要指标[13]。此外尚需说明一点，就是最好的指标并不是进入冲刷河床时的 $q/q_m=1$，而是接近下游河道的正常分布关系，或两边足够小的正流速，以避免岸坡的淘刷。一般大型闸坝最好的比值为 $q/q_m=1.1$ 左右。

表 3-1　　　　　　　　闸坝下游冲刷公式中的单宽流量 q 的取值关系

消能扩散情况	进入河床前横向平面扩散流速分布图形	q/q_0	q/q_m
消力池中消能良好，翼墙扩张角适宜，出池水流没有侧边回溜；或经过模型试验者		0.6～1.0	1.05～1.5
消能扩散不良，海漫末端两侧有回溜，或者是闸门间隔开起放水		1.0～1.6	1.6～3.0
没有翼墙或导墙；且消能工很差，形成折冲水流；或者是闸门个别几孔集中起放水		1.6～2.6	3.0～5.5

注　q_0 为闸孔出流的单宽流量；q_m 为冲刷河床宽度上的平均值；q 为进入冲刷河床前宽度上的最大值。

其次，讨论护坦末端水流的垂直流速分布和它所确定的流态因子 $\sqrt{2\alpha_1-y/h_1}$。同样，应使其尽快调整为最小值以减轻冲刷，该因子与水跃消能工关系密切，可参考图 2-31 所示的沿程水流的 α 值，这里不再重复。但应注意到实际工程的运用，由于各级水位的改变及开闸放水的始流情况等，很难避免越槛跌流过程的发生。即使没有跌流，而由于槛后急骤调整流速分布，必将进行做功，淘刷河床，故宜在槛后加强保护。一般块石海漫也易在此处冲动损坏。

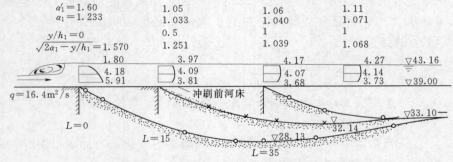

图 3-11　不同护坦长度及相应流速分布的冲刷试验（流速单位：m/s）

在护坦或消力池尾槛后的土质河床，一般多抛块石海漫，以调整流速分布使接近河道的正常情况。如图 3-11 所示，在断面模型试验中研究海漫逐渐增长时的冲刷结果，从能量系数 α' 和动量系数 α（定义见第二章）都说明对垂直流速分布的调整作用随海漫长度而渐减，同时也再次说明冲刷深度与流态参数因子 $\sqrt{2\alpha_1 - y/h_1}$ 的密切关系。

出消力池的水流，越过尾槛后虽已迅速转为面流式，但逐渐抵海漫末端却会形成上、下流速相差不大的均流式，见图 2-31（a）、（b）。因此，长的水平海漫，其作用只是为继续减小局部 q，而对垂直流速分布的流态并没有好处。向下游倾斜的海漫则可保证末端的流态为面流式，见图 2-31（c）。从冲刷公式中的流态指标 y/h_1，可知倾斜海漫的优点。但是根据前面公式的推导过程，如果倾斜坡面比下游的漩涡区分界面还陡时（例如陡于 1∶5），就对其上的水流失去作用。在模型中曾进行没有海漫与加 1∶5 倾斜海漫的比较试验，冲刷深度完全相同。因此，适宜的海漫形式应采用倾斜坡度 1∶10～1∶30。

进入冲刷河床前形成面流式流态的同时，其垂直流速分布的动量修正系数 α 又不宜过大，换句话说就是一般不太突出的面流式，如图 3-12（a）所示。若面部流速特别偏大，如图 3-12（b）、（c）所示，则会扩大底部的漩涡区，反而不利。罗欣斯基曾进行面部流速特别偏大的冲刷试验，证明冲刷较深，正与本文冲刷公式中所表现的流态参数因子关系 $\sqrt{2\alpha_1 - y/h_1}$ 相一致。另外对于面流式不大显著的情形，例如最大流速与平均流速的比值 $\dfrac{v_{max}}{\bar{v}} < 1.1$ 时，前面已经谈到仍列为均流式 $\left(\dfrac{y}{h_1} = 0.5\right)$。

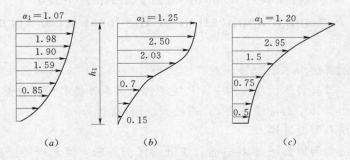

图 3-12　面流式垂直流速分布（流速单位：m/s）

为了便于应用冲刷公式选用流态参数因子的值，现在根据试验资料整理给出表 3-2，以供没有流速分布时参考引用[1,2]。

表 3-2　　　　　　　　　　　闸坝下游冲刷公式中的流态参数的取值

消能情况	进入冲刷河床前垂直剖面流速分布图形	α_1	y/h_1	$\sqrt{2\alpha_1 - y/h_1}$
消力池消能良好，尾槛后有较长倾斜海漫		1.05～1.15	0.8～1	1.05～1.22

消能情况	进入冲刷河床前 垂直剖面流速分布图形	α_1	y/h_1	$\sqrt{2\alpha_1 - y/h_1}$
消能良好，尾槛后有较长水平海漫，或者不产生水跃的缓流		$1\sim1.1$	$0.5\sim0.8$	$1.1\sim1.3$
尾槛后没有海漫或极短，且槛前产生水跃		$1.1\sim1.5$	$0\sim0.5$	$1.3\sim1.73$

注　表中右侧图形应取相应较大的值。

根据以上防冲原理，消能扩散措施有：

（1）发挥扩散水跃消能的消力池及其尾槛的布局。

（2）消除侧边回溜的边墙扩张型式。

（3）消减波状水跃的出流平台小槛。

具体内容详见第二章有关消能部分的介绍。

第四节　局部冲刷公式的推广应用

§ 4. Extended application of the local scour formula

从前面基于底部旋滚水流分界面所产生的剪切应力推导出的局部冲刷深度基本公式（3-17）可看出，其显著的优越性为一无尺度的比值关系，能利用各种类型水流对粒状河床的冲刷资料求出公式中的冲刷系数 ψ，以扩大应用范围。

一、尾槛后块石海漫冲刷

固定护坦或消力池尾槛后面多抛铺石块继续保护河床，但若尾槛过高或下游水位过低，出坦或越槛水流就形成显著的跌流波动，甚至产生二次水跃，对于块石海漫的破坏作用很大，如图 3-13 所示。

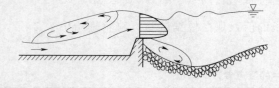

图 3-13　出池水流的块石海漫冲刷

根据模型试验中所遇到的水面跌差不大，出坦或越槛水流对块石海漫的冲刷资料，用冲刷基本公式（3-17）加以计算，求出另一适当的比例常数。如图 3-14 所示为全部的海漫冲刷资料，包括闸坝及溢洪道的试验结果，求得 $\psi=0.9$。这里由于越槛水流在槛前形成水跃而在槛顶或坦末的流态多为底流式，即 $y/h_1=0$，因此出池水流对于块石海漫的冲刷深度公式可写为

$$T=\frac{0.9q\sqrt{2\alpha_1}}{\sqrt{(s-1)gd}\left(\dfrac{h_1}{d}\right)^{1/6}}=\frac{1.33q}{\sqrt{(s-1)gd}\left(\dfrac{h_1}{d}\right)^{1/6}} \qquad (3-20)$$

式中 α_1——一般可采用 $1\sim1.2$，取 $\alpha_1=1.1$ 时，分子为 1.33；

$\quad\quad q$——局部最大的单宽流量。

块石海漫上的相对水深，不同于泥沙河床，故最好考虑相对粗糙度的影响（d/h_1），采用式（3-13）的关系式进行分析。这里为求公式简化，糙率影响已包括在式（3-20）系数之中。

比较式（3-20）和式（3-18）可知，同样的单宽流量，跌流比水平流动时的冲刷深度约增加 36%。因此在选择海漫抛石大小时，考虑到出池越槛水流会有显著跌流波动，就需要约 2 倍大于平顺出流时的块石大小，始可保证不被淘刷。

根据式（3-18）及式（3-20），结合实有的河床土质加以估算，就可以设计适当长度的海漫。同时在海漫布置方面结合经济条件，对于较窄的渠道，似以加长海漫减少冲刷深度，使之不影响侧岸稳定为好。对于很宽的河床，如果两侧回溜基本上已可不使伸出海漫，似可利用较短的海漫，而只在两岸坡面及坡脚河床用块石继续再向下游保护一段距离，不使河床中部冲刷坑影响前面混凝土护坦及两侧岸坡的安全即可，这样较为经济。

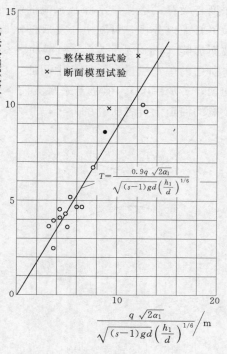

图 3-14 出池水流对块石海漫的冲刷关系

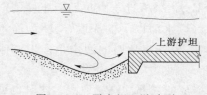

图 3-15 平底闸上游冲刷

二、平底闸的上游冲刷

由于上游翼墙导流的逐渐缩窄，也会引起河底的冲刷，如图 3-15 所示。同样也是受底部漩涡的淘刷，只不过冲刷坑的下游受固定护坦的高程限制，不能继续向下游扩展，使冲刷较浅。根据上游冲刷资料，可求得式（3-17）中的冲刷系数 $\psi=0.4$。这里因为上游来水比较均匀，一般情形可采用 $y/h_1=0.5$，$\alpha_1=1.02$。

三、围堰缩流处冲刷

分析较短的缩流工程中河底的淘刷，同样也为底部漩涡的作用，如图 3-16 所示。利用围堰侧边导流处的河床冲刷资料，可求得冲刷系数 $\psi=0.5$，较上游冲刷稍大。但是应注意，这里的围堰收缩水流较为平顺，土坝坡面经过变态，而且因为没有固定断面作为计算标准，所以 q 均取为缩流处冲刷河床的最大局部单宽流量。如果收缩不顺，会比缩流宽度上平均单位宽流量大到一半左右。一般情形可采用 $y/h_1=0.5\sim0.7$，$\alpha_1=1.05$。

四、桥墩及桥座处冲刷

桥墩附近因局部漩涡的形成，也会促成冲刷，一般在上游迎水墩头处，因水流收缩而在底部形成横轴漩涡，在下游墩尾处水流骤然扩散形成一对立轴漩涡，如图 3-17（a）所示。根据苏联 ВОДГЕО 的试验，证明方头桥墩比半流线形桥墩的冲刷大 10%～20%，圆头桥墩的冲刷坑要浅 40%～50%，由此也可体会到这种局部漩涡的作用。当然，冲刷深度与墩宽、墩长、水深及水流的斜向等均有关系。根据对半圆形桥墩的大小桥墩冲刷试验资料加以分析，可知由于受底部水流漩涡和侧边回旋的综合作用，冲刷坑加深而且冲刷坡面加陡（1：2 或更陡）。根据冲刷资料分析可知，冲刷关系式中的冲刷系数 $\psi \approx 0.7$。这里所用的单宽流量 q 为桥孔中间的，与该孔前的平均 q 大致相同。至于垂直流速分布也较均匀，$y/h_1 = 0.5$。但是若来水流向不正或受弯道影响，q 的横向分布也将相差很大，在棱宽的河道上，各桥孔的 q 可以相差一倍。

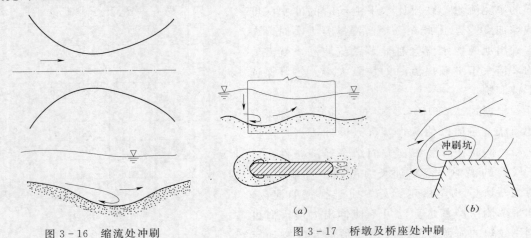

图 3-16 缩流处冲刷   图 3-17 桥墩及桥座处冲刷

关于桥两端的桥座处河床冲刷，同样由于迎水面的水流收缩造成局部冲刷。一般靠近桥座上游迎水角处河床冲刷最深，如图 3-17（b）所示。它的冲刷性质与桥墩附近冲刷相似，也受桥座形状的影响。如果引用迎水角附近的局部 q，分析近于直角的墩座冲刷资料时，式（3-17）的 ψ 值约比圆头桥墩冲刷的大 10%（以水面以下的深度计）。为简单起见，可以与桥墩冲刷采用一个平均的冲刷系数 $\psi = 0.7$，但若将桥座的迎水角向上游倾斜 45°（类似上挑丁坝），则因逼使水流急转，漩涡更甚，ψ 值增大为 0.88。

因此，可知桥墩和桥座的形状愈接近水流的流线，造成的局部冲刷就愈浅。同时也可推知，在河流中间部分的水流流向较正，桥墩迎水端应做成尖端流线形；而靠近两侧岸的部分，因水流在桥孔处形成收缩，水流方向与河轴线斜交，则桥墩迎水端以做成半圆形较好。至于全部桥墩的下游端，则因经过桥墩导流作用，水流已趋平行，均应做成尖头流线形，以消除水流分离现象所形成的立轴漩涡。同样。这种桥墩的布置对于减低上游的壅水也是有利的。

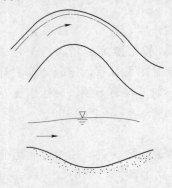

图 3-18 河道凹岸冲刷

五、河湾凹岸冲刷

弯道水流促使凹岸河床形成的冲刷，同样也为漩涡作用的局部冲刷，如图 3-18 所示。一般学者研究河湾处冲深，常写作弯曲半径、水面宽度和水深的关系式。实际上，如果能了解或研究出河湾处的流速分布或最大的局部 q，仍然可应用上述的关系式。利用委托试验峰山切岭工程的弯道水流的冲刷资料，计算出冲刷关系式中的冲刷系数 $\psi=0.6$，这里只作定性的比较参考。由于环流与纵向流动合并为螺旋前进，视河湾的缓陡，一般是比均匀直段河道的普遍冲刷深 $1.5\sim2$ 倍[26]。这里由于没有稳定断面可资利用，所取的 q 为冲刷后的局部最大者。一般情形可采用 $y/h_1=0.8\sim1$，$\alpha_1=1.1$。因为凹岸冲深后可以比未冲刷前的 q 大到一半以上，而且断面上最大 q 的位置也随冲刷而改变，甚至冲刷前后的最大 q 的位置左右岸相反，要视弯道情况、前后河道段的影响与水流因素而定。若为单一河湾时，一般冲刷最深处在河湾凹岸的下半部，而且流量愈大，冲深位置稍向上游移动。

六、均匀河道普遍冲刷

较长距离全河道的均匀普遍冲刷，就相当于前面引导关系式时水流分界面与河底相重合的情形，即水流分界面的倾斜比数等于河底的比降，即 $k_1=i$［参考式（3-7）］，也就是底部漩涡消失的情况。因此，河床的普遍冲刷实为局部冲刷的一个极限特例，故仍可利用这方面的冲刷资料求得关系式中的一个更小的冲刷系数。

现在为了说明普遍冲刷与局部冲刷联系起来的可能性，以及冲刷系数的约值，我们就采用实际调查的各种土质及水深情况下河道的允许不冲流速资料并加以换算分析，则知从极细的粉土和淤泥到很粗的砾卵石，关系式（3-17）中的冲刷系数变化范围约为 $\psi=0.2\sim0.6$，而且与图 3-10 的点子分布类似，基本上也是颗粒愈细 ψ 值愈小。就是说应用一个平均常数计算冲刷时，对于极细颗粒河床所得结果偏深。对于一般细粒的土质河床可采用平均值 $\psi=0.36$，比上述的各项局部冲刷均小。而水工建筑物下游河床的局部冲刷深度平均要比均匀河道的普遍冲刷几乎大一倍。

过去，很多普遍冲刷的经验公式，例如拉赛（Lacey）等人的公式，都早被用来估计闸坝下游河床的局部冲刷。但是后来的实测资料证明，闸坝、桥墩、导墙、丁坝、缩流、弯道等建筑物附近的局部冲刷远大于均匀河道的普遍冲刷。随建筑物类别不同，局部冲刷大约为拉赛公式冲刷深度的 $1.5\sim4$ 倍。

以上冲刷关系式的推广，从大型闸坝及水库溢洪道等建筑物的下游局部冲刷到各种建筑物附近的局部淘刷，以及河道的普遍冲刷等，根据大量试验资料分析都可以得到一个基本上是常数的冲刷系数，说明引证的冲刷关系式及其包含因素是正确的，能使计算大为简化。同时，我们也可以体会到旋涡对冲刷的作用，形成的漩涡愈强大，其冲刷愈严重。

现在，将过去对非黏性土河床冲刷的研究成果，包括闸坝下游局部冲刷在内的各种类型冲刷（不脱离水体的出流或溢流），归纳为表 3-3，以备引用计算。

表 3-3　　　　　　　　　　各种冲刷类型的系数值及其计算公式

冲刷类型	冲刷系数 ψ	流态参数 $\sqrt{2\alpha_1-\dfrac{y}{h_1}}$	简化冲刷公式
闸坝下游冲刷	0.66	见表 3-2 $1.05\sim1.73$	$T=\dfrac{0.164q\sqrt{2\alpha_1-\dfrac{y}{h_1}}}{\sqrt{d}\left(\dfrac{h_1}{d}\right)^{1/6}}$
尾槛后块石海漫冲刷	0.9	1.48	$T=\dfrac{0.331q}{\sqrt{d}\left(\dfrac{h_1}{d}\right)^{1/6}}$

续表

冲刷类型	冲刷系数 ψ	流态参数 $\sqrt{2\alpha_1-\dfrac{y}{h_1}}$	简化冲刷公式
桥墩及桥座处冲刷	0.7	1.24	$T=\dfrac{0.215q}{\sqrt{d}\left(\dfrac{h_1}{d}\right)^{1/6}}$
河湾凹岸冲刷	0.6	1.14	$T=\dfrac{0.17q}{\sqrt{d}\left(\dfrac{h_1}{d}\right)^{1/6}}$
围堰或堵口缩流处冲刷	0.5	1.22	$T=\dfrac{0.151q}{\sqrt{d}\left(\dfrac{h_1}{d}\right)^{1/6}}$
平底闸上游冲刷	0.4	1.26	$T=\dfrac{0.125q}{\sqrt{d}\left(\dfrac{h_1}{d}\right)^{1/6}}$
均匀河道普遍冲刷	0.36	1.12	$T=\dfrac{0.1q}{\sqrt{d}\left(\dfrac{h_1}{d}\right)^{1/6}}$

注 1. q 为护坦末端的最大单宽流量,其值参用表 3-1 中的 q;至于桥墩、缩流、河湾等处的冲刷也应取局部的最大单宽流量。

2. T 为尾水面以下的冲坑深度。

3. 简化冲刷公式是以土粒比重 $s=2.65$,$g=9.8\text{m/s}^2$ 代入式(3-17)算得的,故简化冲刷公式中的护坦末端水深 h_1 及土粒直径 d 的单位都应为 m,q 的单位为 m^2/s。

七、各家桥墩冲刷公式与桥墩型式的讨论

桥是公共工程中最普遍的建筑物,破坏失事者也较多。据调查(Annandale,1993),失事原因主要是冲刷,见表 3-4[44]。因此在本节最后补充这一小节供参考。

表 3-4 桥 墩 失 事 原 因 调 查

失事原因	南非	美国	新西兰
冲刷	21%	40%	62%
渗流冲蚀	30%	22%	18%
漫顶	20%	14%	1%
结构	21%	19%	14%
漂浮物	8%	5%	5%

下面,对于桥墩冲刷公式与桥墩型式加以讨论,因为桥墩冲刷在各种局部冲刷类型中进行研究较早也较多,各国学者通过模型试验和现场实测资料的分析研究,曾提出过数十个经验公式,现在改用统一符号并用公制单位举出常见的几个如下:

Abmad (1962)　　　　　$T=(1.9\sim3.4)b^{2/3}$　圆头墩—方头墩

Larras (1969)　　　　　$t=(1.06\sim1.48)b^{3/4}$　圆头墩—方头墩

Breuser (1964)　　　　　$t=1.4b$　圆墩头

Ettema（1980）　　　　　$t=2.5b$

Neill（1964）　　　　　　$t/b=1.5(h/b)^{0.3}$

Laursen and Toch（1956）　$t/b=1.35(h/b)^{0.3}$

Shen et al.（1969）　　　$t=0.00023Re_p^{0.619}$

　　　　　　　　　　　　$t/b=11Fr_p^2$

Jain（1981）　　　　　　$t/b=1.84(h/b)^{0.3}Fr_c^{0.25}$

Wang et al.（1986）　　　　$t=0.00127Re_p^{0.876}$

　　　　　　　　　　　　$t/b=2Fr_p^{0.394}$

Qadar（1988）　　　　　$t=0.00043Re_p^{0.46}$

　　　　　　　　　　　$t/b=5.4Fr_p$

　　　　　　　　　　　$t/b=1.11(h/b)^{0.5}$

以上式中　　T——水面以下冲深；

　　　　　t——河床面以下冲深；

　　　　　b——桥墩宽或圆墩直径；

　　　　　h——桥前河流水深；

　　　　　Re_p——桥墩前面行近水流对于墩宽的雷诺数，$Re_p=\dfrac{vb}{\nu}$；

　　　　　Fr_p——桥墩前面行近水流对于墩宽的弗劳德数，$Fr_p=\dfrac{v}{\sqrt{gb}}$；

　　　　　Fr_c——桥墩前面行近水流对于泥沙起动流速 v_c 的弗劳德数，$Fr_c=\dfrac{v_c}{\sqrt{gh}}$。

　　因为各家所用的试验资料或天然河流泥沙性质的不同，或者由于分析方法上的差别，以致得出各种函数的公式。根据 Qadar（1988）对各家的试验资料进行回归分析，发现相关系数差别极大。最后他根据天然河流观测资料，写出类同的经验公式如上列各家公式的最后式。美国公路研究所曾以实例计算比较了 1969 年以前十几个桥墩附近冲刷公式，结果相差达几十倍，说明前述各家公式各有其特殊性和局限性。

　　最近印度 Kothyari 等（1988）分析了大量关于圆墩的清水冲刷资料，给出函数较合理的公式[5]为

$$\frac{t}{b}=0.66\left(\frac{b}{d}\right)^{0.75}\left(\frac{h}{d}\right)^{0.16}\left[\frac{v^2-v_c^2}{(s-1)gd}\right]^{0.4}\alpha^{-0.3} \qquad (3-21)$$

式（3-21）中考虑了泥沙的颗粒直径 d（mm）、比重 s 及其起动临界流速 v_c 以及桥墩前水流的平均流速 v，并考虑了桥孔开度比 $\alpha=\dfrac{B-b}{B}$ 的影响。根据回归分析，观测资料与计算值的相关系数为 0.91，与 1981 年前的上面几个公式进行比较分析，精度较高。

　　此外，再介绍一个更早提出的较合理的公式形式，即西德水工研究所 Dietz（1972）根据试验研究提出的公式

$$\frac{t}{b}=C\frac{\varepsilon}{A_*^{0.075}}\frac{v}{v_c} \qquad (3-22)$$

$$A_* = \frac{\nu^2}{(s-1)gd^3}$$

式中　A_*——一个与底砂性质和流体有关的无尺度值；

　　　ν——水的运动黏滞系数；

　　　d——砂粒直径，mm；

　　　C——受水深及流速分布影响的一个无量纲常数，当$\frac{h}{b}>2$时，可取最大值

　　　$C=0.75$；

　　　ε——墩头几何形状的一个系数，其值如表3-5所示。

表 3-5　　　　　　　　　　　　　　墩 头 形 状 系 数 ε

墩头几何形状	圆柱	圆头墩	椭圆形墩	方头墩	尖头墩	流线尖头墩且较长
ε	1	0.86~0.9	0.8	1.1	0.7	0.41

　　如果不是正交水流而是斜交水流时，ε值将增大。德国研究了法兰克福到科隆的由8个圆柱排架组成的美因公路大桥，得知在乎直水流情况下，任意多个圆柱的排架，其头部冲刷深度等于单个圆柱的冲深，因而可直接引用单个圆柱的冲深公式估算此知排架桥墩的冲刷。在斜交水流时，此较长的排架桥墩比同样长的闭合桥墩优越。

　　桥墩形状不仅影响冲刷，而且影响桥渡的壅水高度。墩前水面壅高所产生的下降水流和侧边漩涡水流将进一步加剧冲刷，而壅水愈高，冲刷也愈严重。根据德国的试验研究，壅水高度（图3-19）公式（Reh，1958）为

$$\Delta h = [\delta - \beta(\delta-1)](0.4\beta + \beta^2 + 9\beta^4)\left(1 + \frac{v^2}{gh}\right)\frac{v^2}{2g} \tag{3-23}$$

式中　β——桥的阻水面积与全河流断面积的比值；

　　　v、h——桥前河流的平均流速和平均水深；

　　　δ——桥墩形状系数（与前面的ε类同），δ值见图3-20。

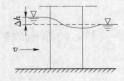

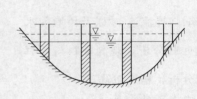

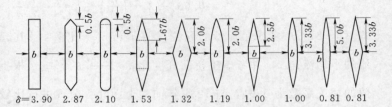

图 3-19　桥渡壅水高度　　　　　　　　　　图 3-20　桥墩形状系数 δ

　　必须注意的是，上述较长尖头或流线形尖头的桥墩，其阻水和冲刷较轻的结论，指的是正交水流；若是斜交水流就没有圆头或椭圆头墩好。尤其是缩窄河流段的桥墩，靠岸边

的桥墩更应考虑斜交水流的影响。同样，平原水闸和水库溢洪道的闸墩也应考虑这种斜交水流的影响，只有在中间的闸墩作成尖头为较好，两侧边墩因水流向中间收缩形成斜交水流，宜作成半圆形或椭圆形墩头；到墩尾，经过墩墙的导流作用，水流已趋平直，故墩尾均应作成尖头或流线形尖头，以消除水流分离现象所形成的立轴漩涡，使水流阻力最小，以取得最大的泄流能力。可是目前有不少泄洪闸的设计，上游闸墩头是尖形，墩尾是半圆形，正好与水流原理相反，这是需要改进的。

第五节　黏性土的局部冲刷
§ 5. Local scour of cohesive soil

上面所总结的各类型冲刷公式，由于来源于模型试验中各种松散颗粒模型砂的冲刷资料，因此只能适用于粒状的非黏性土的河床，还不能直接计算黏性土的冲刷深度。但是由于冲刷公式在结构上的有利条件，式中的分母就是起动流速的关系式，所以只要根据一个适当的起动流速公式，再结合黏性土的局部冲刷资料加以分析，就能把基本冲刷公式（3-17）应用于黏性土冲刷的计算中。现在以闸坝下游局部冲刷公式（3-18）为例：

$$T=\frac{0.66q\sqrt{2\alpha_1-\dfrac{y}{h_1}}}{\sqrt{(s-1)gd}\left(\dfrac{h_1}{d}\right)^{1/6}}$$

式（3-18）中分母所相当的起动流速公式，在文献［1］中已作过比较，认为岗查罗夫与列维的公式更接近我们的要求。例如岗查罗夫的起动流速公式

$$v_c=1.07\sqrt{(s-1)gd}\log\frac{8.8h}{d} \tag{3-24}$$

在 $\dfrac{h}{d}=10\sim1000$ 时，可近似取为 $\log\dfrac{8.8h}{d}=1.41\left(\dfrac{h}{d}\right)^{1/6}$，则得

$$v_c=1.51\sqrt{(s-1)gd}\left(\frac{h}{d}\right)^{1/6}$$

同样，列维的起动平均流速临界值为

$$v_c=1.4\sqrt{gd}\ln\frac{h}{7d} \tag{3-25}$$

当 $\dfrac{h}{d}>100$ 时，式（3-25）中的对数值可近似用 $1.39\left(\dfrac{h}{d}\right)^{1/6}$ 来代换，并可化为

$$v_c=1.51\sqrt{(s-1)gd}\left(\frac{h}{d}\right)^{1/6} \tag{3-26}$$

式（3-26）推求的起动流速公式，其中 $\left(\dfrac{h}{d}\right)^{1/6}$ 与长江床砂起动流速经验公式 $\left(\dfrac{h}{d}\right)^{1/7}$ 以及苏联流行的相对水深关系 $\left(\dfrac{h}{d}\right)^{1/5}$ 相比较，正居其中间，说明公式的可靠性。我们利用通榆河涵闸模型的抗冲临界流速试验资料推到原型后与公式计算相比较的结果列出，也可说

明起动流速公式（3-26）的精度很高，见表3-6。

表 3-6　　　　　　　　　抗冲临界流速试验值与公式计算值比较

粒径 d/mm		0.75	2	4	5.5	7.5	11
v_c/(m/s)	试验	0.67	0.87	1.11	1.34	1.48	1.61
	公式	0.66	0.92	1.15	1.29	1.43	1.62

若土粒比重 $s=2.65$，并以 m 作为长度单位时，式（3-26）即得

$$v_c = 6.1\sqrt{d}\left(\frac{h}{d}\right)^{1/6} \tag{3-27}$$

代入式（3-18），则得

$$T = \frac{q}{v_c}\sqrt{2\alpha - \frac{y}{h}} \tag{3-28}$$

当均匀流动时，式（3-28）中根号的流态参数因子接近于最小值，即相当于河道的普遍冲刷平衡关系式，这也就正确说明了局部冲刷深度必然大于普遍冲刷的一般规律。

因为底部剪切应力是河床冲刷的主要因素，在相同的平均流速下，水愈浅，冲刷愈深，因而临界冲刷的平均流速随水深而增大，所以还不能直接引用任何水深的 v_c 代入式（3-28）计算，必须化为等价的松散颗粒直径 d 才能引用式（3-18）计算。现在规定按照式（3-27）计算等效粒径为

$$d = \frac{v_c^3}{216\sqrt{h}} \tag{3-29}$$

式中　d——等效粒径，m；

　　　v_c——与 h 相应的平均流速，m/s；

　　　h——与 v_c 相应的水深，m。

v_c 与 h 可由试验或实际调查求得。一般是 v_c 与 $h^{1/6}$ 成比例，这样就可由试验或调查水深的 v_c 求所需水深的 v_c。例如，已知 1m 水深时的临界流速，则 $v_c = v_{c1}h^{1/6}$，就可由式（3-29）算得等效粒径。

经过模型的黏土冲刷试验，分析不同水深的起动流速与冲深的关系，并调查了 16 个大型水闸局部冲刷坑的平均流速及土质关系，以及参照国内外提供的抗冲流速资料等，按照冲刷临界流速公式（3-29）换算成等效粒径，编制成表 3-7，以便引用式（3-18）进行黏性土的冲坑计算[2,3,36]。

表 3-7 中松散体砂砾石料河床，将随冲坑的加深，粗粒料覆盖坑底，也就更起到控制作用，一般可考虑引用 $d_{85} \sim d_{90}$ 作为计算粒径。

表 3-7　　　　　　　　　各种土质的抗冲等效粒径

土 质 种 类	抗冲等效粒径 d /mm	水深 1m 时的抗冲流速 v_c[①] /(m/s)
松散体的砂、砾、石	按实有粒径 d_{85} 计算	式（3-26），$h=1$
粉土、砂淤土或夹有粉细砂层	0.2～0.5	0.35～0.48

土 质 种 类		抗冲等效粒径 d /mm	水深 1m 时的抗冲流速 v_c[①] /(m/s)
粉质壤土、黄土、黏土质淤泥或夹有砂层	不密实	0.5~1	0.48~0.6
	较密实	1~2	0.6~0.76
	很密实	2~4	0.76~0.95
粉质黏土、壤土夹有较多砂礓石	不密实	2~4	0.76~0.95
	较密实	4~8	0.95~1.2
	很密实	8~12	1.2~1.37
黏土、粉质黏土夹砂礓或铁锰结核	不密实	8~12	1.2~1.37
	较密实	12~20	1.37~1.63
	很密实	20~40	1.63~2.05
胶结性岩土、风化岩石破碎带		30~50	1.86~2.21

① $v_c = v_{c1} h^{1/6}$。

采用等效粒径表示各种土质抗冲能力的优点为使计算单纯化，消除了一般引用不冲流速或起初流速时所受的水深限制。按照松散土粒的抗冲能力，虽然是随着粒径而增大，但是当粒径小到某一程度后，由于土粒比表面积的急剧增大，使薄膜水分子力和水流黏滞性的作用相对增大，反而会增大抗冲能力。同时细粒悬浮水中增大浑浊度也使冲刷能力减小。这样对于粉细砂（$d<0.2$mm）来说，公式计算将得出偏大的冲深。对于含粉粒黏粒的土，由于黏性和团粒结构的作用，就必须采用超过其本身粒径的等效粒径来计算冲深。

黏性土等效粒径，一方面可从表 3-7 的土质描述情况查得；另一方面还可根据已有某种土的实测抗冲资料代入式（3-29）换算。例如，有 1m 水深的相应抗冲流速 v_c 值，即可由式（3-29）求得等效粒径，然后再引用冲刷公式（3-18）或表 3-3 中的相应公式计算冲刷深度。但是对土的描述总是不够确切的，所以应结合土力学指标更科学地把土的抗冲性能标识出来。根据对近 10 种黏性土的各级流量冲刷试验，并测定土的密实度、颗粒组成、含水量、塑性指数、黏聚力和抗剪强度等力学指标进行分析，认为黏聚力 c 或抗剪强度 τ 可以概括影响冲刷的各因素，用它来表示等效粒径较好，初步分析结果如图 3-21 所示，并可用下式表示[36,37]，即。

$$d = 0.34 c^{5/2} \tag{3-30}$$

或

$$d = 0.02 \tau^{3/2} \tag{3-30a}$$

式中 c——黏聚力，kg/cm²（1kg=9.8N）；

　　τ——抗剪强度，kg/cm²（1kg/cm²=98kPa）；

　　d——等效粒径，m。

因为冲刷土样有自然渗干的，也有人工压实的；而且 c、τ 值有用十字板直接测定的，也有是饱和快剪试验的，所以误差有 1 倍左右，尚需进一步研究。

此外，王世夏[32]曾分析他人资料给出等效粒径公式为

$$d = \frac{1}{100} c^{5/3} \tag{3-31}$$

式中 c——黏聚力，t/m^2；

$\quad\quad d$——等效粒径，m。

式（3-31）计算结果远大于式（3-30）。

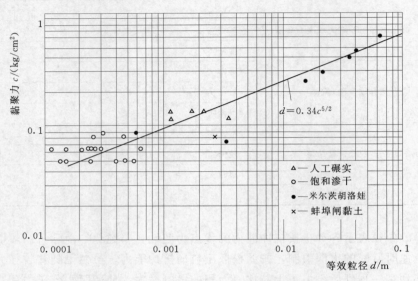

$$d = 0.34c^{5/2}$$

图 3-21 黏性土抗冲等效粒径与黏聚力的关系

结论：黏性土河床冲刷可用松散颗粒的局部冲刷公式，只要把土质换算为抗冲等效粒径即可。换算的方法有三：

（1）查描述性的表格，按土质分类可查其相应的等效粒径 d。

（2）按照笔者建议的起动流速或抗冲临界流速公式（3-26）或其简式（3-27），在已知某水深情况的临界流速时来反算等效粒径。

（3）按照力学指标，黏聚力 c 或抗剪强度 τ 的公式（3-30）计算抗冲等效粒径。

下面再对浑水冲刷加以讨论，以便说明局部冲刷公式的进一步推广应用，这将是含泥沙量很高的河流所应考虑的问题。例如引黄河水灌溉的闸坝工程，分洪闸以及多泥沙河流中修建工程时的围堰以及桥墩等的冲刷，如果用清水的局部冲刷公式就会得出较大的冲深值，因此需要结合浑水冲刷试验资料对清水冲刷公式进行修正。下面直接引用王德昌根据黄河下游河道实测冲淤平衡流速与含泥沙量的关系曲线，取其下包线以策安全时，可得出黄河冲积土多泥沙水流 1m 水深的抗冲临界流速 v_{c1} 为

$$v_{c1} = 0.4 + 6.5\sqrt{P} \tag{3-32}$$

式中 $\quad v_{c1}$——1m 水深的抗冲临界流速，m/s；

$\quad\quad P$——含泥沙量，以含泥沙浓度的重量比值表示。

将式（3-32）代入式（3-29），即可算出抗冲等效粒径 d，然后再代入冲刷公式计算冲深即可。

最后对黏性土冲刷和浑水冲刷结合实有工程各举一算例说明公式的应用情况。

【例】 苏北三河闸下游河床土质为坚实粉质黏土夹砂礓，1968 年加固工程时现场试验得出力学指标 $c = 0.22kg/cm^2$，$\phi = 23°$；而室内试验结果为 $c = 0.63kg/cm^2$，$\phi = 23°$，

该闸经过泄洪流量 $Q=10500\text{m}^3/\text{s}$，单宽流量 $q=17.8\text{m}^2/\text{s}$，闸下出流水深 $h_1=5.84\text{m}$，测得下游河床最大冲深为 5.57m，试用公式计算冲深值。

【解】　首先求出河床土质的抗冲等效粒径 d，若查描述性表 3-7，可取 $d=10\text{mm}=0.01\text{m}$；若引用黏聚力公式（3-30），可算得 $d=0.34c^{5/2}=0.34(0.22)^{5/2}=0.00772\text{m}$；若引用抗剪强度公式（3-30a），以水深荷重近似表示河床应力状态时，可算得 $d=0.022\tau^{3/2}=0.022(0.22+0.584\tan23°)^{3/2}=0.00704\text{m}$。

然后将等效粒径代入闸坝下游冲刷公式（3-18）计算冲深，即

$$T=\frac{0.66q\sqrt{2\alpha_1-y/h_1}}{\sqrt{(s-1)gd}\left(\dfrac{h}{d}\right)^{1/6}}$$

已知式中 $s=2.65$，$q=17.8$，$h_1=5.84$，消能好坏的流态参数，查表时可取 $\sqrt{2\alpha_1-y/h_1}=1.1$，依次将上面求得的 d 值代入公式计算，则得 $T=11.08\text{m}$，12.08m，12.46m，各减去尾水深 5.84m，则得不同方法求出的河床冲深依次为 5.24m，6.24m，6.62m，可知与实际冲深 5.57m 相差不多。

需要指出，若用室内固结快剪试验指标 $c=0.63\text{kg}/\text{cm}^2$，$\phi=23°$ 时，用黏聚力公式计算等效粒径 $d=0.107\text{m}$，用抗剪强度公式计算 $d=0.018\text{m}$，此时的 d 值相差较大，代入冲刷公式计算，得 $T=5.03\text{m}$ 及 9.1m，前者小于水深，说明河床没有冲刷，后者河床冲深 $9.1-5.84=3.26\text{m}$，相差也较大。由此例计算得知：土力学指标以现场试验较好。而且当难有正确的土力学指标时，宜取多种方法估算比较。

【例】　黄河花园口泄洪闸 1962 年泄洪流量 $Q=6000\text{m}^3/\text{s}$，实测 14~16 号孔闸后最大单宽流量 $q=45\text{m}^2/\text{s}$，下游出池水流水深 12.9m，闸下局部冲刷最大冲坑水深 $T=26.9\text{m}$。河水最大含沙量 $P=1.4\%$，试以浑水冲刷关系式验算此冲深。

【解】　首先由浑水冲刷公式（3-32）计算抗冲流速为

$$v_{c1}=0.4+6.5\sqrt{0.014}=1.17\text{m}/\text{s}$$

再代入式（3-29）计算等效粒径为

$$d=\frac{v_c^3}{216\sqrt{h}}=\frac{1.17^3}{216}=0.0074\text{m}$$

然后代入冲刷公式（3-18），已知 $s=2.65$，$q=45$，流态参数 $\sqrt{2\alpha_1-y/h_1}$ 可取 1.1，$h=12$，$d=0.0074$，$g=9.8$ 代入式（3-18），则得冲深为 $T=27.75\text{m}$。

可知与实测冲坑水深 26.9m 相差很少。

【例】　江都西闸 1991 年洪水运用情况，曾放流量 $700\sim1000\text{m}^3/\text{s}$ 和最大流量 $1478\text{m}^3/\text{s}$，都超过设计流量，结合上、下游水位考虑，以 $Q=1000\text{m}^3/\text{s}$，单宽流量 $q=10\text{m}^2/\text{s}$，上游水位 $H_1=4.20\text{m}$，下游水位 $H_2=2.70\text{m}$ 的冲刷较严重。河床高程 5.00m，土质在高程 -8.00m 以上为细砂 $d=0.25\text{mm}$，以下为灰黄色壤土，密实度 $\gamma_d=1.92$，黏聚力 $c=0.13\text{kg}/\text{cm}^2$。试用公式计算冲深。

【解】　引用冲刷公式（3-18），认为水流扩散尚均匀，$q=10\text{m}^2/\text{s}$，流态因子 $\sqrt{2\alpha_1-y/h_1}=1.3$（水跃消能，闸门开起 3.2m），护坦末端水深 $h_1=2.7+5.0=7.7\text{m}$，砂粒 $d=0.00025\text{m}$，$s=2.65$，代入式（3-18）算得水面下冲深 $T=38.56\text{m}$，已超过河

床砂层厚度。故再对砂层下的粉质壤土进行计算，引用黏土等效粒径公式 $d=0.34(0.13)^{5/2}=0.00207\text{m}$，与表 3-7 中的密实壤土的等效粒径 $d=2\text{mm}$ 相近，以此粒径代入冲刷公式（3-18）计算得 $T=12.05\text{m}$，减去水深 7.7m，可知河床冲深 4.35m，即冲至高程 -9.35m；洪水后实测冲刷坑底高程 -9.00m，预测冲刷已渐趋稳定。

第六节　挑流与自由跌流的岩基冲刷
§ 6. Scour of rock bed due to ski-jump and free over fall jet

岩基冲刷与黏土冲刷有相似之处，但由于岩体的岩性、产状、构造和节理裂隙断层等极为复杂，则更加不均匀，并具有强烈各向异性的抗冲能力。同时高速射流的水力作用，除流量、上下游水位差、水深和流态等因素外，挑流和自由跌流较之不脱离水体的面流和底流消能情况更受沿程损失和空中扩散掺气消能以及水舌的入射角等因素影响。因此研究起来更加困难，即以常采用的水工模型试验来说，虽然根据模型律能达到消能冲刷的水力条件的相似，可是模拟抗冲能力的岩体相似条件尚不够成功，以致目前的冲刷估算公式仍是经验性的。

一、岩基冲刷过程与机理

山区高坝的溢洪道、泄洪洞等的出流消能，多采用鼻坎挑流经鼻坎挑向空中再落到较远的山谷岩基上，若挑流集中，虽经空中掺气消能，仍将不及依赖水体本身的紊动旋滚消能来得有效，因此落入下游的水股将造成岩基冲刷。同样，拱坝顶的自由跌流，如果下游水垫没有足够的水深或加以防护，岩基也将发生冲刷。现在举两个典型实例[14]说明岩基冲刷的过程。

巴基斯坦的塔贝拉（Tarbela）坝的一个溢洪槽挑流鼻坎，参见图 3-23。其下游为裂隙破碎石灰岩，1975 年第一次泄洪流量为 9000m³/s，在鼻坎后冲成长 250m，宽 200m 的大坑，运行不到两周冲深 30m，局部达 50m。后来，最大冲深超过了 70m，而且在继续冲深，不得不用混凝土加锚筋将坑面衬砌加固基岩。

赞比亚的卡里巴（Kariba）拱坝顶自由溢流，6 个 9m×9m 闸孔泄洪流量为 8400m³/s，1962 年冲深 26m，1972 年冲深达 60m，1979 年冲坑深达 85m，20 世纪 70 年代的 10 年内将完好的片麻岩冲走 30 万 m³。虽然经常有 20m 以上深度的尾水垫，但消能扩散作用很小。百米水头落差下的自由跌流水束穿过百余米的水深仍有极大的冲刷力，说明水垫的缓冲作用甚小。最好以预应力混凝土筑一槽形消力池引导入射流束转向使产生旋滚消能，如图 3-22 所示。

根据霍伊斯列[14]、哈通[15]等人对高坝自由跌流的试验研究，射束进入下游水垫的无限空间，几乎呈直线扩散，并有周围的水体不断掺混，使边界附近的流速减缓，能量渐减；同时在内部形成一直线形的"射流核"，其中流速保持与射流入水面时相等，流核尖灭长度约 5 倍射流的宽度。在相当长的流程上，射流束的能量只消失 20%，是很有限的（图 3-23）。射流束冲击基岩时，动能转为动水压力，它与基岩裂缝一经接触就在整个缝中产生等压面，形成很大的破裂水压力使岩体松动开裂。这个破裂面究竟多大时才能使岩

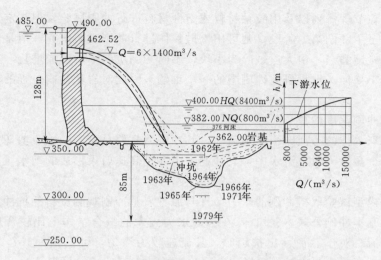

图 3-22　卡里巴拱坝顶自由跌疏岩基冲刷

缝崩解开，要看岩体结构和作用力的大小。

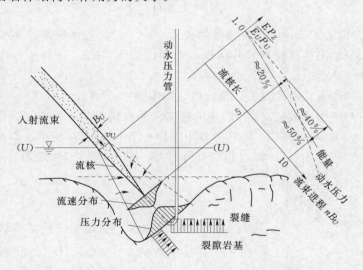

图 3-23　射流束动水压力对裂隙岩体的破坏作用

由上述裂隙岩体的冲刷破坏，我们可把岩基冲刷过程划分为两个阶段：

（1）在入射主流的动水压力作用下，岩体沿着节理裂隙破裂成碎块。

（2）碎块被水流带走形成冲刷坑。

关于第一阶段，苏联尤吉茨基（Юдицкци，1961）的较早研究认为：岩块在水动力荷载下的失稳条件是由平均动水压力与脉动压力组成的最大向上分力必须大于水中岩块有效重量，岩块始可脱离岩盘。随后又通过很多实际岩基冲刷破坏实例证明，地下水扬压力也是主要破裂水压力之一。总之，水动力使岩体破裂脱离岩盘被掀起的过程比较复杂，特别是岩体存在的节理裂隙分布不均匀，切割深度不等，甚至有断层，产状构造极为复杂。因此，要想模拟岩基的结构产状进行水工试验求得定量的结果是很困难的，虽然曾采用过长方体块按裂隙节理排列以及用胶粘材料或塑性材料进行冲刷试验，但与定量说明问题尚有较大距离。至于冲刷第二阶段，则可用松散粒体进行冲刷试验研究，但是天然崩解的岩块被急流冲击碰撞磨损，由大块破碎为小块，不断冲到坑的下游形成堆丘，究竟这个破碎过程及碎块大小如何，也是研究冲刷中的一个难题。因此对岩基冲刷过程的机理研究尚待深入。

二、岩基冲刷深度估算

对于不脱离水体的与河床平行的流动，其冲刷力主要是沿底的水流剪切力；而挑流或自由跌流成一个角度入射下游水中，其冲刷力主要是高速射束形成的动水压力，冲坑也将较深。

我们根据模型试验取得冲刷的水力条件与原型岩基冲刷观测资料的抗冲条件，进行比较分析，认为基本冲刷公式（3-17）在考虑水力因素的组合结构上比较合理，能够推广应用于高速水流。对于急流冲出护坦时，其流速较为均匀，可设 $\alpha_1=1.1$，$y/h_1\approx0$，并取冲刷试验分析资料中最大冲刷系数 $\psi=0.9$，代入式（3-17）可得

$$T=\frac{1.33q}{\sqrt{(s-1)gd}\left(\frac{h_1}{d}\right)^{1/6}} \tag{3-33}$$

式（3-33）实即出池水流冲刷块石海漫的公式（3-20），它能够表达不脱开水体的射流冲出护坦、跌坎或越出尾槛时对岩基河床的冲刷，如图3-24（a）所示，此时公式中的 h_1 应为射流或出流水深。

对于向空中挑流或自由跌流的岩基冲刷，如图3-24（b）、（c）所示，则应考虑射出水流跌入水中时与平面所成的交角 β，分析斯莫里亚尼诺夫的三种流态（图3-24）砂砾石冲刷试验资料，可知在式（3-33）分母中添加一项 $\cos\beta$ 较有规律，即入射角增大，冲深也相应有所增大，则式（3-33）变为

$$T=\frac{1.33q}{\sqrt{(s-1)gd\cos\beta}\left(\frac{h_1}{d}\right)^{1/6}} \tag{3-34}$$

式中　h_1——射流水深，在连续式挑流鼻坎可用 $h_1=q/v_1$ 计算，$v_1=\varphi\sqrt{2gH}$，上下差动式鼻坎时可近似采用加倍水深以 $2h_1$ 代之；

　　　q——坎末端挑流处的单宽流量，若射出水舌呈扩散状或缩窄形成纵向撕开者，还应考虑计算 q 的取值方法。

式（3-34）可应用到鼻坎挑流或拱坝顶自由跌流的冲刷类型，当鼻坎高于尾水面不很大时，可近似采用鼻坎挑角作为水舌落水的入射角 β，拱坝顶溢流或坝顶孔泄流时，水舌入尾水常有较大的入射角。对于跌坎或戽斗消力池出流的面流式流态，则可按 $\beta=0$ 进行计算。

有了正确的水力条件因素，再继续考察抗冲条件因素。若河床为风化岩块或散粒体材料，自然就可直接取其

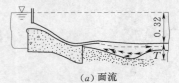

（a）面流

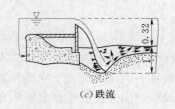

（b）挑流

（c）跌流

图3-24　三种流态的模型冲刷试验示意图

直径 d 应用上面公式计算冲坑深度；但岩基的岩性和岩体结构极为复杂，还必须再结合实地岩基抗冲能力加以分析。目前的方法多习惯以维兹果公式形式 $T=Kq^{0.5}H^{0.25}$ 中的冲刷系数 K 值大小来概括区别岩基的抗冲能力。我们则沿用黏性土冲刷的分析方法，采用抗冲等效粒径来区分岩基的抗冲能力。经过引用 35 项工程实例的岩基冲刷资料，代入式（3-34）反求等效粒径 d 的结果，得知其值主要决定于岩体的完整性及断层、节理裂隙及破碎带的存在，并可归纳相应的等效粒径如下，以便引用式（3-34）计算冲坑水深。

岩性松软，裂隙发育，有断层破碎带：$d=0.05\sim0.2\mathrm{m}$；

岩基较坚硬，裂隙较发育，有小断层：$d=0.2\sim0.5\mathrm{m}$；

岩基坚硬完整，节理裂隙不发育：$d=0.5\sim0.9\mathrm{m}$。

采用等效粒径 d 与目前常用的冲刷系数 K 值相比较，可知 d 的变幅范围较大，区别岩基抗冲能力的分辨率较高，而且 d 的大小在感性上也容易体现出抗冲能力。更重要的是计算公式的水力条件合理，所以反求出来的等效粒径较有规律，这是 K 值所不及的。

顺便指出，上面归纳出来的抗冲等效粒径最大不过 1m，仅有几吨重，而实际发生的冲刷却有几百吨以上的大块石板或混凝土板被水流掀起冲出护坦。这种现象似乎难以理解，其实不足为奇，因为这里的抗冲等效粒径是代表冲刷平衡的坑底，而实际的大块体破坏多发生在迎水顶冲的表面；同时孤立块体也易沿水平方向被水流冲走。因此实际的岩基被冲毁只是反映水冲力的大小，并不意味着抗冲等效粒径。

如果已有岩基河床的某水深情况下抗冲临界流速资料，还可根据起动流速公式（3-26）或其简式（3-29）反求等效粒径 d，然后以 d 值代入式（3-34）计算冲坑水深。

其实，岩基冲刷问题还应结合岩石力学进行研究，特别是岩体的非均质及其抗冲能力的各向异性特点。也和黏性土冲刷问题需要结合土力学指标那样，应结合抗拉强度（约为抗压强度的 5%）研究受水冲荷载下的应力状态及裂隙扩展的动力效应等，以便计算岩基冲刷时数据更加确切。

此外，介绍我国习用的冲刷公式，常采用早期巴特拉舍夫、维兹果等人的公式形式，即

$$T=Kq^{0.5}H^{0.25} \tag{3-35}$$

式中 q——单宽流量；

H——上、下游水位差；

K——冲刷系数，它与掺气、入射角、岩土性质等有关，各家给出的值不同，如：

$$K=\frac{0.69}{d^{0.25}} \quad (\text{Патрашев},1937;粒径\ d\ 以\ \mathrm{m}\ 计)$$

$$K=1.2\sim2.1 \quad (\text{Вызго},1956)$$

$$K=0.7\sim1.8 \quad (陈椿庭,1963)$$

陈椿庭公式，按照我国挑流冲刷的岩性资料区别如上所列的三级，由坚硬到破碎给出冲刷系数 $K=0.7\sim1.1\sim1.4\sim1.8$。另外，原长江水利水电科学研究院、东北勘测设计院等也给出类同的 K 值。

巴特拉舍夫公式中系数 K 为粒径 d（以 m 计）的函数，是对散粒料研究的结果，用到岩基冲刷时，需要根据岩体破碎块的磨碎程度来估算，或者从岩基在某种流态下的冲刷

许可流速资料换算为等效粒径再代入公式计算（参见第五节）。

估算岩基冲刷的指数形式公式很多，再举如下王世夏公式为例，即

$$T = K_1 h_c^{0.89} H^{0.11}$$

因为临界水深 $h_c = (q^2/g)^{1/3}$，故可化为下式以便比较：

$$T = K_2 q^{0.59} H^{0.11} \tag{3-36}$$

式中　K_2——冲刷系数，按岩体好坏程度分为三级，依次为 1.12、1.55、1.98。

近年来，研究者逐步把挑流角度、岩体抗压强度和节理断层情况等因素引入公式，可举章福仪公式为例[20]，即

$$T = 100 \left(\frac{q}{CR} \sqrt{\frac{Z_1}{\varphi^2 Z_1 \sin^2 \theta + P}} \right)^{1/3} \tag{3-37}$$

式中　C——断层破碎带的系数，胶结好时 $C=1$，胶结不好时 $C=0.5$；

$\quad\quad R$——岩石抗压强度，胶结 t/m^2；

$\quad\quad P$——尾水面以上的鼻坎高度；

$\quad\quad \varphi$——流速系数；

其他符号意义同前，见图 3-25。

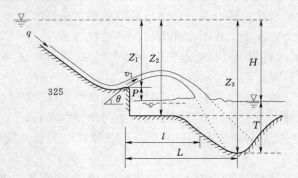

图 3-25　挑流冲刷坑的位置

三、冲坑位置估算

挑流冲刷的位置决定于射流的落点，根据实测挑流的抛射距离的调查资料[20,21]，直接用抛射体公式计算已相当可靠，如图 3-25 所示，挑流射出的距离，以冲坑最深点计算时应为

$$L = \frac{v_1^2}{2g} \sin 2\theta \left(1 + \sqrt{1 + \frac{Z_3 - Z_1}{\frac{v_1^2}{2g} \sin^2 \theta}} \right) \tag{3-38}$$

因为挑流坎射流速度 $v_1 = \varphi \sqrt{2gZ_1}$，则可用流速系数 φ 代入式（3-38），得

$$L = \varphi^2 Z_1 \sin 2\theta \left(1 + \sqrt{\frac{Z_3 - Z_1}{\varphi^2 Z_1 \sin^2 \theta}} \right) \tag{3-39}$$

若计算原河床开始冲坑的距离 l，则式（3-39）中 Z_3 改为 Z_2。这里没有考虑空气阻力和掺气影响，计算射距应稍偏大，但实测资料并没有反映出来。

式（3-39）中表示由坝顶到鼻坎沿程摩阻损失的流速系数 φ 值大小与溢洪道或溢流

坝的表面粗糙、掺气和流程距离 S，单宽流量 q 有关；一般混凝土溢流坝面的摩阻损失为 $0.1\dfrac{v_1^2}{2g}$，相当于 $\varphi=0.95$；溢洪道表面粗糙，而流程长，堰顶水深 h 小时 $\left(\dfrac{S}{h}>60\right)$，能量损失可达 30%，相当于 $\varphi=0.84$；因此可在 $\varphi=0.85\sim0.95$ 之间选用。我国已建工程统计 φ 值基本上都在此范围内，也可参用下式计算：

$$\varphi=1-\frac{0.0077}{\left(\dfrac{q^{2/3}}{S}\right)^{1.15}}\quad（徐秉衡）\tag{3-40}$$

$$\varphi^2=1-0.014\frac{S^{0.767}Z_1^{0.5}}{q}\quad（夏毓常）\tag{3-41}$$

$$\varphi=\left(\frac{Z_1}{q^{2/3}}\right)^{-2}\quad（陈椿庭）\tag{3-42}$$

挑流和跌流所形成的冲刷坑形状比面流式或底流式流态的冲刷坑坡陡。苏联用散粒体试验结果，挑流冲刷坑的宽深比为 3.5～5.5，面流式冲坑宽深比则为 8～12。马丁斯用块体试验结果，挑流冲坑坡与水平面交角为 30°～55°。一般是前坡陡于后坡，而且实际的冲坑岩坡会陡于 1∶1。

第七节　闸坝下游防冲措施
§ 7. Anti-scour measures below sluice-dams

以上各节介绍的局部冲刷过程、估算方法及计算公式，其主要目的在于核算和预报冲刷的严重程度是否危害建筑物安全以便采取防冲措施，因此防冲是最后的目的。根据江苏省 91 座水闸的调查中，上、下游遭到冲刷的达 25%，沿江水闸几乎都有冲塘，有的危及闸身安全，为了安全运行，就不得不采取措施。现从设计和运行期间发现问题必须加固维修这两个方面讨论措施如下。

一、消能防冲

消能是手段，防冲是目的，而且消能扩散是最好的防冲措施。因此，在设计阶段必须周密考虑占工程费用比重较大的消能工程：包括消力池及其辅助消能工，如墩、齿、槛、梁、柱以及海漫和翼墙等的选用设计，具体内容见消能专章。

闸坝下游冲成深坑后，往往只注意到填护冲坑加固补强方面，而不再考虑消能措施，以致耗资巨大奏效很小。苏联有一座建在石灰岩基上的溢流坝，下游冲毁后，屡次加固均遭失败。开始泄洪单宽流量 $q=25\mathrm{m}^2/\mathrm{s}$ 的秋季洪水，就把 0.5～0.6m 厚的钢筋混凝土护坦冲毁，岩基也冲成深槽。随后又在冲沟槽里设置 $2\mathrm{m}^3$ 的混凝土块体，但第二年春又被洪水冲走。于是又在冲沟中浇筑水下混凝土，并堆放麻袋装混凝土，袋上插有钢筋，使每层混凝土袋都互相扣接起来。尽管这样，也还是不可靠，秋季洪水再次下泄时，仅 1h 内又被冲毁。这是由于护砌体本身强度不够，与岩层连接又不牢所致。最后才从消能措施下手，通过模型试验，寻找在远驱水跃条件下的合理消能措施，采取了在底板护坦上从上游到下游设立 7 道消力槛，并使最后一道槛形成深 2m 的消力池。这样使用两年，证明是有

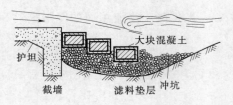

图3-26　闸坝下游河床冲坑
防护加固示意图

效的。另外在土基上建闸以后，由于消能不好，下游河床被冲成深坑，而屡抛石补强者更不乏实例，如图3-26所示。

我国发生严重冲刷的闸坝，通过模型试验寻找合理消能措施进行补救的实例也不少。如西津电站溢流坝，鼻坎下回溜淘刷严重，在右侧加修一道导墙后显著减轻了淘刷；江苏横山水库溢洪闸梯形断面消力池中水跃偏冲一侧，冲毁池底后是在两侧坡面边墙上加小槛解决的；高良涧闸发生冲毁事故后，是改造了消力池解决的；内蒙古三盛公黄河水利枢纽北总干渠跌水电站下游尾水位低，越出消力池的急流冲毁了海漫，而采取第二级消力池消能方案等。但结合消能措施的改造补强，必须注意在混凝土加固工程中，仔细研究加固部分与原来部分以及混凝土与岩基部分等的牢固连接方法，不能留有强度不均匀的区段。

二、管理运用闸门防冲防淤

各种消能工型式都有其一定范围的水力条件，很难有一种消能措施能适应各级水位流量和任意的闸门开启方式。因此还必须在工程运行管理时注意闸门开放调度的最佳方式，即各闸门齐步均匀开启，分级提升以适应尾水位[22]；当不能齐步开启闸门时，则可对称间隔开放，一般是先开中间孔，并避免大开度一次到顶造成水流过于集中和偏流。尤其是下游无水或水位很低时的开闸始流情况［参考第二章第二节（四）］，必须逐级提升，开始宜小，逐级可稍大（0.2～0.5m），使能在消力池中产生水跃。另外，最好根据冲刷公式针对所管理的闸坝计算一套资料，画出开闸时下游河道的流量与水位关系曲线所对应的冲刷深度曲线来指导调度运行管理，如图3-27所示为某种开闸方式下的冲刷预测曲线[23]。同时也可从实测冲刷深度检验冲刷公式的正确性，找出修正的冲刷系数以预报未来。

不遵守上述闸门运行管理操作方式的，经常会发生冲毁破坏事故。这种事例很多，除在第一章总论中所举的实例外，如黄河三盛公水利枢纽工程北岸进水闸，在开闸放水时，尾水位很低，由于闸门开启太快，以致射流冲越消力池尾槛，冲毁了海漫。在江苏省，如废黄河上的杨庄闸，曾大幅度提升右闸孔闸门，导致主流偏冲下游左岸，把农田冲走一块；淮安闸1959年、介台子闸1963年，均因开闸时水跃越出消力池，造成浆砌

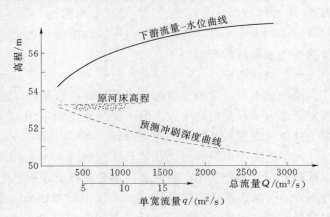

图3-27　闸坝泄流的各级水位流量下的
局部冲刷预测曲线

块石和干砌块石海漫的破坏；三河闸在1956年因检修油漆闸门，不均匀开放闸门，造成河床冲深4～5m，后以块石填平。总之，由于闸门控制管理不当而造成冲毁破坏事故的屡有发生，因此，在运行管理中必须高度重视，建立适用于管理水闸的操作规程。

上述闸门调度开启最佳方式是指闸前来水对称的情况。然而大型水闸，闸前水面广阔，地形高低不一，多不对称，在大流量情况下，来水主流方向经常不正，例如洪泽湖滨的三河闸，上游来水主流偏向左岸，闸门全开泄水时，闸下右岸流缓近于死水，可以游泳。万福闸位于淮河入江水道，在 3 支流汇合口的下游，由于 3 支流来水量不等，闸前来水极为不正，当闸门全开时，左岸 30 孔范围流量大流速急，而在右岸第 64、65 孔的闸前还有回水倒流情况；闸下靠左岸主流再折冲到右岸，1964 年曾把右岸农田冲走 200 余亩及房屋多间，坡脚河床冲深 7m。又如小洋口闸，闸前有 5 支流汇合，主流在闸前先顶冲左岸，继而折冲右岸，过闸后又折冲左岸，把左岸坡脚处河床冲成 6～7m 的深塘。还有一些水利枢纽工程，由于布局问题，不能避免闸前弯道水流或平交河道流势的影响，也常发生闸前来水不正的问题，例如高良涧闸、淮安闸、运东闸等都是闸前主流偏向右岸，过闸后水流偏冲左岸，造成不平衡的冲淤现象。

因此，对于这些来水不正的水闸，如果仍然保持左、右闸门完全同等对称开放的操作方式，就会造成闸下水流集中而偏冲一侧；对于多泥沙河流则更会使闸的上、下游两侧发生冲淤很不平衡的河床变形。因此，必须调整闸门不同开度来控制各闸孔出流量相等达到全闸宽断面上水流均匀的要求，此项控制闸门方式最好依靠水工模型试验提出，也可以在实际工程运用管理中摸索出一套调度控制闸门方式。黄河三盛公拦河闸就是这样摸索出了一套控制闸门的成功经验，由于上游来水偏向右岸，造成下游左岸的冲刷和右侧大量淤积，于是就由右到左调整闸门开度逐级提高，收到了日益改善的效果。而且结合上、下游河床冲淤发展趋势不断改变闸门调度方式，避免冲淤继续向不利方面发展。

同样，对于闸下游河道地形不对称情况，运用对称开启闸门方式也将造成不利的冲淤现象。特别是受尾水涌潮和风浪影响的沿海挡潮闸或感潮区沿江建闸，普遍存在闸下淤积问题。这也是在涌潮挟沙不断淤积扩展造海岸的大自然现象。苏北已建的挡潮闸及沿海港口淤积严重，据调查已使下泄流量比建闸初期减少近半。若闸下河道弯曲距海边较远，淤积更甚，例如大型的射阳河闸于 1956 年建在距河口 28km 处，下游河道淤积，到 1979 年过闸最大流量降低到原来的 1/3；为提高排水能力进行了闸下河道的裁弯取直，缩短 15km，排水能力增加 30%，冲淤变化已趋稳定。又如六垛南、北两闸，只有一堤之隔，共用一条出海口，二闸流量悬殊，南闸放水使下游水位迅速升高影响北闸下游出口水流，使其逐年淤积更甚，当东北风时与下游引河方向一致，淤积加快，现北闸已完全堵塞，成为一座"废闸"，而南闸大冲小淤，闸下最大冲深曾达 9m，逐年抛石，成为一座"险闸"，以后由于上游建阜宁腰闸控制流量，南闸下游河床又逐渐回淤。同样在启东县沿海有七门港闸与桃花红闸共用一个出海口，由于两闸流量均小，两闸下游均淤积严重。其他省份在河口建闸也有此类问题，例如海河闸开始泄流量大，发生严重冲刷，后来入海流量减少，淤积又严重，以致泄流量相同情况下，上游水位比建闸初期抬高 1m。

挡潮闸下游的淤积，决定于泄水流量与河口地形、泥沙、潮浪、风向、风速等因素，因此选闸位置至关重要。对于已建的挡潮闸，主要是调控泄水流量，也就是如何运用闸门管理方式来达到冲淤或少落淤的问题。现在苏北沿海经过长期管理挡潮闸的经验，已摸索出一套管理闸门方式。例如，大汛期含沙量大可多开闸冲淤（例如两天一次），小汛含沙量小，可以少冲（例如 3 天一次）。若针对某淤滩冲刷，也可集中开启少数个别闸门，以孔流冲近处淤，大开度堰流冲远处淤，开闸时间控制在低潮位 6h 之内；而且可结合有利的风向和降雨开闸或关闸，并注意缩短静水时间等。此外，还可运用闸门管理调度水源和纳潮冲淤。能否冲走淤积可参考前面的局部冲刷计算。总之应按照具体情况在运用管理中探索闸门调控开启方式，这将是解决挡潮闸河口淤积的一项经济有效的重要措施。

三、控制单宽流量防冲

在冲刷公式中已知单宽流量 q 是冲刷的主要因素，河床的岩土性质是抗冲的主要因素，因此，可以根据冲刷公式演算对于某种岩土河床不致发生显著冲刷的允许单宽流量，用来指导设计闸坝泄流的总宽度[2]。因为下游河道通常已预先根据河床土质和水位流量做好设计，故可由河道普遍冲刷公式（例如表 3-3 中末行公式）算出河床不冲不淤的平均单宽流量 q_m；然后再由表 3-1 中消能扩散良好情况下的数据平均值确定过闸单宽流量 $q_0 = 1.6q_m$，从而由总流量 Q 求得闸总宽。经过演算求得各种土基上建闸应取的闸孔过水单宽流量 q_0 允许值，见表 3-8，也可据此绘出曲线图，便于设计或管理时查用。但是应当指出，根据不同的冲刷计算方法将得出不同的闸宽，例如淮河上蚌埠闸的设计经验中写道："按苏联水工手册规定的抗冲流速计算闸宽，势必增加 1.85 倍，增加的工程量是很惊人的。"说明选用冲刷公式是否合理，关系着大量闸坝工程的造价。根据江苏省的建水闸经验，闸宽与河道宽的比值为 0.6～0.85。

表 3-8　　　　　　　　　各种土基上闸坝过水单宽流量 q_0 的适应值

土 质 种 类		等效粒径 /mm	相应下游水深的 q_0/(m²/s)		
			3m	5m	8m
粉土，砂淤土，或夹有粉细砂层		0.2～0.5	3.4～4.6	6.1～8.3	10.6～14.4
粉质壤土，黄土、黏土质淤泥	不密实	0.5～1	4.6～5.8	8.3～10.5	14.4～18.1
	较密实	1～2	5.8～7.3	10.5～13.2	18.1～22.8
	很密实	2～4	7.3～9.2	13.2～16.6	22.8～28.7
粉质黏土	不密实	2～4	7.3～9.2	13.2～16.6	22.8～28.7
	较密实	4～8	9.2～11.5	16.6～29.9	28.7～36.2
	很密实	8～12	11.5～13.2	20.9～23.9	36.2～41.4
黏土	不密实	8～12	11.5～13.2	20.9～23.9	36.2～41.4
	较密实	12～20	13.2～15.7	23.9～28.4	41.4～49.1
	很密实	20～40	15.7～19.7	28.4～35.8	49.1～61.9
胶结性岩土，风化岩石破碎带		30～50	17.9～21.3	32.5～38.6	56.2～66.8

注　不密实，指干密度小于 1.3g/cm³；很密实，指干密度大于 1.8g/cm³。

四、海漫防冲

抛石海漫是土质河床经常采用的防冲措施，在消力池等永久性消能工之后，一般均衔接一段保护河床的抛石海漫继续消减出池水流的有害余能。因此，海漫是消能防冲的最后一道防线，它不仅调整垂直流速分布为正规面流式，使河床冲坑平、浅、长，避免底流式使冲坑陡、深、短的危害；而且有助平面扩散，不使旁侧回溜越出海漫减小居河床中部的冲沉深度，避免形成左、右两个冲坑危及边坡的稳定。

在池末或混凝土固定护坦末端，无论从地表水流或地下渗流，都要求设置尾槛消减余能，并隔开海漫，如图 3-28 所示。海漫前部块石的大小可按出池水流块石海漫冲刷公式（3-20）计算（或用表 3-3 中的简化冲刷公式），块石不够大时，前部还可采用混凝土块。海漫最好稍向下游倾斜，以利迅速调整为正常流速分布。海漫末端还可做一道块石防冲槽，并使槽底脚不被淘刷。

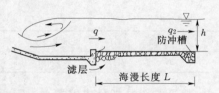

图 3-28 护坦后的抛石海漫

海漫末端的结构型式是避免河床冲深并保护海漫完整不被淘刷的关键。按照德国爱德河口泄水闸和易北河上的堰闸防冲补救工程试验研究结果[24]，认为海漫末端以采用有弹性或柔性的装石沉排，并向下倾过渡到冲坑为好。具体做法可将各块石连接起来，或者用高抗拉强度的金属丝（直径约 2.5mm）编织成网填满块石形成厚 0.3m 左右的沉排铺成海漫。同样，澳大利亚的试验研究结果[25]也认为，这种沉排海漫在末端做成倾斜就可保持沉排海漫的完整性，见图 3-29。做成垂直式末端容易被淘刷折断破坏。倾斜的柔性沉排海漫末端，在闸上游可用 1:2，闸下游的沉排末端倾斜度应较缓（1:4），以免水流分离发生大的漩涡。

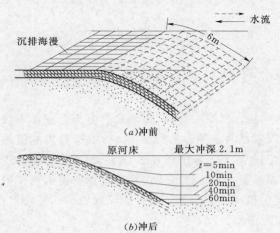

图 3-29 沉排海漫，末端下倾

海漫下面不能直接铺在河床上，特别是海漫前端一段，不仅出池的紊动水流会冲出缝中的河床泥沙，而且是下游渗流出口，在块石缝中的渗流特别集中，使出渗坡降增大（图 3-30），若海漫下不铺设滤层，河床土就会在缝口发生流土破坏而被冲出造成个别块石的下陷坍坑，因此需要按太沙基滤层规格即 $D_{15} < 5d_{85}$，$4d_{15} < D_{15} < 20d_{15}$，$D_{50} < 25d_{50}$ 铺设砂石料滤层。若用土工织物排水保护基土，其上仍需有一定厚度的强透水砂砾石层，免得缝中排水不够仍造成缝口的顶托力[26]。

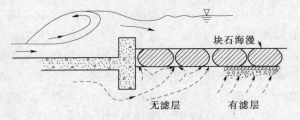

图 3-30 海漫下铺滤料垫层

海漫长度是否合适可根据下式计算：

$$L = K \sqrt{q \sqrt{H}}$$ (3-43)

式中 q——出池水流的最大单宽流量；

H——上、下游水头差；

K——随消能和土质情况而变的一个系数，一般在 7～14 之间，见表 3-9。

表 3-9　　　　　　　　　　　　　海漫长度公式中的 K 值

河床土质	坚硬黏土	粉质黏土	壤土或中粗砂	粉细砂
K	7～8	9～10	11～12	13～14

如果结合冲刷公式中的水力因素，考虑出池水流与海漫末端水流两个断面处的比值关系，则可得出另一个海漫长度公式（图 3-28）为

$$L = Kh_2\left[1 - q_2/(q\sqrt{2\alpha - y/h})\right] \tag{3-44}$$

式中　K——仍取表 3-9 中的值；

　　　h_2——海漫末端的水深；

　　　q_2——河道允许的设计单宽流量；

　　　q——出池水流最大单宽流量，一般可近似取过闸的 q_0（或查表 3-1）；

$\sqrt{2\alpha - y/h}$——一般为 1.3 左右（或查表 3-2）。

其实，q_2/q 的比值也可参用表 3-1 中的 q_m/q 比值，消能扩散良好时为 0.95～0.67，较差时为 0.67～0.33。

式（3-43）、式（3-44）计算结果基本一致，式（3-44）在形式上更为合理，不仅在尺度上和谐，而且把影响冲刷的消能扩散因素结合起来。式（3-44）中括号内的值约在 0.2～0.8 之间，说明消能扩散良好与否影响甚大。若出池水流已接近河道水流，式（3-44）计算长度也就自然趋于零。因此，如果能正确估计或经过水力计算取得消能扩散因素的数据时，自然采用式（3-44）计算更为精确。若缺乏资料，建议取因素的平均值，采用式（3-43）、式（3-44）比较计算来选定海漫长度。

五、冲坑底及坡面抛石防冲

当闸坝下游发生局部危险冲刷时，往往用抛石填补冲坑处加以保护的办法以免继续淘刷影响建筑物的安全。有时抛石数量很大，由于长期不断地大量抛石结果，有的被水流冲动，有的停留某处常会在闸坝下游自然形成一道石槛，虽然有助于防冲，但又会发生水流的偏转集中。例如苏北皂河闸，7 孔全开时冲深 4.2m，间隔开放时冲深 5.4m，海漫冲成若干深塘。因此先后抛石 2000 余 t，抬高了尾部海漫 0.5～1.0m，水流稍偏，而且大量碎块冲陷下游坑底。又如浙江上浦闸下游冲深 5.31m，1983—1987 年抛石 16600m³，仍不能达到预期目的，经分析认为是块石不够大，坑底泥沙被紊动水流吸出石缝。最后采用土工织物护坑底，防止了泥沙被吸出带走。然而保证抛块石的稳定，还需要根据水流情况计算不致被冲动的抛石块体尺寸，这种尺寸较大时，需要采用混凝土浇筑的块体或石笼，但不宜采用铅丝笼块石。

选用块体尺寸的原则，就是在已知水流作用力的条件下，计算石块可能发生滚动或被淘刷出来的稳定性。若设块体沿水流方向开始滑动时，水流动水压力与石块浮重产生的摩阻力相等，即

$$C\left(\frac{\pi d^2}{4}\right)\gamma\frac{v^2}{2g} = \mu\left(\frac{\pi d^3}{6}\right)(\gamma_s - \gamma) \tag{3-45}$$

式中　d——石块的平均直径；

γ_s——石块重度；

γ——水的重度；

v——流速；

C——石块的形状系数；

μ——摩擦系数；

$\dfrac{\pi d^2}{4}$——石块的投影面积；

$\dfrac{\pi d^3}{6}$——石块的体积。

根据葛路特（Groat，1920，1930）[23]的最早野外试验结果 $\mu=0.2$，$C=0.73$，并设比重 $s=\gamma_s/\gamma$，这样就可解得冲动石块的临界流速为

$$v_c=0.43\ \sqrt{2gd(s-1)} \qquad (3-46)$$

但是，根据后来学者的试验，前面的系数差别较大，苏联伊斯巴什（Изъаш，1936）的室内试验结果，当石块在堆石上滚动时，相当式（3-46）中的系数加倍为 0.86；当石块自群体中冲出时，系数为 1.2。德国哈通（Hartung，1972）等人的试验结果系数也为1.2。因此综合二者的公式，可写为

$$v_c=(0.86\sim1.2)\ \sqrt{2gd(s-1)} \qquad (3-47)$$

式（3-47）若以 $g=9.8\mathrm{m/s^2}$，$s=2.5$ 代入计算，则得简式

$$v_0=(5\sim7)\sqrt{d} \qquad (3-47a)$$

式（3-47a）常被水工模型试验用来作为选用模型砂石大小的依据。但此式缺少水深的影响。因为水愈深，其不冲的临界平均流速 v_c 愈大。

由于试验的水力条件和选用的试验块体形状不同，以致用上述各家系数算得的块体尺寸最大相差达 7~8 倍，而且这里采用底部石块的迎冲流速是很难确定的。因此应采用冲刷公式计算，这里考虑到类似块石海漫的冲刷，块石表面粗糙且受冲坑波动水流影响，故建议用出池水流尾槛后的块石海漫冲刷公式（3-20），不过在不允许冲刷情况下，公式中的水深等于冲刷坑上水深，即 $h=T$，则得

$$v_c=\frac{q}{h}=0.75\ \sqrt{(s-1)gd}\left(\frac{h}{d}\right)^{1/6} \qquad (3-48)$$

或

$$d=\frac{q^3}{[0.75\ \sqrt{g(s-1)}]^3\,h^{7/2}}=\frac{v_c^3}{[0.75\ \sqrt{g(s-1)}]^3\ \sqrt{h}} \qquad (3-49)$$

式中　d——块石体积的等值直径；

$\quad\ \ h$——抛石处的水深；

$\quad\ \ q$——单宽流量。

若块石的比重设为 $s=2.65$，$g=9.8\mathrm{m/s^2}$，代入式（3-49）简化，可得块石尺寸为

$$d=\frac{q^3}{27.4h^{7/2}}=\frac{\left(\dfrac{q}{h}\right)^3}{27.4\ \sqrt{h}} \qquad (3-50)$$

式（3-50）计算的块石尺寸，略大于伊斯巴什及哈通等人的公式（3-47），但比葛

路特公式（3-46）小。这主要是三个公式试验块体的抗冲条件不同。

应用式（3-49）时，应注意到 q 的选取，严格来说，这里应取准备抛石的冲坑处 q。由于冲刷后的水流会更集中，深坑上的 q 随着冲坑的加深将增大为不冲护坦末端的 $1\sim2$ 倍，或参考式（3-19）进行估算。

【例】 尼罗河上的阿休德（Assiut）闸，$q=12\text{m}^2/\text{s}$，尾水深 $h=4.6\text{m}$，平均流速 $v=2.61\text{m/s}$，该闸采用比重 $s=2.3$ 的混凝土浇筑块抛填防冲。当时按照葛路特公式（3-46）计算，实际采用 $1.5\text{m}\times1.0\text{m}\times0.7\text{m}$ 长方筑块，相当于直径 $d=1.26\text{m}$。试比较各家公式。

【解】 将各家公式计算结果列入表3-10。

表3-10   抛石防冲各家公式计算结果比较

单宽流量 q /(m²/s)	水深 h /m	流速 v /(m/s)	计算所需抛填浇筑块体尺寸 d/m			
			葛路特公式	伊斯巴什公式	哈通公式	笔者公式
12	4.6	2.61	1.45	$0.36\sim0.19$	0.19	0.43
采用比重为 $s=2.65$ 块石时			1.14	$0.28\sim0.15$	0.15	0.30

如果考虑到冲坑处的流量集中，采用单宽流量为 $1.4q$ 时，由笔者公式（3-49）计算 $d=1.18\text{m}$，接近于实际填抛的筑块尺寸。从式（3-49）可以看出，当高坝溢流的单宽流量大而水深小时，一旦岩块或混凝土块被掀起时，即使 1000t 以上的块体也会被冲至下游。

对于坡面上抛石的稳定性计算公式，只需在式中增加一项 $\cos\theta$（θ 为坡角），即将块体重量变为垂直于坡面的有效重量，则式（3-47）可写为

$$v_c=(0.86\sim1.2)\sqrt{2gd(s-1)\cos\theta} \qquad (3-51)$$

同样，式（3-48）可写为

$$v_c=\frac{q}{h}=0.75\sqrt{(s-1)gd\cos\theta}\left(\frac{h}{d}\right)^{1/6} \qquad (3-52)$$

或式（3-49）可写为

$$d=\frac{q^3}{[0.75\sqrt{g(s-1)\cos\theta}]^3 h^{7/2}} \qquad (3-53)$$

式（3-53）既可计算冲坑坡面上的抛石尺寸，也可用来计算闸坝下游两侧河岸淘刷时的抛块石尺寸，同时还可用来计算过水土坝的块石护坡以及堆石坝面溢流（不考虑渗流）时所需坡面上的块石尺寸，不过，此时的 q 及 h 应为坝面溢流的单宽流量及水深（厚度）。

【讨论】 以上抛石防冲块石大小与起动临界流速关系的试验公式计算比较结果，可知相差很大。如果再与前面黏土冲刷一节中的河道水流的砂砾起动流速公式比较，又可看出更大差别，例如公式（3-26）：

$$v_c=\frac{q}{h}=1.51\sqrt{(s-1)gd}\left(\frac{h}{d}\right)^{1/6}$$

或

$$d=\frac{v_c^3}{[1.51\sqrt{g(s-1)}]^3\sqrt{h}}=\frac{q^3}{[1.51\sqrt{g(s-1)}]^3 h^{7/2}}$$

该式与闸坝出流波动、越尾槛跌流冲击海漫块石或抛石防冲等情况的式（3-48）和式（3-49）相比，可知 v_c 大 1 倍 $\left(\dfrac{1.51}{0.75}=2\right)$，粒径 d 小 8 倍即 $\left(\dfrac{1.51}{0.75}\right)^3=8$。其差别原因主要是水力条件不同。至于伊斯巴什等人的公式（3-47），主要问题是没有考虑水深 h 的影响。因为一般试验水深很浅，而天然水流很深，并且试验分析结果，此起动临界平均流速是随水深有所增加。所以后来苏联学者岗查罗夫（Гончаров，1954）和列维（Леви，1952）等给出水深对数变化的修正公式（3-24）和式（3-25）。我们在文献［1］给出了指数公式（3-26）。此起动平均流速 v_c 随 h 增加的原因是底砂起动主要是临底流速的影响，而流速分布是对数或指数关系，则同样的平均流速，水深时，其临底流速就小于水浅者。所以水越深，v_c 就增加一些，v_c 正比于 $h^{1/6}$。因此，不能直接把试验水深的公式用于天然水深情况。例如试验水深 1m 得出的 v_{c1} 引用到闸下抛石冲刷，就应先算 $v_c=v_{c1}\left(\dfrac{h}{l}\right)^{1/c}$ 再代入式（3-48）或式（3-49）计算。关于这个泥沙起动问题在文献［43］，对我国研究泥沙起动流速成果的应用，结合 Shields 实验曲线已有较详细评述。

同样，对于抛石防冲或岩基河床冲刷所适用的有出池越槛的跌流（图3-13）或不脱开水体的出护坦射流［图3-24（a）］等水力条件的冲刷公式（3-48）及式（3-49），也必须考虑水深 h 的影响。例如计算溢流坝下岩基河床的冲刷：设已知水深 1m 的岩基不冲或起动平均流速为 $v_{c1}=5\text{m/s}$，则设计洪水深度 4m 时的起动流速应为 $v_c=5(4)^{1/6}=5\times1.26=6.3\text{m/s}$，代入式（3-26），设 $s=2.65$，求得等效石块大小 $d=\dfrac{(6.3)^3}{[0.75\sqrt{g(s-1)}]^3\sqrt{4}}=0.24\text{m}$。如果引用不考虑水深影响的伊斯巴什公式（3-47）则 $d=1.045\text{m}$，可知偏大 4.4 倍。据此计算冲刷或进行水工模型试验选取这样粗的模型砂，就可能不发生冲刷。如果给出的起动流速，不知道其相应水深，建议 $h=1\text{m}$ 的 v_{c1} 计算天然洪水深的 v_c。因为分析求算等效粒径 d 的公式（3-49），取 $h<1$，算出 d 偏大；取 $h>1$，d 偏小。有了等效粒径 d，可以代入冲深公式算冲深 T，采用单宽流量 q 更为合理。

六、板桩截墙防冲

不采用平铺块石海漫防冲时，还可在混凝土护坦末端或消力池尾槛处打板桩或筑截墙深入地基来保护固定护坦下的地基免被淘刷失去稳定性，如图3-31所示。但此时应在前面护坦下设滤层排水以减轻拦截护坦末端渗流出口所增大的扬压力。板桩的深度则决定于冲坑深度和土质坡面的稳定性。此法也常用于护岸工程。

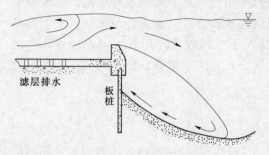

图3-31 护坦末端打板桩防冲

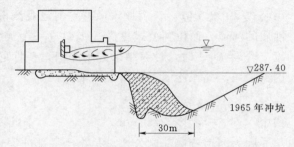

图3-32 Kachlet 堰冲刷后补救工程

当岩基冲刷坑危及建筑物固定护坦时，也可采用稳定坑前岩坡面填补混凝土的防冲方案。如图 3-32 所示为多瑙河上的 Kachlet 堰[24]，片麻花岗岩河床被冲深 6m。经过试验研究，在定床模型中测得底部最大动水压力荷载正好在动床模型的最大冲深处，因而采取了图 3-32 所示的堆石混凝土填筑形式（钢筋拉住）。

第八节　各家局部冲刷公式综述
§ 8. Summary of various local scour formulas

冲刷深度公式目前已有很多（几十个），它们之间的计算差别也很大（几倍），主要原因是所依据的分析理论、研究方法手段、资料来源等的不同，因而得出不同的公式形式和计算结果。一般建立冲刷公式的理论基础不外水力学的基本原理，有静力平衡理论和动力平衡理论[35]，前者是引用了河床质的临界拖引力或剪应力的概念，后者是从连续搬运的河床质出发引用了输沙量平衡的关系。研究手段多采用水工模型试验或结合野外观测资料的分析。在分析方法上，考虑的冲刷因素则不尽相同，有的只考虑二元水流的上、下游总的落差及流量而不计消能扩散的作用，有的不分局部冲刷与普遍冲刷而直接采用起动流速公式，甚至也有不考虑河床质的抗冲能力或很粗糙地描述的。因此应对各家冲刷公式的推导背景和适用范围加以了解，以免引用公式时发生较大的误差。下面分类择其有代表性的局部冲刷公式稍加评述，并将笔者公式最后加以总结。

一、引用普遍冲刷公式

借用河道普遍冲刷公式估算局部冲深的，可以拉赛公式（Lacey，1929，1939，1946）为代表，水面下冲深 T（即水深）与单宽流量 q 的关系，改为公制公式时为

$$T = 1.34 \left(\frac{q^2}{f} \right)^{1/3} \qquad\qquad (3-54)$$

式中　f——泥沙因子。

印度和埃及的一些灌溉工程多用式（3-54）计算闸坝下游局部冲刷，而该式却是由河道冲淤平衡时的水深与平均流速或流量之间的观测资料分析得来的，这种经验公式很多，例如更早的肯尼迪（Kennedy）公式改为公制时为 $v = 0.538 T^{0.64}$ 或 $T = \frac{q}{v} = 1.44 q^{0.61}$，就是根据印度旁遮普邦的渠道观测资料得出的。尼罗河的泥沙更细，故埃及常用公式 $T = 2.74 q^{0.61}$。因此，从特定河流观测得出的经验公式只能适合与该地区类似泥沙性质的河流。而拉赛公式更进一步引进一个泥沙因子 f 可以推广用到不同泥沙性质的河流，若设 $f = 1$ 时，计算结果的水深稍大于肯尼迪公式，故多被英国、澳大利亚、印度等国家采用。此泥沙因子可用下式估算：

$$f = 1.76 \sqrt{d}$$

式中　d——泥沙粒径，mm。

因为河道普遍冲刷公式总是小于局部冲深，所以拉赛公式用于闸坝下游局部冲刷时应将计算结果再乘 1.25～2。用于最严重的带有漩涡的桥墩尾部冲刷时，则应将拉赛公式

乘 4[27]。

我国也有此种类似的公式，如原安徽省水利科学研究所的王艺雄同志（1986）调查研究淮河上的水闸冲刷观测资料，给出冲深公式为[42]

$$T = Kq^{0.83} \qquad (3-55)$$

式中　q——应用闸下游主流宽度上的单宽流量；

　　　K——经验系数。

K 与河床土质及清、浑水有关，见表 3-11。

表 3-11　　　　　　　　不同河床土质及清、浑水时的 K 值

情况	清水，硬黏土	清水，普通黏土	浑水，粉细砂	清水，粉细砂
K	0.3	1.1	1.8	2.3

二、引用不冲流速公式

由于仅依赖分析天然观测资料受各种限制而且历时很长，这种方式求经验公式就逐渐转到水工模型试验研究冲刷问题，例如沙莫夫、列维、岗恰罗夫、罗欣斯基、扎马林等苏联一些学者都从不冲流速的概念出发，进行二元水流冲刷试验推求冲深公式。现以罗欣斯基的试验结果为例，得出最大冲坑水深为[6]

$$T = 1.05 \frac{q}{v_c}$$

式中　v_c——T 水深时的河床不冲临界流速。

按照苏联学者岗恰罗夫、扎马林和我国学者沙玉清[8]等人研究，建议用 1m 水深时的不冲流速与水深 0.2 次方的乘积来表示，即 $v_c = v_{c1} h^{0.2}$，将上式中的关系 $v_c = 1.05 \frac{q}{T}$ 及 $h = \frac{q}{v_c}$ 代入此式，则得冲坑水深为

$$T = 1.05 \left(\frac{q}{v_{c1}} \right)^{0.833} \qquad (3-56)$$

式（3-56）可称为岗恰罗夫-罗欣斯基公式。

用不冲流速概念估算冲刷深度，其不冲流速既可从试验室的起动流速研究成果得到，也可取用天然观测的资料，故可估算各种土质情况。但是仍属普遍冲刷公式的类型，将小于建筑物下游的局部冲刷，除非式中不冲流速值来自局部冲刷资料。

三、借助急流扩散理论的局部冲刷公式

从水力学的消能扩散理论出发，引导基本公式形式，然后以试验或观测资料加一修正系数。这样推导的闸坝下游局部冲刷公式可举其代表者如下。

1. 维兹果公式（Вызго，1940，1952，1956，1966）

结合急流发生水跃的共轭水深计算，考虑急流脱离护坦时形成上、下两个对称水跃，并以第二共轭水深作为冲坑水深，如图 3-33 所示。此时引用水跃公式

$$h_2 = \frac{h_1}{2} \left(\sqrt{1 + \frac{8q^2}{gh_1^3}} - 1 \right)$$

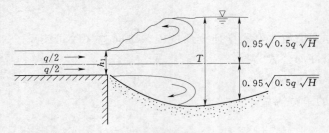

图 3-33　维兹果冲刷公式的引导条件

略去根号中的 1 和括号中的 1，并因 $h_1=\dfrac{q}{\sqrt{2gH}}$，$H$ 为上、下游水位差，代入上式，可解得水跃后共轭水深为

$$h_2=\sqrt{2}\left(\frac{2}{g}\right)^{1/4}\sqrt{q\sqrt{H}}$$

取重力加速度为 $g=9.8\text{m/s}^2$ 时，上式即为 $h_2=0.95\sqrt{q\sqrt{H}}$，考虑上、下两个对称水跃时，冲坑水深应为

$$T=2\left(0.95\sqrt{0.5q\sqrt{H}}\right)=1.34\sqrt{q\sqrt{H}}=K\sqrt{q\sqrt{H}} \qquad (3-57)$$

属于此种公式类型的有巴特拉舍夫公式等。陈椿庭根据水垫消能率与水跃共轭水深关系也同样推导出式（3-57）[19]，陈氏的系数 $K=1.25$。按此公式来源，冲刷与土质无关，显然存在问题，而且只能适用于水平方向的出流。随后他又发表过多篇论文，补用土质情况、掺气情况和流出的倾角大小三个系数来确定综合系数 K 为

$$K=K_rK_aK_a \qquad (3-58)$$

并把公式推广应用到岩基冲刷，此时 K 值的范围为 $1.2\sim2.1$。

后来维兹果又研究分析跌落水舌的冲刷，发现综合系数 K 中的掺气系数 $K_a=0.81q^{0.1}H^{-0.15}$，因而代入式（3-57）修正他的公式为下面的指数关系（长度单位都用 m）：

$$T=0.81K_rK_aq^{0.6}H^{0.1} \qquad (3-59)$$

2. 加切奇拉捷公式（Гачечиладзе，1963）[30]

认为脱离护坦进入冲刷河床的水流只向下面扩散（参见图 3-33），冲刷坑是由脉动流速形成的。应用紊流扩散原理，假设脉动流速与抗冲的泥沙沉降速度相等，并写护坦末端和冲刷坑底两断面的动量方程，经过近似推导，加切奇拉捷给出局部冲刷深度公式为

$$T=K\left(\frac{\alpha\cos\beta}{gh_1\omega}\right)^{1/3}q \qquad (3-60)$$

式中　K——由试验资料确定；

　　　α——坑前起始剖面的动量修正系数；

　　　h_1——护坦末端的水深；

　　　β——出护坦水流的仰角；

　　　ω——河床泥沙的沉速或水力粗度。

式（3-60）的引证和式中的因素与式（3-18）类似。若以 $\left(\dfrac{q}{gh_1}\right)^{1/3}=\left(\dfrac{2}{g}\times\dfrac{v_1^2}{2g}\right)^{1/6}=\left(\dfrac{2}{g}H\right)^{1/6}$ 代入式（3-60）可得指数公式形式为

$$T=K\left(\frac{\alpha\cos\beta}{\omega}\right)^{1/3}\left(\frac{2}{g}\right)^{1/6}q^{2/3}H^{1/6} \qquad (3-61)$$

根据列维的试验资料，式中系数 $K=1.6$，误差小于 20%。

此外，伊兹巴什（Изьаш，1938）也曾采用水力学理论推导局部冲刷公式，他考虑冲刷坑内水流是一封闭漩涡，从能量方程式出发推得冲刷公式，这里不再赘述。

四、指数形式的实验公式

基于水工模型试验或观测资料加以统计分析，得到指数公式形式 $T=Kq^{\alpha}H^{\beta}$ 的很多，除前面已介绍过的维兹果公式、陈椿庭公式、王世夏公式等，再举例如下。

1. 马丁斯公式（Martins，1973，1975）[16]

$$T=Kq^{0.6}H^{0.1} \tag{3-62}$$

式中　K——系数，$K=1.5$；

　　　H——水头落差；

　　　q——单宽流量。

式（3-62）是从块体的冲刷试验资料统计分析得出的，适用于自由射流情况下的岩基河床冲刷。

2. 沙塔克利公式（Catakli，1973）[28]

$$T=K\frac{q^{0.6}H^{0.2}}{d_{90}^{0.1}} \tag{3-63}$$

式中　d_{90}——河床砂砾直径，mm。

式（3-63）为消力池末端出流处的试验结果。当消力池有尾槛时，系数 $K=1.411$，无尾槛时 $K=1.614$。

3. 施振兴公式（1990）[41]

$$T=Kq^{0.67}\left(\frac{H}{d_{50}}\right)^{0.182} \tag{3-64}$$

式中　d_{50}——平均粒径，m。

式（3-64）适用于消能戽下游河床冲刷，对于池式戽防冲计算，式中系数 K 为

$$K=0.755\sigma_i^{-0.414}(1+\beta_\gamma-\tan\theta)^{-0.369}$$

式中　σ_i——淹没度，$\sigma_i=h_2/h_c$；

　　　β_γ——戽长比，$\beta_\gamma=L_B/h_2$；

　　　θ——戽末端挑角；

　　　h_2——下游水深；

　　　h_c——临界戽流时戽底以上水深；

　　　L_B——池底长。

当 $\beta_\gamma=0$ 时，系数 K 的公式就变为标准戽流的公式。

其他如肖克利奇公式（Schoklitsch，1932）、索洛维也娃公式（Соловьева，1961）、阿廷比列克公式（Altinbilek，1973）等，由于试验条件不同考虑的因素也不尽相同。

五、从输沙率推导的冲刷公式

从输沙率出发，可推导出随时间变化的冲刷深度公式。卡斯吞斯（Carstens，1966）等[33,34]较早地引用输沙率概念找出输沙函数关系，再根据不同障碍物几何边界条件的试验资料分析，确定局部冲刷输沙函数式，并积分得到与时间因素的关系式。阿廷比列克（Altinbilek，1973）[29]也曾对直升闸门下出流时潜没射流作用下，通过连续方程的积分找

出局部冲刷较复杂的输沙函数关系。为说明此种方法，下面介绍最近一篇"护坦下游局部冲刷"的内容[35]。该篇认为冲刷能力决定于水冲力与抗冲的泥沙潜水重两者的相对比值，前者可选用冲坑的最大流速 v_{max} 作为特性流速，而正比于 ρv_{max}^2，后者与 $\rho g(s-1)d$ 成比例，则冲坑深 h 随时间 t 变化的冲刷速率可写为量纲和谐式如下：

$$\frac{\mathrm{d}h}{\mathrm{d}t} = \beta v_{max} \frac{v_{max}^2}{g(s-1)d}$$

上式是假设泥沙全部被冲出去落淤到坑下游的，而实际上只有冲刷的一部分泥沙被搬运越过坑下游坡顶冲走，其量将正比于泥沙质量的动能与势能相对比值的 n 次方，即 $v_{max}^2/[g(s-1)h]^n$，则上式可写为

$$\frac{\mathrm{d}h}{\mathrm{d}t} = \beta_1 \left[\frac{v_{max}^2}{g(s-1)h} \right]^n v_{max} \frac{v_{max}^2}{g(s-1)d}$$

式中　β_1——无量纲的系数。

按照哈山等人的试验，冲刷力不仅与作为特性流速的 v_{max} 有关，而且与此最大流速的位置也有关，并给出了最大流速相对位置与系数 β_1 的关系。将上式右边的 h 移到左边可得

$$\frac{1}{n+1} \frac{\mathrm{d}}{\mathrm{d}t} h^{n+1} = \beta_1 \frac{v_{max}^2}{g(s-1)} v_{max} \frac{v_{max}^2}{g(s-1)d}$$

上式初始条件 $t=0$ 时，$h=0$，则可根据冲刷深度与时间的试验资料来确定指数 n 和系数 β_1。积分上式时可用龙格—库塔—莫桑（Runge - Kutta - Merson）的数值积分方法，并以试算值 n 及 β_1 代入求得函数为时间 t 的冲坑深度 h。如果冲坑都是相似的（坑前坡度约为 $1:2.92$），则一旦 h 求得，其位置距护坦末端的距离也就得知。计算过程是在计算机上进行的，计算与试验资料比较，证明此种半经验性质的理论较好，以 $n=2$ 的趋势最好。

最后还应提出从挟沙能力考虑问题，则有清水与浑水冲刷的不同公式，挟沙量多的浑水比清水冲刷要浅[34]。

第九节　笔者冲刷公式总结
§ 9. Summary of writer's scour formulas

从水流对河底的剪切应力出发推导出冲刷关系式，并结合 40 个水工模型试验资料进行综合分析给出了冲刷公式。由于公式中包含了流态（α 及 y/h）和相对水深（h/d）这些修正因素，就使得冲刷深度与单宽流量能获得直接比例的良好关系，同时把公式推广应用到各种岩土河床和各种类型水工建筑物的局部冲刷也能取得较满意的结果。该公式不仅可以计算冲刷深度，而且可用其设计泄水宽度，制定不同岩土河床许可单宽流量的规范以及要求消能扩散的程度和措施等都是很方便的。这里用图 3-34 及其下的应用说明作为笔者冲刷公式的总结，即用一个基本冲刷公式的形式来表示推演的各种情况的局部冲刷深度（水面以下冲坑水深）。并将原来的护坦末端水深 h_1 和 α_1 改为通用各种计算情况的 h 和 α，即基本冲刷公式（3-17）：

$$T = \psi \frac{q \sqrt{2\alpha - y/h}}{\sqrt{(s-1)gd}(h_1/d)^{1/6}}$$

式中分子项为水流冲刷条件，冲刷因子 q 代表横向扩散水流的最大单宽流量，$\sqrt{2\alpha - y/h}$ 代表竖向流速分布的流态（底流或面流）参数，或称其为流态指标。分母项为河床抗冲刷条件，因子根号项代表河床颗粒的重力阻动作用指数项代表相对水深或河床的相对糙率的作用。

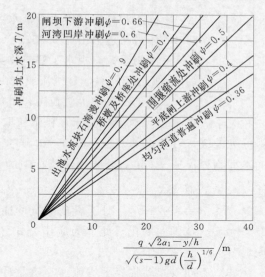

图 3-34　局部冲刷公式的应用总结

(1) 各类型冲刷，底流、面流不脱开水体的水流进入冲刷河床，直接引用基本冲刷公式 (3-17)。冲刷系数 ψ 见图 3-34。

(2) 闸坝下游消能后缓流进入土质河床局部冲刷公式，即式 (3-18)：

$$T = 0.66 \frac{q \sqrt{2\alpha - y/h}}{\sqrt{(s-1)gd}\left(\dfrac{h}{d}\right)^{1/6}}$$

式中冲刷系数 $\psi = 0.66$，消能流态参数 $\sqrt{2\alpha - y/h} = 1.05 \sim 1.2 \sim 1.3 \sim 1.7$，见表 3-3。

(3) 出池越槛跌流、急流进入抛石海漫或岩基河床冲刷公式（$\psi = 0.9$，$\sqrt{2\alpha - y/h} = 1.48$），即式 (3-33)：

$$T = \frac{1.33q}{\sqrt{(s-1)gd}(h/d)^{1/6}}$$

(4) 挑流或自由跌流时冲刷公式（射入空中并引入射流水舌入水角 β），即式 (3-34)：

$$T = \frac{1.33q}{\sqrt{(s-1)gd\cos\beta}\left(\dfrac{h}{d}\right)^{1/6}}$$

(5) 水工建筑物各类型局部冲刷统一公式：

$$T = \psi \frac{q \sqrt{2\alpha - y/h}}{\sqrt{(s-1)gd\cos\beta}\left(\dfrac{h}{d}\right)^{1/6}}$$

式中　　T——水面以下冲刷深度；

q——横向扩散水流的单宽流量或护坦末端挑流、射流的单宽流量；

h、α、y——出流水深、垂直流速分布的动量修正系数和最大流速位置的高度；

$\sqrt{2\alpha - y/h}$——竖向流速分布的流态参数，或称其为流态指标，对于不脱开水体的沿河道出流，视消能好坏可划分三级，在 $1.05 \sim 1.2 \sim 1.3 \sim 1.7$ 范围内变化，对射入空中的挑流参数值取 1.48；

β——挑流和自由跌流水舌落水入射角，对于挑流可近似取挑角，对不脱开水体沿河道的出流 $\beta=0$；

ψ——冲刷系数，视水工建筑物类型而异，对不脱开水体的沿河道出流，其值见图 3-34，对挑流或自由跌流，取值 0.9；

d——岩土的抗冲等效粒径，单位在公式中一致。

关于 d 的取值，对土质河床，松散粒取 d_{85}，黏性土可按土质分类，抗冲能力由差到强分为三级，其相应等效粒径在 $d=0.5\sim4\sim12\sim40\text{mm}$ 范围内变化；或者用某水深 h 时的不冲临界流速 $v_c(\text{m/s})$，土力学指标中的黏聚力 $c(\text{kg/cm}^2)$ 和抗剪强度 $\tau(\text{kg/cm}^2)$ 的任一关系式换算，即 $d=v_c^3/\sqrt{h}\,(1.51\sqrt{(s-1)g})^3$，其简式为 $d=v_c^3/(216\sqrt{h})$；$d=0.34c^{5/2}$；$d=0.022\tau^{3/2}$。对于岩基的抗冲能力由差到强，其等效粒径在 $d=0.05\sim0.2\sim0.5\sim0.9\text{m}$ 范围内变化。此上为应用公式计算冲深的粗略数据，更详细的应用数据见前面各节。

（6）不冲或起动临界平均流速（这是冲刷深度公式的特例，$T=h$）与抗冲等效粒径计算公式。

（a）土质河床缓流冲刷的临界起动流速公式为式（3-26），即

$$v_c=1.51\sqrt{(s-1)gd}\,(h/d)^{1/6}$$

或抗冲等效粒径

$$d=\frac{v_c^3}{[1.51\sqrt{(s-1)g}]^3\sqrt{h}}$$

上式相当于不冲时公式（3-18）中的 $T=h$，$q=v_ch$，均匀流 $\sqrt{2\alpha-y/h}=1\times\dfrac{1}{0.66}=1.51$。

（b）抛块石或岩基河床急流冲刷的临界流速公式为式（3-48），即

$$v_c=0.75\sqrt{(s-1)gd}\,(h/d)^{1/6}$$

或等效粒径

$$d=\frac{v_c^3}{[0.75\sqrt{(s-1)g}]^3\sqrt{h}}$$

上式相当于不冲时公式（3-34）中的，$T=h$，$q=v_ch$，$\dfrac{1}{1.33}=0.75$。

（c）抛石护坡或堆石坝面的稳定性，引入坡面斜角 θ，其临界流速公式为式（3-52），即

$$v_c=0.75\sqrt{(s-1)gd\cos\theta}\,(h/d)^{1/6}$$

或

$$d=\frac{v_c^3}{[0.75\sqrt{(s-1)g\cos\theta}]^3\sqrt{h}}$$

以上起动流速公式，均可改用单宽流量计算，$v_c=q/h$，而且有时采用 q 比 v_c 更为方便合理。

（d）堆石坝或土坝块石护面过水，与河道岸坡流水不同，式中的水深 h 应取坝顶过水临界水深 $h_c=\sqrt[3]{q^2/g}$ 代之，代入式（3-52）化简，即得到坝坡需要块石的尺寸 d，参考后面第十一章的公式（11-30），即

$$d = \frac{\sqrt[3]{q^2/g}}{\left[0.75\sqrt{(s-1)\cos\theta}\right]^3}$$

以上在理论基础上推演的各类型冲刷公式，基本上都附有试验资料的验证。

参 考 文 献
References

［1］ 毛昶熙. 水工建筑物下游局部冲刷综合研究. 南京水利科学研究所研究报告（第1号）. 北京：水利电力出版社，1959.

［2］ 毛昶熙. 土基上闸坝下游冲刷消能问题. 水利学报，1984（1）.

［3］ 毛昶熙，周名德，高光星. 底流、面流消能及软基冲刷，水工模型试验（第二版）. 水力学专题，1985：316-330.

［4］ Поиова К. С. Исслеlованис кинематическои структуры лотока на рисбсрмс и в ямс размыва за водосливными плотинами на несвязных грунтах，Изв. ВНИИГ. том 94，1970. С. 96.

［5］ 刘德润. The Transportation of Detritus by Flowing Water. Bulletin 11. Univ. of Iowa，1937.

［6］ Россинскии К. И. Местныи размыв речного дна в ниЖних бьефах крупых гипротех ничсских сооруЖснии，Проьлемы регурегулировация речного стока，С. 94 – 187，ВыПуск 6，АН ссср，1956.

［7］ 张有龄. Laboratory Investigation of Flume Traction and Transportation. Proc. ASCE，1937.

［8］ 沙玉清. 开动流速的基本规律. 西北水工试验所研究报告（第6号），1956.

［9］ Оьразовскии А. С. К учету местного увеличения удельных расходов за рисьермами водосливных Цлотин，Г. С. 1957，12.

［10］ Антонников А. Ф. Местное увличение удельных расходов воды в ниЖнем бьефе гидроуэлов и меры ьорьы с ним，Г. С. 1958，2.

［11］ 毛昶熙. 闸下消能初步综合研究. 南京水利实验处研究报告，1955.

［12］ 水电部教育司编. 水工建筑物下游消能问题. 北京：水利电力出版社，1956.

［13］ 毛昶熙. 闸坝下游的消能指标问题. 人民黄河，1986（4）.

［14］ Hausler E. Zur Kolkproblematik bei Hochwasser – Entlastungsanlagen an Talsperren mit freiem Uberfall，Wasserwirtschaft 1980，3. S. 97.

［15］ Hartung F. and Hausler E. Scours，Stilling Basins and Downstream Protection under Free Overfall Jets at Dams. Intern. Comm. on Large Dams，11th Congress，Madrid，1973，Question 41 f.

［16］ Martins B. F. Scouring of Rocky Riverbeds by Free Jet Spillways，Water Power and Dam Construction，Vol. 27，No. 4，1975.

［17］ ВызгоМ. С. О размывах скалвного русла за Плотинами и о методике их исследований Изв. уэ ССР，1956 – 3.

［18］ Вызго М. С. и Наисв А. Н. Некоторые корректиэы к формуле расчета местного размыва падаюшсй，Г. С. 1966，9：44.

［19］ 陈椿庭. 关于高坝挑流消能和局部冲刷深度的一个估算方法. 水利学报，1963（2）.

［20］ 章福仪，朱荣林. 挑流消能及岩基冲刷，水工模型试验（第二版）. 水力学专题，1985：330 – 340.

［21］ 夏毓常. 溢流坝鼻坎挑流水舌抛距计算. 水利水运科学研究，1981，1.

［22］ 朱济圣. 水闸设计和调度运行. 水利工程管理技术，1986，1.

［23］ Leliavsky S. Irrigation and Hydraulic Design，Vol. 1，1955.

[24] Dietz J. W. Modellversuche uber die Kolkbildung, Die Bautechnik, 1972, Heft5, 7.

[25] Argue J. R. Gabions for Scour Prevention and Control at Stream Crossings, A Model Study, Conf. on Hydraulics in Civil Eng, Australia, 1981, P. 161.

[26] Koloseus H. J. . Scour due to Riprap and Improper Filters, J. Hydraulic Engineering Proc. ASCE, No. 10, 1984, p1315.

[27] Framji K. K. Scour below Weirs, 2nd Meeting, IAHR, 1948.

[28] Catakli O. , et al. A Study of Scours at the End of Stilling Basin and Use of Horizontal Beams as Energy Dissipators, 11th ICOLD, 1973, Q41, R. 2.

[29] Altinbilek H. D. , et al. Localized Scour at the Downstream of Outler Structures, 11th ICOLD, 1973. Q. 41, R. 7.

[30] Гачечиладэе Г. А. Оперделе, наиьольшей глцвнны нсстного размыва в нижнем ььефс, Г. С. 1963 - 6, P. 38.

[31] 王世夏. 岩石河床挑流冲刷坑深度公式. 华东水利学院学报, 1981 (2) .

[32] 王世夏. 论闸下冲刷的计算. 河海大学学报, 1986 (9) .

[33] Carstens M. R. Similarity Laws for Localized Scour, HY3, 1966.

[34] Kamura S. Equilibrium Depth of Scour in Long Constrictions, HY5, 1966.

[35] Nik Hassan N. M. K. and Narayanan R. Local Scour Downstream of Apron, J. Hydraulic Engineering, 1985, No. 11.

[36] 毛昶熙. 闸坝泄流局部冲刷问题. 人民黄河, 1988 (3 - 6); 1989 (3 - 6) .

[37] Mao Changxi, et al. Local Scour on Earth Bed below Sluice - Dams, Proc. of 7th Congress APD - IAHR, Vol. Ⅱ. P. 291, 1990.

[38] Kamphuis J. W. Cohesive Material Erosion by Unidirectional Current, Proc. of ASCE, No. Ⅰ, Vol. 109, HY - 1, 1983.

[39] Zhou Mingde and Mao Changxi. A Study on Dissipationg Energy and Scour below Sluice - Dams with Low Froude Number, Proc. of 6th Congress APD - IAHR, Vol. Ⅱ - 1, P. 551, 1988.

[40] 钱炳法. 宜兴横山水库溢洪道水工模型试验. 南京水利科学研究院报告, 1983.

[41] 施振兴. 池式屏防冲计算与体型优化. 南京水利科学研究院报告, 1990.

[42] 王艺雄. 水闸消能防冲研究. 安徽省水利科学研究所 35 周年论文集, 1986.

[43] 毛昶熙, 段祥宝, 毛宁. 堤坝安全与水动力计算. 南京: 河海大学出版社, 2012.

[44] Annandale, G. W. Scour Technology. McGraw - Hill, 2006.

[45] Hoffmans, G. Scour manual, 1997.

[46] Fusheng Wu, et al. Hydraulic Expermental Studies on the Spillway of Longtangou Reservoir. Proceedings of the 35th IAHR World Congress, 2013, Chengdu, China.

第四章 闸坝泄流能力
Chapter 4　Discharge Ability of Sluice-Dams

闸坝的流量计算，是工程设计和运行管理所要解决的问题之一。特别是水闸潜流流量的计算，对平原地区来说，更具有实际意义。因为平原地区涵闸的水位差，一般都很小。若用较大的水位差，固然可缩减闸孔总净宽，但因此而抬高了上游水位，增加农田淹没面积，将造成经济上的巨大损失。据冀、鲁、苏三省 63 座大、中型水闸的调查统计，水位差在 0.1～0.3m 的有 51 座，大于 0.3m 者有 10 座，小于或等于 0.1m 者 2 座。由于过闸水位差小，出闸水流必然属于高淹没度潜流（包括堰流和孔流），其流量系数计算，迄今尚未圆满解决。本章着重补充这方面的内容。至于高溢流坝的流量系数，目前研究较为成熟，这里仅作简略介绍。

第一节　平底闸堰流流量系数
§ 1. Discharge coefficient of flat-bottomed sluice and weir

平底闸可视为不设底槛的宽顶堰，故可根据宽顶堰理论计算流量。所不同的是几乎所有水闸都有翼墙和闸墩，造成水流在平面上的收缩，即所谓侧向收缩。侧收缩的存在，增加了水流的局部能量损失，且减少了有效的过水宽度，因而，使过水能力降低。下面就平底闸自由堰流和淹没堰流的流量系数分别进行讨论。

一、自由堰流

自由堰流系指下游水位不影响过堰流量。参照宽顶堰流量公式，水闸自由堰流流量计算公式可以写为

$$Q = \varepsilon \mu b \sqrt{2g} H_0^{3/2} \qquad (4-1)$$

式中　μ——流量系数；

　　　b——闸孔净宽；

　　　H_0——包括行近流速水头在内的闸上总水头；

　　　ε——侧收缩系数。

基于实际水闸常用的是圆头形闸墩和圆弧形翼墙，侧收缩系数可用下式求解[1]，即

$$\varepsilon = 1 - \frac{0.1}{\sqrt[3]{0.2 + P/H}} \sqrt[4]{\frac{b}{B}} \left(1 - \frac{b}{B}\right) \qquad (4-2)$$

式中 P——堰高（平底闸 $P=0$）；

B——上游河道一半水深距离处的宽度。

为方便起见，也可不单独计算侧收缩系数，而包含在流量系数 μ 中，其值需由试验确定。根据 4 个平底闸水工模型试验资料，流量系数可用以下经验公式表示[2]，即

$$\mu = 0.35 \sqrt{1 - \left(\frac{0.3 - H_0/L}{0.4}\right)} \qquad (4-3)$$

式中 L——闸底板长度，当 $H_0/L > 0.3$ 时，仍用 0.3 代入。

若将试验数据按式（4-3）点绘成图 4-1，则可看出 μ 随 H_0/L 的变化趋势，即在宽顶堰定义范畴内（$H_0/L = 0.1 \sim 0.4$），μ 值一般在 $0.32 \sim 0.35$ 之间，这个数据与原型观测结果基本相符。

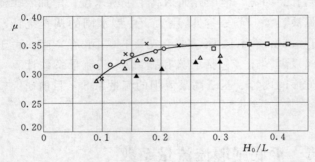

图 4-1 平底闸自由堰流流量系数

二、淹没堰流

根据伯诺里方程，淹没堰流流量计算公式可以写成

$$Q = \varphi \varepsilon b h_s \sqrt{2g(H_0 - h_s)} \qquad (4-4)$$

式中 φ——流速系数；

b——闸孔净宽；

其他符号见图 4-2。

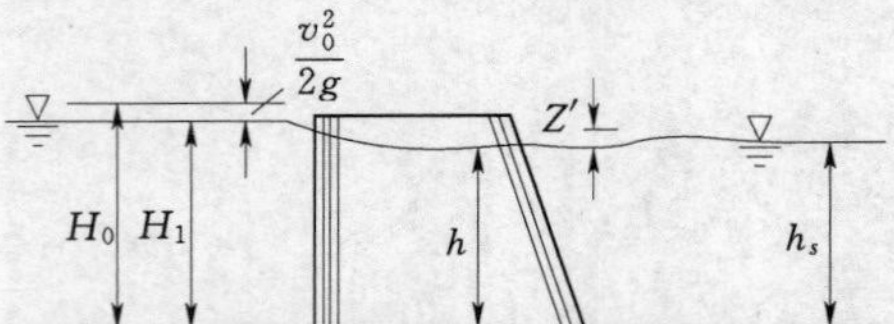

实际应用时，由于恢复落差 Z' 需要经多次试算才能求得，而河道行近流速 v_0 的取值，对 Z' 值的计算影响很大，难以求得确切的数据。因此，目前倾向于应用式（4-5）来计算淹没堰流流量，即

$$Q = \sigma_s \mu b \sqrt{2g} H_0^{3/2} \qquad (4-5)$$

图 4-2 淹没堰流恢复落差示意

式中 σ_s——淹没系数；

μ——流量系数，仍包含收缩影响在内。

其实，式（4-4）与式（4-5）并无本质区别，只是形式不同而已。因为在自由堰流情况下，堰上水头 H_0 与堰顶水深存在 $h_s = KH_0$ 的关系，代入式（4-4）后便可改写为

$$Q = \varphi b \varepsilon K \sqrt{1-K} \sqrt{2g} H_0^{3/2} \qquad (4-6)$$

令 $\varphi\varepsilon K\sqrt{1-K}=\mu$，再乘上 σ_s，即为式（4-5）。

利用式（4-5）计算淹没堰流流量时，σ_s 的取值是个关键。早在 20 世纪 40 年代开始，各国学者都在进行这方面的研究，有代表性的研究成果见图 4-3。目前我国常用的是苏联 A.P. 别列辛斯基的实验成果[3]，但其实验条件基本上是二元的，边界条件也与一般平底闸不同。此外，实验最大淹没度 h_s/H_0 为 0.98，而平原水闸的淹没度常大于该值。为此，我们在前人研究的基础上，分析上述国内 4 个平底闸的模型试验资料，将结果一并点绘在图 4-4 上。由图 4-4 可见，尽管资料来源不同，而点子的趋势却是一致的，即当淹没度较低时（$h_s/H_0 \leqslant 0.9$），点子比较分散，可自成一条曲线，主要是临界潜流点不一样，说明边界影响的敏感。但当 $h_s/H_0 \geqslant 0.95$ 时，不同资料来源的点子逐步汇合靠拢，形成一条相对集中的线条。这就说明，当高淹没度时，影响淹没系数 σ_s 的主要因素是上、下游之间的能头差，边界条件影响极小，可以不考虑。而在中低淹没度时，边界条件对淹没系数的影响则不容忽视。

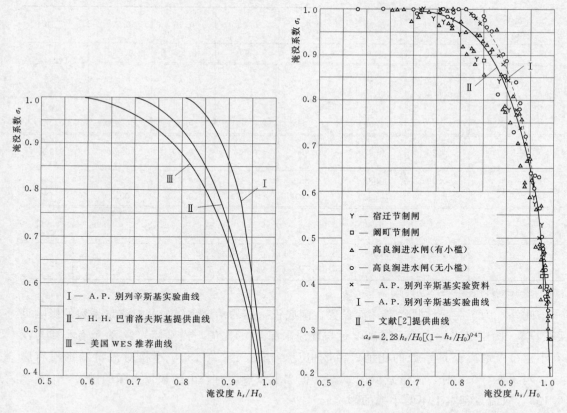

图 4-3　各家淹没系数比较图　　　　图 4-4　平底闸 σ_s-h_s/H_0 关系曲线

需要强调的是，在研究高淹没堰流流量时，上游水头一定要用能头。换言之，行近流速水头必须考虑进去，否则，就会产生荒谬的结论。如图 4-4 中最大淹没度的点子来自宿迁节制闸。若不考虑行近流速水头，上、下游水头差等于零，流量理应为零，而实际通过的流量仍达 200m³/s，可见行近流速的重要性。

为了进一步分析比较，用拟合法求出图 4-4 曲线 Ⅱ 的经验公式为

$$\sigma_s = 2.28 \frac{h_s}{H_0} \left(1 - \frac{h_s}{H_0}\right)^{0.4} \tag{4-7}$$

式（4-7）两端的量纲是和谐的。当 $\frac{h_s}{H_0}=1$，$\sigma_s=0$（即 $Q=0$），证明式（4-7）是合理的。如将图 4-4 中的曲线 Ⅱ 与 A. P. 别列辛斯基提供的曲线 Ⅰ 进行比较，可以看出，在中低淹没度时别氏在二元水槽实验条件下得到的淹没系数偏大，而在高淹没时（$h_s/H_0 > 0.95$）则偏小。为了使用方便，并与别氏实验结果进行定量对比，这里将式（4-7）表格化，见表 4-1。鉴于表中不带括号的淹没系数值是根据平底水闸典型实例的试验结果制定的，并经原型观测资料验证，故有较大的实用性和可靠性。同时，提供最大淹没度为 0.995，这在目前还很少见。

表 4-1　　　　　　平底闸 σ_s - h_s/H_0 试验成果

$\dfrac{h_s}{H_0}$	≤0.72	0.73	0.74	0.75	0.76	0.77	0.78	
σ_s	1.00	0.995	0.993	0.991	0.988	0.984	0.980	
$\dfrac{h_s}{H_0}$	0.79	0.80	0.81	0.82	0.83	0.84	0.85	
σ_s	0.975	0.97 (1.00)	0.96 (0.995)	0.95 (0.99)	0.94 (0.98)	0.93 (0.97)	0.91 (0.96)	
$\dfrac{h_s}{H_0}$	0.86	0.87	0.88	0.89	0.90	0.91	0.92	
σ_s	0.89 (0.95)	0.88 (0.93)	0.86 (0.90)	0.84 (0.87)	0.82 (0.84)	0.79 (0.82)	0.76 (0.78)	
$\dfrac{h_s}{H_0}$	0.93	0.94	0.95	0.96	0.97	0.98	0.99	0.995
σ_s	0.73 (0.74)	0.70 (0.70)	0.65 (0.65)	0.60 (0.59)	0.52 (0.50)	0.47 (0.40)	0.36	0.27

注　表中括号内数据系别氏实验值。

此外，为了克服波状水跃，而设置在闸底板末端的平台小槛，其对流量系数的影响见图 4-5。图中纵坐标表示小槛高度 a 与堰顶水深 h_s 的比值，横坐标 μ'/μ 表示有小槛与没有小槛自由堰流流量系数的比值。由图可见，当 $a/h_s \leqslant 0.133$，小槛对流量基本没有影响。当 $a/h_s \approx 0.4$ 时，流量减少达 20%。但当高淹没度时，由于堰顶水深的增大，$a/h_s \leqslant 0.133$，故流量基本上不受小槛的影响。

至于门墩对流量的影响，取高良涧闸和宿迁闸进行对比。因为这两座水闸的几何边界条件基本相同，只是有无门墩之别，因此，具有可比性。对比结果见图 4-6。由图可见，当自由堰流时的 $H_0/L \approx 0.15$ 时，门墩对流量的影响最大。具体说，无门墩的流量系数要比有门墩的大 5% 左右，但在高淹没度情况下，有门墩与无门墩的流量系数基本相同。

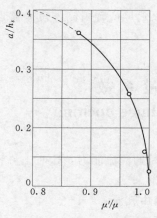

图4-5　小槛对流量的影响

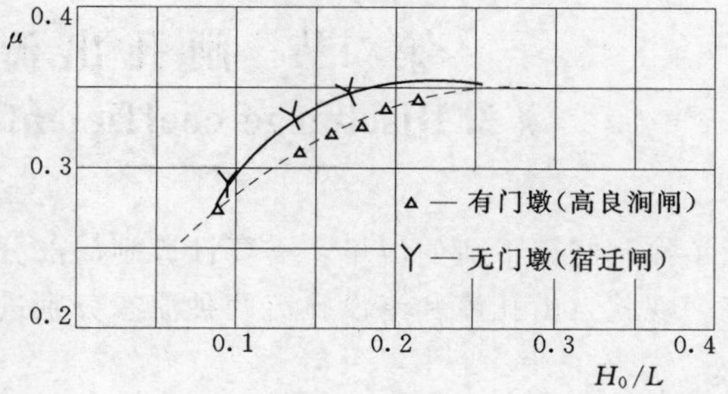

图4-6　门墩对流量的影响

【例】　安徽阚町闸（平底闸），共计15孔，每孔净宽10m，闸底板高程18.40m，沿水流方的闸底板长度24m。1984年10月3日，闸上水位23.37m，闸下水位23.28m，上、下游水位差0.09m，试求届时可通过多大流量？

【解】　(1) 暂不考虑上游行近流速，已知数据如下：

上游水头　　　　　　$H_1 = 23.37 - 18.40 = 4.97\text{m}$

下游水头　　　　　　$h_s = 23.28 - 18.40 = 4.88\text{m}$

淹没度　　　　　　　$\dfrac{h_s}{H_1} = \dfrac{4.88}{4.97} = 0.982$

查表4-1，得淹没系数 $\sigma_s = 0.45$；查图4-1，当 $\dfrac{H_1}{L} = \dfrac{4.97}{24.0} = 0.21$ 时，$\mu = 0.34$。

将以上数据代入式（4-5），得第一次流量试算值为

$$Q = \sigma_s \mu b \sqrt{2g} H_0^{3/2} = 0.45 \times 0.34 \times 150 \sqrt{2g} \times 4.97^{3/2} = 1125\text{m}^3/\text{s}$$

(2) 考虑上游行近流速。根据第一次流量试算值，算得行近流速水头 $\dfrac{v_0^2}{2g} = 0.05\text{m}$，这时，已知数据如下：

上游水头　　　　　　　　$H_0 = 4.97 + 0.05 = 5.02\text{m}$

下游水头　　　　　　　　$h_s = 4.88\text{m}$

淹没度　　　　　　　　　$\dfrac{h_s}{H_0} = \dfrac{4.88}{5.02} = 0.97$

查表4-1，得 $\sigma_s = 0.52$。

将以上数据代入式（4-5），得第二次流量试算值为

$$Q = 0.52 \times 0.34 \times 150 \sqrt{2g} \times 5.02^{3/2} = 1321\text{m}^3/\text{s}$$

鉴于两次流量试算值基本接近，对上游行近流速的影响已不大，故不需再试算，$1321\text{m}^3/\text{s}$ 即为所求流量。

查原型实测流量为 $1200\text{m}^3/\text{s}$，较计算值小10％左右。其主要原因可能是原型与模型的上、下游水尺位置不一致。因为在高淹没度泄流情况下，上、下游水位稍有差异，对流量影响很大。假定本例中的水位误差（包括行近流速水头）为1cm，原型流量测量允许误

差为 5%，则计算值与实际测值就可望一致。由此可见，水尺位置对高淹没度流量计算精度的重要性，必须予以高度重视。

第二节 闸孔出流流量系数
§ 2. Discharge coefficient of sluice opening

为了控制闸孔下泄的流量，需要计算闸门部分开启时的泄流能力，这时出流状态就成为孔流。现就自由孔流和淹没孔流两种流态分别进行讨论。

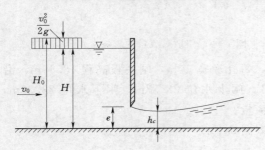

图 4-7 自由流平面门闸孔出流

一、自由孔流

1. 平面闸门

当闸下水位不影响闸孔的泄流能力时，称为非淹没闸孔出流，或简称为自由孔流（图 4-7）。根据伯诺里原理，自由孔流流量公式为

$$Q = \mu be \sqrt{2g(H_0 - \alpha e)} \qquad (4-8)$$

$$\mu = \alpha\varphi$$

式中 e——闸门开度；

μ——流量系数；

α——垂直收缩系数，可查表 4-2；

φ——闸孔流速系数，依孔口形状而异，见表 4-3。

表 4-2　　　　　　　　平面门 α-e/H 关系表

e/H	0.10	0.15	0.20	0.25	0.30	0.35	0.40
α	0.615	0.618	0.620	0.622	0.625	0.628	0.630
e/H	0.45	0.50	0.55	0.60	0.65	0.70	0.75
α	0.638	0.645	0.650	0.660	0.675	0.690	0.705

表 4-3　　　　　　　　闸孔流速系数表

泄 流 方 式	图 式	φ
带跌水的闸孔出流		0.97～1.00
平底闸孔出流		0.95～1.00

泄 流 方 式	图 式	φ
曲线剖面堰顶的闸孔出流		$0.85 \sim 0.95$
有突出平底槛的闸孔出流		$0.85 \sim 0.95$

由于闸孔上游水深较大，行近流速较小，边墩及闸墩对水流侧面收缩的影响可以不计。此外，式（4-8）还可改写成另一种形式，即

$$Q = \mu_0 be \sqrt{2gH_0} \qquad (4-9)$$

其中

$$\mu_0 = \mu \sqrt{1 - \alpha \frac{e}{H_0}}$$

式中 μ_0——新流量系数。

根据实验[4]有

$$\mu_0 = 0.60 - 0.18 \frac{e}{H} \qquad (4-10)$$

式（4-10）的适用范围为 $0.1 < \dfrac{e}{H} < 0.65$。

用式（4-10）求 μ_0 比较简单，无须知道收缩断面水深 h_c，只要知道闸门的相对开度 e/H 即可。

2. 弧形闸门

弧形闸门的闸孔出流特性基本上与平面闸门一样，见图4-8。其不同点在于闸门面板是弧形的，对流线弯曲的影响小于平面闸门。流量计算公式仍可采用式（4-9），但此时的流量系数 μ_0 值，不仅与相对开度 e/H 有关，而且与交角 θ 有关，见图4-8，流量系数 μ_0 的计算式如下[4]：

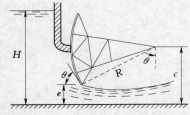

图 4-8 自由流弧形门闸孔出流

$$\mu_0 = \left(0.97 - 0.26 \times \frac{\pi}{180°}\theta \right) - \left(0.56 - 0.26 \times \frac{\pi}{180°}\theta \right) \frac{e}{H} \qquad (4-11)$$

$$\theta = \arccos \left(\frac{c - e}{R} \right)$$

式中 c——弧形门旋转轴高度；

$\quad e$——弧形门开度；

$\quad R$——弧形门半径。

式（4-11）的适用范围为 $25° < \theta < 90°$，$0 \leqslant \dfrac{e}{H} \leqslant 0.65$。

为便于查用，绘制 $\mu_0 - \dfrac{e}{H}$ 关系曲线，见图4-9，图中曲线族与原型和模型实测资料符合程度良好，为了保持曲线的清晰，没有把资料点绘在图上。

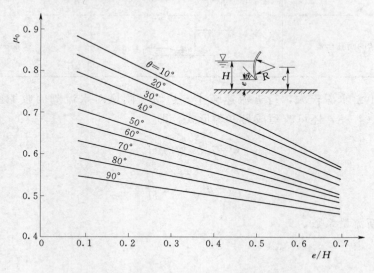

图 4-9　弧形门 $\mu_0 - e/H$ 关系曲线

3. 挡水胸墙孔流

当水闸有冲沙要奉，且需限制单宽流量时，可采用降低胸墙底高程的平底堰闸室结构，这时，挡水胸墙属大孔口自由泄流，其流量计算公式为

$$Q = \mu b h_e \sqrt{2g H_0} \tag{4-12}$$

$$\mu = \alpha \varphi$$

式中　μ——流量系数；

　　　h_e——胸墙孔口高度；

　　　φ——流速系数，通常取 0.95；

　　　α——垂直收缩系数，与比值 h_e/H 和胸墙底缘圆弧半径 r 有关，可按式（4-13）和式（4-14）计算[5]。

$$\alpha = \frac{1}{1 + \sqrt{K\left[1 - \left(\dfrac{h_e}{H}\right)^2\right]}} \tag{4-13}$$

$$K = \frac{0.4}{2.718^{16r/h_e}} \tag{4-14}$$

式（4-14）适用于 $0 < \dfrac{r}{h_e} < 0.25$。为使用方便，算得 μ 值与 $\dfrac{h_e}{H}$ 和 $\dfrac{r}{h_e}$ 的关系见表4-4。

表 4 - 4　　　　　　　　　　　　胸墙孔流流量系数计算表

$\dfrac{r}{h_e}$ ＼ $\dfrac{h_e}{H}$	0	0.05	0.10	0.15	0.20	0.25	0.30	0.35	0.40	0.45	0.50	0.55	0.60	0.65
0	0.582	0.573	0.565	0.557	0.549	0.542	0.534	0.527	0.520	0.512	0.505	0.497	0.489	0.481
0.05	0.667	0.656	0.644	0.633	0.622	0.611	0.600	0.589	0.577	0.566	0.553	0.541	0.527	0.512
0.10	0.740	0.725	0.711	0.697	0.682	0.668	0.653	0.638	0.623	0.607	0.590	0.572	0.553	0.533
0.15	0.798	0.781	0.764	0.747	0.730	0.712	0.694	0.676	0.657	0.637	0.616	0.594	0.571	0.546
0.20	0.842	0.824	0.805	0.785	0.766	0.745	0.725	0.703	0.681	0.658	0.634	0.609	0.582	0.553
0.25	0.875	0.855	0.834	0.813	0.791	0.769	0.747	0.723	0.699	0.673	0.647	0.619	0.589	0.557

二、淹没孔流

当闸下水位影响闸孔的泄流能力时，也即当闸下水位比相应于第二共轭水深的水位高时，闸孔出流是淹没的，简称淹没孔流，见图 4 - 10。淹没孔流流量计算公式可用下式表达：

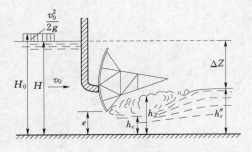

$$Q = \sigma_s \mu_0 be \sqrt{2gH_0} \qquad (4-15)$$

式中　μ_0——自由孔流流量系数，按不同门型取值；

　　　σ_s——淹没系数。

图 4 - 10　淹没流弧形门闸孔出流

淹没系数的求解比较繁杂，因为淹没孔流的泄流流量总是小于相同水头下的自由孔流泄流量，因此，σ_s 总是小于 1。根据实验分析，σ_s 可写成[4]

$$\sigma_s = f\left(\frac{e}{H}, \frac{\Delta Z}{H}\right) \qquad (4-16)$$

即图 4 - 11 中的系列曲线，但对不同门型是否都适用，尚存疑问。

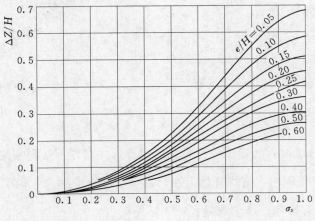

图 4 - 11　淹没孔流 $\sigma_s = f\left(\dfrac{e}{H}, \dfrac{\Delta Z}{H}\right)$ 关系曲线

为了简便实用，不妨应用下面公式来计算淹没孔流流量，即

$$Q = C_s b h_s \sqrt{2g\Delta Z} \tag{4-17}$$

式中　C_s——淹没孔流流量系数；

其他符号见图 4-12 左下角示意图。

现在的问题是如何确定 C_s 值。

工程实践表明，在淹没孔流情况下，流量系数 C_s 是下游水头与闸门开度比值（h_s/e）的函数。为此，选取有关模型试验和原型观测资料，绘制 $C_s - h_s/e$ 关系曲线，见图 4-12。由图 4-12 可见，在高淹没度范围内（$2 < h_s/e < 12$），不管门型几何形状如何，$C_s - h_s/e$ 关系曲线基本上是一条直线，可用经验公式（4-18）表示[2]，即

$$C_s = 0.853 \left(\frac{h_s}{e}\right)^{-1.086} \tag{4-18}$$

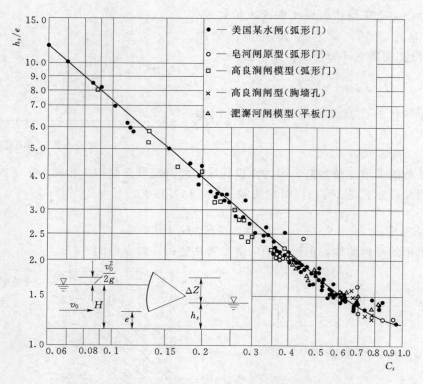

图 4-12　淹没孔流 $C_s - h_s/e$ 关系曲线

可见，在高淹没度孔流时，与堰流一样，几何边界条件同样不是影响流量的主要因素。但当 $\frac{h_s}{e} < 2$ 的低淹没度范围内，直线开始上翘，且点子分散度加大，说明门型几何形状和工程边界条件，对 C_s 有影响。这个现象，绝非偶然。

【例】　某节制闸共 3 孔，每孔净宽 2.8m，底板高程 48.00m，当上游水位 51.28m，下游水位 50.89m，闸门开度 1.87m，问可通过多大流量？

【解】　根据实测资料，已知：上游水头 $H=3.28$ m，下游水头 $h_s=2.89$ m，上、下游水头差 $\Delta Z=0.39$ m，$h_s/e=2.89/1.87=1.55$，查图 4-12 得 $C_s=0.56$，再由式（4-17）得第一次流量试算值为

$$Q=C_s bh_s \sqrt{2g\Delta Z}=0.56\times8.4\times2.89\sqrt{2g\times0.39}=37.6\text{m}^3/\text{s}$$

根据 $Q=37.6$ m³/s，算出行近流速水头 $\dfrac{v_0^2}{2g}=0.09$ m，这时，上游能头 $H_0=3.28+0.09=3.37$ m，$\Delta Z=3.37-2.89=0.48$ m，再代入式（4-17）得第二次流量试算值为

$$Q=0.56\times8.4\times2.89\sqrt{2g\times0.48}=41.7\text{m}^3/\text{s}$$

基于两次流量试算值之间的行近流速相差极小，故无须再试算，流量 41.7m³/s 即为所求流量。查原型实测流量为 41.4m³/s，两者基本吻合，说明了式（4-17）的精确性。

第三节　实用堰流量系数
§ 3. Discharge coefficient of practical weir

实用堰的类型繁多，常见的有长研Ⅰ型、WES 型、USBR 型和克-奥型等。限于篇幅，这里只介绍《混凝土重力坝设计规范》中推荐的幂曲线型实用堰（即 WES 型实用堰）。这种堰的上、下游水位差较大。因此，大多数情况下都是自由溢流或自由孔流。

一、自由溢流

流量计算公式与宽顶堰一样，即

$$Q=\mu b\sqrt{2g}H_0^{3/2} \tag{4-19}$$

或

$$Q=CbH_0^{3/2} \tag{4-20}$$

堰面组成如图 4-13 所示，其中直线段也可以不存在。根据上游堰面是否倾斜和行近流速能否忽视，堰面形状又可分成 5 种类型。其中 WESⅠ型流量系数的实验成果如图 4-14（a）所示。后来周文德提供了图 4-14（b）的曲线，可就上游堰面倾斜对流量系数的影响进行近似修正，修正的方法是：由图 4-14（b）查得的改正因数，乘以由图 4-14（a）所得流量系数即可。图中 P 为上游堰高；H_0 为堰上水头（计入行近流速水头）；H_d 为设计水头（不包括行近流速水头）。

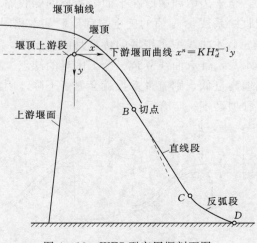

图 4-13　WES 型实用堰剖面图

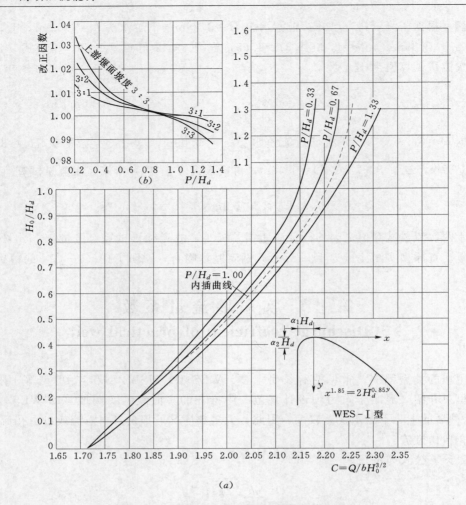

图 4-14　WES 型实用堰流量系数及修正系数

至于边墩和中墩在平面上造成的侧收缩对流量的影响，同样可在式（4-19）中乘以侧收缩系数 ε，ε 值的确定与宽顶堰基本相同。

上述曲线型实用堰的优点是流量系数大，溢流平稳，震动轻微，但它们都只适用于较高水头，且有曲线复杂、施工困难的缺点。如果不严格地按规定的坐标或曲线方程放样，或堰高过低，则流量系数就会显著下降。因此，对低水头和流量变化大的闸坝来说，采用这种坝型不一定合适。

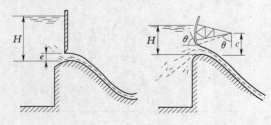

图 4-15　实用堰闸孔自由出流

关于实用堰的淹没堰流，一般是很少见的。如果真遇到这种情况，可在流量计算公式（4-19）中乘淹没系数 σ_s，其值可查表 4-5 所提供的实验数据。

二、自由孔流

当实用堰上的闸门对水流起控制作用时，溢流状态为闸孔出流（见图 4-15），其流量计算公式仍可采用式（4-9），但流量系数 μ_0 值与平底闸不同，根据试验资料得出的经验公式如下[4]：

表 4-5 实用堰淹没系数 σ_s 值

$\dfrac{h_s}{H}$	σ_s	$\dfrac{h_s}{H}$	σ_s	$\dfrac{h_s}{H}$	σ_s
0.05	0.997	0.64	0.888	0.89	0.644
0.10	0.995	0.66	0.879	0.90	0.620
0.15	0.990	0.68	0.868	0.905	0.609
0.20	0.985	0.70	0.856	0.910	0.596
0.25	0.980	0.71	0.850	0.915	0.583
0.30	0.972	0.72	0.844	0.920	0.570
0.32	0.970	0.73	0.838	0.925	0.555
0.34	0.967	0.74	0.830	0.930	0.540
0.36	0.964	0.75	0.823	0.935	0.524
0.38	0.960	0.76	0.814	0.940	0.506
0.40	0.957	0.77	0.805	0.945	0.488
0.42	0.953	0.78	0.795	0.950	0.470
0.44	0.949	0.79	0.785	0.955	0.446
0.46	0.945	0.80	0.776	0.960	0.421
0.48	0.940	0.81	0.762	0.965	0.395
0.50	0.935	0.82	0.750	0.970	0.357
0.52	0.930	0.83	0.737	0.975	0.319
0.54	0.925	0.84	0.724	0.980	0.274
0.56	0.919	0.85	0.710	0.985	0.229
0.58	0.913	0.86	0.695	0.990	0.170
0.60	0.906	0.87	0.680	0.995	0.100
0.62	0.897	0.88	0.663	1.000	0.000

注 该表由原武汉水利电力学院水力学教研室提供。

平面门 $\qquad\qquad \mu_0 = 0.745 - 0.274 \dfrac{e}{H}$ $\qquad\qquad$ (4-21)

弧形门 $\qquad\qquad \mu_0 = 0.685 - 0.19 \dfrac{e}{H}$ $\qquad\qquad$ (4-22)

式（4-21）和式（4-22）是当闸门位置处于堰顶点的情况下得出的。

三、低实用堰

按照惯例，当堰高 P 与堰顶水头 H 的比值 $\dfrac{P}{H} \leqslant 1.33$ 时，称为低堰。国内外对低实用堰型剖面虽进行过研究，但至今尚无定型的剖面曲线，一般都要通过实验决定。这种类型的实用堰，多用于平原地区水闸的底槛，图 4-16 为两个低实用堰型的实例。其中图

4-16（a）中剖面型式的流量系数为 0.43 左右；图 4-16（b）中剖面型式的流量系数为 0.45 左右。可见，低实用堰流量系数比高实用堰流量系数小，而比宽顶堰流量系数大。当淹没出流时，淹没系数值可查表 4-6。

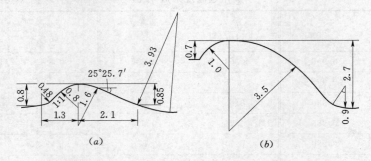

图 4-16 低实用堰剖面实例（单位：m）

表 4-6 低 实 用 堰 σ_s 值 表[6]

$\dfrac{h_s}{H_0}$	σ_s	$\dfrac{h_s}{H_0}$	σ_s	$\dfrac{h_s}{H_0}$	σ_s
≤0..30	1.00	0.78	0.88	0.92	0.58
0.40	0.99	0.80	0.86	0.93	0.54
0.50	0.98	0.82	0.83	0.94	0.50
0.60	0.96	0.84	0.80	0.95	0.45
0.70	0.94	0.86	0.76	0.96	0.39
0.72	0.93	0.88	0.71	0.97	0.33
0.74	0.92	0.90	0.65	0.98	0.26
0.76	0.90	0.91	0.62	0.99	0.17

此外，文献 [7] 推荐一种新型控制堰——机翼型堰，见图 4-17。该堰最先由美国航空咨询委员会（NACA）提出，堰面曲线方程为

$$y = 10P\left[0.2969\sqrt{\frac{x}{C}} - 0.126\,\frac{x}{C} - 0.3516\left(\frac{x}{C}\right)^2 + 0.2843\left(\frac{x}{C}\right)^3 - 0.1015\left(\frac{x}{C}\right)^4\right]$$

$$(4-23)$$

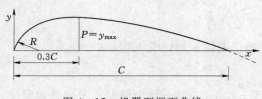

图 4-17 机翼型堰面曲线

式中　C——沿 x 轴的堰长；

　　　P——堰高。

堰前端与半径为 R 的圆弧相接，并有

$$\frac{R}{C} = 4.408\left(\frac{P}{C}\right)^2$$

通过数学模型计算[7]，流量系数约与 WES 型低堰相近。

第四节　地 涵 流 量 系 数
§ 4. Discharge coefficient of culvert

地涵多为淹没出流，流量计算公式可写成

$$Q=\mu A \sqrt{2gZ} \tag{4-24}$$

$$\mu=\frac{1}{\sqrt{\sum\zeta+\lambda \dfrac{L}{4R}}} \tag{4-25}$$

式中　A——涵洞过水面积；

　　　Z——上、下游水头差，见图 4-18；

　　　μ——流量系数；

　　　$\sum\zeta$——包括出口损失在内的局部损失系数；

　　　λ——沿程损失系数，$\lambda=\dfrac{8g}{C^2}$；

　　　L——涵洞长度；

　　　R——水力半径。

工程试验表明，当高淹没度地涵出流时，用式（4-24）算得的流量，要比实际流量小得多。其原因是由于涵洞出口处流速与洞内流速相同，而该处水面则较下游正常水位为低，其差值称为恢复落差，即图 4-18 中的 ΔZ。实际上，控制涵洞泄量的作用水头，不是上、下游水位差，而是上游水位与洞口水位之差，故流量计算公式理应为

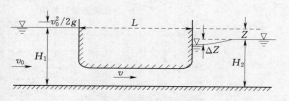

图 4-18　地涵出口恢复落差示意图

$$Q=\mu A \sqrt{2g(Z+\Delta Z)} \tag{4-26}$$

显然，在相同流量系数情况下（即局部损失和沿程损失相同），由式（4-24）算得的流量要比式（4-26）小得多，水位差愈小，对流量影响愈大。恢复落差的计算比较复杂，不仅与水力因素有关，而且与边界条件也有关系，设计时难以确定。故对大型或重要的地涵工程进行水工模型试验是完全必要的。

【例】　某地涵工程原设计布置为 15 孔，每孔尺寸为高×宽＝6m×4.2m，总过水面积 372.6m²，涵洞长 190m。设计流量系数为 0.751，要求泄洪 800m³/s 时（校核流量 1000m³/s），过洞落差不大于 0.5m。流量试验结果见表 4-7。

【解】　由表 4-7 可见，如果考虑恢复落差，泄洪 800m³/s 时的流量系数为 0.761，与设计值 0.751 相近。若不计恢复落差，则流量系数增至 0.878，较设计值大 20% 左右。因此，原设计 15 孔涵洞可缩减至 12 孔，即能满足泄洪要求，足见恢复落差对泄流能力的影响之大，设计时必须注意这个问题。

表 4 - 7　　　　　　　　　　　　流量系数试验结果表

流量 $Q/(\mathrm{m^3/s})$	上游水位 H_1/m	下游水位 H_2/m	水位差 Z/m	恢复落差 $\Delta Z/\mathrm{m}$	流量系数		流量公式
					μ_1	μ_2	
800	5.57	5.26	0.31	0.09	0.878	0.761	$Q=\mu_1 A\sqrt{2gZ}$
1000	6.05	5.58	0.47	0.15	0.887	0.773	$Q=\mu_2 A\sqrt{2g(Z+\Delta Z)}$

第五节　流量系数在工程论证中的应用
§ 5. Discharge coefficient used to verify engineering design

江苏石梁河水库泄洪闸共计 15 孔，每孔净宽 10m，采用平板直升钢门，底板高程 16.00m，其上设置高为 3m 的溢流低堰。胸墙底高程为 24.00m，闸顶高程 31.50m，1985 年的泄流能力见图 4 - 19。

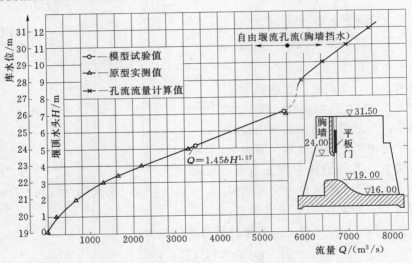

图 4 - 19　原闸水位-流量关系曲线

根据后来的规划要求，当库水位 24.00m 时，要求泄洪 5000m³/s；水位 25.00～26.00m 时，要求泄洪 6000～7000m³/s；并为今后扩建及特大洪水，留有余地，即当库水位 28.00m 时，泄洪 10500m³/s。由图 4 - 19 可见，泄洪闸无法满足新的泄洪要求。为此，工程单位提出原闸改建或另建新闸两方案进行论证[8]。

通过流量系数分析计算，采取下列措施，可望扩大原闸的泄洪能力，以节省另建新闸的巨大投资。

（1）将原闸底板上的溢流堰凿掉 2m，使堰顶高程由原来的 19.00m 降至 17.00m，堰顶仍保持低堰型式。这样，可增大堰顶水头，从而提高泄洪能力。

（2）将原闸胸墙凿掉 2m，使胸墙底高程由原来的 24.00m，增高至 26.00m，这样，当最高水位 28.00m 时，水流不会接触胸墙（因 $e/H>0.65$），从而使孔流变为堰流，进一步提高泄洪能力。

（3）将原闸平板门改换为弧形门，改建后的闸室布置见图4-20。

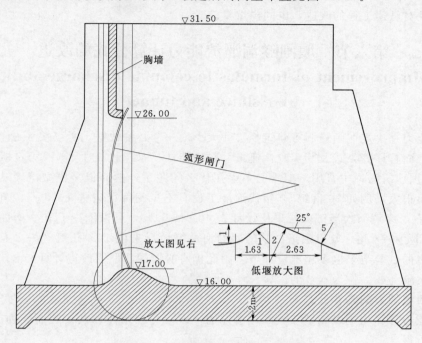

图4-20　原闸改建后闸孔布置图

计算表明：采取上述措施后的原闸泄洪能力大为提高，见图4-21。由图所示，当库水位24.00m时，可泄洪5300m³/s；当库水位26.00m时，可泄洪7750m³/s；当库水位27.00m时，可泄洪9000m³/s以上，完全满足新的行洪设计标准及留有余地的规则要求。当然，泄量增大以后，下游消能防冲则需另行研究。

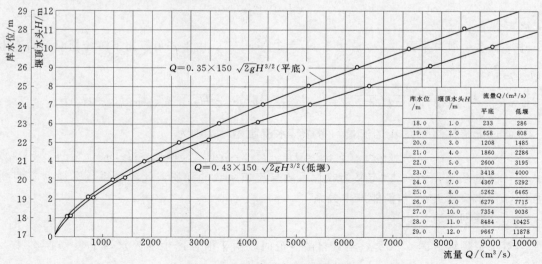

库水位/m	堰顶水头H/m	流量Q/(m³/s)	
		平底	低堰
18.0	1.0	233	286
19.0	2.0	658	808
20.0	3.0	1208	1485
21.0	4.0	1860	2286
22.0	5.0	2600	3195
23.0	6.0	3418	4000
24.0	7.0	4307	5292
25.0	8.0	5262	6465
26.0	9.0	6279	7715
27.0	10.0	7354	9036
28.0	11.0	8484	10425
29.0	12.0	9667	11878

图4-21　改建后水位-流量关系

如果堰顶型式不采用溢流低堰而采用一般的平底闸，则会因流量系数的减小而降低泄流能力，见图 4-21，无法满足设计泄洪要求。通过这个实例，说明流量系数不仅对新建工程，而且对已建工程的改造，也同样重要。

第六节　堰闸隧洞泄流能力计算公式的改进
§ 6. Improvement of formulas to compute discharge ability of weir sluice and tunnel

泄流能力是决定堰闸隧洞等建筑物尺寸大小的一个必备数据，所以在水力学中开展研究也最早，而且计算公式及其实验性流量系数均能从《水工设计手册》（第 2 版）第 7 卷《泄水与过坝建筑物》中查用，似乎已不存在什么问题了，然而很多模型试验结果却说明与设计差距很大，例如 20 世纪 50 年代治淮工程有不少闸都可省去 1~3 孔，流量比设计大 20% 左右，废黄河地涵试验结果比设计大 40%~50%，可以缩减 5 孔。南四湖二级闸 134 孔可以减为 78 孔。就以最近试验的通榆河总渠地涵来说，15 孔可省去 3 孔，对于隧洞泄流能力的试验结果也多超出设计值。因此仍有必要探明原因改进计算和测流方法。下面就引用文献 [13] 作为本节的内容。

一、泄流能力的基本公式

泄流能力计算均是以能量守恒原理引导的，即沿程取水流的两个控制断面 1、2 写其能量方程可得

$$\alpha_1 \frac{v_1^2}{2g} + H_1 = \alpha_2 \frac{v_2^2}{2g} + H_2 + h_f \tag{4-27}$$

式中，势能水头 H_1、H_2 是在同一基面上的；v_1、v_2 为上、下游断面的平均流速；α_1、α_2 为其动能修正系数，流速分布均匀时 $\alpha=1$，流速不均匀时 $\alpha=1.1$ 左右。两断面间沿程水头损失可表示为

$$h_f = \sum \zeta \frac{v_2^2}{2g}$$

式中 ζ 是水头损失系数。若令总水头 $H_0 = \alpha_1 \frac{v_2^2}{2g} + H_1$，由上式可解出下游控制断面的流速为

$$v_2 = \frac{1}{\sqrt{a_2}} \sqrt{2g(H_0 - H_2 - h_f)} = \frac{1}{\alpha_2 + \sum \zeta} \sqrt{2g(H_0 - H_2)} = \phi \sqrt{2g(H_0 - H_2)} \tag{4-28}$$

通过下游控制断面 A 的流量，考虑其水流收缩时，则为

$$Q = \varepsilon A v_2 = \varepsilon A \phi \sqrt{2g(H_0 - H_2)} = \mu A \sqrt{2g(H_0 - H_2)} \tag{4-29}$$

式中，流量系数 $\mu = \varepsilon \phi$，就定义为收缩系数与流速系数的乘积，此流量系数 μ 包含着两断面间沿程水头损失 h_f 与消能发生关系。

二、堰闸泄流

对于宽顶堰（图 4-22），当其自由泄流时，由于堰顶产生临界水深 $H_2 = h_c = \frac{2}{3} H_0$，宽度 b 时由式（4-29）可得

$$Q=\mu_1 b \sqrt{2g} H_0^{3/2} \tag{4-30}$$

并知流量系数最大值为 $\mu_1=\dfrac{2}{3\sqrt{3}}=0.385$，对于一般水闸（图 4-23），因进口翼墙闸墩阻水情况不同，可取 $\mu_1=0.32\sim 0.37$。

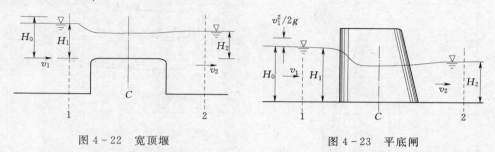

图 4-22　宽顶堰　　　　　　　　　　图 4-23　平底闸

受下游水位影响的淹没堰流，其计算公式，常用式（4-30）加一个淹没系数 σ_s，此时 σ_s 随淹没度 H_2/H_0 的变化如图 4-24 所示，图示自由堰流与淹没堰流的分界在 H_2/H_0 =0.6~0.8 范围内，可取 0.7 左右。但淹没曲线不甚理想，特别是高淹没度时精度很差，因此追溯基本公式（4-29）采用下式较为合理。

$$Q=\mu_2 b H_2 \sqrt{2g(H_0-H_2)} \tag{4-31}$$

此时的流量系数 μ_2 经过治淮工程濛河凹地进、退两水闸类型的原始试验资料加以分析，如图 4-25 所示。对照闸型结构及流态消能情况却甚合理。在图 4-25 中的退水闸，平底没有消能设备，其 μ_2 值最大；进水闸有消力池产生水跃，μ_2 值就小一些，而且闸墩面凹陷装设支承闸门轴，在低水位小流量时阻水显著，且尾槛后形成二次水跃，所以 μ_2 随流量减小后变小。曲线规律仍较图 4-24 所示为好，总的趋势是淹没度愈高，水流平静，水头损失小，其 μ_2 就变大。特别是对于控制设计闸孔数目的高淹没度全开闸门泄流情况较高，因此仍以取式（4-31）计算较好。对于一般没有消能工的平底闸，在高淹没度 $H_2/H_0>0.9$ 情况 μ_2 可取 0.98，有消能工时可取 0.95。平底闸从自由泄流 $H_2/H_0\leqslant$ 0.65 到完全淹没泄流 $H_2/H_0=1$ 之间的 μ_2 值变化，图 4-25 中曲线的规律，可作为设计平底闸泄流计算所需闸孔总宽度或闸孔数目的参考，即在 $0.65\leqslant\dfrac{H_2}{H_0}\leqslant 1$ 时：

无消能工平底闸　　　　　　$\mu_2=0.93+\left(\dfrac{H_2}{H_0}-0.65\right)^{2.5} \tag{4-32}$

有消能工平底闸　　　　　　$\mu_2=0.88+\left(\dfrac{H_2}{H_0}-0.65\right)^2 \tag{4-33}$

消能工对泄流影响很大，据图 4-25 进水闸试验资料，若填平闸墩凹陷部分或修整平滑可增大流量系数 3%，若在闸底板末端增设高 0.6m 消力槛一道就减小流量系数 8.7%。经过笔者试验过的水闸检验上式计算方法的流量系数，若闸孔设置门墩，如皂河闸等，$H_2/H_0=0.8$ 时，$\mu_2=0.87$，比图 4-25 中进水闸的流量系数小 5%，若全开闸门受胸墙阻水影响，则 μ_2 又将稍减。

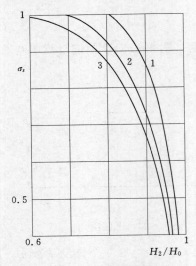

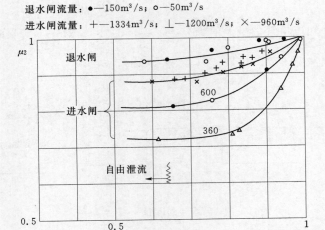

图 4-24 各家淹没堰流系数

1—别列辛斯基；2—巴甫洛夫斯基；
3—美国 WES

图 4-25 平底闸全开泄流时流量系数

三、闸孔出流与地涵淹没出流

关于闸孔出流（图 4-26，图 4-27）仍可引用基本公式（4-29），过流宽度 b 开度 e 的总面积 $A=be$，流量公式应为

自由出流
$$Q=\mu_3 A \sqrt{2g(H_0-\varepsilon e)} \tag{4-34}$$

淹没出流
$$Q=\mu_4 A \sqrt{2g(H_0-H_2)} \tag{4-35}$$

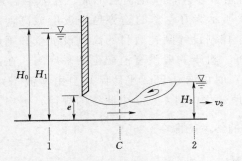

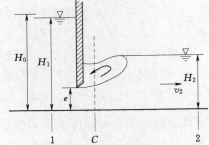

图 4-26 闸孔自由出流

图 4-27 闸孔淹没出流

式中 H_2——下游控制断面的水深（势能水头），当自由出流量，应取出孔水流的最低收缩处，$H_2=\varepsilon e$；

ε——垂直收缩系数，与闸门形式及其相对开度有关，对于平板闸门，开度 $\dfrac{e}{H_1}=$ 0.1~0.65 范围内，相应 $\varepsilon=0.62~0.68$，流速系数 $\phi=0.95~1.0$，故流量系数 $\mu_3=\varepsilon\phi=0.59~0.68$。

对于淹没闸孔出流，式（4-35）中的流量系数 μ_4，对某一类型水闸，基本上可接近常数，如图 4-28 所示，只是由于门型及消能工不同有差别。但总的变化规律对照消能流

态甚为合理，即局部开启闸孔的水流，所相应的从自由出流到水跃消耗的过程。图 4-28 的两条线变化规律可近似表示为

平板闸门
$$\mu_4 = 0.76 - 0.15\left(\frac{H_2}{H_0} - 0.45\right) \qquad (4-36)$$

弧形闸门
$$\mu_4 = 0.88 - 0.32\left(\frac{H_2}{H} - 0.45\right) \qquad (4-37)$$

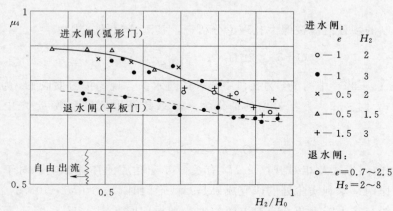

图 4-28　闸孔出流时流量系数

闸孔出流的自由流与淹没出流的界限在 $H_2/H_0 = 0.4 \sim 0.75$ 范围内，它与闸门相对开度 e/H_1 及闸门型式有关，开度愈大，就愈接近堰流的自由与淹没泄流的分界 $H_2/H_0 = 0.70$。其实闸孔出流是否淹没可以完全从水跃理论计算，即引用水跃共轭水深的计算公式，先计算自由出流的流量，再计算与出流水深相应的共轭水深，若小于下游水深 H_2，即是淹没出流，各式水跃消能公式见第二章。

随着闸门相对开度上升到接近堰顶临界水深时，$e/H_1 = 0.65$ 可作为堰孔流的界限，对于引用堰孔流公式计算和设计闸孔胸墙的位置均有关系。

对于地涵泄水，如图 4-29 所示，相当于高淹没度闸孔，只是增加了长涵洞的沿程水头损失，按照通榆河地涵长 190m，15 孔各高 6m、宽 4.2m 的过水总面积 $A = 372.6\text{m}^2$ 代入式（4-35）计算，当设计流量 800m³/s，高淹没度 $H_2/H_0 = 0.97$ 及 0.96 时，$\mu_4 = 0.871$ 及 0.875。

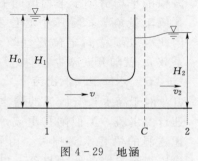

图 4-29　地涵

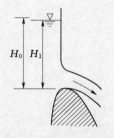

图 4-30　高坝顶闸孔出流

四、高坝顶自由泄流

对于高坝或拱坝顶的溢流或闸孔泄流，如图 4-30 所示，都是自由出流情况，而且没

有像宽顶堰底板的顶托，泄流的上、下流面完全处于大气压力，在不受闸门控制的坝顶溢流可按照堰流理论分析，应引用式（4-30）的计算形式，即

$$Q=\mu_5 b\sqrt{2g}H_0^{3/2} \tag{4-38}$$

因为没有底板顶托，所以流量系数 μ_5 应比宽顶堰理论最大值 0.385 为大。一般薄壁堰 $\mu_5=0.41$。WES 实用堰定型设计水头 H_d 时，$\mu_5=0.49$，随着运用水头 H 的降低，μ_5 值逐渐减小 20%。

受闸门控制的坝顶泄流按照大孔理论分析[9]，其理论流量公式为

$$Q=be\sqrt{2gH_0}\left[1-\frac{1}{96}\left(\frac{e}{H_0}\right)^2-\cdots\right] \tag{4-39}$$

但应注意，式（4-39）中的 H_0 为孔口中心处的总水头。现仍按习惯取 H_0 为从坝顶起算的水头，并把式（4-39）方括号内的值作为一个系数补进流量系数 μ_6 之中，则计算公式为

$$Q=\mu_6 be\sqrt{2gH_0} \tag{4-40}$$

流量系数 μ_6 随闸门形式及相对开度 e/H_0 有关，并受孔底的顶托影响。对于平底闸的闸孔自由泄流，原南京水利实验处的研究成果是：弧形门时，$\mu_6=0.50\sim0.73$，随着开度减小，门底缘切线与水平线夹角 θ 的减小而加大；平板门时，在 $e/H_0<0.55$ 范围内，$\mu_6=0.50\sim0.60$，并可用下面简单经验公式计算：

$$\mu_6=0.60-0.176\frac{e}{H_1} \tag{4-41}$$

随后原武汉水利电力学院的试验公式 $\mu_6=0.60-0.18\dfrac{e}{H_1}$ 和原山东水利科学研究所公式 $\mu_6=0.596-0.178\dfrac{e}{H_1}$ 都与上面的南京水利科学研究院公式比较一致。对于高坝的实用堰顶孔流系数的变化范围，弧门 $\mu_6=0.50\sim0.80$，平板门 $\mu_6=0.50\sim0.62$，以 WES 定型堰面设计水头 H_d 作为依据时，孔流水头 H 愈是小于 H_d，因为重力作用出流就愈受堰顶面顶托，系数就应愈小。

从大孔理论分析，引用式（4-41）计算拱坝或高坝顶闸孔出流，把 μ_6 视为常数时，H_0 取值应小，即出口的零压中心在孔口中心之上，这个原因也可以从出口压力水头各平方根的平均值小于平均值的平方根推知开孔或流量愈大，零压中心位置就愈上移，因此当取坝顶固定位置计算水头 H_0 时，系数 μ_6 就随开度减少。

五、水库泄洪洞出流

对于高水头有压流的输水道或隧洞高速自由出流，类似闸孔出流，只是必须考虑隧洞的沿程水头损失。由管道水力学，设正规管流段的水力坡线，以直线延伸到出口的高度设为 βD，如图 4-31 所示，由进、出口能量势以出口底板为基面时，可

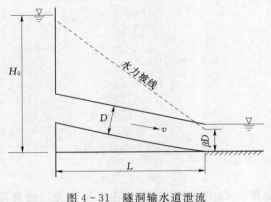

图 4-31　隧洞输水道泄流

得总能头为

$$H_0 = \alpha \frac{v^2}{2g} + \beta D + \sum \zeta \frac{v^2}{2g} \qquad (4-42)$$

式（4-42）除管道水流沿程各项损失水头 $\sum \zeta \frac{v^2}{2g}$ 已有水力学实验数据可供查用外，出口的势能水头以管口高度 D 的分数表示为 βD。它颇类似闸孔出流处的水深，也是一个难以确定的变量。根据试验研究，管道出口水流与正规管流段不同，并非静水压力分布，也非势能水头 $\left(\frac{p}{\gamma} + z\right)$ 在全断面一样。据洞口出流压力分布试验[10]，当弗劳德数 $Fr > 2$ 时，出口断面上部即出现负压；$Fr > 3$ 时，则负压波及全断面。因此就不能以出口断面 A 的中心处的测压管水头代表全断面的平均值，而须定义此有效势能水头近似等于平均值为

$$\beta D = \frac{1}{A} \int \left(\frac{p}{\gamma} + z\right) dA \qquad (4-43)$$

采用此有效出口势能水头值，就相当于水力坡线以直线延伸到出口高度 βD 计算管道流量。此时即可认为出口段水流不受重力下弯影响，仍属静水压力分布，并保持轴对称的流速分布，故可知 $\frac{1}{A} \int \frac{z}{D} dA = \frac{1}{2}$，则由式（4-43）可得

$$\beta = \frac{1}{2} + \frac{1}{A} \int \frac{p}{\gamma D} dA \qquad (4-44)$$

因此，只需测定出口断面的压力分布，代入式（4-44）就确定了出口高度 βD。若再假定 $\frac{1}{A} \int \frac{z}{D} dA = 0$，则 $\beta = \frac{1}{2}$，相当于出流已完全处于大气压。若出口淹没于尾水深度 T 时，则 $\beta = T/D$。

　　根据试验，自由出流的 βD 与出口水流的弗劳德数，是否有底板顶托以及出口形状有关，如图 4-32 的曲线所示。其中细实线及虚线是文献 [11] 的试验资料原有曲线，粗实

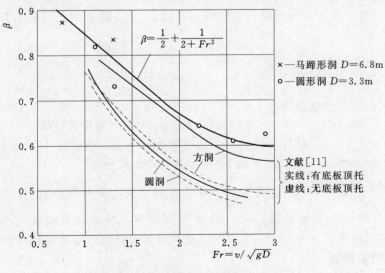

图 4-32　隧洞出口势能中心

线是我们分析早年某水库输水道直径 3.3m 的圆洞和高为 6.8m 的马蹄形洞等的模型试验资料，是由出口断面上均匀布置 40 个点所测压力按面积积分求平均值再计算的 β 值。

根据模型试验对实际工程出口有底板及侧墙限制的水流，β 值要比没有侧墙限制的自由出流高些。从这里也可得知，大隧洞若以出口中心作为水力坡线的延伸交点，设计隧洞泄流流量将发生较大误差，而且偏于危险。根据图 4-32 中，我们试验实际工程受侧墙底板限制的隧洞，自由出流的有效出口势能水头可参用下式计算：

$$\beta = \frac{1}{2} + \frac{1}{2 + Fr^2} = \frac{1}{2} + \frac{1}{2 + \dfrac{v^2}{gD}} \tag{4-45}$$

【例】　福建省九龙溪下游安砂水电站重力坝高 100m，左坝段有底孔泄洪，圆形洞身长 40m，直径 5.4m，洞前孔口矩形，渐变为圆身，并设平板事故闸门；末端又由圆形渐变为 4.5m×4.5m 的方形出口，有扇形闸门控制泄水，出口明流到挑流鼻坎；直线洞底高程均匀为 220.00m，试求闸门全开时库水位 240.00m 的战时运行泄洪流量。

【解】　引用式 (4-42)，先试算设圆形洞的平均流速 $v=14$m/s，则由断面积 $A=\dfrac{\pi \times 5.4^2}{4}=22.9$m^2，与方形出口面积 4.5m×4.5m=20.25m^2 之比，可知出口平均流速 v_0=15.83m/s，然后计算沿程各段水头损失系数 ζ，查水力学书籍或文献 [1]，进口段损失由矩形孔口转变为圆形和闸门槽等的损失，可取 $\zeta_1=0.25$，出口段损失由圆形转变为方形出口的损失，可取 $\zeta_2=0.15$，洞身长 $L=40$m 的摩擦损失系数 $\zeta=\lambda\dfrac{L}{D}0.009 \times \left(\dfrac{40}{5.4}\right)=$ 0.067，这里的摩阻系数 $\lambda=0.009$ 是在洞壁粗糙度 $\Delta=1$mm，$\dfrac{\Delta}{D}=\dfrac{1}{5400}=0.00019$，雷诺数 $Re=\dfrac{vD}{\nu}=\dfrac{14 \times 5.4}{10^{-6}}=7.56 \times 10^7$，查摩阻系数图解曲线得出的（见后面第十一章图 11-1），则累加各水头损失系数为 $\sum\zeta=0.25+0.15+0.067=0.467$，损失水头 $\sum\zeta\dfrac{v^2}{2g}=0.467 \times \dfrac{14^2}{19.6}=4.67$m；出口流速水头，设其动能修正系数 $\alpha=1$，则 $\dfrac{v^2}{2g}=\dfrac{15.83^2}{19.6}=12.79$m；出口势能水头高度，由式 (4-45) 计算，$\beta D\left(\dfrac{1}{2}+\dfrac{1}{2+\dfrac{15.83^2}{9.8 \times 4.5}}\right) \times 4.5=0.63 \times 4.5=2.84$m；

代入式 (4-42) 计算总能头为

$$H_0=12.79+2.84+4.67=20.3\text{m}>20\text{m（题给设计值）}$$

故再试 $v=13.9$m/s，同样计算过程，出口流速 $v_0=15.72$m/s，计算总能头为

$$H_0=20.04\text{m}\approx20\text{m}，即依此 v=13.9\text{m/s 计算泄洪流量为}$$

$$Q=\frac{\pi \times 5.4^2}{4} \times 13.9=318.3\text{m}^3/\text{s（水工模型试验流量为 318.5m}^3/\text{s）}^{[12]}。$$

此算例洞身较短，主要是进、出口局部水头损失，开始试算流速可参照基本公式 (4-28)，假定流速系数 $\phi=0.8\sim0.9$ 估算。如果已知设计流量求库水位，就不必试算。

六、测流控制断面

最后讨论测流控制断面问题，按照本文追溯计算公式中的流量系数包含着消能摩阻的

水头损失，如能使上、下游两个测流断面的水流平顺，消能损失水头最小，自然就会取得精确可靠的流量系数规律。可是目前闸坝工程都把测尺设置在上、下游相距很远的静水区河段，其间有着复杂的消能流态和沿程损失，例如水跃消能率高达 $50\% \sim 60\%$（图 2-29），如果不考虑上、下游测尺之间的这些消能扩散影响，与不发生水跃的缓流同等去分析流量系数，自然得不到好的规律[16]。因为按照能量方程，势能水头转变为流速 $v=\sqrt{2gh}$，其中还包括水头损失；缓慢出流，其流量系数应大；急流损失大，其流量系数应小。在水闸设计确定泄洪闸孔时都是水位差最小的缓流。取用平均流量系数计算就偏小，经过试验可省去几个孔。所以不加考虑地套用公式计算流量就会发生较大的误差。再者，引导公式中的过水面积都是控制断面的，而下游测尺水位，则是河道的，不相呼应，也就存在更大问题。因为它与引导公式中应取在闸孔出流处急流的较低水位相差甚大。因此建议吸取量水设备。如文杜里水槽、文杜里水管、巴歇尔水槽等，紧靠改变断面交接处上、下游设测尺或测流管作为控制断面，如图 4-29 中标示的 C 断面。具体到闸坝工程，可在中间闸墩迎水墩头设测尺直接测得总水头 H_0，下游测尺可设在墩尾侧面或涵洞出口。为了能有静止水面便于读记，也可在闸墩头尾设计测井以孔连通外水。这样可以得出流量系数接近常数精确计算流量，同时也可与原设计的上、下游测尺比较。

第七节 船闸灌泄水时间非恒定流计算
§ 7. Unsteady flow computation for filling and emptying times of ship lock

船闸灌泄水过程是时间函数的非恒定流水力学问题，如图 4-33 所示上、下两闸室的高低水位，当底孔阀门开启时，上闸室高水位向下闸室输水逐渐达成两闸室水位齐平，再开闸门过船。水力计算，如图 4-3 所示，设上、下两闸室的水域面积为 A_1 和 A_2，随时间 t 变化的上下闸室水位差为 $H(t)$，其相应输水流量为 $Q(t)$，上、下闸室水面在 dt 时间的变化为 dH_1 和 dH_2。则由水量平衡方程式可得（下面主要是文献 [17] 的内容）

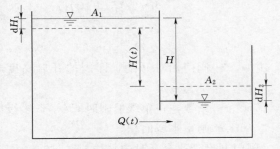

图 4-33 船闸输水计算

$$A_1 dH_1 = A_2 dH_2 = Q(t)dt$$
$$dH_1 + dH_2 = -dH(t)$$

由此可得

$$Q(t) = -C \frac{dH(t)}{dt} \tag{4-46}$$

其中

$$C = \frac{A_1 A_2}{A_1 + A_2}$$

当上、下两闸室面积相等时，$A_1 = A_2 = A$，则系数 $C = A/2$；当单级船闸时，引航道的水域面积可视为无限大，则 $C = A$。

式（4-46）即为船闸输水的一般方程式[14,15]，只要能求出船闸不同方式的流量与时间及水位差的关系式，再代入式（4-46）积分就可求得各种输水情况下，$H(t) = f(t)$ 的公式。

船闸输水系统布置型式可分为头部集中输水系统和长廊分散系统两类，它们的闸室灌泄水时间计算是设计船闸的重要参数，计算公式的推导如下[14,17]。

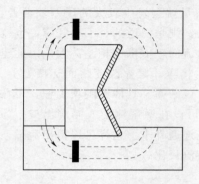

图 4-34　短涵管输水

一、头部短廊道或孔口输水

这是低水头船闸常用的输水方式，即在人字形闸门前后闸首侧墙内布设短涵管输水（图 4-34）或直接在闸门上开设孔口输水。此时的输水流量可引用淹没孔口出流公式（4-35）计算，即 $Q = \mu a \sqrt{2gH}$，这里以 a 代表涵管或孔口的过水面积，H 为上、下游水头差，μ 为流量系数。为了考虑到非恒定的变量流和输水涵管或孔口阀门开启过程都随时间变化，则将输水流量公式写为

$$Q(t) = \mu \alpha(t) \sqrt{2gH(t)} \tag{4-47}$$

将式（4-47）代入式（4-46）则得

$$\mu a(t) \sqrt{2gH(t)} \, \mathrm{d}t = -C \mathrm{d}H(t) \tag{4-48}$$

将式（4-48）按输水过程各时段积分，则有以下两种情况：

（1）阀门开启时段（$0 \leqslant t \leqslant t_v$）。积分关系式为

$$\frac{2C(\sqrt{H} - \sqrt{H(t)})}{\mu \sqrt{2g}} = \int_0^{t_v} a(t) \mathrm{d}t = a t_v \int_0^n a'(n) \mathrm{d}n \tag{4-49}$$

$$a'(n) = a(n)/a$$

式中　　n——阀门相对开度，即阀门开启高度与全开高度之比。当阀门均速开启时 $n = t/t_v$；

C——系数，在单级船闸时 $C = A$，多级船闸时 $C = A/2$；

A——闸室水域面积。

阀门开启到达全开时的水位差，$H(t) = H_v$，由式（4-49）采用时间积分似比换元积分明确，故得

$$\sqrt{H_v} = \sqrt{H} - \frac{\mu \sqrt{2g}}{2C} \int_0^{t_v} a(t) \mathrm{d}t \tag{4-50}$$

（2）阀门全开以后（$t_v \leqslant t \leqslant T$）。对式（4-48）积分，可得该时段的水位差变化关系为

$$\sqrt{H(t)} = \sqrt{H_v} - \frac{\mu a \sqrt{2g}(t - t_v)}{2C} \tag{4-51}$$

闸室灌水与室外水位齐平时的船闸输水时间，由式（4-51）可得

$$T=\frac{2C}{\mu a}\frac{\sqrt{H_v}}{\sqrt{2g}}+t_v \qquad\qquad (4-52)$$

注意以上各式，尺度和谐，只要各量取单位一致便可，例如长度取米（m），时间取秒（s）等。

【例】 淮河润河集船闸，闸室长 90m，宽 12m，人字形闸门，闸箱头部短涵输水，涵管直径 1.5m，断面积 $a=1.7m^2$，左、右两侧对称输水。各有两个 90°弯管构成输水管道，涵管进口阀门提速为 1cm/s。闸前引航道最高水位 24.50m，闸室最低水位 17.50m，最大水头差 $H=7.00m$。试求该船闸灌泄水时间和过程（该船闸模型试验见第十一章图 11-18）。

【解】 短涵管输水系统主要是进、出口两节 90°弯管道，其水头损失系数可查水力学书籍[9]或文献 [1] 取为 $\zeta=1.3$；再就是进口损失，取 $\zeta=0.5$；累得 $\sum\zeta=0.5+1.3+1.3=3.1$；由泄流能力基本公式（4-29）可知淹没孔口出流公式 $Q=\mu a\sqrt{2gH}$ 中的流量系数 $\mu=\frac{1}{\sqrt{\sum\zeta}}=0.57$。

首先计算阀门开启过程公式（4-49）和式（4-50）中的积分项 $\int_0^{t_v}a(t)\mathrm{d}t$，即由题给出阀门开启均匀速度 1cm/s 算出到圆管全开时间 150s 间各时刻的开启过水面积，绘其一个涵管开孔面积关系曲线如图 4-35 所示 $a(t)$，计算某时刻前的曲线下面积就是该时刻的积分值 $\int_0^{t_v}a(t)\mathrm{d}t$，如图 4-35 所示曲线。例如计算阀门全开时刻 $t_v=150s$ 的积分值 $\int_0^{t_v}a(t)\mathrm{d}t$，即可近似取三角形面积 $\frac{1}{2}\times(1.77\times150)=133m^2$。考虑左、右两个输水涵管时，就应加倍。

如果将输水管道进口段设计成逐渐过渡到的矩形孔口。配合阀门均匀开启速度，使函数为线性变化，则可直接求得积分值，就较简便了。

再由式（4-49）或式（4-50），已知 $\mu=0.57$，单级船闸 $C=A$，灌水面积有闸室和两头门箱，即 $A=90\times12+2\times(10\times5)=1180m^2$，$H=7m$，$g=9.8m/s^2$，和积分项的相应值（图 4-35 中的曲线 $\int_0^t a(t)\mathrm{d}t$，两个输水管应加倍），就可算得各时段到全开阀门 $t_v=150s$ 为止的水位差 $H(t)$。例如计算阀门全开启时的 $H(t)$，查图 4-35 曲线值加倍，即 $2\int_0^t a(t)\mathrm{d}t=2\times133=266m^2\cdot s$，代入式（4-50），$H_v=\left(\sqrt{7}-\frac{0.57\sqrt{19.6}}{2\times1180}\times266\right)^2=5.58m$，闸室水位上升为 $17.5+（7-5.58）=18.92m$。

然后由式（4-51）计算全开阀门以后（$t_v\leqslant t\leqslant T$）各时刻的水位差过程，注意式中的 a 应取两个输水道面积 $2\times1.77=3.54m^2$。再由式（4-52）计算闸室灌水时间为

$$T=\frac{2\times1180\sqrt{5.58}}{0.57\times3.54\sqrt{19.6}}+150=773.66s=12.89min$$

模型试验的灌水时间是 14.1min，说明设计流量系数 $\mu=0.57$ 偏大，同时 μ 值在输水过程中也是不同。计算的船闸灌泄水时间曲线与模型试验的曲线对照，如图 4-36 所示。

t/s	0	20	40	60	80	100	120	140	150
h/m	0	0.2	0.4	0.6	0.8	1	1.2	1.4	1.5
a/m²	0	0.14	0.38	0.66	0.96	1.25	1.52	1.72	1.77
$\int_0^t a(t)\,\mathrm{d}t$	0	1.3	6.7	17	34	56	83	117	133

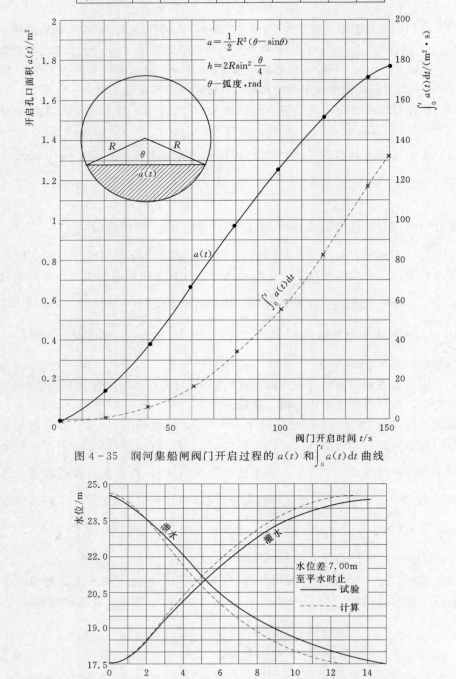

图 4-35　润河集船闸阀门开启过程的 $a(t)$ 和 $\int_0^t a(t)\mathrm{d}t$ 曲线

图 4-36　润河集船闸短涵输水管灌泄水时间曲线

此验证计算例，若采用《船闸输水系统设计规范》（JTJ 306—2001）中的短廊道输水时间公式及系数取值计算，$T=8.2\text{min}$。

二、三角闸门门缝输水

内陆河流船闸都是上游水位高于下游，适用人字形闸门；而沿海受潮水涨落影响的海边以及经常变化的运河或河流上的船闸，两边水位互有高低，则适用能承受双向水压力的平转式三角形闸门。此时闸门面板承受水压力传至枢轴，可呈稳定状态。当闸门开启时，高水位水流由中间和两侧的门缝分三路灌水入闸室或泄至闸外，如图 4-37 所示。绕过弧形门墙的对称水流也有消能作用，且三角闸门不需输水管路也较经济。

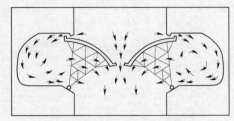

图 4-37　三角闸门开启时门缝输水示意图

三角闸门门缝输水，其流态复杂，流量计算不易精确，可近似按照两部分出流考虑，即下游低水位以上出流按照自由堰流计算（文献[14]是引用宽顶堰算式），低水位以下出流按其以下水深过水面积的淹没孔流计算。则得门缝灌水过程中某时刻的流量计算式为[14,17]

$$Q(t)=\mu_1 b(t)\sqrt{2g}H(t)^{3/2}+\mu_2 b(t)\left[h_1-H(t)\right]\sqrt{2gH(t)} \qquad (4-53)$$

式中　μ——门缝输水流量系数，参考式（4-30）和式（4-31），可取 $\mu_1=0.35$，$\mu_2=0.75$；

　$b(t)$——门缝总宽度；

　$H(t)$——水头差；

　t——闸门开启过程时间；

　h_1——上游水深；

　g——重力加速度。

当闸门缝开启向外泄水时，应注意式（4-53）后一项淹没出流水深 $[h_1-H(t)]$ 应改为船闸外的低水位下游水深 h_2，即闸室向下游泄水流量为

$$Q(t)=\mu_1 b(t)\sqrt{2g}H(t)^{3/2}+\mu_2 b(t)h_2\sqrt{2gH(t)} \qquad (4-54)$$

1. 三角门船闸灌水计算式

将式（4-53）简化为 $Q(t)=b(t)\sqrt{2g}\left[\mu_2 h_1\sqrt{H(t)}-(\mu_2-\mu_1)H(t)\sqrt{H(t)}\right]$，代入船闸输水一般方程式（4-46），$Q(t)=-A\dfrac{\mathrm{d}H(t)}{\mathrm{d}t}$，则得三角门船闸灌水计算积分式

$$\int\frac{1}{\mu_2 h_1\sqrt{H(t)}-(\mu_2-\mu_1)H(t)\sqrt{H(t)}}\mathrm{d}H(t)=-\frac{\sqrt{2g}}{A}\int b(t)\mathrm{d}t \qquad (4-55)$$

右边积分，设缝宽匀速开启，$b(t)=kt$，则 $\int b(t)\mathrm{d}t=\int kt\,\mathrm{d}t=\dfrac{1}{2}kt^2$；

左边积分，可换元，设 $\sqrt{H(t)}=u$，$H(t)=u^2$，$\mathrm{d}\sqrt{H(t)}=2u\mathrm{d}u$，则左边积分变为

$$\int\frac{1}{u[\mu_2 h_1-(\mu_2-\mu_1)u^2]}2u\mathrm{d}u=2\int\frac{1}{\mu_2 h_1-(\mu_2-\mu_1)u^2}\mathrm{d}u$$

$$= 2\int \frac{1}{(\sqrt{\mu_2 h_1} + \sqrt{\mu_2 - \mu_1}\, u)(\sqrt{\mu_2 h_1} - \sqrt{\mu_2 - \mu_1}\, u)} \mathrm{d}u$$

$$= 2\int \left[\frac{\dfrac{1}{2\sqrt{\mu_2 h_1}}}{\sqrt{\mu_2 h_1} + \sqrt{\mu_2 - \mu_1}\, u} + \frac{\dfrac{1}{2\sqrt{\mu_2 h_1}}}{\sqrt{\mu_2 h_1} - \sqrt{\mu_2 - \mu_1}\, u} \right] \mathrm{d}u$$

$$= \frac{1}{\sqrt{\mu_2 h_1}}\int \left(\frac{1}{(\sqrt{\mu_2 h_1} + \sqrt{\mu_2 - \mu_1}\, u)} + \frac{1}{(\mu_2 h_1) - \sqrt{\mu_2 - \mu_1}\, u} \right) \mathrm{d}u$$

$$= \frac{1}{\sqrt{\mu_2 h_1}}\left(\ln|\sqrt{\mu_2 h_1} + \sqrt{\mu_2 - \mu_1}\, u|\, \frac{1}{\sqrt{\mu_2 - \mu_1}} - \ln|\sqrt{\mu_2 h_1} - \sqrt{\mu_2 - \mu_1}\, u|\, \frac{1}{\sqrt{\mu_2 - \mu_1}} \right)$$

$$= \frac{1}{\sqrt{\mu_2 h_1}}\ln \frac{|\sqrt{\mu_2 h_1} + \sqrt{\mu_2 - \mu_1}\, u|}{l\,|\sqrt{\mu_2 h_1} - \sqrt{\mu_2 - \mu_1}\, \mu|} + c$$

经过分母项配方演算简化可求得换元后的积分值,再换元为原来变量 $H(t)$,即得左边积分结果为 $\dfrac{1}{\sqrt{\mu_2 h_1}}\ln \dfrac{\sqrt{\mu_2 h_1} + \sqrt{(\mu_2 - \mu_1)H(t)}}{\sqrt{\mu_2 h_1} - \sqrt{(\mu_2 - \mu_1)H(t)}} + c$。

结合初始条件,当 $t=0$ 时,$H(t)=H$,求得积分常数 c,即可由式(4-55)求得三角闸门船闸灌水计算公式为

$$\frac{1}{\sqrt{\mu_2 h_1}}\left(\ln \frac{\sqrt{\mu_2 h_1} + \sqrt{(\mu_2 - \mu_1)H(t)}}{\sqrt{\mu_2 h_1} - \sqrt{(\mu_2 - \mu_1)H(t)}} - \ln \frac{\sqrt{\mu_2 h_1} + \sqrt{(\mu_2 - \mu_1)H}}{\sqrt{\mu_2 h_1} - \sqrt{(\mu_2 - \mu_1)H}} \right) = -\frac{\sqrt{2g}}{2A}kt^2$$

$$(4-56)$$

式中 A——船闸室水域面积;

     h_1——上游水深;

     H——开始的最大水头差;

   $H(t)$——闸门缝开启后的 t 时刻水头差,是 t 的函数;

   $b(t)$——门缝总宽度,是开启过程 t 的函数;

     k——门缝宽均匀开启的速度;

μ_1、μ_2——门缝输水流量系数,上部自由堰流可取 $\mu_1=0.35$(理论最大值 $\mu_1=0.385$,一般情况 $\mu_1=0.32\sim0.38$),下部淹没孔流可取 $\mu_2=0.75$ [由式(4-36)、式(4-37),$\mu_2=0.7\sim0.8$]。

2. 三角门船闸泄水计算式

将式(4-54)简化为 $Q(t)=b(t)\sqrt{2g}[\mu_2 h_2 \sqrt{H(t)} + \mu_1 H(t)\sqrt{H(t)}]$,代入船闸输水一般方程式(4-46),$Q(t)=-A\dfrac{\mathrm{d}H(t)}{\mathrm{d}t}$,则得三角门船闸泄水计算积分式为

$$\int \frac{1}{\mu_2 h_2 \sqrt{H(t)} + \mu_1 H(t)\sqrt{H(t)}} \mathrm{d}H(t) = -\frac{\sqrt{2g}}{A}\int b(t)\mathrm{d}t \qquad (4-57)$$

右边积分式,设门缝宽度匀速开启,$b(t)=kt$,则 $\int b(t)\mathrm{d}t = \int kt\,\mathrm{d}t = \dfrac{1}{2}kt^2$;左边积分,可换元,设 $\sqrt{H(t)}=u$,$H(t)=u^2$,$\mathrm{d}\sqrt{H(t)}=2u\mathrm{d}u$,则左边积分变为 $\int \dfrac{2u\mathrm{d}u}{u(\mu_2 h_2 + \mu_1 u^2)}$

$$= 2\int \frac{1}{\mu_2 h_2 + \mu_1 \mu^2} du = \frac{2}{\mu_1} \int \frac{du}{\frac{\mu_2 h_2}{\mu_1} + u^2} = \frac{2}{\mu_1} \frac{1}{\sqrt{\frac{\mu_2 h_2}{\mu_1}}} \arctan \frac{u}{\sqrt{\frac{\mu_2 h_2}{\mu_1}}} = \frac{2}{\mu_1} \sqrt{\frac{\mu_1}{\mu_2 h_2}} \arctan \frac{u}{\sqrt{\frac{\mu_2 h_2}{\mu_1}}}$$

$+c$，将此换元后的积分值，再换为原来的变量 $H(t)$ 则得左边积分结果为 $\dfrac{2}{\mu_1} \sqrt{\dfrac{\mu_1}{\mu_2 h_2}} \times$

$\arctan \dfrac{\sqrt{H(t)}}{\sqrt{\dfrac{\mu_2 h_2}{\mu_1}}} + c$。

结合初始条件，当 $t=0$ 时 $H(t)=H$，求得积分常数 c，即可由式（4-57）求得三角门船闸泄水计算公式为

$$\frac{2}{\sqrt{\mu_1 \mu_2 h_2}} \left\{ \arctan \frac{\sqrt{H(t)}}{\sqrt{\dfrac{\mu_2 h_2}{\mu_1}}} - \arctan \frac{\sqrt{H}}{\sqrt{\dfrac{\mu_2 h_2}{\mu_1}}} \right\} = -\frac{\sqrt{2g}}{2A} k t^2 \tag{4-58}$$

【例】　黄田港船闸位于江苏江阴，是苏南苏北航运通道。闸室长 92m，宽 12m，闸底面高程北端为吴淞零点以下 1.60m，南端为零点以下 1.05m。闸墙为钢板桩，两端闸门箱宽 10m，长 16m。总灌水面积可计为 $A = 12 \times 92 + 2 \times (10 \times 16) = 1424 m^2$。北端航道接长江，最高水位 6.70m，南端航道最低水位 3.20m。因须适应潮水河的互有高低特性，在国内首次采用了平转式三角闸门，进行了模型试验（1953 年南京水利实验处《研究试验报告汇编》）。试计算高低水位差 3.50m 的灌泄水时间过程。

【解】　已知条件：$A = 1424 m^2$，$H = 6.70 - 3.20 = 3.50 m$，$h_1 = 6.70 + 1.60 = 8.30 m$，$h_2 = 3.20 + 1.05 = 4.25 m$；设计门缝开启速率，中缝为 2.08mm/s，两侧边各半，则 $k = 2 \times 2.08 mm/s = 0.00416 m/s$；$g = 9.8 m/s^2$；堰孔流量系数，按照经验公式可取 $\mu_1 = 0.35$，$\mu_2 = 0.75$。

将上列已知数据代入灌水公式（4-56），简化得

$$\ln \frac{2.495 + 0.632 \sqrt{H(t)}}{2.495 - 0.632 \sqrt{H(t)}} - \ln \frac{2.495 + 1.183}{2.495 + 1.183} = -0.00001614 t^2$$

第二项对数值为 1.031，则可算得灌水时间曲线值见表 4-8。

表 4-8　　　　　　　　　　　　　灌水时间过程曲线值

水头差 $H(t)$ /m	3.5	3	2	1	0.5	0.1	0
灌水时间 t/(min、s)	0	1′11″	2′12″	2′58″	3′24″	3′59″	4′13″
闸室水位/m	3.2	3.7	4.7	5.7	6.2	6.6	6.7

将上列已知数据代入泄水公式（4-58），简化得

$$\arctan \frac{\sqrt{H(t)}}{3.0178} - \arctan \frac{\sqrt{3.5}}{3.0178} = -0.00000341 t^2$$

第二项反正切函数值为 0.555，则可算得泄水时间曲线值如表 4-9 所示。

表4-9　　　　　　　　　　　　　　　　　泄水时间过程曲线值

水头差 $H(t)$/m	3.5	3	2	1	0.5	0.1	0
灌水时间 t/(min、s)	0	1′40″	3′05″	4′23″	5′09″	6′03″	6′43″
闸室水位/m	6.7	6.2	5.2	4.2	3.7	3.3	3.2

　　将算得灌、泄水时间以虚线点绘在模型试验曲线图4-38中比较，可知灌水时间比试验时间快，相差较大；泄水时间比试验时间稍慢。灌水平衡的时间为5分23秒，泄水平衡的时间为6分25秒。究其原因，经分析是模型闸室侧墙有点漏水，因此影响灌水时间显著延长，而对泄水时间影响较小。当时，由于试验任务紧迫，限一个月内完成；而且消能扩散消浪比较试验改用了三角门上加小门和稳流箱的灌、泄水布局，就不再进行门缝灌泄水试验了。

　　由上面三角闸门缝灌、泄水试验对比计算时间过程，认为引证的计算公式及采用的堰孔流流量系数 $\mu_1 = 0.35$ 和 $\mu_2 = 0.75$ 是适用的。

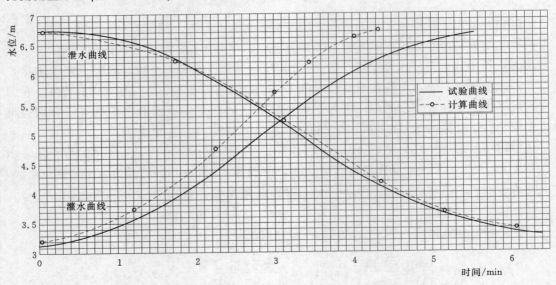

图4-38　黄田港船闸原设计三角门灌泄水时间曲线

参 考 文 献

References

［1］　华东水利学院主编. 水工设计手册（基础理论）. 北京：水利电力出版社，1983.

［2］　周名德. 平底水闸高淹没度流量系数的分析. 江苏水利科技，1988（2）.

［3］　А. Р. Берсэинский. Лролускная слособность водослива с широким，1950.

［4］　武汉水利电力学院水力学教研室. 闸孔出流水力特性的研究. 武汉水电学院学报，1974（6）.

［5］　К. Ф. Химишкий. О коэфишиенте сжатия струилрн истечений иэлод сегментых затворов，Гидротехническое Строителльство，1964，No. 11.

［6］ Bureau of Reclamation. Design of Small Dams U. S. B. R. , 1961.

［7］ 王世夏. 推荐一种新型控制堰——机翼形堰. 江苏水利科技, 1990 (2).

［8］ 周名德. 石梁河水库泄洪闸闸址商榷. 南京水利科学研究院, 1988.

［9］ 刘德润. 普通水力学 (上册). 正中书局, 1945.

［10］ 陈惠泉. 输水道出口段的压力分布. 水利学报, 1958, 3.

［11］ Li W. H, and Patterson C. C. Free out and priming action of culverts, Proc. ASCE (HY3), 1956; Discussion (HY1), 1957.

［12］ 李明九. 福建省安砂水电站泄水底孔水工模型试验报告. 南京水利科学研究所研究报告汇编, 1966—1975.

［13］ 毛昶熙. 堰闸隧洞的泄流能力计算公式商榷. 水利学报, 1999, 10.

［14］ 宗慕伟, 杨孟藩. 泄水工程水力学. 长春: 吉林科学技术出版社, 2002.

［15］ А. В. Михаилов. Судоходные шлюэы, 1957.

［16］ 江苏省水文水资源勘测局. 水工建筑物出流规律及实时流量监测技术研究, 2006, 12.

［17］ 毛昶熙, 段祥宝, 毛宁, 黄锦旻. 船闸灌泄水时间与历时曲线的计算方法. 水利学报, 时间不详.

［18］ 焦文生, 郑楚珮. 淮河润河集船闸模型试验报告. 南京水利实验处研究试验报告汇编, 1953.

［19］ 焦文生, 等. 江苏黄四港船闸模型试验报告. 南京水利实验处研究试验报告汇编, 1953.

［20］ 须清华, 张瑞凯. 通航建筑物应用基础研究. 北京: 中国水利水电出版社, 1999.

［21］ 周华兴. 船闸通航水力学研究. 哈尔滨: 东北林业大学出版社, 2007.

第五章 闸坝土基渗流与侧岸绕渗[*]

Chapter 5 Seepage through Earth Foundation and around Lateral Bank of Sluice-Dams

建闸筑坝后，上、下游水头差增大，不仅会发生地表水宣泄时的冲刷破坏，同时也加大了地下水渗流的坡降和流速，使闸坝地基和下游出口以及两侧岸也会发生渗流冲刷破坏，这是闸坝工程遭受水力破坏的两个方面。本章首先将介绍闸坝地基有压渗流的计算方法，除了对很简单的地下轮廓有精确的解析解稍作介绍外，主要是结合实际复杂情况介绍近似计算方法；其次，将介绍闸坝地下轮廓合理布局的优化设计方法；然后对渗流控制与防护措施进行讨论。按此编排顺序的构想，由闸坝地基的二向渗流推及到侧岸绕渗的三向渗流。

第一节 沿简单地下轮廓线渗流的精确解[3]
§ 1. Accurate Solution of seepage along simple underground contour

一、平底板下渗流与绕单板桩渗流的解

本小节简要介绍应用复变函数的过程，因为在给定边界条件下解拉普拉斯方程是很复杂的，所以常用复变函数方法求解闸坝地基渗流，即引入复变函数的关系如下：

$$w = f(z) \tag{5-1}$$

式中 $w = \varphi + i\psi$，$z = x + iy$，其中的 φ、ψ、x、y 都是实数，且 $\varphi = \varphi(x, y)$，$\psi = \psi(x, y)$。此复变函数是由势函数 φ 与流函数 ψ 的线性组合，满足柯西—黎曼条件时就称为复位势。因此，运用上面的复变函数关系，就可把渗流问题的解转换成在 z 平面寻找满足已知边界条件下的渗流复位势。确定复位势最常用的方法为共形映像或保角变换。例如图 5-1 的平底板下无限深地基的渗流，借助于下面的复变函数

$$w = \varphi + i\psi = -\frac{kH}{\pi}\arccos\frac{z}{l} \tag{5-2}$$

就可把 w 平面的矩形域（平行于纵坐标 ψ 和横坐标 φ 的等格距流网）中的定值 ψ 和 φ 保角变换到 z 平面上的正交流网，而得到渗流场的解，即可求得 z 平面上流场中任意点的复位势。如果我们想知道流线和等势线的形状，则可用其反函数[1]

$$z = l\cos\frac{\pi w}{kH} \tag{5-3}$$

---

* 本章编写者：毛昶熙、李吉庆、朱丹。

展开式（5-3），分离实数与虚数部分，并因 $chx = cosix$，$shx = -isinix$，则得

$$x = l\cos\frac{\pi\varphi}{kH}ch\frac{\pi\psi}{kH} \qquad (5-4)$$

$$y = -l\sin\frac{\pi\varphi}{kH}sh\frac{\pi\psi}{kH} \qquad (5-5)$$

式（5-4）和式（5-5）平方后相加与相减，即得流线与等势线方程如下：

$$\frac{x^2}{l^2\left(ch\dfrac{\pi\psi}{kH}\right)^2} + \frac{y^2}{l^2\left(sh\dfrac{\pi\psi}{kH}\right)^2} = 1 \qquad (5-6)$$

$$\frac{x^2}{l^2\left(\cos\dfrac{\pi\varphi}{kH}\right)^2} - \frac{y^2}{l^2\left(\sin\dfrac{\pi\varphi}{kH}\right)^2} = 1 \qquad (5-7)$$

将给定的 ψ 值与 φ 值代入式（5-6）和式（5-7），即可算得各等值线及流网，如图 5-1 所示。并由式（5-6）和式（5-7）可知流线是以平底板两端点（$z = \pm l$）为焦点的共形椭圆曲线的一半；等势线为以底板两端为焦点的共形双曲线的一半。

由式（5-4）可求得 BC 段（$\psi = 0$）沿着平底板下面的扬压力水头（以下游尾水面算起），即以 $\psi = 0$ 代入式（5-4），且 $\varphi = -kh$，则有

$$x = l\cos\frac{\pi\varphi}{kH} = l\cos\frac{\pi h}{H}$$

故得水头分布

$$h = \frac{H}{\pi}\arccos\frac{x}{l} \qquad (-l < x < l) \qquad (5-8)$$

因为复速度为[2]

$$\frac{dw}{dz} = \frac{\partial\varphi}{\partial x} + i\frac{\partial\psi}{\partial x} = v_x - iv_y$$

由式（5-2）求导可得

$$v_x - iv_y = \frac{kH}{\pi}\frac{1}{\sqrt{l^2 - z^2}} \qquad (5-9)$$

分离实数与虚数部分，即可求得各点的流速和水力坡降（因 $v_x = kJ_x$，$v_y = kJ_y$）。但人们感兴趣的是下游河床面的出渗，即 $y = 0$，$z = x$，$l \le x \le \infty$，代入式（5-9），可得

$$v_x - iv_y = \frac{kH}{\pi}\frac{1}{\sqrt{l^2 - x^2}} = \frac{ikH}{\pi}\frac{1}{\sqrt{x^2 - l^2}}$$

故得

$$v_x = 0, v_y = \frac{-kH}{\pi}\frac{1}{\sqrt{x^2 - l^2}} \qquad (5-10)$$

式中的"-"号说明向上，或出渗坡降为

$$J = \frac{H}{\pi}\frac{1}{\sqrt{x^2 - l^2}} \qquad (l \le x \le \infty) \qquad (5-11)$$

当 $x = l$ 时，$J = \infty$。

因为下游河床面的水头 $h = 0$，势函数 $\varphi = 0$，而且平底板下游末端 C 点（$x = l$）的流函数 $\psi = 0$，故由式（5-4）可得下游河床面任意点与 C 点之间的单宽出渗流量为

$$q = \psi - \psi_c = \frac{kH}{\pi}arch\frac{x}{l} \qquad (l \le x \le \infty) \qquad (5-12)$$

当 $|x|=\infty$ 时，$q=\infty$。

同样，绕单板桩的无限深地基渗流，如图 5-2 所示，可借助于复变函数

$$w=\frac{kH}{\pi}\arccos\frac{\sqrt{z^2-s^2}}{s} \tag{5-13}$$

及其反函数

$$z=-is\sin\frac{\pi w}{kH} \tag{5-14}$$

经过分离实数与虚数部分的运算步序，即可得与式（5-6）、式（5-7）相同的流线与等势线方程，只是其中的 l 改换为 s。比较图 5-1 与图 5-2 的流网，也可发现将板桩转为水平就完全相当于一半平底板下的渗流图形。因此可求得绕单板桩的渗流解为

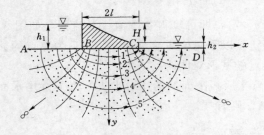

图 5-1 平底板下渗流

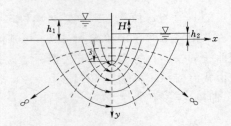

图 5-2 绕单板桩渗流

板桩下游面的水头分布 　　$h=\frac{H}{\pi}\arcsin\frac{y}{s}$ 　　$(0\leqslant y\leqslant s)$ $\tag{5-15}$

（上、下游面对称）

沿下游地面出渗坡降 　　$J=\frac{H}{\pi}\frac{1}{\sqrt{x^2+s^2}}$ 　　$(0\leqslant x\leqslant\infty)$ $\tag{5-16}$

单宽渗流量 　　$q=\frac{kH}{\pi}\mathrm{arcsh}\left(\mp\frac{x}{s}\right)$ 　　$(-\infty\leqslant x\leqslant\infty)$ $\tag{5-17}$

当 $|x|=\infty$ 时，$q=\infty$；式中"—"号用于上游入渗，"＋"号用于下游出渗。

以上就最简单的情况说明方法的基本原理，下面再把几种简单地下轮廓的无限深地基渗流解列下，便于查阅[3]。

二、下游地面挖低时的绕单板桩渗流解（图 5-3）

绕板桩面的水头分布 　　　　　　　　$h=\frac{H}{\pi}v$ $\tag{5-18}$

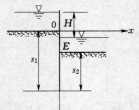

图 5-3 下游挖低时的
单板桩

最大出渗坡降 　　$J_E=\frac{H}{s_1-s_2}\frac{\lambda}{1-\lambda}$ $\tag{5-19}$

式中的 v 随板桩深度的 y 坐标而变，其关系为

$$y=(s_1-s_2)\left(\frac{\sin v}{\pi\lambda}-\frac{v}{\pi}+1\right) \tag{5-20}$$

用式（5-20）计算时可设 $v=0.05$，0.1，0.15，0.2，$\cdots$，1.0 计算相应的 y 值。式中的模数 λ 是 $s_2/(s_1-s_2)$ 的函数，可查表 5-1。

三、平底板下一道板桩的渗流解（图 5 - 4）

沿平底板扬压力水头分布为

$$h=\frac{H}{\pi}\arccos\left[\frac{1}{a}(b\mp\sqrt{1+(x/s)^2})\right]\quad(5-21)$$

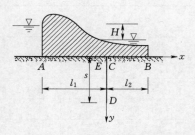

式中的"一"号用于上游段（$-l_1\leqslant x\leqslant 0$），"+"号用于下游段（$0\leqslant x\leqslant l_2$）。

沿板桩面的水头分布为

$$h=\frac{H}{\pi}\arccos\left[\frac{1}{a}(b\mp\sqrt{1-(y/s)^2})\right]\quad(5-22)$$

图 5 - 4　平底板下一道板桩

沿下游河床的出渗坡降为

$$J=\frac{Hx}{\pi}\frac{1}{\sqrt{s^2+x^2}}\left[\frac{a-b+\sqrt{1+(x/s)^2}}{(x^2-l_2^2)(a+b+\sqrt{1+(x/s)^2})}\right]^{1/2}\quad(5-23)$$

式中，$l_2\leqslant x\leqslant\infty$，当 $x=l_2$ 时，$J=\infty$。

单宽渗流量为

$$q=\frac{kH}{\pi}\mathrm{arch}\left[\frac{1}{a}(\sqrt{1+(x/s)^2}\mp b)\right]\quad(5-24)$$

式中"一"号用于上游入渗，取河床段长 L 时，$x=L+l_1$；"+"号用于下游出渗，取河床段长 L 时，$x=L+l_2$。当 $|x|=\infty$ 时，$q=\infty$。

式（5-21）～式（5-24）中的常数项 a 和 b 的值为

$$\left.\begin{array}{l}a=\frac{1}{2}\left[\sqrt{1+(l_1/s)^2}+\sqrt{1+(l_2/s)^2}\right]\\[2mm]b=\frac{1}{2}\left[\sqrt{1+(l_1/s)^2}-\sqrt{1+(l_2/s)^2}\right]\end{array}\right\}\quad(5-25)$$

当板桩在平底板下游末端时，$l_2=0$，$l_1=l$，此时沿板桩面的下游河床最大出渗坡降为（参考图 5 - 5，$s_1-s_2=s$）

$$J_E=\frac{H}{\pi s\sqrt{a}},a=\frac{1}{2}[1+\sqrt{1+(l/s)^2}]\quad(5-26)$$

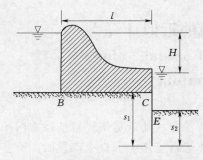

若板桩在平底板末端，而下游地面又挖低时（图 5 - 5），此时的最大出渗坡降为

$$J_E=\frac{H\lambda}{(s_1-s_2)(1-\lambda)\sqrt{a}}\quad(5-27)$$

$$a=\frac{1}{2}\left[1+\sqrt{1+\left(\frac{l}{s_1-s_2}\right)^2}\right]$$

图 5 - 5　端板桩下游地面降低　式中模数 λ 是 $s_2/(s_1-s_2)$ 的函数，可查表 5 - 1。

表 5-1　　　　　　　　　　　模　数　λ　值

$\dfrac{s_2}{s_1-s_2}$	λ	$\dfrac{s_2}{s_1-s_2}$	λ
0	1	2	0.129
0.1	0.645	3	0.091
0.2	0.516	4	0.071
0.3	0.437	5	0.058
0.4	0.380	6	0.049
0.5	0.335	7	0.042
0.6	0.302	8	0.038
0.7	0.275	9	0.033
0.8	0.254	10	0.030
0.9	0.233	∞	0
1	0.217		

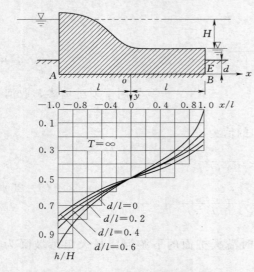

图 5-6　下沉平底板的图解

四、下沉平底板的渗流解（图 5-6）

此理论解较繁，这里用图示曲线表示沿底板的扬压力水头相对比值，并以经验公式表示底板下游端点 B 处的剩余水头百分数如下：

$$\frac{h_B}{H}=33\left(\frac{d}{2l}\right)^{1/4}-4 \qquad \left(0.04\leqslant\frac{d}{2l}\leqslant2\right)$$

$$(5-28)$$

式中　d——平底板下沉的深度；

　　　$2l$——平底板长。

下游最大出渗坡降近似值为

$$J_E=\frac{0.84h_B}{d} \qquad (5-29)$$

显然，式（5-29）的出渗坡降只是 BE 段的 0.84 倍，为安全设计，常采用平均出渗坡降 h_B/d。

第二节　沿复杂地下轮廓线渗流的近似计算[4]
§ 2. Approximate computation of seepage along complex underground contour

地下轮廓稍一复杂，解析解就有困难，势必趋向水力学方法的近似解。目前以有限单元法等的数值计算最为有效；但作为工程初设阶段和核算运行管理中的安全问题时，有些简化处理的近似计算仍被常用，故择要介绍如下。

一、柯斯拉的独立变数法（Khosla，1936）[2]

独立变数法的理论根据是无限深地基渗流的解析解，所以适用于较深透水地基情况。该法主要是将闸坝不透水底板的复杂地下轮廓线分解成几个单独的基本部件，即把多板桩底板分解成全长底板各包括一道板桩的简单地下轮廓，而这些简单轮廓的地基渗流是各有其理论解的。例如图 5-7（a）所示的 3 道板桩可以拆开成图 5-7（b）、（c）、（d）、（e）的下沉平底板及其各有一道板桩的单独情况，这些单独情况都有理论解。因为一般情况，连接地下轮廓线各角点水头的直线就近似代表沿底板的扬压力分布，故只须求得各角点的水头，例如图 5-7（d）平底板下一道板桩的 E、C、D 等关键点，其水头用它与总水头的比值表示为

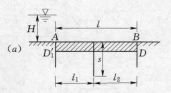

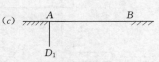

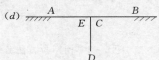

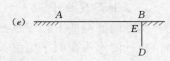

$$\frac{h_E}{H}=\frac{1}{\pi}\arccos\left(\frac{b-1}{a}\right) \tag{5-30}$$

$$\frac{h_C}{H}=\frac{1}{\pi}\arccos\left(\frac{b+1}{a}\right) \tag{5-31}$$

$$\frac{h_D}{H}=\frac{1}{\pi}\arccos\left(\frac{b}{a}\right) \tag{5-32}$$

式中的常数项 a 和 b 见式（5-25）。

图 5-7　柯斯拉的四种独立部件

对于图 5-7（e）及（c）一端板桩情况（$l_1=0$ 或 $l_2=0$）可简化为

$$\frac{h_E}{H}=\frac{1}{\pi}\arccos\left(\frac{a-2}{a}\right) \tag{5-33}$$

$$\frac{h_D}{H}=\frac{1}{\pi}\arccos\left(\frac{a-1}{a}\right) \tag{5-34}$$

$$\frac{h_{C1}}{H}=1-\left(\frac{h_E}{H}\right) \tag{5-35}$$

$$\frac{h_{D1}}{H}=1-\left(\frac{h_D}{H}\right) \tag{5-36}$$

$$a=\frac{1}{2}\left[1+\sqrt{1+(l/s)^2}\right]$$

对于图 5-7（b）的下沉平底板角点水头的解可用图 5-6 的曲线或式（5-28）。

因此，复杂地下轮廓线都可分解成上述 4 种基本部件进行计算。如果底板轮廓线高差不等，如图 5-8（a）所示，则可首先分解成图 5-8（b）的第 1 种下沉平底板，求出上游角点 D 的水头，再按照第 2 种下沉平底板求出下游角点 D' 的水头。其次分解成图 5-8（c）的一道板桩情况，按照与上游河床面齐平的平底板求出桩前角点 E 的水头，再按照与下游河床面齐平的平底板求出桩后角点 C 的水头。最后分解为图 5-8（d）的一道板桩情况，按照与下游河床面齐平的平底板求出板桩前后角点 E 及 C 的水头。

因为具有一道板桩的各单独情况的理论解都没有邻近板桩的干扰，并且没有考虑底板厚度及倾斜的影响，故需进行如下的修正。

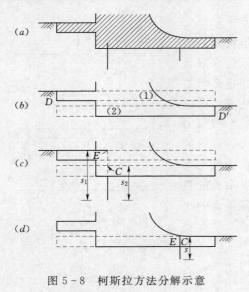

图 5-8　柯斯拉方法分解示意

1. 邻近板桩影响的修正

$$C = 19 \sqrt{s'/l'}(s+s')/l \qquad (5-37)$$

式中　C——计算板桩角点水头的修正百分数；

　　　l'——板桩的间距；

　　　l——底板的水平长度；

　　　s'——邻近板桩的长度；

　　　s——需要修正计算的板桩长度。

如果邻近板桩在所计算板桩的下游，应加上此修正值，在上游时则应减去此修正值。这是因为增添的邻近板桩必然会使其上游的水头上升和使其下游水头下降的原因。但是此修正值不适用于中间板桩短于两端且板桩间距小于邻近长板桩一半的情况。

2. 底板厚度的修正

实际的底板地下轮廓线都在河床面以下，考虑此项下沉底板厚度影响时，可按照已算出沿板桩的水头损失平均值，以直线变化修正之。

3. 倾斜底板的修正

$$C' = 32/(2m+1) \qquad (5-38)$$

式中　C'——受邻近倾斜底板局部影响的修正百分数；

　　　m——倾斜坡率。

对于沿流向的下倾斜坡应加上此修正值，上倾斜坡则应减去。

进行各关键点水头的修正计算时，邻近的板桩或坡脚的深度均应从计算板桩的上面顶点量计。

二、丘加也夫的阻力系数法（Чугаев，1957）

丘加也夫根据巴甫洛夫斯基分段法的精神和努麦罗夫渐近线法对急变区的计算理论提出了阻力系数法。分段位置是取在板桩前后的角点，把沿着地下轮廓线的地基渗流分成垂直的和水平的几个段单独处理。如图 5-9 分成 5 个段，但可归纳为 3 个基本段：进、出口段；内部垂直或板桩段；水平段。这 3 种段的阻力系数依次为图 5-10（a）、（b）、（c）。

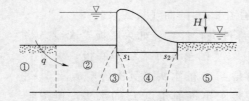

图 5-9　丘氏分段示意图

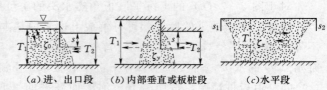

（a）进、出口段　　（b）内部垂直或板桩段　　（c）水平段

图 5-10　丘氏三种基本段

进、出口段　　　　　　$\zeta_0 = \zeta_y + 0.44$ 　　　　　　　　　　　　（5-39）

垂直段　　$\zeta_y = 1 - \dfrac{T_2}{T_1} + 1.5 \dfrac{s}{T_2} + \dfrac{0.5s/T_2}{1 - 0.75s/T_2}$ 　　　　（5-40）

$$(0.5 \leqslant T_2/T_1 \leqslant 1.0, 0 \leqslant s/T_2 \leqslant 0.8)$$

水平段 $\qquad\qquad \zeta_x = [l - 0.5(s_1+s_2)]/T$ (5-41)

任意段的水头损失为 $\qquad\qquad h_i = \zeta_i(q/k)$ (5-42)

总水头 $\qquad\qquad H = h_1 + h_2 + h_3 + \cdots = (q/k)\sum\zeta$

或单宽流量 $\qquad\qquad q/k = H/\sum\zeta$ (5-43)

由式 (5-42) 和式 (5-43) 即可算出 q/k 和各分段的 h_i。式中的阻力系数 ζ 只与分段的形状有关,例如不受板桩干扰的水平段,按照达西定律 $q = Tk(h/l)$,则 $\zeta = l/T$。

当进、出口段板桩或截墙很短,$\dfrac{s}{T_1} < 0.25\left(\dfrac{T_2}{T_1} - \dfrac{1}{3}\right)$ 时,以直线连接的水力坡线应在进、出口处局部修正为曲线形式。

丘氏阻力系数法虽然是利用了有限深地基的分段解,但若是无限深或很深地基时,丘氏根据计算经验建议采用有效深度 T_e,若实际地基深度 $T > T_e$,则用 T_e,其值为

$$T_e = 0.5l_0 \quad \text{或} \quad T_e = 5l_0/(1.6l_0/s_0 + 2)$$ (5-44)

式中 $\quad l_0$、s_0——地下轮廓线的水平投影长度和垂直投影长度;

$\qquad T_e$——有效深度,取用式 (5-44) 中的大值,并由地下轮廓的最高点向下算起。

三、改进阻力系数法[5]

该法仍是沿用丘氏阻力系数法的概念,综合巴氏与丘氏的分段特点,沿板桩线或垂直壁面分成左、右侧的段。如图 5-11 所示分成 7 个段,比丘氏法多分两个段;但能够算得下游板桩或截墙底脚的水头,从而可估算出口坡降。同时还对地下轮廓中的斜坡和短截墙凸起部给出了局部修正方法。经过实例计算比较,证明精度较高,并已在国内得到推广。

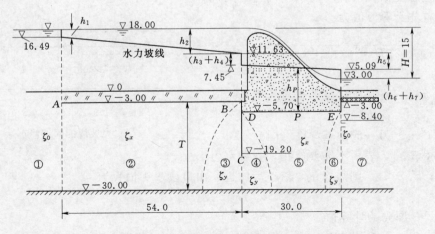

图 5-11 改进阻力系数法分段示意及算例(尺寸单位:m)

改进法的基本段有 3 段:进、出口段;内部板桩或垂直段;水平段。如图 5-12 所示,各段阻力系数的值依次如下。

(a) 进、出口段

(b) 内部板桩或垂直段

(c) 水平段

图 5-12　改进阻力系数法的 3 种基本段

进、出口段
$$\zeta_0 = 1.5(s/T)^{3/2} + 0.44 \tag{5-45}$$

内部板桩或垂直段
$$\zeta_y = \frac{2}{\pi}\ln\left[\cot\frac{\pi}{4}\left(1-\frac{s}{T}\right)\right] \tag{5-46}$$

水平段❶
$$\zeta_x = \frac{l}{T} - 0.7\left(\frac{s_1}{T} + \frac{s_2}{T}\right) \tag{5-47}$$

式中　l——水平段长度；

s_1、s_2——两端板桩长度，当计算 $\zeta_x < 0$ 时应取为 0，表示两板桩相距太近已互相影响。

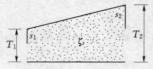

图 5-13　倾斜底板段

另外，式（5-46）中的三角函数，其角度为弧度。

当水平段倾斜时（图 5-13），其阻力系数为

$$\zeta_s = \frac{l - 0.35(T_1 + T_2)[(s_1/T_1) + (s_2/T_2)]}{T_2 - T_1}\ln\frac{T_2}{T_1} \tag{5-48}$$

式中　T_2——大值一端地基深度，当斜率小于 1：3 时，则可按平均深度的水平段计算。

各段阻力系数求出后，则可代入式（5-42）和式（5-43）求得各段的水头损失及通过地基的渗流量。

当进、出口段板桩或截墙很短时，该处水力坡线将呈急变曲线形式，为求精确还可局部修正。即首先计算 β 值为

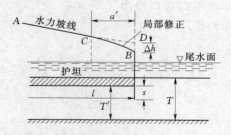

图 5-14　进、出口处水头损失与水力坡线的局部修正

$$\beta = 1.21 - \frac{1}{[12(T'/T)^2 + 2][(s/T) + 0.59]} \tag{5-49}$$

式中　s、T——进、出口段的垂直长度及地基深度；

　　　　T'——另一侧地基深度（图 5-14）。

若算得 $\beta \geqslant 1$，表示不需要修正，直线水力坡线即可；若 $\beta < 1$，则需修正，修正后的进、出口段水头损失为

$$h_0' = \beta h_0 \tag{5-50}$$

式中　h_0——原先的计算值。

由此，得修正差值 $\Delta h = h_0 - h_0'$，对进口段水力坡线局部修正时，应使其上游端点的

---

❶　当水平段端板桩 $\dfrac{s}{T} > 0.5$ 时，式（5-47）中的 $0.7\dfrac{s_1+s_2}{T}$ 改用 $0.5\left(\dfrac{s}{T}\right)^{2/3}$ 较精确。

水头抬高 Δh；而对出口段局部修正时，应使水力坡线下游端点的水头下降 Δh；局部修正距离 $a' = \dfrac{\Delta h}{q/k} T'$，实用上也可取 $a' = 0.5s$ 或 $a' = 0.1l$，当 $s=0$ 时，最大取 $a' = 0.2T'$。如图 5-14 所示的出口段水力坡线，由 CD 局部修正为曲线 CB。

当进、出口地下轮廓有短截墙，如图 5-15 所示，需要考虑墙底宽作为一个水平段时，若 $\Delta h > h_x$，h_x 为该水平段水头损失，则可使其加倍而修正为 $h_x' = 2h_x$；若仍有剩余的差值，再将剩余部分（$\Delta h - h_x$）调整到相邻的段上。

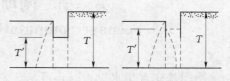

图 5-15　短截墙进、出口段修正计算

修正后的出口段的水头损失 h_0'，可用来计算出口的平均出渗坡降，即

$$J_0 = h_0'/s \tag{5-51}$$

若出口段不需进行修正，则 $h_0' = h_0$。

【例】　计算如图 5-11 所示尺寸的坝底扬压力。

【解】　首先计算有效深度，$l_0 = 84\text{m}$，$s_0 = 19.2\text{m}$，代入式（5-44）得 $T_e = 42.0\text{m}$ 及 46.67m，$T_e > T$，故仍用实际透水地基深度 T 计算。

其次，根据已知数据确定各分段阻力系数：

进口段　　　　　$s/T = 3/30 = 0.1$，代入式（5-45）得 $\zeta_1 = 0.49$

铺盖下水平段　$l = 54.0$，$s = 16.2$，$T = 27.0$，代入式（5-47）得 $\zeta_2 = 1.58$

中间板桩段　　$s/T = 16.2/27$，代入式（5-46）得 $\zeta_3 = 0.72$

　　　　　　　　$s/T = 13.5/24.3$，代入式（5-46）得 $\zeta_4 = 0.64$

坝底水平段　$l = 30.0$，$s_1 = 13.5$，$s_2 = 2.7$，$T = 24.3$，代入式（5-47）得 $\zeta_5 = 0.77$

末端板桩段　$s/T = 2.7/24.3$，代入式（5-46）得 $\zeta_6 = 0.11$

出口段　　　　$s/T = 5.4/27$，代入式（5-45）得 $\zeta_7 = 0.57$

各段阻力系数之和 $\sum\zeta = 4.88\text{m}$，总水头 $H = 15\text{m}$，则由式（5-43）得

$$q/k = H/\sum\zeta = 15/4.88 = 3.074$$

再代入式（5-42）求出各段的水头损失为 $h_1 = \zeta_1 \dfrac{q}{k} = 0.49 \times 3.074 = 1.51\text{m}$，$h_2 = 1.58 \times 3.074 = 4.86\text{m}$，$h_3 = 2.21\text{m}$，$h_4 = 1.97\text{m}$，$h_5 = 2.36\text{m}$，$h_6 = 0.34\text{m}$，$h_7 = 1.75\text{m}$。

然后由上游水面依次减去各段水头损失，求出各关键点水头，即可绘出阶梯形直线的水力坡线（扬压力线或浮托力线），如图 5-11 所示。该线到坝底任意点 P 的高度就代表扬压力水头 h_P。

最后对进、出口段进行局部修正。

进口：$T'/T = 27/30 = 0.9$，$s/T = 0.1$，代入式（5-49）算得 $\beta = 0.67$，再由式（5-50）得修正后的水头损失 $h_1' = 0.67 \times 1.51 = 1.01$，即进口处 A 点的水头百分数为 $(15-1.01)/15 = 93.3\%$［不加修正时为 $(15-1.51)/15 = 89.9\%$］。

出口：$T'/T = 24.3/27 = 0.9$，$s/T = 5.4/27 = 0.2$，算得 $\beta = 0.88$，修正值 $h_7' = 0.88 \times 1.75 = 1.54\text{m}$，代表出口板桩脚点 F 的水头；若修正板桩内角点 E，以便局部修正水力坡线时，则可合并 6、7 两段，即修正值：$h_6 + h_7' = 0.34 + 1.54 = 1.88\text{m}$，$E$ 点水头百分数

为 1.88/15＝12.5％ [不加修正时为 (0.34＋1.75)/15＝13.9％]。出口平均坡降 $J_0=h_7'/s=1.54/5.4=0.285$。

第三节　闸坝底板有排水的渗流计算
§ 3. Seepage computation of sluice-dams having drains

闸坝基底有排水设备时，可将该急变区作为一个分段，其阻力系数引用已有的理论解或试验解来确定，然后按照阻力系数法或其改进法进行计算。

一、水平排水层

如图 5-16，在平底板内设有水平排水层，为已知水头的边界。作为一个垂直分段，根据努麦罗夫的渐近线解[6]，上游端点 A 及下游端点 B 高出排水水面的高度或排水的水头损失应为

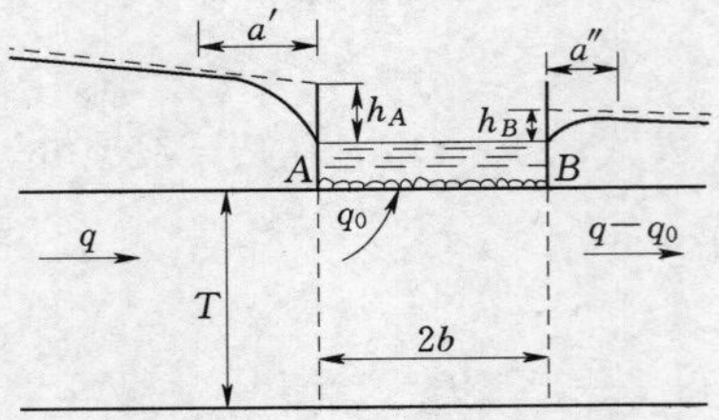

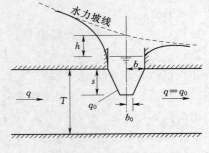

对上游 $$h_A=\zeta\frac{q}{k}+\zeta'\frac{q_0}{k} \qquad (5-52)$$

对下游 $$h_B=\zeta\frac{q-q_0}{k}-\zeta'\frac{q_0}{k} \qquad (5-53)$$

$$\zeta=\frac{b}{2T}-\frac{2}{\pi}\text{lnch}\frac{\pi b}{4T} \qquad (5-54)$$

$$\zeta'=\frac{1}{\pi}\text{lncth}\frac{\pi b}{4T} \qquad (5-55)$$

图 5-16　底板内设水平排水

式中　ζ、ζ'——阻力系数。

在实例计算中，h_B 得到负值，说明地基渗流经过排水后仍有回升。有了排水段的 ζ 及 ζ'，即可分别写出排水段与上、下游各段的水头损失方程为：

$$\left.\begin{array}{l}(\Sigma\zeta)_1\dfrac{q}{k}+\zeta\dfrac{q}{k}+\zeta'\dfrac{q_0}{k}=H_1-H_0 \\[2mm] (\Sigma\zeta)_2\dfrac{q-q_0}{k}+\zeta\dfrac{q-q_0}{k}-\zeta'\dfrac{q_0}{k}=H_0-H_2\end{array}\right\} \qquad (5-56)$$

式中　$(\Sigma\zeta)_1$、$(\Sigma\zeta)_2$——排水上游、下游各段阻力系数之和；

H_1、H_2、H_0——上游、下游和排水的已知水头。

解上述联立方程式可得 q/k 及 q_0/k，继而按式 (5-52)、式 (5-53) 可求得 h_A 及 h_B，并按照上节方法求各段水头损失绘出水力坡线。至于排水急变区水力坡线由水面交点向上、下游局部修正的距离，方法同前，$a'=\dfrac{h_A}{q/k}T$，$a''=\dfrac{h_B}{q/k}T$。

二、排水减压沟[3]

图 5-17 为一梯形沟，也作为一个分段考虑。此时，假想沟中心线剖面上的平均水头高出

图 5-17　排水减压沟

沟水面 h 代表沟段排水出流 q_0 的平均水头损失，则可写为沟段阻力系数 ζ_d 的形式：

$$h=\zeta_d\frac{q_0}{k} \tag{5-57}$$

按照均匀流附加阻力长度 ΔL 的概念，$q_0=\dfrac{kHT}{L+\Delta L}$，求出试验解 ΔL，可得阻力系数[7]

$$\zeta_d=\frac{\Delta L}{T}=\frac{1}{\pi}\ln\frac{T}{s+\dfrac{b+b_0}{3}} \tag{5-58}$$

这样就可建立沟段上、下游的沿程水头损失方程式为

$$\left.\begin{array}{l}(\sum\zeta)_1\dfrac{q}{k}+\zeta_d\dfrac{q_0}{k}=H_1-H_0\\[3mm](\sum\zeta)_2\dfrac{q-q_0}{k}-\zeta_d\dfrac{q_0}{k}=H_0-H_2\end{array}\right\} \tag{5-59}$$

式中符号见图 5-17。解方程式（5-59）得 q/k 及 q_0/k，再代入式（5-57）求 h；然后绘水力坡线并作局部修正。

沟深 $s=0$ 的水平排水层以及 $b=b_0$ 的矩形沟或窄的排水幕也可作为梯形沟的特例考虑。

三、排水减压井[3]

如图 5-18 所示，闸坝底板下有一排减压井孔，井半径 r_0，间距 a，井深 w 与透水地基深度 T。此时只要知道井列线剖面上急变区的局部损失水头，就可以应用前面的计算过程求得沿程水头损失。若设单位长度并列线上的渗流量为 q_0，即每个井的出水量为 $Q=aq_0$，则减压井列作为单独段考虑的水头损失就相当于该剖面上假想平均水头高出井水位的值 h，即可写作井列阻力系数 ζ_w 的形式：

$$h=\zeta_w\frac{q_0}{k} \tag{5-60}$$

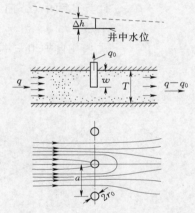

图 5-18　排水减压井列

按照附加阻力长度 ΔL 的概念，已求得试验解为

$$\zeta_w=\frac{\Delta L}{T}=\frac{a}{T}F \tag{5-61}$$

$$F=\left[\frac{1}{2\pi}+0.085\left(\frac{T}{w}-1\right)\left(\frac{T}{a}+1\right)\right]\ln\frac{a}{2\pi r_0} \tag{5-62}$$

式中　F——不完整井附加阻力因子，对于一般封井底情况，F 的试验值按式（5-62）计算[7]。

若井底透水而不封闭时，式（5-62）中的井深 w 改用 $w+r_0\left(1-\dfrac{w}{T}\right)$。这样就可建立减压井段上游及下游的沿程水头损失方程式类同减压沟的式（5-59），依同法求解。

求出井列线剖面上高出井水面的水头 h 后，还可求井间稍高的水头为

$$h_m=\frac{F+0.11}{F}h \tag{5-63}$$

式中阻力因子 F 仍按式（5-62）计算。井列下游回升水头一般很小。

解上、下游沿程水头损失联立方程求出 q_0 后，即可计算单井的出水量和井壁的平均渗流坡降为

$$\left.\begin{array}{l} Q=aq_0 \\ J=\dfrac{a}{2\pi r_0 w^2}\times\dfrac{q_0}{k} \end{array}\right\} \tag{5-64}$$

四、护坦上开冒水孔[8]

如图 5-19 所示，开孔后的减压效果与没有开孔时比较可用下式计算：

$$\frac{p_m}{p_0}=\frac{C}{1+(\pi+1)\dfrac{d}{a}\times\dfrac{l}{a-d}}\times\frac{L}{L'} \tag{5-65}$$

$$C=\frac{0.35}{0.77-\sqrt{d/a}}$$

式中　p_m/p_0——孔距中点压强与无孔时渗流状态下该点压强的比值（或用水头表示）；

　　a、d——冒水孔的间距和直径；

　　C——系数，略随 d/a 的增大而增大，一般为 0.5～0.8；

　　l——计算孔距中点到上游的最短渗径；

　　L——不透水底板全长；

　　L'——冒水孔自护坦末端向上游排列的长度。

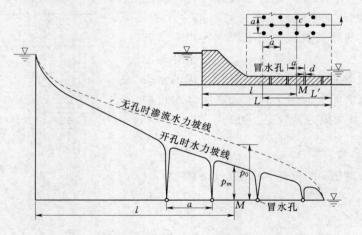

图 5-19　护坦上开冒水孔

当闸坝底板有板桩截墙时，式中的 L、L'、l 可按无孔时相应各段阻力系数与地基深度乘积之和计算确定，或近似采用相应展开的地下轮廓线长度。

因此，只要按照阻力系数法求出无孔时沿闸坝地下轮廓线的水力坡线或扬压力线，就可用式（5-65）计算各冒水孔间的水头压力，从而大致给出有孔时的扬压力分布。但应指出若在开孔护坦下铺设有足够排水能力的滤层时，则应按排水层计算。至于在倾斜护坡或挡土墙上开冒水孔时，其计算式见本章第八节式（5-93）。

【例】　计算图 5-20 所示的坝底中部设有宽 5m 的水平排水层的坝底扬压力分布。

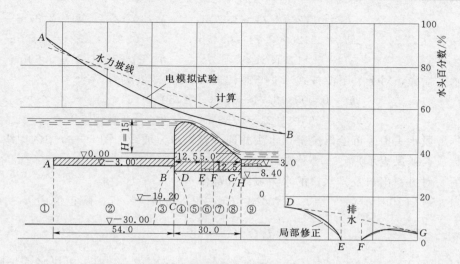

图 5 - 20　闸坝底板有水平排水的算例（尺寸单位：m）

【解】　此例图形同上节算例图 5 - 11，除排水段及其相邻段外，其他各段相同，故已算得的阻力系数有

$$\zeta_1 = 0.49, \zeta_2 = 1.58, \zeta_3 = 0.72, \zeta_4 = 0.64, \zeta_8 = 0.11, \zeta_9 = 0.57$$

至于排水段阻力系数的算法，比较本节的一、二两种算法如下。

【算法一】　用水平排水公式（5 - 54）及式（5 - 55）计算排水段阻力系数

$$\zeta_6 = \frac{5}{2 \times 24.3} - \frac{2}{\pi} \text{lnch} \frac{5\pi}{4 \times 24.3} = 0.095$$

$$\zeta_6' = \frac{1}{\pi} \text{lncth} \frac{5\pi}{4 \times 24.3} = 0.583$$

相邻水平段为

$$\zeta_5 = \frac{12.5}{24.3} - 0.7 \left(\frac{13.5}{24.3} \right) = 0.126$$

$$\zeta_7 = \frac{12.5}{24.3} - 0.7 \left(\frac{2.7}{24.3} \right) = 0.437$$

则知排水段上、下游各段阻力系数之和为

$$(\sum \zeta)_1 = 0.49 + 1.58 + 0.72 + 0.64 + 0.126 = 3.556$$

$$(\sum \zeta)_2 = 0.437 + 0.11 + 0.57 = 1.117$$

设排水的水面与下游尾水面相同，取为 $H_0 = H_2 = 0$，由式（5 - 56）得

$$3.556 \frac{q}{k} + 0.095 \frac{q}{k} + 0.583 \frac{q_0}{k} = 15$$

$$1.117 \frac{q - q_0}{k} + 0.095 \frac{q - q_0}{k} - 0.583 \frac{q_0}{k} = 0$$

解上联立方程式得

$$q/k = 3.71$$

$$q_0/k = 2.50$$

$$(q - q_0)/k = 1.21$$

各段水头损失为　　$h_1 = 0.49 \times 3.71 = 1.82\text{m}$，　　$h_2 = 1.58 \times 3.71 = 5.86\text{m}$

$$h_3 = 0.72 \times 3.71 = 2.67\text{m}, \qquad h_4 = 0.64 \times 3.71 = 2.37\text{m}$$

$$h_5 = 0.126 \times 3.71 = 0.47\text{m}, \qquad h_7 = 0.437 \times 1.21 = 0.53\text{m}$$

$$h_8 = 0.11 \times 1.21 = 0.13\text{m}, \qquad h_9 = 0.57 \times 1.21 = 0.69\text{m}$$

排水段水头损失，对上、下游按式（5-52）、式（5-53）依次为

$$h_6 = 0.095 \times 3.71 + 0.583 \times 2.50 = 1.81\text{m}$$

$$h_6' = 0.095 \times 1.21 - 0.583 \times 2.50 = -1.34\text{m}$$

根据各段水头损失可绘出关键点水头并连一直线水力坡线如图 5-20 中的虚线（以水头百分数放大比尺表示）。

最后，对进、出口及排水口的水力坡线局部修正。

进口：$s/T = 0.1$，$T'/T = 0.9$ 代入式（5-49）得 $\beta = 0.67$，修正值为 $h_1' = 0.67 \times 1.82 = 1.22$，修正距离 $a' = \dfrac{\Delta h}{q/k} T = \dfrac{0.6}{3.71} \times 27 = 4.36$。

出口：$\beta = 0.88$，$h_9' = 0.88 \times 0.69 = 0.61$，$a' = \dfrac{0.08}{1.21} \times 24.3 = 1.61$，出口平均坡降 $J_0 = 0.61/5.4 = 0.113$。

排水口：E、F 两点水头都应为零，修正距离上下游各为 $a' = \dfrac{1.81}{3.71} \times 24.3 = 11.86$，$a'' = \dfrac{1.34}{3.71} \times 24.3 = 8.78$。

局部修正后的水力坡线如图 5-20 中的点划线所示。

【算法二】 作为梯形减压沟的特例，$s = 0$，$b = b_0 = 5/2$，用式（5-58）计算，得

$$\zeta_d = \zeta_6 = \frac{1}{\pi} \ln \frac{24.3}{5/3} = 0.853$$

代入排水段上、下游沿程水头损失方程式（5-59），因其他各段阻力系数不变，$(\sum \zeta)_1 = 3.556$，$(\sum \zeta)_2 = 1.117$，故得

$$3.556 \frac{q}{k} + 0.853 \frac{q_0}{k} = 15$$

$$1.117 \frac{q - q_0}{k} - 0.853 \frac{q_0}{k} = 0$$

解上联立方程，得 $q/k = 3.71$，$q_0/k = 2.11$，$(q - q_0)/k = 1.60$。

各段水头损失可算得

$$h_1 = 1.82\text{m}, h_2 = 5.86\text{m}, h_3 = 2.67\text{m}, h_4 = 2.37\text{m}$$

$$h_5 = 0.47\text{m}, h_7 = 0.699\text{m}, h_8 = 0.176\text{m}, h_9 = 0.912\text{m}$$

排水段水头损失 $h_6 = 0.853 \times 2.11 = 1.80\text{m}$（在排水中心线上高出水面的水头），相当总水头的 1.8/15 = 12%。排水前端点 E 的水头为 $(15 - 3.556 \times 3.71)/15 = 12\%$，排水后端点 F 的水头为 $1.117 \times 1.6/15 = 11.9\%$。其他各关键点水头均可递减水头损失求得，并可绘出各点间直线的水力坡线，与上法求得图 5-20 中的虚线比较，可知排水前全部重合，排水后稍高，点绘水力坡线一致。此时对出口进行局部修正，$\beta = 0.88$，$h_9' = 0.88 \times$

0.912＝0.8，0.8/15＝5％，出口坡降 J_0＝0.8/5.4＝0.148。经与电模拟试验相比较（图中实线），关键点水头最大误差为 2％。

【例】 同上例，只是把水平排水层改换为中心一排减压井，井径 $2r_0$＝0.3m，井深 w＝16.3m，井间距 a＝10m，求坝底扬压力分布。

【解】 排水减压井段阻力系数按式（5-61）及式（5-62）计算为

$$F=\left[\frac{1}{2\pi}+0.085\left(\frac{24.3}{16.3}-1\right)\left(\frac{24.3}{10}+1\right)\right]\ln\frac{10}{0.3\pi}=0.71$$

$$\zeta_6=\frac{a}{T}F=\frac{10}{24.3}\times0.71=0.29$$

并列前、后相邻水平段阻力系数为

$$\zeta_5=\frac{15}{24.3}-0.7\left(\frac{13.5}{24.3}\right)=0.22$$

$$\zeta_7=\frac{15}{24.3}-0.7\left(\frac{2.7}{24.3}\right)=0.54$$

其他各段同上例，则井列上、下游各段阻力系数之和为

$$(\textstyle\sum\zeta)_1=0.49+1.58+0.72+0.64+0.22=3.65$$

$$(\textstyle\sum\zeta)_2=0.54+0.11+0.57=1.22$$

则可建立井列排水段与上游各段间以及排水段与下游各段间的水头损失方程式为

$$3.65q/k+0.29q_0/k=15$$
$$1.22(q-q_0)/k-0.29q_0/k=0$$

解上联立方程得

$$q/k=3.86$$

$$q_0/k=3.12$$

$$(q-q_0)/k=0.74$$

各段水头损失为

$$h_1=0.49\times3.86=1.89\text{m}, \qquad h_2=1.58\times3.86=6.10\text{m}$$

$$h_3=0.72\times3.86=2.78\text{m}, \qquad h_4=0.64\times3.86=2.47\text{m}$$

$$h_5=0.22\times3.86=0.85\text{m}, \qquad h_7=0.54\times0.74=0.40\text{m}$$

$$h_8=0.11\times0.74=0.08\text{m}, \qquad h_9=0.57\times0.74=0.42\text{m}$$

排水减压井段水头损失 h_6＝0.29×3.12＝0.90m 代表井列平均水头高出井水面之值，它与井列下游各段水头损失之和相等。

由各段水头损失求出各关键点水头即可绘出水力坡线，然后对进、出口局部修正。计算坝底板两端点 D 和 G（图 5-20），得知其水头百分数为 6％和 3％；而上例水平排水情况，该两端点水头为 12％和 6％，说明井列的垂直排水幕对降低坝底扬压力的效果远胜于

水平排水层。下游出口平均坡降 $J_o=\dfrac{0.42}{5.4}=0.078$，也小于水平排水时的 0.113 或 0.148。

<h1>第四节　板桩缝漏水和透水帷幕的渗流计算</h1>

<h2>§ 4. Seepage computation for leakage of sheet piling
gap and permeable curtain</h2>

　　闸坝底板下有板桩或帷幕直达不透水层切断强透水砂层时，渗流计算就必须考虑板桩缝或帷幕本身的透水性。只有在板桩或帷幕部分深入透水地基，而且缝隙漏水与地基相较极微时，允许作为不透水板桩帷幕计算。

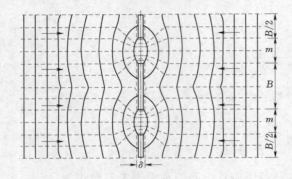

图 5-21　板桩缝急变区流网

<h3>一、板桩缝漏水时渗流计算</h3>

　　考虑板桩缝漏水的计算方法，可按照局部损失水头关系找出此急变区的阻力系数，作为一个分段应用阻力系数法或其改进法进行计算。涅德里加（Недрига，1956，1959）和丘加也夫（Чугаев，1955，1962）分别给出了理论解和实用的算法[6]，但都有其不足之处。根据我们的研究，如图 5-21 所示的板桩缝渗流，为板桩直达不透水层时的二向平面问题，此时引用复变函数保角变换原理可求得相当于均匀流的附加阻力长度 ΔL，然后得出板桩缝隙段的阻力系数为[9]

$$\zeta_f=\frac{\Delta L}{T}=\frac{B+m}{T}\left[\frac{\delta}{m}+\frac{1}{\pi}\ln\frac{2}{1-\cos\dfrac{\pi m}{B+m}}\right] \tag{5-66}$$

式中板桩厚度 δ、宽度 B、缝宽 m 和地基深度 T 均为已知值。

　　对于实际的板桩接头缝，如图 5-22 所示，应用式（5-66）计算时，板桩厚度 δ 应取沿缝的流程长度，缝宽 m 应取平均值。

　　若板桩打入透水地基部分深度或称其为悬挂式板桩（图 5-23），此时，考虑板桩缝漏水就属于三向渗流问题，则可按照丘氏的思路，采用一个系数表示有缝透水板桩与不透水板桩的阻力系数比值为

$$\sigma=\zeta_y'/\zeta_y \tag{5-67}$$

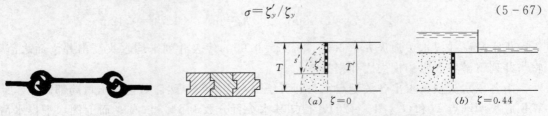

图 5-22　钢板桩与木板桩或混凝土桩的接缝　　　图 5-23　悬挂式透水板桩段示意图

系数 σ 与透水板桩长度 s'、透水地基深度 T 和虚拟或等效厚度 l' 有关，如图 5-24 的曲线组所示。等效厚度 l' 就相当于式（5-66）中的附加长度或虚拟长度 ΔL，即

$$l' = \Delta L = (B+m)\left[\frac{\delta}{m} + \frac{1}{\pi}\ln\frac{2}{1-\cos\frac{\pi m}{B+m}}\right]$$

$$(5-68)$$

对于厚度 δ 的弱透水帷幕来说，设有渗透系数为 k，而两侧地基土的渗透系数为 k 时，则 l' 应为

$$l' = \frac{k}{k'}\delta \qquad (5-69)$$

求得阻力系数比值 σ 后，就可用下式计算包括透水板桩段在内的阻力系数

$$\zeta' = \sigma\zeta_y + \zeta(1-\sigma) \qquad (5-70)$$

式中　ζ——没有板桩或帷幕时的固有段阻力系数。

在图 5-23（a）的情况 $\zeta=0$，图 5-23（b）的情况 $\zeta=0.44$；其他没有板桩时和有不透水板桩的急变区阻力系数 ζ 和 ζ_y，见式（5-45）和式（5-46）。

求得 ζ' 值后，就可依照改进阻力系数法计算各水力要素。

二、弱透水帷幕的渗流计算

缝或孔洞的漏水，由于流线的收缩，在此急变区内有一额外水头损失；但帷幕有无限多微孔，可认为不存在急变区。因此对筑到透水层底的帷幕或防渗墙，可直接按式（5-69）转换为等效厚度作为虚拟水平段计算；对于不到透水层底的悬挂式帷幕或透水墙，则用上述与不透水帷幕或墙的阻力系数比值方法，按照式（5-70）计算该段阻力系数。

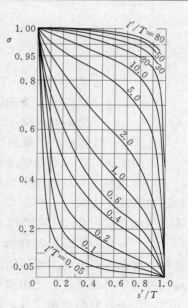

图 5-24　透水板桩阻力
系数比值 σ 的图解

第五节　闸坝基底扬压力和出渗坡降的流网分析与应用
§ 5. Uplift pressure and exit gradient of seepage under sluice-dams by using flow net analysis and application

扬压力或浮托力与下游出渗坡降是闸坝地基渗流安全的两个主要问题，虽然在前面已经介绍了这方面的近似计算方法，但是复杂岩土地基情况下的实际工程仍得依赖有限单元法等数值计算或电模拟试验求出流网加以分析。

流网是研究二向平面渗流问题的最有用而全面的图案，在各向同性均质场中它是流线与等势线（或等水头线）的正交网，只要有了等势线分布就能绘出流网，有了流网整个流场的水力因素就得到解决。下面就在已求得的流网基础上，结合危险运行水位分析扬压力和出渗坡降。

一、扬压力计算与水力坡线（扬压力线）

由已求得的等水头线或等势线百分数就可按下式计算某点的测压管水头 h 和压力水头

h_P：

$$h=h_P+z=h_r H+h_2 \tag{5-71}$$
$$h_P=p/\rho g=p/\gamma$$

式中　　H——总水头（上、下游水位差）；

　　　　h_r——计算点的等势线百分数，即 H 的剩余百分比值；

　　　　h_2——下游最低水位；

　　　　z——计算点的位置高程，与 h_2 取同一的基面。

　　为简便起见，可取最低尾水面为基面而消去 h_2 项。

　　沿闸坝基底各点的压力水头即其扬压力分布，可由等势线直接绘在该点的上方来构成扬压力线或水力坡线，相当于有压管流的水压坡线，也即渗流的势能水头或测压管水头线。例如图 5-25 的等势线分布，尾水位 $h_2=25$，上、下游水位差 $H=5$，应用式（5-71）可算出沿底板等势线 $h_r=10\%$，20%，…各点的测压和水头 h，画出水力坡线。这样，基底各点至水力坡线间的高度就是该点的扬压力水头，如 A、B 等点所示。将水力坡线或扬压力线画在上面比画在底板下面有利，不仅能结合地面水流水面线得到净有的扬压力，便于研究抗滑稳定性，而且也不会由于变更设计的底板或护坦的厚度改变水力坡线的位置。如果希望扬压力变化显著，则放大垂直比尺。

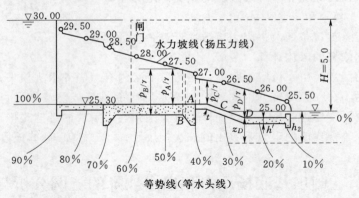

图 5-25　闸坝基底渗流的水力坡线（扬压力线）

　　关于水力坡线的变化趋势，一般在截墙板桩等陡变点间的平直段均接近于直线变化，因此，算得各关键点的扬压力水头后，即可用直线连接。

二、护坦厚度计算与危险水位的选择[3,7]

　　计算护坦某点厚度时，可由该点扬压力与护坦材料潜水重（浮重）及其上的水重相平衡得出，即厚度为

$$t=(h_P-h')/(s-1) \tag{5-72}$$

式中　　s——不透水护坦材料的土粒比重，混凝土可用 $s=2.4$ 左右；

　　　　h'——核算点上的水深；

　　　　h_P-h'——净有扬压力水头或超静水头。

　　若直接用等势线百分比值计算时，可将式（5-71）的压力水头 h_P 的关系代入式

（5－72）得

$$t=[h_rH+(h_2-z)-h']/(s-1) \tag{5-73}$$

因为设计护坦多以顶面高程固定而向下增减厚度，故核算时也应用护坦顶面的点为合理。核算尾水面以上的护坦各点时，如图5－25中的C点，式（5－72）中$h'=0$；核算尾水面以下各点时，如D点，则式（5－72）中$h'=h_2-z$，分子项简化为h_rH。

应用式（5－72）核算护坦厚度或底板抗滑稳定性所考虑的危险水位，可知只以关闸时上、下游最大水位差H为设计依据是不够的；还必须考虑开闸门时地表水流的水面变化，求出护坦上的实际水深。例如图5－26（a）所示，出闸射流把底板上的尾水冲开，增大该处的净有扬压力水头而降低了底板抗滑安全性。同样，图5－26（b）所示消力池斜坡处水深减小，将增大该处的破坏性。

利用水力坡线，从核算点上的水面量至水力坡线就代表净有扬压力水头h_P-h'，如图5－26中所示，可以直接代入式（5－72）计算该点护坦厚度，或者量计某区段水力坡线与水面线间的面积分段设计护坦，如图5－26（b）中的影线部分。同样，在修理下游消力池护坦时，池内积水需要抽干，$h'=0$，则扬压力水头应量至池底，如图5－26（c）所示。

除考虑上述关闸和开闸时的最大水头差的各种危险情况外，对于核算露出尾水面以上的护坦各点尚须考虑尾水位的变化过程。因为在式（5－73）中，当$h'=0$，则以$h_2-z=0$或$h_2=z$时需要厚度t为最大，即下游水位升至与护坦顶面核算点齐平时需要厚度最大，而非下游的最低水位。此种原因可以从式（5－73）的关系看出，虽然下游水位升高至核算点后，分子项H有所减小，但只是一个百分数$h_r/(h_2-z)$，由于$h_r<1$，故仍无使$h_2=z$时完全消去负值项h_2-z的影响大。如图5－26（d）所示，因尾水位升高的水力坡线变化与C点的扬压力水头的增长更为清楚。在实际工程管理中，例如分洪闸，在最高上游水位开闸，此种尾水位变化是经常存在的。同样，在消力池斜坡上产生的水跃起点位置的改变过程也应考虑。

根据上面所述，计算护坦厚度应考虑的危险水位可概括为：

（1）核算淹没护坦时用上、下游最大水位差情况。

（2）核算露出在最低尾水位以上的护坦部分时选取升高至核算点齐平的尾水位。

以上两种情况均可使式（5－73）简化为$t=h_rH/(s-1)$。

（3）开闸放水时水跃冲低水位过程的危险情况。

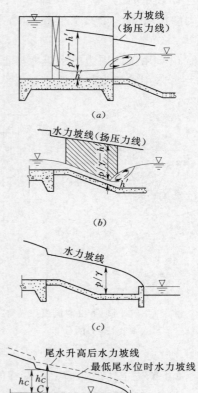

图5－26　考虑地表水流的扬压力计算示意图

（4）抽干消力池修理时的情况等。

所有这些危险情况，最好绘制水力坡线，结合水面曲线（垂直比尺可放大）研究比较二线间的净有扬压力水头。

需要补充说明的是，上述计算护坦厚度是只从渗流观点考虑的，而且是假定护坦材料不能承受拉应力和剪应力，危险水位维持足够长的时间又能达到稳定渗流状态等。而实际情况可能相差尚远，以致目前有一些工程虽然超出上面的危险情况，而仍未破坏。因此，计算厚度时采用的安全系数不必很大，可取 1.1～1.5。至于地表水流冲击力和脉动压力的考虑可参考第二章。

三、闸坝下游出渗临界坡降[3,7]

沿流向的土柱，其两端面的水压力差就相当渗流作用于土柱内部的渗透力。此力用单位土体表示时为 $f_s = \gamma J$，即单位体积土体沿流线方向所受的渗透力，$\gamma = \rho g$ 为水的容重，J 为渗流坡降，此关系使我们计算在渗流作用下的土体稳定性时有两种等价的途径供选择。

（1）用土体周边的水压力与土体饱和重相平衡考虑问题。

（2）用渗透力与土体浮重相平衡。

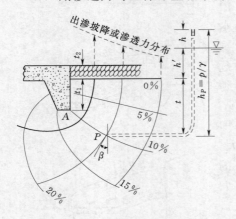

图 5-27　闸坝下游渗流出口坡降
和渗透力的分布

这是一个表面力转化为体积力的概念。当然，对利用流网分析来说，采用后一种方法较方便。现对渗流出口地面的浮动流土破坏分析如下。

闸坝下游护坦末端河床的渗流出口流网情况，如图 5-27 所示，地面出渗处单位体积土体的稳定条件由 4 个力决定：

1）向上渗流的渗透力 γJ。

2）土体潜水浮重 $\gamma_1' = \gamma (1-n)(s-1)$，其中 n 是孔隙率，s 是比重。

3）土粒间的摩擦力 $\frac{1}{2}\xi\gamma_1'\tan\varphi$，其中 φ 是内摩擦角，$\tan\varphi$ 是摩擦系数，ξ 是侧压力系数，$\frac{1}{2}\gamma_1'$ 是侧压力平均值。

4）单位土体破坏面上所发挥的黏聚力 c。

写此 4 力的平衡式可得临界渗透坡降为

$$J_c = (1-n)(s-1)\left(1+\frac{1}{2}\xi\tan\varphi\right)+\frac{c}{\gamma} \tag{5-74}$$

式中　s——土粒比重，$s = \gamma_s/\gamma$，约为 2.65。

应该指出，引用式（5-74）计算时，需要知道土体破坏的模型，这个问题尚待进一步研究。不过，我们观察式（5-74）可知：最容易发生的破坏形式是单位土体内有最小的破坏面，它给出临界破坏坡降的最小值。此种破坏形式对于均匀土层来说就是发生裂缝，即单位体积的土体发生单位面积的破坏面，相当于土体的单位表面上发生单位长度的裂缝破坏，这样就可以认为黏土临界坡降公式（5-74）中的 c/γ 是一个无量纲比值，也就可以引用土力学试验指标，只要单位一致即可。例如黏聚力 $c=0.17\text{t/m}^2$，以单位土体直线裂缝考虑，取单位就相当于 $c/\gamma=0.17\left[\dfrac{\text{t}}{\text{m}^3}\right]/1\left[\dfrac{\text{t}}{\text{m}^3}\right]=0.17$。此例黏性土试验的 $n=0.314$，$\tan\varphi=0.37$，并设 $s=2.65$，$\xi=1$，代入式（5-74）计算 $J_c=1.53$。对照试验结果，开始破坏 $J=0.9$，严重破坏 $J=1.7$。至于均匀黏性土层在渗流作用下是直线裂缝的设定，已有简短证明，见文献［22］第4.2节第155～156页。在那里还举出某江堤设计引用本书式（5-74）误解黏土项算法得出堤内土层很安全的结果，而洪水来时发生了严重管涌险情的实例；也有某堤防误解渗透力算法的实例等。

这种在水的渗透力作用下发生线性的裂缝破坏现象常被称为水力劈裂。这种破裂能使闭合缝张开或形成新缝，就是当土的总应力小于孔隙水压力或作用在某平面上的有效应力趋于零时，就会使这个面劈开裂缝。然而对于不均匀或局部薄弱环节的土层或形成不均匀渗流来说，其破坏形式将是圆洞击穿破坏或者表层土的半球体局部脱离隆起破坏，因为围绕土体的圆柱面或半球面具有最小的破坏面。

对于砂土，$c=0$，$\tan\varphi=0.6$，$\xi=0.5$ 代入式（5-74）时可简化为

$$J_c=1.15(1-n)(s-1) \tag{5-75}$$

若略去破坏土体周边的摩擦力和黏聚力时，则得太沙基公式

$$J_c=(1-n)(s-1) \tag{5-76}$$

或

$$J_c=\gamma_1'/\gamma=(\gamma_t/\gamma)-1 \tag{5-77}$$

式中　γ_t——单位饱和土体的重（或容重）。

上面出渗的临界坡降公式，按理只能适用于流土破坏形式。太沙基认为：大面积均匀土层受渗透力顶托时，一经松动，土粒间的摩擦力就不存在，故不必考虑摩阻力的影响以求安全。一般情况，孔隙率 $n=0.4$，固相土粒的比重 $s=2.65$ 时，式（5-76）中 $J_c=1$，故均匀砂土在室内进行渗透破坏试验时，临界坡降都在 $0.8\sim1.2$ 之间。下面就以此简式对照流网说明土体平衡计算方法。

从图5-27的出口处流网核算出渗坡降可取其平均值，当末端截墙短时可用深入土中的深度 t_1 去除该段的水头损失 $0.1H$，或以靠近出渗面最末一条等势线计算出渗坡降或渗透力以及出渗速度，它沿河床面出渗的分布如图中虚线所示，如果不超过临界值即属安全。根据沿板桩截墙垂直面上的等势线分布性质，愈向上分布愈稀，即坡降渐减，因之采用截墙深度除该段水头损失所得的平均出口坡降是偏于安全的。

当出渗坡降超过临界值或渗透力大于土体浮容重时，还需核算渗流出口附近任意深度处的渗透力是否能与其上的土重相平衡，以确定所需要压重的大小和范围。此时需要考虑沿流线的渗流方向，设图5-27中沿流线上任一点 P 的切线与铅垂线成一交角 β 时，则渗透力向上的分力应为 $\gamma J\cos\beta$，则式（5-76）的临界平衡条件应改为

$$J\cos\beta=(1-n)(s-1) \tag{5-78}$$

根据流网，可在网络交点量计 $\cos\beta$ 和其平均网眼长度 ΔL 以及等势线间的水头差 Δh

（参看图 5-27），计算 $J=\dfrac{\Delta h}{\Delta L}$ 及 $J\cos\beta$ 的数值；或者直接量计两等势线间的上下高距（也就等于 $\Delta L/\cos\beta$），算得 $J\cos\beta$。然后

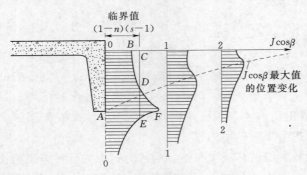

图 5-28　渗流出口附近的 $J\cos\beta$ 分布

绘如图 5-28 所示的各处沿深度线 0-0、1-1、2-2 等的 $J\cos\beta$ 值的分布，可以看出土体将要被渗流顶托浮动破坏的范围。同时也可看出，截墙有把最大的 $J\cos\beta$ 值驱逐到深处的作用，否则最大值将出现在地面，对出口的土体稳定是不利的。这种地下短截墙把地下水逼向深处，正如地面水流所采用的消力槛重新调整流速分布，使主流离开河床，避免表面冲刷的道理是一样的。

利用图 5-28 各处沿深度线上的 $J\cos\beta$ 分布研究土体的浮动破坏，可以确定加盖重量的范围，例如沿短墙面 0-0 线上的 $J\cos\beta$ 分布曲线，它和 $(1-n)(s-1)$ 的临界值比较，在临界值右边的 DEF 面积代表渗透力超过其上的土体浮重，而左边的 BCD 面积而相反；如果两面积的代数和仍然是向上的渗透力大，就须加盖重与之平衡。

按照出口的形式不同，其最危险的深度线有时不一定是铅垂的，例如在倾斜的出渗面情况下，此时，计算抵抗渗透破坏的土体浮重也应考虑沿最危险破坏线方向的分力。这种情况很多，如反滤器出口的周边或减压井透水底部和周围以及冲刷坑等处。现结合闸坝下游局部冲刷坑，如图 5-29 所示，冲刷坑面的出渗坡降将大于地面出渗，从流网算出坡面的出渗坡降或渗透力 γJ，然后把土体浮容重分解为垂直坡面和沿坡面的分力 $\gamma'_1\cos\beta$ 和 $\gamma'_1\sin\beta$，这样写土体沿坡面下滑的极限平衡式为

$$\gamma'_1\sin\beta=(\gamma'_1\cos\beta-\gamma J_c)\tan\varphi+c$$

则得淹没水下坡面的临界坡降为

$$J_c=\frac{\gamma'_1}{\gamma}\cos\beta\Big(1-\frac{\tan\beta}{\tan\varphi}\Big)+\frac{c}{\gamma\tan\varphi} \qquad (5-79)$$

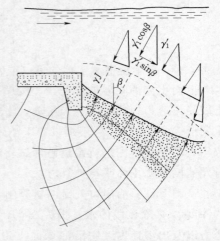

图 5-29　冲刷坑面的渗透力分布

式中　φ、c——水下饱和土的内摩擦角和黏聚力；

　　　β——坡角。

对于细砂（$c=0$）坡面 1:2～1:3 时，$J_c=0.1\sim0.3$。

由式（5-79）可知，坡面愈陡，临界坡降 J_c 愈小，即地下水渗流促使冲刷坑的前坡面变缓，会冲蚀坡面上的土粒向坑底坍陷；可是，地表水流却要冲深坑底，并将松动坍陷的土粒向下游搬运和少量泥沙暂时回旋坡面上；因此，又会使坑前坡面变陡。于是冲刷坑将会在这样一陡一缓的交替作用下，或者说在地表水切向流速和地下水垂直流速对坑面的

双重作用下不断发展。

前面开始已说明用渗透力分析土体稳定性与用水压力分析结果是一样的，只是相应的土体平衡采用浮重与饱和重的不同。例如图 5-27 的流网，也可直接取截墙脚处一根等势线的水头值核算其上的平衡土重；核算任意深度 t 处的点 P 时，用该点的压力水头 $h_P = P/\gamma = h + h' + t$，见图 5-27，其中 h 为超静水头（高出尾水面的），h' 为尾水深。如果压强 p 不大于其上的饱和土体与尾水深度重量之和时，即属安全，写上、下力的平衡式，求临界超静水头 h_c 时，则有（设无压盖重）

$$\gamma(h_c + h' + t) = [(1-n)\gamma_s + n\gamma]t + \gamma h'$$

化简上式可得临界的超静水头为

$$h_c = (1-n)(s-1)t \tag{5-80}$$

或得出与式（5-76）相同的临界坡降 $J_c = h_c/t = (1-n)(s-1)$。

四、砂砾石地基的管涌临界坡降

闸坝地基为砂砾石非均匀土时，除应计算出口管涌坡降外，还得考虑地基内管涌问题。所谓管涌，一般是指骨架颗粒孔隙中细粒填料的冲动流失，它的临界坡降要比上面讨论的流土破坏临界坡降小很多，此临界值与细料充填孔隙的程度有关。若完全把孔隙充满则称为非管涌土，没有充满孔隙的土称为管涌土。因此，可以从颗分曲线上的几何特性研究是否为管涌土，如图 5-30 所示，

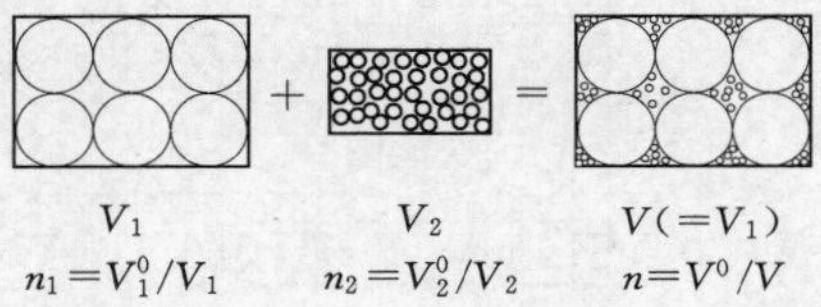

图 5-30　骨架土孔隙恰被填料土充满

在细料恰好填满骨架孔隙的情况下，可推导出填料百分数与孔隙率的关系为[7]

$$p_f = \frac{\sqrt{n}-n}{1-n} = \frac{\sqrt{n}}{1+\sqrt{n}} \tag{5-81}$$

式（5-81）已可作为判别管涌土与非管涌土的准则；但考虑到 $\sqrt{n}-n$ 接近常数，一般情况 $n = 0.15 \sim 0.4$，则 $\sqrt{n}-n$ 在 0.23～0.25 之间，可取 0.25，偏于安全。因而式（5-81）还可写成管涌土的判别式为

$$p_f < \frac{1}{4(1-n)} \quad \text{或} \quad 4p_f(1-n) < 1 \tag{5-82}$$

式（5-82）左边小于右边值时就是管涌土，相反就是非管涌土。

对于缺乏中间粒径的土料，在颗分曲线上有一水平段，就很容易看出填料土与骨架土的分界，大概填料土百分数 $p_f > 35\%$ 属于非管涌土，$p_f < 25$ 属于管涌土[10]。但是对于一般正规级配的颗分曲线，就没有填料土的明显分界，我们根据大量试验资料分析了骨架颗粒孔隙直径随颗粒排列和不均匀系数的变化规律，得出确定填料的最大粒径计算法则为

$$d_f = 1.3\sqrt{d_{85}d_{15}} \tag{5-83}$$

有了 d_f 就可在颗分曲线上查得填料的重量百分数 p_f，然后代入式（5-82）判别是否为

管涌土。为确保安全、可靠起见，还可取式（5-83）中的系数 1.5 作为 d_f 的上限，取 1.1 作为下限以代换平均值 1.3 作比较判断。

管涌既然是细颗粒在骨架孔隙道的冲动流失，则可分析孔隙道中流速与泥沙起动流速等关系，并结合试验资料求得管涌破坏的临界坡降，对于闸坝下游地面出渗的管涌临界坡降，求得计算公式为[7]

$$J_c = \frac{7d_5}{d_f}\left[4p_f(1-n)\right]^2 \tag{5-84}$$

对于地基内水平渗流的管涌临界坡降可取式（5-84）的 2/3。式（5-84）中 d_5 可以理解为填料土允许冲动流失的极限值（5%）。

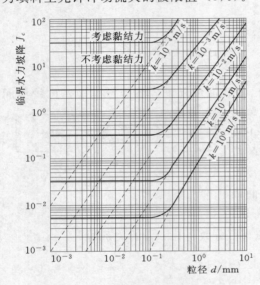

图 5-31 管涌临界坡降与骨架土
k 值和充填土粒 d 的关系

最后对他人的方法稍作介绍：常见的伊斯妥明娜（Истомина，1957）判别管涌的最简便数据估计方法，她认为渗透变形的破坏形式是管涌还是流土，只与土的不均匀系数 $\eta = d_{60}/d_{10}$ 有关：当 $\eta > 20$ 时为管涌；$10 < \eta < 20$ 时为管涌或流土；$\eta < 10$ 时为流土。考虑到安全度，给出相应的允许渗透坡降依次为 0.1、0.2、0.3 三级。其次，沙金煊（1981）的管涌临界坡降公式 $J_c = 42d/\sqrt{k/n^3}$ 也很简便，其中 k 为渗透系数（cm/s），n 为孔隙率，d 为流失颗粒直径（cm）（原作者规定为 d_3）。

有不少学者从粗骨架孔隙道水流的阻力定律出发，结合泥沙输移过程，认为颗粒雷诺数 $Re_* > 10$，孔隙道水流过渡到紊流时，泥沙开始起动，从而推导出发生管涌的临界流速或临界坡降，以曲线组表示，如图 5-31 所示（Muckenthaler，1989），并考虑了填料粒径 $d < 0.2mm$ 时有黏结力的因素。依理，此图解也可近似用来估计岩石裂隙缝中填充物的冲蚀可能性以及用于鉴别水平接触冲刷的可能性。如果应用第三章黏土冲刷关系作进一步分析，同样可得出类似的曲线组。

第六节　闸坝地基的防渗和排水措施
§ 6. Anti-seepage and drainage of seepage through foundation of sluice-dams

扬压力过大，不仅要增加下游护坦厚度，而且减轻了建筑物的有效重量，使滑动安全系数降低，对于建筑物的稳定性甚为不利。消减闸坝基底扬压力和出渗坡降的措施不外防渗与排渗（水）。

一、板桩墙垂直防渗与垂直效率[3,7]

混凝土闸坝多在上游采用板桩或防渗板墙的垂直防渗，当遇浅透水地基时则应切断；若板桩为悬挂式，其防渗效果参看图 5-32 的曲线组，可知对渗流量减小有限，只有板桩深度达透水地基的 0.8 以上时才开始显著，但对减轻扬压力却有较好的效果，对下游出渗坡降也略有作用。板桩的位置在上游端要比靠中间好。

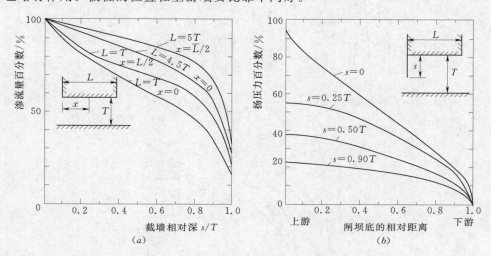

图 5-32　悬挂式板桩或截墙的防渗效果

因为垂直防渗比水平防渗效果好，所以引起研究垂直效率的兴趣，一般可定义垂直效率为

$$垂直效率 = \frac{单位长度垂直渗径的水头损失}{单位长度水平渗径的水头损失} = \frac{J_z}{J_x} \qquad (5-85)$$

从各水闸渗流分析的资料来看，悬挂式板桩截墙的垂直效率，由于设置部位、地基深度、土层分布等的不同，相差悬殊，统计资料的变化范围为 1～11；而莱恩方法却固定为 3，是不合理的。为了说明垂直效率变化的影响关系，可利用平底板下板桩的试验和计算资料绘制图 5-33 的曲线，图 5-33 (a) 中的虚线为扣除出口损失 0.44T 以后计算水平段的阻力得出的垂直效率。由图 5-33 稍作分析可看出几点结论：

(1) 底板中间板桩作用很小，没有垂直效率；当板桩相对深度 $s/L < 0.5$ 时，垂直防渗效果还不如水平段，最多相同，即垂直效率 $J_z/J_x \leqslant 1$。

(2) 底板一端板桩的垂直效率一般为 $J_z/J_x = 1～2$；板桩截墙愈短，垂直效率渐增趋近于 3，或者板桩伸长接近下面不透水层时，垂直效率可迅速增加到 3 以上，而不长不短的板桩 $s/T = 0.5$ 时，垂直效率约为 1.5。

(3) 底板上、下游两端板桩的垂直效率最大，要比两倍长度的一端板桩垂直效率大；而且两端板桩稍有增长，其垂直效率加大很快，可由 4 增大到 8 以上。

(4) 底板两端不等长板桩的垂直效率比其平均长度的两端等长度板桩的垂直效率稍差；而且短的一道比长的一道板桩垂直效率大。

(5) 透水地基愈深，垂直效率渐减。

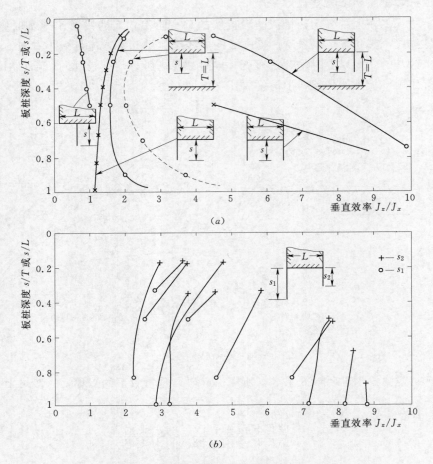

图 5-33　板桩截墙的垂直防渗效率 J_z/J_x

（6）成层地基或水平透水性大于垂直的地基，垂直效率将比均质地基者更大。

（7）侧岸绕渗影响将使板桩截墙的垂直效率显著减小。

板桩截墙或灌浆帷幕等垂直防渗效果与其位置深度土层分布等有密切关系，布局不恰当作用就很小，上述垂直效率的概念性结论，对设计良好的闸坝地下轮廓线是有帮助的。

二、排水布局与水平透水性大于垂直的地基

排渗或排水措施，经常是在闸坝底板的中下游部位加设水平或垂直的反滤排水，相对于防渗措施往往是经济的。最常用的简便方法可在护坦上开冒水孔或护坦下设排水层。由于消力池前坡受扬压力大，再结合开闸放水的水跃消能，则成为容易破坏的弱点，故可在该处铺设滤层排水减压。为防止排水出口的淤塞和地表水冲击波动的影响，还能发挥其最大减压效果，则可将排水出口引到闸墩尾部或两侧岸墙处的最低水面下，如图 5-34 所示。

结合下游河床冲刷考虑，还可在护坦末端打一道短板桩或截墙，既可防止地表水淘刷护坦底脚危及建筑物的安全，同时也可减小地下水出渗坡降以防止管涌破坏。但是，增设下游板桩却会增加前面底板下的扬压力。解决此矛盾，可在板桩前适当部位加设滤层排水，如图 5-35 所示。

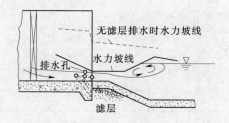

图 5-34　减轻扬压力的排水措施

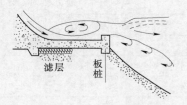

图 5-35　防止冲刷和渗流危害
的防排措施

对于成层地基或水平渗透性大于垂直渗透性的各向异性地基，其渗流危害性比各向同性均质地基更大。如图 5-36 所示，各向同性（$k_x = k_z$）与异性（$k_x = 10k_z$）的两种流网比较，可知各向异性场的下游出渗坡降大，而且底板下游段的扬压力也大。对此种地基的渗流控制措施为垂直排水。

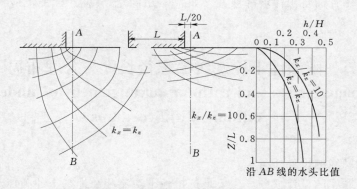

图 5-36　闸坝地基各向同性场与各向异性场的流网比较分析

垂直排水和垂直防渗一样，特别适宜于成层地基各向异性或透水性向下增大的地基土质情况。例如某闸坝地基水平透水性 10 倍于垂直透水性（$k_x = 10k_z$），经过试验研究的优选方案为上游板桩和下游垂直排水帷幕，测得流网如图 5-37 所示。

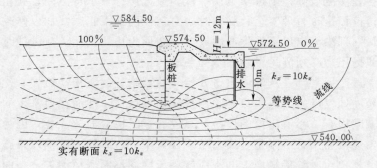

图 5-37　某闸各向异性地基采用垂直排水时的流网

此种垂直排水幕与底板下设水平排水层以及不设排水的方案比较，其扬压力及出渗坡降均有大幅度降低，在水头差 12m 的作用下，流网分析结果见表 5-2。

表 5-2　　　　　　　　　　　垂直排水、水平排水及不设排水方案比较

排水类型	扬压力/(kN/m)	下游出渗坡降	底板下平均坡降	排水出渗与总渗流量比值/%
无排水	695.8	0.375	0.260	—
水平排水	85.3	0.167	0.214	35
垂直排水	66.6	0.042	0.146	78

由表 5-2 可知：没有排水是不允许的；而垂直排水帷幕比消力池底部铺设的水平排水层优越得多。因为垂直排水把流线引至远离闸坝底板的深层，不仅能使底板下扬压力大为减小，而且使沿闸底板接触面的渗流坡降和下游河床出渗坡降都显著降低；同时截住的渗流量加倍，使潜流到下游的流量大减，避免了下游农田的沼泽化。该闸修筑的排水幕是采用井径 0.2m、间距 4.6m 的一排减压井施工完成的。

在下游渗流出口，无论是水平排水或垂直排水，都得做好滤层保护措施，防止出渗水流把地基土粒带出；而且出渗坡降愈大（如减压井），滤层设计标准也应提高或严格控制施工质量。

第七节　　闸坝地下轮廓线的渗径长度与合理布局[3,7,11]
§ 7. Seepage length and rational arrangement of underground contour of sluice-dams

一、地下轮廓线的设计任务

闸坝地下轮廓线的设计任务，主要是抗拒地下渗流冲蚀地基土的破坏，防止土的渗透变形。一般来说，在下游的渗流出口和沿轮廓线的接触面，这两处不仅容易发生渗透变，而且紧靠闸坝底板直接影响建筑物的安全。至于地基深处被渗流冲蚀破坏的可能性不大，影响也不大。因此，地下轮廓线的长度和布局必须使下游出口和沿底板下各处的局部渗流坡降不超过允许值。这些允许值，可根据各种土沿着不同渗流方向的破坏临界坡降来确定，而实际的各处渗流坡降，则可从电模拟试验或近似计算求得。两者互相比较，对设计的地下轮廓进行校核是否合理安全；必要时，对初设的地下轮廓线加以修改，直至满足沿着地下轮廓接触面到渗流出口不发生冲蚀或渗透变形为止。当然，在设计时还得考虑：底板下的浮托力或扬压力必须满足滑动安全的要求。

地基土的渗透变形大都是从渗流出口开始，使其附近的土松动流失，逐渐向上游沿着最大坡降或较松动处发展的，故出口必须用滤层加以保护。然而在地基土的内部如果有孔洞或裂缝，那就同样有着渗流出口的性质，靠近底板时也应充分注意。因为闸坝底板与地基土的接触面，经常会结合不紧密，或由于土松紧不一、不均匀沉陷以及施工不慎等原因而产生局部脱空现象，以致接触面上的土粒被渗流冲刷不断搬运流失，一面填补下游的空穴，一面促使空穴或缝隙向上游蜿蜒蛇行发展而扩大，甚至形成沟通上下游的管涌通道。

最后造成建筑物底板的不均匀沉陷和裂缝，发生偶然破坏事故。图 5-38 所示为发生渗透变形过程的形象化示意图。

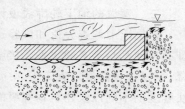

图 5-38　闸坝底板下接触冲刷发展过程示意图

二、起控制作用的水平接触冲刷

为了论证底板接触面下土粒冲蚀这一薄弱环节，我们曾在玻璃水槽中进行砂模试验，并根据闸坝底板由垂直板桩截墙和水平底板组成的两种基本构件分别进行试验，如图 5-39 所示。结果证明板桩截墙的侧面，见图 5-39 (a)，受侧面土压力作用，接触比较密实，绕板桩向上渗流的平均坡降到 1 左右时，土体表面开始发生隆起浮动破坏；而一般闸坝地下轮廓沿垂直面渗流的实际平均坡降常小于 1，故底板下板桩的垂直壁面不存在接触冲刷的薄弱环节，在设计时可不予考虑。但水平底板下土粒冲蚀的临界坡降却很小，细砂（0.1～0.25mm）模型 5 次试验均在 0.09～0.13 之间，可取平均值 0.1。由于水平底板下接触面处的铺填砂松紧不可能完全均一，以致在底板下游末端渗流出口发生管涌现象，同时在底板下发现微小冲沟，曲折小冲沟再合并为稍大的冲沟，继而促使出口的管涌扩大，并向上游发展，迅速使底板下的砂大量流失破坏。若在下游渗流出口铺设滤层保护，则可使沿底板

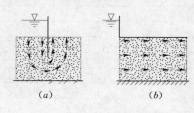

图 5-39　闸坝地下轮廓的两种基本构件

渗流的平均坡降提高到 0.61 时，还没有被完全破坏，这说明水平接触冲刷导致最后破坏与下游出口管涌及其防护有着密切关系。

水平接触冲刷带有随机性和偶然性。为了进一步证实水平段渗透坡降是控制闸坝地下轮廓设计的关键，曾收集了国内外各种土类接触冲刷试验资料加以分析；并调查国内已建在砂基和黏土地基上的水闸 36 座，特别是渗流破坏的水闸资料；经过分别计算其水平段坡降 J_x 和垂直段坡降 J_z，并进行分析比较，都能说明 J_x 是控制设计的关键，随土质不同，其变化规律是合理的。同时，也说明美国的莱恩（Lane，1934）与苏联的丘氏（Чугаев，1956）所提出的渗径长度设计方法是不可靠的，莱恩法太偏于保守，不考虑板桩位置和土层分布，单纯假定垂直效率 $J_z/J_x=3$，是不合理的；丘氏法则偏于危险。这些系统分析资料可参考文献 [7] 和 [11]。这里只给出几座破坏的水闸分析资料见表 5-3。

表 5-3　　　　　　　粉细砂地基渗流破坏的水闸调查分析

闸名	地下轮廓线长/m		最大水头 H /m	计算平均坡降 J		水平段坡降 J_x	垂直效率 J_z/J_x	地基土质
	L_x	L_z		莱恩法	丘氏法			
潘堡闸	14	2	1.5	0.225	0.064	0.073	3.3	粉砂
两柴闸	32	1	2.3	0.197	0.055	0.065	3.6	粉砂
叮啃河闸	48	1	3.5	0.206	0.061	0.066	5.3	粉砂
秦淮河闸	40	10	3.0	0.129	0.056	0.07	2.4	粉细砂
涡河闸	59	24	10.0	0.23	0.1	0.125	1.2	细砂
秦厂引黄闸	55	15	11.4	0.34	—	0.107	—	细砂

三、建议的地下轮廓线设计方法

根据以上调查分析和试验资料归纳为表 5-4，将其作为设计闸坝地下轮廓线的依据，即必须使其与土基的水平段接触冲刷坡降不超过表 5-4 中的 J_x 值，同时也不能使出渗坡降 J_o 超过允许值。表 5-4 中允许值有一个不大的范围是考虑到土的粗细掺杂不均匀和坚实程度的不同以及建筑物等级的不同。表列数据已考虑到大致相当于 1.5 的安全系数。如果闸坝下游出口有滤层盖重保护，表列数据还可适当提高 1/3 左右。

表 5-4　　　　　　　　　各种土基上水闸设计的允许渗流坡降

地基土质类别	允许渗流坡降	
	水平段 J_x	出口 J_o
粉砂	0.05~0.07	0.25~0.30
细砂	0.07~0.10	0.30~0.35
中砂	0.10~0.13	0.35~0.40
粗砂	0.13~0.17	0.40~0.45
中细砾	0.17~0.22	0.45~0.50
粗砂夹卵石	0.22~0.28	0.50~0.55
砂壤土	0.15~0.25	0.40~0.50
粘壤土夹砂礓石	0.25~0.35	0.50~0.60
软黏土	0.30~0.40	0.60~0.70
坚实黏土	0.40~0.50	0.70~0.80

混凝土底板与黏土接触远比砂土密合性好，因此对粉细砂地基表层，尚可换黏性土以提高抗渗强度。至于砂基上的土坝接触面允许渗流坡降，由于密合性要强于混凝土板面，也将比表 5-4 所列数据为大，经常可加倍考虑。

【例】　为了便于引用计算，现以某引洪闸设计断面为例，上、下游水头差 $H=4.70\mathrm{m}$，原设计图为 5-40（a），用表 5-4 的允许坡降检验地下轮廓各关键点水头。

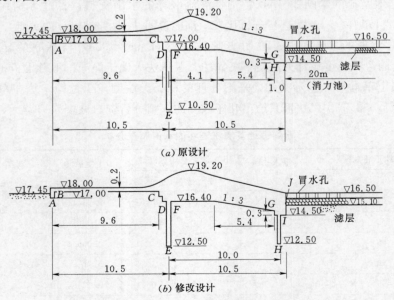

图 5-40　某引洪闸地下轮廓线的设计修改（单位：m）

【解】　根据试验或计算得出：

关键点	A	B	C	D	E	F	G	H	I
水头/%	92	88	69	67	49	34	13	11	7

闸底板下近似水平段 FG 的平均水力坡降为

$$J_x = \frac{(0.34-0.13)\times 4.7}{9.5} = 0.104$$

对照表 5-4 的细砂地基，可知已超过 J_x 的允许值，应加修改。

修改设计如图 5-40（b）所示，将前板桩减短 2m，并在下游齿墙处增加短板桩 2m。此时计算各关键点水头为：

关键点	A	B	C	D	E	F	G	H	I
水头/%	91	87	64	62	50	43	34	22	5

闸底板下水平段 FG 的平均水力坡降为

$$J_x = \frac{(0.43-0.34)\times 4.7}{9.5} = 0.045$$

查表 5-4 可知已小于允许值，说明板桩总长度虽然与原设计相等，但修改设计的 J_x 小，已在允许值 0.1 以内。不过，由于减短前板桩却会增大前面护坦的负担，核算 BC 段的 $J_x = (0.87-0.64)\times 4.7/9.6 = 0.113$，已超过 0.1。若采取补救措施，则可在前面护坦下换一层黏土，以提高抗渗强度。当然，还可继续修改长度或加长护坦。

至于下游出渗坡降，可按照沿齿墙垂直向上渗流的平均值计算，即

原设计　　　　　　　　　　　$$J_0 = \frac{0.07\times 4.7}{0.6} = 0.55$$

修改设计　　　　　　　　　　$$J_0 = \frac{0.05\times 4.7}{0.6} = 0.39$$

略大于表 5-4 中的允许出口坡降值 0.35，可铺设滤层盖重增大安全性。

此外，为了核算滑动安全，可参考本章前几节计算浮托力或扬压力。

四、好的地下轮廓线设计

虽然垂直防渗远胜于水平防渗，但并不是一定要设计一个垂直效率最高的地下轮廓，主要环节是让垂直和水平的轮廓构件都各发挥其恰如其分的防渗作用或抗渗能力。为此，就应先了解地下轮廓各部件的抗渗能力的大小，然后考虑所需要的垂直效率，以选定大致的轮廓布局。根据前面分析的接触冲刷，已知沿垂直面破坏坡降很大（$J_x \approx 1$），实际情况常达不到；而水平接触冲刷破坏坡降很小。因此，总是需要在渗流集中的端部设置垂直防渗，使最大坡降远离底板，把水头消杀于无关紧要的地基深处。至于垂直防渗的深浅，则可根据各种地基情况所需要的垂直效率考虑，即先让垂直面在保留一定安全性下充分发挥效力，采用 $J_z = 0.8$；然后按照地基土质的水平允许坡降 J_x（查表 5-4），计算垂直防

渗效率 J_z/J_x 来核算设计是否合乎此安全合理的原则。例如图 5-33 (a) 中的简单轮廓，对于最坏的粉细砂地基，允许 $J_x=0.07$，则 $J_z/J_x=0.8/0.07\approx11$，查图 5-33 (a) 中曲线，则需要很深的 ($s/T\approx0.8$) 两道板桩；对于黏土地基，$J_z/J_x=0.8/0.5=1.6$，查图 5-33 (a) 曲线，只需要很浅的截墙 ($s/T<0.1$)。

　　除了上面提出的防渗措施设计原则外，从降低底板下扬压力方面考虑，下游不宜设长板桩，两者有一定的矛盾，必须全面比较核算才能选取一个既安全又经济的设计断面。

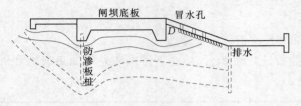

图 5-41 一般水闸的地下轮廓布局
（比较水平与垂直防排布局示意）

　　此外，还有下游排水出口的合理布局问题，它与防渗的地下轮廓要求相似，同样是垂直者比水平者好，因为伸入深层的排水帷幕能把主要渗流吸引到深处，从而减小了水平底板下的渗流坡降，如图 5-41 中的虚线所示，因此对于渗流坡降占主要破坏成分的砂基来说，应将排水滤层的位置放在最低处，例如放在消力池底部。当然，为了减小底板下的扬压力也可把排水滤层放在消力池前端斜坡处（图 5-41 中 D 处）。另外，还应换土改造表层接触面。

　　总之，地下水冲刷与地表水冲刷的防护，其道理基本相同，就是要求靠近建筑物的冲刷流速最小，把更大的流速或流量挑向远处，或者填铺一层抗冲材料。如图 5-42 所示的常规设计，其地下轮廓阻流防渗形式与地表水的防冲消能形式是何等对称相似。沿地下轮廓接触面发生的管涌现象也有些类似高速水流引起的穴蚀现象；特别是靠近建筑物下游的河床面，既是地下水渗流集中出口，又是地表水集中淘刷处，必须选取能胜过双重冲刷的上粗下细的防

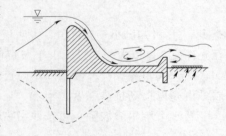

图 5-42 防止地下水与地表水冲刷的
溢流坝轮廓比较示意图

护层。同样，对于绕建筑物的三向渗流，利用各种排水布局扩展出口防线，也和地表水防冲时利用各种消能工使出流形成平面扩散均匀的要求基本相似。因此，把地下水和地表水联系起来考虑问题是有益的，有助于设计一个经济、安全的水工建筑物。

五、闸坝地下轮廓渗径长度已有设计方法

　　最后介绍长期沿用的地下轮廓渗径长度设计方法。最初，布莱（Bligh，1910）调查印度水闸破坏实例，给出各种土基上建闸坝的渗径长度与水头相比的安全值 $L/H=4\sim18$，此种不加区别的直线比例法，显然不合理。随后莱恩（Lane，1934）在美国调查总结土基上的 278 座闸坝（其中 150 座遭到破坏）的分析结果，修正为垂直防渗效果 3 倍于水平者，加权计算渗径长度的公式为

$$L=\frac{L_x}{3}+L_z \tag{5-86}$$

式中　L_x——水平渗径长度；

　　　L_z——沿垂直墙两侧面的长度。

加权渗径长度 L 与上、下游水头差 H 之比应小于表 5-5 的经验数据。若渗流出口有滤层保护，表中要求的渗径长度可取 70%。

表 5-5　　　　　　　　　　　莱恩方法计算渗径长度要求及其允许坡降

地基土质类别	渗径长度与水头之比 L/H	平均渗透坡降 $J=H/L$
粉砂	8.5	0.118
细砂	7.0	0.143
中砂	6.0	0.167
粗砂	5.0	0.2
细砾	4.0	0.25
中砾	3.5	0.286
粗砾夹有卵石	3.0	0.333
漂石掺有砾卵石	2.5	0.4
软黏土	3.0	0.333
中等坚实黏土	2.0	0.5
坚实黏土	1.8	0.555
极坚实黏土	1.6	0.625

后来，丘加也夫（Чугаев，1956）在苏联也调查过 174 座闸坝，修正了莱恩的固定加权平均计算渗径长度方法，提出了结合阻力系数法计算渗径长度 L 及平均渗透坡降 J 的公式，即

$$J=\frac{H}{L}=\frac{H}{T\sum\zeta}=\frac{q}{kT} \tag{5-87}$$

式中　T——透水地基深度；

　　　$\sum\zeta$——地下轮廓各分段阻力系数之和。

式（5-87）加权渗径长度也可写成式（5-86）的形式 $L=T\sum\zeta=\dfrac{L_x}{\alpha}+L_z$，只是这里的加权系数 α 不是固定值，按阻力系数法计算，一般情况为 $\alpha=1\sim3$。丘氏法规定控制非管涌土地基偶然性破坏的允许平均坡降如表 5-6 所示。

表 5-6　　　　　　　　　　丘加也夫方法的允许平均渗透坡降

地基土质类别	建　筑　物　的　等　级			
	I	II	III	IV
细砂	0.18	0.20	0.22	0.26
中砂	0.22	0.25	0.28	0.34
粗砂	0.32	0.35	0.40	0.48
壤土	0.35	0.40	0.45	0.54
黏土	0.7	0.8	0.9	1.08

虽然丘氏的方法比较莱恩法更为合理，但他们仍然是采用渗径长度的平均坡降概念来

控制设计的，还没有考虑到控制渗流破坏的关键性部位。因此，莱恩法常偏于保守，丘氏法偏于危险，而且调查分析资料缺乏定向的规律。

第八节　侧岸绕渗与控制
§ 8. Seepage around lateral bank of sluice-clams
and controled measures

一、绕渗基本概念与计算方法说明

闸坝两端河岸或山体透水时，上游高水位将绕过坝端流向下游低水位，因此就发生两个问题：

（1）岸区内绕渗的水面高程及其作用在岸墩翼墙上的水头压力。

（2）绕渗对于闸坝本身及地基的安全影响。

因此，需要计算绕渗水流的自由面或等水头线分布。图 5－43 所示为绕渗的平面流网图形，从渗流自由面等高线可以确定沿翼墙边墩各点 1、2、3、4、5、6 的水头压力。

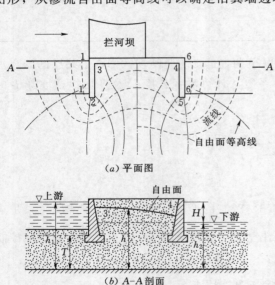

（a）平面图

（b）A-A 剖面

图 5－43　侧岸的一般绕渗

侧岸绕渗实质上是复杂的三向空间渗流，为了简化问题，可略去垂直向的流速变化而假定为水平面二向缓变渗流。即假定闸坝及其底部地基不透水或与其下的不透水层相接，只考虑水平不透水层上的绕岸渗流，此时的渗流支配方程为

$$\frac{\partial^2(h^2)}{\partial x^2}+\frac{\partial^2(h^2)}{\partial y^2}=0 \qquad (5-88)$$

式（5－88）为对于函数 $h^2=f(x,y)$ 的拉普拉斯方程。因此，水平面 (x,y) 无压渗流的水深 h^2 与垂直平面 (x,z) 有压渗流的水头 h 相当，向侧岸伸入的刺墙就相当于向下深入地基的板桩，因而仍可利用相同渗流区形状的有压地基渗流的计算方法和流网先求出化引水头

百分数 $h_r=(h-h_2)/H$。此值对于式（5－88）用函数 h^2 表达的拉氏方程来说就是 $h_r=\frac{h^2-h_2^2}{h_1^2-h_2^2}$，故得绕渗水流在不透水层上的水深（或以不透水层为基面的水头）计算式为

$$h=\sqrt{(h_1^2-h_2^2)h_r+h_2^2} \qquad (5-89)$$

式中　h_1、h_2——上、下游的边界处水深。

算出水深 h 再加上不透水层面高程 z，就得到渗流自由面的高程或水位（水头）。

侧岸绕渗流量仍可利用前面的有压地基渗流解法求得单宽流量 q 后，再用下式计算总

的绕渗流量，即

$$Q=\frac{1}{2}(h_1+h_2)q \qquad\qquad (5-90)$$

这样，对于伸入岸区的单一刺墙或平直岸墙等简单轮廓的无压绕渗也就有了理论公式可循；复杂的边界轮廓还可应用流网或闸基渗流近似算法求得各关键点的化引水头 h_r，再代入式（5-89）求渗流水深，从而得知沿边墙的渗水压力。

若侧岸绕渗水流是处在等厚的有压含水层中，则与闸坝地基渗流的解相同，不需上述无压渗流的换算。

关于侧岸绕渗对于闸坝本身的影响，由于地基透水，则将使底板扬压力增加和土坝浸润线抬高。对于沿水流方向较长而窄的泄水闸、船闸、陡坡、跌水等水工建筑物，会形成向下游集中渗流，使局部水头和出渗坡降远比闸坝地基二向渗流的计算结果为大。这种三向渗流问题，现在还只能引用一些试验或数值计算的成果供设计参考。

二、侧岸绕渗流网图解法

若已知流网或等势线分布（试验、电算或手绘的），就可按照上述缓变无压渗流解法求得渗流自由水面。例如图 5-44 所示的侧岸绕渗的平面流网，这是江都水闸翼墙在1991 在特大洪水时发生裂缝和墙基细砂被淘刷后进行有限单元法计算所得的流网。上游最高水位 6.45m，下游最低水位 1.60m，总水头 $H=4.85$m，砂基下黏土层作为不透水层，其高程为 -7.50m。因为该闸上、下游对称而取了一半，岸墙正中伸入岸区的防渗刺墙作为上游边界 100%、实即总水头的 50%，按照式（5-89）的水深关系可确定刺墙处

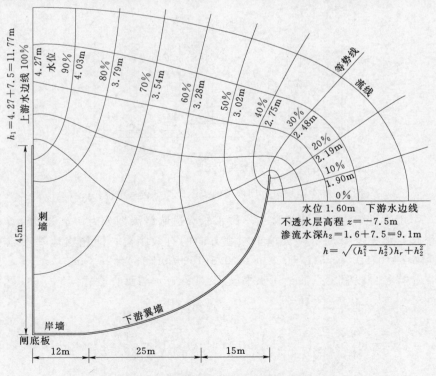

图 5-44 某闸侧岸绕渗流网及其自由水面

边界水深为 4.27m。因此对此半域的流网等势线百分数 h_r 同样也按照上游边界水深 $h_1 = 4.27 + 7.5 = 11.77m$、下游边界水深 $h_2 = 1.6 + 7.5 = 9.1m$ 代入式（5-89）依次计算各等势线对应的渗流水深为 0%，9.1m；10%，9.4m；…；90%，11.53m；100%，11.77m。然后加上不透水层面高程 $z = -7.50m$，即得各等势线所对应的渗流自由面高程或水位为 0%，1.60m；10%，1.90m；…如图 5-44 所示。还可由此值插比求得渗流水面高程的整数等值线。

三、复杂边墙轮廓接头的绕渗近似计算[3]

混凝土坝与土坝接头或者堰闸与岸坡相接，一般有边墙及刺墙，绕渗轮廓线甚为复杂。此时可引用改进阻力系数法或柯斯拉独立变数法先算出各关键点的化引水头 h_r，再代入式（5-89）计算各点的渗流水深，从而可得到沿边墙各点的渗水压力和接触渗透坡降，以此作为分析边墩稳定性和设计合理接头形式的依据。下面举例说明计算方法。

【例】 闸坝与土坝接头的绕渗。如图 5-45（a）所示有两道刺墙伸入土坝，此时可近似从上游水面与坝坡交点处向上游取 ΔL_1 的距离，作为垂直边坡线考虑；同样方法处理下游边坡线。简化后的尺寸示于图 5-45（b）中。

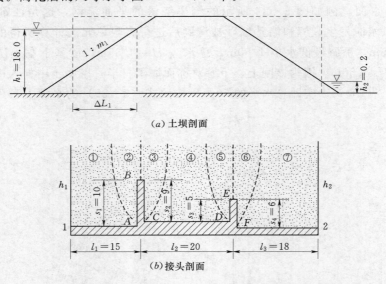

图 5-45　闸坝与土坝接头的绕渗计算举例（单位：m）

【解】 引用改进阻力系数法把接头不透水轮廓边墙绕渗划分为 7 个分段计算。由于接头的土坝很长，首先需要确定接头填土顺坝方向的有效距离，即相当地基渗流有效深度 T。此处可取 $T = 0.5l_0 = 0.5(l_1 + l_2 + l_3) = 0.5(15 + 20 + 18) = 26.5m$。

其次，计算各分段阻力系数，用水平段式（5-47）与垂直段式（5-46）可得

$$\zeta_1 = \frac{l_1 - 0.7 s_1}{T_1} = \frac{15 - 0.7 \times 10}{26.5} = 0.302$$

$$\zeta_2 = \frac{2}{\pi} \ln \left[\cot \frac{\pi}{4} \left(1 - \frac{s_1}{T_1} \right) \right] = \frac{2}{\pi} \ln \left[\cot \frac{\pi}{4} \left(1 - \frac{10}{26.5} \right) \right] = 0.404$$

$$\zeta_3 = \frac{2}{\pi} \ln \left[\cot \frac{\pi}{4} \left(1 - \frac{9}{25.5} \right) \right] = 0.38$$

$$\zeta_4 = \frac{20 - 0.7 \times (9+5)}{25.5} = 0.40$$

$$\zeta_5 = 0.199$$

$$\zeta_6 = 0.231$$

$$\zeta_7 = 0.52$$

$$\sum \zeta = 0.302 + 0.404 + 0.38 + 0.4 + 0.199 + 0.231 + 0.52 = 2.436$$

然后计算沿程各点 1、A、B、C、D、E、F、2 的化引水头 h_r，可以直接由阻力系数求得为

$$(h_r)_2 = 0$$

$$(h_r)_F = \frac{0.52}{2.436} = 0.213$$

$$(h_r)_E = 0.213 + \frac{0.231}{2.436} = 0.308$$

$$(h_r)_D = 0.308 + \frac{0.199}{2.436} = 0.39$$

$$(h_r)_C = 0.39 + \frac{0.4}{2.436} = 0.554$$

$$(h_r)_B = 0.554 + \frac{0.38}{2.436} = 0.71$$

$$(h_r)_A = 0.876$$

$$(h_r)_1 = 1$$

最后将以上各值 h_r 及上、下游水深 $h_1 = 18\text{m}$，$h_2 = 0.2\text{m}$ 代入式（5-89），求得沿程各点的渗流水深为

$$h_A = \sqrt{(h_1^2 - h_2^2)h_r + h_2^2} = \sqrt{(18^2 - 0.2^2) \times 0.876 + 0.2^2} = 16.85\text{m}$$

$$h_B = 15.2\text{m}, h_C = 13.4\text{m}, h_D = 11.24\text{m}, h_E = 9.99\text{m}, h_F = 8.31\text{m}$$

按照涅得里加（Недрига，1949，1960）的复杂理论公式计算结果为：$h_A = 16.8\text{m}$，$h_B = 15.1\text{m}$，$h_E = 9.75\text{m}$，可知其为一致。

估算此有效范围内的渗流量时，可先算出 q，即

$$q/k = H/\sum \zeta = (18 - 0.2)/2.436 = 7.31$$

再代入式（5-90）可得

$$Q = \frac{1}{2}(h_1 + h_2)q = \frac{1}{2}(18 + 0.2) \times 7.31k = 66.52k$$

【例】 闸坝与岸坡连接的绕渗。如图 5-46所示的闸坝边墩与岸坡连接形式，岸土是无限远的，我们引用柯斯拉独立变数法计算各关键点化引水头。已知上游水深 $h_1 = 6\text{m}$，下游水深 $h_2 = 1.5\text{m}$，边墩及刺墙尺寸示于图 5-46 中。

【解】 先考虑上游平直段延长到下游，

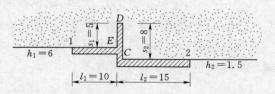

图 5-46 闸坝与岸坡连接的
绕渗计算举例（单位：m）

求刺墙上游角点 E 及刺墙尖端点 D 的化引水头，此时 $l_1/s_1=10/5$，$l_2/s_1=15/5$，代入式（5-25），求得常数 $a=2.699$，$b=-0.463$；再代入式（5-30）及式（5-32）可得

$$
\begin{aligned}
(h_r)_E &= \frac{h_E}{H} = \frac{1}{\pi}\cos^{-1}\left(\frac{b-1}{a}\right) \\
&= \frac{1}{\pi}\cos^{-1}(-0.542) \\
&= 0.682 = 68.2\%
\end{aligned}
$$

$$
\begin{aligned}
(h_r)_D &= \frac{h_D}{H} = \frac{1}{\pi}\cos^{-1}\left(\frac{b}{a}\right) \\
&= \frac{1}{\pi}(-0.1715) = 55.5\%
\end{aligned}
$$

再考虑下游平直段延长到上游，求刺墙下游角点 C 的化引水头，此时 $l_1/s_2=10/8$，代入式（5-25）求得常数 $a=1.863$，$b=-0.262$；代入式（5-31）可得

$$
(h_r)_C = \frac{h_C}{H} = \frac{1}{\pi}\cos^{-1}\left(\frac{b+1}{a}\right) = \frac{1}{\pi}\cos^{-1}(0.396) = 37\%
$$

然后，将 h_r 及上、下游水深 $h_1=6\text{m}$，$h_2=1.5\text{m}$ 代入式（5-89）计算各关键点的渗流水深为

$$
h_E = \sqrt{(6^2-1.5^2)\times0.682+1.5^2} = 5.03\text{m}
$$

$$
h_D = 4.58\text{m}
$$

$$
h_C = 3.84\text{m}
$$

如果需要求沿边墩轮廓任意点的渗流水深，则可以直线变化插比任意点的 h_r，再代入式（5-89）求得。

四、闸坝底板扬压力受侧岸三向绕渗影响的估算[7]

实际上，地基透水，结合侧岸绕渗，是三向空间问题。由于绕渗的流线弯曲并向下游低水河床集中，水头损失将集中在下游排水体附近，因而下游底板下的渗流等势线也呈弯向下游的趋势，在下游段的剩余水头将比没有绕渗的二向渗流显著抬高，而且愈向两侧抬高愈甚。同时当上、下游水位差大所造成的水面宽度差愈大时，绕渗影响底板下的范围更大。若以闸坝基底上二向渗流水头分布为标准计算绕渗影响范围时，则任一岸侧向闸中间量计的影响距离 B，根据试验分析为

$$
B = 2.2b + 0.42L \tag{5-91}
$$

式中　L——闸底板（包括不透水护坦）的纵向长度；

b——所考虑一侧岸上、下游水面横向的宽度差。

当上、下游水面等宽时（$b=0$），受绕渗影响的闸底板仍有 $0.42L$ 的宽度。

侧岸绕渗对闸底板下水头或扬压力的影响将使闸基二向渗流的化引水头百分数（等势线）再额外增加一个百分数为

$$
\frac{\Delta h}{H}\% = \left(M+N\frac{b}{B}\right)\left(\frac{x}{B}\right)^n \tag{5-92}
$$

式中　x——从开始受绕渗影响的闸底板纵剖面向侧岸量计的距离。

常数 M、N 及指数 n 按照所计算的位置而定，若由下游出渗线沿闸底板向上游量取

$L/4$、$L/3$、$L/2$ 三个固定距离时，其值如下：

断面位置	M	N	n
$L/4$	10.0	42	3
$L/3$	3.6	38	2.5
$L/2$	0.4	25	2

【例】 某 15 孔闸宽 160m，上游高水位河面宽 220m，下游河面宽 180m。

【解】 左右对称，则一侧的上、下游水面宽差 $b=(220-180)/2=20$m，闸底板及护坦顺河长 $L=70$m，代入式（5-91）算得闸底板受三向绕渗影响范围 $B=73.4$m，可知从侧岸边墙向闸中间量计影响的距离已到中孔底板，由此开始向侧岸计算 $x/B=0.2$，0.4，…，1 各点，分别代入距下游出渗线 $L/2$、$L/3$、$L/4$ 三处固定底板位置的式（5-92），即可算得闸底板中、下游段扬压力修正百分数，比如该闸中断面 $L/2$ 处的边孔底板（$x/B=1$），$\frac{\Delta h}{H}\% = (0.4 + 25 \times \frac{20}{70}) \times (1)^2 \times 1\% = 7.5\%$，设闸基渗流二向计算或试验的结果，此处底板等势线为 50%，则受侧岸三向绕渗影响，就应修正为 57.5%。同样，计算更下游 $L/4$ 处的边孔底板，影响数值更大，$\frac{\Delta h}{H}=22\%$。若闸很窄，计算 B 已超过闸中心线，两侧绕渗影响重叠处则应叠加修正值。

这样，由二向的闸坝地基渗流底板上的水头分布，就可根据上述近似修正方法求得底板各处的实有三向渗流水头压力分布，并可进一步估算下游出渗坡降最大值。

五、侧岸绕渗的危害及其控制

考虑防渗排渗措施的渗流控制多是以二向渗流问题为对象，而实际是三向空间问题。对于截墙和灌浆帷幕等防渗效果的减小程度是惊人的，不了解侧岸三向绕渗影响的严重性，往往会导致渗流控制不能达到预期效果。

1. 侧岸绕渗的危害性

建在透水地基上的混凝土闸坝，只研究垂直纵剖面上的地基渗流是不够的，尤其是沿流向较长而宽度较窄的水工建筑物，由于侧岸绕渗将使下游底板和护坦下的扬压力大为增加，即使在中心线上，其下游底板扬压力也会提高二向剖面渗流等势线的 5% 左右；而边孔底板扬压力提高更大，等势线增大约 10%；沿翼墙外侧的渗流压力将比直线比例计算大约 20%。同时，由于侧岸绕渗水流逐渐向下游集中，还会使下游局部渗流坡降增大30% 左右，甚至会在渗流出口增大 1 倍，对地基土以及两侧岸坡的稳定性很不利。

由于侧岸三向渗流的作用，板桩帷幕等防渗措施的效果大减，分析其垂直防渗效率 J_z/J_x 如图 5-47 的曲线，可以看出，当板桩深度 $s/T<0.6\sim0.7$ 时，垂直效率小于 1，边孔比中孔更差，说明还不及水平防渗好，与二向渗流的板桩垂直效率相比约减小 1 倍。当 $s/T>0.8$ 时，垂直效率增加很快。若为双层地基，板桩贯穿透水性强的上层时，边孔底板与中孔底板的垂直效率差别比均匀地基的更大，受侧岸三向绕渗的影响也更大。特别是上游水面广阔，即使板桩切断强透水砂层，仍难防止绕渗水流进入砂层，致使板桩防渗作用很小。

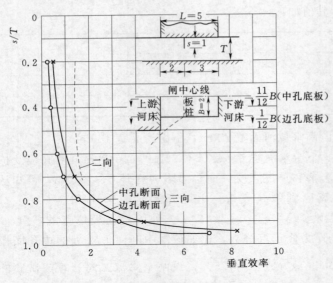

图 5-47　闸基三向渗流影响下的板桩垂直效率

2. 减轻侧岸绕渗危害的措施

减轻侧岸绕渗的三向渗流控制的最好措施是做好下游排水布局，采用沟、管、井、孔等构成排水幕或排水线截住并排除来自侧岸绕渗及地基渗流。这样既可使闸坝基底的扬压力和出渗坡降减小，也可降低下游侧岸绕渗的地下水面，减轻陡峻岸壁滑坍的威胁。

对于减轻水闸翼墙外侧渗流压力的最简单措施为排水井，如图 5-48 所示，只要在下游翼墙外侧布置两个井通至下游尾水，其等势线（实线）与无井时（虚线）比较，就基本上消除了底板下等势线向下游弯曲的侧岸绕渗影响，使闸底板扬压力减小总水头的 10% 左右，出渗坡降减小约 30%。同时，墙外填土的孔隙水压力也可基本消失。这种沿墙布置滤水井的简易措施也可用到山沟溢洪道的侧岸，并可作为观测或检查井。

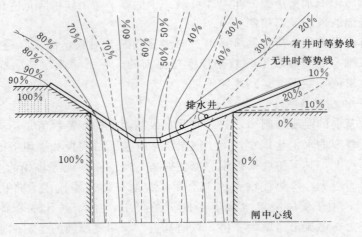

图 5-48　闸下游翼墙外侧排水减压井影响比较

其次，在下游岸墙或不透水护坡上开设冒水孔，也是减轻墙后孔隙水压力的简便措施，同时也将改善绕渗的影响。挡土墙或护坡上开孔的减压效果计算方法与式（5-65）计算坝下游护坦上开冒水孔减轻扬压力的方法类似，如图 5-49 所示，计算公式如下[8]：

$$\frac{p_m}{p_0} = 1 - \left[1 - \frac{C_1}{1 + (\pi + 1)\dfrac{d}{a} \times \dfrac{l}{a - d}} \right] \frac{L}{l} \qquad (5-93)$$

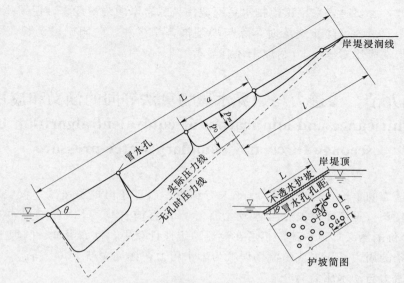

图 5-49　不透水护坡或岸墙上开冒水孔的减压计算

$$C_1 = 7\left(\frac{d}{a}\right)^{1/2}(\sin\theta)^{1/6}$$

式中　　C_1——系数，为 $0.9 \sim 1.5$；

$\quad p_m/p_0$——所计算的孔距中点 M 处压强与无孔时渗流压强的比值，或均以水头表示，无孔时的压力可按静水压力考虑；

$\quad\quad d$——孔径；

$\quad\quad a$——孔距；

$\quad\quad l$——墙后或岸坡浸润线到计算孔距中点 M 的最短渗径长度；

$\quad\quad L$——不透水护坡全长；

$\quad\quad \theta$——坡角。

因为上部开孔作用很小，故可只在墙或坡的下部开孔，孔距 $1 \sim 2m$，孔底最好填铺滤料以防渗水冲蚀岸土。若在墙后填土时做好滤层排水带通至尾水，效果更为显著。

式（5-93）同样适用于船闸闸室水位骤降或河水位下降时岸堤护坡开孔时的减压计算。

在防渗措施方面，特别是砂基，还可结合板桩防渗，在两侧边也增设板桩封闭闸底板，防止侧岸三向绕渗影响。经过三向渗流研究，曾总结提出过图 5-50 所示的底板下 U 形围板桩布局[7]，下游排水线前面只围以浅截墙或短板桩用以减小出渗坡降避免排水口附近基土的渗流冲刷。随后根据江苏省粉细砂地基建闸经验，多采用四周全封闭底板，认为很好。但从渗流观点以及防止粉细砂液化方面考虑，增设封闭下游的一道板桩利少弊多，见文献 [7]。

对于山区高坝，减轻绕渗的排水措施，则应使下游排水线尽

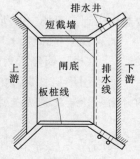

图 5-50　粉细砂闸基 U 形封闭底板防止绕渗

量向两侧延伸，必要时，采用廊道排水系统截住裂隙岩岸的绕渗危害，但须注意爆破的后果。至于采用灌浆帷幕防止绕渗时，除与坝基帷幕相接外，向侧岸可延长 1/3 左右的坝高，帷幕透水性应比岩体小 30 倍以上才有显著效果。

第九节　渗透力与边界水压力算法等同的涵义和应用
§ 9. Significance and application of equivalent algorithm between seepage force and boundary water pressure

关于渗透力的争论，迄今已有 30 年未有结论，而且还出现了迷信"权威"影响学术讨论发展的现象（见《堤坝安全与水动力计算》首页前言）[22]。因此这里再对争论焦点"两种算法等价的涵义加以申述。不可在渗流稳定性计算中，例如滑坡、闸坝土或管涌等，把土体、土条的周边水压力或渗流场误解为静水压力，详见文献［30］等[26,32,33,34]。

一、渗透力与动水压力简介

当饱和土体孔隙水发生渗流位势或测压管水面的水头差时，水就通过土粒间的孔隙流动，这种促使流动的水头差可称为驱动水压力或超静水压力，参看图 5-51 所示为渗流场中沿流线方向任取的一个流管单元土柱的微分体。两端水头差为 dh，作用在土柱两端面整个面积上的不平衡压差为 $PdA-(P+dP)dA$，因为 $P=\gamma h$，则有 $\gamma hdA-\gamma(h+dh)dA=-\gamma dhdA$。

如果这两端面上的水压差除以流管的体积就变为单位体积土体沿流线方向所受的渗流作用力，即单位渗透力如下：

$$f_s=-\gamma\frac{dhdA}{dAdS}=-\gamma\frac{dh}{dS}=\gamma J \qquad (5-94)$$

式中　γ——水的单位重；

　　　J——渗流坡降。

式（5-94）单位渗透力为太沙基（Terzaghi，1922）首先给出的，乘以体积就是总的渗透力，是一种体积力，普遍作用到渗流场中的所有土粒上，即作用到固相的土骨架边壁。

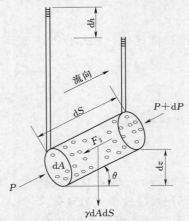

图 5-51　说明单位渗透力的推导

如果我们把水土分开考虑作用力，可以推导式（5-94）的同样结果（见参考文献［22］）。这也说明经常讨论的水土分算与水土合算的问题，结果是相同的。

如果引用格林定理的表面积分与体积积分间的变换公式，也可得出边界面上各水压力的合力等价于渗透力与浮力的向量和，即

$$\sum\vec{P}=\vec{F_s}+\vec{U} \qquad (5-95)$$

因为浮力 U 等于同体积的水重 G_w，方向相反，即 $U=-G_w$，故式（5-95）渗透力 F_s 可写为

$$\vec{F_s}=\sum\vec{P}+\vec{G_w} \qquad (5-96)$$

式（5-94）和式（5-95）说明土体边界面上水压力与同体积内部水的作用力（浮力和渗透力）的等价关系是简化计算的重大贡献，其中静水压力等价于浮力的阿基米德原理，早已在小学课本中的船上称重大象的故事，广泛传播，普遍应用。可是动水压力等价于渗透力的简化计算关系式（5-94），迄今还被误解反对，争论不休。为此求其更容易理解，再补充演算一例如下。

二、边界水压力与渗透力算法等价举例

如图 5-52 所示算出的矩形土坝渗流的流网，来说明渗透力与边界水压力的等价计算关系。

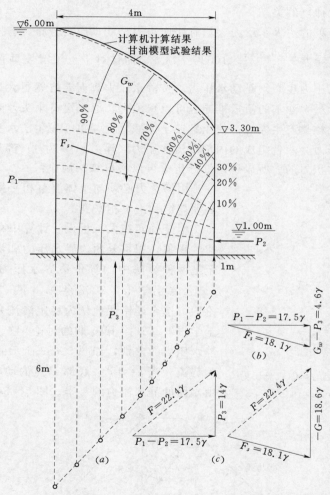

图 5-52　矩形土坝渗流算例说明边界水压力与渗透力之间的关系

矩形土坝上、下游边界静水压力 $P_1 = \dfrac{1}{2}\gamma(6)^2 = 18\gamma$，$P_2 = 0.5\gamma$；底面边界渗流动水压力是由等势线绘出的压力分布，如图 5-52（a）所示，按照直线近似考虑时，梯形面积为 $\dfrac{1}{2}(6+1)\times4 = 14\mathrm{m}^2$。计算 $P_3 = 14\gamma$。表示内部浮力的相反方向同体积水重，按照浸

191

润线近似直线考虑时，渗流场的梯形面积为 18.6m^2，计算 $G_w=18.6\gamma$，则渗透力可依照式（5-96）画力的多边形求得，如图 5-52（b）简化的三角形求得为 $F_s=18.1\gamma$。再依照式（5-95）按比例画出边界水压力的合力与内部体积力（渗透力与浮力）的合力，求得完全相等为 $F=22.4\gamma$，如图 5-52（c）所示。

如果直接由渗透力公式计算，按直线计算浸润线和底面流线的渗流坡降平均值时为 $J=\frac{1}{2}(0.56+1.25)=0.9$，渗流场面积为 18.6m^2，则渗透力 $F_s=18.6\times0.9\gamma=16.7\gamma$。如果按照流网计算各单元的渗透力，再向量相加，得到的总渗透力，将更趋近于 18.1γ。由此算例说明了等价计算的关系。

此算例是最简单的边界水压力，只有底面边界是动水压力分布，若按照浸润线高度的静水压力计算就有误差 $\frac{18.6-14}{14}\times100\%=33\%$。而且对于土坝滑坡垂直条分法计算中的土条来说，侧边水压力也必须是动水压力，按静水压力算误差自然更大。

由图 5-51 所示太沙基的简短推导也可以想象到，原来没有水头差时的静水压力的作用，对于土体或土粒是产生浮力，使土粒或土体减轻为浮重。发生了水头差的驱动水压力就产生了渗流渗透力。两者组成的内部水流作用力（浮力与渗透力）都是多个边界表面水压力等价转变为体积力的。所以稳定性分析中可以得出算法规律：

用渗透力必须与土体浮重相平衡；用边界水压力必须与饱和土重相平衡。

但是确实在大工程设计计算中存在不遵循上述规律的现象，犯重复用边界水压力和渗透力的错误，甚至把两种算法中的等价边界水压力误解为静水压力（见《岩土学报》2002 年第 3 期"反对渗透力的讨论"），迄今还错误地认为稳定渗流是静水压力（《岩土学报》2013 年第 5 期的讨论）[26]。至于动水压力与静水压力的差别，如图 5-53 所示的均匀水流[23]，作为势流，当 $\alpha=45°$，底部 B 点的动水压力为垂直到自由水面的静水压力的一半。图 5-54 所示为水位骤降

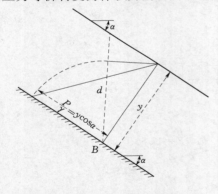

图 5-53 陡坡上的均匀水流压力
分布（Rouse，1938）

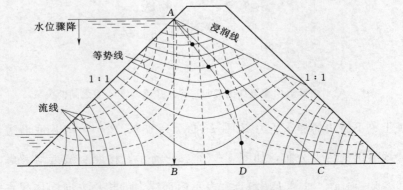

图 5-54 水位骤降时流网

时渗流的流网，底面 B 点的动水压力也为静水压力的一半。可知水流或渗流，只有自由水面或浸润线很平缓时，动水压力才与静水压力相近。

对于基本不透水的混凝土坝的稳定性，只需计算边界水压力，不必考虑坝体本身的渗流渗透力问题。

三、水流等价渗透力

渗流是土体孔隙水的流动，如果土体孔隙率 $n=\infty$，土体就完全是水，此时的水流力也等同于渗透力，如图 5-55 所示的平行均匀流，取微分段 $\mathrm{d}x$，则水体积 $\gamma\mathrm{d}x$ 向下游的流动力为 $r y\mathrm{d}x\sin\alpha$，单位体积水时则为 $\gamma\sin\alpha=\gamma J$，即单位渗透力的表达式。它将作用于河底与沿底阻力的剪应力相平衡，在河流动力学中就相当河流冲刷河床的拖引力，即单位面积河床剪应力 $\tau=\gamma J y$。此处 y 就是单位面积河床上的水体积。如果是封闭的水道，例如岩体裂隙渗流，单位渗透力为 γJ，它作用到边壁上的剪应力应为 $\frac{b}{2}\gamma J$，其中 b 为裂隙宽度。

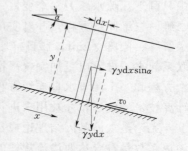

图 5-55　水流对河床的拖引力

水流中的泥沙运动与渗透力的应用有关，如上述的河流拖引力就是等价渗透力。渗流管涌问题就是封闭管道中的泥沙运动，应用渗透力 γJ 分配到个别砂粒上，再与砂粒的浮重相平衡就可算得临界水力坡降 J。如果应用砂粒的边界水压力计算，就得不到正确的唯一解（参看《堤坝安全与水动力计算》第 4 章"管涌"）。如果考虑到水流的紊流在水力学中常以 $\gamma\frac{v^2}{2g}$ 表示单位水重的水流动能，它作用于砂粒上，就变成动水压力水头 $\frac{v^2}{2g}=h$，同样可以如图 5-51 所示转化为体积力的等价渗透力。总之，渗透力与水力学密切相关，是水力学的一部分（见苏联 Агроскин 的《水力学》，美国 Rouse 的《工程水力学》，都有专章论述等），所以土力学开拓奠基人太沙基在坝基鉴定会上强调说"要精通渗流水力学"（Terzaghi，1929）。

第十节　渗流固结理论与土基沉降计算
§ 10. Theory of seepage consolidation and computation of settlement for earth foundation

在有黏土层和软弱土层的地基上建闸坝高楼或水库蓄高水位以及含水层中抽水降压等，会引起地面沉降，甚至裂缝。此种原因主要是饱和黏土和软弱土层荷重受压排水，发生渗流渗透力挤压土体固结密实所致。如果不发生渗流，即使荷重加大，孔隙水压力升高，饱和土体也不会有压缩固结的过程。因此，认为骨架土颗粒和孔隙水不可压缩，只是土体孔隙的压缩。就可以计算饱和土体渗流排出的水量来表示土体的压缩量。也就是计算非稳定渗流的问题。不必再计算较复杂的土体应力应变位移变形问题。所以可称此种算法为渗流固结理论（theory of seepage consolidation）。并已用于实际问题。

一、渗流固结问题的回顾

土力学开拓奠基人太沙基早年注意到人走在滩面淤土上即不断下沉、不变荷载建筑物在黏土地基上缓慢沉陷等现象，开始黏土的实验研究，发现孔隙水先承重被挤压排水逐渐转向土体骨架承重的固结现象。两年后提出他的一维竖向固结微分方程（Terzaghi，1923），并求出解析解。该方程在引证过程中采用了总应力是一常量的假定，只是其中的孔隙水压力与有效应力之间的互相消涨，并取用竖向压缩的体积变化关系，简化后在方程中只剩下孔隙水压力一个变量，计算简便，已被广泛应用。随后又用同样引证方法给出了二维、三维固结方程，并对实用问题的黏土地基布置砂井排水固结过程进行简化演算给出了解答。比奥（Biot，1941）理论没有把总应力作为常量的假定，而把孔压与土骨架变形联系起来，推导出更加完善严格的一般三维固结微分方程组，包括以位移和孔压表示的三个方程和一个渗流水量连续方程，可解出孔压与各方向位移。但甚为复杂，直到有限元等计算技术的发展，才被用来进行数值计算分析实际工程问题。

无论是太沙基因结理论或比奥固结理论，都是基于固结系数和渗透系数为常数，而且渗透系数是符合达西渗流规律的。但实际上，在固结过程中并非如此，所以引起后来的学者，特别是有限元数值计算技术发展以后，对土骨架应力、应变本构模型和渗流模型的进一步研究，并结合有限元法求解固结变形问题。在渗流模型改进方面非达西流固结问题也被重视起来[12-14]。

因为排水固结问题，实质上就是可压缩非稳定渗流过程。所以早已在渗流理论中研究过固结问题及其计算方法，例如苏联渗流学者巴甫洛夫斯基（Павловский，1992）、罗查（Роэа，1937，1959）、弗洛林（Флорин，1948）等[15]。我们也曾引用渗流理论结合有限元法计算水库蓄水后黏土层压缩固结问题，而且还说明外荷载或涨水转变为渗透力挤压土体固结的原理[17]。因为整个固结过程的解答就是计算非稳定渗流场的水头分布随时间的不断改变，所以可称之为渗流固结理论或原理（theory or principle of seepage consoldation），但此项渗流固结理论尚未在国内引起注意。下面将简要加以整理介绍，并补充非达西渗流的黏土固结计算方法。以便与土力学求解超静水压力和应力应变位移的固结理论互相比较讨论。

二、固结理论渗流算法

因为饱和土体压缩固结就等于排出的水量，所以直接引用渗流理论计算固结问题，在概念上更为清楚；而且渗流计算中的孔隙水压力都是以测压管水头表示，不必再把孔隙水压力区分为静水压、超静水压或超孔隙水压等，计算也更为简便。下面举出不同排水边界条件和不同加荷情况下地面均匀荷载分布、水库蓄高水位等的黏土层固结简单例子说明计算黏土层排出水量所代表的最终固结与过程中任意时刻固结度的方法。

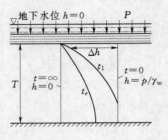

图 5 - 56　加荷载时黏土层上面排水固结过程

1. 最终固结与基本原理

以竖向压缩为例，如图 5 - 56 所示厚度 T 的黏土层，下面不透水，当上面突然加荷载均匀分布 p 时，压缩黏土层由上面排水固结。瞬时加荷，可设沿竖直剖面上的压力 p 或水头分布 $h = \dfrac{p}{\gamma_w}$ 是一常数，即认为开始的瞬间荷载完全由孔隙水承担，作为初始水头条件，然后逐渐排水固结，沿竖向 z 的水头压力则随时间 t 变化。若设 S_S 为单位贮水量或贮水率（specific storage），即单位水头的压力改变下（例如 $1m$），从单位体积可压缩土层中排出的水量。因此排水固结直到最终时刻回到荷载前的水头分布为止。在此固结过程中某时段 Δt 从单位截面积（例如 $1m^2$）的土柱中微分厚度 dz 排出的水量 dq 应为 S_S 与其改变水头 $h(z)$ 的乘积，即

$$dq = S_S h(z) dz$$

则黏土层厚度 T 的上下面排水量（也就是固结压缩量）应为

$$S = q = S_S \int_0^T h(z) dz \qquad (5-97)$$

式（5-97）中，$h(z)$ 是沿竖向 z 的水头分布，它是时间函数。积分项也可写成双重积分 $h(z,t)$。这里采用函数 $h(z)$ 计算在某时段 Δt 的水头分布改变值，积分项就是固结期间历经 t_1 到 t_2 某时段 Δt 沿土层厚度 T 的水头分布线之间的面积。对于初始时刻（$t=0$）和最终时刻（$t=\infty$）的两条直线水头分布线间的矩形全面积，容易求得，则得图 5-56 所示的黏土层最终固结沉降应为

$$S_\infty = S_S \Delta h T = S_S \frac{p}{\gamma_w} T \qquad (5-98)$$

同样，对于图 5-57 所示的黏土层上、下面排水固结过程，它就相当半厚度线为不透水层的上、下对称排水固结模式，太沙基土力学标示厚度为 $2T$，其最终固结沉降应为

$$S_\infty = S_S \Delta h (2T) = S_S \frac{p}{\gamma_w} (2T) \qquad (5-99)$$

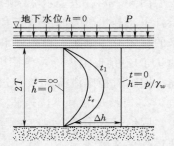

图 5-57 加荷载时黏土层上、下两面排水固结过程

上述固结沉降是在地面堆荷载或建筑物条件下发生的。如果是涨水荷重，其下软黏土固结过程就有不同，如图 5-58 所示为水库开始蓄水涨高水位 H，黏土层底面砂层排水仍维持未蓄水前的地下水位。此时黏土层的固结过程只是底面排水，上面将保持着水头压力 $H = \frac{p}{\gamma_w}$ 向下渗流。因此最终完全固结 $t=\infty$ 的水头分布线应为对角线 BC，则黏土层最终固结沉降为

$$S_\infty = S_S H \left(\frac{T}{2} \right) = S_S \frac{p}{\gamma_w} \left(\frac{T}{2} \right) \qquad (5-100)$$

比较式（5-100）与式（5-99），参看图 5-58 与图 5-57，可知，虽然两者的黏土层上、下面都透水，但按实有土层厚度计算的最终时刻（$t=\infty$）沉降 S_∞，式（5-100）却是式（5-99）的一半。此种原因就是最终完全固结时（$t=\infty$）的渗流场，一个是在蓄高水位 H 时的稳定渗流场，一个是在土石等荷载分布 $\frac{p}{\gamma_w}$ 下的原地下水位的静水压力分布。由于土力学中的固结问题多是最终固结止于静水压力，所以把加荷的水头压力称为超静孔隙水压力。而在渗流固结计算中，只考虑一个改变水头，最终固结或初始固结既可以是静水常水头分布，也可以是稳定渗流的水头分布[6]，这就更拓宽了固结问题的领域。

图 5-58 左边的渗透力 $\gamma_w J$ 分布是最终的稳定渗流，对于均匀土层，渗流坡降 J 是一

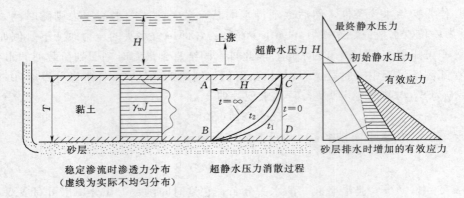

图 5-58　水库蓄高水位时黏土层上、下面透水固结过程

常数。但在固结过程中的非稳定渗流，其渗流坡降或渗透力的大小，可由 t_1、t_2 的水头分布线的倾斜度（即渗流坡降 J）看出在下面出渗点趋于无穷大，向上面渐减趋于零，说明渗透力挤压土层密实是不均匀的。由此就可理解排水是固结的重要措施，而且渗流坡降愈大固结愈快。

图 5-58 右边表示涨水后开始固结到最终完全固结过程的沿土层竖直剖面总压力不变条件下超静水压力的消减与有效应力的相应增加的关系。最右边的斜影线三角形为土体原来的有效应力分布，当超静水压力由初始 H 逐渐消减到最终（$t=\infty$）时，相当于中间图 BCD 的三角形消失，右侧图则增加了水平影线三角形的有效应力分布，虚直线就是最终完全固结时稳定渗流水压力分布。

2. 固结过程与渗流计算

固结过程中任一时刻的固结度，需要按照可压缩非稳定渗流方程计算，该方程详细引证过程见文献 [3]，这里只列方程如下：

$$\mathrm{div}(k\mathrm{grad}h)=S_s\frac{\partial h}{\partial t} \qquad (5-101)$$

竖向一维方程为

$$\frac{\partial}{\partial z}\left(k\frac{\partial h}{\partial z}\right)=S_s\frac{\partial h}{\partial t}$$

k 为常数时，则为

$$\frac{\partial^2 h}{\partial z^2}=\frac{S_s}{k}\frac{\partial h}{\partial t} \qquad (5-102)$$

式（5-102）结合初始条件和边界条件，就可由有限差分法或有限元法计算程序[18]解出固结过程中各时刻的渗流水头分布。从而再按照式（5-97）求得任意时刻的固结度，即 t 时刻水头分布线和初始时刻 $t=0$ 水头分布线之间的面积与 $t=0$ 和 $t=\infty$ 两条直线间的全面积之比就是该时刻的固结度（参看图 5-56～图 5-58）。

三、渗流固结理论的验证

1. 验证依据

为说明渗流计算固结问题的正确性，则用土力学中常用的太沙基固结理论一维竖向固结方程的理论解作为依据，方程为[19]

$$\frac{\partial u}{\partial t} = c_v \frac{\partial^2 u}{\partial z^2} \tag{5-103}$$

式中　u——超静水压力，相当于前面所述的压力 p；

　　　c_v——因结系数。

比较前面的可压缩非稳定渗流方程式（5-102），可知完全相同，u 相当于 h，两个系数之间的关系为

$$c_v = \frac{k}{\gamma_w m_v} = \frac{k}{S_s} \tag{5-104}$$

式中　m_v——体积压缩系数。

太沙基一维固结方程式（5-103）的理论解为无穷级数，为便于实用，他又绘成曲线，如图 5-59 所示，表示固结度 $U(\%)$ 与时间因数 $F(t) = \dfrac{c_v}{T^2} t$ 的关系，其中的 T 在黏土层上、下两面都透水时（图 5-57）则取实际厚度（$2T$）的一半，在底面不透水只从顶面自由排水时，则取黏土层的实际厚度（图 5-56）。这种厚度计算方法，比较图 5-56 和图 5-57 也可看出，图 5-57 所示厚度（$2T$）的半深处就是向上、下渗流排水的对称分界面，它就相当于不透水层面。这样计算可知，相同厚度的黏土层达到相同固结所需的时间，则是底面不透水时，为上、下两面排水的 4 倍；只有减厚度一半，才能同样时间达到相同的固结度。

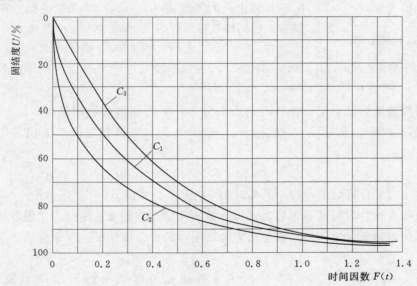

图 5-59　太沙基固结理论的固结度与时间因数关系曲线

为引用图解三条曲线的计算方便，求出经验公式如下：

曲线 C_1　　　　　　　　$U = 110.93[F(t)]^{0.37} - 10$

曲线 C_2　　　　　　　　$U = 105.16[F(t)]^{0.32}$　　　　$\left.\right\}$　　（5-105）

曲线 C_3　　　　　　　　$U = 122.34[F(t)]^{0.48} - 20$

$$F(t) = \frac{c_v}{T^2} t \qquad\qquad (5-106)$$

式（5-105）中，固结度 U 为百分数上的数值，例如曲线 C_1 的固结度 60% 就是 $U=60$，代入式（5-106）计算得出时间因数 $F(t)=0.288$。三条曲线应用的条件是：曲线 C_1 是最常用的，认为上面均匀荷载 p 的瞬间是沿深度形成竖直线的均等压力分布作为初始固结条件。曲线 C_2 是土层很厚（相对受压宽度），底面又不透水，加荷载 p 的开始瞬间不是沿深度均等分布，而是由顶面 p 到底面减为零的线性分布。曲线 C_3 是不加荷载，而是水力冲填土的自重压缩固结，自重分布是底面为土层厚度 T 的有效重到顶面为零的线性分布，并设底面不透水。

2. 验证算例

现在举例先引用太沙基固结理论的理论解曲线计算，然后按照渗流固结理论计算，互相比较结果如下。

【例 1】 图 5-60 所示为黏土层厚度 10m，设底面不透水，顶面透水，计算加荷的均匀分布 p 相当于 $h=20$m 的水头荷重（$p=\gamma_w h$）情况下的固结过程。

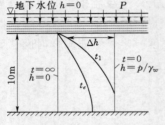

图 5-60 底面不透水、
顶面透水的固结过程

【解】 此时引用式（5-105）中的曲线 C_1 计算固结度 20%、50%、80% 的时间因数依次为 $F(t)=0.029$、0.19、0.57。再由时间因数式（5-106）求固结时间。由钻孔取土试验。已知该软黏土层的 $S_s=3\times10^{-3}\,\text{m}^{-1}$ 及 $k=0.00118\,\text{m/d}$，代入式（5-104）求得 $c_v=0.392$，则代入式（5-106），$T=10$m，计算 $U=20\%$、50%、80% 的固结时间依次为 $t=7.4$d、48.5d、145.4d。

此例引用渗流固结理论计算各时刻水头分布，可先算出最终固结度（$U=100\%$）的沉降压缩量，如图 5-60 所示，即是 $t=\infty$ 与 $t=0$ 的水头分布之间的面积，代入沉降式（5-98），应为

$$S_\infty = 3\times10^{-3}(20\times10) = 0.6\,\text{m}$$

再由式（5-102）计算固结过程中的各时刻 t 的水头分布线。

因为微分方程的解析解不太容易求得，数值计算却有较大适用性，常用者为有限差分法和有限元法。对于一维问题，差分法更为简明，简要介绍如下，以便应用于下面各验证算例中。

有限差分法根据式（5-102）二阶导数的差分形式所推导出的水头 h 计算公式为[27,28,29]

$$h_{i,t+1} = \frac{1}{2}(h_{i+1,t} + h_{i-1,t}) \qquad\qquad (5-107)$$

$$\Delta t = \frac{S_s(\Delta z)^2}{2k} = \frac{(\Delta z)^2}{2c_v} \qquad\qquad (5-108)$$

式中坐标点的表示如图 5-61 所示，将计算土层断面沿深度划分几个等份 Δz，并沿横向坐标时间 t 划分等间距时段 Δt 的网格。则任一格点 P 的坐标表示为 i，t；其上、下位置

点和前后时段点的坐标如图 5-62 所示。

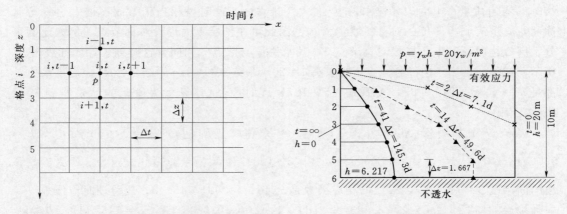

图 5-61　一维方程有限差分法计算网格　　　　图 5-62　渗流固结过程水头分布图示

引用式（5-107），结合已知初始边界的水头分布条件，计算下一时段的水头分布，这样就可计算逐时段 Δt，$2\Delta t$，$3\Delta t$，…的断面上水头分布（见表 5-7），从而得出所需要任何某时段的固结度，并由式（5-108）算出具体的时间。

表 5-7　　　　［例 1］有限差分法式（5-107）计算逐时段节点水头算表

时段 节点号 i	0	Δt	$2\Delta t$	$3\Delta t$	$4\Delta t$	$5\Delta t$	$6\Delta t$	$7\Delta t$	$8\Delta t$
0	0	0	0	0	0	0	0	0	0
1	20	10	10	7.5	7.5	6.250	6.25	5.469	5.469
2	20	20	15	15	12.5	12.500	10.938	10.938	9.844
3	20	20	20	17.5	17.5	15.625	15.625	14.219	14.219
4	20	20	20	20	18.75	18.750	17.500	17.500	16.328
5	20	20	20	20	20	19.375	19.375	18.438	18.438
6	20	20	20	20	20	20	19.375	19.375	18.438
5′	20	20	20	20	20	19.375	19.375	18.438	18.438

时段 节点号 i	$9\Delta t$	$10\Delta t$	$11\Delta t$	$12\Delta t$	$13\Delta t$	$14\Delta t$	$24\Delta t$	$41\Delta t$	$50\Delta t$
0	0	0	0	0	0	0	0	0	0
1	4.922	4.922	4.502	4.502	4.155	4.155	2.903	1.554	1.178
2	9.844	9.004	9.004	8.311	8.311	7.709	5.415	3.109	2.198
3	13.086	13.086	12.119	12.119	11.262	11.262	7.928	4.247	3.218
4	16.328	15.234	15.234	14.214	14.214	13.262	9.376	5.384	3.807
5	17.383	17.383	16.309	16.309	15.261	15.261	10.825	5.801	4.396
6	18.438	17.383	17.383	16.309	16.309	15.261	10.825	6.217	4.396
5′	17.383	17.383	16.309	16.309	15.261	15.261	10.825	5.801	4.396

　　上述有限差分法应用于［例1］：土层厚10m，下面不透水，上面有相当于水头 $h=$ 20m 的均匀荷重，上面边界透水是零压 $h=0$ 排水面。此时就相当于下面不透水边界是对称面，其下有同等厚度的对称排水渗流场。因此可在土层下面虚设对称节点，例如此例等分土层6格时，其下再虚设对称节点5，其水头值与节点5相同，这样列表计算如表5－7所示，初始（$t=0$）条件各节点 i 的水头 $h=20$，最终（$t=\infty$）固结 $h=0$，上面排水边界都是 $h=0$。参见图5－62，按照式（5－107）逐时段 Δt 计算水头值 h 的结果如表5－7所示。

　　表5－7中的时段 Δt 可由式（5－108）求得，此例已知 $S_s=3\times10^{-3}\,\mathrm{m}^{-1}$，$k=$ 0.00118m/d，$\Delta z=\dfrac{10}{6}=1.667$m，代入式（5－108）计算 $\Delta t=3.543$d。因为此例太沙基算法的固结度20％、50％、80％的相应天数是7.4d、48.5d、145.4d，故验证时应取表5－7中最接近的时段 $2\Delta t(=2\times3.543=7.1\mathrm{d})$、$14\Delta t(=49.6\mathrm{d})$、$41\Delta t(=145.3\mathrm{d})$，点绘表5－7中该三时段的水头分布三条曲线于图5－62中，然后计算每条水头分布线与初始（t $=0$）水头分布竖直线（$h=20$m）之间的面积（按直线水头分布算梯形面积累加）依次为41.675m²、101.61m²、161.024m²，它们各与初始（$t=0$）条件 $h=20$m 和最终（$t=\infty$）固结 $h=0$ 间矩形面积 20m×10m=200m² 的比值依次为20.83％、50.6％、80.5％，可知对照太沙基算法互相验证甚为一致。

　　【例2】　此例为［例1］黏土层夹于砂层之间，上、下两面都透水，计算加荷均匀分布 p，相当于［例1］ $p=\gamma_w h=\gamma_w$（20m）情况下的固结过程。

　　【解】　此时引用式（5－105）中的曲线 C_1 计算固结度 $U=50\%$ 的时间因数 $F(t)=$ 0.19，代入式（5－106），计算时间为

$$t=\frac{F(t)}{c_v}T^2=\frac{0.19}{0.392}\left(\frac{10}{2}\right)^2=12.1\mathrm{d}$$

　　同样，可求得 $U=20\%$、80％等的 $F(t)=0.029$、0.57等，及 $t=1.9$d、36.4d等。

　　欲求最终固结量时，则需由式（5－104）求出体积压缩系数 $m_v=\dfrac{S_s}{\gamma_w}=\dfrac{3\times10^{-3}}{\gamma_w}$，再代入下式（此处 T 为实有土层厚度）计算[17,19]：

$$S_\infty=m_v pT=\frac{S_s}{\gamma_w}\gamma_w hT=3\times10^{-3}\times(20\times10)=0.6\mathrm{m}$$

　　引用渗流固结理论，此［例2］由［例1］渗流场分析，已知相当于［例1］不透水层下面有对称渗流场，因此表5－7完全适用，只是认为土层分格厚度 Δz 是［例1］的一半。从式（5－108）计算时段 Δt 就应为［例1］的 1/4，则相应于固结度20％、50％、80％的时间依次为1.9d、12.1d、36.4d。

　　【例3】　黏土层厚度10m，上、下面透水，加荷均匀分布 P 相当于水头 $h=20$m 等，情况同［例2］，但此例认为土层较厚，初始条件不同，如图5－63所示，瞬间加荷顶面相当于 $h=20$m 的水压力传至底面只有一半，$h=10$m。

时段 节点号 i	0	Δt	$2\Delta t$	$3\Delta t$	$4\Delta t$
0	0	0	0	0	0
1	18.333	8.333	8.333	5.833	5.833
2	16.667	16.667	11.667	11.667	8.541
3	15	15	15	11.25	11.25
4	13.333	13.333	10.833	10.833	8.333
5	11.667	6.667	6.667	5.417	5.411
6	0	0	0	0	0

表 5-8　　　　[例 3] 有限差分法式（5-107）计算逐时段节点水头算表

【解】　此例按照太沙基的曲线 C_1 由式（5-105）和式（5-106）计算，已知固结度 20%、50%、80% 的相应时间是 1.7d、12d、36d。则对照有限差分法计算表 5-8，最接近的时段例如 50% 为 $3\Delta t = 3 \times 3.543 = 11d$，如图 5-63 所示计算水头分布线面积（梯形累加）为 $(\sum h)\Delta z = (5.833 + 11.667 + 11.25 + 10.833 + 5.417) \times 1.667 = 75m^2$，初始 $t = 0$ 直线到最终固结（$t = \infty$）直线间全部面积为 $150m^2$，则固结度 $U = 75/150 = 50\%$。从而验证基本一致。其他两时刻就不再计算。

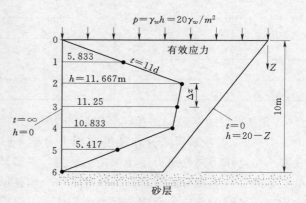

图 5-63　较厚黏土层固结过程水头分布图示（$t = 11d$）

【例 4】　黏土层厚 10m，相对于宽度，认为很厚，底面不透水，加荷均匀分布 p（相当于水头 $h = 20m$）的初始条件是顶面 p 到底面减为零，如图 5-64 所示，此例需要引用太沙基曲线 C_2 计算固结过程。例如求固结度 $U = 20\%$、50%、80% 等的固结时间因素，由式（5-105）曲线 C_2 得 $F(t) = 0.0056$、0.098、0.425 等，$t = 14d$、25d、108d 等。

【解】　引用渗流固结理论计算各时刻水头分布，同样，采用有限差分法计算结果见表 5-9，现在对照太沙基曲线 C_2 的固结度 50% 及其时间 25d 为例，相当表 5-9 中的时段是 $25/3.543 = 7\Delta t$，$t = 7 \times 3.543 = 25d$，点绘表 5-9 中该时段的孔隙水压力分布 h 值于图 5-63 中，计算 h 值分

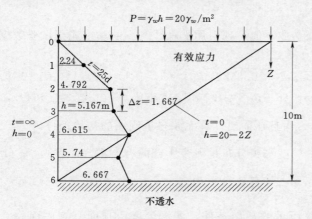

图 5-64　很厚黏土层固结过程水头分布图示（$t = 25d$）

布面积为 $52m^2$，则知原来初始条件下 h 值分布面积 $100m^2$ 有 48% 孔隙水消散固结转变为土体有效应力，也就是固结度 48%，接近太沙基的 50% 算法。此种误差主要是分格少，特别是在开始的时段，因为在地面排水的（$i=0$，$t=0$）$h=0$ 或 $h=20m$，是数学上的奇异点，所以会影响附近时段。

表 5 - 9　　　　　[例 4] 有限差分法式（5 - 107）计算逐时段节点水头算表

时段 节点号 i	0	Δt	$2\Delta t$	$3\Delta t$	$4\Delta t$	$5\Delta t$	$6\Delta t$	$7\Delta t$
0	0	0	0	0	0	0	0	0
1	16.667	6.667	6.667	4.167	4.167	2.917	3.021	2.24
2	13.333	13.333	8.333	8.333	5.833	6.042	4.48	4.792
3	10	10	10	7.5	7.917	6.042	6.563	5.167
4	6.667	6.667	6.667	7.5	6.25	7.084	5.854	6.615
5	3.333	3.333	5	5	6.25	5.625	6.667	5.74
6	0	3.333	3.333	5	5	6.25	5.625	6.667
5'	3.333	3.333	5	5	6.25	5.625	6.667	5.74

[例 4] 的固结过程，在底部附近的水头逐渐增大现象也是土力学中颇费解释的（理论土力学），太沙基后来又在他的实用土力学中归结于土的膨胀。不过从水的方面考虑，孔隙水由高压力向低压力流动也是自然的，不涉及土的应力应变问题。另外 [例 4] 假设的初始条件认为瞬时加荷载是由孔隙水和土体各承受一半，也是值得讨论的，似应完全由水承担此瞬时加荷比较合理，因为水是认为不可缩的。

【例 5】　此例为吹填放淤或水力冲填土坝固结过程的举例。设一次吹填泥浆厚度 $T=6m$，其初始孔隙比 $e_0=8$，底面相对不透水，参见图 5 - 65，计算自重压密固结度 $U=20\%$、50%、80% 所需的时间。

【解】　引用太沙基算法曲线 C_3，由式（5 - 105）计算 $U=20\%$、50%、80% 的相应时间因数 $F(t)=0.097$、0.312、0.657。泥浆试验 $c_v=4.86\times10^{-2}m^2/d$，则吹填泥浆厚度 $T=6m$ 的相应固结时间 $t=F(t)\dfrac{T^2}{c_v}=72d$、$231d$、$487d$。

引用渗流固结理论计算时尚需渗透系数 k 值，现引用文献 [20] 的黏土泥浆试验数据拟合关系式

$$k=1.2717+10.0622\ln e \tag{5-109}$$

算得该水力冲填泥浆 $e=8$ 的 $k=22.195\times10^{-8}m/s=1.9\times10^{-2}m/d$；并由式（5 - 104）求得 $S_s=\dfrac{k}{c_v}=\left(\dfrac{1.9\times10^{-2}}{4.86\times10^{-2}}\right)=0.391m^{-1}$；而且还需要计算泥浆自重固结的初始条件。

这里注意，作为固结初始条件的沿深度水头分布是泥浆土粒的有效重（浮重），厚 6m 泥浆相当土粒厚 $\left(\dfrac{1.1\times6}{2}\right)=\dfrac{6}{1+8}=0.667m$，其有效自重为 $p'=(\gamma_s-\gamma_w)\times0.667=(2.65-1)\gamma_w\times0.667=1.1\gamma_w$，故得出图 5 - 66 所示的初始条件，即沿深度由顶面 0 到底面 $\dfrac{p'}{\gamma_w}=$

1.1m 的线性水头分布。从而可先算出最终固结沉降为 $S_{\infty}=0.391\left(\dfrac{1.1\times 6}{2}\right)=1.29\mathrm{m}$，然后计算固结过程各时刻的水头分布如下：

[例 5] 引用有限差分法计算，如图 5-65 所示，取最少的分格，6m 厚黏土层分成 3 格，计算结果见表 5-10。因为 $\Delta z=\dfrac{6}{3}=2\mathrm{m}$，已知固结系数 $c_v=4.86\times 10^{-2}\mathrm{m/d}$。或其相应的 S_s 及 k，代入式（5-108）得 $\Delta t=41.5\mathrm{d}$，则对照太沙基的曲线 C_3 或式（5-105）和式（5-106）给出的 20%、50%、80% 相应的天数 72d、231d、487d，可知相当于 $1.75\Delta t$、$5.57\Delta t$、$11.7\Delta t$，

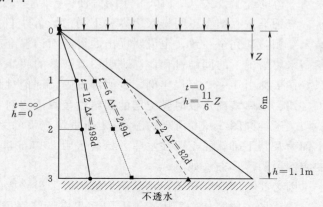

图 5-65 水力冲填坝自重固结过程图示

则取表 5-10 中的最接近的 $2\Delta t=82\mathrm{d}$，$6\Delta t=249\mathrm{d}$，$12\Delta t=498\mathrm{d}$，点绘水头分布如图 5-65 所示，计算水头分布改变面积与原来初始（$t=0$）水头到最终固结（$t=\infty$）$h=0$ 之间面积的比值为 22%，56%，81%。互相验证，还算比较合理。分格多些会更精确。

表 5-10 [例 5] 有限差分法式（5-107）计算逐时段节点水头算表

时段 节点号 i	0	Δt	$2\Delta t$	$3\Delta t$	$4\Delta t$	$5\Delta t$	$6\Delta t$
0	0	0	0	0	0	0	0
1	0.367	0.367	0.367	0.275	0.275	0.207	0.207
2	0.733	0.733	0.55	0.55	0.413	0.413	0.31
3	1.1	0.733	0.733	0.55	0.55	0.413	0.413
2′	0.733	0.733	0.55	0.55	0.413	0.413	0.31

时段 节点号 i	$7\Delta t$	$8\Delta t$	$9\Delta t$	$10\Delta t$	$11\Delta t$	$12\Delta t$
0	0	0	0	0	0	0
1	0.155	0.155	0.117	0.117	0.088	0.088
2	0.31	0.233	0.233	0.175	0.175	0.132
3	0.31	0.31	0.233	0.233	0.175	0.175
2′	0.31	0.233	0.233	0.175	0.175	0.132

关于最终固结量，还可按照土力学算法，由式（5-104）求出体积压缩系数 $m_v=\dfrac{k}{\gamma_w c_v}=\dfrac{1.1\times 10^{-2}}{\gamma_w(4.86\times 10^{-2})}=\dfrac{0.391}{\gamma_w}$，代入下式计算[6]，得

$$S_{\infty}=m_v\frac{p}{2}T=m_v\frac{\gamma_w\Delta h}{2}T=0.391\left(\frac{1.1}{2}\right)\times 6=1.29\mathrm{m}$$

3. 验证小结

作为验证渗流固结理论依据的太沙基一维固结方程理论解的三条曲线图 5-59，可以采用求得的经验公式（5-105）更为方便。

三种类型固结在不同排水边界和不同初始条件下的典型算例，经过两种固结理论计算结果互相验证完全一致，也说明提出的渗流固结理论正确可信。但对于图 5-58 所示水库蓄高水位情况下的固结过程，尚难引用太沙基的超静水压力固结理论进行计算，互相验证只好在下面引用一个工程实例，说明渗流固结理论对此类固结问题的算法。

四、水库蓄高水位时黏土层的固结过程算法实例

关于类同图 5-58 所示的涨水 H 荷重情况下的黏土固结计算，举新疆下坂地水库黏土铺盖及其下卧软黏土层在水库开始蓄水由 2905m 涨到设计水位 2960m 时压缩固结过程的实例说明计算方法如下[16]。

因为此类问题的初始突增水压力的消散，最终固结并非止于 $h=0$ 的静水，而是止于稳定渗流场。故应首先引用三维有限元程序计算突增库水位至 2960m 时的渗流场水头分布，作为最终固结条件，即式（5-101）右端等于零的稳定渗流方程，计算结果如图 5-66 所示，为其平面图等水头线分布，表示各处（x，y）的水头值。至于地基中各黏土层固结初始条件，都应是突增水位至 2960m 的水压力。

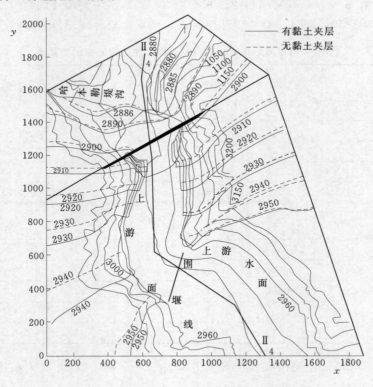

图 5-66　某水库黏土铺盖防渗方案的渗流场
等水头线分布平面图（单位：m）

为说明计算方法，取平面图距坝脚 700m 处的垂向（z）剖面为例，如图 5-67 所示各土层上、下边界算得的水头值作为蓄水荷重后的各黏土层计算固结过程时的最终固结 t $=\infty$ 的直线水头分布。初始时刻 $t=0$ 的突增水头分布认为沿土层剖面都是均匀等同的。

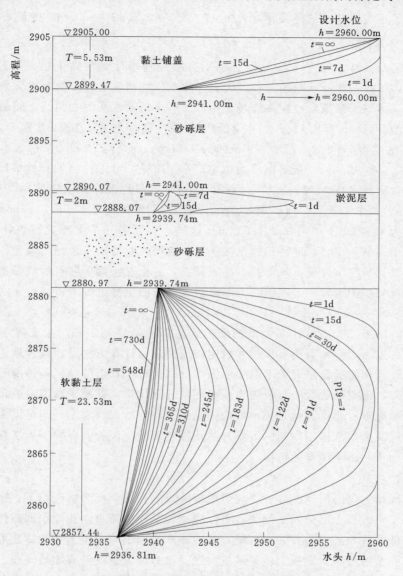

图 5-67　某水库蓄高水位时黏土层固结过程各时刻水头变化算例

图 5-67 所示土层分布，黏土铺盖渗透系数 $k=0.000864\mathrm{m/d}$，下卧软黏土层 $k=0.00118\mathrm{m/d}$，砂砾层 $k=\infty$。钻孔取出软黏土的压缩性试验，求得贮水率 $S_s=3\times10^{-3}$ m^{-1}，则由图 5-67 所示计算的初始到最终的水头改变值，例如最厚黏土层 $T=23.53\mathrm{m}$ 的顶面 $\Delta h_1=2960-2939.74=20.26\mathrm{m}$，底面 $\Delta h_2=2960-2936.81=23.19\mathrm{m}$，代入式 (5-98) 可算得该黏土层的最终固结沉降量为

$$S_\infty=3\times10^{-3}\times\frac{20.26+23.19}{2}\times23.53=1.539\mathrm{m}$$

同样，计算厚 2m 的淤泥层最终沉降量为 $3.01\times10^{-3}\times\dfrac{19+20.26}{2}\times2=0.118\text{m}$，最上层黏土铺盖压实较好，最终沉降量为 $1\times10^{-3}\times\dfrac{19}{2}\times5.53=0.05\text{m}$，则最终总的沉降量三者相加，为 1.7m。

然后由竖向一维方程式（5-102），引用有限元程序计算各黏土层固结过程各时段 t 水头分布，如图 5-67 所示曲线分布即代表孔隙水压的消散过程。初始水头条件设计为蓄水位 2960m，最终为形成的稳定渗流场。由图 5-67 所示水头改变曲线之间的面积，代入式（5-97）就可得出蓄水后任意时刻的沉降量及其固结度。例如蓄水半年沉降量为 1.323m，固结度为 77.8%；蓄水一年沉降为 1.58m，固结度为 92.9%；蓄水两年沉降为 1.68m，固结度为 99.8%；最终沉降为 1.7m 等。同样，可以算出坝脚处最厚（12m）铺盖和上游端最薄处（4m）铺盖在蓄水后的沉降过程，最终沉降在坝脚处为 1.512m，上游端为 1.556m，蓄水半年、一年、两年的沉降量在坝脚依次为 1.5m、1.506m、1.508m，上游端依次为 1.225m、1.446m、1.533m。这样，可选用几个主要关键点计算其沉降过程。如果引用式（5-101）进行三维渗流计算，也可同时得出库区黏土铺盖各点在蓄水后的沉降过程及其最终沉降量。从而设计施工断面，并由黏土铺盖各点的沉降量考虑估算裂缝的可能性及其防护措施[5]。此项黏土渗透诱发固结的沉降过程分析与后来的试验研究结果相一致[17]。

以上计算结果，若与设计书中以沉降公式估算的最终 2.31m，蓄水两年沉降 2.20m 相比，有一些差距。看来引用可压缩非稳定渗流的数值计算方法是比较合理的。

从上面计算坝脚处最厚铺盖下黏土层固结沉降量最小和上游端铺盖最薄处黏土层沉降量最大的结果，说明铺盖等防渗措施有减轻固结沉降作用，即减少渗流也就是减轻渗透力的挤压土体的原理；相反，就是排水加快固结的原理。所以在施工期间可以采取砂井排水预压黏土层以减少蓄水运用期间的沉降，防止铺盖裂缝。但砂井有损于天然黏土层的防渗作用，却又加重了防渗铺盖的负担。

五、结论

通过对固结问题的回顾和计算比较所取得的成果和认识作为结论如下：

（1）可压缩饱和土层的固结问题，可以概括说是施加荷重由孔隙水即刻传压力于土层作为初始条件形成向排水边界的渗流场；然后逐渐排水消减水压力和土体孔隙率，促使土体渐趋密实固结的过程。实质上就是渗流问题。没有渗流也就没有固结问题。其力学概念就是加荷外力即刻转变为内部渗流的渗透力挤压土体密实固结的过程[11]。由水头分布消减过程可知开始渗透力大，固结快，各时段向排水边界处的渗透力最大，挤压土体密实，该处的有效应力也就最大。最后固结也将是黏土层的表层固结沉降大于内部，对于不均匀土层或局部加荷的二维、三维渗流问题，会发生地面不均匀沉降裂缝问题[16]。

（2）渗流固结理论，只要计算分析时段的渗流场水头分布和排出水量就可求得土层的固结度以及在渗流场分布下的不均匀性固结度。没有涉及土体应力应变位移等问题。如果从土力学概念考虑，认为施加荷重是土体有效应力即刻传至土层再挤压排出孔隙水作为初始条件，势必涉及土体应力应变位移等问题的繁复计算过程。比较这两种初始条件的假设，显然是水比土能即刻传递压力，较为合理。因为水是不可压缩的，能即时传播压力，由此推论太沙基固结理论中的瞬时加荷几种初始条件值得讨论，似乎只有第一种，全部荷重开始由孔隙水承担比较合理。不过，瞬时加荷固结与滑坡计算中的库水水位骤降一样，实际上是不存在的。因此，这样设计将是最安全保守的。再者，计算的边界条件，黏土层底面不透水，其固结时间延长将是上、下面都透水的 4 倍。

（3）渗流固结理论经过举例计算，与太沙基固结理论中的三类型排水固结问题解析解互相对比，结果一致，验证了算法的可靠性。顺便也求得了太沙基解析解三条典型曲线的经验公式，便于计算引用。虽然都是一维固结例，但从原理估计，只要能正确计算渗流场，就应能同样适用于三维渗流固结问题。

（4）渗流固结理论算法除验证适用于土力学中的加荷排水固结过程，即最终时刻（$t=\infty$）恢复到原来静水压力的固结问题，也适用于地下水力学中的水位升降（抽水蓄水）导致的固结沉降问题；它的最终时刻（$t=\infty$）固结是止于稳定渗流场，因此，补充了新疆下坂地水库蓄高水位时下卧黏土层固结的实例计算，说明了算法及其不同于加荷载固结的最终结果。同样，也必然适用于抽取含水层中地下水所发生的地面沉降问题。

（5）土力学中的固结问题，习惯上把孔隙水压力区别为静孔隙水压力与超静孔隙水压力，甚至还称为超孔隙水压力（excess pore water pressure）。由于涵义不够明确，且因加荷载的固结问题，最终是止于原来的静孔隙水压力，从而还把没有固结问题的稳定渗流场误解为静孔隙水压力[26]。甚至影响到土石坝稳定分析计算，也把动水压力的渗流场当作静水压力分布计算，发生严重的误差[14]。如果从水力学观点考虑，在渗流计算中的孔隙水压力，不管是静水还是动水，也不管是有压还是无压，都是以测压管水面高低表示某点的势能水头的。自然也就不会发生对孔隙水压力的误解，可能也算是渗流固结理论算法的优点。

第十一节　非达西渗流黏土层固结问题的算法
§ 11. Algorithm of non-Darcian seepage for
consolidation problem of clay layer

一、起始坡降问题

本章第十节所述固结问题中的渗流规律都是建立在常规的达西定律基础上的，但实际的黏土渗流是超出达西定律下限的非达西流，而且在固结过程中又是非恒定的。所以苏联学者普兹列夫斯基（Пузыревский，1931）很早就提出来黏土渗流的起始水力坡降问题，在计算黏土层压密沉降过程中，考虑起始坡降时，其沉降量与固结速度减了一半[4]。虽然后来也有不同意起始坡降的存在，认为是如图 5 - 68 所示的渐近原点的曲线。但该区的渗透系数极微，固结过程极慢，已无实用意义（Rosa，1953）[15]。因此，起始坡降的概念仍被采用，以便按线性渗流规律简化计算。

二、研究现状与黏土渗流规律

近年来，国内外学者也多是按照图 5 - 68 所示包括起始坡降在内的概化曲线引进黏土层固结问题的渗流计算[12,13,14]。因为需要考虑概化曲线所依据试验资料的可靠性和适用

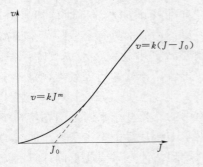

图 5-68　黏土渗流速度与水力
坡降的关系曲线

性，建议引用较完善合理的纳吉与卡拉地（Nagy 和 Karadi，1961）的超出达西定律下限的黏土非达西渗流试验资料比较合适[21]。早年访问匈牙利布达佩斯工科大学水利系和水资源开发研究中心（VITUKI）期间曾与纳吉教授等讨论过此项试验，认为试验成果与 Merkel，Eller，Dick，Rosa 等人的试验相同。因此推荐引用其成果，如图 5-69 所示的构成 $J-v$ 曲线。图中 J_0 为黏土渗流的起始坡降，J_1 为升高水头冲破结合水直到最后的有效渗流通道开始适用达西渗流规律 $v=kJ$ 的临界坡降，也就是适用达西渗流的下限。

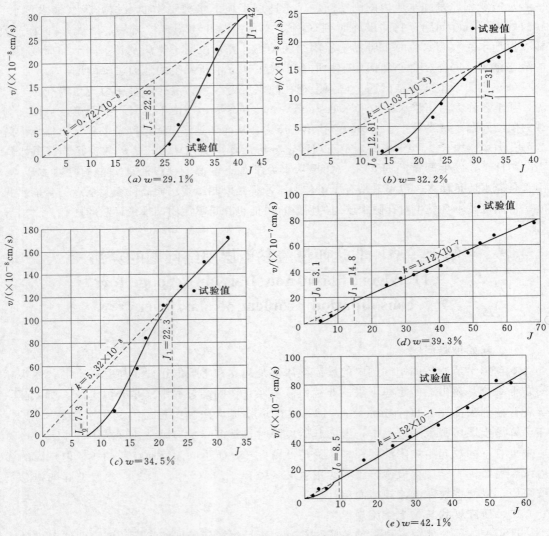

图 5-69　黏土不同含水量的渗透试验（Nagy 和 Karadi）

为了便于固结理论的数值计算，图 5-69 的渗透试验成果可求其经验公式如下[31]：

$$
\left.
\begin{aligned}
k &= 1.23(w-29)\times10^{-8}\,\text{cm/s}\\
&= 1.06(w-29)\times10^{-5}\,\text{m/d}\\
J_0 &= 23.08-20.66\lg(w-29)\\
J_t &= 345.8-208.3\lg w
\end{aligned}
\right\}
\tag{5-110}
$$

式中　w——黏土的含水量百分数上的数值，例如 $w=31\%$，则以 $w=31$ 代入式（5-110）计算。

式（5-110）的适用范围为 $w\geqslant29$。当 $w<30\%$ 时，k 值计算仍取 30；当 $w\geqslant46$ 时，计算 J_0、J_1 将出现 0 或负值，即正常达西渗流。

在固结问题演算中，采用体积含水量 n_w 有时会比重量含水量 w 更为简便，它们之间的关系为 $w=\dfrac{n_w\gamma_w}{\gamma_d}$，对于饱和土，$n_w$ 就是孔隙率 n，设黏土粒比重为 2.7，且用小数表示 w 和 n 时，关系式为

$$
w=\frac{n}{2.7(1-n)}
\tag{5-111}
$$

有了黏土渗透的起始坡降 J_0 和开始进入达西渗流的临界坡降 J_1，其间的一段曲线可以近似作为直线考虑，这与 Rosa 的试验一致[21]。这样就能完全用算式描述黏土固结非达西渗流的 v-J 试验曲线。

三、举例计算

现在就引用上述黏土试验的成果，举例说明非达西渗流固结过程的算法。设该黏土层厚 10m，含水量 $w=50\%$，贮水率 $S_s=3\times10^{-3}\,\text{m}^{-1}$，上面加均匀荷载 p 相当于水头 $h=\dfrac{p}{\gamma_w}=20\text{m}$ 的压力，黏土层上面排水固结，下面不透水，参见本章第十节［例 1］和图 5-63。

首先按照前述的渗流固结理论算法式（5-97）求得最终固结沉降压缩量（即贮水率乘 $t=0$ 与 $t=\infty$ 两条水头分布线之间的面积）为

$$
S_\infty=3\times10^{-3}\times(20\times10)=0.6\text{m}
$$

再计算各时段 Δt 的固结度沉降值。

此算例因为土层厚、排水边界、初始加荷条件等都与第十节［例 1］相同，故可根据第十节［例 1］已经算得的有限差分法表 5-7，结合此例黏土特性计算各时段固结度的时间，即按照黏土层特征值式（5-110），先计算初始条件 $w=50\%$ 的 k 值得出 $k=2.58\times10^{-7}\,\text{cm/s}=2.23\times10^{-4}\,\text{m/d}$；并由式（5-111）计算代表体积含水率的孔隙率为 $n_0=0.574$，再由式（5-108）计算初始条件的时段为 $\Delta t=18.8\text{d}$，填入表 5-11。因为 $w=50\%$ 代入式（5-110）计算 $J_0=-4.24$ 为负值，则知初始时段是正规达西渗流。然后计算各固结度 U 的时间，例如 $U=20\%$，它对应表 5-7 中的时段是 $2\Delta t$，可由已求得 10m 厚土层的最终固结度（$U=100\%$）沉降值 0.6m，由 $\dfrac{0.6}{100}=\dfrac{S_t}{20}$ 算出该时段沉降值，$S_t=0.12\text{m}$，此值即该时段排出的水量，就相当于孔隙率改变值 $\Delta n=\dfrac{0.12}{10}=1.2\%=0.012$，则得时间 $t=2\Delta t$ 的孔隙率 $n_t=n_0-\Delta n=0.574-0.012=0.562$。再由式（5-111）算出相

应的 $w=47.5\%$，由式（5-110）算出 $k=1.96\times10^{-4}$ m/d，代入式（5-108）算出相应的时段 $\Delta t=21.3$ d，从而可算得 $U=20\%$ 的经历时间 $t=2\Delta t=43$ d。如此，依次可算得固结度 $U=50\%$、80% 等的沉降值和经历时间（$t=14\Delta t$、$41\Delta t$），见表 5-11。

表 5-11　　　　　非达西渗流有起始坡降时黏土层固结沉降算例成果表

U	0	20%	50%	80%	65.1%	85.8%
w	50%	47.5%	44.2%	41.1%	42.6%	40.6%
n	0.574	0.562	0.544	0.526	0.535	0.523
$k/$(m/d)	2.23×10^{-4}	1.96×10^{-4}	1.61×10^{-4}	1.28×10^{-4}	1.44×10^{-4}	1.23×10^{-4}
$\Delta t/$d	18.8	21.3	26	32.7	29	34
$t/$d		43	364	1341	696	1700
Δn		0.012	0.03	0.048	0.39	0.051
$S_t/$m		0.12	0.3	0.48	0.39	0.51

如果开始就用有限差分法计算表 5-7 中的某时段，就比较方便，例如时段 $24\Delta t$，其水头分布线与最终（$t=\infty$）固结水头分布线（$h=0$）间的面积（参考图 5-62），按梯形面积累加为 $[2.903+5.415+7.928+9.376+10.825+1/2\times10.825]\times1.667=69.8$ m^2，初始时刻到最终时刻间的总面积为 $10\times20=200$ m^2，则固结度 $U=(200-69.8)/200=65.1\%$。由此，依次计算 $S_t=0.39$ m，$\Delta n=0.039$，$n_t=0.535$，$w=0.426=42.6\%$，$k=1.44\times10^{-4}$ m/d，$\Delta t=29$ d，$24\Delta t=696$ d。再例如表 5-7 中的时段 $50\Delta t$，由水头分线计算固结度 $U=85.8\%$。依次计算 $S_t=0.51$ m，$\Delta n=0.051$，$n_t=0.523$，$w=40.6\%$，$k=1.23\times10^{-4}$ m/d，$\Delta t=34$ d，$t=1700$ d。这些计算结果都填入表 5-11。

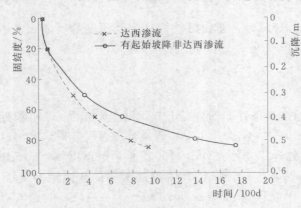

图 5-70　黏土层固结沉降与时间的关系

为了与上面非达西渗流计算互相比较，再进行该例的常规渗流固结计算，即按照初始条件的 $k=2.23\times10^{-4}$ m/d，计算 $\Delta t=18.8$ d，则固结度 $U=20\%$、50%、80% 和对应的时间依次为 $t=2\Delta t=38$ d、$14\Delta t=263$ d、$41\Delta t=771$ d 和 $24\Delta t=451$ d，$50\Delta t=940$ d；相应压缩沉降依次为 $S_t=0.12$ m、0.3 m、0.48 m 和 0.39 m、0.51 m。点绘曲线比较，如图 5-70 所示，可知此例两种计算方法间的差别，在沉降方面相差 0.1 m 和 10%，在固结时间方面相差大到一倍。这是因为渗透系数 k 决定固结快慢，单位贮水量 S_s 决定沉降量之故。如果计算中再改变 S_s，沉降量减半是可能的。由此也可体现到渗流参数的重要性，对于渗流固结沉降问题，从水的方面来研究 S_s 方便可靠，还是从土的方面来研究固结系数 c_2 方便可靠，也是值得考虑研究的问题。

四、计算过程解析

上面举例计算黏土层固结过程，实质上仍然是达西渗流，是每个时段含水率 w 改变下的不同渗透系数的达西渗流。当固结过程进入到起始坡降渗流区时，如图 5-71 所示，沿着区段 J_1J_0 计算的水头分布仍然是达西渗流，即由原点引出的直线 $v=k'J$，它通过起始坡降直线上的点 J' 不过是每个时段的 J_0J_1 都在改变，J' 也就逐渐靠近 J_0，直到 $J'=J_0$ 为止。这样的计算也就符合引证固结方程或非稳定渗流方程中的达西渗流规律的条件。

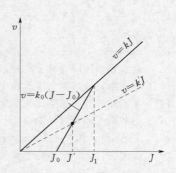

图 5-71 黏土渗流 $v-J$
直线段关系示意图

此上举例，可以算出进入非达西渗流较晚，由已算得的成果表 5-11 和该黏土层特征值式（5-110）可知固结度 50% 的含水量，$w=44.2\%$，$J_0=-1.3$，尚属达西渗流，到固结度 $U80\%$ 的 $w=41.1\%$，$J_1=9.64$，$J_0=0.71$，已是在起始坡降区段。

计算中的各区段直线间的渗透系数关系为

$$\left.\begin{aligned} k' &= \frac{k}{1-\dfrac{J_0}{J_l}}\left(1-\frac{J_0}{J'}\right) \\[2mm] k_0 &= \frac{k}{1-\dfrac{J_0}{J_l}} \end{aligned}\right\} \tag{5-112}$$

参 考 文 献

References

[1] Leliavsky, S. Irrigation and Hydraulic design, London, 1955.

[2] Khosla, A. N. Design of weirs on permeable foundations Central Board of Irrigation, India, 1936.

[3] 毛昶熙. 渗流计算分析与控制. 北京：水利电力出版社，1990.

[4] 毛昶熙，周保中. 闸坝地基渗流的近似计算方法. 水利水运科技情报，1976，2.

[5] 毛昶熙，周保中. 闸坝地基渗流的改进阻力系数法. 水利学报，1980（10）.

[6] Аравин В. И.，Нумеров С. Н.. фильтрационные расчсты гидротехническцх сооруженийн，Гостройиздат，1955.

[7] 毛昶熙. 电模拟试验与渗流研究. 北京：水利出版社，1981.

[8] 毛昶熙. 冒水孔试验与研究. 南京水利实验处研究报告，1952.

[9] 朱丹，毛昶熙. 闸基板桩缝对渗流影响的计算. 南京水利科学研究院报告，1990.

[10] 刘杰. 缺乏中间粒径砂砾石的渗透稳定性. 水利水电科学研究院论文集，1961.

[11] Mao Changxi. A new method of designing underground contour for sluice-dams on permeable foundations，"Design of Hydraulic Structures 89" edited by Albertson M. L. and Kia R. A.，P. 129，2000.

[12] Hansbo. Consolidation equation valid for both Darcian and non-Darcion flow. Geotechnique，2001（1）：51-54.

[13] 邓岳保，谢康和，李传勋. 考虑非达西渗流的比奥固结有限元分析. 岩土工程学报，2012（11）：2058-2065.

[14] 刘忠玉．基于非 Darcy 渗流的饱和粘土一维固结理论．岩土力学与工程学报，2009（5）：973-979.

[15] Poза. C. A. Pacчет осадки cooy жений гидрозлектростанчий Mocква，1959. 蒋国澄译．水电站水工建筑物的沉降计算．北京：中国工业出版社，1964.

[16] 毛昶熙，段祥宝，等．粘土铺盖的沉降裂缝计算方法．岩土力学，2004（1）：50-54.

[17] 毛昶熙，等．堤防工程手册．北京：中国水利水电出版社，2009.

[18] 毛昶熙，段祥宝，李祖贻，等．渗流数值计算与程序应用．南京：河海大学出版社，1999.

[19] Terzaghi，K. Theoretical Soil Mechanics，Wiley，New York. 1943.

[20] 张力霆，等．淤填粘土固结过程中孔隙比的变化规律．岩土力学，2009（10）：2935-2939.

[21] Nagy und Karadi. Untersuchungen über den Gültigkeitsbereich des Gesetzes von Darcy，Oesterreichische Wasserwirtschaft，Heft 12，1961.

[22] 毛昶熙，段祥宝，毛宁．堤坝安全与水动力计算．南京：河海大学出版社，2012.

[23] Rouse. H. . Fluid Mechanics for Hydraulic Engineers，1938.

[24] Davidenkoff. R. N. Deiche und Erddämme Sickerströmung Standsicherheit，1964.

[25] Чугаев，P. P. . О фильтрациныльях силях. ВНИИГ，1960. 李祖贻译．论渗透力，渗流译文汇编第四辑，1963.

[26] 毛昶熙，段祥宝．关于"静孔隙水压力与超静孔（隙水压力）"的讨论．岩土工程学报，2013（5）：991-992.

[27] 薛禹群，谢春红．地下水数值模拟．北京：科学出版社，2007.

[28] 华东水利学院．水工设计手册．北京：水利电力出版社，1984.

[29] Kovacs，G. . Mathmatical Modelling of Ground water Flow. Budapest，1978.

[30] 毛昶熙，段祥宝，毛宁，吴金山．再论渗流计算中的渗透力与应用发展．第八届全国水工渗流学术会议论文集，2015.

[31] 毛昶熙，段祥宝，毛佩郁，等．堤防渗流与防冲．北京：中国水利水电出版社，2003.

[32] 段祥宝，谢兴华，速宝玉．水工渗流研究与应用进展——第五届全国渗流会议论文集．郑州：黄河水利出版社，2006.

[33] 毛昶熙，段祥宝，吴良骥，等．滑坡计算中渗流问题//段尔焕，郑源，王鸿武，等．水利水电技术新进展——科技学术论文集（2005），北京：原子能出版社，2005：201-207.

[34] 毛昶熙，段祥宝，蔡金榜，等．管涌与滑坡的非稳定渗流计算问题//程林松，单文文，等．资源、环境与渗流力学——第八届渗流力学讨论会论文集，2005：232-239.

[35] 刘杰．土的渗透破坏及控制研究．北京：中国水利水电出版社，2014.

[36] 全国第一届水利工程渗流学术讨论会论文集．山东泰安，1983.

[37] 谢兴华，赵廷华，张文峰，等．砂卵石地基大型渠道的渗流与抗浮．郑州：黄河水利出版社，2010.

[38] 沙金煊．闸坝渗流管涌控制与农田排水设计．北京：中国水利水电出版社，2003.

[39] 张蔚榛．张蔚榛论文集．武汉：武汉大学出版社，2002.

[40] 瞿兴业．农田排灌渗流计算及其应用．北京：中国水利水电出版社，2011.

第六章 高坝岩基渗流

Chapter 6 Seepage through Rock
Foundation of High Dam

高坝多建造在岩基上，特别是混凝土坝。所以选好岩基坝址是保证建坝安全的关键。在水动力安全方面则有冲刷和渗流的控制。渗流控制方面主要是降低坝基渗流扬压力以及坝端山脊岩体渗流的安全。但是在设计方面的渗流计算，仍在引用土基的均匀连续介质算法，误差很大。因为岩体构造上的节理，渗流只是沿裂隙流动，属于裂隙介质。裂隙的形成，主要是构造应力和大气长期作用所致。垂直缝多是构造应力造成的，接近水平方向的层理缝是由沉积造成的。在不太深的表层，由于风化作用而使缝隙张开，所以裂隙介质的岩体渗透性具有强烈的各向异性。甚至还有更强透水性的断层存在，情况极为复杂。只有当裂隙分布混乱而没有固定方向，风化成松散体时，才能被看成各向同性，近似引用土体多孔介质的渗流算法。因此为适应高坝的发展，以及核废物污染埋藏地层深处等问题，促使人们在随后的 30 年内对岩基渗流的研究，提出了各种裂隙情况下，岩体渗流的计算模型。在我国也开始应用于黄河小浪底水库左岸坝肩复杂岩层的渗流计算。趁此书修订之机，把这些算法补充进来与原有的高坝岩基渗流控制等小节合并，单列为一章叙述。

第一节 岩体渗流的有关性质[1]
§ 1. Properties of rock mass related to seepage

岩石和土的主要区别只是破碎程度的不同，甚至没有精确的界限。不过我们在这里要介绍的岩基是属于裂隙介质，岩块本身透水性很微，一般岩体的孔隙率约为 $n=0.01\sim$ 0.1，渗透系数 $k<10^{-7}$cm/s，较之缝隙透水性要小 5~6 个数量级。因此可认为不透水，只是互相连通的缝隙发生渗流。当岩体有三组裂隙时，其总的孔隙率表示为[1]

$$n = 1 - \prod_{i=1}^{3}\left(1 - \frac{b_i}{B_i}\right) \tag{6-1}$$

式中　b——裂隙宽度；

B——裂隙间距。

如果是两组裂隙，$i=1$，2，就是两组裂隙的乘积。

形成裂隙的原因主要是构造应力和受大气长期作用所致。垂直缝多是构造应力造成的，接近水平方向的层理缝是由沉积造成的。在不太深的表层，由于风化作用而使构造缝和层理缝张开，所以裂隙介质的岩体渗透性具有强烈的各向异性。如图 6-1 所示为几种岩石的不同裂隙情况。而且这些裂隙组经常是倾斜的。有时还有断层存在，其透水性更强，情况极为复杂。这些裂缝的壁面同样都有吸着水的存在，缝开口宽度小于 4×10^{-6} m 时，一般就不会有重力水或自由水流动。

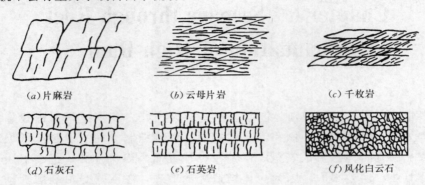

(a) 片麻岩　　　　　(b) 云母片岩　　　　　(c) 千枚岩

(d) 石灰石　　　　　(e) 石英岩　　　　　(f) 风化白云石

图 6-1　不同岩石的裂隙分布[1]

有时固体介质本身既有裂隙又是多孔的，即所谓双重介质。例如岩溶地区，由于溶洞的存在就属于多孔性的裂隙岩体，裂缝的黏土则属裂隙多孔介质等。

此外对于介质在荷载或孔隙水压力改变情况下发生变形时，则应结合渗流场一并考虑，即所谓耦合问题。求解这些复杂的渗流问题，只有在计算机上进行数值计算。

最后指出，在孔隙或裂隙中水的流态，则决定于孔与缝和流速的大小，也即雷诺数的大小。大多数的工程渗流问题属于层流，极少数问题接近于紊流。

第二节　高坝岩基渗流的控制措施[2]
§ 2. Control measures for seepage through rock foundation of high dam

1929 年，当时的地质学家太沙基特别指出："坝基质量鉴定，不仅要对地质条件仔细研究，而且要精通渗流水力学，从水力学来分析地质条件的重要性。"这一段话值得借鉴。卡色葛兰德（Casagrande，1961）[2]曾沿此途径分析坝基坝座问题取得重要成果。他借用渗流理论分析坝底扬压力控制措施主要是靠排水，灌浆帷幕作用不大，并结合地质条件给出防渗帷幕和排水孔幕作用的概念性图 6-2。图 6-2（a）是完全截断透水层时理想情况的沿坝底水力坡线或扬压力分布；图 6-2（b）为相当有效的防渗帷幕时扬压力分布；图 6-2（c）是帷幕加排水；图 6-2（d）、（e）、（f）是只有排水，但控制井孔中水位过高或孔距大以及孔深浅时，会使扬压力增高；图 6-2（g）、（h）是地质条件特殊，在倾斜岩层间有强透水层，此时虽已有帷幕，但排水孔没有达到强透水层，下游出渗又受坝底或不透水断层的阻碍，在满库蓄水压力下会使坝踵处岩基节理张开形成裂缝，所以发生危险的扬压力分布。

根据已建坝的观测资料，坝底扬压力分布，一般均接近图 6-2 中的（c）、（d）、（e）

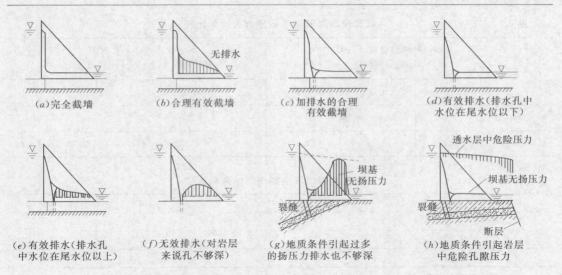

(a)完全截墙	(b)合理有效截墙	(c)加排水的合理有效截墙	(d)有效排水(排水孔中水位在尾水位以下)
(e)有效排水(排水孔中水位在尾水位以上)	(f)无效排水(对岩层来说孔不够深)	(g)地质条件引起过多的扬压力排水也不够深	(h)地质条件引起岩层中危险孔隙压力

图 6-2　岩基上混凝土坝帷幕和排水对扬压力分布的作用示意图[2]

三种情况，说明降低扬压力的作用主要是排水。至于灌浆帷幕则可控制坝下的渗流量[2]。

对于岩基上的混凝土坝，主要是降低坝底扬压力，而且经常是采用一排灌浆帷幕与一排减压排水井（孔）相结合的控制措施。排水井间距一般比灌浆孔距大得多，井深也小于帷幕；但排水井孔的效果却非常显著。现引用田纳西流域 Hiawassee 坝的已有观测资料结合渗流理论分析比较如图 6-3 所示[2]。

混凝土坝轮廓简单，可作为平底板下有板桩及排水井孔考虑，并可认为灌浆帷幕已基本截到不透水岩层（岩再考虑其下深层地基透水计算也可）。根据图 6-3，已知排水井孔径 $2r_0$ =7.6cm，井孔间距 a =2.4m，井深 w =12m，透水地基深度 T =24m，排水井列距上游坝踵 10m，距下游坝脚 65m，井中水位与下游尾水位同。单排灌浆帷幕在坝踵处，灌浆孔距 1.5m，孔深 24m。为了比较灌浆帷幕与排水井列的减压效果。将计算结果分别列入表 6-1 及表 6-2。计算方法采用改进阻力系数法，算帷幕时可知应有进、出口段、帷幕段及水平段共

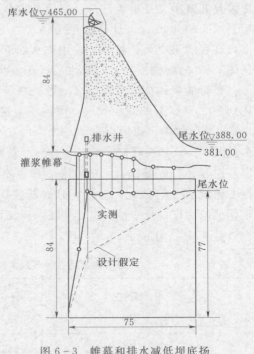

图 6-3　帷幕和排水减低坝底扬压力分析示例（单位：m）

4 个分段，帷幕段的阻力系数见第五章第二节式（5-45）～式（5-50）；算排水井列时可知应有进、出口段、井列段及其前、后的水平段共 5 个分段，算法见第五章第三节式（5-61）和其后面例题。因为水平段是平行流，故其阻力系数应为 $\zeta_x = l/T$，进、出口段 ζ_0 =0.44。

215

表 6-1　　　　　　　　　　　灌浆帷幕降低坝底扬压力的效果比较

计算说明	按板桩缝宽 m 计算（墙厚 $\delta=1$m，板桩宽 $B=1.5$m）			按弱透水性 k/k_c 计算（地基透水性 k/帷幕透水性 k_c，墙厚 $\delta=1$m）				
	1cm	5cm	10cm	1	10	30	50	100
帷幕后水头	39%	74%	84%		91%	77%	66%	49%
单宽渗流量	$7.5k$	$14.2k$	$16.2k$	$19.3k$	$17.4k$	$14.7k$	$12.7k$	$9.4k$

表 6-2　　　　　　　　　　　排水井列降低坝底扬压力的效果比较

计 算 说 明	井深贯入度 $w/T=12/24=0.5$	$w/T=1$	$w/T=0.75$
井列后水头	20%	4%	9%
井列单宽渗流量	$66.9k$	$85.2k$	$79.4k$
下游河床单宽渗流量	$4.9k$	$1.0k$	$2.3k$

注　单宽与坝基渗透系数 k 的长度单位均为 m。

由表 6-1、表 6-2 所列数据分析，可知排水井孔是降低坝底扬压力最有效的措施，比灌浆孔既少又浅更为经济。只设一排井孔，其深度仅相当灌浆帷幕深度的 3/4 就可以降压总水头的 90%。设计排水井孔时，缩小间距要比增大井径效果显著，而尽量降低井孔出口高程效果更大，甚至可采用排水廊道低于尾水位的抽排渗水方案（如美国大苦力坝）。从图 6-3 的观测资料看，排水后扬压力线趋于水平也说明井列的主要作用。

单排灌浆孔在接头处留有缝隙，减压效果在 30% 以下；即使两排灌浆孔帷幕也很难达到 30%～50% 的减压效果，因为作为连续墙考虑，帷幕渗透系数比岩基小 50 倍时只有 1/3 的减压效果。按照以往的常规设计，当岩基压水试验吕荣值大于 1Lu（相当于单位吸水量 $\omega=0.01$，或近似 $k\approx10^{-5}$cm/s）就要求灌浆时，灌浆后只能达到 $\omega=0.005$，即使是岩基由 $\omega=0.05$ 灌到 $\omega=0.005$，k 值也不过减小 10 倍左右，其减压效果按表 6-1 所列数据不超过 10%。因此，对较好的岩基进行帷幕灌浆实无必要，于是相继有人提出放宽灌浆标准的建议，见表 6-3。我国也把水泥灌浆帷幕的要求标准放宽到 3～5Lu[8]，国外则有放宽到 5～10Lu 的[3]。

表 6-3　　　　　　区别岩基是否需要灌浆防渗的建议吕荣值　（1Lu＝100ω）

坝 型 情 况		Houlsby 建议（1985）[4]		Kutzner 建议（1991）	
		单排帷幕	多排帷幕	层 流	紊 流
混凝土坝		3～5	5～7	5～8	3～5
土石坝，心墙	窄	3～7	5～10	5～8	3～5
	中等			8～12	5～8
	宽	5～10	7～15		
均质土坝				10～15	8～12
特殊情况（岩基破坏、侵蚀、易冲、怕渗水污染等）		3	4	3～5	1～3
使用水泥灌浆的下限（吸浆能力，也是一项标准）				30kg/m	30kg/m

表 6-3 中库兹纳的建议为透水层是顺河谷方向，若有弱透水层横穿河谷使渗径受阻时，他认为表中吕荣值还可加倍或更大。因此，影响灌浆标准的因素很多，灌浆前必须结合地质条件作渗流分析，免得灌浆后无效或效果不大，甚至有时会对坝体发生不良的影响。一般来说，只有对强透水岩基灌浆才有防渗意义。

依靠排水井孔减压时，由于孔壁出渗坡降大，若钻孔穿经岩层中软弱夹层，应力释放后的泥化夹层孔壁会在渗流作用下膨胀剥落，井孔将逐渐淤积泥土而失效，例如新安江坝基石英砂岩中夹有页岩薄层 23 层，葛洲坝二江闸基砂岩中夹有黏土岩薄层已有 12 层泥化等都有此类问题。因此，需要采用滤层防护软弱夹层孔壁的渗透变形，其中一种防护方法可直接填滤料（2～20mm 砾石）[5]于井孔中。根据试验结果[6]，填充砾石透水性必须大于地基 100 倍以上就可基本上不影响井孔的排水减压效果，而岩基和软弱泥化夹层的透水性很小，自然可以满足这一条件。至于孔壁的个别泥化夹层也可局部过滤防护。

从图 6-3 的实测坝底扬压力分布与设计假定的线相比，可知设计过于保守。美国田纳西流域管理局曾分析 4 座坝底扬压力观测资料平均值，认为设计保守，故从 20 世纪 60 年代已改用在排水线上按水头的 1/4 设计；美国垦务局设计仍用 1/3，同时假定扬压力是全部作用到坝底上的，更偏于保守。苏联葛立兴教授建议乘一个面积系数 0.7～0.95。我国刘家峡水电站，在灌浆帷幕后面坝底采用了 3 道排水孔，所以实测扬压力几乎全部消失。

总之，渗流控制的第一道防线是"防"，第二道防线是"排"，视工程情况和要求不同而各有侧重。对岩基上的混凝土坝，"排"是很重要的，不要以为岩基坚实，前面又有灌浆帷幕，似乎不需要再设置下游排水孔了，其实防不胜防，总会有裂隙水渗过来，如不引导排出，势必造成破坏压力。我国梅山水库连拱坝花岗岩基完好，下游没有做排水孔，在 1962 年蓄水位上升持续在 125m 时，右坝肩基岩裂隙严重漏水，有未封堵好的灌浆孔，其喷水扬压力水头达 31m，同时垛基发生变位。事故发生后，在下游补打了排水孔。

最后举两个算例说明岩基裂隙渗流灌浆帷幕方向性的影响。

图 6-4 所示为混凝土坝岩基裂隙渗流计算（Giesecke，1991）[7]，正交裂隙间距 $B=10m$，195 个节点，光滑大裂隙宽 $b=5mm$，属于紊流情况，见图 6-4（a）。在上游水位 70m、下游 0m 时，比较计算了灌浆帷幕方向及深度对流场的影响，单宽渗水量及扬压力的减小效果如图 6-4（b）、（c）所示。此外还计算比较了二维网络水流 $J=1.36$、$b=1mm$，在不同粗糙缝 $\varepsilon=\Delta/(2b)=0$、0.02 及 0.2，和不同间距情况下的渗水量相差 1 倍左右[7]。由此可知，灌浆帷幕的效果与裂隙方向等因素有密切关系，设计帷幕时应注意其方向及适宜的深度。

此例算法可参考本章第五节"裂隙网络计算模型"。

图 6-5 所示（Luckner，1973）[1]为岩基裂隙斜交，向上游倾斜。接近水平的主裂隙组透水性是另一组裂隙的 9 倍，$k_\infty=9k_z$，此时按照本章第三节各向异性渗流场转换为各向同性均质场为 $k=\sqrt{k_x k_z}$，如图 6-5 下面图示的灌浆帷幕的位置。由此变换均质场的帷幕位置，可知此种裂隙分布情况，进行垂直帷幕灌浆，显然未必是最有效的方位。同样，帷幕后的排水孔幕也与裂隙密切相关。

根据研究裂隙渗流的计算结果分析[9-12]，对于两组正交裂隙 $k_1 > k_2$ 的渗透性条件下，

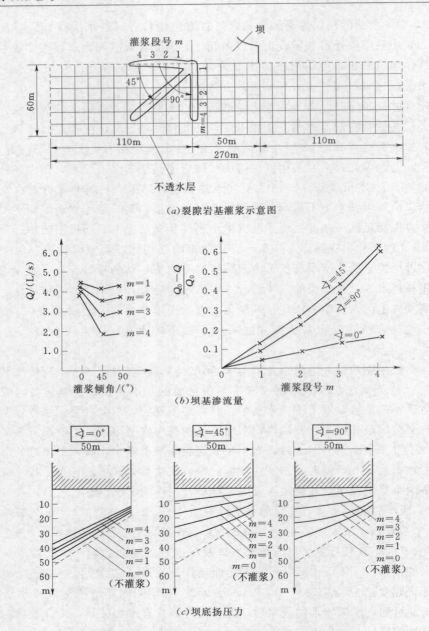

(a) 裂隙岩基灌浆示意图

(b) 坝基渗流量

(c) 坝底扬压力

图 6-4　坝基岩体裂隙灌浆防渗效果算例[7]

若坝前端有垂直灌浆帷幕，基岩主渗透性裂隙 k_1 由水平转向倾斜时，坝底扬压力增大；若无帷幕，主裂隙 k_1 下倾（向下游倾斜）比上倾时的坝底扬压力大。主渗透性裂隙 k_1 下倾时，帷幕底脚应斜向上游，使帷幕与主渗透性方向基本正交，可得到最小的坝底扬压力；同样，排水孔幕也应在主裂隙 k_1 上倾情况下，使排水孔幕向下游倾斜基本与主裂隙正交，以达到最小的坝底扬压力。至于对坝基渗流量的影响，在无帷幕时，主渗透性 k_1 下倾时比上倾时漏水量小；有帷幕时，k_1 方向水平时漏水量最大。但是对于高坝两端坝

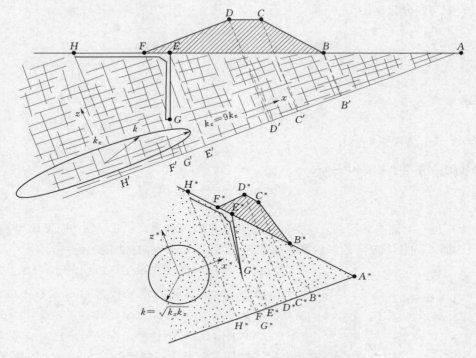

图 6-5　坝基裂隙渗流场及其相当的均质场[1]

肩岩体绕渗来说，由于进、出口渗流边界不同，裂隙影响也不同，此时主渗透性 k_1 上倾要比下倾的渗流压力及自由面都高很多，对下游山坡稳定不利；排水孔则仍应大致与主渗透性正交。此上裂隙的影响程度，随着 k_1/k_2 比值的增大而加甚。

第三节　各向异性场的理论及其流网
§ 3. Theory of anisotropic seepage field and its flow net

　　此节叙述各向异性渗流场转换成各向同性场的理论，在同性均质场绘出等势线 ϕ 与流线 ψ 正交的流网（或试验计算求出），然后按比 R 关系变换成原来的实有各向异性场的斜交流网。这是过去常用的一种求算岩基—各向异性渗流扬压力的方法，也包括土基的各向异性场在内。[13]

　　如图 6-6 所示，设 s 及 s' 分别代表流线的切线和等势线的法线方向。在各向同性渗流场中，流线与等势线是互相正交的，因而 s 和 s' 的方向是重合的。但是在各向异性土中，流线的方向就不与等势线的法线相重合。因此，在图 6-6 中沿流线的流速可写为

$$v_s = -k_s \frac{\partial h}{\partial s}$$

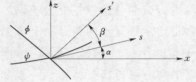

图 6-6　各向异性场的流线和等势线

在 x 和 z 方向的分流速则为

$$v_x = -k_x \frac{\partial h}{\partial x} = v_s \cos\alpha$$

$$v_z = -k_z \frac{\partial h}{\partial z} = v_s \sin\alpha$$

因为

$$\frac{\partial h}{\partial s} = \frac{\partial h}{\partial x} \times \frac{\partial x}{\partial s} + \frac{\partial h}{\partial z} \times \frac{\partial z}{\partial s}$$

就得到

$$\frac{1}{k_s} = \frac{\cos^2\alpha}{k_x} + \frac{\sin^2\alpha}{k_z}$$

将上式转换为直角坐标系（$x = r\cos\alpha$，$z = r\sin\alpha$），就得

$$\frac{r^2}{k_s} = \frac{x^2}{k_x} + \frac{z^2}{k_z} \tag{6-2}$$

式（6-2）是一个椭圆方程式，它的长半轴和短半轴分别为 $\sqrt{k_x}$ 及 $\sqrt{k_z}$。如果认为 k_x 最大和 k_z 最小时，则任意方向的渗透系数就能够用图 6-7 的方向椭圆表示。

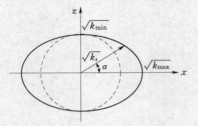

图 6-7 各向异性场的方向椭圆

图 6-7 和式（6-2）说明 z 方向的比尺经过变换为 $z' = z\sqrt{k_x/k_z}$，方向椭圆就变换成渗透系数不变的圆；同样，也从 x 方向变换为 $x' = x\sqrt{k_z/k_x}$ 得到相同的结果（图 6-7 中的虚线圆）。这种坐标的转换还可直接由方程式引导。例如各向异性的渗流沿 x 和 z 方向的速度

$$v_x = -k_x \frac{\partial h}{\partial x}$$

$$v_z = -k_z \frac{\partial h}{\partial z}$$

代入连续性方程式 $\dfrac{\partial v_x}{\partial x} + \dfrac{\partial v_z}{\partial z} = 0$，就得稳定渗流的微分方程式

$$k_x \frac{\partial^2 h}{\partial x^2} + k_z \frac{\partial^2 h}{\partial z^2} = 0 \tag{6-3}$$

现在引用一个新的坐标（z 坐标不变），即

$$x' = x\sqrt{k_z/k_x} \tag{6-4}$$

将式（6-4）代入式（6-3）就得到转换成新坐标 x' 的拉普拉斯方程式

$$\frac{\partial^2 h}{\partial x'^2} + \frac{\partial^2 h}{\partial z^2} = 0 \tag{6-5}$$

因此，只要把渗流区（包括边界）的 x 坐标转换为新坐标 x'，即沿 x 方向的尺寸乘比尺 $\sqrt{k_z/k_x}$，就可按照各向同性均质场进行试验或绘制正交的流网。然后再把这个正交流网各点沿 x 方向的尺寸乘以比尺的倒数 $\sqrt{k_x/k_z}$ 转换为原来的实有渗流区，就得到一幅非正交的流网。例如图 6-8 (b) 所示的闸坝地基各向异性的透水性为 $k_x =$

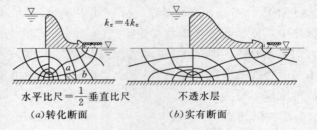

水平比尺 $= \dfrac{1}{2}$ 垂直比尺

(a) 转化断面

不透水层

(b) 实有断面

图 6-8 闸坝地基各向异性场的流网转换

$4k_z$，按照转换比尺 $\sqrt{k_z/k_x}=1/2$，把渗流场边界水平尺寸缩小为图 6-8（a）的变态模型，并绘制各向同性均质场的正交流网；然后再乘比尺倒数 2，把正交流网的水平尺寸放大，转换原来正态的各向异性场的斜交流网图 6-8（b）。

　　如果地基具有倾斜向的各向异性，如图 6-9 所示的绕板桩的渗流，渗透系数沿轴向 1-1 最大，沿轴向 2-2 最小，$k_1=4k_2$，并以方向椭圆示于图 6-9（a）中。我们可选取桩脚点 2 作为固定点，按照比尺 $\sqrt{k_2/k_1}=1/2$，把渗流边界沿平行于轴向 1-1 缩小如图 6-9（a）中的虚线所示。因而可得出（试验、计算或图解）转换为各向同性场的流网图 6-9（b）；然后再乘比尺倒数 2，变成原来实有渗流区的流网图 6-9（c）。

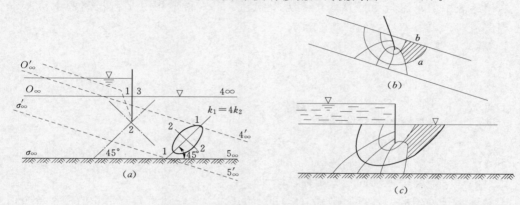

图 6-9　绕板桩渗流的各向异性流网转换

　　用变态模型得到的正交流网来确定正态模型实有各向异性场的流速或流量时，则因水平尺寸需要增大 $\sqrt{k_x/k_z}$ 倍，而垂直尺寸保持不变，故得

$$v_x=v'_x\ \sqrt{k_x/k_z}$$
$$v_z=v'_z$$

而且转换成均质同性场的等效平均渗透系数应为

$$k'=\sqrt{k_xk_z} \tag{6-5a}$$

　　考虑到任意倾斜方向问题，则可用最大 k_{max} 和最小 k_{min} 来表示主次两个轴向的渗透系数。式（6-5a）可从流网简单加以证明，如图 6-8 或图 6-9 中的对应转换流网，考察沿最大渗透系数（以 k_x 表之）轴向的两块对应的影线网眼，设转换的均质同性场网眼的顺流向平均长度为 a，宽度为 b，则通过网眼的流量为

$$\Delta q=k\frac{b}{a}\Delta h$$

而通过各向异性场的对应网眼的流量，由于此网眼长度是 $a\sqrt{k_x/k_z}$，故为

$$\Delta q=k_x\frac{b\,\Delta h}{a\ \sqrt{k_x/k_z}}=\sqrt{k_xk_z}\frac{b}{a}\Delta h$$

上二式显然应该相等，故得式（6-5a）。

　　作为岩基裂隙组各向异性渗流场的转换同性场的实例，见图 6-5。

　　更详细的各向异性场转换同性场的理论，可参考文献 [13]。

第四节　单个缝隙中的水流阻力
§ 4. Resistance of flow in singie fracture

由于岩体构造上的节理性，会形成一定走向的裂隙系统，其渗流的主要特点为强烈的各向异性，甚至不完全服从达西定律。因此需要引用水力学中不同流态的水流阻力定律。结合岩体缝隙水流，介绍如下。

岩体缝隙中的水流阻力计算属于水力学问题，可直接应用二平行板间的水流基本公式。当层流时，单位宽度上的缝隙流量为

$$q = bv_b = \frac{gb^3}{12\nu}J \tag{6-6}$$

式中　v_b——缝中的水流速度；

　　　b——裂缝张开度；

　　　J——缝中水流的水力坡降；

　　　g——重力加速度；

　　　ν——运动黏滞系数，$\nu = \mu/\rho$。

式（6-6）即缝隙流动的立方定律。

若裂隙不是均匀的张开度，则式（6-6）的开口立方定律可取其平均值代替单个值的立方计算透水性或通过的流量，即

$$\overline{b^3} = \int_{b_{\min}}^{b_{\max}} b^3 f(b)\,\mathrm{d}b \tag{6-7}$$

式中　$f(b)$——裂缝张开度的分布函数，可以沿不平整的缝壁面进行跟踪扫描测定[13]。

为了与水力学中管流公式的各种流态对比讨论方便，式（6-6）写成下面形式：

$$J = \lambda_b \frac{1}{b} \frac{v_b^2}{2g} \tag{6-8}$$

或写成

$$v_b = \sqrt{\frac{2gb}{\lambda_b}} \sqrt{J} = k_b \sqrt{J} \tag{6-9}$$

这里 k_b 为缝中的渗透系数，即

$$k_b = \sqrt{\frac{2gb}{\lambda_b}} \tag{6-10}$$

式中　λ_b——摩阻系数，只包括缝中水流沿程的摩擦损失（如果考虑各处的局部水头损失，λ_b 的表达式可参阅一般的水力学书籍）。

若为水力光滑缝隙中的层流，比较式（6-6）和式（6-8），可知摩擦系数为

$$\lambda_b = \frac{24}{bv_b/\nu} = \frac{24}{Re_b} \tag{6-11}$$

式（6-11）中，以缝宽 b 定义的雷诺数为

$$Re_b = \frac{bv_b}{\nu} \tag{6-12}$$

将式（6-11）代入式（6-9），即得到达西公式

$$v_b = \frac{gb^2}{12\nu}J = k_b J \tag{6-13}$$

式（6-13）中，水力学光滑缝中层流的渗透系数 k_b 为

$$k_b = \frac{gb^2}{12\nu} \tag{6-14}$$

为了对比应用各种流态的管流公式 $J = \lambda_D = \frac{1}{D}\frac{v^2}{2g}$，必须注意到管流与缝流之间的量关系。因为水力半径 $R = D/4 = b/2$，故管直径 D 与缝宽 b 和它们所定义的雷诺数以及摩阻系数之间的对应关系为

$$D = 2b, \quad Re_D = 2Re_b, \quad \lambda_D = 2\lambda_b \tag{6-15}$$

按照此种关系可把光滑管和粗糙管中水流的实验公式转换为缝中水流公式。

应当指出，粗糙管的实验资料，如尼古拉兹（Nikuradse，1933）研究管流问题时，人工加糙的凸起高度 Δ，只限于与管径 D 相比很小的相对粗糙 $\Delta/D < 1/30$，而且考虑水流是直线平行流。而缝中水流实际上相对糙率很大，势必要考虑水流穿经凸起物排列间隙中的转弯抹角的曲折迂回流动（或称为非平行流）。路易斯（Louis，1967）根据实验认为，当糙率 $\Delta/(2b) > 0.033$ 时，即属非平行流（图6-10），并给出非平行流的粗糙缝实验公式：

层流

$$\lambda_b = \frac{24}{Re_b}\left[1 + 8.8\left(\frac{\Delta}{2b}\right)^{1.5}\right] \tag{6-16}$$

$$q = \frac{g}{12\nu\left[1 + 8.8\left(\frac{\Delta}{2b}\right)^{1.5}\right]}b^3 J \tag{6-17}$$

紊流

$$\frac{1}{\sqrt{\lambda_b}} = -2\sqrt{2}\lg\frac{\Delta/(2b)}{1.9} \tag{6-18}$$

$$q = \left[4\sqrt{g}\lg\frac{1.9}{\Delta/(2b)}\right]b^{1.5}\sqrt{J} \tag{6-19}$$

罗米日（ломизе，1951）给出的粗糙缝实验公式为

层流

$$\lambda_b = \frac{24}{Re_b}\left[1 + 17\left(\frac{\Delta}{2b}\right)^{1.5}\right] \tag{6-20}$$

紊流

$$\frac{1}{\sqrt{\lambda_b}} = -2.55\sqrt{2}\lg\frac{\Delta/(2b)}{1.24} \tag{6-21}$$

其摩阻系数与路易斯公式相比较，层流时较大，紊流时稍小。

至于平行流情况，如图6-10中的流态分区Ⅰ、Ⅱ、Ⅲ，则可直接应用水力学中的管流公式，只要按照式（6-15）的关系转换为缝中水流的形式即可。

为了查用方便，把图6-10中的水流分区所适用的计算公式列于表6-4。为了计算编制程序的方便，各水流分区之间的雷诺数 Re 分界线还可近似用如下公式表示[7]：

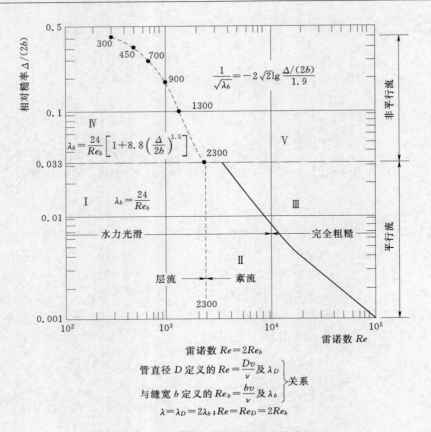

图 6-10　岩体裂隙渗流阻力定律分区

表 6-4　　　　　　　　　　　　　　　缝隙水流分区适用的阻力公式

水流情况		摩阻系数 $\lambda =$	流速 $v=$	图 6-10 中分区
平行流 $\dfrac{\Delta}{2b}\leqslant 0.033$	光滑，层流	Poiseuille $\dfrac{96}{Re}$	$\dfrac{g}{12\nu}b^2 J$	Ⅰ
	光滑，紊流	Blasius $\ 0.316 Re^{-1/4}$	$\dfrac{g}{12\nu}\left(12254\,\dfrac{v^2}{g}\right)^{3/7}b^{5/7}J^{4/7}$	Ⅱ
	粗糙，紊流	Nikuradse $\ \dfrac{1}{4}\left(\lg\dfrac{\varepsilon}{3.7}\right)^{-2}$	$\dfrac{g}{12\nu}\left(\dfrac{48\nu}{g^{1/2}}\lg\dfrac{3.7}{\varepsilon}\right)b^{1/2}J^{1/2}$	Ⅲ
非平行流 $\dfrac{\Delta}{2b}>0.033$	层流	Louis $\ \dfrac{96}{Re}(1+8.8\varepsilon^{3/2})$	$\dfrac{g}{12\nu}(1+8.8\varepsilon^{3/2})^{-1}b^2 J$	Ⅳ
	紊流	Louis $\ \dfrac{1}{4}\left(\lg\dfrac{\varepsilon}{1.9}\right)^{-2}$	$\dfrac{g}{12\nu}\left(\dfrac{48\nu}{g^{1/2}}\lg\dfrac{1.9}{\varepsilon}\right)b^{1/2}J^{1/2}$	Ⅴ

注　$\lambda =JD/\left(\dfrac{v^2}{2g}\right)=J(2b)/\left(\dfrac{v^2}{2g}\right)=2\lambda_b$；$Re=\dfrac{Dv}{\nu}=\dfrac{2bv}{\nu}=2Re_b$；相对糙率 $\varepsilon =\Delta /(2b)$。

Ⅰ-Ⅱ区分界线　　　　　　　　　　$Re_{PB}=2300$

Ⅱ-Ⅲ区分界线　　　　　　　　$Re_{NB}=2.552\left(\lg\dfrac{3.7}{\varepsilon}\right)^8$

Ⅰ-Ⅲ区分界线 $\qquad Re_{PN} = 845 \left(\lg \dfrac{3.7}{\varepsilon} \right)^{1.14} \qquad (0.0168 \leqslant \varepsilon \leqslant 0.033)$

Ⅳ-Ⅴ区分界线 $\qquad Re_{L} = 845 \left(\lg \dfrac{1.9}{\varepsilon} \right)^{1.14} \qquad (\varepsilon > 0.033)$

下标字母 P、B、N、L 是指表 6 - 4 中公式的作者名首字母。

除上述实验公式外，对于非平行流粗糙缝，尚可从理论上加以分析，就是应用一个描述水流迂回曲折影响程度的曲折系数来修正平行流公式。当缝壁互相接触面积达 30% 以上时，此种曲折性对流量的影响，与平行流相比将有数量级的减少，可参见文献 [13]。

岩体裂隙渗流比较接近粗糙缝中的水流，而且曲折迂回延长了路径，其流动能在很大范围内符合线性阻力定律。据罗米日在平行玻璃板面黏沙的试验，缝宽 b 限制在 0.5cm 以下，绝对糙率 $\Delta = 0.2$cm，仍属于达西定律的层流，只有在局部大缝或渗流坡降较大的情况下才不符合达西定律。以上单个缝中水流的实验公式（6 - 16）、式（6 - 8）或表 6 - 4，可供计算场问题选用，也可代入式（6 - 17）、式（6 - 19）计算流量（或流速）以及缝中的渗透系数。

第五节　裂隙网络计算模型
§ 5. Computation model of fracture networks

一、计算模型原理

此模型可用于岩体裂隙构造有一定规律的情况。如图 6 - 11 所示，岩石本身不透水，水流只沿着 1、2、3 三组缝隙方向流动，此时裂隙渗流可按照水力学中水管网问题进行计算[13]。

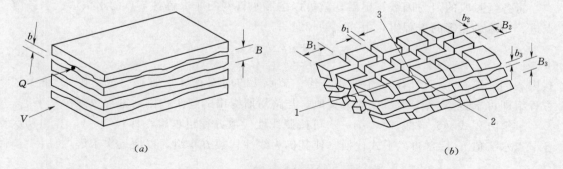

(a) $\qquad\qquad\qquad\qquad\qquad$ (b)

图 6 - 11　岩体裂隙网计算模型示意图

水管网中各段管路的水头损失 Δh 与流量 Q 的关系可写为

$$\Delta h = r Q^{n} \qquad\qquad (6 - 22)$$

式中　r——阻力因数，对于岩体缝隙中的水流，可按二平行板间水流考虑；

$\qquad n$——指数，层流时 $n = 1$。

其单宽流量为

$$q = \frac{g}{12\nu} b^3 J \qquad (6-23)$$

式中　J——裂缝中水流的水力坡降，即水头损失与缝长的比值，$J = \Delta h / B$。

在单宽流量条件下，比较式（6-22）和式（6-23）可知，阻力因数为

$$r = \frac{\Delta h}{q} = \frac{12\nu}{g} \frac{B}{b^3} = \frac{1}{k_b} \frac{B}{b} \qquad (6-24)$$

$$k_b = \frac{g b^2}{12\nu} \qquad (6-25)$$

式中　k_b——裂隙中的渗透系数。

对于图 6-11 所示的三组裂隙网络，缝隙间距 B 代替渗流长度时，可求得沿主渗透方向 1 的缝隙中流量为

$$Q = \frac{g}{12\nu} b_1^3 B_2 J_1 \qquad (6-26)$$

比较式（6-26）与式（6-22），可知水流阻力因数为

$$r_1 = \frac{\Delta h}{Q_1} = \frac{12\nu B_1}{g b_1^3 B_2} \qquad (6-27)$$

同理，可求得其他两个主方向的 r_2 和 r_3。

如果缝中水流并非层流，且受充填物糙率影响时，同样可根据水力学公式计算阻力因数。例如缝中水流为完全紊流，即式（6-22）中的指数 $n=2$，则可将式（6-19）的

$$Q_1 = q_1 B_2 = \left[\left(4\sqrt{g} \lg \frac{1.9}{\Delta/(2b)} \right) b^{3/2} (\Delta h / B_1)^{1/2} B_2 \right]^2$$

与式（6-22）对比求得紊流的阻力因数，即

$$r_1 = \left[16 g b^3 \lg^2 \left(\frac{1.9}{\Delta/(2b)} \right) \right]^{-1} \frac{B_1}{B_2^2}$$

将各缝隙段的阻力因数算出后，就可以按照水管网问题求解各节点的水头值。写各节点进、出流量相等的方程组，由式（6-22）得

$$\sum Q_i = \sum_1^p \left(\frac{\Delta h}{r} \right)_i^{1/n} = 0 \qquad (6-28)$$

式中 $i = 1, 2, \cdots, N$，有 N 个方程，任一节点 i 的周围有 p 个管路（或缝隙）。解上述方程组即可求得 N 个未知节点的水头值。与路易斯提出的解法相比，方程数减少一半。

求解方程式（6-28）时，第一次可按照线性代数方程组求解，即设 $n=1$。算出初次各节点水头值 h_{i0} 后，再以下式代换，使其仍为线性代数方程组，以便逐次求解。

$$\left(\frac{\Delta h_i}{r_i} \right)^{1/n} = \left(\frac{\Delta h_{i0}}{r_i} \right)^{\frac{1}{n}-1} \left(\frac{\Delta h_{i0}}{r_i} \right)^{1-\frac{1}{n}} \left(\frac{\Delta h_i}{r_i} \right)^{1/n} \approx \left(\frac{\Delta h_{i0}}{r_i} \right)^{\frac{1}{n}-1} \left(\frac{\Delta h_i}{r_i} \right) \qquad (6-29)$$

将式（6-29）右边代换的各节点值代入式（6-29）使其变为线性方程（$n=1$）以求解下一次改善的节点水头 h_{i1}。如此采用迭代逼近法求解非线性问题。根据计算经验，此法收敛较快，一般迭代数次即可使误差小于允许值。同时，求解过程中根据得出的水头损失或渗流坡降以及已知的裂隙宽度就可由水力学知识判断流态是层流还是紊流，并能随时改变和利用正确的阻力定律关系。

实际上，所研究的渗流场范围较大，裂隙分布密集，不可能计算那么多数目的裂隙，因此需要根据调查统计的已知裂隙构造，将天然裂隙归并简化为少量的等价虚构裂隙系统。设 m 个天然裂隙归并为一个虚构裂隙，即相当于 m 个天然裂隙块体归并为一个虚构裂隙块体。归并前后关系为：当层流时，按照式（6-23）的缝宽立方定律，该虚构缝宽应为

$$b_f^3 = \sum_1^m b_i^3 \qquad (6-30)$$

当 b 都相同时，$b_f^3 = mb_i^3$。如果天然裂隙大小间距不等，则其等价虚构裂隙位置可按求重心位置的力矩关系确定。

如果我们选取的虚构裂隙网计算模型在任意倾斜的三个主渗透方向 1、2、3 各包括的裂隙或块体的数目依次为 m_1、m_2、m_3，其虚构裂隙间距为 $B_{1f} = \sum_1^{m_1} B_{1i}$，$B_{2f} = \sum_1^{m_2} B_{2i}$，$B_{3f} = \sum_1^{m_3} B_{3i}$，相应的三个方向阻力因数则为

$$\left. \begin{array}{l} r_1 = \dfrac{12\nu}{gb_{1f}^3} \dfrac{B_{1f}}{B_{2f}B_{3f}} \\[2mm] r_2 = \dfrac{12\nu}{gb_{2f}^3} \dfrac{B_{2f}}{B_{1f}B_{3f}} \\[2mm] r_3 = \dfrac{12\nu}{gb_{3f}^3} \dfrac{B_{3f}}{B_{1f}B_{2f}} \end{array} \right\} \qquad (6-31)$$

最后顺便指出，上述的水管网解法，实际上与有限元法中的"线单元"解法完全相同[15,16]。因为线单元就是只考虑裂隙渗流阻力，按照变分原理简化导出线单元的渗透矩阵

$$[\boldsymbol{K}]^e = k \begin{bmatrix} \dfrac{b}{l} & -\dfrac{b}{l} \\[2mm] -\dfrac{b}{l} & \dfrac{b}{l} \end{bmatrix} \qquad (6-32)$$

叠加各线单元矩阵，就可得到与式（6-28）相同的方程组，并知式（6-32）系数矩阵中的元素与式（6-24）中阻力因数对应相同，即 $k\dfrac{b}{l} = \dfrac{1}{r}$。

二、实例计算结果与试验结果的比较

因为上述裂隙网计算原理就是管流水力学，故也称水管网模型。

应用上述裂隙网计算模型，我们曾对台湾达见水库的坝头山脊岩体裂隙进行了二维渗流计算[16]，并考虑了缝中充填物和缝的分离度情况。第一组天然裂隙 $b_1 = 1\text{mm}$，$B_1 = 0.4\text{m}$；第二组天然裂隙 $b_2 = 0.2\text{mm}$，$B_2 = 1\text{m}$。该例经过模型化后，选取的虚构裂隙 $B_{1f} = 26\text{m}$，$B_{2f} = 25\text{m}$，即为 $26\text{m} \times 25\text{m}$ 的虚构块体，则两个主渗透方向包括 65 个和 25 个天然裂隙，虚构缝宽 $b_{1f} = 0.747\text{mm}$，$b_{2f} = 0.585\text{mm}$。计算结果如图 6-12 所示。同时用其他模拟方法的试验结果[17]作了比较。计算结果表明，紊流时的浸润线高于层流的浸润线。

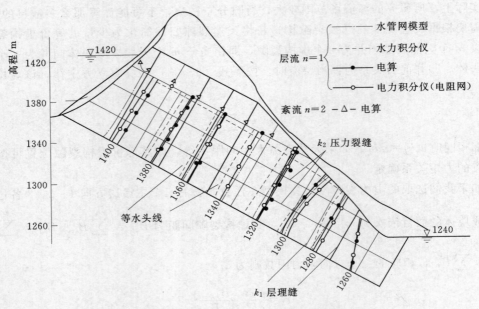

图 6-12 岩体裂隙不同模拟方法的浸润线和水头分布[12]

第六节 裂隙网络作为连续介质计算*
§ 6. Computation model to consider fracture networks as continuous field

一、正交裂隙组作为连续体的计算模型

1. 计算模型原理

此种连续体模型把所研究的裂隙岩体假想为均质的各向异性介质，此时通过整个假想连续体的虚构流速 v 与缝中流速 v_b 的关系为

$$v = \frac{b}{B} v_b \qquad (6-33)$$

对于层流，$v = k_b \dfrac{b}{B} J = kJ$。根据平行板间的层流运动可知，$v_b = \dfrac{gb^2}{12\nu} J$，故沿裂隙组方向的虚拟等价渗透系数为

$$k = \frac{gb^3}{12\nu B} \qquad (6-34)$$

有了沿裂隙系统中主方向的 k 值，则可结合场的边界条件求解均质各向异性场。以二维垂直剖面的稳定渗流为例，即求解式

$$\frac{\partial}{\partial x}\left(k_x \frac{\partial h}{\partial x}\right) + \frac{\partial}{\partial z}\left(k_z \frac{\partial h}{\partial z}\right) = 0 \qquad (6-35)$$

---

* 本节摘自"七五"攻关课题 17-1-2-2-6 的研究成果及文献 [21] 与文献 [35]。

因为岩体裂隙渗流，水只能沿着层理裂隙流动，渗流方向并不与水力坡降的方向一致，所以式（6-34）中的 k 值应以张量表示。但若将坐标系统旋转，使其与正交裂隙组重合，即取渗透椭圆的主轴方向为新坐标轴，此时就可直接应用裂隙方向的主渗透系数而按一般渗流方程式（6-35）计算流场。如图 6-13 所示，x'、z' 坐标代表两组正交的裂隙方向，而且与正常的直角坐标系 xOz 成一个角度 θ，此时则可利用转轴关系，按式

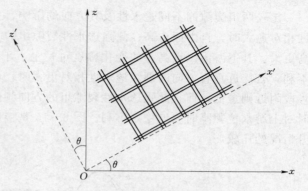

图 6-13　正交裂隙组图示

$$\begin{Bmatrix} x' \\ z' \end{Bmatrix} = \begin{Bmatrix} \cos\theta & \sin\theta \\ -\sin\theta & \cos\theta \end{Bmatrix} \begin{Bmatrix} x \\ z \end{Bmatrix} \qquad (6-36)$$

转换成新坐标系 x'、z'。同时式（6-35）中的渗透系数也就相应变为沿裂隙方向的 k_x、k_z，而它们都是已知值。这样就能利用已有的有限元法程序计算各节点水头。

需要注意的是，渗流自由面以及下游自由渗出段由于受重力控制，因此计算过程中仍然必须满足原来直角坐标系的条件 $h^* = z$，即

$$h^* = z = x'\sin\theta + z'\cos\theta \qquad (6-37)$$

自由面反复迭代确定后，即求得各节点的水头 h 值。

2. 计算实例

作为算例，仍用图 6-12 的实例，概化模型 $b_1 = 0.747\text{mm}$，$b_2 = 0.585\text{mm}$，$B_1 = 26\text{m}$，$B_2 = 25\text{m}$。按照式（6-34）计算等价的两个主渗透系数比值为 $k_{z'} = 2k_{x'}$。因为坐标轴旋转方向为顺时针，故式（6-37）中 $\theta = -30°$。计算结果如图 6-14 所示。由图可知，连续性模型计算结果与缝隙网模型计算的结果基本一致，自由面稍高，约为上、下游水头差的 3%。

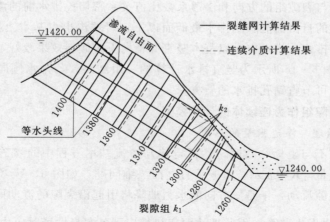

图 6-14　裂隙网与连续介质计算结果比较（单位：m）

　　比较两组裂隙的不同透水性及其方向的影响，大致规律是：接近水平方向的裂隙透水性相对愈大时，自由面愈高；此强透水性裂隙组的方向向下游仰角时比俯角时的自由面抬高更大。其下游渗出点高差的变化幅度可达上、下游水头差的 40%，这对下游山坡稳定不利。若接近垂直方向的裂隙透水性相对更大时，山体自由面上的上游段愈高，在下游出渗段附近则愈低；而且此强透水性裂隙组的方向倾向上游时比例向下游时的更为显著。此时对上游水位骤降时岩坡稳定不利。图 6-15 是接近水平裂隙组透水性愈大时的自由面上升情况的比较。

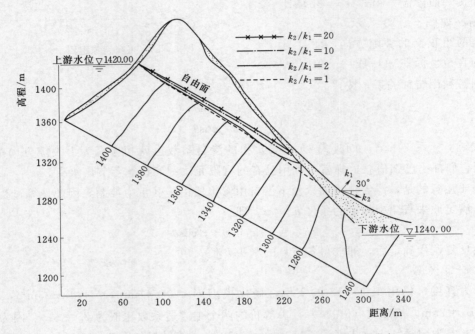

图 6-15　不同渗透系数比值的浸润线位置比较和水头分布

　　利用此连续介质模型，我们研究了山体排水廊道的位置布局。计算表明：钻孔排水廊道的适宜位置方向与裂隙组的方向和渗透系数比值关系密切；排水前的渗流自由面仍符合上述规律，排水后的自由面能降到排水最低面以下，岩坡渗出点基本上控制在尾水面上，不必再布置第二级排水；排水方向以基本竖直并稍向下游倾斜效果较好（即大致沿着原有的等势线方向）。图 6-16 所示为竖直排水计算的一组结果。若排水倾向下游，则排水的渗出点降低，这样可节省钻孔排水的石方量。

二、非正交裂隙组作为连续体的计算模型

1. 计算模型原理与渗透张量的应用

　　裂隙组的方向不与坐标一致时，达西定律与渗流基本方程中的渗透系数不是一个标量，而应以渗透张量 $[\boldsymbol{K}]$ 表示。对于垂直剖面二维问题，如图 6-17 所示的一组裂隙情况，水只能沿着裂隙流动，于是 z 方向的水力坡降将引起沿裂隙的流动而有 x 方向的流动分量，即 v_x 与 $\dfrac{\partial h}{\partial z}$ 也发生关系，因此把达西定律推广到各向异性场时应为

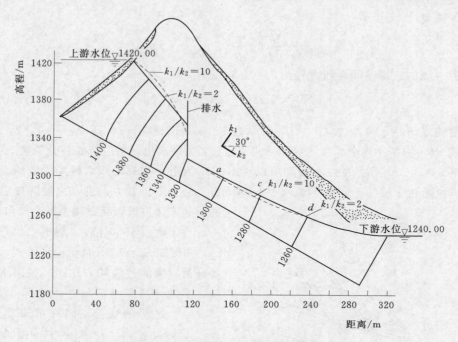

图 6-16　有排水时的浸润线等水头分布

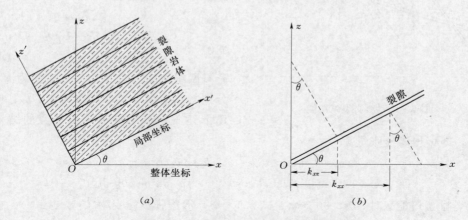

图 6-17　裂隙方向与渗透张量的关系

$$\begin{Bmatrix} v_x \\ v_z \end{Bmatrix} = - \begin{bmatrix} k_{xx} & k_{xz} \\ k_{zx} & k_{zz} \end{bmatrix} \begin{Bmatrix} \dfrac{\partial h}{\partial x} \\ \dfrac{\partial h}{\partial z} \end{Bmatrix} \qquad (6-38)$$

或以张量符号表示流速分量为

$$v_i = - k_{ij} \frac{\partial h}{\partial x_j} = k_{ij} J_j \qquad (6-39)$$

三维空间问题时，$i=1$，2，3，$j=1$，2，3。

　　将式（6-39）的达西定律代入质量守恒连续方程式，就可得到均质各向异性场的渗

231

流基本方程式

$$\frac{\partial}{\partial x}\left(k_{xx}\frac{\partial h}{\partial x}+k_{xz}\frac{\partial h}{\partial z}\right)+\frac{\partial}{\partial z}\left(k_{zx}\frac{\partial h}{\partial x}+k_{zz}\frac{\partial h}{\partial z}\right)=S_s\frac{\partial h}{\partial t} \qquad (6-40)$$

或写成更一般的三维空间渗流方程

$$\sum_{i=1}^{3}\sum_{j=1}^{3}\frac{\partial}{\partial x}\left(k_{ij}\frac{\partial h}{\partial x_j}\right)=S_s\frac{\partial h}{\partial t} \qquad (6-41)$$

当稳定渗流或 $S_s=0$ 时，式（6-41）右端为 0。二维问题时，$i=1$，2，$j=1$，2。

以式（6-41）中渗透系数的双脚标的物理意义为二次投影量。例如：分流速 v_x 的表达式，从图6-17（b）所示的一条裂隙可以看出，k_{xx} 为沿 x 方向的水力坡降投影到裂隙面引起流速再投影到 x 轴的 k 分量，即 $k_{xx}=k\cos\theta\cos\theta$；$k_{xz}$ 为沿 x 轴方向的水力坡降投影到裂隙面引起流速再投影到 x 轴上的 k 分量，即 $k_{xz}=k\sin\theta\cos\theta$。同样类推，$z$ 轴方向的分流速为 v_z，并可知 $k_{xz}=k_{zx}$。从而论证了式（6-38）各分量投影的代数和表达式。如果从坐标转换关系进行局部坐标与整体坐标［见图6-17（b）］之间的变换，同样可求得此种关系[13]。因此，式（6-41）中的渗透张量矩阵各分量的值应为

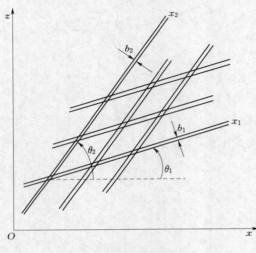

图6-18　斜交裂隙系统

$$[\boldsymbol{K}]=\begin{bmatrix} k_{xx} & k_{xz} \\ k_{zx} & k_{zz} \end{bmatrix}=\begin{bmatrix} k\cos^2\theta & k\sin\theta\cos\theta \\ k\cos\theta\sin\theta & k\sin^2\theta \end{bmatrix} \qquad (6-42)$$

若有两组裂隙（图6-18），走向为 x_1、x_2，分别与总坐标 x 轴的交角为 θ_1、θ_2，则可利用上述关系分别导出两组裂隙的结果再进行叠加，即可得渗透张量为

$$[\boldsymbol{K}]=\begin{bmatrix} k_1\cos^2\theta_1+k_2\cos^2\theta_2 & k_1\sin\theta_1\cos\theta_1+k_2\sin\theta_2\cos\theta_2 \\ k_1\cos\theta_1\sin\theta_1+k_2\sin\theta_2\cos\theta_2 & k_1\sin^2\theta_1+k_2\sin^2\theta_2 \end{bmatrix} \qquad (6-43)$$

当两组裂隙互相正交时，$\theta_2=90°+\theta_1$，式（6-43）渗透张量就变为

$$[\boldsymbol{K}]=\begin{bmatrix} k_1\cos^2\theta_1+k_2\sin^2\theta_1 & (k_1-k_2)\sin\theta_1\cos\theta_1 \\ (k_1-k_2)\cos\theta_1\sin\theta_1 & k_1\sin^2\theta_1+k_2\cos^2\theta_1 \end{bmatrix} \qquad (6-44)$$

同理，可导出有几种裂隙的渗透张量。一般裂隙方位及其渗透系数等参数均可在野外测定，因而渗流方程式（6-40）或（6-41）即可求解。

需要指出的是，式（6-43）和式（6-44）中渗透系数 k_1、k_2 都是裂缝宽 b 中的，对于整个岩体来说，平均到缝距上，即用其剖面的假想平均等价渗透系数，即式（6-34）。

用有限元法求解裂隙岩体渗流基本方程式（6-41）时，通常采用伽辽金法，见文献[34]。

2. 计算实例及裂隙组交角对渗流的影响

求解各向异性场的渗流方程式（6-41）时，我们按照伽辽金数值方法编制了有限元

法计算程序。首先对作为特例的正交裂隙组进行计算，与前面已有的计算及试验结果对比完全相同后，计算了非正交裂隙组的岩体渗流。大致结论是：裂隙组相交角度偏离 90°，并在 ±10° 范围以内时，自由面位置只相差上、下游水头差的 1%～2%，非正交裂隙组可考虑作为正交裂隙组为计算；接近水平向的裂隙组（θ_1，k_1）相对于垂直向裂隙组（θ_2，k_2）的透水系数大时，其自由面位置也较高，而且该接近水平向裂隙组向下顺着渗流方向（俯角，$-\theta_1$）时，自由面位置较低，当接近水平裂隙组 θ_1 固定时，与之相交的裂隙组愈趋向竖直方向，自由面愈稍低，以上各单一情况的自由面的差别约为上、下游水位差的 3%。图 6-19 为两组裂隙在 $k_1/k_2=2$ 及 $\theta_1=-30°$ 情况下各种裂隙交角时计算的自由面位置比较，高差达 5～6m。$k_1/k_2=1/2$ 时，自由面位置相应又要降低 5～6m，等势线也将竖直些。

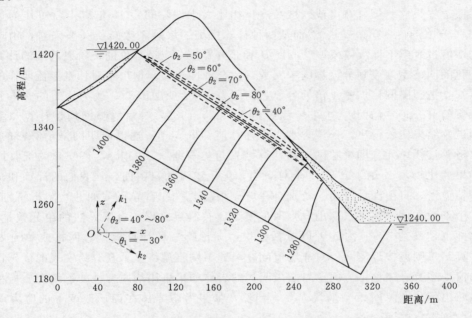

图 6-19　各种裂隙交角时计算的自由面位置比较

第七节　岩体裂隙渗流不同算法的比较讨论
§7. Comparison and discussion on different algorithms for fracture seepage of rock mass

一、裂隙岩体的渗流计算模型

裂隙渗流的计算，法国路易斯（Louis，1967）较早地从岩石水力学方面提出了计算方法。随后，美国威尔逊和威色斯庞（Wilson 和 Witherspoon，1974）、日本川本（1977）和大西（1985）等应用有限元法研究了裂隙渗流问题。近几年来，结合水库工程、矿坑排水、核废料埋藏等课题，裂隙渗流研究进展很快。美国加州大学、德国斯图加特大学等都积极开展研究。目前计算模型可概括为以下几种：①把岩体裂隙当缝隙网，或称不连续体模型；②把裂隙渗流平均到整个岩体上当作各向异性均质场，或称连续体模型；③岩块当作多孔介质与裂隙渗流耦合作为双重介质模型（Diguid，1977）；④结合应力应变研究裂隙渗流场的模型（Noorishad，1982）；⑤结合温度场研究裂隙渗流的模型（O′Nell，1978，Wang 等，1983）。我们针对前两种计算模型，研究了岩体不变形情况下的裂隙渗流，编制了程序，并应用于实际工程。

二、不同方法计算结果的比较和讨论

上述裂隙岩体渗流的计算方法，即为裂隙网与连续介质两种计算模型。虽然它们的计算结果基本一致，但仍有差异，故有不少学者研究何种情况应采用何种计算模型的问题。例如：认为断面上有几千条以上的裂隙数量时按连续体考虑（Louis，1974）；认为裂隙间距与渗流边界尺寸（坝基宽度或岩坡高度）相比大于裂隙间距 10 倍以上就可作为连续介质考虑（Franciss，1985）等。然而从两种计算模型的渗透系数转换关系来看，由均匀连续体的 k 值过渡到不连续体模型的间距 B 和张开宽度 b 应是等价的，所以其间的计算差异与模型化的网格密度或划分流场的单元数目和合理性有关。据川本对坝基渗流所作的比较计算可知：把裂隙网格加密 1 倍的各节点扬压力水头约增加 5%；改为均质的有限元法计算，水头值又介于它们两者之间。大西（Ohnishi，1985）等对缝隙网模型计算与室内物理模型试验结果比较得出，扬压力水头的计算值约低 3cm，这也说明网格不够密的误差。据威尔逊等按线单元（即缝隙网）的计算结果与奥罗斯（G. Ollos，1963）的细管网模型计算结果的比较，水头约低 7%。同样，对于无压渗流的自由面，从我们的计算和试验得知，网格愈密，自由面稍升高，特别是在坡降很陡的一些奇异点（如井）附近特别显著。从同一个工程实例（达见水库山脊）两种模型比较结果来看，有限元法的单元数量较多，其自由面也稍高约 3%。因此可以概括地说，无论哪一种计算模型，网格或单元划分愈密，计算结果则愈接近实际。对非层流问题，缝隙网模型将显示其容易实现的优越性。在裂隙渗流动态及岩体稳定方面，对裂隙明显的岩体如果采用均质异性的连续介质模型，其结果显然也不及裂隙网模型来得逼真。当然，如果考虑岩体在渗压改变下的应力应变关系，问题解答将更为全面。

裂隙渗流程序较之多孔介质程序计算的自由面高。但渗流场主要受岩层透水性的控制，大体上水头分布仍属一致，因此，对于岩体较风化或裂隙杂乱的岩基，也可用多孔介质程序研究问题。

第八节　水管网算法与网络程序 NETW 应用
§ 8. Algorithm of water pipe network and application
of network program NETW

把连续场（体）离散为网络或单元进行模型试验或在计算机上进行数值计算，是科学研究领域中的一大跃进。例如渗流研究的发展过程，就是由连续介质模型或电模拟试验到电阻网模型和水力网模型（或称之为电力积分仪和水力积分仪）[6]，有了计算机后编制成

模型试验程序就可更方便地在计算机上进行操作。20 世纪 80 年代初期，为开展岩体裂隙渗流研究编制了网络程序[26,27]，经过十几年的不断补充完善，即成程序 NETW（Networks）[34]。体会到运用该程序计算渗流问题的优点，即不仅能完全取代电阻网和水力网的模型试验操作求得精确的结果，而且对于非达西流、岩体裂隙渗流、城市自来水管网流量分配、下水道及农田河网化等问题均可引用计算，还可作为与有限元法数值计算的验证手段。网络模型计算原理与有限元法相比，应用的数学知识较简单，只要有水力学管网计算和电阻网模型的基本知识，就很容易理解和应用这个计算方法。

一、水管网算法[28,29,33]

根据水管网计算原理，可知各段管路的水头损失与流量的关系为

$$\Delta h = rQ^n \tag{6-45}$$

式中的指数 $n=1$ 为层流，$n=2$ 为紊流，n 也可取层流到紊流之间的任意流态指数值（$n=1\sim2$）。阻力因数 r，对于管道水流，按 $h=\lambda\dfrac{L}{D}\dfrac{v^2}{2g}$ 计算，则

$$r = \frac{8\lambda L}{\pi^2 g D^5} \tag{6-46}$$

式中　λ——摩阻系数。

对其他水道断面，同样可求得 r 是糙率的函数。在渗流研究中，r 则相当于电模拟试验中的电阻系数 ρ 或电阻网模型中的节点间的电阻 R。按照水管网中任一交叉点 i 或节点的进、出流量相等的原则，有

$$\Sigma Q_i = \sum_1^p \left(\frac{\Delta h}{r}\right)_i^{1/n} = 0 \tag{6-47}$$

式中 $i=1$，2，…，N。有 N 个节点，任一节点 i 的周围有 p 个管路，见图 6-20，则汇总有 N 个方程。求解第一次按线性方程组（$n=1$）计算，其方程组写成矩阵式为

$$[A]\{h\} = \{f\} \tag{6-48}$$

求出初次的各未知节点水头 h_{i0} 后，再以下式代换，使其仍为线性方程组。

$$\left(\frac{\Delta h_i}{r_i}\right)^{1/n} = \left(\frac{\Delta h_{i0}}{r_i}\right)^{\frac{1}{n}-1}\left(\frac{\Delta h_{i0}}{r_i}\right)^{1-\frac{1}{n}}\left(\frac{h_{i0}}{r_i}\right)^{1/n} \approx \left(\frac{\Delta h_i}{r_i}\right)^{\frac{1}{n}-1}\frac{\Delta h_i}{r_i} \tag{6-49}$$

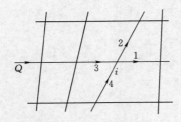

图 6-20　任意网络

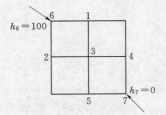

图 6-21　田字形水管网

代入方程组（6-48），求解第一次各节点水头 h_{i1}。如此迭代逼近求解非线性问题，收敛性较好。

现举一例说明上述解法。图 6-21 的田字形水管网[28]，已知进、出口水头 $h_6=100$、$h_7=0$，各等长管段的阻力相同，可取相对阻力因数。若为紊流，则 $h=rQ^2$，按式（6-

47），各未知节点的方程应为

$$
\left.
\begin{aligned}
\sqrt{\frac{h_1-100}{r_{16}}}+\sqrt{\frac{h_1-h_3}{r_{13}}}+\sqrt{\frac{h_1-h_4}{r_{14}}}=0 \\
\sqrt{\frac{h_2-100}{r_{26}}}+\sqrt{\frac{h_2-h_3}{r_{23}}}+\sqrt{\frac{h_2-h_5}{r_{25}}}=0 \\
\sqrt{\frac{h_3-h_1}{r_{31}}}+\sqrt{\frac{h_3-h_2}{r_{32}}}+\sqrt{\frac{h_3-h_4}{r_{34}}}+\sqrt{\frac{h_3-h_5}{r_{35}}}=0 \\
\sqrt{\frac{h_4-h_1}{r_{41}}}+\sqrt{\frac{h_4-h_3}{r_{43}}}+\sqrt{\frac{h_4-0}{r_{47}}}=0 \\
\sqrt{\frac{h_5-h_2}{r_{52}}}+\sqrt{\frac{h_5-h_3}{r_{53}}}+\sqrt{\frac{h_5-0}{r_{57}}}=0
\end{aligned}
\right\}
\tag{6-50}
$$

首先不考虑式（6-50）中的根号，而按线性（$\Delta h = rQ$）代数方程组求解，即

$$
\begin{bmatrix}
\dfrac{1}{r_{11}} & 0 & -\dfrac{1}{r_{13}} & -\dfrac{1}{r_{14}} & 0 \\[8pt]
0 & \dfrac{1}{r_{22}} & -\dfrac{1}{r_{23}} & 0 & -\dfrac{1}{r_{25}} \\[8pt]
-\dfrac{1}{r_{31}} & -\dfrac{1}{r_{32}} & \dfrac{1}{r_{33}} & -\dfrac{1}{r_{34}} & -\dfrac{1}{r_{35}} \\[8pt]
-\dfrac{1}{r_{41}} & 0 & -\dfrac{1}{r_{43}} & \dfrac{1}{r_{44}} & 0 \\[8pt]
0 & -\dfrac{1}{r_{52}} & -\dfrac{1}{r_{53}} & 0 & \dfrac{1}{r_{55}}
\end{bmatrix}
\begin{Bmatrix}
h_1 \\ h_2 \\ h_3 \\ h_4 \\ h_5
\end{Bmatrix}
=
\begin{Bmatrix}
\dfrac{100}{r_{16}} \\[8pt] \dfrac{100}{r_{26}} \\[8pt] 0 \\ 0 \\ 0
\end{Bmatrix}
\tag{6-51}
$$

系数矩阵对称，$r_{ij}=r_{ji}$，其中阻力因数相对值与管路长度成正比，除 $r_{14}=r_{25}=2$ 外，其他均为 1，矩阵对角线上的元素

$$
\frac{1}{r_{11}}=\frac{1}{r_{16}}+\frac{1}{r_{13}}+\frac{1}{r_{14}}=2\frac{1}{2}
$$

$$
\frac{1}{r_{22}}=\frac{1}{r_{26}}+\frac{1}{r_{23}}+\frac{1}{r_{25}}=2\frac{1}{2}
$$

$$
\frac{1}{r_{33}}=\frac{1}{r_{31}}+\frac{1}{r_{32}}+\frac{1}{r_{34}}+\frac{1}{r_{35}}=4
$$

$$
\frac{1}{r_{44}}=\frac{1}{r_{41}}+\frac{1}{r_{43}}+\frac{1}{r_{47}}=3\frac{1}{2}
$$

$$
\frac{1}{r_{55}}=\frac{1}{r_{52}}+\frac{1}{r_{53}}+\frac{1}{r_{57}}=2\frac{1}{2}
$$

解式（6-51），得层流时的节点水头为

$$
h_1=66.66,\ h_2=66.66,\ h_3=50,\ h_4=33.33,\ h_5=33.33
$$

将上述各值作为第一次近似值 h_{i0}，按照式（6-49）的线性化方法，用 $\sqrt{\dfrac{\Delta h_{i0}}{r_i}}r_i$ 代换式

（6-51）系数矩阵的阻力因素 r_i，迭代 4～7 次，求得紊流时的未知节点水头为

$$
h_1=60,\ h_2=60,\ h_3=50,\ h_4=40,\ h_5=40
$$

下面再举两典型管网实例[27]。

图 6-22 是以水头为边界条件的多进、出口管网，除四角点出流外，中部两处高水头入流，可理解为水泵站加压，也可理解为井点注水。各管段的阻力相同，设 $r=20.40$，则由已知条件代入式（6-47）解方程组，可得各未知节点的水头值如下。

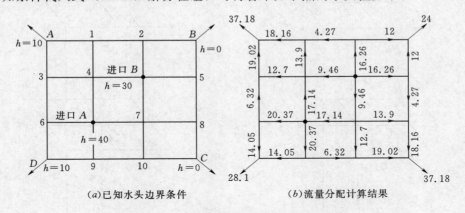

（a）已知水头边界条件　　　　（b）流量分配计算结果

图 6-22　多进、出口管网（水头边界条件）

层流时（$n=1$）：

$h_1=h_8=14.38$，$h_2=h_5=18.12$，$h_3=h_{10}=15.62$，$h_4=h_7=25.00$，$h_5=h_9=21.88$

紊流时（$n=2$）：

$h_1=h_8=16.16$，$h_2=h_5=17.05$，$h_3=h_{10}=17.72$，$h_4=h_7=25.62$，$h_5=h_9=19.67$

按照紊流计算的流量分配绘入图 6-22（b）中。出口流量，A、B、C、D 依次为 37.18，24.00，37.18，28.10；进口流量，A、B 为 75.02，51.44。总的进、出口流量相等，为 126.46。

图 6-23 是以流量补给为边界条件的三维空间的管网。三层平面管网的各段管路阻力因数，设第一层 $r=1$，第二层 $r=2$，第三层 $r=3$；上升管路的 r 值均见图 6-23。已知底层进口供水量 $Q=120$，且三层平面网中各有 4 个出水口，Q 都等于 10。计算时仍将各节点的方程组代入式（6-47），只是对已知流量进、出的节点则直接用已知流量代入方程。算出各管段水头差，求出各节点水头。为了计算方便，可设进口处水头 $h=100$（100%）来计算各节点的相对水头值（管线交点上数字），以适应流量分配的计算。若有某节点的水头为已知，则可按相对水头值求得各节点的真值。至于连接上、下层的上升管路，有的上、下节点间没有管路，则可赋给它的阻力 $r=\infty$。层流和紊流的流量分配（管线上数字），与已有的水力学近似计算结果相近[28,29]。

由以上水管网算例可知，引用编好的程序计算各种复杂管网的水头分布和流量分配极为方便。当管网中有泵站和蓄水池时，可把它们作为已知水头或流量边界条件的节点来考虑，因此，本模型可供自来水管网设计时参考。同时，依此模型原理将应用到岩体裂隙网渗流，并对比取代电阻网模型。

二、岩体裂隙网算法

在上面水管网和第四节裂隙网模型计算基础上，再继续讨论岩体裂隙渗流作为不连续体的任意裂隙网状渗流的计算方法。不管岩体裂隙系统是正交、斜交还是不规则的裂隙

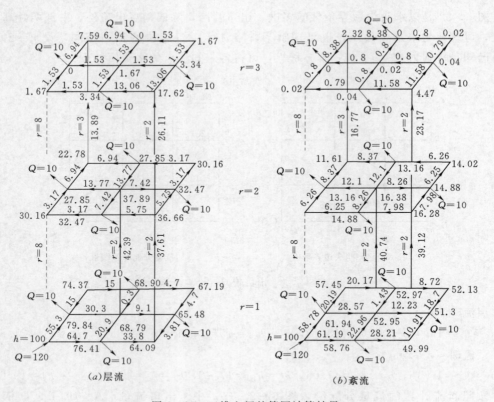

图 6-23　三维空间的管网计算结果

网，都可应用这种算法求解渗流场。平面裂隙网络中任意一点 i，围绕着 p 个裂隙（参见图 6-20），则可利用进、出流量均衡原理逐点计算，得式（6-47）形式。式中 Q 用单宽流量 q 表示，张开度为 b 的裂隙中的层流定律为 $q = bv = gb^3 J/(12\nu)$，相当裂隙渗透系数 $k = gb^2/(12\nu)$，水力坡降 $J = \Delta h/l$，l 为缝长。在单宽流量条件下，对应于式（6-45）中的阻力因数为

$$r = \frac{\Delta h}{q} = \frac{12\nu}{g} \frac{l}{b^3} = \frac{1}{k} \frac{l}{b} \qquad (6-52)$$

以上述关系代入式（6-47），逐点写方程就可得线性代数方程组 $[A]\{h\} = \{f\}$，解之即可得渗流场各裂隙交叉点处的水头值 h。

对于岩体裂隙渗流，可以将裂隙系统视为电阻网络或水管网进行计算求解。其主要参数，如缝宽 b、缝中充填物的渗透系数 k 及阻力因数 r 等，均依实际调查研究等手段事先确定。现以文献［17］中的 Kraghammer Sattel 山脊斜交裂隙组为例进行了计算。其中斜立的裂隙组透水性远大于水平的。计算结果表明，等水头线与斜立裂隙平行，帷幕消减水头为 19.2m，与 Karlsruhe 大学的水力模型试验相符，见图 6-24。

再举一例，有试验资料验证的台湾达见水库山脊图 6-12 进行计算比较。经过该两组裂隙互相正交的各种方法计算结果如图 6-25 所示，图中有限元法和三角形网络法计算是将裂隙岩体作为连续体考虑的，岩体裂隙网络法是只考虑两组裂隙进行计算的。该实例计算的正交两组裂隙 $b_{1f} = 0.747$mm，$B_{1f} = 26$m，$b_{2f} = 0.585$mm，$B_{2f} = 25$m 按本节后面式

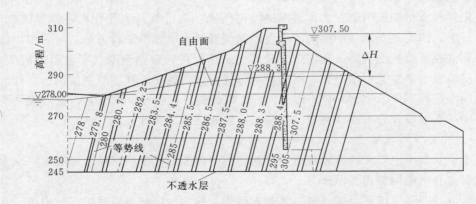

图 6 - 24　Sattel 山脊裂隙网络渗流计算结果

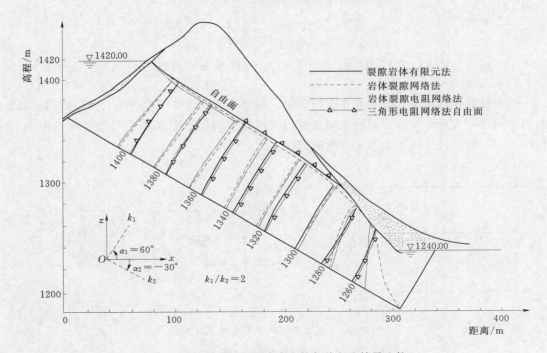

图 6 - 25　两组正交裂隙渗流的各种方法结果比较

（6-61）计算的阻力因数的相对值为 $r_1 = 130$，$r_2 = 60$。

　　正交裂隙有试验结果验证，经过各种方法计算比较，结果基本一致，以用连续体等效渗透张量有限元法计算的自由面稍高。斜交裂隙组，分别与 x 轴交角 $\alpha_2 = -30°$，$\alpha_1 = 50°$、$\alpha_1 = 70°$ 等情况（参看图 6-19）。经过各种方法计算结果的比较看出，α_1 逐渐向下游偏时自由面逐渐抬高，这是由于主渗透性 k_1 大的裂隙仰角逐渐减少，呈倾向下游方向，使得水平向渗透性逐渐增强，从而抬高了自由面。与正交裂隙情形一致，仍是连续体张量模型计算的自由面较岩体裂隙离散网络模型的稍高。

　　至于岩体裂隙三维渗流计算举例，见文献［34］。

三、网络程序取代电阻网模型试验

电阻网模型试验既可解算岩体裂隙网渗流问题，也可解算多孔介质连续场渗流问题。所以在过去，研究复杂渗流问题离不开电阻网模型等水电比拟试验方法。随后引用数值计算有限元法在计算机上解算渗流问题比较简便迅速经济，就逐渐取代了电阻网模型试验。但模型试验具有形象化、水电比拟概念明确等优点，因此把段祥宝教授编制的取代电阻网模型的网络程序 NETW 简要介绍于下[34]，他把试验过程搬到计算机上，也可说是类同有限元法的一项数值计算方法（有限差分法与有限元法的混合计算）。

（一）电阻网模型简介

为了说明基于水管网计算原理所编制的网络程序能取代电阻网模型解决地下水渗流问题，尚需简介电阻网的布置原理[6]。

因为电场与渗流场符合同一数学微分方程式，两物理场相似，故可互相模拟。其对应量为

$$\begin{aligned}
&\text{水头} &h&\cdots\cdots u &&\text{电位}\\
&\text{渗流量} &Q&\cdots\cdots I &&\text{电流}\\
&\text{渗透系数} &k&\cdots\cdots 1/\rho &&\text{电阻系数的倒数}
\end{aligned}$$

1. 正交网络模型

当连续场被离散为单元形成正交网络时，取差分形式计算可以证明二维平面问题划分的矩形网络，在相邻两节点间的电阻值可用其所代表的矩形面积单元的长宽比值来表示。如图 6-26 所示，任一节点的 4 个电阻值为

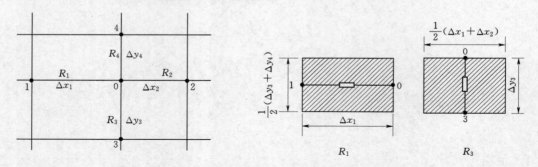

图 6-26　正交网络内部节点间电阻示意

$$\left.\begin{aligned}
R_1 &= \frac{2\Delta x_1}{\Delta y_3 + \Delta y_4} R_0\\[4pt]
R_2 &= \frac{2\Delta x_2}{\Delta y_3 + \Delta y_4} R_0\\[4pt]
R_3 &= \frac{2\Delta y_3}{\Delta x_1 + \Delta x_2} R_0\\[4pt]
R_4 &= \frac{2\Delta y_4}{\Delta x_1 + \Delta x_2} R_0
\end{aligned}\right\} \tag{6-53}$$

式中 R_0 为任选的一个常数，可称为参考电阻或基本电阻。这样，式（6-53）就相当于两相邻节点间的电阻可用其所代表连续场的矩形面积单元的长宽比值来表示，其长度 l（即

两相邻节点的间距）及宽度 b 则为左右网眼各半宽之和，如图 6-26 中的阴影面积。因此二维平面矩形网络的电阻应为

$$R = \rho \frac{l}{b} \tag{6-54}$$

均匀矩形网络的内部各电阻［图 6-27 (a)］应为

$$\left. \begin{aligned} R_x &= \rho \frac{\Delta x}{\Delta y} \\ R_y &= \rho \frac{\Delta y}{\Delta x} \end{aligned} \right\} \tag{6-55}$$

式中　ρ——模拟连续场的电阻系数。

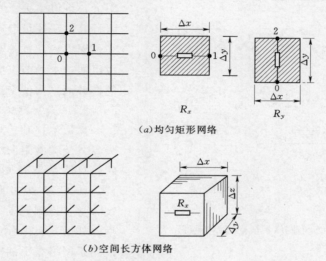

(a)均匀矩形网络

(b)空间长方体网络

图 6-27　均匀正交网络模型内部电阻示意图

为选用方便的电阻，则可将式（6-55）各同乘以因数 R_0/ρ，求得适宜的参考电阻值 R_0。若 $\Delta x = \Delta y$，则 $R_0 = \rho$，所有内部电阻值相同，R_0 也就等于正方形面积单元两边之间的电阻值。

三维正交网络各电阻所代表的是体积单元，式（6-55）中的分母应为单元体的横截面积，则各方向的电阻值［图 6-27 (b)］应为

$$\left. \begin{aligned} R_x &= \rho \frac{\Delta x}{\Delta y \Delta z} \\ R_y &= \rho \frac{\Delta y}{\Delta x \Delta z} \\ R_z &= \rho \frac{\Delta z}{\Delta x \Delta y} \end{aligned} \right\} \tag{6-56}$$

同样，任选一适宜的参考电阻 R_0，将式（6-56）各乘以共同因数 R_0/ρ，就能达到选用方便的各电阻值的目的。若 $\Delta x = \Delta y = \Delta z$，则 $R_0 = \rho$，场内各内部电阻相同。

以上是模型内部的电阻值计算式。对于边界电阻，由于研究场域边界不规则，靠边界处多半是不能划分形成完整的网眼，例如，矩形平面网络，边上不能划分为矩形。但此时

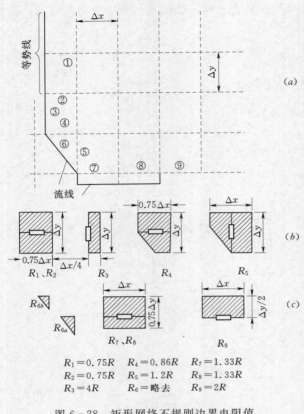

$R_1 = 0.75R$ $\quad$ $R_4 = 0.86R$ $\quad$ $R_7 = 1.33R$
$R_2 = 0.75R$ $\quad$ $R_5 = 1.2R$ $\quad$ $R_8 = 1.33R$
$R_3 = 4R$ $\quad\quad$ $R_6 = $ 略去 $\quad$ $R_9 = 2R$

图 6-28　矩形网络不规则边界电阻值

仍可按照矩形单元长宽比值关系，近似求出其等效矩形，即两节点间长度不变，求其平均宽度。图 6-28 所示为常碰到的不规则边界网络电阻，它所代表的阴影面积及其近似计算值示于图中[30]。其中 R_0 表示正方形 $\Delta x = \Delta y$ 的电阻值。图中斜线边界所代表的电阻，一是垂直 R_{6a}，一是水平 R_{6b}，二者互不相连，可认为电阻无限大，可以略去。其他不规则边界电阻计算方法还可参考文献 [6]。

同样，三维正交网络的边界电阻也可通过求两节点间所代表的单元体的横截面平均值来近似计算。

2. 三角形网络模型

模拟不规则边界、自由面、土层分界线及大网眼向小网眼过渡等情形时，自然是三角形网络较为方便精确。20 世纪 70 年代德国 Dreston 科技大学首先制造了三角形电阻网络模型（如图 6-29 示其部分[31]），并已证明了网络线上的电阻值仍可类似矩

形网络所代表的面积单元考虑。其等效矩形如图 6-30 所示，可按照各边长 l 与其垂直平分线到垂心距离为宽度 b 的矩形面积单元长宽比计算其电阻值为

$$\left. \begin{aligned} R_1 &= \frac{2\rho}{\cot\theta_1} \\ R_1 &= \frac{2\rho}{\cot\theta_2} \\ R_3 &= \frac{2\rho}{\cot\theta_3} \end{aligned} \right\} \tag{6-57}$$

式中　θ——边所对的内角，都应是锐角。

对于内部的三角形单元 ijm，如图 6-31 所示，具有公共边 jm，它的电阻值自然是由左、右两单元矩形面积之和代表，就是公共边在单元 1 与单元 2 两电阻的并联值，即

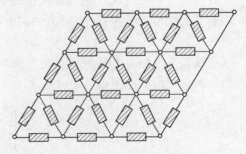

图 6-29　三角形电阻网模型

$$\frac{1}{R_{jm}} = \frac{1}{R_{jm}^{(1)}} + \frac{1}{R_{jm}^{(2)}} \tag{6-58}$$

则得

$$R_{jm} = \frac{2\rho}{\cot\theta_1 + \cot\theta_2} \tag{6-59}$$

242

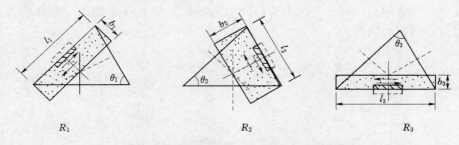

图 6-30　三角形网络各边电阻值所代表的等效面积单元

三角形网络除适用于不规则边界布局外，还可应用于非正交的各向异性场；而矩形网络只适用于正交各向异性场。如图 6-31 所示，对于单元 1，其渗透张量为 $\begin{bmatrix} k_{xx} & k_{xy} \\ k_{yx} & k_{yy} \end{bmatrix}$，$\overline{jm}$ 边上的电阻为

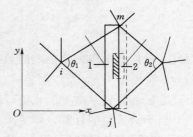

$$R_{jm}^{(1)} = \frac{-4\Delta}{(k_{xx}b_m + k_{xy}c_m)b_j + (k_{yx}b_m + k_{yy}c_m)c_j}$$

$$(6-59a)$$

图 6-31　三角形网络内部电阻并联示意图

若 x，y 轴与渗透主轴方向一致，则有

$$R_{jm}^{(1)} = \frac{-4\Delta\rho_x\rho_y}{\rho_y b_j b_m + \rho_x c_j c_m} \qquad (6-59b)$$

$$\rho_x = \frac{1}{k_x}$$

$$\rho_y = \frac{1}{k_y}$$

$$b_j = y_m - y_i$$
$$b_m = y_i - y_j$$
$$c_j = x_i - x_m$$
$$c_m = x_j - x_i$$

式中　Δ——单元面积。

　　例如，有规律斜交裂隙组的岩体渗流问题，就可把斜交网再剖分成三角形布置各边电阻进行试验或计算。

　　三维计算中则采用三棱柱单元电阻或四面体单元电阻来适用于不规则边界及各向异性场。

　　以上介绍的模拟渗流场的电阻网络，虽然模拟的是均匀渗流场，但仍适用于非均匀土层。即分区土层各为均匀场，各不同土层区的电阻值可按照下式关系计算：

$$\rho_1 k_1 = \rho_2 k_2 = \cdots = 常数 \qquad (6-60)$$

当选定一种土层的代表电阻 R_1 时，其他土层即固定为式（6-60）的关系，只需要乘一个渗透系数比值即可。

　　（二）网络程序 NETW 简介

　　对比上述水管网和电阻网的计算原理可知，在渗流场离散网格划分单元后，各节点间

的电阻完全与水管相当，即水管网中管路的阻力因数 r 与电阻 R 相当，因此两者完全可以代换计算，即阻力因数为

二维
$$\left.\begin{array}{l} r_x = R_x = \rho \dfrac{\Delta x}{\Delta y} \\[2mm] r_y = R_y = \rho \dfrac{\Delta y}{\Delta x} \end{array}\right\} \tag{6-61}$$

三维
$$\left.\begin{array}{l} r_x = R_x = \rho \dfrac{\Delta x}{\Delta y \Delta z} \\[2mm] r_y = R_y = \rho \dfrac{\Delta y}{\Delta x \Delta z} \\[2mm] r_z = R_z = \rho \dfrac{\Delta z}{\Delta x \Delta y} \end{array}\right\} \tag{6-62}$$

因此，直接把电阻网络的电阻数据输入程序进行计算，可以得到与模型试验同样的结果。因为 ρ 相当于 $1/k$，所以可将式（6-61）和式（6-62）中的 ρ 改换为 $1/k$，直接按照不同土层分区的渗透系数 k 的比值计算相对的阻力因数 r。

至于渗流量的计算，则更为方便，只要计算出节点水头 h，就可取进口或任何两排节点间的断面上各管路所通过的流量，叠加即可。例如，层流时流量为

$$Q = \sum_1^p \left(\frac{\Delta h}{r} \right)_i \tag{6-63}$$

式中 $i = 1, 2, \cdots, p$，为所截取断面上的管路数目。

根据上述计算方法编制了网络程序 NETW（Networks），程序流程图如图 6-32 所示。因所计算的各种渗流问题，其结果与有限元法计算结果和电阻网试验结果都很一致。下面将择要举例说明。

在验算各题时，为了直接引用文献［6］中电阻网模型剖分网络及各节点间的电阻值 R，按照水流阻力与电阻的关系，对比式（6-52）、式（6-54）和式（6-61），可知阻力因数与电阻之间的关系为

二维问题
$$r = \frac{R}{R_0 k} \tag{6-64}$$

三维问题
$$r = \frac{R}{R_0 k \Delta l} \tag{6-65}$$

式中　R_0——任选的参考电阻（二维问题，$R_0 = \rho$，为正方形网络单元的电阻值；三维问题，$R_0 = \rho/\Delta l$，为正方体网络节点间的电阻值）；

　　　Δl——正方体的边长，即其节点间距。

其实，直接从水流阻力概念引证阻力系数值或者直接以电阻值代入方程组计算阻力系数值也能得到同样的结果，因为彼此相对阻力值未变。

在使用 NETW 时，首先区分是否连续介质或裂隙网络，然后确定计算电阻的方法。连续介质则依矩形或三角形电阻公式求出阻力因数，而离散的管网和裂隙网则需依管、裂隙的阻力计算阻力因数。下面举例说明。

网络程序 NETW 及其详细说明和应用举例见文献［34］《渗流数值计算与程序应用》一书。

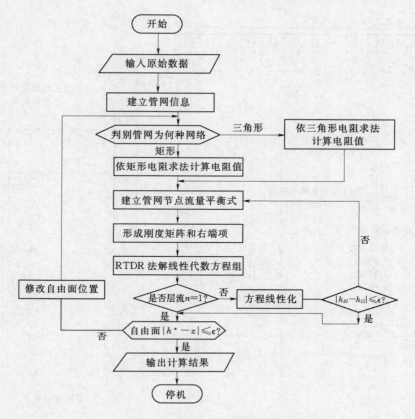

图 6-32 网络程序流程图

（三）程序计算实例比较

这里只举多孔介质连续场土基上的闸坝渗流实例计算。因为岩体裂隙渗流，包括转换为连续场的岩体渗流在内，已在前面各节举例比较过包括网络程序在内的各种计算方法。

1. 船坞渗水

如图 6-33 所示，取船坞对称的一半[6]，电阻网模型布局为 350 个节点的矩形网络，选用的相当正方形网络节点间的电阻 $R_0 = \rho = 500\Omega$，由此可算出模型的内部及边界上各节点间的电阻 R，参见图 6-33 所示，剖分网格各电阻值，代入式（6-64），算出网络各节点间的 r 值。当然，也可直接按式（6-61）算出 r，再应用式（6-47）即可算出流场分布及节点水头。

图 6-34 中计算的等势线（虚线）与电阻网模型试验结果（实线）相近，误差约为 2%。

渗流量的计算，由式（6-63）算得坞底（一半）渗水的单宽流量 $q = 0.3975kH$。电阻网试验，$q = 0.4065kH$。k 为渗透系数，H 为水头。二者相差 2%。当船坞长 200m、水头 $H = 3.5 - (-5.0) = 8.5$m、$k = 0.005$m/d 时，全坞底渗水量为 $Q = 6.76$m³/d。

2. 堤坝下游减压井

由于上层覆盖土渗透性很弱，可只研究强透水砂基的有压渗流。一般情况下，等间距

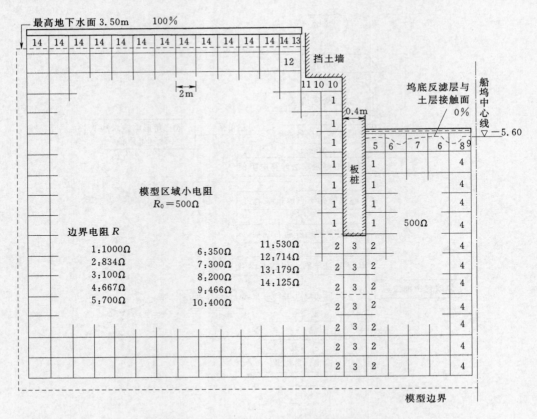

图 6-33　船坞地基渗流电阻网布置

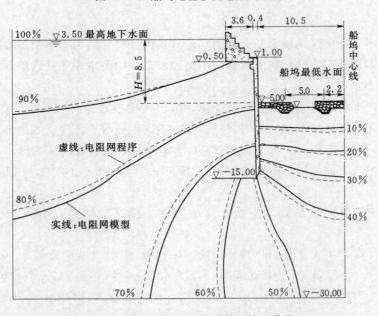

图 6-34　船坞地基渗流计算结果比较（单位：m）

的井列，其井深不贯穿砂层到底，相应的渗流问题属三维渗流问题。图 6-35 所示井半径 $r_w=0.5$m，井间距 $a=20$m，砂层厚度 $T=10$m，井深 $W=5$m。按照电阻网模型，切取对称的一块进行研究，即通过井和井距中点的两个纵剖面间的块体，并沿上、下游分成 13 个剖面布置节点。图 6-35 所示剖分各节点间的阻力数字是由单元体算出的相对阻值，各乘以 1000Ω 为实际的网络电阻。电阻网模型中选用的正方体电阻 $R_0=2000$Ω，每边长 $l=5$m，由式（6-65）即可算出各节点的阻力因数 r 值，或按体积单元直接由式（6-62）计算。

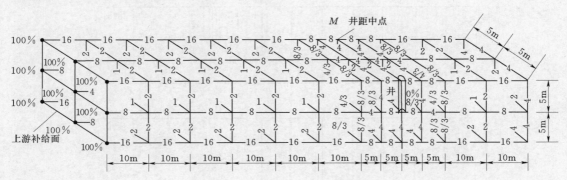

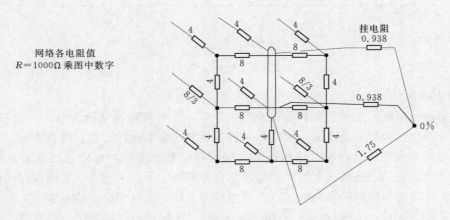

图 6-35　减压井三维电阻网络布置

不完全井的附加电阻如图 6-35 所示，考虑到井四周辐射流与正交网络间的差异，则在正交网络上应按下式挂一附加电阻来修正补偿[6]。

$$R_w=\frac{R}{2\pi}\ln\frac{\Delta l}{4.81r_w} \tag{6-66}$$

式中的 R 为井周的原有电阻，为 8000Ω；节点间距 $\Delta l=5$m；井半径 $r_w=0.5$m。将其代入式（6-66），得所挂电阻值为 938Ω。

考虑井底透水为半球体放射状流动，则应按下式挂附加电阻修正[6]：

$$R_w=\frac{R\Delta l}{2\pi}\left(\frac{1}{r_w}-\frac{2\pi+1}{\Delta l}\right) \tag{6-67}$$

井底原有电阻 $R=4000$Ω，$\Delta l=5$m，$r_w=0.5$m，代入式（6-67），求得井底附加电阻 R_w

＝1750Ω。

井周两节点及井底节点挂电阻如图 6-35 所示。同样，也按比例关系计算此电阻 r 值，显得比模型中挂电阻更为方便；再引用式（6-47）计算各节点水头。计算的等势线如图 6-36 所示，与试验结果一致，井间压力位势为 14.9%（电阻网试验为 15.8%）；一个井的渗流量由围绕井的管路用式（6-63）算得 $Q＝2.49kH$（试验结果为 $2.47kH$）。

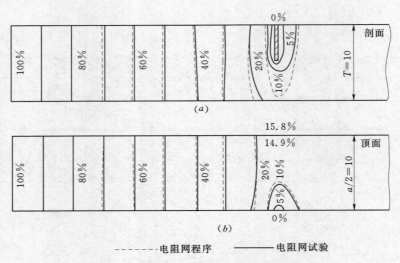

图 6-36 减压井三维渗流计算结果比较

3. 闸基渗流

南京秦淮河闸断面布置及平面轮廓见图 6-37，其粉细砂地基深为 8.1m，砂基下为黏土层，可简化为相对不透水层。闸基采用板桩围封底板的设计方案，闸宽 62m，取半宽 31m 进行电阻网模型计算分析。该闸既经过电模拟试验论证[6]，也经过三维渗流有限元法计算。总的结论是，闸底板上游和侧边采用板桩围封，下游采用排水措施围封的较优布局，只要在排水滤层的前沿和两端筑一道短板桩即可防止出渗坡降大的危害。

选用悬挂式板桩，$S_1＝4m$，$S_2＝3m$，$S_3＝4m$，板桩作不透水考虑，则在图 6-37 所示的渗流区域上布置电阻网，即将该区沿 x、y、z 方向剖分，x 方向剖分面数为 30，y 方向剖分面数为 20，z 方向（垂直向）剖分面数为 10。垂向层面的布置顾及底板轮廓和土层的分界，x 向剖面的布置注意河床、板桩、底板、排水滤层等建筑物轮廓，y 向剖面则顾及侧板桩及翼墙接头位置。

在三个方向剖面的交线上布置电阻，电阻值计算式为（6-56），由输入的剖面交线两点的坐标自动求得。

网络程序计算结果如图 6-38 所示，是上游水位为 9.20m（设计水位）、下游水位最低为 1.20m 时的渗流场分布。实线为电阻网络程序结果，虚线为有限元法程序结果。两者计算甚为一致。在侧岸线渗区域，两者误差最大为 1%。

其他连续场的算例，如非达西渗流、非稳定渗流、大区地下水、河网化等做过电阻网模型试验的渗流问题，都用网络程序进行了计算，互相验证，甚为一致，见文献［34］。

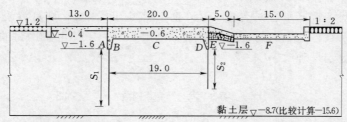

上图：剖面（纵横比尺 2：1）
下图：平面

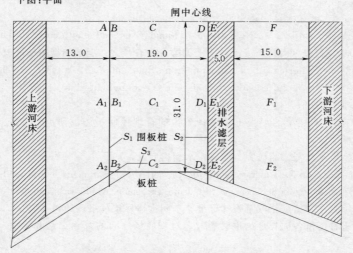

图 6-37　粉细砂地基建闸围板桩方案设计图例（单位：m）

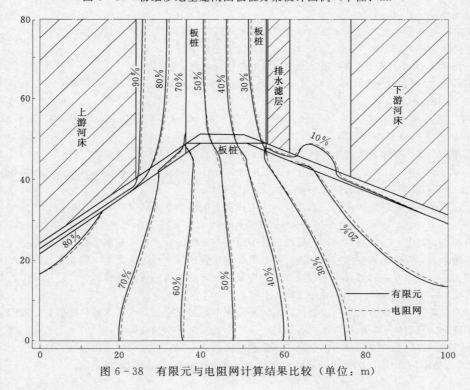

图 6-38　有限元与电阻网计算结果比较（单位：m）

　　最后再作说明，解算水管网问题，可以直接引用阻力因数；解算渗流问题，可以直接引用相关的渗透系数。这里的网络程序引用了电阻，是为了与电阻网试验资料互相验证，而且水电比拟也很容易理解。

参 考 文 献
References

［ 1 ］　Busch K. F. und Luckner L. . Geohydraulik，Leipzig，1973.

［ 2 ］　Casagrande A. . Control of seepage through foundations and abutments of dams，Geotechnique，Vol. 11，No. 3，1961（南科所渗流译文汇编第五辑有译文：坝基和坝座的渗流控制）.

［ 3 ］　Kutzner C. . Neue Kriterien für Felsinjektionen im Staudammbau，Wasserwirtschaft，7/8，1991.

［ 4 ］　Houlsby A. C. . Design and construction of cement grouted curtains，15th ICOLD Congress，Lausanne，Vol. Ⅲ，1985.

［ 5 ］　刘杰. 关于有软弱夹层的混凝土坝基扬压力的合理控制措施的研究. 水利水电科学研究院报告，1989.

［ 6 ］　毛昶熙. 电模拟试验与渗流研究. 北京：水利出版社，1981.

［ 7 ］　Giesecke J. und Soyeaux R. . Unterstromung von Talsperren auf kluftigem Untergrund-hydraulische，Berechnungen mit Berucksichtigung laminar und turbulenter Stromung. Wasserwirtschaft，1990（No. 1）.

［ 8 ］　葛祖立. 高坝裂隙岩基灌浆帷幕设计标准. 水利水运科技情报，1989（4）.

［ 9 ］　黄俊. 裂隙岩基渗流各向异性的主渗透方向对坝底扬压力的影响. 水利水电科学研究院论文集，1982.

［10］　Jiesecke J. und Soyeaux R. . Unterströmung von Talsperren auf klüftigem Untergrund，Waterwirtschaft，1990，1.

［11］　李祖贻，陈平. 裂隙岩体二维渗流计算. 水利水运科学研究，1992（2）.

［12］　毛昶熙，等. 裂隙岩体渗流计算方法研究. 岩土工程学报，1991（6）.

［13］　毛昶熙. 渗流计算分析与控制. 北京：水利电力出版社，1990.

［14］　Аравин В. И.，Нумсров С. Н. . Филвтрадионные расчсты гидротехническцх сооруЖсний，Гостройиздат，1955.

［15］　Mao Chang-xi et al. Numerical computation of ground water flow in fissured rocks. Proc. of 6th Congress of APD-IAHR，1988，1：453.

［16］　毛昶熙，等. 裂隙岩体渗流计算方法研究. 岩土工程学报，1991（6）.

［17］　Louis C. ，Wittke W. . Etude experimentale des ecoulements d′eau dans un massif rockeux fissure Tachien project，Formose. Geotechnique，1971（1）.

　　　　毛昶熙译. 岩石裂隙渗流的试验研究，渗流译文汇编（第十辑），1980.

［18］　Franciss，F. O. Soil and rock hydraulics. Rotterdan，1985.

［19］　田开铭，万力. 各向异性裂隙介质渗透性的研究与评价. 北京：学苑出版社，1989.

［20］　周汾，等. 裂隙岩体各向异性渗透性及其野外测定方法. 水科院论文集（第 8 集），1982.

［21］　毛昶熙，等. 复杂岩基及两岸渗流计算程序及其合理渗控措施研究总报告. "七五"攻关 17 - 1 - 2 - 2 - 6，南京水利科学研究院，1990.

［22］　万力，李定方，李吉庆. 三维裂隙网络的多边形单元渗流模型. 水利水运科学研究，1993（4）.

［23］　丁留谦. 堆石体中非线性渗流的有限单元法. 水利水电科学研究院，1988.

［24］　杜延龄，许国安. 渗流分析的有限单元法和电阻网法. 北京：水利电力出版社，1992.

［25］　米勒. L. 岩石力学. 李世平，等译. 北京：煤炭工业出版社，1981.

［26］ 毛昶熙，等．岩石裂隙渗流的计算与试验．水利水运科学研究，1984（3）．

［27］ 毛昶熙，段祥宝，李定方．网络模型程序化及其应用．水利水运科学研究，1994（3）．

［28］ 毛昶熙．水管网设计．工程建设，1952（22）．

［29］ Cross H.．Analysis of Flow in Networks of Conduits or Conductors，Bulletin No. 286，University of Illinois，1936.

［30］ Karplus W. J.．Analog Simulation，1958.

［31］ Luckner L. und Schestakow W. M.．Simulation der Geofiltration，1975.

［32］ 李佩成．地下水渗流研究中的网络模拟法（地下水动力学第十六章）．北京：农业出版社，1993.

［33］ Mao Chang-xi and Li Ding-fang. Pipe Networks Modeling in Studying Seepage Problems，Proc. Vol. 2，Intern. Symposium on Hydraulic Research in Nature an Laboratory，Wuhan，China，1992.

［34］ 毛昶熙，段祥宝，李祖贻，等．渗流数值计算与程序应用．南京：河海大学出版社，1999.

［35］ 杜延龄．土质防渗体高土石坝研究总报告．"七五"国家科技攻关 17 - 1 - 2．中国水利水电科学研究院，1990.

［36］ 杜延龄．高土石坝关键技术问题研究．北京：中国水利水电出版社，2013.

第七章　高速水流的空蚀与掺气
Chapter 7　Cavitation and Mixed Air of High Velocity Flow

高速水流在我国水利水电界是常用的词汇，是习惯上用来概括水利水电泄水工程中的空化、空蚀、水流掺气、水流脉动、水流激振、消能和防冲等涉及多学科的术语。在本书中，为便于编写，将消能和防冲列入第二章和第三章，水流脉动和振动列入第八章分别予以叙述，故在本章中，仅对空化、空蚀及水流掺气问题进行讨论，并将高速水流的重要性、特征、定义及分类等列于章首，以期对高速水流宏观方面的特点有所了解。

第一节　高速水流学科的形成及发展
§ 1. Course formed and development of high velocity flow

一、高速水流的定义

长时间以来，高速水流是一个模糊的概念。这是由于有时在水流流速颇低的情况下，会出现属于高速水流范畴的现象。如有的工程，当上、下游水头差仅 2m 左右，门体即发生严重的振动，而闸门振动，通常又被列入高速水流问题；有时在水流流速颇高的情况下，流势顺畅，如潜没出流的高坝坝身底孔，却无任何明显的高速水流现象发生，所以，不少技术人员对如何判断高速水流界限仍存在疑虑。

近年来，随着我国高速水流研究工作的不断进展，实际工程的不断运用，目前对高速水流的认识已有较大的提高，从学科角度分析，可概括表达如下：

当水流流速增大至水流性质上出现不遵循经典水力学关系式的现象，且常规水力学缩尺模型已不能直接模拟的问题时，则视为属于高速水流的范畴。诸如，水流在流速增高过程中出现的空化现象，水流挟入空气时形成的两相掺混，水流脉动力作用下的振动；高速射流时形成的雾化现象以及高速掺气水流伴随冲击、脉动所形成的消能冲刷等。

了解了高速水流的性质，再去判断水力学问题，就可较为容易地区分出一般水流与高速水流，这一判断对设计、科研和运行管理都是有益的。

二、高速水流的重要性

高速水流在闸坝工程水力学中不是可有可无的部分，而是其中十分重要的内容。高速水流可以引起坝体、闸坝岩基、管道和闸门振动（例略）；可以改变按普通水力学计算方法求得的水深而发生规范所不能允许的明满流转换和明渠流的漫溢（例略）；可以导致水流发生相变产生空穴流动导致泄水建筑物局部构件的蚀损或酿成重大破坏事故（例略）；

可以造成闸坝下游的严重淘刷（例略）。因此，自从 1950 年大规模开展治淮工程开始，高速水流问题就引起了人们的注意，在工程建成投入运行后，也成为工程运行管理中必须认真对待的问题。下面以 1989 年 7 月龙羊峡水电站坝身底孔泄水道发生严重空蚀事故为例，简要说明空化、空蚀问题的现实性和重要性。

龙羊峡水电站坝身底孔泄水道，由坝身进口和压力段、坝后偏心铰弧形门闸室段、泄流明渠及挑流鼻坎 4 部分组成。孔口设计水头为 120m，最大水头为 127m，至挑流鼻坎处最大水头落差 140m，泄槽内最高流速可达 42m/s。此底孔于 1987 年 2 月大坝施工期间首次开启运用，历时 5417h，弧形门下最高流速 28m/s；1988 年 7 月第二次开启运用，历时 137h，弧形门下最高流速 25.87m/s；1989 年 7 月第三次开启运用，历时 1583h，弧形门下最高流速 35.71m/s。此泄水道经三次过水后，前两次由于流速较低，虽有局部破坏，但不甚严重。在第三次过水后，发生必须停水维修的严重事故，今取泄槽边墙及底板为例，简要说明其蚀损的严重情况。泄槽左边墙最大蚀深达 2.5m，破坏面积 177.4m²，冲蚀体积 174.7m³，底板最大冲深 0.4m，破坏面积 98.6m²，冲走环氧砂浆、干硬性砂浆混凝土约 29.4m³，造成必须停水维修的后果。

此外，在 20 世纪 80 年代投入运行的一些工程，如鲁布革水电站右岸泄洪洞也发生了空蚀损毁事故。这些情况表明，高速水流空化、空蚀直至目前仍严重地危害着泄水工程的安全运用，对此决不能掉以轻心而酿成严重的工程事故。

每当泄水工程发生空蚀后，轻微时需在不过流期间维修补强，严重时需停止运用加以修补，有时还会导致主体工程失事造成生命、财产损失的严重后果，这方面的事例很多。例如，西班牙锡尔河桑艾斯提邦坝辅助泄洪洞发生高速水流明满流转换伴随空蚀事故。发生在反弧段的破坏部位，其冲蚀坑长 45m、高 90m、宽 6m，经济损失达 70 万英镑。另外，在进行水力设计时，由于高速水流知识普及不够，会使泄水工程系统由于不能满足水力协调要求而产生空蚀破坏，如安徽东方红水库坝身泄水管，开始泄流时即遭严重破坏；响洪甸水电站右岸泄洪洞，泄水仅 23h 即在出口门槽后发生严重空蚀损毁；前已提及的龙羊峡坝身底孔空蚀破坏等，轻者需花费几十万元，重者花费在千万元以上。

三、我国水利水电工程特点与高速水流的发展

我国水利水电工程有以下不容忽视的特点：

（1）量多面广。我国水力资源丰富，现已有水库 9 万余座、涵闸 2 万余座，水轮机约 10 万台件，水泵数量更多，其中存在着许多与高速水流有关的问题，这种状况，促进了高速水流在面上有较全面的发展。

（2）难度甚大。我国有许多工程在高速水流方面存在着疑难问题，尤其在大型、巨型工程中更为突出。其特点表现在，这些工程大部分位于深山峡谷地区，且具有大流量、高落差和多泥沙等特点。有的三者俱备，有的兼及其二，呈现出通过闸坝下泄的能量甚大。当今世界上下泄能量达到 5000 万 kW 的工程中，有巴西与巴拉圭合建的伊泰普、巴西的图库鲁伊和我国的小湾水电站、锦屏水电站、溪洛渡水电站、向家坝水电站、白鹤滩水电站等。这些水电站虽消能量相近，但每方（m³）的能量却不同，图库鲁伊水位落差约 40m，伊泰普约 70m，小湾水电站水位落差约 240m，这就使问题的难度增大，同时派生出严重的雾化问题，我国因雾化所造成的损失已经引起人们的广泛关注。在河流含泥沙量

方面我国也居世界之冠，如小浪底水利枢纽，其最大含沙量可达 $900kg/m^3$，在上述这些条件下，我国出现的高速水流问题，很容易形成破坏事故，故设计、科研、施工和管理等方面均经常被这些问题所困扰。

（3）管理任务甚重。由于我国现有大量的水利水电工程，其中有些工程质量上存在问题，故在高速水流作用下易发生事故。再者，迄今为止，我国水能开发量还比较少，仅为蕴藏量的 5% 左右，这意味着今后还要上马许多大型工程，高速水流的问题将会有增无减，因而必须重视我国的这一具体情况。

也正因为存在上述这些特点，我国高速水流领域，在生产促科研的推动下得以迅速发展。如 1987 年 8—9 月在瑞士洛桑举行的第 22 届国际水力学研究协会大会上，在消能冲刷讨论会的 6 篇发言中，我国的文章就有 3 篇，内容丰富，颇为各国代表所重视。又如，在 1986 年 4 月日本仙台的国际空化空蚀会议上，我国提交的低空化数低噪声水洞装置，噪声水平为世界上最低的一座，甚受与会专家的重视。再如，我国在外消能工开发取得重大突破之后，现正组织大批人员从事内消能工的开发研究工作，并以高速度前进，以适应当前生产的需要。

从上述情况可知，我国高速水流领域已有丰富的经验，具备了进一步普及的条件，从而可以避免许多不应有的损失；同时，也具有了向纵深开发研究的可能。可以说，由于高坝的兴建，目前高速水流有较快的发展，已具备逐步形成"高速水力学"的条件。但由于缺乏系统的综合分析工作，还未引起人们的足够重视。因此，在今后高速水流知识的普及和深化已属势在必行。

第二节　高速水流的分类
§ 2. Classification of high velocity flow

高速水流所含内容广泛，迄今还缺乏统一的划分标准，常见的有以下 3 种划分法，均不够严密，但尚可参考。

1. 按学科划分的方法

此种方法的具体划分见表 7-1。

表 7-1　　　　　　　　　高速水流问题按学科分类表

序号	名称	在工程中常见的现象
1	空化与空蚀	门槽空蚀，不平整空蚀，消能工空蚀，底板空蚀，门阀空蚀，弯段空蚀，体型不良空蚀，明满流转换伴随空蚀，水流交会空蚀，双层过水空蚀，溢流堰顶空蚀，岔管空蚀，止水缝隙空蚀，进口漩涡导致空蚀等
2	脉动与振动	管道振动，阀门振动，闸门振动，管内有压水跃引起坝体振动，非正常运行引起洞身和山岩振动，进水塔振动等
3	边界层与掺气	紊流边界层发展导致的自然掺气引起的超边墙漫溢，受阻水流的强迫掺气，挑流雾化，管内游移气囊，爆气现象，通气孔器叫等
4	消能与冲刷	在高流速条件下的底流、面流、挑流、戽流所消杀的能量及冲刷，各种流态形成的软基、岩基冲刷。各种型式的消力池、齿、墩的运行效果等

2. 按工程布置及水流条件划分的方法

此种划分方法，对设计与管理较为方便，见表 7-2。

表 7-2　　　　　　　　　　高速水流问题按布置及水流条件分类表

序号	名称	在工程中常见的现象
1	枢纽布置与消能冲刷	配合高速泄流时的各类工程布置，各种消能工的适应论证及使用现象，消能率和冲刷坑及表 7-1 中消能与冲刷的内容等
2	空化空蚀与泥沙磨损	包括表 7-1 中空化与空蚀的内容及在多泥沙河流中的泄水工程及水轮机等的空蚀磨损破坏，各种补强技术的实践结果，掺气减蚀的应用与效果等
3	紊动脉动与振动	厂房顶溢流，双层排水排沙孔的紊动与脉动，各种齿坎的水流紊动特性，反弧面等处的紊流边界层发展及上表脉动与振动所包括的内容
4	溢流坝、溢洪道及明流泄洪洞	泛指工程中由于明流高速水流所导致的有关问题，如溢流坝面型式选择与运用、岸边溢洪道进口体型的影响、雾化问题、明流洞在非正常条件运用的明满流转换等
5	泄水孔及压力泄洪洞	泛指工程中由于有压高速水流所导致的有关问题，如有压多级消能、孔板式非空化布置与叶形空化布置的影响、泄水孔出口段负压问题、竖井式溢洪洞的流态、深孔的体型等
6	闸门高速水流及原型观测	闸门的合理布置，狭缝中的高速射流，水工闸门在高速水流下的拖曳力及启闭力，高水头泄水建筑物在原型中的管理运用，高坝溃坝水力学等

3. 按水流速度划分的方法

由于习惯上人们常用流速指标来表达高速水流的含意，无形中已经形成一种以速度为指标的划分界限，见表 7-3。

表 7-3　　　　　　　　　　高速水流按速度分类表

序号	流速划分界限/(m/s)	理　　由
1	20	当流速达到 20m/s 时，认为高速水流的各种现象均有可能发生
2	15	当流速达到 15m/s 时，业已具备形成各种高速水流问题，如再增大流速，破坏能力将加大，这一划分标准，使用较为普遍
3	10	在工程实践中，10m/s 流速已经发生过一些高速水流问题和一些工程损坏实例，故也有用此值作为划分标准的意见

表 7-3 中的"模糊概念"，是由多方面的原因造成的。例如，掺气水流的临界值有时很低，空蚀的临界值有时又很高，不同的枢纽布置也影响临界值，管流与明流的要求往往有差别，泄水建筑物的体型、几何尺寸有很大影响，水力设计的合理性也有明显作用，故企图用一简单的流速值来划分是不太现实的。

但如以"模糊概念"来对待高速水流这一问题，建议可按国际划分大坝标准惯例，取闸坝流速达到 15m/s 以上者，其水力学现象要计及高速水流问题；当泄水建筑物上、下游水头差，扣除阻力损失仍具有 10m 水头时，亦应视为高速水流问题加以处理。

综上所述，高速水流现象发生的领域很广阔，不分类难以区别对待，而分类又难以判断确切范围，这正表明了它的属性。这种属性使人们认识到，研究和对待高速水流问题，应具备一定的学科知识，以便在复杂的现象面前，能比较符合实际的加以判断和处理。

第三节　空化与空蚀
§ 3. Cavitation and cavitation erosion

对水利水电工程而言，人们关注的往往是如何防止空蚀损毁。探讨的重点放在如何预测、发现、防止和在造成破坏后怎样加以修补等方面，对产生空蚀的机理或对形成空蚀的内因则不太重视，致使实际工程中仍不断发生空蚀问题。在形成的众多事故中，的确有相当的比例是由于空蚀问题的复杂性难以避免而发生的，但也有不少工程损失是由于设计运行不当造成的，每年在全国工程中，由此而造成的人力和物力的损失，累积起来是惊人的。为了改变这种状况，普及空蚀机理和水力设计准则及有关防范方法将是有现实意义的，本节简要介绍空化、空蚀形成的原因及其对工程的危害。

空蚀是从直观描述水流中出现"汽化"现象并形成了对工程材料蚀损的综合表示的术语。实质上，水流的"汽化"可以在两种条件下产生，对水加热导致的汽化称为沸腾，另一种是由于压力降低，水流中也会出现"汽化"状态，此种现象称之为"空化"，水利水电工程中所遭遇的空蚀问题均属于后者，从现象上看与沸腾相似但性质不同，这是首先要建立的感性认识和概念。

空化和空蚀又是两个密切相关而又有所区别的物理现象。空化是指上述"汽化"过程，包括空泡发生、发展、溃灭及反弹的全过程。空蚀是指空泡溃灭后向周围辐射的作用力，以及力对材料的破坏过程。简言之，空化是因，空蚀是果，故对两者应有全面的了解。下面就水流发生空化现象的内因和外因阐述如下。

（1）内因。对内因的解释，当前较为普遍的见解是"气核"学说。其主要论点是在水中存在着不溶解的气体泡，学名称之为气核。气核的存在分为两种，一种是随水流运动的称为流动气核，一种是附着在固体表面上的称为表面气核。气核的尺寸为 $10^{-2} \sim 10^{-4}$ mm，一般情况下是难以用肉眼观察的。这种气核在外因的作用下，可以膨胀而形成空泡进入空化状态。

（2）外因。在水工泄水建筑物运行中，形成空化的外因主要是水道中的某些部位，在高速水流作用下，或者在水力设计中发生水力不协调的现象时会形成负压。当负压中最大负压值达到蒸汽压力附近时，即构成气核生长的条件，此时空化现象即可发生。

水流流动过程中发生空蚀现象的原因如下：

空泡溃灭后在流道边壁上造成的破坏称之为空蚀。其形成过程是，在水流中出现空化现象后，空泡由低压区随水流流入高压区时，由于受到环境压力的压缩，空泡约以 10^{-3} s 的速度迅速溃灭，根据 20 世纪初雷利（Reylegh）理论及后来形成的压力波模式，给出了在空泡溃灭时，溃灭中心辐射出来的激波具有很高的压力。一些学者通过理论研究推测，可能传递到固体边壁上的压力达 100MPa 左右。对于这一论点，尽管还有争议，但仍被广泛地用来解释空蚀作用力。

直到 1940 年，鉴于有一些不具备冲击波情况下出现了空蚀现象，柯费尔德（Kornfeld. M）和旭瓦洛夫（Suvarov. L）提出了微射流理论。这一理论分析的意见为：空泡溃灭时发生变形，变形会随压力梯度及靠近边界而增大，这种变形会促成流速很高的微型液体射流，靠近边壁时即可形成空蚀破坏。劳特勃恩（Lauterborn）应用每秒百万次高速摄影记录了在空泡末期形成的水微射流，这项成果支持了微射流理论。

20世纪80年代，日本仙台东北大学高速力学研究所为探讨空蚀发生原因专门设计了一项实验，其实验结果发现：冲击波和微射流两种破坏机理均存在，其主次程度视空泡溃灭过程与固体边界之间相对距离而定。

至于材料表面抵抗空蚀的能力，则与材料本身的性质有密切关系，不少研究工作者均曾将材料的机械性能联系起来探讨空蚀问题。已有的成果表明，空蚀程度既取决于水流的空化强度，又取决于材料的抗蚀能力。

以上这些原因，综合起来可以图7-1粗略表示其相互关系，或可有助于理解。

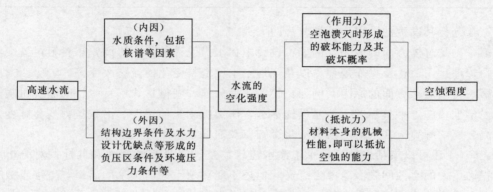

图7-1　高速水流导致空蚀的相互关系图

为能更全面地了解高速水流条件下发生空蚀损毁的多种可能性，现从众多的空蚀事故中抽取一些有具体资料的工程300例，按其特征分类统计列于表7-4。

表7-4　　　　　　　　　　　水工泄水建筑物空蚀实例统计表[1]

序号	空蚀部位或类别	代表性工程的名称	例数	百分数/%	备　注
1	门槽空蚀	响洪甸泄洪隧洞等	63	21	
2	不平整空蚀	大苦力溢流坝面等	54	18	包括溢流坝面、洞壁等
3	消能工空蚀	拓溪消能工等	30	10	包括趾、墩、齿坎等
4	底板空蚀	塞尔蓬松1号底孔等	26	8.7	包括闸的部分开启运用工况在内
5	体型不良导致空蚀	东方红底孔等	25	8.3	包括进口段
6	门阀空蚀	阿尔考夫针形阀等	20	6.7	
7	弯段空蚀	黄尾坝等	14	4.7	包括反弧段不平整在内
8	双层过水	盐锅峡底孔等	8	2.7	
9	通气不足	雨山泄水管等	7	2.3	
10	明满流与转换伴随空蚀	柘林导流洞等	6	2.0	
11	岔管空蚀	大西洋二合一水洞等	6	2.0	
12	门槽进水	磨子潭泄洪洞等	5	1.7	

序号	空蚀部位或类别	代表性工程的名称	例数	百分数/%	备　注
13	溢流堰顶空蚀	邦寨维果溢流坝等	4	1.3	
14	止水缝隙空蚀	梅山水库底孔等	3	1.0	
15	空蚀与冲蚀混合发生	泥山竖井等	3	1.0	
16	空蚀与磨蚀混合发生	刘家峡泄水道等	3	1.0	
17	进口漩涡导致空蚀	三门峡双层孔	1	0.3	
18	强剪切流漩涡空蚀	塔贝拉2号隧洞	1	0.3	
19	虹吸坝溢洪道空蚀		1	0.3	
20	其他		20	6.7	

综合分析其发生的原因，可划分为两大类：

第一类是总体方面的原因，例如：设计中在水力设计部分不协调，布置上过流交汇不适当，管理运用上违反操作规程，以及规划上水文资料变化使流态改变等。

第二类是局部方面的原因，例如：轮廓体型欠佳，闸槽形式不良，门阀曲线过陡，弯道定线不准，施工平整不够，消能设施不适，压力脉动幅值过大，沿程压力变化陡变，岔道水流分离，缝隙空穴形成，漩涡空化影响以及通气量不足等。

表7-4还可以概括性地显示水工泄水建筑物空蚀所具有的特性和共性，对分析和了解工程运用中的空蚀问题有着参考意义，但还不能反映空蚀所带来的后果，空蚀事故有轻有重，严重者造成经济和生命的巨大损失，轻微者在长期运用中可无显著的危害，故尚需从不同空蚀类型可能造成的后果加以分析，表7-5为不同空蚀类别引起后果的统计。

表7-5　　　　　　　　　不同空蚀类型引起后果概况表[1]

序号	类型及部位	工程名称及典型后果概况	备　注
1	明满流转换伴随空蚀	西班牙锡尔河桑艾斯提邦坝辅助泄洪隧洞的明满流转换伴随空蚀事故。破坏部分反弧段冲坑长45m，高90m，平均宽6m修复后不再担任泄洪任务，当时经济直接损失70万英镑	水头约100m
2	双层过水导致空蚀	盐锅峡施工导流底孔，断面尺寸宽4m，高9m两孔，中间隔墩厚3m，双层过水3昼夜，3m厚闸墩蚀穿	试验验证，相应流态有大空腔
3	体型不好发生空蚀	皖南东方红水库，由于进口采用突扩，平面扩散1：9.6，垂向扩散1：4.8，在门后造成严重空蚀	Madden坝进口空蚀属于此类
4	消能工空蚀	薄山水库分水墩3cm厚铸铁板蚀穿8cm×5cm大洞，里面混凝土蚀深60cm，1975年8月洪水将分水墩冲走，核算流速约15m/s	内有钢筋的剖面面积95cm² （30φ10，19φ9）
5	突跌突扩空蚀	在高水头条件下，目前国内外常采用偏心铰弧形门或装设膨胀止水的弧形门来解决门的启闭及止水问题，应用此种布置，在孔口处要求采用突扩突跌形式进行通气减蚀，当水力设计或结构布置不当，或控制方法不合适时，将在下游明槽侧壁和底部出现空蚀损毁。龙羊峡水电站1989年7月即发生此类空蚀，仅修复蚀损部位即耗资千万元以上	

序号	类型及部位	工程名称及典型后果概况	备　注
6	不平整及弯段空蚀	刘家峡泄洪隧洞，反弧段末端流速 38.5m/s，反弧段有高 1.2cm 弧形突体，其后呈连续性发展，最大蚀深 3.5m。黄尾泄洪洞反弧段末渗流速 48.8m/s，施工中曾进行斧剁和研磨，提出光滑如镜的要求，过水后最大蚀坑长 14m，宽 5.95m，深 2.14m	
7	磨蚀与空蚀混合作用	三门峡双层孔进口斜门槽导轨，严重处有 1/2～3/4 被磨蚀掉，底孔磨蚀深度达 20cm	
8	门槽空蚀	布赫塔明水电站 3 个 4m×5m 高底孔，由于门槽空蚀，在工作水头 47～54m，流速 24～25m/s，历时 35～200h，被冲毁后均废弃不用；响洪甸泄洪隧洞出口门槽，历时 23h 门槽下半部混凝土破坏钢筋裸露	工作门主轮轨道混凝土破坏，轨道螺栓出露，底部轨道冲毁
9	其他	巴基斯坦塔贝拉隧洞发生强剪切流构成严重漩涡空化，最大蚀深 5m 墩尾蚀穿；山东陡山水库（大型）泄水洞，因通气孔失效闸后空蚀，钢板修补两次失败，弃用；鲁布革水电站右岸泄洪洞在 1989 年运用后，由于门后闸门段底部钢板上翘，致使钢板下游及侧壁发生严重空蚀，蚀深 0.5，钢筋拉出，停水修复	

从表 7-4、表 7-5 的概略统计的趋势可以得到启发，水工泄水建筑物的空蚀有以下特点：

（1）空蚀可以在水工泄水建筑物的各个部位发生。

（2）门槽、表面不平整、消能工、体型欠佳和弯道（或反弧段）更易发生空蚀。

（3）明满流转换、双层过水及门槽进水的流态易导致严重空蚀，工程管理运行中对此类流态要倍加注意，要详细探讨如何运用控制才能避免或减轻此种工况。

（4）磨蚀与空蚀，冲蚀与空蚀或者磨蚀、冲蚀与空蚀的混合作用形成的破坏，应予以足够的重视。

（5）工程布置、体型和流态不同，会出现不同类型的空化，不同程度的空蚀。

上述实例还表明，由于空化与空蚀问题的复杂性，在进行泄水建筑物水力设计时，往往对空化与空蚀的可能性难以准确估计。有的工程事故，事后发现如果事先有较为合理的预估是可以避免的，或者只要在管道运用时采取一些必要的措施，就可以减免空蚀而不致发生严重的蚀损（梅山水电站右岸泄洪隧洞，在 1963 年右岸岩基错动的严重事故中，泄洪洞被强迫投入非正常运用，发生急流条件下的明满流转换，情况十分危险，由于管道运用中严格控制了泄流空化数要大于估算的临界空化数，防止了空穴流的发生或发展，避免了可能出现的损失）。另外，一些工程由于过分强调安全，以致增加了不必要的工程投资。为了逐步探求安全、经济的水力设计及合理、可行的工程运行管理方法，很重要的一点，就是要了解空化与空蚀知识，积累实际的运行经验，才能更好地解决这一难题。

第四节　水流空化的基础知识
§ 4. Fundamental knowledge of cavitation of flow

在初步了解了空蚀危害之后，人们常将空化问题看成水工水力学中一种有害的流动，因此，当前研究空化问题业已形成三方面的技术措施。

（1）免蚀技术，是指采取措施使水流流动不发生空穴流动，即泄流空化数要大于临界空化数。

（2）减蚀技术，是指根据水工不同空化类型所具有的特征，采用通气、通水等方法减轻或减免空蚀的危害。

（3）抗蚀技术，是指在遭遇难以避免的空穴流情况下，人们常采用提高材料抵抗空蚀能力的方法，借以减少破坏程度、延长使用时间。

所有这些方法，都要求提高对空化特性的认识，才能在具体问题中选择既安全又经济的方法。近年来，由于对空化问题的研究日益深入，已有可能采用合理的几何轮廓，可人为控制流态和相适应的结构型式，使空穴流动成为能够控制的消杀能量的方法之一，转有害为有利。下面简述一些必要的空化知识。

一、空穴流的划分标准

水工泄水建筑物在泄水过程中，在水流范围内，各点的流速和压力形成流速场和压力场。当水流质点通过不同点时，即具有该点的压力和流速。在伯努利方程适用的条件下，流速和压力总和为常数，当流速增加时压力降低，形成高速低压流动，这是一种很易发生空穴流的客观条件。

当水流中某点或某部位压力降低到饱和蒸汽压附近时，水流中的气核将会迅速膨胀，此时在水流中将出现气化泡或空腔，这是相变的开始，为便于区分计，称初见空泡或空腔时的状态叫初生空化状态，此时的流动称为空穴流。这是一个重要的区分界限，讨论空化、空蚀问题，必须弄清楚这种变化。

水流的饱和蒸汽压力是随温度而变化的，表 7-6 列出了不同温度下的饱和蒸汽压。

表 7-6				饱 和 蒸 汽 压			
$t/℃$	0	10	20	40	60	80	100
蒸汽压力/Pa	600	1200	2400	7500	20300	48300	103300

在设计、实验和管理运用中，出现临近蒸汽压力值的信息时，必须考虑到发生空穴流的可能。

这里介绍的是一个总体的概念，为了有效区分，还需要人为地制定一个划分标准，经多年来的实践，现在通用以空化数来划分，这是一个无尺度参数，用初生空化数来表示水流转入空穴流的界限，这个重要参数的具体内容将在下段中讨论。

二、初生空化数和常用的几种空化标准

初生空化数是人们根据空穴流现象拟定的一个标准，它既能表达这一要求，同时由于

水流因素复杂，它又不能总是准确地判别。因此，要了解它的建立条件，不能笼统地使用。

首先要了解经典相似律的观点，此观点认为初生空化数 σ_i 等于水流最小压力系数 $-C_{P_{\min}}$。由于此方法使用比较方便，在规划设计阶段或管理运用中缺乏试验资料时，常常用此值作为判别有无发生空穴流的标准，所以应首先弄清其由来。

由于在流场内，压力大小直接影响空化能否产生，故将压力和流速形成无量纲参数 C_P，称为压力系数，表达式为

$$C_P = \frac{P - P_0}{\frac{\rho v_0^2}{2}} \tag{7-1}$$

式中　P_0、v_0——所选用的参数压力和流速；

　　　　P——所要计算点的压力。

在最小压力点 $P = P_{\min}$，则最小压力系数为

$$C_{P_{\min}} = \frac{P_{\min} - P_0}{\frac{\rho v_0^2}{2}} \tag{7-2}$$

经典方法认为 $C_{P_{\min}}$ 值即为初生空化数，亦即空穴流的判别标准。

但是，通过大量实践得知，式（7-2）得出的值常得不到试验的佐证。因为同一形状的试件，在不同设备中试验会得到不同的结果，迄今尚未觅得由模型向原型引伸或理论计算的可靠方法，故最小压力系数只能作为初步估算的参数。

在这种条件下，为能估计空穴流可能产生的范围，最常用的是采用近似的但还可用的方法，即水流空化数（σ_w）估算法。

$$\sigma_w = \frac{P_0 - P_v}{\frac{\rho v_0^2}{2}} \tag{7-3}$$

式中　P_v——水流在某一温度时的饱和蒸汽压。

$P_0 - P_v$ 愈大，水流愈不易空化；P_0 不变，v_0 愈大，愈易空化。这一无量纲参数，应用方便，有一定的指导意义。

当前，较为可靠的方法是，将特定边界作为试件，通过绝对流速相同，流场近似的方法求得肉眼可见空穴流的临界值试验，此时所得的空化数，称为初生或临界空化数。

空化数的判别标准较多，如消失空化数 σ_d、临界空化数 σ_c、有限空化数 σ_l 等，都大同小异，故不再赘述。

三、水工空化类型

对空化类型的划分是按人们的需要确定的。造船界有比较成熟的划分方法，而水利界尚无统一标准，今按工程中常见又便于理解的办法选几种介绍如下。

1. 以空化现象对视觉的持续状态划分

（1）间断型空化（阵发型空化）。

（2）持续型空化。

人们有时误认为，间断型空化由于累积时间较少其破坏性不大，但实践证明不完全如

此。有些工程试验得到的结果虽属于阵发性空化，但却发生严重的损毁。

2. 以工程部位和性质划分

这是从事水工空蚀研究人员的常用方法。例如：不平整空化、门槽空化、消能工空化等。这种划分方法便于设计人员引用。但必须注意，这种划分方法有时类型相同，研究分析方法不统一，成果有时出入较大。

3. 以空化类型划分

水工空化结合实际工程运用情况常见有以下几种：

（1）游移空化。包括单空泡、群空泡和各种类型的游移空穴。其特征是空泡或空穴形成后随水流流动且无定向。例如，在弧形门启闭过程中或某些开度下发生的门底缘空化，群空泡在水中形如飞絮，即为游移空化的一种表现，空泡的溃灭点属空间散布型。

（2）附着空化。包括分离型空穴，属于"固定"型空穴。人眼观察似附着壁面上的空腔，有时几乎呈透明体，实际上是一个相对稳定的空穴，腔体由许多大小不一的游移空泡所组成。在水工空化中，如闸槽下游边壁、门体下缘等处均可发生。

（3）漩涡空化。这是水工空化中出现较多的一种，常发生于凹槽（如闸门门槽内形成的竖轴漩涡）、水流交汇（如门井进水形成的横轴漩涡），射流高剪力区（如淹没射流）等。因此，在水工空化研究中，对漩涡空化应予以重视。

（4）超空化。一般系针对绕流体而言，在空化发展至低空化数时发生，形态上指空腔尺寸大于绕流体，从而空泡溃灭区离开绕流体。此种工况一般可以避免绕流体本身的蚀损，消能工中的超空穴消力墩即为一例。

对不同空化类型采取减免措施时，所运用的方法有时也有所区别，对于混合型的空化，往往需辨别主次，以探求更为有效的解决方法。

四、空化研究成果的使用

在书籍和资料中，常可以查得一些空化研究成果，这些研究成果也常被规划、设计人员所引用，但应了解其来源、条件，以防在引用中有较大出入。

下面以《高水头水工建筑物的水力计算》一书中提供不平整体的临界空化数为例，见表 7 - 7。

表 7 - 7　　　　　　　　不平整体的临界（初生）空化数[4]

序号	简　图	简要特征	σ_i
1	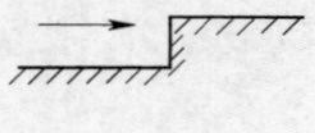	垂直升坎	2.1
2	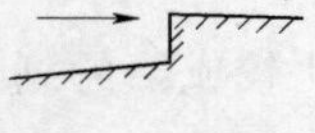	正坡升坎	2.3
3	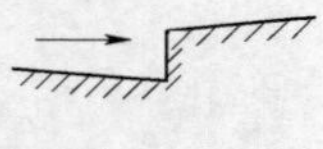	逆坡升坎	2.0
4	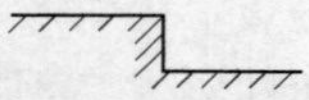	跌坎	≤1.0

续表

序号	简　图	简要特征	σ_i
5		坡度突变	1.05
6		倾斜升坎（模板接缝，由于模板错动造成混凝土突起等）	$0.466\sqrt[3]{\alpha}$ （$5°<\alpha<90°$）
7		顶部尖小的单凸体（模板接缝处的痕迹没有很好清除）	$2.0\sim3.5$
8		表面均匀自然糙率，突体的平均高度为Δ	1.0
9		圆柱体的钢筋头	$3\sim4$

　　表 7-7 所列数据似很明确和详尽，但在多了解一些资料以后就会有更多的认识和考虑。例如，序号 1 中的垂直升坎，$\sigma_i=2.1$ 就是一个概略值，因为它与升坎高度有着密切的关系，如图 7-2 所示，如在选用 σ_i 值不考虑 h 的影响，显然是会发生很大差别的。如果再深入研究这个问题还会发现，有些成果证明不平整体的高度 h 影响不大，有些成果证明影响很大，有些文献表明与 Re（雷诺数）有关，有些文献认为无关，有的认为随形体变化而异，有的证明不同平整体 σ_i 相同（例均略）。

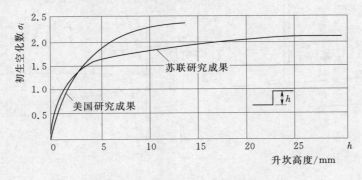

图 7-2　不同升坎高度 σ_i 值变化[5]

五、临界空化数的估算

临界空化数的估算主要包括两方面的内容。

1. 水流空化数的估算

估算泄水建筑物过水时是否会发生空穴流，首先要算出水流的空化数。当水流空化数大于初生空化数时，认为未进入空穴流；当水流空化数小于初生空化数时，则认为已进入空穴流。

图 7-3 为水流压头、速头及脉动压力等相互关系的示意图。

假定水流内压力符合静水压力分布，用伯努利方程可以计算出 A 点所在断面的平均压力 P_0，A 点压力 P_A 和平均流速 v_0，将 P_A，v_0 代入式（7-3）有

$$\sigma_w = \frac{P_A - P_v}{\dfrac{\rho v_0^2}{2}} \tag{7-4}$$

式（7-4）仅限用于正值，在有负压出现时，应结合允许负压值考虑。

用式（7-4）即可求出该断面压力最低处的水流空化数 σ_w。此值主要用来检验泄水建筑物整体的水力设计是否协调，如规划设计中出现不协调的情况，σ_w 值会降低很多。例如，龙抬头式的泄水道和突扩式的门后衔接，如在规划设计时进行 σ_w 的正确估算，就可以避免不必要的损失和事故。这里取某水库底孔空蚀破坏为例说明之。设计时，按一般水力学计算，因将水流视为连续介质，可得图 7-4 中的虚线。如考虑到水流突扩体型在设置不当时，将会导致文杜里效应而使压力下降，从而得出图中实线的压坡线，求得最大负压，对照坡度突变的 σ_i 值约为 1.0，即使在正压条件下，如压力值较低时，也可能出现空穴流，故可预知有可能产生空化。实际上，此工程一经投入运用，即发生严重空蚀损毁。

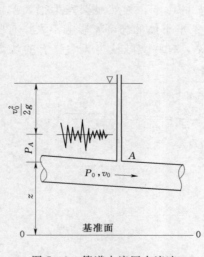

图 7-3　管道水流压力流速
关系示意图

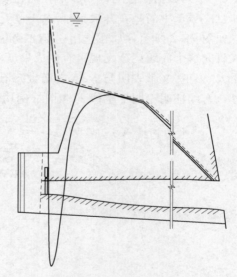

图 7-4　某水库水力计算压坡线比较图

2. 局部空化数的估算

当泄水建筑物的水流空化数校核安全后，尚需对局部空化能否发生进行估算，要对过水各部位分别进行检验。以闸槽为例，在确定水道整体流动估算得出安全结果后，此时已知水道的平均流速值，并知在此流速值时，平滑壁面将不会产生空穴流动，但当水流流经闸槽时，由于凹槽的影响流态改变，临界空化数 σ_i 值将随门槽形状，闸槽来流边界层的

发展情况、门槽长宽的相对尺寸及门槽槽后下缘边墙的错距等而异，需进行局部空化数的估算。

图 7-5 是对方形门槽的研究成果，由图可见，σ_i 随水道宽度 B 与门槽宽度 b 之比而变，且在 B/b 较小时，σ_i 值比较大，更易出现空化。

另外，还需要考虑门槽在水道中的位置影响，位于进口段附近的门槽与远离进口段的门槽 σ_i 值也不相同。图 7-6 表示边界层在计算空化时的影响概况，在确定门槽 σ_i 值时，尚需乘以图 7-6 中的 k_δ 系数，例如方形门槽计算时，在查阅了图 7-5 之后，尚需在图 7-6 中求出 k_δ 值，将此值与 σ_i 相乘，即可得出 σ_i 值（$\sigma_i = k_\delta \sigma_i$）。在门槽位于边界层充分发展区后，则可取 δ 等于 $\frac{1}{2}$ 管道的宽度，求算比较方便。

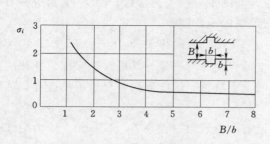

图 7-5　方形门槽临界空化数曲线　　　　图 7-6　边界层相对厚度影响图[4]

在门槽相对尺寸有变化时，边墙有错距时 σ_i 值均会有所变化，故局部 σ_i 的估算必须全面的考虑，才有可能接近于实际情况。

第五节　材料空蚀的基础知识
§5. Fundamental knowledge of cavitation erosion of material

处理与空蚀有关的问题，除上述一些知识外，尚需了解以下三方面的基础知识：

（1）对水流空化后具有空蚀能力的估计。

（2）材料抵抗空蚀的能力。

（3）作用力和抵抗力两者的关系。

现分别简述如下。

一、水流空化后的空蚀能力

水流空化后，空泡溃灭时形成的激波或微射流所产生的作用力，当其未与壁面材料接触前，即消失或减弱到不足以引起材料破坏时，这种空化并不会引起空蚀。前人的研究表明，大量溃灭的空泡，其中只有很少一部分在壁面附近溃灭，构成对材料的直接破坏作用力。

空蚀所受的作用力，很难直接测量，故在实用中，多用测量边壁材料的破坏程度来区分，目前常用的方法有：重量损失计量法、体积损失计量法、麻点法、平均深度法、应变能法和涂层损耗法等（具体判断方法略）。

空蚀能力还与下述一些因素有关。

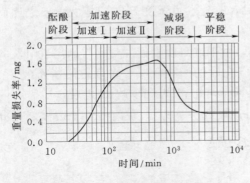

图 7-7　空蚀与时间的关系图[5]

（1）空蚀量与时间有关。在水流工况不变的条件下，空蚀并不是立即发生，往往是分几个阶段，一般先有一个酝酿阶段，此段历时的长短视材料性质、水流条件而异，尚难定出确切范围，此阶段在材料的重量上为不可见损失；其后为加速阶段，随时间延长损失逐渐加大；再后为减弱阶段，随时间延长单位时间的重量损失逐渐减少；最后为平衡阶段，此时单位时间的重量损失为常数。图 7-7 为空蚀与时间关系的示意图。

（2）空蚀量和位置有关。在发生空穴流后，在空泡溃灭所能涉及的边壁上，各部位空蚀程度并不一致，其最大蚀深部位往往决定着工程的安全。例如，在水下门槽导轨后部的严重空蚀，即能导致整个水道的废弃，苏联布赫塔明坝泄水底孔即为一例。

（3）空蚀量与流速有关。这方面前人已经有不少成果。克奈普（Knapp）认为空蚀量与流速的 6 次方成比例，有不少人研究的成果却在较大范围内波动，可由流速的 3 次方到 11 次方，较多的集中在 6 次方附近，对于具体工程的估计，还需结合水工情况及材料特征综合考虑。

（4）空蚀量与含气量有关。一般认为，含气量增大可以减少空蚀量，通气减蚀即为一例。但也有人认为增加含气量会提前发生空化。目前公认向水流中输入适当的空气，可达到掺气减蚀的目的，并在实践中多次被证实，杂志上也发表了不少这方面的研究成果。

另外，还需考虑的空蚀量的引申及核分布影响等均从略。

二、材料抵抗空蚀的能力

材料抗空蚀性能决定着材料蚀损量的大小，前人累积了多种不同材料的蚀损成果，但除少数材料的空蚀率与 $\sigma_i^2 E$ 或 $\sigma_i^2/2E$（σ_i 表示极限应力，E 为弹性模量）之间建立了较好的相关外，大部分材料还未能把机械性能与空蚀率很好地联系起来。这些性能通常指各种模量、极限强度，屈服强度、硬度、应力—应变曲线覆盖面积等。

下面结合水工建筑物中常见的金属材料与非金属材料的抗空蚀概况简述之。

（1）金属材料的抗蚀能力。泄水建筑物中使用的金属材料主要是钢材，其抗蚀性能较好。铸钢、球墨铸铁等钢铁材料，一般也可以经受长时间的蚀损，钢板护面发生蚀损的事例则较多，其中多数是由于钢板护面与母体混凝土结合不牢而被撕裂掀去。在强蚀区各种钢材仍然会被蚀损，其中不锈钢抗蚀能力最强，但价格昂贵，很难大面积使用。表 7-8 为一般常用钢材在水工泄水建筑物实际应用中的事例，可从中对金属抗蚀性能有所了解。

表 7 - 8　　　　　　　　　　水工泄水建筑物金属材料空蚀示例

钢材类别	工程名称	护面部位	平均流速 /(m/s)	泄洪空化数 σ	历时 /h	蚀损情况	能否继续使用
铸钢	佛子岭水库泄洪管道	进口段	14.5	0.80	>10000	一般蚀深 3～5mm，最大蚀深 7mm	能
	薄山水库泄水道消能工	分流墩	15.0	0.61	>7500	30mm 铸钢局部蚀穿，混凝土蚀深 60cm	不能①
	佛子岭水库泄洪管道	出口门槽下游	21.0	0.53	>10000	一般蚀深 3～5mm，最大蚀深 7mm	能
球墨铸铁	梅山水库底孔	进口段		0.33	>24000	无明显可见蚀痕	能
	梅山水库底孔	出口门槽下游	27.0	0.27	>24000	一般蚀深 5～8mm，最大蚀深 13mm	能
钢板	花凉亭水库底孔	进口事故检修门槽下游	20.0	0.38		数块钢板被撕去	不能
	响洪甸水库泄洪隧洞	出口控制门槽下游	26.2	0.32		钢板连同锚筋被拉断撕去	不能
	格兰峡水库底孔	闸孔钢板衬砌	41.0			25mm 钢板蚀穿	不能

①　"不能"指不经修复时不能使用[1]。

　　如表 7 - 8 所示，有些水库的泄水管道，采用铸钢、球墨铸铁和钢管的管壁，经过万余小时的运用，位于空蚀区的钢材，蚀损量仍很轻微，但有的构件位于强蚀区，仍发生了严重蚀损。

　　（2）非金属材料的抗蚀能力。水工泄水建筑物用的非金属材料主要为混凝土，对混凝土抗空蚀能力，有些文献介绍的结果是不全面的，有的文献提出，混凝土标号达到 300 号以上时，即可抵抗空蚀，显然是不对的。因为考虑选用混凝土抗蚀要结合流态，即主要由水流流速及混凝土本身的性质来决定。

　　一般说来，当水工混凝土标号高于 250 号（选用二级配骨料，坍落度不大于 7～8cm），可具有一定的抗空蚀能力，用于平滑壁面且水流流速小于 30m/s，如能采用真空作业，可长期使用不致发生必须修补的损坏。梅山水库 9 号拱底孔渡槽即为一例。但如用于突变边界下游流态欠佳而有较大负压时，虽采用真空作业，也会很快蚀损。响洪甸水库泄水管道出口门槽下游，仅运行 23.5h 即发生严重损毁即为一例。

　　根据过去原型运行经验，当水流流速达到 13m/s 时，即有空蚀发生的实例；当流速达到 30m/s 时，对混凝土的破坏可能性加大，必须精心设计并加强运行管理。

　　表 7 - 9、表 7 - 10 给出了一组采用 500 号高强混凝土，在流速 48m/s 条件下的试验成果，可帮助我们加深这方面的理解。

　　从表 7 - 10 可见，非金属材料的混凝土和砂浆，只要在本身配方及施工技术上加以改进，可以提高自身的抗蚀强度达 5 倍左右，如果再添加一些掺合物，还可大幅度提高抗空蚀的能力。所以，对水工材料的抗空蚀能力，不宜人为地简单规定一个界限，综合多方面的因素合理地抉择，往往也有一定的成效。下面以非金属材料中的砂浆抗蚀成果为例，列表 7 - 11。

表 7 - 9 　　　　　　　　混凝土及砂浆所用材料及配合比表[2]

序　号	材料种类	配合比 （水泥∶砂∶石∶水）	材料	
			砂	石
1	高强混凝土配方 1	1∶1.26∶3.24∶0.35	龙羊砂	龙羊卵石
2	高强混凝土配方 2	1∶1.18∶2.51∶0.28	龙羊砂	龙羊卵石
3	高强混凝土真空作业			
4	干硬性砂浆	1∶2.50∶0∶0.36	刘家峡砂	刘家峡卵石
5	高强砂浆	1∶1∶0∶0.25	硬练砂	

注　所用水泥均为永登水泥厂生产的 525 大坝水泥。

表 7 - 10 　　　　　　　　混凝土及砂浆抗空蚀强度对比表[2]

序　号	材　料　种　类	抗空蚀强度对比		
		强度/[kg/(m²·h)]	与基础对比倍数	强弱顺序
1	高强混凝土配方 1	0.88	1.00	Ⅰ
2	高强混凝土配方 2	1.65	1.88	Ⅲ
3	高强混凝土真空作业	3.78	4.30	Ⅳ
4	干硬性砂浆	1.22	1.39	Ⅱ
5	高强砂浆	4.33	4.92	Ⅴ

注　以高强混凝土配方 1 为基数对比。

表 7 - 11 　　　　　　　采用增强措施的各种砂浆抗蚀能力对比表[2]

序　号	材　料　种　类	抗空蚀强度对比		
		强度/[kg/(m²·h)]	强弱顺序	与基数对比倍数
1	干硬性砂浆（对比基数）	1.22	Ⅰ	1.0
2	高强砂浆	4.33	Ⅱ	3.6
3	EP - 6101 树脂砂浆	31.41	Ⅲ	25.8
4	AE - 3200 树脂砂浆（1）	43.76	Ⅳ	39.2
5	EP - 6101 低毒树脂砂浆（2）	53.33	Ⅴ	43.7
6	AE - 3200 树脂砂浆（2）	55.17	Ⅵ	45.2
7	EP - 6101 低毒树脂砂浆（1）	58.18	Ⅶ	47.7

由表 7 - 11 可见，采用树脂复合材料的砂浆类材料，与干硬性砂浆相比较，强度可提高 40～50 倍，这些资料也表明，对待空蚀问题，必须了解水流和材料的综合情况，才能得到安全、经济的结果。

为加强局部地区的抗蚀能力，由于树脂胶泥类具有良好的密实性和弹性，故用来作为非金属材料抗蚀，经研究有良好的效果，其抗蚀能力见表 7 - 12，与高强混凝土的对比，见表 7-13。

表 7-12　　　　　　　　　树脂胶泥类材料抗空蚀抗冲磨试验成果表

序号	材料种类	抗压强度/MPa	抗拉强度/MPa	抗冲磨强度/MPa	抗空蚀试验龄期及强度	
					龄期/d	强度/[kg/(m²·h)]
1	AE-3200树脂胶泥类	95	19.6	1.33	123~124	113.00
2	EP-6101低毒树脂胶泥	81	21.6	1.65	121~122	213.00

表 7-13　　　　　　　　　树脂胶泥类与混凝土及砂浆类抗蚀能力对比表

材料种类	抗空蚀强度对比		
	强度/[kg/(m²·h)]	AE-3200树脂胶泥与所列材料对比倍数	EP-6101低毒树脂胶泥与所列材料对比倍数
高强混凝土配方（对比基数）	1.65	68.5	129.09
高强干硬砂浆（对比基数）	1.22	92.62	174.59

由表 7-13 可见，树脂胶泥抗空蚀能力甚强，对局部强空蚀地区，这是一种抵抗力很强的材料。

另外，硅粉混凝土和硅粉砂浆也有较好的抗蚀性能，如配方得当，可以提高抗蚀强度 10 余倍，此种材料造价较低，适用于大面积抗空蚀护面。

三、空泡溃灭的作用力和边壁材料抵抗力的相互关系

空泡溃灭的作用力，在一般情况下将随流速的增加和溃灭区环境压力的增高而加大，但这种现象并不代表空蚀破坏也要加大。很强的空穴流只要技术上处理得当，即使流速高达 50m/s，压力近百米，也可以使空泡溃灭区远离边壁而使泄水建筑物不发生空蚀损毁，加拿大的麦卡坝，采用了洞塞式内消能设施，在流速高达 52m/s 的条件下，使空化水流保持在水体中部，使之不靠近边壁，仍保持壁面不受空蚀。

第六节　水流掺气及其基础知识
§ 6. Mixed air of flow and its fundamental knowledge

水流呈单相流动时，水中无明显的气体存在。

当水流在流动中有空气掺入，描述水流掺入空气的过程称为水流掺气。水和空气掺混的混合流体的流动过程称为掺气水流。水流掺气和掺气水流可以按上述现象区分，也可以笼统使用，尚无严格标准。

一、水流掺气的原因

水流掺气现象在日常生活和工程实践中经常发生，尤其在高速水流流动过程中，常伴随发生这一现象。掺气现象有时是有害的，有时是有益的，有时是无害无益的。了解掺气发生的原因，将有助于在水力设计和运行管理中正确地对待这一现象。

水流掺入空气的原因可概略划分为两类：

（1）第一类通常称之为自由掺气，即流动的水流，沿程的固体边界未受到任何突然变化和另一股水流的干扰，本身在流动过程中，主要由于紊流边界层的发展，紊流扰动破坏了自由水面导致空气的掺入。

（2）第二类通常称为强迫掺气，即流动的水流，受到闸槽、闸墩、水跃的旋滚及两股水流的交汇等影响，破坏了原有的流动状态，引起了局部的强烈扰动，致使空气掺入。

工程中常引起人们注意的掺气现象，视其形成掺气现象的主要原因，也可划归于上述两类。如自由抛射水舌的掺气，由于主要原因是水气相互作用被归入第一类；管道通气孔向管内大量吸入空气的现象，是由于管内水流发生强迫掺气的条件，一般归入第二类。

二、水流掺气对工程的影响

水流掺入空气后，有许多现象对工程会产生不良影响，有的要因之增加投资，有的会形成隐患，有的能酿成事故，现择数例简述如下：

（1）由于水流掺气造成水流超越设计墙高，形成墙外淘刷，造成倒墙事故或需额外增加墙高而加大投资。例如，某水库溢洪道由于弯道处边墙设计超高预留不足，水流掺气后水深增大漫溢墙顶，造成墙后淘刷，致使边墙倒塌，水流从缺口流出，造成溢洪道严重损毁事故。

（2）在管道中的水流，如发生明满流转换时，将引起强烈的自由掺气和强迫掺气。例如佛子岭水库坝身泄洪管道事故闸门启闭时，管道内产生明满流有压水跃，掺入的空气由通气管进入，进气风速达 $60m/s$，嚣叫声传至数里之外，管道发生强烈振动。在运行过程中，对此种工况进行了原型观测，观测表明，此种强烈掺气水流运动来源于低频旋滚，不仅在管道应力上引起巨大变化，还引起坝身阻尼共振，对工程运行十分不利。

（3）水流掺气引起的爆气现象。在管道出口淹没的流动中，通过进口或通气孔进入管道的空气，有时积累成气囊，此种气囊可在管道中向上游或下游移动，在气囊冲出管道时发生水力冲击，此冲击水气混合体的跃升高度，有时达到库水面以上数十米，有的工程，闸室门窗全被冲毁，梅山水电站泄洪隧洞内发生水力冲击时，由通气孔喷出的水体，将保护罩冲垮后，水体跃升至坝顶以上 10m 多。

（4）雾化。在坝顶溢流或挑流、坝身管道挑流时，均将在下游形成雾化区域，这是下泄水流与空气强烈掺混所致。雾化区常导致电缆坠毁、电厂跳闸、房屋霉烂倒塌以及人身伤亡事故等。

然而，水流掺气也有有益的一面，现简述如下：

（1）增加消能作用。当水流掺气后，水体膨胀，加大了挑射水流跌下河床的面积，减小了单位体积的容重，从而减小了对下游河床的冲刷。

（2）掺气减蚀。在水流存在发生空穴流的威胁时，向可能发生空蚀的部位输入适量的空气，可以减免空蚀危害。通过实践证明，掺气减蚀措施是当前防止空蚀破坏的一种经济有效的方法。

（3）掺气减振。当泄水建筑物处于非正常工作状态且发生振动时，有时通过输入空气可以减小振动至允许范围之内。

由上可见，水流掺气后，由于原有的流动状态发生改变，产生了一些与普通水力学不同的现象。在设计、科研和运行管理中，若不了解其基本特征，有些原可避免的危害，因未能及时加以控制而造成损失；有些可以利用的益处，又因未能及时得到发挥而失之经济。因此，了解掺气水流的一些必要知识是颇为重要的。

三、掺气水流的基础知识

为了便于说明，以明槽为例对掺气水流的基础知识加以阐述。

在明槽中，掺气水流的水气分布一般不呈均匀分布，而是沿水深变化，图 7-8 表示通用的掺气水流水气分布的示意关系。

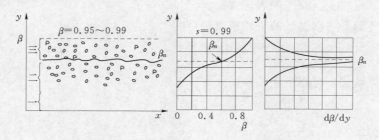

图 7-8　明槽掺气水流水气分布示意图[4]

如图所示，可将掺气水流划分为三区：

（1）第一区为纯水区，一般靠近底部，基本上无可见气泡，当扰动剧烈使空气掺入底部时，此区即不存在。

（2）第二区为水中含气区，一般指水中气泡增加至水流导电的连续性存在的界限，它的值随水流情况而变，从浓度梯度曲线上划分时，浓度曲线呈凸向，即图 7-8 中的 β_n 值以下曲线部分，根据过去的经验，其值在 0.5～0.85 之间。

（3）第三区为气中含水区，此时为气流中含有水滴的状态，在浓度划分上，浓度梯度曲线呈凹向，即图 7-8 中 β_n 值以上曲线部分，其掺气浓度也有一个变化幅度，一般取 0.9、0.95 或 0.99。

由于上述划分方法是定性的，因此，在处理具体问题时，需要结合工程特点加以判断取舍的标准。

为了表示掺气水流水气之间量的相对关系，还需熟悉水流中某一点或某一层液体的含量或水的含量的定量指标，常用的有以下几种：

（1）含气浓度，亦称含气关系数 β_a。掺气水流中某点的含气浓度是微体积中的空气体积 dV_a 和水气混合体积 dV_m 的比值，即

$$\beta_a = \frac{dV_a}{dV_m} = \frac{dV_a}{dV_a + dV_w} \tag{7-5}$$

式中　dV_w——微体积中水的体积。

（2）含水浓度，亦称含水系数 β_w。

$$\beta_w = \frac{dV_w}{dV_m} \tag{7-6}$$

当 $\beta_a=0$、$\beta_w=1$ 时，微体积中只含水；当 $\beta_a=1$、$\beta_w=0$ 时，微体积中只含气。

（3）掺气系数 C_a，表示微体积中空气体积同水的体积的比值，即

$$C_a=\frac{\mathrm{d}V_a}{\mathrm{d}V_w} \tag{7-7}$$

表示水流某点的系数 β_a、β_w 及 C_a，是该点的特征值。而平均系数 $\overline{\beta}_a$、$\overline{\beta}_w$ 和 $\overline{C}_a$ 则是断面整个深度或某一层内掺气水流的积分特征值。二元掺气水流过水断面的平均浓度为

$$\overline{\beta}_a=\frac{V_a}{V_a+V_w}=\frac{1}{h}\int_0^{y=h}\beta_a\,\mathrm{d}y \tag{7-8}$$

式中　h——掺气水流水深。

同样，可以写成 $\overline{\beta}_w$ 和 $\overline{C}_a$ 的表达式。

水中含气区的平均掺气区的平均掺气浓度为

$$\beta_n=\frac{1}{h_n}\int_0^{y=h_n}\beta_a\,\mathrm{d}y \tag{7-9}$$

针对这一关系式，存在下述关系

$$\overline{\beta}_a+\overline{\beta}_w=1$$

$$\frac{\overline{\beta}_a}{\overline{\beta}_w}=\overline{C}_a$$

$$\overline{\beta}_w=\frac{1}{1+\overline{C}_a}$$

$$\overline{\beta}_a=\frac{\overline{C}_a}{1+\overline{C}_a}$$

空气掺入水中的条件并不仅是紊流扰动达到水面这一简单条件，影响掺气过程的因素很多：如水流流速的脉动强度，能使自由表面上微波破碎的水流流速，作用于掺入水中的气泡和空气中的水滴的重力，阻止自由水面破裂的表面张力和气泡的水力粗度（即气泡在静水中上升的速度）等。

在这些众多因素中的每一项又涉及不少问题，如微波破碎的表面流速一般达到 3～4m/s 即可实现，但波的破碎又是空气介质施力于水面的结果，所以还要考虑空气流动的问题。

再有，如遇非流线型构件的影响，可在其后形成漩涡，这种扰动不仅会加剧水流掺气，而且会导致掺气提前发生。因此，对掺气水流的理解应着重于综合认识，再结合实际工程问题加以处理较为有益。

第七节　不同掺气条件对水流掺气影响的估算
§ 7. Influence estimation on the mixed air of flow by different conditions of mixed air

一、明流自掺气水深的估算
在实际工程中出现明流掺气问题时，常涉及需要计算掺气水深。计算掺气水深的公式

甚多，限于篇幅，不再一一介绍，仅介绍一种在实用中较为方便的公式如下：

$$C=0.538(A_e-0.02)=0.538(nv/R^{\frac{2}{3}}-0.02) \qquad (7-10)$$

$$h_a=h/(1-C) \qquad (7-11)$$

式中　C——断面平均自掺气浓度（位于掺气发生点下游）；

$\quad\quad A_e$——无因次式，$A_e=nv/R^{\frac{2}{3}}$；

$\quad\quad n$——边壁曼宁糙率系数；

$\quad v$、R——不考虑掺气的断面平均流速和水力半径；

$\quad h_a$、h——掺气水深和未掺气水深。

在需要采用其他方法进行比较时，可参照有关掺气水流公式，择条件相近者选用。

二、管道中的掺气水流的估算

管道中水流的掺气现象较明渠流动更为复杂，它与管道长度、坡度、进出口条件、闸门位置、空气进入途径等多种因素有关，且流态变化较多，较为典型的流态如图7-9及图7-10所示。

图7-9（a）为闸门小开度（小于1/10开度）时的掺气水流流态，闸下出流的水舌破碎，形成空气和水滴混合的喷溅流；图7-9（b）是闸门进一步开大在底部形成水-气层，其余空间仍因强烈掺气充满喷溅的水滴；图7-9（c），如再增大闸门开度，水流的结构随起始断面的流速和水深而变；图7-9中（d）为管中产生无压流水跃；图7-9（e），为管中产生有压流水跃；图7-9（f），当上升曲线不通过临界水深而是逐渐上升到达顶板时，一般为不通过水跃过渡的有压流。

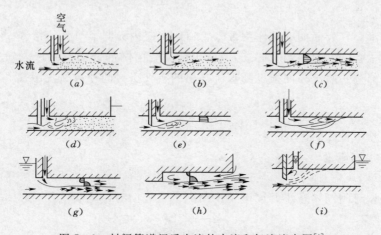

图7-9　封闭管道闸后出流的水流和气流流态图[4]

如果闸门后面的通气管有足够的通气能力，上述各种流态则比较稳定。如果通气能力不足或管道长度较短，余幅空间又较大，将产生图7-9（g）的情况；若来设通气孔或通气孔阻塞将发生图7-9（h）的情况；如通气孔被淹没，将在闸门后面形成淹没旋滚，如图7-9（i）的情况。

在陡峻坡度的泄水道中，有急流泄水条件的水道，其空气流动状况，如图7-10（a）所示，除被水面拖曳的空气流动外，水流自掺气也掺混一定的空气量；另一种是在管内产生水跃衔接如图 7 - 10 (b) 所示，水跃部分掺气量激增，跃后缓流段常发生排气现象，在自由水面时有空气由水面逸出，在有压流时，常会集结成气囊；图 7 - 10 (c) 是进口淹没，出口也淹没，由于漩涡和负压区吸入空气时形成的气囊积聚现象，会形成不稳定的气囊游移，在气囊逸出时伴随很大的冲击力。

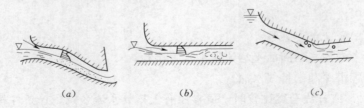

(a)　　　　　　　(b)　　　　　　　(c)

图 7 - 10　管道无门控制泄流时的水流
与气流三种流态图[4]

综合上述封闭管中的流态，在估算管道中掺气水流时，常需了解以下一些估算内容：

（1）要确定通过管道的水流是明流，还是有压流，还是两者在管道中转换。为此，首先要确定封闭管道内的临界水深，如果要保持明流，不仅要使临界水深小于管道高度，同时要按水流流速及流动条件，预留足够的余幅高度。

（2）管道中为明流时水流掺气的估算。对于此种状况，我国、美国、日本、挪威、意大利、印度和苏联都曾在水工泄水建筑物上进行过大量的原型观测工作。

当水流通过管道时不发生水跃，且弗劳德数 Fr 小于掺气初生的临界值时，有

$$Fr_c = 45\left(1 - \frac{\Delta}{R}\right)^{1.4} \tag{7-12}$$

空气只是由于水—气界面的摩擦作用带入管道，水流内无明显可见的掺气。

当水流 Fr 大于掺气临界值时，进入管道的空气由两部分组成：一部分由水流自掺气掺入水中，一部分系水流表面拖曳随水流排出的空气。对此种情况，用式（7-13）估算：

$$\beta = \frac{Q_a}{Q} = 0.09 Fr \tag{7-13}$$

式中　Q_a——空气流量；

　　　Q——水流流量。

当 $Fr > 30$ 时，需加以修正。

当管道内设有闸门，在小开度下发生喷溅水舌流动时，用式（7-14）估算：

$$\beta = 0.2 Fr \tag{7-14}$$

（3）管道内产生水跃后为有压流动时的估算。当管道内产生水跃，可用式（7-15）估算（其中 ϕ、n 值视不同工作情况而异）：

$$\beta = \frac{Q_a}{Q} = \phi\left(\sqrt{Fr} - 1\right)^n \tag{7-15}$$

当跃前急流段较短时，可仅计算水跃挟气量，常用式（7-16）形式：

$$\beta = \frac{Q_a}{Q} = 0.0066\left(\sqrt{Fr} - 1\right)^{1.4} \tag{7-16}$$

当管道水流不通过临界水深就由明流转换为满流，此时在管道顶板处形成旋滚时，可

采用式（7-17）：

$$\beta=\frac{Q_a}{Q}=0.012(\sqrt{Fr}-1)^{1.4} \qquad (7-17)$$

当产生远驱水跃时，一般用式（7-18）：

$$\beta=\frac{Q_a}{Q}=0.02(\sqrt{Fr}-1)^{1.4} \qquad (7-18)$$

如果远驱水跃段上的流速大于自掺气临界值，将有附加掺气，此时可按式（7-19）估算：

$$\beta=\frac{Q_a}{Q}=0.04\sqrt{Fr-40} \qquad (7-19)$$

图7-11表示淹没、临界和远驱水跃对掺气量的影响。

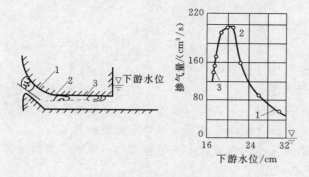

图7-11　不同水跃位置[4]
1—淹没；2—临界；3—远驱

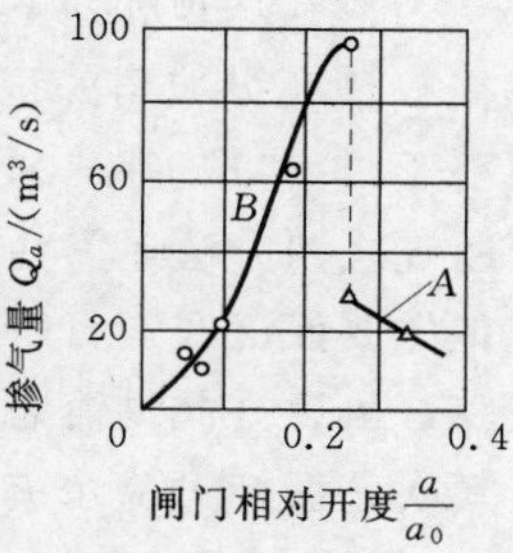

图7-12　不同流态对掺气量的影响图[4]
a_0—闸门孔高；a—闸门开启高度

图7-12表示当管道水流流动，由有压流转换为无压流时，掺气量的变化过程、模型和原型的成果均表明，当水流由有压流（曲线A）转换为无压流时（曲线B），掺气量从$30\text{m}^3/\text{s}$突增到$95\text{m}^3/\text{s}$。

在管道流动中，由于门后易呈负压区，故常需设置通气孔，通气孔的估算常用下式：

$$Q_a=\mu\omega_a\sqrt{\frac{\rho}{\rho_a}}\sqrt{2gh} \qquad (7-20)$$

式中　ρ、ρ_a——水和空气的密度；

　　　ω_a——通气管的断面面积；

　　　μ——流量系数；

　　　h——通气孔出口的负压值，m。

三、强迫掺气的估算

水工泄水建筑物常借助槽、坎、突扩、突跌等多种形式向水流内部掺入空气以减免空蚀，这方面的试验研究及观测资料较多，受篇幅所限，仅以掺气坎为例，用两种计算方法简述如下。

文献［4］根据原型掺气槽47组观测资料及模型掺气槽的26组试验资料，提出了如下掺气量经验公式：

$$Q_a=K\omega_a\sqrt{2g\Delta h} \qquad (7-21)$$

式中　K——系数，文献［4］建议 $K=20.54$；

　　　Δh——通气管两端压力差；

　　　ω_a——通气孔面积。

式（7-21）是合理的，在估算时的困难在于 Δh 在缺乏实测资料的情况下难以选定，需要凭经验来判断，因而会导致较大误差。另外，还应指出，掺气坎属急流掺气，水流的挟气能力不仅与弗劳德数有关，与通气槽坎的几何边界条件、雷诺数等也有关系，故在文献［10］中推荐了下式：

$$\beta_a=\frac{Q_a}{a}=0.002935(Fr-1)^{0.935}Re^{0.174}\left(\frac{\Delta}{h}\right)^{0.362}(\sec\alpha)^{0.032} \tag{7-22}$$

式中　Fr——弗劳德数，$Fr=v/\sqrt{gh}$，其中 v、h 分别为掺气槽坎前平均流速和水深；

　　　Re——雷诺数，$Re=vh/\nu$，其中 ν 为水流的运动黏滞系数；

　　　Δ——掺气坎顶相对其下游槽底法向距离；

　　$\sec\alpha$——槽底纵坡角的正割。

式（7-21）和式（7-22）可用来进行掺气量估算。

采用通气减蚀方法还需注意以下关键问题：

（1）首先要保证在运行管理中各种工况条件下，均能向水舌下输入足够的空气，特别对淹没空腔，虽允许此种流态存在，但应限制其旋滚范围，关键是不能淹没槽身。

（2）其次是保持过槽水流平顺，力求避免水舌落点位于不平整部位（建筑缝或伸缩缝等），要尽可能使水流不因掺气而恶化下游流态。

（3）再次，掺气减蚀装置的体型应简单。掺气减蚀装置的型式很多，如挑坎型、跌坎型、槽型、分流墩型、突扩型及混合型等，应根据布置及水流等条件，精心比较后加以选择。

（4）还有，掺气槽的保护长度也是一个关键问题，它是一个多因子的迄今尚无成熟方法计算的问题，但有一些粗略的估算方法，如文献［10］建议用以下经验公式进行估算：

$$D=\frac{25\Delta(Fr-1)}{\cos\alpha} \tag{7-23}$$

式中　D——掺气保护长度；

　　　Fr——弗劳德数；

　　　α——壁面坡度；

其余符号意义同前。

掺气减蚀的方法在国内外已比较普遍应用，一般情况下均取得了较好效果，如美国的大苦力坝，苏联的布拉茨克，巴西的福斯杜埃里亚及我国的冯家山、乌江渡等。当然，也有由于工况变化、运用历时加长而发生一些空蚀破坏的情况，但减蚀效果还是明显的。

另外，掺气水流估算还有多种不同情况需要考虑，如：抛射水舌和自由跌落水舌的掺气估算；管道产生有压水跃时水跃位置的估算，在位置确定后掺气量的计算；管道内不掺气水流自由表面上部气流运动及其拖曳力的计算；管道内通气孔堵塞后门后负压值的估算；通气条件下对管道内水深计算的影响；明流泄水管道通气孔进气与出口断面水面上空间进气所产生的双通道进气的估算；管道充泄水时的气流运动情况；管道内游移气囊的估算问题……在此均暂不叙述。

总之，通过本章的叙述可知，高速水流与水利工程的设计和运行管理有着十分密切的关系，它不仅关系到工程投资的大小，也关系到运行过程的维修费用，除经济影响外，高速水流问题如处理失当，还会危及工程安全和人民生命财产的安全，故应予以足够的重视。

对待高速水流问题的处理，除需了解它与普通水力学具有的共性外，还应着重了解它的特性。它是一个涉及多学科的问题，有时很难用模拟的办法来预测，而需要在工程实践中积累高速水流运行经验，辅以通过专用设备针对特定需要取得的辅助研究成果，再因地制宜地加以分析确定。例如，要解决高水头大坝的溢流面抗蚀材料的选择问题，首先要运用水力学知识计算出溢流坝面的压力和流速分布，再根据高速水流知识，预估危险区的水流空化数及掺气效果，根据这些指标再在专用设备中（空蚀发生装置）进行拟用材料的抗空蚀能力试验，如果试验证明或经验中已知所用材料不足以抵抗设计中的高速水流时，则需要根据材料学的知识，有时还要结合高分子聚合物等方面的知识，探讨合适的加强抗蚀能力的新配方，再通过试验加以解决。

所有这些工作，最后均要通过实际工程中的运行来检验，有些现象，如空蚀与冲刷还要经过较长时间的运行后，才能确定其安全性或可靠程度。因此，在水利工程的运行管理中，宜将涉及高速水流的问题作为重要的管理内容之一，要保存详细的泄水建筑物设计图纸、试验资料、施工记录，要有详细的操作运行记载，及经常性的深入检验制度。对重要的情况最好能有摄影或录像记录，在有可能进行一两项有代表性的原型观测时，最好与科研和设计部门联合进行，以取得全面的资料。对发生问题的工程更要仔细检查记录，制订修补方案，及时加以修理。对不够了解而又可疑的现象要及时加以研究或找有经验的部门咨询，否则一旦出现高速水流中恶性循环事故，例如明满流转换加空蚀破坏，将会造成重大的损失和影响。

参 考 文 献
References

［1］ 柴恭纯. 水工泄水建筑物空蚀及空穴流研究和应用中的几个问题. 高速水流，1983.

［2］ 柴恭纯，林宝玉. 水工泄水建筑物不同材料抗空蚀、抗磨蚀性能的初步研究. 水利水运科学研究，1985（1）.

［3］ 柴恭纯，潘森森. 八十年代空化空蚀研究动态与展望. 高速水流情报网第二届全网大会论文集，1986.10.

［4］ C. M. Слисский, Гидравлические расчеты высоконапорных Гидротехнические Сооружсний・знертия, MOCKBA，1979.

［5］ 许协庆，周胜. 国外空穴流的研究进展. 水利水电科学研究院，1980，9.

［6］ R. T. 柯乃普，J. W. 戴利，F. G. 哈密脱. 空化与空蚀. 水利水电科学研究院译，1981，9.

［7］ 柴恭纯. 空化与空蚀研究的一些新进展. 南京水利科学研究院院庆论文集，1985，9.

［8］ 章福仪. 通气减蚀设施通气管面积及进气量计算，高速水流，1985（1）.

［9］ 崔陇天. 掺气减蚀的挟气量及下游含气浓度分布的研究. 长江水利水电科学研究院科学研究成果选编，1983，7.

［10］ 王世夏. 通过掺气坎的急流的挟气能力. 河海大学学报第18卷水电专辑，1990，12.

第八章 闸 门 振 动
Chapter 8　Vibration of Sluice Gate

闸门是闸坝工程的重要组成部分，用以调节流量、宣泄洪水和控制上下游水位等。尽管水工闸门的类型繁多，用途各异，但弧形钢闸门和平面钢闸门在闸坝工程中应用最广，振动现象也较普遍。本章所述的闸门振动均指该两种门型，其他门型亦可借鉴。

第一节　振动成因评述
§ 1. Review on the couses of vibration

闸门振动是极其复杂的工程现象。当闸门启闭过程或局部开启时，往往会出现振动，甚至全关时也会发生振动。有时振动相当严重，导致闸门或临近建筑物的破坏。从现场调查和运行实践来看，闸门振动与下列诸因素有关。

一、闸门开度

一定的边界条件下，闸门会在某一开度时发生振动。最典型的实例是黄河人民跃进渠上三义寨弧形闸门的振动[1]。该闸门承受的水头并不高，但当闸门提升高度为 $10\sim20cm$ 时发生了强烈振动，面板及次梁顶端振动位移达 $5mm$ 左右，与闸门接触水面激起碗状驻波，波谱是和谐的，频率也是单一的，将闸门稍予提高，强烈振动就消失了。类似的情况，在江苏嶂山闸也曾出现过。流弹分析认为：闸门小开度时的强烈振动属于颤振或自激振动，即流体和闸门在振动过程中的互相影响产生"耦合"作用，从而，使振幅变大[2]。在运行管理中，大多采取避开危险开度方法来防振，这是行之有效的，但这种方法有时可能与下游消能防冲有矛盾，给运行管理带来麻烦，这是需要研究解决的。

二、门后淹没水跃

根据对嶂山闸、三义寨等闸门的原型观测，掌握了门后淹没水跃引起闸门振动的实况，江苏最大水闸三河闸也不例外。这种情况大多出现在闸门大开度时，由于淹没水跃旋滚猛烈地冲击闸门，致使闸门和工作桥产生了强烈振动，特别是门铰部位更是薄弱环节。如果旋滚的频率与闸门自由频率相近，还有可能产生共振。故在工程设计和运行时，应注意避免在门后产生淹没水跃。对于已建工程，宜制定合理的闸门操作规程，作为补救措施。

三、止水漏水

据报道，国内外不少闸门均因止水局部漏水，引起闸门剧烈振动。因为止水不严，在漏水过程中，橡皮止水（一般采用音符型）在水压力作用下，时而贴紧止水导板，时而又恢复到原来的位置。这样，往返动作，形成间歇性的缝隙射流，促使闸门产生自激振动。最典型的实例是皎口水库底孔弧形门振动。在启门或关门过程中，当弧门启闭至顶止水与胸墙存在一定离合间隙的临界状态时（相对开度 $n=0.085$），出现一次轰鸣，声如炮击。届时，支臂、面板、启闭杆等部位都出现振动。当门停留在 $n=0.085$ 的位置，则出现稳定的周期性振动，当相对开度在 0.95 附近时，也发生强烈振动。经分析认为是闸门顶部漏水引起的自激振动，后对止水型式作了修改，漏水不再存在，强烈振动也随之消失，详见第十章第七节。

四、闸门底缘型式

平面闸门底缘型式设计不当，不仅会产生较大的下拖力，而且会引起负压和气蚀，导致闸门振动。如陡河水库输水道进口平板闸门，于 1959 年及 1963 年的两次观测中均发现有振动现象。原因是由于闸门底部为平底，水流在平底部分产生局部负压而发生空穴。小开度时，还可听到气泡爆破声。因此，寻求合理的底缘型式，成为一项专门的研究课题，详见本章第五节。

五、闸门门槽形式

运行实践表明，门槽形状设计不当，有可能产生空穴，从而导致闸门振动，这样的实例很多。如我国板桥水库输水道平面闸门，实际运行水头并不高。但是，由于门槽及门后渐变段设计不合理，使水力条件变得极为复杂。从而，引起闸门振动和门槽气蚀。当门槽形式修改后，空蚀和振动就明显改善。

六、门顶溢流

对于露顶弧形闸门，当闸门同时发生顶部溢流和底部泄流时，由于门顶和门底两股水流共同作用所产生的周期性外力，直接撞击在闸门上，使闸门产生强烈振动。我国广西龙山水库溢洪道闸门的失事就属于这种情况。该溢洪道上设弧形闸门 4 扇，孔口尺寸 10m×7m，1970 年汛期，由于洪水来临而电源中断，当修好电路开门时，上游水位已超过门顶 2.5m，造成了门顶和门底同时过水的恶劣流态，终于导致闸门严重失事。第 1、2、3 孔闸门全被洪水冲掉，只剩下第 4 孔闸门虽未冲跑，也已不能使用。

七、进口漏斗漩涡

水电站低水位运行时（譬如枯水期），进水口前可能出现漏斗状吸气漩涡，如黄坛口水电站溢流坝就是实例。这种漩涡连续将空气吸入进口，由于吸气作用和水流的极端不稳定，不仅降低泄流能力，而且引起门体和闸身的强烈振动。根据试验结果，吸气漏斗漩涡通常开始于闸门相对开度 $e/H \approx 0.2$ 时。而当 $e/H \approx 0.5$ 时最为激烈，故应尽量避免在不利开度下工作。

此外，启闭机的振动也可能影响闸门的正常运行。因此，对各种类型的启闭机须采取相应的抑振措施，以保证运行的可靠。

综上所述，闸坝泄流过程中，产生闸门振动的原因是多种多样的，有设计方面的，也有管理方面的。抗振措施必须对症下药才能收到良好效果。有时振源可能不是单一的，就必须抓住主要矛盾，采取相应措施。实际上，在流水作用下，闸门在运用时，几乎都会发生不同程度的振动，只要这些振动不致危害闸门本身和工程安全，一般是允许的。至于怎样才算是危险振动，本章第五节将回答这个问题。

第二节　竖向振动的自振频率
§ 2. Free vibration frequency of vertical vibration

如上所述，闸门振动现象错综复杂，总的来说，都是由于动水作用下的不平衡力或脉动力引起的。如果外力的激荡频率等于或接近门体结构的自振频率时，那么，不管这种激荡频率是外力固有的（即强迫振动），还是门体与水流因耦合而派生的（即自激振动），都将引起共振而使闸门剧烈振动。由此可见，闸门系统的自振频率是十分重要的参数，必须予以重视。

就整体而言，闸门门体可能在各个运动自由度中的任一方向发生振动，但由于一般闸门受门槽和止水结构等约束，在水平方向似无运动余地。所以，这里指的主要是弹性悬吊闸门的竖向振动。

在无阻尼情况下，竖向振动的运动微分方程可以写为

$$\frac{W}{g}\ddot{x} + Kx = 0 \tag{8-1}$$

式（8-1）的解为

$$x = x_0 \cos\sqrt{\frac{Kg}{W}}t \tag{8-2}$$

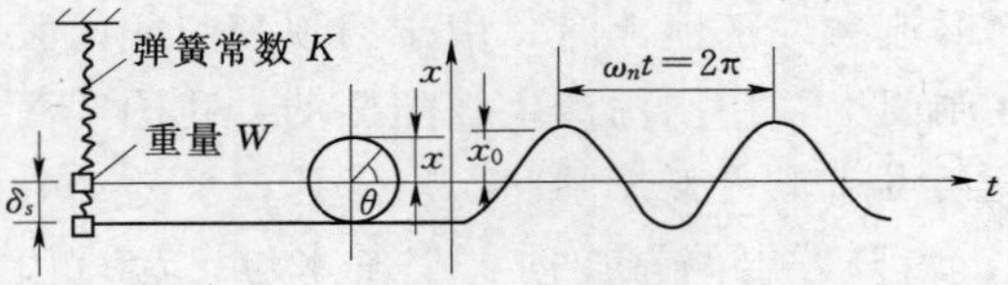

图 8-1　自由振动图式

式（8-1）、式（8-2）的计算图式和符号意义见图 8-1。

设振动系统的自振频率为

$$f_n = \frac{\omega_n}{2\pi} \tag{8-3}$$

则

$$f_n = \frac{1}{2\pi}\sqrt{\frac{Kg}{W}} \tag{8-4}$$

或

$$f_n = \frac{1}{2\pi}\sqrt{\frac{g}{\delta_s}} \tag{8-5}$$

式中 $\delta_s = \dfrac{W}{K}$，又可用下式表示为

$$\delta_s = \frac{l\sigma}{E} \tag{8-6}$$

将式（8-6）代入式（8-5），可得钢缆悬吊闸门的竖向自振频率计算式为

$$f_n = \frac{1}{2\pi}\sqrt{\frac{gE}{l\sigma}} \tag{8-7}$$

式中　E——钢缆弹性模量，Pa；

　　　g——重力加速度，m/s²；

　　　l——钢缆悬吊长度，m；

　　　σ——钢缆的应力，Pa。

根据式（8-7），不同悬吊长度和钢缆应力的自振频率可用图8-2来推算。

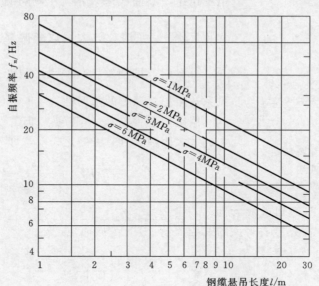

图 8-2 自振频率与钢缆悬吊长度关系曲线

以上分析未考虑钢缆质量对自振特性的影响。在某些情况下，特别是水头较高时，如钢缆质量与闸门质量相比不算太小，就应计及缆索质量的影响。

第 三 节 共 振 及 其 频 率 响 应
§ 3. Resonance and its frequency response

对有黏性阻尼的强迫振动而言，运动微分方程式可以写成[3]

$$\frac{W}{g}\ddot{x} + C_v\dot{x} + Kx = F\cos(f_f t) \tag{8-8}$$

当稳定振动时，式（8-8）的解为

$$x = \frac{F}{K}\frac{\cos(f_f t - \theta)}{\sqrt{\left[1 - \left(\frac{f_f}{f_n}\right)^2\right]^2 + \left(2\frac{C_v}{C_x}\frac{f_f}{f_n}\right)^2}} \tag{8-9}$$

式中 F/K——因数，代表在一定的弹簧常数 K 时，由最大扰力 F 所产生的静位移；

  f_f/f_n——自振频率与迫振频率之比；

  C_v/C_x——阻尼比；

  C_x——临界阻尼系数。

式（8-9）除 F/K 外，其余整个分式称为放大因数 $T.R.$，其值取决于 f_f/f_n 及 C_v/C_x。若把放大因数 $T.R.$ 作为频率比的函数，则式（8-9）可绘成图8-3。图中不同的

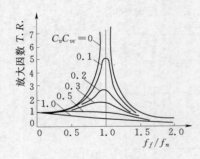

图 8-3　黏性阻尼振动
频率响应曲线

阻尼比用一族曲线来表示。由图可见，当阻尼比 $\dfrac{C_v}{C_{vc}}=0$ 和频率比 $\dfrac{f_f}{f_n}=1$ 时，放大因数和振幅将趋向无穷。但当 $\dfrac{C_v}{C_{vc}}>0.5$ 时，即使发生共振也不致产生太大的振幅，可见系数阻尼对消振的重要性。

假定振动系统没有阻尼，即 $C_v=0$，则式（8-9）中的放大因数 $T.R.$ 可简化如下，即

$$T.R.=\dfrac{1}{1-\left(\dfrac{f_f}{f_n}\right)^2} \tag{8-10}$$

只要已知频率比，即可知道放大因数值。由于式（8-10）没有考虑阻尼因素，故算得的放大因数稍大，这是偏于安全的。

【例】　某泄洪闸共计 15 孔，闸孔尺寸为高×宽＝8m×15m，采用钢缆悬吊的平板闸门控制泄流。已知泄洪时上游水头为 9m（闸底高程以上），启闭机平台距闸底板高程为 12m，钢缆应力 $\sigma=4\text{MPa}$。假定引起闸门振动的扰力是从闸门底缘散发出来的尾涡，而振动又是无阻尼的，试问闸门开启过程中，闸门系统会不会发生共振？

【解】　首先，需要查明从闸门底缘散发出来的尾涡频率，该值可由斯特劳哈尔（Strouhal）数确定，即

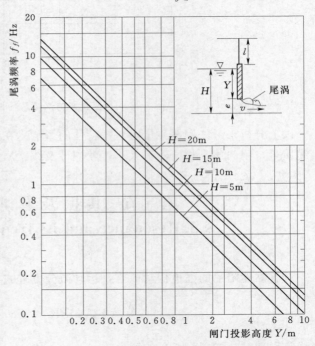

图 8-4　尾涡频率与闸门投影高度的关系

$$S_t=\dfrac{L_p f_f}{v} \tag{8-11}$$

式中　L_p——板宽，相当于图 8-4 中 $2Y$；

　　　f_f——尾涡发生的频率；

　　　v——门下流速。

根据试验，平板的斯特劳哈尔数 $S_t\approx1/7$，则从闸门底缘散发出来的尾涡频率为

$$f_f=\dfrac{S_t v}{L_p}=\dfrac{0.7\sqrt{2g(H-e)}}{7\times2(H-e)} \tag{8-12}$$

式中　$0.7\sqrt{2g(H-e)}$——门下流速，取孔门垂直收缩系数为 0.7；

　　　　　H——闸底板以上的水头；

　　　　　e——闸门开度；

　　　　　$H-e$——闸门加胸墙的投影高度，即板宽 L_p 之半。

图 8-4 可用来推算各种水头和闸门开度时的尾涡频率。将算例中已知数据代入式（8-7）和式（8-12）；算得的有关参数见表 8-1。若将共振特征值 f_f/f_n 点绘在图 8-5 上，可见，各计算点均在隔振率的零线附近（$T.R.$ 稍大于 1）。基于振动力不可能没有阻尼，故放大因数稍大于 1 也是允许的。换言之，在泄洪过程中，闸门不会引起太大振动，现场调查业已证明这一点。

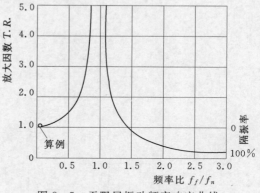

图 8-5　无阻尼振动频率响应曲线

表 8-1 　　　　　　　　　　　某泄洪闸闸门共振特征值

闸　　门			尾涡频率 f_f /Hz	自振频率 f_n /Hz	共振特征值 f_f/f_n
钢缆长度 l /m	开度 e /m	投影高度 $Y=H-e$ /m			
11	1	8	0.12	10.9	0.01
10	2	7	0.12	11.4	0.01
9	3	6	0.13	12.0	0.01
8	4	5	0.14	12.8	0.01

第四节　定常摩擦阻尼振动
§ 4. Constant friction damped vibration

现场观测指出，若闸门下游面板上的脉动压力或淹没水跃旋滚作用在面板上时，这时平面闸门的滚轮短暂地离开闸门门槽或导轨，当闸门的滚轮回到导轨时，其振动就受到阻尼影响。据测定，这种阻尼具有库伦阻尼或定常摩擦阻尼的性质。其运动微分方程可以写为

$$\frac{W}{g}\ddot{x}+C_c\sin\dot{x}+Kx=F\cos(f_f t) \tag{8-13}$$

式中　C_c——定常摩擦力；

　　　F——作用扰力；

　　　其他符号意义同前。

虽然式（8-13）没有简单的连续解，但在稳定振动情况下，邓哈东（Den Hartog）终于求得了最大振幅解[4]为

$$D = \frac{F}{K}\sqrt{A^2 - \frac{C_c^2}{F^2}B^2} \qquad (8-14)$$

或

$$M.F. = \sqrt{A^2 - \frac{C_c^2}{F^2}B^2} \qquad (8-15)$$

其中

$$A = \frac{1}{1 - \dfrac{f_f^2}{f_n^2}}$$

$$B = \frac{f_n}{f_f}\tan\frac{\pi f_n}{2f_f}$$

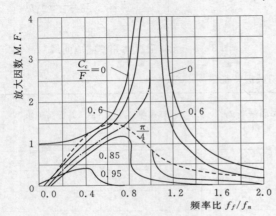

图 8-6　定常摩擦振动频率响应曲线

式（8-15）左端 $M.F.$ 即为放大因数。

应该指出，式（8-15）相应于图 8-6 中虚线以上部分，而当式（8-15）根号内的后项大于前项时，最大振幅就与负数根号有关。但是，邓哈东成功地运用复变函数，给出了虚线以下部分的高力比曲线族。有趣的是，力比 $C_c/F = 0.85$ 和 0.95 两条曲线，当迫振频率小于自振频率时，却有一个最大振幅值。但由于摩擦力大，放大因数并不大。

由上可见，如何确定闸门振动扰力的性质、大小和频率以及摩擦力的测量，对分析闸门的振动特性是必需的[5]，现场振动观测或有助于解决这个问题。

第五节　危险振动的判别及抑振措施
§ 5. Discrimination of dangerous vibration and measures of restrain vibration

前已指出，受迫振动最危险的是共振，因为当激振力的频率与闸门自振频率接近时，若无阻尼存在，振幅将趋于无穷大。但是，实践表明，振动对工程结构的危害程度，不能单从振幅的大小考虑，还应全面地考虑振幅和频率的综合效应。某些振动虽然振幅不大，但频率甚高，其危害程度可能不亚于低频大振幅的振动。按派垂卡（Petrkal）提供的图线进行核校（图 8-7）[6]。派氏在考虑振幅和频率的综合效应基础上，将振动的安全度划分为 6 个等级，图中的横坐标为振动频率，纵坐标为以 μm 为单位的振动幅度，只要已知振动频率和振幅，即可从图 8-7 上找到一个对应的点，藉以判断对工程结构的危害程度。

当然，这个判别是粗略的，仅供初步参考。

下面讨论危险振动的避免和抑振措施。

一、共振的避免

如上所述，共振是危害最大的振动，必须设法予以避免。一般可以从以下三个方面着手：

（1）加强闸门结构刚度，不仅可提高抗振能力，还可提高自振频率，避免与迫振频率响应。

（2）改善水力条件，削弱激励力，或使激励力频率不与闸门自振频率相接近。

（3）合理利用摩擦阻尼，如严密止水结构，使之衰减振动幅度。

二、消除自激振动的途径

自激振动类似于机翼颤振，在一定临界条件下，由于振动系统（包括闸门和流体）能量的交换和积累，使闸门振幅不断

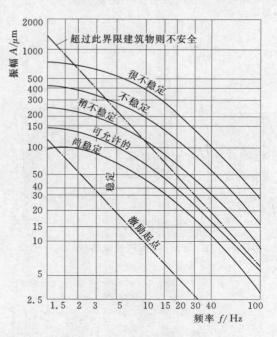

图 8-7 危险振动判别

扩大，这是十分危险的。一般来说，解决这个问题比较困难，因为它涉及流体弹性理论，目前，在理论上还不太成熟。再者，室内试验也难以达到水弹性相似，故只能根据现场观测资料，采取增强闸门刚度，减弱振源和制定合理的闸门操作规程，作为抑振或消振措施，三义寨闸门强烈振动的消除，就是成功的范例。

三、水力学上的抑振措施

尽管没有发生共振和颤振，但在水流作用下，有时闸门仍能发生强烈振动。这时，除加强闸门悬吊构件的抑振性能外，改善闸门的水力条件，实是不容忽视的。根据现场调查发现的问题，有以下较成熟的抑振措施。

1. 改进闸门底缘型式

实践证明，平面闸门底缘型式对振动的影响颇大。图 8-8（a）所示的某工程平底式底缘，虽然构造简单，但水力条件很差，运行时发生明显的负压脉动，这是门底涡列放射的结果。而在闸门上游门底或下游门底附加一块竖直钢板，即所谓竖板式底缘如图 8-8（b）所示。试验证明，在各种开度下均无负压产生，振动也在允许范围内。此外，采用45°斜面式底缘如图 8-8（c）所示，也能收到同样效果。以上 3 种底缘型式的振动试验结果见图 8-9。可见，后两种底缘型式有较好的防振性能，已被美国陆军工程兵团作为标准设计规范。

2. 改进门槽形式

平面闸门的门槽形状，对闸门的正常运行有很大影响。长期以来，各国学者都在致力于这方面的研究，取得了有实用价值的成果。如图 8-10 所示，是 3 种有代表性门槽形式的压力分布情况。可以看出，当边墙坡度为 12：1 时，转折点上的压力大致接近参考压

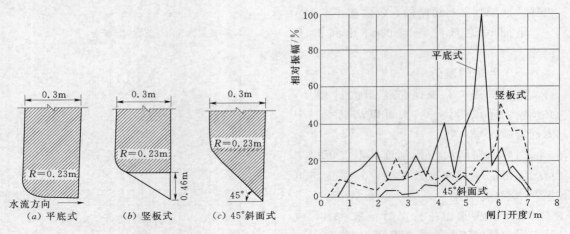

图 8-8 平面门底缘形状   图 8-9 某工程平面门的相对振幅

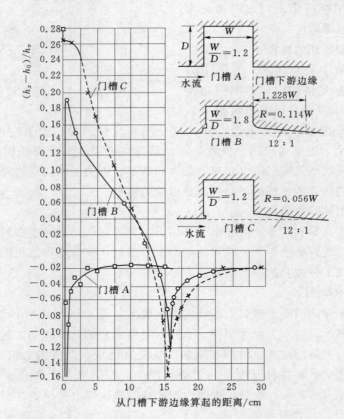

图 8-10 各种门槽的压力分布（水力模型）

h_x—某测点的压力；h_0—闸门下游面上的参考压力；h_v—参考点上的流速水头

力，故不致发生空蚀现象及由此引起的闸门振动，可供设计采用[8]。

3. 改进止水型式

止水装置应力求在闸门开启过程中，始终保持密封状态，但在某些工程中，闸门稍微上提，由于门槽变宽，止水便与门槽脱离而形成一个大漏缝。这种现象，对闸门振动极为不利。只有改善门槽设计并完善止水构造，才能收到良好效果。对低水头平面闸门，沿闸门高度设置多道水平止水是有效措施之一。

4. 消除进口漏斗漩涡

运用闸门控制，以增加进口淹没深度，有时是难以做到的。因此，借助试验，提出具体消涡措施仍属必要。图8-11是黄坛口水电站溢流坝门前漏斗漩涡尺寸与闸门相对开度的关系。当 $e/H \approx 0.5$ 时，漏斗直径达2.5m以上。试验证明，若在回溜分界处设置漂浮木排，可以削弱回转角动量，再加上进口覆盖密结木排，基本上可以消除漏斗漩涡[9]。

综观上述，闸门振动是闸坝工程直接或潜在的一种破坏因素。虽然，通过长期实践经验的积累，对闸门振动的原因和抗振抑振措施已取得了一定的认识和经验，但离解决工程实际问题尚有相当的差距。关键是振动现象比较复杂，而且大都涉及非线性振动问题，难以在室内进行模拟[7]。所以，原型观测成为解决振动问题不可缺少的环节，具体观测方法详见第十章第七节。

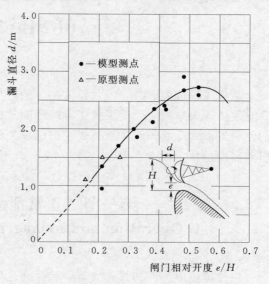

图 8-11 黄坛口溢流坝门前的漏斗漩涡

参 考 文 献
References

［1］ 谢省宗，等. 黄河三义寨人民跃进渠渠首弧型闸门振动研究. 水利水电科学研究院，1961.

［2］ 谢省宗. 闸门振动的流体弹性理论. 水利学报，1962（4）.

［3］ Cainpbell F. B.. Vibration Problems in Hydraulic Structures，Proc. ASCE，Vol. 87，No. 2，1961.

［4］ Den Hartog. Mechanical Vibration，1956.

［5］ 周名德. 闸门振动的实验方法和量测技术. 水利水运科技情报，1964.

［6］ K. Petrikal. Vibration tests on weirs and Bottom Gate，Water Power，No. 2－5，1958.

［7］ 周名德. 圆筒闸门振动模型实验技术. 水利学报，1984（4）.

［8］ Ball. Hydraulic Characteristics of Gate Slots，Proc. ASCE，Vol. 85，No. 10，1959.

［9］ 李明九，等. 黄坛口水电站溢流坝进口漩涡水工模型试验. 南京水利科学研究所，1965.

［10］ 阎诗武. 阎诗武教授科学论文集. 南京：河海大学出版社，2015.

第九章 闸门运行管理
Chapter 9　Operation and Management of Gate
of Sluice-Dams

　　闸坝工程的成败与否或效益大小，固然与规划设计直接有关，但若运行管理不当，也会导致工程失事或者不能发挥工程的预期效益。为了充分发挥现有工程的效益，延长工程的使用寿命，除必须及早修补或改进已坏工程外，提高工程管理水平乃是当务之急，必须引起高度重视。

第一节　正常泄流时闸门操作管理
§ 1. Operation and management of gate for normal flow

　　正常泄流时的闸门操作管理，就是在已知上、下游水位情况下，确定泄放某一流量时的闸门开度；或已知上、下游水位和闸门开度情况下，推算过闸流量。为便于闸门运行操作，管理单位应根据本工程的特点，制定出一套完整的水位流量与闸门开度的关系曲线。对于未经水工模型试验的工程，可以引用第四章的有关公式进行计算，经原型实测资料验证后，再作相应修正。下面举杜杜布莱（Duduble）分洪闸为例，以供其他水闸参考。

　　索马里杜杜布莱分洪闸是由苏联设计、我国施工的一座小型水闸，设有5个闸孔，孔宽4.0m，高1.8m，由直升式闸门控制。要求通过水力计算，提供闸门操作规程及水位流量控制曲线[1]。

　　根据泄洪要求，当上游水位在 114.45～118.30m 的范围内，分洪流量为 $10m^3/s$、$20m^3/s$、$30m^3/s$ 和 $40m^3/s$。利用式（4-9）和式（4-16），算出并绘制各种水位流量组合下的闸门开度曲线，见图 9-1。实际操作时，根据闸上水位和需要分洪流量，即可查得相应的闸门开度。如分洪流量不是整数，则可进行插比。除特殊情况外，一般应坚持5孔齐步开启原则，使出闸水流能均匀扩散。

　　当超低水位分洪时（上游水位小于 115.00m），5孔闸门需全开，届时，闸下出流呈淹没堰流状态，引用式（4-7），算出并绘制上游水位与流量的关系曲线，见图 9-2。

　　应该指出，随着电子技术的开发，上述水位流量控制，完全可实现自动监测与调节。如图 9-3 所示的监控装置，有如下主要功能[2]：

　　(1) 自动监测过闸流量。根据流量系数、上下游水位和闸门开度，自动计算过闸流量。

　　(2) 自动控制过闸流量。根据给定流量，自动调节闸门开度，保证实际流量符合给定值。

　　(3) 自动累计水量。根据实际过闸流量和开门时间，自动累计过闸总水量。

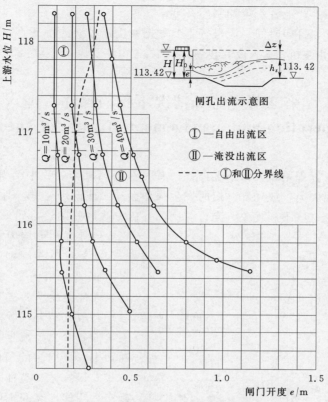

图 9-1　5 孔齐步开启水位-流量关系

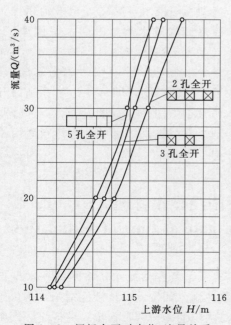

图 9-2　闸门全开时水位-流量关系

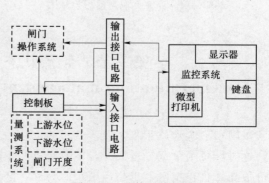

图 9-3　监控系统框图

（4）自动检测上、下游水位和闸门开度。

（5）自动记录和打印时间、流量等主要数据及出错报警的特征码。

整个控制系统由主机、输入接口电路、输出控制电路及执行机构等部位组成，见图9-3。

第二节　特殊情况下闸门操作管理
§ 2. Operation and management of gate for special case

上述闸门操作管理是指正常情况而言。有时在闸门操作过程中会遇到一些特殊情况，如某扇门因故启闭失灵，或局部开启时发生强烈振动，或低水位运行时发生吸气漏斗漩涡等。为克服和避免这些不利现象，允许对闸门开启方式做些调整，如采用对称间隔开启方式，以兼顾出流均匀的要求。

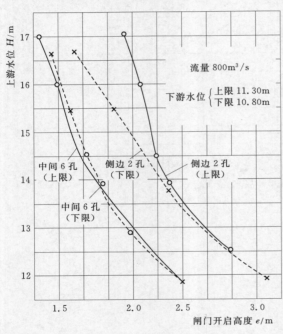

图 9-4　原高良涧闸闸门控制图

此外，有些闸坝工程，由于上游来水不正，采用闸门齐步开启的运行方式，无法避免下游偏冲现象，详见文献[11]，故宜结合实际情况，调整闸门开度，使各闸孔出流量相等，以达到全闸断面上水流均匀的目的。具体闸门调控方式，最好通过整体水工模型试验加以确定。当然，有的水闸由于下游消能扩散不佳，闸下也可能出现回溜或偏流，借助闸门控制，同样可望得到纠正。如原高良涧进水闸，根据水工模型试验，当大流量高水位时，即使加上0.4m高平台小槛，下游两侧回溜仍无法消除。若经闸门控制，即将侧边两孔闸门开度稍大于中间6孔（图9-4），下游回溜则全部消除[3]。此项措施特别适用于已建工程。

第三节　始流状态下闸门操作管理
§ 3. Operation and management of gate at time of initial flow

当闸坝下游水位很低，甚至无水时的始流状态下，若骤然放水，将闸门一次全部打开，这时，过闸单宽流量很大，下游必将产生严重冲刷。如按此设计消能措施，不仅工程造价很高，且在技术上也相当困难。为此，必须对闸门的操作管理作出一些规定，即闸门的逐级提升高度，必须满足消力池内产生淹没水跃的要求，以达到河床不冲的目的。以江苏三河闸为例说明如下[4]。

三河闸是淮河洪泽湖上的主要挡水、泄洪控制工程，闸孔净宽630m（63孔），工程剖面布置见图9-5。该闸原设计泄洪流量为8000m³/s，现在需要提高到12000m³/s，上游蓄水位亦由原来的12.50m提高到13.50m。凡此说明，该闸的现状消能防冲条件比原设计要差。为慎重起见，决定进行闸下消能防冲模型试验，其中安全泄流控制是试验的重点之一。

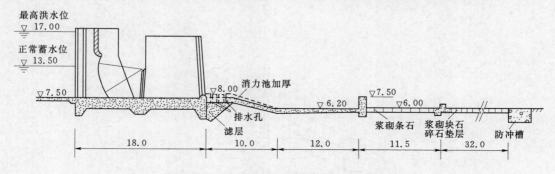

图9-5 三河闸加固工程剖面图（单位：m）

根据设计和管理单位提出的要求，在开闸过程中，以消力池二道槛后不出现三次跌流及避免下游河床产生严重冲刷作为控制依据。通过试验，制定出安全水位流量的关系曲线，见图9-6。只要已知上、下游水位，即可查得安全流量值。然后，根据流量与闸门开度的关系曲线见图9-7，查出相应的闸门开度。

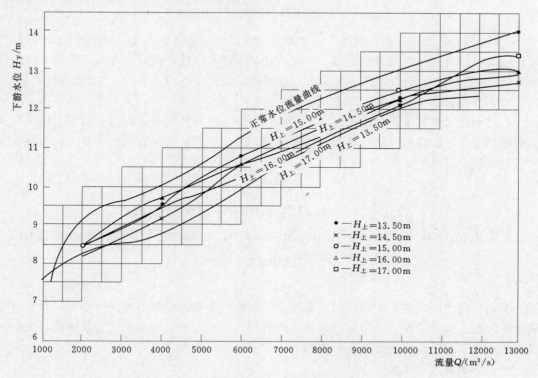

图9-6 三河闸安全水位-流量关系曲线

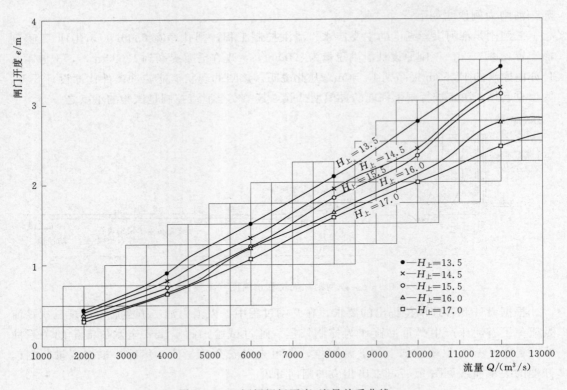

图 9-7 三河闸闸门开度-流量关系曲线

由图 9-6 可见，在同一流量下，下游安全水位较正常水位为低，所以控制是可行的。试验还表明，当上游水位和流量为已知时，并非下游水位越高越好。有时，随着下游水位的降低，闸下出流由淹没流转为自由流，这种底流式衔接，消能充分，水面波动小，对下游防冲更为有利。

上述水位流量关系是指稳定流情况而言。实际上，当闸门开启瞬间，闸下水位不可能立即达到稳定，故需稍等一段时间，待水位稳定后，方能再次提升闸门。具体时间涉及涨水波的计算，可参考文献 [5]。

第四节 水力冲淤的闸门控制调度
§ 4. Control system of gate in case of scouing silt accumulation by discharge flow

水利工程中经常遇到淤积问题，尤其是挡潮闸下游和地下涵洞的泥沙淤积，是带有普遍性的问题。实践表明，运用闸门控制调度进行水力冲淤是行之有效的清淤措施。现就挡潮闸和地涵工程的水力冲淤经验介绍如下。

一、挡潮闸水力冲淤

新中国成立以来，全国沿海地区修建了许多挡潮闸，使大部入海河口得到控制。这些闸在挡潮御卤和防汛排涝等方面，发挥了应有的作用。但是，随着时间的推移，闸的下游几乎普遍发生淤积，其中，江苏省射阳河挡潮闸是比较突出的一个。该闸自 1956 年建成以后，闸下 28km 长河段，淤积相当严重。建闸后 5 年间（1961 年底）淤积量达 3200 万 m³，河床平均淤高 2.2m，河宽平均减少约 95m，为提高泄流能力，曾对闸下河道进行裁弯取直，缩短河道 15km，泄流能力增加 30% 左右。但在淤积问题没有解决以前，泄流能力仍无法得到保证。

根据试验研究和理论分析[6]，确认射阳河闸的闸下淤积是由于潮波反射而引起的。因为关闸期间，涨潮流速大于落潮流速，这是闸下淤积的根本原因。上游若无水量下泄，势必大潮大淤，小潮小淤，只有开闸泄放较大流量，使涨落潮的流速比值发生根本变化之后，方可避免河段淤积。由此可见，上游水量是维持闸下河段稳定不可缺少的动力因素。为了使现有水量发挥更大的冲淤效果，需要对闸门进行合理控制调度。根据试验结果，大潮放大流量、小潮放小流量的冲淤效益较大。这里讲的效益是指开闸放水净冲沙量与关闸不放水的净淤积量之差。近几年来，通过闸门控制调度，射阳河闸下的冲淤似已趋于稳定。但由于水源所限，冲淤流量常无法保证，淤积问题并未得到解决。为此，有人提出纳潮冲淤的主张。即在原有挡潮闸上游再建一座水闸，涨潮时将潮水纳入两闸区间的河槽内，以供放水冲淤之用。显然，这个方案需投入大量资金，看来也难以实施。不过，随着橡皮坝筑坝技术的推广，纳潮冲淤方案有可能变成现实。因为橡皮坝的造价要比一般混凝土坝低数倍甚至 10 倍，而且具有灵活机动的优点。

二、地下涵洞水力冲淤

在多泥沙河流上修建地下涵洞，涵洞泥沙淤积是人们所关心的问题之一。通常地涵高程较低，相对水深较大，给清淤工作带来一定困难。若利用水力清淤或冲淤，则可解决这个难题。如江苏省六塘河地下涵洞，位于淮沭河与六塘河交叉处，建于 20 世纪 50 年代末。该涵洞共有 12 孔，洞径为 3.4m×3.4m，洞身总长 500m，设计排水流量为 223m³/s。原设计涵洞进口没有安装闸门，当小流量时，由于洞内流速过低，发现有轻度淤积。随着淤积量逐年递增，可能会影响地涵正常运行。后来，在涵洞进口补装闸门，当泄放小流量时，采用逐孔轮流开门方式，提高洞内流速，获得了满意的冲淤效果。自运行以来，从未发生过因洞内泥沙淤积而影响涵洞排水的情况。江苏省通榆河工程总渠地涵和废黄河地涵，仿效六塘河地涵的经验，考虑采用水力冲淤措施。兹以总渠地涵为例简介如下[7]。

修改后总渠地涵的纵剖面布置见图 9-8。地涵共设 15 孔，进口安装闸门，每孔口径 4m×5.1m，设计行洪流量为 800m³/s。通过计算分析，当小流量持续时间较长时（如流量 100m³/s 持续时间为一年），地涵会有轻度淤积，上游斜坡段淤积量较大，若不及时清

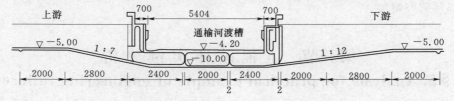

图 9-8 通榆河总渠地涵纵剖面图（单位：cm）

淤，可能影响泄洪能力。根据水工模型试验，认为进口闸门采用部分开启方式（正常运行时为全部开启），可加大上洞首附近的底部流速，有利于进口拉沙清淤。结合工程实际情况，试验制定出合理的闸门控制曲线，见图9-9。图中Ⅰ、Ⅱ两条线的区间即为正常控制范围，图示的具体控制指标如下：

（1）闸门开度不小于2m。

（2）过洞落差不大于1.2m。

（3）冲淤流量为400～500m³/s。

（4）冲淤时间为2～5h。

尽管上述闸门控制方式的适用性尚需通过实践的检验或修正，但借助闸门控制调度进行水力冲淤的可行性，已得到确认。

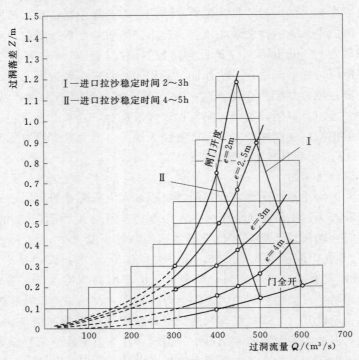

图9-9　总渠地涵拉沙清淤闸门控制曲线

通过以上两个实例，说明运用闸门控制调度进行水力冲淤是可行的，社会效益和经济效益也是显著的。现在的问题是由于水资源日益贫乏，经常没有足够的水量用于冲淤，这个问题亟须研究解决。

第五节　工程破坏实例分析
§ 5. Analysis for practical example of engineering failure

工程破坏实例，在第一章第三节中已有论述，破坏原因是多方面的。这里再结合运行管理中的破坏实例，加以补充，从中吸取经验教训。

一、高良涧闸消力池破坏[8]

高良涧进水闸为苏北灌溉总渠渠首工程，于 1952 年 7 月建成。1954 年经特大洪水考验后，即对该闸进行全面加固。消力池底板由 0.3m 加厚至 0.5m，斜坡段加厚至 0.6m，加固后的工程布置如图 9-10 所示。加固后，在一段时间内运行正常，但于 1958 年 5 月 15 日泄水过程中消力池发生破坏，具体情况如下。

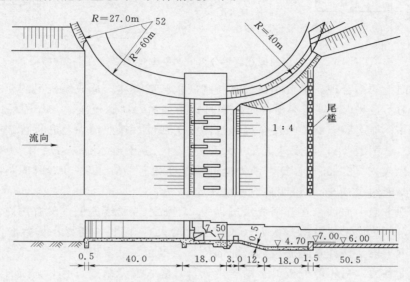

图 9-10　原高良涧闸加固后工程布置图（单位：m）

1958 年 5 月 15 日 16 时 39 分开闸放水，当中间 6 孔闸门提升至 1.0m、两边孔闸门提升至 1.1m 时，上游水位为 12.66m，下游水位为 8.43m，相应流量为 430m³/s。稍停后，于 17 时 9 分开始继续提门。当中间 6 孔闸门提升至 1.6m、两边孔闸门提至 1.45m 时，即发现被平台小槛挑起的水舌突然消失。于是立即关门检查（自 17 时 39 分至 18 时 24 分全部关闭）。经查平台小槛全部冲失，消力池斜坡约 2/3 被冲裂（断裂线参差不齐），闸底板下游的反滤器顶板也全部毁坏，破坏相当严重。所幸闸基土质较好，关闸及时，否则，后果不堪设想。

为了弄清高良涧闸破坏的原因，特地进行水工模型试验和计算分析，从地下水渗流与地表水泄流双重作用，找出破坏原因如下：

（1）渗流扬压力过大。由于射流冲击平台小槛，使反滤排水出口处的动水压力增大约上、下游水头差的 20%，没有发挥设计的排水降压作用，以致单宽斜坡段所受的净扬压力（扣除其上水跃区的动水压力）比排水出口位势为 0 时增大 60kN 左右，此值在斜坡段折断弯矩计算中占主要地位，见图 9-11。

（2）水跃区的脉动压力。经测定水跃区的点脉动压强以水跃中部稍偏前为最大，其双振幅水头 $p'/\gamma \approx 0.3 v_1^2/2g$，若按面脉动压力为点压的 1/3 考虑，单振幅脉动压强应取 $0.05 v_1^2/2g$，作为时均动水压力的瞬时最小值。这样，又使斜坡段净扬压力增大约 20kN，而且，脉动压力具有随机性质，容易引起材料疲劳，对底板稳定是不利的。

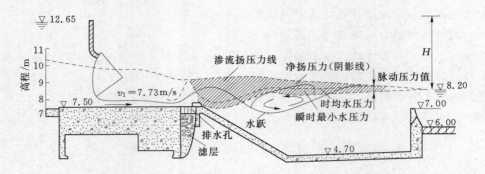

图 9-11 高良涧闸破坏原因分析（水平 1：400，垂直 1：160）

（3）结构上的不合理。平台小槛没有与闸底板联成整体，造成结构上的薄弱环节，以致射流冲击力不足 10kN 就把小槛冲走。而且，斜坡消力池底板较薄，加固后的厚度也不过 0.5～0.6m，加上新老混凝土接合欠佳也影响了强度。按照消力池底板首端厚度的抗冲要求（见第二章第七节），当设计流量 $Q=800\text{m}^3/\text{s}$、上下游水头差 $H=17.00-10.80=6.20\text{m}$ 时，代入式（2-65）计算，消力池首端厚度约需 1m。若按冲毁时的关闸水位流量计算，斜坡厚度约需 0.8m，说明现有厚度不足。

（4）管理方面的原因。在开闸放水过程中，下游水位始终偏低，没有按规定的安全水位流量执行，不仅使上下游落差增大（即扬压力增大），而且，使得小槛挑起的水舌冲击斜坡底板的下半段，该处正是底板的最弱部位，底板断裂就发生于此。

根据以上各力，对斜坡底板的折断弯矩进行计算，安全系数只有 0.5 左右，而且断裂位置与实际吻合，说明上述破坏原因的分析是正确的。

需要指出的是，虽然平台小槛在事故中扮演了不好的角色，但这不能归咎于小槛本身，而是小槛位置不当的缘故。为了吸取教训，今后设计平台小槛时，一定要与闸底板连成整体，反滤排水出口宜布置在槛后斜坡顶附近。这样，小槛不仅起到消减波状水跃的作用，而且有利于发挥排水减压的最大效果。如三河闸的平台小槛就是按此原则设计的。根据模型实测，该闸反滤排水出口处的测压管水头较下游水位还要低。自运行以来，本来就嫌单薄的消力池底板厚度，仍旧完好无损，江苏其他水闸也有类似成功经验，均值得借鉴。

二、西津水电站溢流坝坝基淘刷[9]

西津水电站位于广西横县境内的郁江上，于 1961 年建成。整个枢纽建筑物由电站、拦河坝和船闸三部分组成。溢流坝采用不同的鼻坎高程，分为 Ⅰ、Ⅱ、Ⅲ 三种坝型。自左向右 1～6 号孔为 Ⅰ 坝型，7 号孔左半侧为 Ⅱ 坝型，8 号孔右半侧至 17 号孔为 Ⅲ 坝型。三种坝型均采用半径为 6.3m 的反圆弧，挑角为 25°。其中 Ⅱ 坝型的剖面型式见图 9-12。

该坝自 1961 年 4 月开始放水。工程运行初期，就发现坝下河床有冲刷现象，冲坑逐年加深。1966 年以前，Ⅲ 坝型下游河床冲刷比较严重，冲坑深 1～7m，以后河床冲刷变化减缓并趋向稳定。1966 年后，Ⅰ 坝型下游河床冲刷继续发展，到 1970 年为止，最大下切深度达 8m。同时，发现坝址（鼻坎处）基础的局部地区基岩有淘空现象。如果任其发展，就可能危及大坝安全。5 号孔历年坝下河床冲刷剖面见图 9-13。

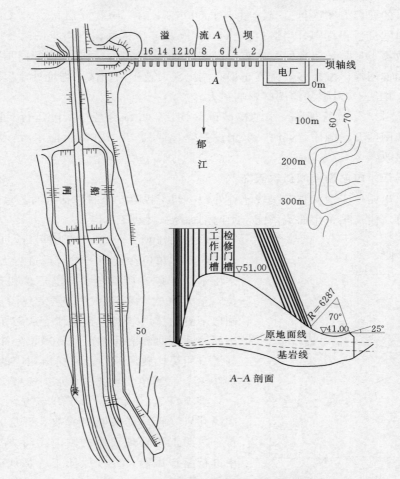

图 9-12 西津水电站枢纽布置和 II 坝型剖面图

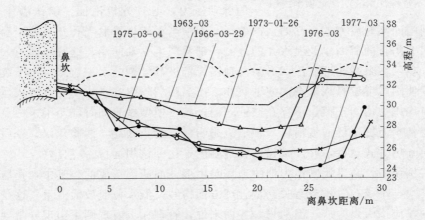

图 9-13 西津水电站坝下历年冲刷地形剖面（5 号孔）

通过原型观测和模型验证，认为上述坝基淘刷的主要原因是闸门运行管理不善引起的。因为自 1964 年以来，由于各种原因，闸门的操作和开启顺序，未能按原型观测和模型试验所提供的开启方案进行。当泄量小于 500ms/s 时，闸孔开启很少，又是不规则的间隔全开，单宽流量很集中。当泄量在 5000～9000m³/s 区间内，由于闸门开度和开启顺序不当，以致坝下过早地出现回复底流，水流冲刷能力增强。同时，当闸门不规则间隔开启时，坝下局部回溜区域较多，尤其是坝右侧出现大范围回溜区，坝址处产生横向底部流速，最大达 9.6m/s，对坝基的淘刷影响很大。

　　1974 年以来，工程管理单位采纳模型试验建议，并结合现场实际运行经验，重新调整闸门开度和闸门开启顺序。同时，又增设右岸导墙和 13 号孔坝下潜水墩，从而使坝下流态得到明显改善。

三、富春江水电站溢流坝鼻坎破坏[10]

　　富春江水电站位于浙江省七里垅峡谷处。枢纽工程自左至右包括电站、鱼道、溢流坝和船闸等部分。溢流坝采用面流消能，坝的剖面型式见图 9-14。

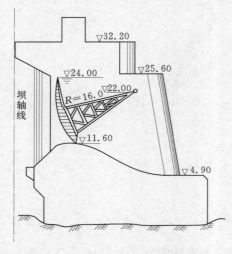

图 9-14　富春江水电站溢流坝剖面图

　　电站溢流坝自 1969 年开始运行，1978 年遇枯水年，工程单位在近坝下游河道进行大面积疏浚，下游水位相应有所降落。待电厂停机后，坝下水位降至大坝鼻坎高程以下，便发现溢流坝许多孔闸墩下游的鼻坎末端遭到破坏。从破坏程度来看，中间诸孔较两侧诸孔严重，最严重处深达 0.80m。为了查明鼻坎破坏原因，并提出相应的处理措施，1979 年初工程单位委托进行水工模型试验。

　　该坝自运行以来，为了开启方便，经常采用间隔开启（有时也采取相邻数孔开启）等方式运行。按照工程管理惯用的闸门运行方式，在模型中进行验证试验，发现原体工程鼻坎破坏区的负压值达 (7～8)×10⁴Pa。同时，又根据模型实测的脉动压力，通过分析论证，确认溢流坝鼻坎末端是由于闸门间隔开启方式引起的空蚀破坏。因为当溢流坝采取隔孔开启若干扇闸门泄洪时，在闸门关闭孔的后面以及泄水孔的外侧，都会产生立轴回溜。这些回溜与大坝上泄下来的流股，在闸墩末端相互交汇，产生立轴涡流等极其复杂的水流流态。由于漩涡中心压力陡降，促使闸墩下游鼻坎末端的空蚀破坏。而当闸门采取齐步均匀开启方式运行时，鼻坎末端的时均压力均为正值，不存在空蚀问题，减压模型试验同时证明了这一点。鉴于闸门齐步开启基本上能保证面流衔接，坝下流态明显改善，因此，试验建议，今后闸门应坚持齐步均匀开启方式运行，并严格操作管理制度，迄今该坝运行一直良好。

　　上述实例说明，高良涧闸消力池的破坏是由多方面原因造成的。其中，扬压力过大是主要的，其次与小槛布置不当有关。从管理方面检查，低水位泄放大流量，这是违反闸门操作规程的，应该引以为戒。但从另一方面来说，管理人员发现闸下出现异常现象，当机立断，及时关闸，从而，避免一场大灾难，这是应该肯定的。西津和富春江两座水电站溢流坝，都是采用面流消能方式，运行过程中闸门经常作不规则开启，使得不能产生预期的面流衔接，终于导致岩基淘刷和鼻坎空蚀，这个教训应该吸取。凡此说明，除特殊情况外，多孔闸应坚持齐步开启原则，这点已为无数工程实践所证明。

参 考 文 献
References

［1］ 周名德．Attentions Concerning Gate operation of the Duduble Flood Relief Channel in the Somali Democratic Republic．南京水利科学研究院，1986，4．

［2］ 吴九龙．单板微机在水闸管理上的应用．江苏水利科技，1985（1）．

［3］ 周名德．高良涧闸加固工程水工模型试验．南京水利实验处，1955．

［4］ 周名德，等．三河闸加固工程模型试验．南京水利科学研究院，1991．

［5］ 华东水利学院．水闸设计（上册）．上海：上海科技出版社，1983．

［6］ 窦国仁，等．射阳河闸下淤积问题分析．南京水利科学研究所，1963．

［7］ 周名德．通榆河工程总渠地涵（下洞上槽方案）水工模型试验．南京水利科学研究院，1991．

［8］ 周名德．论水闸消力池首端底板厚度计算与破坏原因分析．江苏水利科技，1986（4）．

［9］ 西津水力发电厂，南京水利科学研究所．西津水电站溢流坝坝下消能与冲刷．泄水建筑物消能防冲论文集，1978．

［10］ 钱炳法．富春江水电站溢流坝水工模型和减压模型试验报告．南京水利科学研究所，1981．

［11］ 毛昶熙．水闸运行管理中的水力学问题．江苏水利科技，1990（1）．

第十章 闸坝泄流原型观测
Chapter 10 Field Observation and Survey of Discharge Flow of Sluice-Dams

闸坝工程的安全问题，有相当一部分与水力因素有关。据 1980 年原水电部水管司对全国 241 个大型水库工程事故调查材料，其中与水力因素有关的事故有 311 次，约占事故总数的 1/3。从这个数字来看，以安全运行为中心的水力学原型观测已成为工程管理部门的一项重要任务。通过观测，主要应弄清工程的运行特性，从而达到下列目的：

（1）监视水情，为运行管理提供科学依据。

（2）及时发现异常现象，分析原因，采取措施，防患于未然。

（3）核验设计理论和计算方法，提高设计水平。

根据上述要求，下面将介绍必要的观测项目及其要点。

第一节 水位和流量观测
§ 1. Observation of water stage and discharge

水位和流量是工程设计和运行管理最基本的资料。特别是工程竣工后放水初期，下游河床难免产生下切现象，相应下游水位比建闸（或坝）前为低，这对消能防冲是不利的。如印度伊斯拉姆（Islam）闸，在 1928 年 8 月的一次特大洪水中，实测最大河床下切达 2.0m，闸下产生远驱式水跃，终于导致护坦崩坍。后在护坦上加设消力齿和尾槛，借以抬高第二共轭水深，使水跃发生在护坦以内，从而保证安全泄洪。

水位观测仪器，常用的是水尺和自记水位计。水尺构造简单，使用方便。但零点高程需通过精密水准仪测定。

自记水位计系由感应系统和记录系统两部分组成。感应系统包括传递水位变化的浮筒和悬索，记录系统包括带有记录纸的滚筒的自记钟。当水位变化时，浮筒随水位的升降而起落，通过悬索传至记录系统，并将水位变化以一定

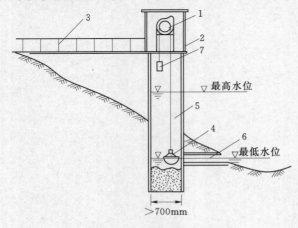

图 10-1 静水井示意图

1—自记水位计；2—观测室；3—交通桥；4—浮子；
5—静水井；6—连通管；7—平衡重锤

比尺绘成水位过程线。重庆水文仪器厂生产的系列自记水位计，可供选购。为提高测量精度，通常将水位引至静水井内进行测读，见图 10-1[1]。

流量测量分直接法和间接法两种。现场观测多采用间接法，即通过其他水力参数的测量，经计算或查图表而求得流量。其中，通过流速观测而计算流量的居多，而流速观测又以流速仪法最为常见。南京水文自动化研究所生产的系列旋桨式流速仪可供选购。

工程建成后，管理单位应积累每次过流的水位流量资料，最后，绘制水位流量关系曲线，参见图 4-19，或建立相应的经验公式，供闸门操作管理使用。

第二节　水面线和水面波动观测
§ 2. Observation of water surface line and water surface oscillation

水面线反映上下游水位衔接型式，对研究消能问题有重要作用。由于多种原因，中心水面线的测定较为困难，故一般只测取沿边墙的水面线。其中有两种观测方法可供选择。

（1）直角坐标网格法。在边墙上用白色涂料或油漆绘制直角坐标网格。纵坐标注明高程，横坐标注明桩号或距离，用肉眼或借助望远镜进行测读。也可利用普通相机连续多次拍照，通过幻灯将照片放大，读取水位高程，再取各次水位的平均值逐点绘制水面线。

（2）水尺法。在边墙上按一定距离，或选择适当位置，用油漆绘制水尺。每支水尺代表一个测点，将各点水位连接起来即为水面线。用肉眼测读固然简单易行，但所测结果常非同步水位，若用相机拍摄，则可测得同步水面线。

上述两法都是利用壁面水尺标志进行观测。由于受掺气和波动的影响，一般测值均偏大，宜根据实测流速资料进行修正。

需要指出，无论底流、面流和挑流消能，下游均有不同程度的波浪产生。其中以面流的余波最大，影响范围最长，往往造成下游岸坡的冲刷破坏及对航运造成不利影响。因此，有必要加强这方面的监测。通常于下游河道两岸，设置若干观测波浪的固定断面，通过观测资料，提出消波和防波的工程措施。

目前，波浪观测已从简单的目测法逐渐发展到电测法。按不同的工作原理，电测仪器分电阻式、节点式和电容式等，它们都需在水面立一根测波杆，以安装电测系统的传感器。传感器是利用节点导电或利用电阻、电容变化，将水面波动变成为电信号，然后将其记录下来。记录仪器有光线示波仪、笔绘示波仪和磁带记录器等。

此外，还可应用声学测波仪。即将水声换能器置于水底，换能器垂直向上发射声脉冲，遇到水面被反射回去，被换能器接收。声波在水中的传播速度为常数，根据声信号往返的历时即可换算水深。当水面波动时，相当于水深变化的信号即波高。山东省仪器仪表研究所生产的 HBL-S 型声学测波仪已于 1982 年投入小批量生产，适用于全天候自动定时或随时记录波浪情况。

如果水面波动急速，最好用电影拍摄（中速，每秒钟 100 格左右），从影片中量取波动资料。如用录像机也可达到同样效果，并可利用数据处理机从录像机中分析资料，则更显示其优越性[1]。

第三节　水 下 冲 淤 地 形 观 测
§ 3. Observation of scouring and silting topography under water

　　闸坝下游冲刷坑的位置和深度，是衡量消能效果好坏的重要标志之一，也关系到工程本身的安全。通常是在工程竣工后，对下游可能发生冲淤的河床范围，进行一次地形测量，比尺可用 1/500 或 1/1000。初期泄洪应于每次泄洪后进行一次冲坑地形测量。若泄流频繁，则应在宣泄较大一次洪水后进行测量。经多次泄洪观测，下游冲坑大致趋于相对稳定后，方可减少测次。至于测量方法，通常采用测深法，即乘船用测深杆和测深锤或回声测声仪，在固定纵断面位置上逐点测量水深，以水面高程减水深即得每点的河床高程。为保证测量精度，起点距的控制，可用人拉绳索固定船只位置，也可用抛锚法定位，用经纬仪或水平仪测距。纵断面测点间距，一般控制在 3~10m 范围，遇有水深突变处，要加密测点。最后绘出地形等高线图，见图 10-2。在测深的同时，还应取各测点的床面土样，以供分析资料时参考。

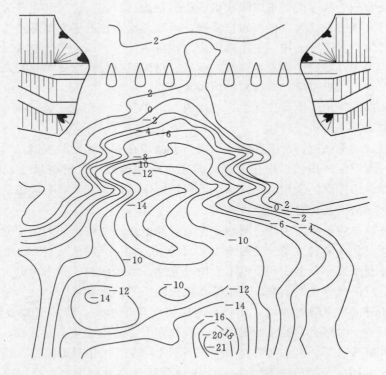

图 10-2　芦苞闸 1947 年闸下冲刷地形图

第四节　流速和掺气观测
§ 4. Observation of velocity and mixed air

　　流速是水力学的重要参数，研究消能冲刷、空蚀和振动等问题，均需观测流速。流速的观测方法很多，如浮标法、超声波法、流速仪法和毕托管法等。其中，毕托管法用于测量"点"流速有显著优点，故应用较广。测原型流速的毕托管可设计成图 9-3 型[2]，管径通常取 8mm 或稍大。使用时，将动压管和静压管分别连接在比压计的两端，读出比压计中的压差 Δh_w 后，按下式换算出流速：

$$v = \varphi \sqrt{2g\Delta h_w} \qquad\qquad (10-1)$$

　　若用水银比压计（图 9-4），流速计算公式可改写为

$$v = \varphi \sqrt{2g\left(\frac{\gamma_{Hg}}{\gamma} - 1\right)\Delta h_{Hg}} \qquad\qquad (10-2)$$

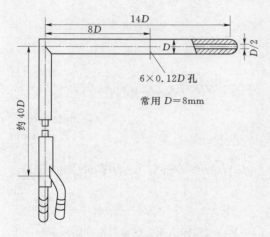

图 10-3　标准型毕托管

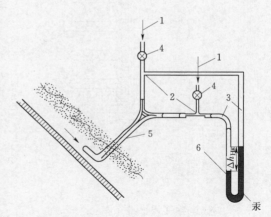

图 10-4　毕托管测速装置
1—通高压水；2—玻璃三通；3—乙烯软管；
4—开关；5—毕托管；6—比压计

　　式中　γ_{Hg}/γ——水银和水的容重比，通常取 13.6；

　　　　　φ——流速系数。

　　如经率定试验，一般取 $\varphi = 1$，误差不大于 1%。

　　当高流速时（＞7m/s），水流不可避免地会发生掺气，形成掺气水流。由于掺气水流汹涌翻腾，为克服支撑的困难，通常将毕托管改制成动压管型，用底座固定在混凝土壁面。图 10-5 是在丰满溢流坝上用过的流速—掺气传感器，可同步测量掺气流速和掺气浓度[1]。测速时，将动压管连接至比压计的一端，测得的压差即动水总压强（或滞点压强），减去动压孔至水面的高度（近似于静压强），即为该测点的流速水头 Δh。如果同时测得掺气浓度便可用下式算出掺气水流的平均流速为

$$\bar{v}=\sqrt{\frac{2g\Delta h}{1-C}} \qquad\qquad (10-3)$$

式中　C——掺气浓度。

具体测法是取相邻两根动压管（其中一根为测速动压管）组成一对电极。基于气水混合物的导电率与清水不同，故两极间电阻 R_p 或电压 E_p 将随掺气浓度而变，见图 10-6。通过标定，可以得到输出电压 E_s 与掺气浓度 C 的关系。

国外有人曾用同样原理、不同装置的传感器；同步测得滞点压力和掺气浓度，见图 10-7。

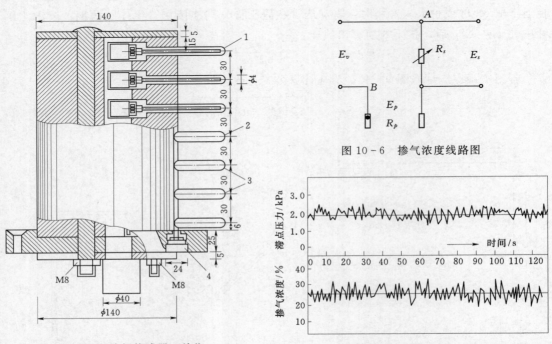

图 10-5　流速-掺气传感器（单位：mm）
1—静压管；2—动压管；3—掺气感应器；
4—脉动压力传感器

图 10-6　掺气浓度线路图

图 10-7　某溢洪道滞点压力和掺气浓度同步取样记录

第五节　压强和空化观测
§ 5. Observation of pressure intensity and cavitation

压强观测的目的是监测泄水时建筑物各部位的受力状况，尤其是负压监测更为重要。因为负压达到某一数值时，便会发生空化或空蚀。调查表明，这方面的事故不少。常规的测压方法是在欲测部位上埋设测压孔（见图 10-8），并用导管将水引至观测室与测压计连通。常用的测压计有比压计和压力表等。其安装位置一般应低于测压孔高程，见图 10-9。观测前，须用高压水向导管充水，待导管中的空气全部排尽后，再测读压强读数，然后按下式算出压强值[1]：

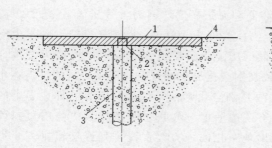

图 10-8　动水压力测压管埋设装置图

1—ϕ20cm 钢板（厚 0.8cm）；2—ϕ2cm
不锈钢板（中间钻 5 小孔）；3—ϕ2.5m
铁管（垂直段≥80cm）；4—溢流面

图 10-9　测压孔与测压计相对位置示意图

用压力表时
$$\frac{p}{\gamma} = M - Z \tag{10-4}$$

用水银比压计时
$$\frac{p}{\gamma} = \frac{\Delta h \gamma_{Hg}}{\gamma} - H \tag{10-5}$$

上二式中　p/γ——测点的时均压力水头，m；

　　　　　M——压力表读数，换算为压力水头时，m；

　　　　　Z——压力表中心与测点高程差，m；

　　　　　γ_{Hg}、γ——水银和水的容重；

　　　　　H——比压计读数与测孔高程差，m。

有时受观测条件所限，测压计位置需高出测压孔高程很多，这时采用比压计较为方便，其布置见图 10-10。由图可见，若比压计 0 点位置高于 A 点高程为 Z 时，A 点压强可用下式计算：

当 $h_2 \geq h_1$ 时
$$\frac{p_A}{\gamma} = Z - \Delta h \left(\frac{\gamma_{Hg}}{\gamma} - \frac{1}{2} \right) \tag{10-6}$$

当 $h_2 < h_1$ 时
$$\frac{p_A}{\gamma} = Z + \Delta h \left(\frac{\gamma_{Hg}}{\gamma} - \frac{1}{2} \right) \tag{10-7}$$

从理论上讲，当实测压强达到蒸气压强时，水流就要发生变化。但由于压力脉动等影响，空化现象常提前发生。一般用 p_c/γ 来衡量是否产生空化的压力水头，计算式为

$$\frac{p_c}{\gamma} = \frac{p_a}{\gamma} + \left(\frac{\bar{p}}{\gamma} - \frac{p'}{\gamma} \right) - \frac{p_v}{\gamma} \tag{10-8}$$

式中　p_a/γ——大气压力水头，m；

　　　$\bar{p}/\gamma$——时均压力水头，m；

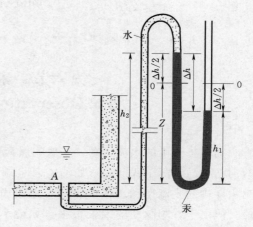

图 10-10　比压计布置示意图

　　　　p'/γ——脉动压力水头，m；

　　　　p_v/γ——汽化压力水头，m。

　　实际上，p_c 不是常数，它取决于水温高低和海拔高度，因为大气压力 p_a 与海拔高度有关，而汽化压强又与水温有关。如果测点海拔高度为 100m，水温为 18℃，则发生空穴的临界压强水头 p_c/γ 应为 0.2m 左右，即最低压强水头接近 -10m 时，可认为发生空化现象。监测表明，用量测压强的方法，大致判别空化与空蚀现象，还是可行的。但在水流分离现象显著的部位（如门槽等处），用此法判别空化则偏于危险。因为尖部边界上的最小压强不易测到，而漩涡中心的低压，又不在边壁上。苏联在原型观测中曾用过一种方法，即将一组压强传感器埋设在预期可能出现空化的地方，直线排列或交错排列，见图 10-11。在无空化情况下，所有传感器送来的信号强度是近似的，记录曲线的特点也一样。一旦发生空化，脉动压强则提高。当空穴云发展到边界时，原有脉动波形的特点将大为改变，甚至出现"空穴断裂"现象。

　　此外，声测是探测水流是否发生空化的另一种手段。随着声测技术和计算技术的发展，声测法也由定性向定量过渡。根据声测技术的发展前景，可以利用布阵方法，量测出空化发生的具体部位，直接观测空化现象。如某船闸闸门的实测资料见图 10-12。由图可知，当闸门开启 7～9s、30～38s、75～76s 时，噪声明显增强，结合门体结构分析，此三处有可能出现空化现象，停水检查后基本相符[1]。

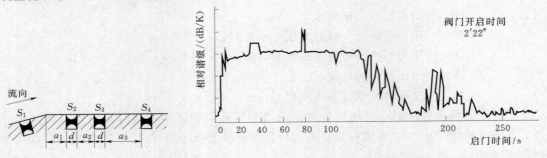

图 10-11　估计空蚀的压力
　　　　　传感器布置
S_1、S_2、S_3、S_4—压力传感器

图 10-12　某船闸闸门启闭过程中噪声测量（超声换能器）

第六节　紊流脉动观测
§ 6. Observation of turbulent pulse

　　闸坝工程中的水流运动，一般均属紊流，特别是在高速水流中，紊动更为激烈。这种紊动结构与实际工程问题（如消能、冲刷、空蚀、振动等）密切相关。表示紊流特征的脉动主要指的是流速和压强的脉动。在很长一段时间里，室内模型试验曾是主要的研究手段。但由于影响脉动的因素很多，如糙率、掺气和雷诺数等，模型和原型不可能达到相似，使得室内试验结果难以引申至原型。因此，脉动的原型观测，不仅可检验模型试验的结果，而且可作为评估工程的安全和合理运行的依据。

脉动流速和脉动压强的观测，均需预埋电缆线和传感器底座，见图 10-13。由于施工现场条件限制，一般不可能布置很多测点，但测点一经确定并施工后，就无法改变。因此，测点选择很重要，它关系到能否获得最有特征意义的数据。对脉动流速来说，沿水深方向的测点布置要得当，以便了解水深方向的紊动强度变化。而对脉动压强来说，局部不平整边界（在凸凹处）的下游应布置若干测点，以检测负压脉动值及其范围。常用的量测仪器是电阻式压力传感器。它是以电阻应变丝作为敏感元件，见图 10-14。当传感器的弹性元件受力变形时，粘贴在其上的应变丝便发生电阻的变化。设应变丝的电阻值为 R，长度为 L，截面积为 S，电阻系数为 ρ，则

$$R = \rho L / S \tag{10-9}$$

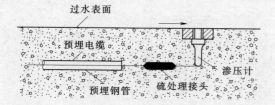

图 10-13 压力传感器现场安装示意图

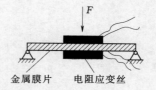

图 10-14 电阻式压力传感器原理示意图

当膜片受外力作用产生变形时，电阻应变丝也发生变形（伸长或缩短），其电阻值的变化为

$$dR = \frac{\rho}{S} dL + \frac{L}{S} d\rho + \frac{L\rho}{S^2} dS \tag{10-10}$$

当电阻应变丝连成回路时，在定电压作用下，电阻值的变化表现为回路上的电流变化，亦反映了膜片受力的变化，即压强脉动，典型实例见图 10-15。近年来，葛洲坝、乌江渡、碧口、丹江口等工程实践表明，南京水电仪表厂生产的 SZ 型渗压计，可同时用于脉动压力测量，能满足一般原型观测的要求。

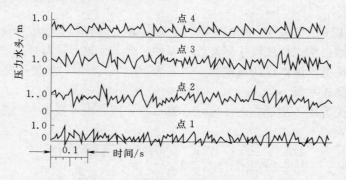

图 10-15 日本新成羽厂房顶脉动压力波形图[1]

上述压力传感器同样适用于脉动流速的测量，即在动压管流速仪腔内安装一只微型压力传感器（图 10-6），水流通过流速仪头部小孔作用于传感器的承压膜口，便可测得滞点压强脉动。通过 DFT 或 FFT 算法，可获得流速脉动的谱密度（或功率谱），见图 10-

16。它表征脉动能量沿频率的分布特性，对于建筑物的动力反应计算以及高速水流掺气问题的研究很有用[3]。

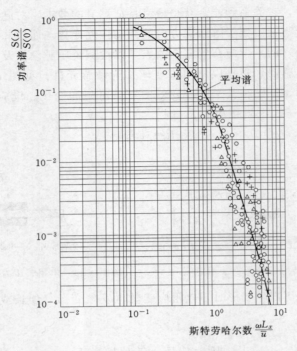

图 10-16 明渠高速水流纵向脉动流速功率谱

第七节 闸门振动观测
§ 7. Observation of vibration of gate

前已指出，由于闸门振动现象的复杂性，单靠理论分析和室内模拟试验，难以解决工程实际问题，人们自然把视线转移到室外，即对已建工程进行原型观测，以便得出安全性的评价或检修的根据。国内成功的观测实例见表 10-1。所用的测量系统如下。

一、压电式测振系统

此类测振系统可用于测量振动加速度，通过积分网络也可获得一定范围内的速度和位移，其配套方式为：

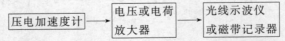

这类系统的传感器输出的阻抗很高，因此，放大器的输入阻抗也很高。由于导线和插件对阻抗的影响很大，故要求绝缘电阻高。同时，仪器自振频率高，可测频率宽，输出信号也较大，但系统的抗干扰性能较差。

二、应变式测振系统

此类测振系统的传感器有电阻式加速度计、位移计等，配套使用的放大器一般用电阻应变仪，其配套方式为：

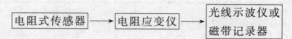

三、传递函数测试技术

所谓模态分析即把多自由度耦合系统的动力响应，分离为多个单自由度独立系统动力响应的叠加，关键是先要确定结构的模态参数。借助传递函数测试数据，进行参数识别是频域中分析模态的主要方法。此项测试装置主要包括加速度计、拉压传感器（或阻抗头）、激振器、传递函数分析仪、信号发生器、功率放大器、记录器等，其中传递函数分析仪是关键。北京测振仪器厂生产的（HFZ－1）型传递函数分析仪，能够滤除激振与测量信号中的随机干扰，是较理想的产品。

测量时，将事先选好的测点（测点数要多于待识别的振型数）与测试仪器按图 10－17 布置接线，然后起动激振器，并由信号发生器来调节激振频率，将激振力的信号与结构响应信号依次接入传递函数分析仪，然后，输出对各测点随频率变化的复振幅之比。

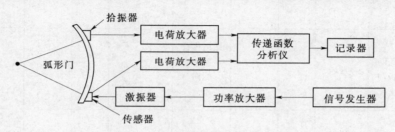

图 10－17　传递函数测试方框图

表 10－1　　国内闸门振动原型观测成果表

编号	工程名称	闸门特性			实测振动主要成果					
		门型	孔口尺寸 宽×高 /(m×m)	设计水头/m	观测水头/m	测点部位或方向	开　度	振幅 $\overline{A}$ /mm	加速度 g /(9.81 m/s²)	动应力 σ /Pa	相应频率 f/Hz
1	三义寨人民跃进渠	露顶弧形门	12×8	7	上下游水位差2.4 上下游水位差1.7	主梁跨中 支臂跨中 主梁跨中 支臂跨中	$n=0.01$ $n=0.1$	5.0		108 307.6 392 191	18.1～8.3 18.1～8.3 8.7 8.7
2	嶂山闸	弧形门	10×7.5	9.6	上下游水位差3.98	纵梁（切向） 纵梁（径向） 纵梁（横向）	$n=0.23$	3.22 3.68 0.16		纵梁最大动应力 326.5	9.5 9.5 9.5 9.7 9.7
3	丰满电站溢流坝	平板门	12×6		12	主梁柱				495 59	12.5 12.5
4	西津电站溢流坝	露顶平板门	14×12 （二节）	12		板梁式主梁后翼缘	$n=0.08$ $n=0.25$ $n=0.50$			6.57 18.65 1.9 8.85	4.95 4.12 0.37 0.2

续表

编号	工程名称	闸门特性			实测振动主要成果					
		门型	孔口尺寸宽×高/(m×m)	设计水头/m	观测水头/m	测点部位或方向	开度	振幅 $\overline{A}$/mm	加速度 g/(9.81 m/s²)	动应力 σ/Pa	相应频率 f/Hz
5	陡河水库输水洞进口	深孔平板门	3.5×3.5	23	11.5	水平向,中部垂向,中部	$n=0.8$ $n=0.1$ $n=0.2$	1.31 0.03 0.02			30～50 30～35 45～50
6	修文拱坝3号孔	露顶弧形门	10×5.2	5.11	5.0	中主梁固定开度切向连续开启	开启0.5m 开启3.0～5.2m		0.017 0.624		8.5 6.5
7	刘家峡溢洪道	中孔平板门	10×8.5	8.5		水流向	$n=0.1$ $n=0.3$		0.056 0.05		4 3.5
8	密云水库输水洞	深孔弧形门	3.5×3.0	30	20.52	中主梁附近	连续开启切向 $n=0.2$固定 $n=0.2$ （切向）		0.032 0.03		7～9 7～9
9	三门峡电站1号深孔工作门	深孔平板门	3×10	40	20	闸门中部侧向侧向垂向	开启过程 $n=0.1～0.5$ 关闭过程 $n=0.1～0.6$ $n=0.1～0.6$		0.062～0.067 0.078 0.042		15 10 17～19
10	皎口水库底孔	弧形门			24	左支臂右支臂面板	$n=0.92$			210～470 190～460 320～720	

　　传递函数的表达式可因需要而定，如选用幅频、相频曲线或实频、虚频曲线等。

　　【例】　皎口水库底孔弧形门于 1973 年 5 月建成后使用频繁，闸门振动严重，亟待研究解决。

　　【解】　为解决闸门振动问题，于 1977 年、1978 年组织两次原型观测，整个观测分进口水动力学和闸门结构系统两个方面。闸门振动又分自振特性和流激振动两部分。对于自振特性观测使用了模态测试技术，分别测得了启闭杆、支臂及面板梁格系统各部件的前 5 阶模态参数。例如支臂侧向振动前两阶频率为 72.7Hz 与 132.7Hz，阻尼因子为 3.34% 和 5.50%，其固有振型见图 10-18。对于流激振动方面，采用电压式和电阻式两类测量系

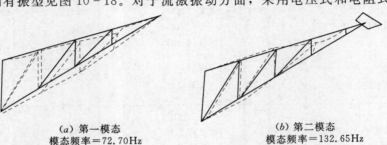

(a) 第一模态　　　　　　　　　　　　　(b) 第二模态
模态频率=72.70Hz　　　　　　　　　　模态频率=132.65Hz

图 10-18　皎口水库底孔弧形门支臂振型图

统，测得闸门若干部位的振动加速度与动应力，并与传递函数作了分析检验，吻合程度尚好。最后，采用 P 型顶坝止水，对孔顶出口增设收缩段，增大孔顶压力，抑制气穴的形成，并在检修闸门井增设了门塞。采取上述措施以后，强烈的自激振动完全消除，但因水流激起的随机振动仍复存在，空穴现象尚未完全消除[4]。

第八节　渗流扬压力观测
§ 8. Observation of seepage uplift pressure

对闸坝地基的有压渗流，需要知道建筑物地下轮廓线上的水头分布或扬压力线，以便核算闸坝的稳定性以及下游出口处是否会发生流土和管涌的危险。由于渗流作用而使闸坝破坏的实例屡见不鲜，故扬压力监测成为渗流控制必不可少的一部分。

观测仪器通常是埋设测压管或渗压计。对于水位变化频繁或黏性土地基，应尽量采用渗压计，其选用原则和观测注意事项，可参考文献［5］。

若用测压管，管内水位可用电测水位器测量，其电路见图 10-19，测头接触水面，即形成回路通电。指示器反应后，将吊索稍许上提，反复几次，使指示器时而反应，时而停止，趁指示器开始反应的瞬间，捏住与管口相齐平的吊索，测读管口至管中水面的距离，即可求出测压管内的水位高程。图 10-20 为三河闸某块闸底板上实测的扬压力线。据此，即可校核底板的抗浮稳定性。同时，还可对照表5-4，以验证闸基抗渗稳定性。

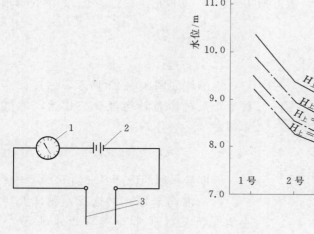

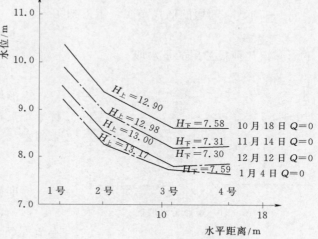

图 10-19　水位器电路示意图
1—指示器；2—电源；3—电极

图 10-20　三河闸某块闸底板测压管
水位线（1986 年下半年测）

其他专门性观测项目的设置与要求，应根据工程具体情况确定。

总之，上述所有观测项目，均应指定专人负责，按规定时间认真观测，详细记录，及时整理资料。在施工期，应由施工单位负责；竣工验收后，应由管理单位负责。要做好交接工作，不使观测资料中断或遗失。设计单位应及时分析研究重要项目的观测资料，总结经验。

第九节　量　水　设　备

§ 9. Equipment of flow measurement

合理使用水资源，做到计划用水，按方收费，是我国水利体制改革的一项重要内容。为此，因地制宜，选用合理的量水设备，已纳入管理工作范围。根据国内外的经验，农业灌区的量水设备，不允许产生大的水头损失，且须保证一定的量水精度。为了满足上述要求，一般选用各种型式的量水堰和量水槽，现分述如下。

一、量水堰[3]

量水堰的基本原理是堰顶水头与流量存在一定的指数关系，故可通过水深测量而推算流量。

量水堰的形式很多，如矩形堰、三角形堰、抛物线形堰以及复式堰等，其流量计算公式一般可写为

$$Q = CbH^n \tag{10-11}$$

式中　Q——流量；

　　　b——堰宽；

　　　H——堰上水头；

　　　C——流量系数，由率定试验确定；

　　　n——指数，随堰的形式而变，矩形堰 $n = 3/2$，三角形堰 $n = 5/2$，抛物线形堰 $n = 2$。

下面介绍几种最常用的量水堰。

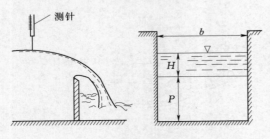

图 10-21　矩形量水堰板

1. 矩形堰

矩形堰如图 10-21 所示，通过标准地秤率定后的流量计算经验公式为（单位用米制）

$$Q = 1.783bH^{1.466} \tag{10-12}$$

标准量水堰的设计要求如下：

（1）堰高与堰宽的选择，视最大和最小流量而定。通常要求堰顶水头不小于 3cm，否则表面张力和黏滞力影响过大。同时，堰顶水头亦不宜大于堰高之半，以减少行近流速的影响。

（2）堰壁应与来水流向和引槽垂直正交。引水槽务必等宽，堰板垂直，顶部水平。堰板锐缘厚度不大于 1cm，与堰背成 30°。

（3）引槽槽壁应向前伸出，略为超过堰板位置，使水舌过堰后不致立即扩散。

（4）水舌下的空气必须畅通，无吸压或贴流现象。故常在堰板与水舌之间设置通气

孔。下游尾水与堰顶高差不小于 7cm。

（5）消浪栅设置在堰板上游 10 倍最大堰顶水头以外，使来水平稳无波动。

（6）测压孔应设置在 6 倍最大堰顶水头处，并连通至测针筒内测读。

2. 三角形堰

三角形堰如图 10 - 22 所示。一般常采用堰口为 90°的三角堰。堰槽宽度应为堰顶最大水头的 3～4 倍。其设计要求与矩形堰同。此堰用于小流量时精度较高。通过地秤率定后的流量经验公式为

$$Q=1.33H^{2.465} \tag{10-13}$$

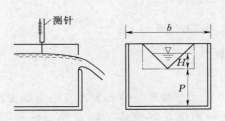

图 10 - 22　三角形量水堰

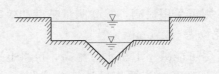

图 10 - 23　复式量水堰

3. 复式堰[3]

复式堰由矩形堰和三角形堰两部分组成，见图 10 - 23。其优点是能适应较宽范围的流量。当小流量时，实际上就是三角形堰，因而可得到较高的精度。鉴于此种堰形目前尚无准确的流量计算公式，故须通过校正试验后方可使用，见表 10 - 2。

表 10 - 2　　　　　　　　　　　复式堰水头-流量关系

H /cm	Q /(L/s)	H /cm	Q /(L/s)	H /cm	Q /(L/s)
3.57	0.35	9.41	3.99	12.44	11.04
4.56	0.71	9.99	4.59	13.00	12.99
5.70	1.22	10.54	5.42	14.95	20.30
6.95	1.87	11.46	7.91	17.63	33.60
8.57	3.06	11.83	9.17	18.93	40.40
19.96	47.5	23.09	71.0	24.93	88.0

注　表中数据系通过标准地秤率定而得。

二、量水槽

1. 文杜里（Venturi）量水槽[6]

这是最常用的量水槽，它是由收缩段、喉段和扩大段三部分组成。为了保持自由泄水状态，提高测量精度，标准量水槽的相对尺寸可按图 10 - 24 设计。流量计算公式为

$$Q=Cb_2H_1^{3/2} \tag{10-14}$$

其中流量系数 C 一般取 1.62；只要已知上游水深 H_1，即可求得流量。如欲测取连续的流

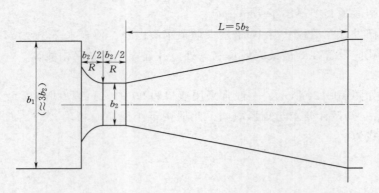

图 10-24 标准文杜里槽

量变化，则可采用遥测，提高测量精度和效率。

2. 克勒普（Crump）堰[7]

为了尽可能减小上游水位壅高，可将上述量水槽改成驼型装置，其中克勒普堰便是一例，见图 10-26。该堰流量计算公式仍同文杜里槽，但流量系数有异。当 $h_2/H_1 \geqslant 0.9$ 时，$C=3.782(1-h_2/H_1)^{1/2}$；$h_2/H_1 < 0.9$ 时，$C=2.126(1-h_2/H_1)^{1/4}$。淹没潜流临界点为 $h_2/H_1=0.75$。值得一提的是，下游水头 h_2 是按规定用测压管通至堰顶后低压区测得的，这样可取得高精度的潜流流量。

此外，还有巴歇尔（Parshall）槽，20 世纪 40 年代最先用于美国农业实验站，农业用的浑水可以顺利通过是其优点，具体资料详见文献 [6]。

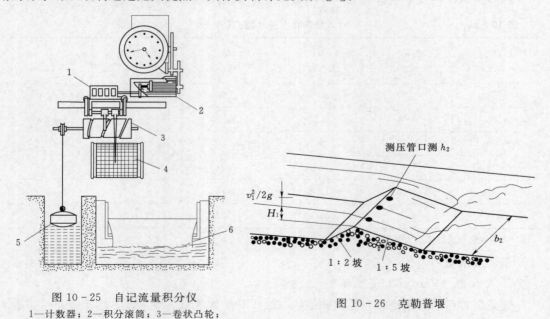

图 10-25 自记流量积分仪
1—计数器；2—积分滚筒；3—卷状凸轮；
4—流量图；5—浮筒；6—量水堰

图 10-26 克勒普堰

314

参 考 文 献
References

[1] 松辽水利委员会科研所，长办长江科学院．水工建筑物水力学原型观测．北京：水利电力出版社，1988.

[2] 周名德．小毕托管研究总结．南京水利科学研究所，1982.

[3] 北京水利水电科学研究院，南京水利科学研究院．水工模型试验（第二版）．北京：水利电力出版社，1986.

[4] 阎诗武．皎口水库底孔闸门振动问题的原型观测．高速水流，1984（2）.

[5] 毛昶熙．渗流计算分析与控制．北京：水利电力出版社，1990.

[6] A. Linford. Flow Measurement & Meters，1964.

[7] 毛昶熙．水闸运行管理中的水力学问题．江苏水利科技，1990（1）.

第十一章 模 型 试 验
Chapter 11　Model Test

　　从天然原型的直接观察研究到模型试验是一个飞跃，人们可主动地将原型缩小和将过程的周期缩短，并能将过程中的某些因素孤立起来或抽出来，以便观察比较和易于发现因果关系。恩格斯（H·Engels.）于 19 世纪末（1898）在德国的德累斯顿（Dresden）工科大学❶建立第一个河流水力学试验室以来的一百多年历史中，不断对模型相似律加以发展和完善，而且发展到用不同物质进行模拟以求现象的相似。可以说，解决工程上复杂的水力学问题，几乎都是借助于模型试验实现的。虽然目前有了数学模型，但是并不能取代这些物理模型，水工模型试验仍然是解决工程上有关设计、施工和运行管理等的主要可靠手段。

第一节　相 似 性 与 模 型 律
§ 1. Similarity and model law

　　水工模型试验的基本概念和依据是两个系统（流体或固体）的运动过程或现象之间的相似性（similarity）。如果两系统之间的相应特征量比值为一常数，即称为相似，此比例常数称为比尺或比率（scale ratio）。

　　最简单的相似性为几何相似性，即直线和角度之间的形状相似，原型（prototype）与模型（model）之间所有相应长度的比例都相同。一旦长度比尺 L_r 选定，其他由长度导出的面积比尺 A_r 和体积比尺 V_r 就被固定下来。若以下角 r 代表比尺，p 代表原型，m 代表模型时，几何量的比尺关系为

$$\left.\begin{array}{l} L_r = L_p/L_m \\ A_r = A_p/A_m = L_r^2 \\ V_r = V_p/V_m = L_r^3 \end{array}\right\} \tag{11-1}$$

　　其次是运动相似性，模型与原型的相应部位或质点在相应时间内移动的路径和距离具有几何相似性，即运动过程的时间成一定比例。若长度比尺 L_r 和时间比尺 T_r 一旦选定，则其他导出的速度比尺 v_r 和加速度比尺 a_r 就被固定下来，即

---

　　❶　笔者 1983 年在该大学（建立于 1828 年）水利系访问期间参观过这座最古老的水工试验室。我国黄河问题曾委托水工专家恩格斯 1932—1934 年在此两度模型试验研究，提出了黄河治理方案。南京水科院前南京（中央）水利实验处郑肇经处长早年就是在此学习的，编写出版《中国水利史》《河工学》等名著。

$$v_r = v_p/v_m = L_r/T_r \left.\right\}$$
$$a_r = a_p/a_m = L_r/T_r^2$$

（11-2）

最后是动力相似性，模型与原型间的相应部分或质点作用力的相似，即所有相应的力保持一个常数比例关系。根据牛顿运动第二定律 $F=Ma$，则流体单元或质点运动的惯性力 (Ma)[1] 必须与作用在质点上所有力（压力、重力、黏滞力、表面张力、弹性力等）的合力 $\sum F$ 相平衡，以向量式表示为

$$\sum F = F_1 + F_2 + \cdots = Ma$$

（11-3）

要达到模型与原型间的完全动力相似，两系统的惯性力之比不仅必须等于合力之比，而且还必须与个别作用力之比相一致，即

$$F_r = \frac{(Ma)_p}{(Ma)_m} = \frac{(\sum F)_p}{(\sum F)_m} = \frac{(F_1)_p}{(F_1)_m} = \frac{(F_2)_p}{(F_2)_m} = \cdots = \frac{(F_i)_p}{(F_i)_m}$$

（11-4）

因此，模型与原型中各种不同作用力之间的相应比值必须一致。因 $F_r=$ 常数，故有

$$\left(\frac{Ma}{F_i}\right)_m = \left(\frac{Ma}{F_i}\right)_p$$

（11-5）

由式（11-5）可引出作用在流体单元上不同类型作用力的相似准则和模型相似律。

具有以上几何、运动和动力相似性的两系统称为力学相似，对于流体力学来说，就是水力相似性。只有在几何相似条件下达到作用力的相似，才能在模型中重演原型现象。

实际上，不可能达到模型与原型间的所有力完全相似。所幸，大部分工程问题都只以个别力为主导，不重要的力可以略去，使我们能成功地利用模型试验解决工程问题[17]。

现在分别考虑各种力之间的相似比例关系，其中惯性力总是存在于运动之中，因此牛顿第二运动定律 $F=Ma$ 是完成两系统动力相似的关键。引用尺度（量纲或因次）分析概念，以长度、时间、质量（或密度 ρ）表示力时，惯性力的尺度式可写为

$$F = \rho L^3 L T^{-2} = \rho L^2 v^2$$

（11-6）

其次，如果考虑流体单元是在压力 $(\Delta p L^2)$ 作用下的惯性力 $(\rho L^2 v^2)$，则按式（11-5）建立比例关系可得出与欧拉数 Eu 相等的相似准则，即

$$\frac{惯性力}{压力} = \left(\frac{v}{\sqrt{\Delta p/\rho}}\right)_m = \left(\frac{v}{\sqrt{\Delta p/\rho}}\right)_p = Eu$$

（11-7）

欧拉数 Eu 是一个无尺度比值的参数，它表征流体惯性力与压力间的关系，在不可压缩流体中和没有其他作用力（如重力、黏滞力等）的情况下，它只是流动边界几何形态的函数。因此，只要模型与原型的水流边界形状相似，Eu 就是一常数，不受模型大小、流速、流体密度或压力绝对值的影响，也就是不需要模型比尺的换算，结果可直接应用。

【例】 空气模型喷嘴 $(d=2\text{cm})$ 射出流速 $v_m=45\text{m/s}$，压差 $\Delta p_m=4\text{N/cm}^2$，试问几何相似的水喷嘴 $(d=10\text{cm})$，如欲达到流速 $v=6\text{m/s}$，压差 $\Delta p=?$

【解】 以相应数值代入式（11-7）可得

$$\Delta p = \Delta p_m \left(\frac{v}{v_m}\right)^2 \left(\frac{\rho}{\rho_m}\right) = 4\left(\frac{6}{45}\right)^2 (800) = 56.9\text{N/cm}^2$$

若考虑重力 $F=Mg=\rho L^3 g$ 作用下具有的惯性力 $(\rho L^2 v^2)$，则按式（11-5）建立比例

---

[1] 质量与加速度的乘积是克服惯性力的加速力，称其为惯性反作用力更好，见文献 [3]。

关系，可得模型与原型弗劳德数 Fr 相等的相似准则

$$\frac{惯性力}{重力}=\left(\frac{v}{\sqrt{gL}}\right)_m=\left(\frac{v}{\sqrt{gL}}\right)_p=Fr \tag{11-8}$$

或比尺式

$$\frac{v_r}{\sqrt{g_r L_r}}=1 \tag{11-8a}$$

由式（11-8）重力控制的弗劳德模型律可推算出各量的比尺关系，因 $g_r=1$，故得

$$\left.\begin{array}{lll}
流速 & v_r=L_r^{1/2} \\
时间 & T_r=L_r/v_r=L_r^{1/2} \\
流量 & Q_r=v_r A_r=L_r^{5/2} \\
加速度 & a_r=v_r/T_r=1 \\
力 & F_r=\rho_r L_r^2 v_r^2=\rho_r L_r^3
\end{array}\right\} \tag{11-9}$$

因此，一旦长度比尺 L_r 和模型流体 ρ_r 选定（同一种流体时 $\rho_r=1$），其他各量的比尺就可确定。

【例】　水流对桥墩或闸墩的冲击作用力主要是重力控制。今有桥墩宽 0.8m，建于水深 3.5m、流量 $100m^3/s$ 的河流中，设计模型 $L_r=10$，并测得模型中流速 0.6m/s 的桥墩受水流冲击力为 6.67N，求原型流速及桥墩受水流冲击力，并核算模型水深及流量[1]。

【解】　根据弗劳德模型律比尺关系，因模型也是水，故 $\rho_r=1$，则得

$$v_p=v_m v_r=0.6\sqrt{10}=1.9\text{m/s}$$
$$F_p=F_m F_r=6.67\times10^3=6.67\text{kN}$$
$$h_m=h_p/L_r=3.5/10=0.35\text{m}$$
$$Q_m=Q_p/L_r^{5/2}=100/10^{5/2}=0.316\text{m}^3/\text{s}$$

若考虑作用力为流体黏滞性的内摩阻力时，$F=\mu\dfrac{\mathrm{d}v}{\mathrm{d}n}A$，且 $\mu=\rho\nu$ 其尺度式 $\mu v L^{-1}L^2 =\rho\nu vL$ 与惯性力 $\rho L^2 v^2$ 按式（11-5）建立比例关系，可得模型与原型雷诺数 Re 相等的相似准则

$$\frac{惯性力}{黏滞力}=\left(\frac{vL}{\nu}\right)_m=\left(\frac{vL}{\nu}\right)_p=Re \tag{11-10}$$

或

$$\frac{v_r L_r}{\nu_r}=1 \tag{11-10a}$$

由式（11-10）黏滞力控制的雷诺模型律可推得比尺关系为

$$\left.\begin{array}{lll}
流速 & v_r=\nu_r/L_r \\
时间 & T_r=L_r/v_r=L_r^2/\nu_r \\
流量 & Q_r=v_r A_r=\nu_r L_r \\
力 & F_r=\rho_r L_r^2 v_r^2=\rho_r \nu_r^2
\end{array}\right\} \tag{11-10b}$$

当模型流体与原型相同时，式（11-10b）中的运动黏滞性比尺 $\nu_r=1$。

【例】 水面以下较深的潜体运动主要是受黏滞阻力控制。设有一潜艇在 0℃海水深处行驶速度 $v_p = 5\text{m/s}$，设计船模 $L_r = 20$，问在 20℃淡水池中的潜行速度为多少？模型牵引力测得为 $F_m = 30\text{N}$，原型力为多少[1]？

【解】 海水在 0℃时的密度 $\rho_p = 1028\text{kg/m}^3$，运动黏滞性 $\nu_p = 0.0183\text{cm}^2/\text{s}$；淡水在 20℃时 $\rho_m = 998.3\text{kg/m}^3$，$\nu_m = 0.01\text{cm}^2/\text{s}$。根据雷诺模型律比尺关系就可换算模型速度和原型力各为

$$v_m = \frac{v_p}{\nu_r} = \frac{v_p L_r}{\nu_p / \nu_m} = \frac{5 \times 20}{0.0183/0.01} = 54.6\text{m/s}$$

$$F_p = F_m F_r = F_m \rho_r \nu_r^2 = F_m (\rho_p/\rho_m)(\nu_p/\nu_m)^2 = 30(1028/998.3)(0.0183/0.01)^2 = 103.5\text{N}$$

此例说明：由于雷诺模型律，ν_m 正比于 L_r，要求的模型速度很大，一般试验设备常受到限制，所以设计模型应考虑及此。

同理，若考虑式（11-4）中的作用力为表面张力 $F = L\sigma$ 或应力应变的弹性力 $\text{d}F = A\text{d}\sigma = AE\dfrac{\text{d}V}{V}$ 时，写其尺度式按照式（11-5）建立比例关系，依次可得和韦伯数 We 相等及柯西数 Ca 相等的相似准则

$$\frac{\text{惯性力}}{\text{表面张力}} = \left(\frac{v}{\sqrt{\sigma/\rho L}}\right)_m = \left(\frac{v}{\sqrt{\sigma/\rho L}}\right)_p = We \tag{11-11}$$

$$\frac{\text{惯性力}}{\text{弹性力}} = \left(\frac{v}{\sqrt{E/\rho}}\right)_m = \left(\frac{v}{\sqrt{E/\rho}}\right)_p = Ca \tag{11-12}$$

在水工模型中常用的有以上 5 个特性数，每一个都考虑了主要作用力相似这一必要条件，即模型与原型的相应主要作用力组合特性数相等，这些数都是无尺度的纯数。

按照这些主控作用力的特性数相等，就可各推出一套模型与原型间的物理量换算比尺关系。除欧拉模型律不需比尺换算外，将其他 4 模型律的比尺关系列入表 11-1（设重力加速度比尺 $g_r = 1$）。

表 11-1   **不同模型律的各量模型比尺关系[4]**

常用物理量	符号	各模型律的比尺关系			
		弗劳德数（Fr）	雷诺数（Re）	韦伯数（We）	柯西数（Ca）
速度	v_r	$L_r^{1/2}$	ν_r/L_r	$(\sigma_r/\rho_r)^{1/2}/L_r^{1/2}$	$(E_r/\rho_r)^{1/2}$
时间	T_r	$L_r^{1/2}$	L_r^2/ν_r	$L_r^{3/2}/(\sigma_r/\rho_r)^{1/2}$	$L_r/(E_r/\rho_r)^{1/2}$
流量	Q_r	$L_r^{5/2}$	$\nu_r L_r$	$(\sigma_r/\rho_r)^{1/2} L_r^{3/2}$	$(E_r/\rho_r)^{1/2} L_r^2$
力	F_r	$\rho_r L_r^3$	$\rho_r \nu_r^2$	$\sigma_r L_r$	$E_r L_r^2$
功或能	W_r	$\rho_r L_r^4$	$\rho_r \nu_r^2 L_r$	$\sigma_r L_r^2$	$E_r L_r^3$
压强	p_r	$\rho_r L_r$	$\rho_r \nu_r^2/L_r^2$	σ_r/L_r	E_r
运动黏滞性	ν_r	$\rho_r L_r^{3/2}$	ν_r	$(\rho_r \sigma_r L_r)^{1/2}$	$\rho_r^{1/2} E_r^{1/2} L_r$
表面张力	σ_r	$\rho_r L_r^2$	$\rho_r \nu_r^2/L_r$	σ_r	$E_r L_r$
弹性模量	E_r	$\rho_r L_r$	$\rho_r \nu_r^2/L_r^2$	σ_r/L_r	E_r

注 当模型流体或材料与原型相同时，表中的流体或材料性质的比尺 ρ_r、ν_r、σ_r、E_r 均等于 1。

第二节 模型律的应用范围及其限制
§ 2. Scope and limit of application of model law

流体力学中涉及到的欧拉、弗劳德、雷诺、韦伯和柯西 5 个模型律，其涵义为惯性力分别与压力，重力、黏滞力、表面张力和弹性力的比，所定义的诸氏数必须以在模型和原型中相等为条件，以达到相应作用力的相似。因此，研究问题时就必须了解控制运动的作用力，以便选用适当的模型律。例如，欧拉数 Eu 以压力差为主要因素，是表征流速与压力分布关系的基本流态；若无其他力的影响，在几何相似边界情况下 Eu 永为一常数，如高速喷射流或孔口水流的公式 $v = \sqrt{2gh} = \sqrt{2\Delta p/\rho}$，即 $Eu = v/\sqrt{\Delta p/\rho} = \sqrt{2}$。若令 $Eu = v/\sqrt{2\Delta p/\rho}$，就可看出 Eu 等于孔口水流的流速系数。对于平稳流动的明渠和管道中水流，也可把沿程摩阻系数转换为 Eu^2 的函数。因此欧拉数一般是水流边界几何形状的函数，只有在其他力（如重力、黏滞力等）发生显著影响时，它才是相应特性数的函数，即 $Eu = f$（形状，Fr，Re）。这就说明压力比值在模型相似方面没有独立性和控制作用，只是决定于其他作用力的比值。所以，模型试验主要是基于将表征流体性质的密度（重力）、黏滞性、表面张力、弹性力等作为控制力的模型律。水工模型试验最常用的是弗劳德模型律和雷诺模型律。

以重力为主要作用力的流动最为广泛，如堰孔流水、闸坝泄流、波浪传播、潮汐、定床河工模型等，凡是有自由水面的水工模型大都是受重力控制而遵循弗劳德模型律，特别是水工建筑物模型，由于水面急变，用弗劳德模型律设计模型推算到原型最为可靠。作为几何相似来考虑表面糙率时，模型表面自然要比原型光滑，而且为满足水流能坡和水面坡在模型与原型中保持相同的相似条件，其表面糙率所致的沿程摩阻损失系数也须相同。不过，一般水利枢纽模型的长度较短，此种表面糙率的影响远没有河工模型重要。

当流体黏滞力或内部摩阻力为主要作用力时，如深水下的潜体运动，细管中的流动等可以略去紊流波浪影响的封闭水流，则可引用雷诺模型律；当遇到堰顶水头很低时的溢流，水面受缓风吹动所形成的微波或界面波等问题时，则适合于韦伯模型律；当研究可压缩性流体的弹性波或声波的传播时，则适合于柯西模型律。至于地下水模型，则可略去惯性力，其流场是由黏滞力和重力的比值确定的。对于水流作用力所诱发的振动和空蚀现象的试验，还必须附加相似条件。

若控制流动的力有两种时，如重力和黏滞力，则必须同时遵循弗劳德模型律与雷诺模型律，即同时使模型的 Fr 和 Re 各与原型的相等，或 $v_r/\sqrt{g_r L_r} = v_r L_r/\nu_r$，故得

$$\nu_r = L_r^{3/2} \tag{11-13}$$

即小比尺的模型流体的黏性应比原型水的黏性小很多，例如 $L_r = 20$ 的模型，则应 $\nu_r = \nu_p/\nu_m = L_r^{3/2} = (20)^{3/2} = 89$，很难选得此种流体。因此，只好仍考虑一种力为主导作用，而用另一种力作为影响来修正，这里举船行阻力问题如下[20]。

船行阻力，一是船行波的阻力，二是表面摩擦和船尾漩涡的阻力。前者是受重力控

制，后者主要是黏滞力作用。此时可仍按弗劳德模型律的速度比尺关系进行试验测得模型船行的总牵引力 F_m，其中属于摩擦和黏性的部分 F_{fm} 可加以估算，即用一般的公式 $F_{fm}=C_{fm}\rho v_m^2 A_m/2$，$C_f$ 为与体型有关的已知实验系数，A_m 为模型船的迎水截面积。则克服波浪阻力的牵引力为

$$F_{um}=F_m-F_{fm} \tag{11-14}$$

然后按弗劳德模型律比尺 $F_r=L_r^3$ 推得原型波浪阻力 F_{wp}。至于原型的摩擦黏滞阻力 F_{fp}，则仍用公式 $F_{fp}=C_{fp}\rho v_p^2 A_p/2$ 估算，此时的系数 $C_{fp}\neq C_{fm}$，因 C_f 与 Re 有关，可查用实验系数或引用经验公式求得 C_f。于是得总的船行牵引力为 $F_p=F_{wp}+F_{fp}$，并可由此估算船行所需要的引擎功率。

上述船行阻力，由于黏滞性影响而不能直接把模型测得的力按照弗劳德模型律换算到天然原型的问题，就是模型的"缩尺影响"。很多试验存在此项问题，如闸坝泄流能力、模型试验的流量系数总是比原型的小。研究这个问题，需要根据多个不同比尺的模型试验资料和积累的经验找出修正补偿关系，或者用不同黏滞性流体（如不同温度下的水）进行试验，求得缩尺影响的修正关系。

为了避免缩尺影响和不相似因素的产生，就有一个模型比尺的限制。虽然模型尺寸愈大愈好，但也有试验场地和供水条件的限制，因此，人们对最小模型尺寸的限制是感兴趣的。

对于明渠水流当以水力半径 R 代换管径 D 时，则摩阻损失水头的达西公式为

$$h_f=\lambda\frac{L}{D}\frac{v^2}{2g}=\lambda\frac{L}{4R}\frac{v^2}{2g} \tag{11-15}$$

式中 λ——摩阻系数，可查常用的莫迪（Moody）图解，如图 11-1 所示。

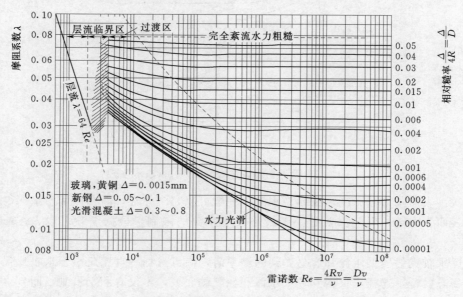

图 11-1 摩阻系数的莫迪（Moody）图解

图 11-1 中虚线表示完全紊流的水力粗糙区与过渡区的界限，其界线为[3]

$$Re\sqrt{\lambda}\left(\frac{\Delta}{4R}\right)=200 \tag{11-16}$$

超过此界限，雷诺数 Re 对 λ 就无影响，只与相对糙率有关，$\lambda=f\left(\frac{\Delta}{R}\right)$。

　　一般明渠水流属于水力粗糙区，Re 在 10^6 以上，而小尺寸的模型水流将处于过渡区。按照限制，必须确保模型水流为紊流的流态，应使 Re 大于层紊流的临界值，可取临界值

$$Re=\frac{4Rv}{\nu}=4000 \tag{11-17}$$

此值与原型相比仍可能处于过渡区水流，因此，黏滞性影响就不具有相似性，如图 11-2 所示。此时，可以选择一种合适的模型糙率来补偿。由式（11-15）得

$$\lambda=\frac{h_f}{L}\frac{8gR}{v^2}=\frac{h_f}{L}\frac{8}{Fr^2}=\frac{8J}{Fr^2} \tag{11-18}$$

可知在弗劳德模型律制作的模型 $Fr_r=1$ 中，如果模型与原型的摩阻系数相等，$\lambda_m=\lambda_p$，水流能坡 $J=h_f/L$，从而水坡线才是相同的，这对河道通过的流量来说是很重要的。这样就可以根据模型与原型的 λ 必须相等的原则，选择合适的模型糙率，对过渡区水流存在的黏滞性不相似影响就进行补偿了。由图 11-2 所示可知，此种补偿糙率并不是几何相似的。如果此种较光滑补偿糙率在模型中做不到时，就又须考虑对试验结果修正缩尺影响的途径了[3]。

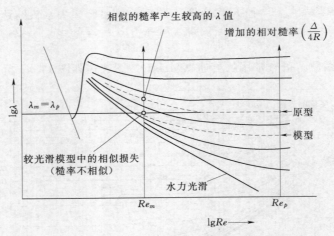

图 11-2　弗劳德模型律中的糙率补偿法示意图

　　其次，表面张力的影响，在原型水流中一般可以完全忽略，而在模型中水深很浅时就会出现表面张力波，因此需要有一个最小模型水深的限制，根据经验可取 $h>3cm$ 作为下限。

　　当谋求较大的模型水深和容易做到的糙率时，尚可选择垂直比尺小于水平比尺（$h_r<L_r$）的变态模型，这样，可得到较大水深和较陡的底坡，不仅有利于量测，而且也加大了水流的输移能力，有利于泥沙输移问题的研究。同时，变态模型需要的糙率补偿是加大模型糙率，以致断面平均水位和流量能够正确加以模拟。因此，在河工模型中常采用变态模型，并可节约试验场地。但是垂直变态就偏离了几何相似，只有在垂向流速分量可以忽略

时才可以引用，对于急流扩散、弯道水流、波浪传播或越过障碍物的绕流等情况，在模型与原型中会发生显著的差别，如图 11-3 所示。因此变态的水工建筑物附近水流是不相似的，不仅垂直剖面水流，就是侧岸扩散不良水流所形成的回溜现象也有显著的差别。

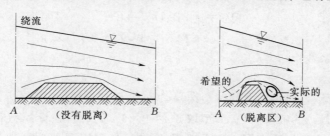

图 11-3　垂向变态模型对水流的影响示意图

第三节　水工建筑物模型试验
§ 3. Model test of hydraulic structure

水工建筑物模型可简称水工模型。由于建筑物的兴建和维修加固需要很高的费用，因此，对这些水利枢纽工程或个别水工建筑物的设计施工和管理，在功效上和经济上的最优化也就特别重要。同时，水工建筑物有多种型式，也很难有标准化设计，即使有类似的结构设计可供参用，也会由于外形的微小修改或上、下游水位的差异，引起流态的显著变化。因此建筑物的外形选择和优化设计经常是根据模型试验来确定。

一、水工模型特点与试验研究内容

建筑物位于上、下游之间，一般模型不长，都具有自由水面而且变化较陡，其水流特点基本上全部由惯性力和重力来控制，因而遵循弗劳德模型律设计几何正态模型是可信的。对于闸坝泄流，一般跨河宽度大、孔数多而且左右对称，故可只取中间个别闸孔放大模型（$L_r = 20$ 左右），在玻璃水槽中进行断面模型试验或局部模型试验，以利于研究细部问题，如坝面曲线、消能、冲刷、振动、空蚀等。至于整体模型常因试验场地和供水的限制，可取比尺 $L_r = 50 \sim 100$，研究一般水势扩散和流量问题。模型流体一般仍用水，建筑物模型可用木材、水泥或塑料制作，需要观察内部水流情况时，可用有机玻璃制作。因为模型流程短，对上、下游河道床面糙率的要求也不必太严格，但建筑物过流表面应考虑糙率相似，尽可能做到光滑。

水工建筑物模型通常研究以下问题。

1. 建筑物上下游进出口附近的水流情况

为保证良好平顺的水流条件，应尽量避免漩涡，因此，试验对闸墩、桥墩、边墙、胸墙等的选型和上、下游河段的整治来说是必要的。

2. 泄流能力

为达到最大泄流量，应设计具有光滑水流的工程结构，选取最佳溢流坝剖面，在设计流量下确定必要的过水宽度或闸孔数目，运用各种闸门开放方式下的过流量测定以及溢流坝面的压力测定等。

泄流能力的试验结果推算到原型时，应考虑到是否受模型缩尺的影响。当堰顶水头很小时，黏滞力和表面张力都将发生影响，符合弗劳德模型律比尺关系的堰流公式为

$$Q/b = \mu \sqrt{2g}H^{3/2} = CH^{3/2} \tag{11-19}$$
$$\mu = f(Re, We)$$

式中 μ——流量系数；

H——能头。

如图 11-4 所示，对锐缘堰的试验结果，只有当 $H > 1.3$cm 时，μ 趋于常数，即 $\mu = 0.41$；对于宽顶堰，$\mu = 0.38$；Ogee 型堰，$\mu = 0.53$。因此，设计模型时必须使堰顶水头大于 2cm，对于平底闸过流水深必须大于 $3 \sim 4$cm，始可得到不受黏滞力和表面张力影响的流量系数。据 3 种比尺 $L_r = 25$，40，100 的堰流模型试验，小模型的流量系数减小达 5%。

对于虹吸管道试验的模型缩尺影响，Gibson 曾给出图 11-5 两种比尺的结果，$Q = C_d A \sqrt{2gh}$。

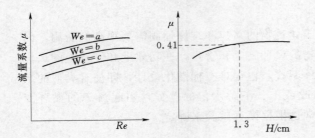

图 11-4 锐缘堰流量系数受
黏滞力和表面张力的影响

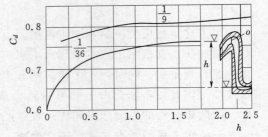

图 11-5 虹吸管道模型两种不同
比尺对流量系数的影响[2]

3. 消能扩散

测定水跃位置、流速分布及脉动压力，研究消力池的尺寸大小、出流平台的布局，尾槛及边墙形式、护坦的长度等。还要知道射流冲击点的位置及压力分布，各级流量下挑流的适宜角度。对于有弯道的溢洪道，要选择适宜的弯道横比降。由于边壁的反射和干扰，急流水面将显著升高而影响边墙设计高度。消能试验可在定床进行，也可铺填砂砾卵石定性研究射流的冲击作用，相对比较消能防冲措施的好坏。

4. 冲刷过程与模型砂

通过试验研究冲刷坑对建筑物的危害性，迄今还是常用的方法。对于松散颗粒状河床，在模型中选用相似粒径级配砂进行试验，可以取得定量的结果，但应注意模型砂的粒径 d_{50} 必须大于 0.5mm，以免受黏结力的影响。对于黏性土或岩基河床的冲刷，尚无相似性可循，只是用过一些近似方法。例如把原型黏性土按照式（3-29）换算成等效粒径，再选定模型砂，或者直接由河床质的临界冲刷流速或起动流速的相似关系选定模型砂。此外，还可取原河床土，在几个不同比尺的系列模型中进行冲刷试验，以延伸法（在对数纸上画直线延伸较好）求得 1:1 原型冲刷深度，此种做法至少有 4 个点子，试验经费较大，

只有特别重要的工程可考虑此法，而且常在玻璃水槽中进行不同比尺的断面模型试验加以研究。

关于松散粒模型砂的相似性，在冲刷过程中应满足泥沙输移的相似条件。按照河道水流沿河床剪切力或拖曳力 $\tau = \gamma RJ$ 的相似比尺关系为 $\tau_r = L_r$；而河床一层颗粒普遍移动时的抗冲临界推移力 $\tau = \zeta \left(\dfrac{\varrho_s - \varrho}{\varrho} \right) d$，$\zeta = 0.045 \sim 0.074$，设摩阻系数 $\zeta_p = \zeta_m$，则得比尺关系 $\tau_r = \left(\dfrac{\varrho_s - \varrho}{\varrho} \right)_r d_r$。水冲力与抗冲力的相似比尺关系必须一致，则有 $\tau_r = L_r = \left(\dfrac{\varrho_s - \varrho}{\varrho} \right)_r d_r$，故得模型砂粒直径 d 的比尺关系为

$$d_r = L_r / \left(\dfrac{\varrho_s - \varrho}{\varrho} \right)_r = L_r / (s-1)_r \qquad (11-20)$$

式中　s——砂粒的比重，$s = \rho_s / \rho$。

原型河床砂 $s_p = 2.65$，若选模型 $s_m = s_p$，则知粒径须按长度比尺缩小，有时太细，故应选用轻质砂，如煤屑（$s = 1.52$），电木粉（$s = 1.44 \sim 1.51$），或更轻的塑料砂聚苯乙烯（$s = 1.05$）等，代入式（11-20），可以求得相应的模型砂粒径 d_m。

除上述由临界推移力推导模型砂比尺关系外，根据起动流速的相似性选取模型砂也是常用的方法。这里结合第三章第五节"黏性土的局部冲刷"所引用的公式（3-26），$v = 1.51 \sqrt{(s-1) \, gd} \left(\dfrac{h}{d} \right)^{1/6}$，可得泥沙起动流速比尺关系为 $v_r = \sqrt{(s-1) \, d_r} \left(\dfrac{L_r}{d_r} \right)^{1/6}$，而水流速度的比尺按弗劳德模型律为 $v_r = \sqrt{L_r}$，两者必须一致，则得模型砂的比尺为

$$d_r = L_r / (s-1)_r^{3/2} \qquad (11-21)$$

比较式（11-20）与式（11-21）可知，按临界推移力选取的模型砂直径 d_m 小于按起动流速所得的模型砂比尺，冲刷坑试验结果，前式当较深于后式的模型砂。因为借用的公式是很粗略的，精确度受到了限制。按照过去模型试验的经验，从起动流速推得的模型砂比尺式（11-21）较为接近实际，原因可能是起动流速公式考虑到流速分布的水深影响，而临界推移力公式则没有。在冲刷试验中，如果必须研究冲刷过程所经历的时间时，尚应再从输沙率和输沙量的相似比尺推导河床变形时间比尺来表明冲刷形态与时间的关系，此项泥沙运动时间比尺 T_{sr} 往往大于水流过程的弗劳德模型律时间比尺（$T_r = \sqrt{L_r}$）；如有实测资料，最好是通过验证试验来确定（见本章第四节"河道模型试验"）。

5. 空蚀与减压模型

空蚀现象多发生在水轮机、水泵和消能工及断面突变处，空化的发生机理为水流某处的绝对压强减小到低于该处水温时的汽化或蒸汽压强（见表 7-6），其临界状态常用压力水头差与流速水头之比表示为[2]

$$\frac{p_0 - p_v}{\gamma} \bigg/ \frac{v_0^2}{2g} = \frac{p_0 - p_v}{\rho v_0^2 / 2} = \sigma_w \qquad (11-22)$$

式（11-22）组合数称为水流的空化数，它的大小决定于水流中某一参考点处的绝对压强 p_0 和流速 v_0，见第七章第三节。研究空蚀现象，除按弗劳德模型律设计模型外，还应使模型与原型的空化数相等，即比尺 $\sigma_r = 1$。

一般的试验目的为估计是否会发生空蚀，即对特定的水流比较一下空化数 σ_w 与初生

空化数 σ_i，只要前者大于后者相当多，水流就不会发生空蚀；再一个目的是解决如何防止空蚀的问题，如采用流线形光滑面以及掺气等。在模型试验中，可观察低压区的空穴水流、产生空泡及其在下游升压区的溃灭解体（气泡溃灭时形成高压峰值，在原型中高达几十亿帕，而造成空蚀破坏）的过程，并测定压力和流速分布，从而估算空化数和初生空化数。

　　研究空蚀危害的方法，一种是用传统的常压模型试验或计算确定，从这些结果推算出原型的压强和流速分布，如果压强接近蒸汽压强（见表 7-6），则可能发生空蚀，如图 11-6所示的试验结果，即使很微小的台阶高度 d，加上高流速（压强自然会降低），也会引起空蚀。因此高速水流要求光滑面和流线形。

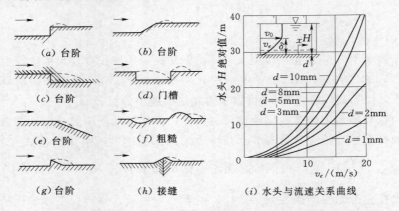

图 11-6　空穴水流的形成与台阶处空化开始的条件（Ball, 1976）

　　因为常压模型中水面的大气压没有按长度比尺缩小，测得的绝对压强或负压直接推算到原型尚有问题，故另一种研究方法是减压模型，即在封闭式减压水槽（箱）中进行试验，观察空穴水流的发生，用初生空化数 σ_i 估计原型发生空穴水流的趋向，当原型 σ_i 达到模型中的 σ_i 时，空穴水流就会发生。

　　减压模型水面的大气压强也应按长度比尺 L_r 缩小，若计算减压箱抽气真空度，则可将绝对压强 p_0 分解成大气压强 p_a 与习惯用的静水压强 p，当模型满足弗劳德模型律而又与原型的空化数相等时，即 $\sigma_r = 1$，可得

$$(p_a + p - p_v)_r = v_r^2 = L_r \tag{11-23}$$

则减压箱控制的气压 $(p_a)_m$ 与外界气压 p_a 的关系，以减压真空度 η 表示时为

$$(p_a)_m = (1 - \eta) p_a \tag{11-24}$$

将式（11-24）代入式（11-23），得抽气真空度应控制为[1]

$$\eta = 1 - \frac{(p_v)_m}{p_a} - \frac{(p_a)_p}{L_r p_a} \tag{11-25}$$

　　以上介绍的常压与减压两种研究空蚀的模型试验方法，都是假定某处水流压强小于蒸汽压强时，空蚀就会发生。这里只考虑了惯性力，没有考虑黏滞性影响和水流的物理及热力学特性等，因此预报原型起始发生空化以及发生空蚀的范围就有一些偏离，即所谓比尺效应。一般来说，模型中空蚀发生得晚一些，缓一些。

6. 脉动

由于消力池、陡坡以及越门顶或穿过门底的急流，经常是不恒定的，其压力和流速大小及方向存在着剧烈的瞬变，故不仅加剧了空蚀作用，而且会引起闸门或结构上的振动。当振动历时长且振幅大、频率高时，将造成疲劳破坏。因此，水工建筑物模型试验在应用电子仪器的条件下，从 20 世纪 50 年代始已由平均值概念转入瞬变的脉动压力和脉动流速的测定。此种波动或脉动现象既受重力控制，也与雷诺数有关，在换算模型测定值时可引入包括频率 f 和振幅 h 的脉动组合数 $\dfrac{fh}{v}$ 和最大脉动流速的均值 $\dfrac{\sqrt{\sum v'^2}}{n}$。库明等人研究 3 种不同比尺模型的结果给出压强变差、流速和脉动振幅及频率的换算比尺关系为[2]

$$(\Delta p)_r = v_r^2 = h_r \tag{11-26}$$

$$f_r = v_r / h_r = 1 / \sqrt{h_r} \tag{11-27}$$

二、水工建筑物模型试验举例

以下举例为作者所接触或参与的水工试验，国内例取自南京水利实验处研究试验报告汇编[7,8] 及单篇报告，并结合国内外近年发展情况加以讨论整编为 7 种类型的典型实例介绍如下。

【例 1】 水闸模型试验[7]。以淮河王家坝进水闸进行凹地分洪为例，进水闸共 12 孔，每孔净宽 10m，弧形门，闸底高程和上、下游河底高程均为 24.00m。模型试验要求淮河水位 27.94m 时，分洪最大流量 1334m³/s，并对闸门运行管理和消能防冲方案进行比较。此闸 1952 年经过试验建造，1991 年特大洪水后，经检查无任何冲刷，运用正常。

【解】 根据场地和供水量设计整体模型比尺 $L_r = 70$，块石护坦及上、下游河道达到糙率上的几何相似。并取中间闸墩和两边各半孔在 40cm 宽玻璃水槽中进行 $L_r = 29$ 的断面模型互相印证，如图 11-7 所示。

为便于闸门运行管理时参用，首先进行水位流量关系试验，图 11-8 为闸门 12 孔全开和间隔 4 孔全开的两组曲线。按照自由泄流时的堰流公式 (11-19)，有

$$Q = \mu b \sqrt{2g} H_0^{3/2} = C b H_0^{3/2}$$

式中 H_0——能头，$H_0 = H + \dfrac{v^2}{2g}$；

$\quad\quad b$——开闸孔的总宽。

计算闸门全开的流量系数如表 11-2 所示。由于穿孔水流突然收缩，间隔开放闸门 μ 值较小。

表 11-2　　　　　　　　　　不同开闸方式的流量系数

开 闸 方 式	μ	C	图示
12 孔全开，原布置平底闸	0.35	1.53	
间隔 6 孔全开	0.34	1.50	
间隔 4 孔全开	0.33	1.45	
12 孔全开，出流平台设 0.6m 高小消力槛	0.32	1.40	
12 孔全开，间隔 4 孔设峰高 0.8m 分水槛	0.34	1.50	

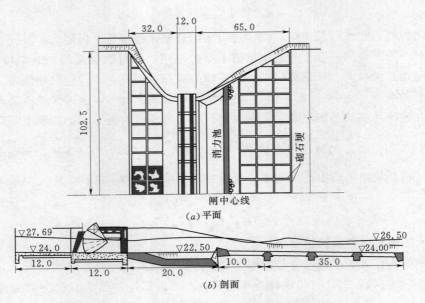

图 11-7　淮河王家坝进水闸原设计布置（单位：m）

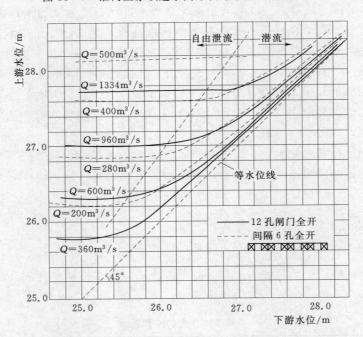

图 11-8　不同开闸方式上、下游水位-流量关系曲线

　　从以上模型流量系数分析可知，边孔 $\mu=0.36$ 比中间各孔的流量约大 9%，而且加分水槛消能扩散对流量的影响远小于小消力槛。若考虑下游河道正常水深 3.6m 处于潜流时，潜流比 $H_2/H_1=3.6/3.94=0.913$，算得原布置、加小槛与加分水槛三者的 μ 值依次为 0.28、0.25、0.27，说明出流平台加小消力槛对流量的影响达 10%，而间隔孔加分水槛对流量的影响小于 3%。断面模型的尺寸大，缩尺影响小，流量系数应稍大，但由于它

代表的是中间孔又受槽壁影响，所以比整体模型流量系数还小 $1\% \sim 3\%$。

经对消能试验结果比较认为：消力池尾槛应降低，以消除显著跌流，并宜改为齿形尾槛；门外出流平台宜加一条小槛或间隔孔外加分水槛，见图 11 - 9；为适应水跃，应加长消力池，并在池中加两排消力墩以替代再加深池底；迎水尖头墩改圆，背水圆头改流线形尖头，并应考虑始流开闸方式等。

冲刷试验按照黏性土选用模型砂为 $d_m = 0.92\text{mm}$ 的煤屑，比重 $s_m = 1.53$，由起动流速相似公式（11 - 21）推算 $d_p = d_m L_r / (s - 1)_r^{3/2} = 0.92 \times 70 / \left(\dfrac{1.65}{0.53}\right)^{3/2} = 11.7\text{mm}$，相当于很密实的粉质黏土（参看表 3 - 7）；若按推移力相似公式（11 - 20）推算 $d_p = 20.7\text{mm}$，相当于中等密实的黏土。模型冲刷时间 3h 后，冲坑已基本稳定。图 11 - 10 所示为在出流平台上加小消力槛一道的冲后地形，是下游水位低于正规水深的一组，最大冲深约 3m，对于下游正规水深冲刷当更浅。为了验证此冲深，在 $L_r = 29$ 的断面模型中选煤屑 $d_m = 2.1\text{mm}$，推至原型，与 $L_r = 70$ 的整体模型中煤屑 $d_m = 0.92\text{mm}$ 相当，进行试验比较，结果冲刷深度甚为一致合理。随后进一步研究，采用了 4 种煤屑在两模型中做冲刷试验，然后画出煤屑的临界推移力（已测定）或起动流速与冲深的关系曲线，可用以确定任意河床土质的冲深。

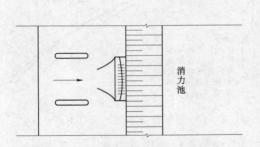

图 11 - 9 闸隔闸孔外加分水槛示意图

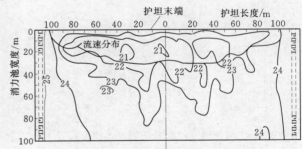

图 11 - 10 修改布置的一组冲刷地形
（闸门全开，$Q = 1334\text{m}^3/\text{s}$，$H_1 = 27.89\text{m}$，$H_2 = 26.50\text{m}$）

比较整体与断面模型的试验结果，由于断面模型受槽壁影响，流量系数稍小，水跃稍有变态并会消失。因此，闸孔较少或闸身与河床宽度相差大时，应不采用二向水流的断面模型。

最后做了电模拟试验测定流网图，确定闸底板下扬压力水头为 40%，消力池底为 20%。若闸底板末端下面不设排水滤层，扬压力都相应增大一倍。结合闸孔泄流，排水滤层出口宜置于小槛后的低压区。

【例 2】 滚水坝模型试验❶。以山东龙门水库滚水坝为例，坝高 9.4m，长 80m，坝顶高程 45.00m，其上设 9 孔弧形闸门，孔净宽 8m，孔高 5m，闸墩宽 1m，泄水总宽 72m，库水位蓄高到 51.90m，最大水头 6.90m。试验重点是确定坝面曲线，其次为水位流量关

---

❶ 取自文献 [8] 方雷、魏靖申等的试验报告。

系、水跃消能等。

【解】 确定合理的坝面曲线，以大尺寸的断面模型为主。根据已有 40cm 宽阶级式玻璃水槽和流量供给，决定切取中间部分一孔半，模型长度比尺 $L_r=33.75$，则流速和流量比尺应为 $v_r=\sqrt{33.75}=5.81$，$Q_r=33.75^{5/2}=6617.4$。按照堰流公式估算最大流量 $Q=CbH^{3/2}=2.1\times72(6.9)^{3/2}=2740.5\text{m}^3/\text{s}$，一孔半为 $456.75\text{m}^3/\text{s}$，合模型流量 69L/s。模型用白果木精制并涂蜡，沿坝面装置测压孔 8～11 处，消力池及尾槛的关键点也装有测压孔。

流线形 Ogee 坝坝面曲线，是根据水舌下缘试验曲线或由平均流速推导的抛物线水舌下缘得来的[19]，但此水舌下缘与上游水头，坝顶以下水深、闸墩、胸墙，闸门形式、位置等有关，因此很多建议的 Ogee 坝坝面设计曲线的图表或公式，并不能达到恰无负压产生的理想情况；同时，试验修改坝面曲线时也应认识到，产生负压并不直接关系坝型的肥瘦，而是在于水舌下缘的曲率变化。基于此种概念，试验方法采取了在设计条件下装置堰板放水实测水舌的轨迹，如图 11-11 所示，然后以此水舌下缘作为坝面曲线进行试验，并以测压孔测压验证了基本上无负压的正确性。实测水舌下缘与设计坝面曲线的比较如图11-12所示。

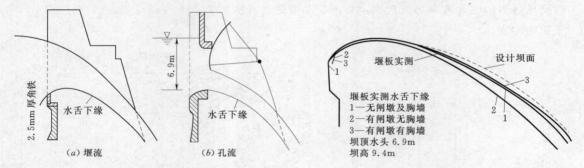

图 11-11　研究坝面曲线的水舌测定装置　　　图 11-12　设计坝面曲线与水舌下缘的比较

依据水舌下缘对设计坝面曲线进行修正时，应以曲线的变化为理论指导，即沿坝面逐段检验两点间的曲率变化是否大于水舌下缘相应段（可取横距 Δx 相等）的曲率变化，大时表明转向太快，必将产生负压，小时为正压[9]。当由坝面的测压分布进行修正时，也应考虑附近逐段受局部修改所发生的曲率变化影响。

原设计坝面压力水头分布，如图 11-13 所示，最大负压为 -1.25m，出现于部分开启闸门 2.5～4.5m 之间。最后修改的最佳曲线，如图 11-14 所示。建议采用全开闸门的最瘦坝型修改曲线，并在部分开启闸门时进行校核，测得最大负压为 -0.44m。

在修改坝面曲线过程中，流量稍有变化，即坝顶正压愈大流量愈小，呈负压时流量增加。胸墙下缘修改平顺一些，在最高水位 51.90m 时可增加流量 4.5%，墩头修改也可增加流量 2%。最后修改建议的坝面曲线，其水位流量关系，如图 11-15 所示。当库水位超过 51.10m 时，水面即与胸墙底缘接触形成孔流，其流量较同水位的堰流为小。

分析资料的堰流 $Q=\mu b\sqrt{2g}H_0^{3/2}$ 和孔流 $Q=C_d be\sqrt{2gH_0}$ 中的流量系数随坝顶总水头 H_0 的增加而稍增，$\mu=0.42～0.48$；孔流时，还随弧形门开度 e 的减小而增大，$C_d=0.54～0.65$。

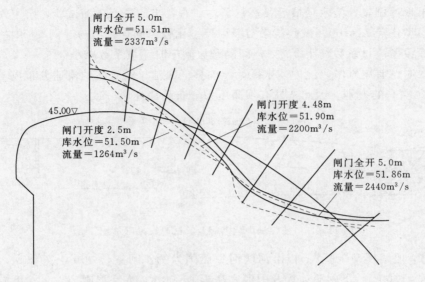

图 11-13 原设计坝面压力分布

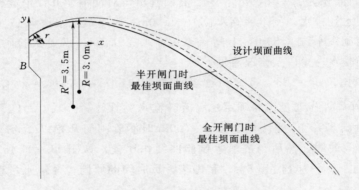

图 11-14 最后修改的最佳坝面曲线比较

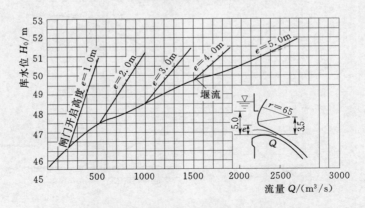

图 11-15 建议坝面曲线的闸门部分开启水位-流量关系

消能试验比较了消力池与挑流方案，最后选取消力池水跃消能，将原设计池长缩短改为二级消能，以适应半开闸门下游低水位的较大出池流速情况，如图 11-16 所示。由于岩基坚硬不畏冲刷，该滚水坝最后又进行了左、右各半的局部模型试验，研究左、右导墙的布局，模型比尺 $L_r = 60$。试验结果与断面模型比较，同样得出与［例2］中的比较结论相同，断面模型流量系数约小 3.5%，间隔开放闸门时流量系数减小 3%～6%。当两侧导墙低于尾水时，有尾水滚入池中使水跃始端前移。出池扩散水流的流速分布也与断面模型试验有 20% 左右的差别。因此，只有坝面压力分布趋势尚属一致。

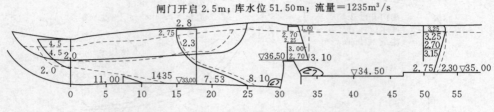

图 11－16　建议消力池消能及其试验结果（单位：m）

【**例3**】　船闸模型试验[1]。以淮河润河集船闸为例，闸室长 90m，宽 12m，上闸箱及引河底高程 17.00m，下闸箱盖板及引河底高程 15.00m，人字形闸门，上、下游输水涵管直径为 1.5m，断面积为 $A = 1.76m^2$，左、右两管出口对冲消能并设消能栅稳定水流，下闸箱底板还开冒水孔排水。闸上最高水位为 24.50m，闸下最低水位为 17.50m，最大水头差 7.00m，此时闸室水位 2.50m，上闸箱盖板上水深 0.5m。需要试验确定灌泄水时间、水流情况和船舶受水冲力以及修改意见。

【**解**】　模型比尺 $L_r = 25$，按弗劳德模型律可知：$T_r = 5$，$v_r = 5$，$Q_r = 3125$，$F_r = 15625$。模型装好后，先通过试验确定稳定流时输水涵管计算公式 $Q = C_d A \sqrt{2gH}$ 中的流量系数最大 $C_d = 0.571$，以此计算水位差 7.00m 时涵管闸门开始以 1cm/s 速度开启，积分求得灌泄水时间曲线，然后与灌泄水试验曲线作比较，如图 11－17 所示。试验时间，灌水为 14min 5s，泄水为 14min 55s，稍慢于计算时间的原因为灌泄水过程中各级水位的 C_d 并非常数。

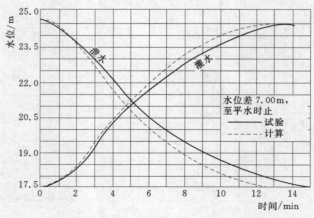

图 11－17　润河集船闸原设计输水管灌泄水时间曲线

---

[1]　文献［7］焦文生、郑楚珮等的试验报告。

灌泄水时的水流情况试验说明：利用左、右涵管出口水流对冲消能，效果不甚理想，急流相遇涌起高峰，水面起伏振荡，折向消能栅进入闸室时的流速仍超过 3m/s 并形成偏流，故近闸箱处停泊船只极不安全。因此，必须加强消能栅为双排，并在涵管出口处加 10°内倾的导墙，如图 11-18 所示，进闸室流速分布和水面已较平稳。同样，消能工用于下闸箱，并使闸箱盖板下消能栅出口水流沿阶台斜坡进入下游河床，如图 11-19 所示。

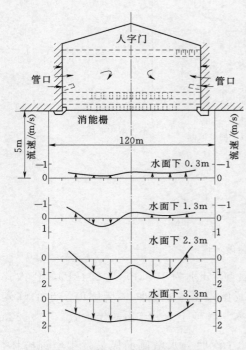

图 11-18　上闸箱修改消能工
出口流速分布

船闸水流对船只的作用力有波浪振荡、水冲力和吸力。经消能修改后，只有上闸箱消能栅出口的底流速大，故有长达 30m 的水面反向流动，使船只冲向上游，对人字门的安全不利。因此，又在出口外 3m 处闸室底部加倒齿形小槛一道，缩减了此表面水流反向的范围。这样正负水流冲力基本平衡，测定 30t 木船所受之负冲击力，在闸室与上闸箱交界处只有 -700N。修改后的上闸箱灌水流量系数较原布置小 5%，下闸箱泄水流量系数稍大 3%。闸箱盖板下对冲水流引起瞬时负压为 4.4kPa，可在盖板两内角开孔消除之。

最后需要指出，该船闸设计输水涵管较短，验算 $L_r = 25$ 的模型水流已处于紊流粗糙区，所以不致受模型缩尺的影响。但若输水管道很长，如葛洲坝 1 号船闸，模型比尺 $L_r = 40$，则需进行糙率校正和雷诺数影响的修正，即用前述图 11-1 的莫迪图解，或用 Colerbrook 等人的水力学阻力公式来修正试验结果。根据 1991 年对天然实测葛洲坝 1 号船闸的观测资料分析，灌泄水流量系数分别为 0.94 和 0.72，比模型值大 17% 及 13%。根据周华兴等统计 8 个船闸的原模型对比资料，原型流量系数比模型大 14%，灌泄水时间为模型的 0.857 倍。

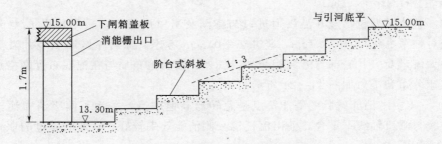

图 11-19　下闸箱修改出口段阶台布置

【**例 4**】　减压模型试验[❶]。以薄山水库泄洪洞为例，其出口消力池底设左、右两个分水墩和齿槛一排，均用钢板护面。但在泄洪最大流量 110m³/s 的几年运用后，发现分水墩侧面前端及墩后空蚀严重，范围 0.38m²，蚀深 1cm，墩后钢板被掀起，齿槛也有蜂窝麻面，空蚀情况如图 11-20 所示，试以模型验证。

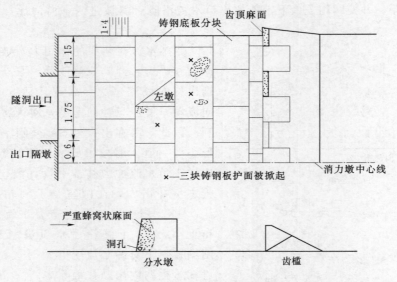

图 11-20　消能工空蚀破坏情况

【**解**】　减压模型比尺 $L_r=14$，设大气压、蒸汽压分别为 102kPa 及 2.4kPa，代入式 (11-25) 得知控制减压箱的真空度 $\eta=90\%$。在减压模型中观察墩尖后侧面产生的阵发性分离空穴流，此时分水墩前平均流速 $\bar{v}_0=15m/s$，墩顶上水深 5m，代入式 (11-22) 计算有较大的初生空化数 $\sigma_i=\dfrac{10.2+5-0.24}{(15)^2/19.6}=1.3$。说明分水墩侧面极易发生空蚀破坏，而且在墩后形成左、右两个立轴马蹄形漩涡，这些部位都属低压区，与空蚀范围相一致。

对工程补救的试验结果是修改墩为流线形，池底升坡以及池末堰顶抬高。

【**例 5**】　泄洪洞出口消能试验。以匈牙利布达佩斯科技大学水力学试验室进行过的某水库喇叭形竖井溢洪道及其泄洪洞出口消力池的模型试验为例，坝高 70m，溢洪道最大泄洪流量 810m³/s，经直径 7m 隧洞出流，并依地形转弯入河。试验确定池形布局及发生空蚀的可能性（Haszpra，1982）。

【**解**】　整体模型包括竖井溢洪道进口与隧洞及出口消能工，采用比尺 $L_r=50$，按原型洞壁绝对糙率 $\Delta=0.04\sim0.1cm$，竖井 $\Delta=0.3cm$ 考虑。除对库区岸侧竖井溢洪道进口作修改增大流量及竖井底部与隧洞相交处掺气外，消力池布局与在池底布置网格点上测得的最大流速分布和压力如图 11-21 所示。

图 11-21 所示消能试验的消能特点是急转弯高速水流，采用了两级消力池，前一级池的中心线与洞口轴线不重合，使出流稍偏一侧消能效果较好；转弯时越过的堰式尾槛是

---

❶　文献［8］王正桌、钱莺莺等的试验报告。

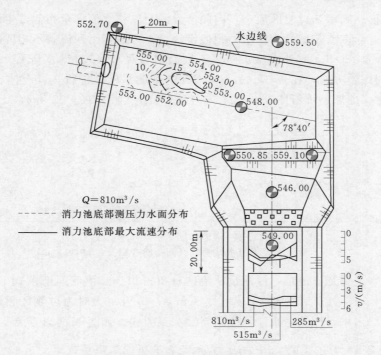

图 11 - 21　Duhok 坝泄洪洞出口消能试验（高程单位：m）

两端高差达 9m 的向外侧岸渐升的倾斜堰顶，调整均匀越流进入二级池；二级池渐升底坡再设消力墩等都有促使水流扩散均匀的作用，使之进入下游渠道时已趋均匀。

根据图 11 - 21 池底流速及压力分布，最大值 $v=24\text{m/s}$ 及其相应部位以池底高程为基面的最低绝对压力水头 $553.00-548.00=5.00\text{m}$，代入空化数公式（11 - 22），取 20℃ 的蒸汽压为 2.4kPa，得空化数

$$\sigma=\frac{5-0.24}{(24)^2/19.6}=0.162$$

可知小于一般初生空化数相当多，不会发生空蚀。经过空蚀试验，万年一遇泄洪 810m³/s 的消力池，池底混凝土表面光滑程度允许绝对糙率凸起在 $\Delta=0.5\sim3\text{mm}$ 之间。对隧洞壁面允许 $\Delta=0.4\sim1\text{mm}$，竖井壁面可到 $\Delta=3\text{mm}$。

根据竖井溢洪道的试验结果，认为不必沿山开挖进水池，而可稍离开侧岸，削成直线山坡面以节约工程量。此时，虽然直径 22m 的环形溢流堰顶进水跌入直径 8m 竖井时不对称，但却有利于掺气减蚀。此外，对环形溢流堰顶曲线作了修改，竖井与隧洞相交处做了通气阀试验，以及用毕托柱测量了洞内流速分布等。

【例 6】　堆石坝过水试验❶。以天生桥混凝土面板堆石坝为例，在施工期间利用坝体过水度汛可降低施工导流工程费用，这里结合该试验研究讨论有关模型设计和溢流及渗流的问题。

【解】　过水溢流受重力控制，而渗流则受摩阻力控制，并且在原型堆石体中渗流为紊

---

❶　胡去劣、李屏君等的试验报告。

流，而缩小到模型则多属过渡区流态，因此使模型与原型水流完全相似发生困难。一般模型照顾主要的一面按弗劳德模型律重力相似设计，再考虑阻力和流态不相似的修正。本例取比尺 $L_r=36$ 及 $L_r=25$ 两种模型进行了不同石料粒径 $d=1.2$cm（砾石）及 $d=4.4$cm（碎石）的系列试验方法，在长 35m、宽 0.8m 的玻璃水槽中进行，堆石体孔隙率只能做到 $n=0.4$ 左右，而原型堆石体 $n=0.25$。一组试验结果如图 11-22 所示。

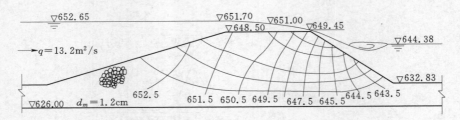

图 11-22 堆石坝过水试验（有面板防冲措施）（单位：m）

堆石坝过水主要是溢流量，渗流量从流网分析占很少。渗流速度以式 $v=kJ^{1/m}$ 计算，当 $J \leqslant 0.004$ 时，$m=1$，属层流区，$k=26.5$cm/s；但当 J 大时为过渡区和紊流区，结合前人研究成果绘出堆石体孔隙水流的摩阻系数关系曲线，如图 11-23 所示。当 $Re<20$ 为层流，$20 \leqslant Re \leqslant 10^4$ 为过渡区，$Re>10^4$ 为紊流。这里的摩阻系数定义为 $\lambda=\dfrac{gdJn^2}{v^2}$，雷诺数 $Re=\dfrac{vd}{n\nu}$，均以孔隙中的流速（v/n）表示。根据斯蒂芬森（Stephenson，1979）的分析，层流区的拟合曲线为 $\lambda=800/Re$，或 $v=\dfrac{gd^2nJ}{800\nu}=kJ$。紊流区的摩阻系数 λ 与 Re 无关，只与粗糙度有关（图 11-23），光滑圆石，$\lambda=1$；半圆石块，$\lambda=2$；尖棱石块，$\lambda=4$。对于紊流多用式 $v=k'J^{1/2}$ 表示，引用定义 $\lambda=\dfrac{gdJn^2}{v^2}$ 时，可解得紊流渗流系数 $k'=n\left(\dfrac{gd}{\lambda}\right)^{1/2}$，本例堆石坝石料有效粒径 $d=15$cm，孔隙率 $n=0.25$，计算得 $k'=15.2$cm/s。

一般堆石坝渗流均为紊流，而模型则多处于过渡区流态，因此，模型测得的渗流量和流速应作修正，方法可利用图 11-23 的试验曲线（类似图 11-2 的修正方法），由模型 Re 对应的 λ 大于几何相似同种粗糙度石块的原型紊流所对应的 λ 值，因而模型流速 $v=n\left(\dfrac{gdJ}{\lambda}\right)^{1/2}$ 及流量均将小于原型，其差值可由图 11-23 所示曲线估算；或者根据渗流场的坡降 J，按照原型紊流 λ 值及 n 值代入公式直接计算流速及流量。本例试验按弗劳德模型律推算的最大流速为 0.59cm/s，而原型计算为 0.92cm/s，流速愈小相差愈大。

同样，对坝顶溢流的修正，仍可利用图 11-2 所示的方法。

堆石坝的另一问题为过水冲刷及其防护。本例保护措施是面板护砌坝顶和坝肩，如图 11-24 所示，并以钢筋拉住锚固。此种模型设计原则，除石料和护板采用同种材料按比尺 L_r 缩小外，对于钢筋拉锚的强度相似问题，则应使水冲力与钢筋弹性力的比保持模型与原型的相似（参考表 11-1），即

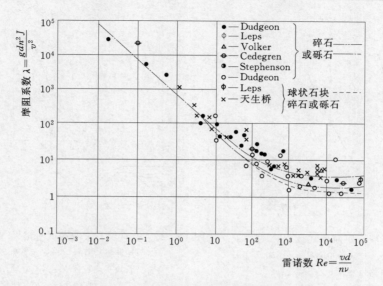

图 11-23　堆石体孔隙水流的摩阻系数关系曲线

$$\left(\frac{\rho L^3}{E\phi^2}\right)_m = \left(\frac{\rho L^3}{E\phi^2}\right)_p \quad \text{或} \quad \frac{\rho_r L_r^3}{E_r \phi_r^2} = 1 \tag{11-28}$$

模型也是水，$\rho_r = 1$。当模型钢筋与原型同材料时，弹性模量 $E_r = 1$，则得圆钢筋直径比尺为

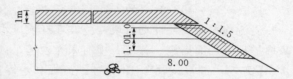

图 11-24　堆石坝面板及拉筋保护措施

$$\phi_r = \phi_p / \phi_m = L_r^{3/2} \tag{11-29}$$

本例模型比尺 $L_r = 25$，原型钢筋 $\phi_p = 20 \sim 25$mm，可知模型应选用 $\phi_m = 0.16 \sim 0.2$mm，因太细加工困难，采用了合并 9 根为一根的办法，当然也可按式（11-28）选用其他材料，以达到较粗的模型筋。

对图 11-24 保护措施的冲毁试验，若铺砌面板恰当且整体性好时，其临界流速可达 8m/s。破坏过程是：石块先冲动，面板错缝再被水流掀起，在坝顶末端形成冲坑。至于坡脚石块的冲刷则出现于尾水位低的始流情况，例如过水 $q = 2.63$m$_2$/s，坝脚尾水深 2m，产生水跃能冲深铺填 0.3m 石块的河床 1m 左右，测定坡脚处流速 $1.46 \sim 4.1$m/s。用式（3-48）核算 $v_c = 0.75\sqrt{(s-1)gd}\left(\frac{h}{d}\right)^{1/6} = 2.27$m/s。

关于堆石坝坝坡石块的冲动破坏试验已有不少成果可以参考（Wasserwirtschaft，1972，Heft 1/2），这里介绍沙也夫（Schaef，1964）在柏林水工所对高 1.5m 的模型坝进行试验的资料，如图 11-25 所示，说明不冲石块的尺寸与单宽流量和坡陡缓有关。同样，哈通（Hartung 和 Scheuerlein，1972）给出以等价球体直径的试验结果，如图 11-26 所示，并与沙也夫（虚线）相比较。若引用第三章的冲刷公式（3-53）于堆石坝或土坝块石护面过水时，式中的水深 h 则可由坝顶过水临界水深 $h_c = \sqrt[3]{q^2/g}$ 代之，化简可得

$$d = \frac{\sqrt[3]{q^2/g}}{\left[0.75\sqrt{(s-1)\cos\theta}\right]^3} \tag{11-30}$$

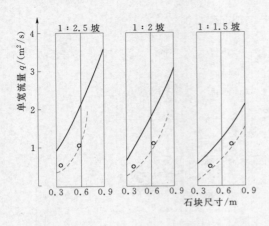

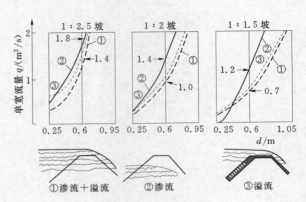

图 11-25　堆石坝石块冲动试验结果（Schaef）

——球体等价直径；

－－－平均粒径 $d=\sum d_i p_i/\sum p_i$；

○按式（11-30）计算

图 11-26　堆石坝石块冲动试验结果（Hartung）及比较

——与球体等价直径（Hartung 和 Scheuerlein）；

-----石块平均粒径 $d=\sum d_i p_i/\sum p_i$（Schaef）；

- - - 按式（11-30）计算

按式（11-30）算出的不冲石块尺寸点入图 11-26 中，可知与试验结果相当一致。

溢流加渗流最易冲动石块，一般堆石坝过水 $q>2\text{m}^2/\text{s}$ 时，坝坡石块就将失稳，必须采取护顶及护面措施。若堆石坝河床为砂基，自然还得做好垫层反滤避免接触冲刷破坏。

【例 7】　波浪试验[1]。风浪冲击海堤和水库护坡，常借助模型试验研究。这里以棘洪滩水库土坝护坡受风浪冲击破坏试验为例，已知风速 $w=25\text{m/s}$，平均波高 $\overline{H}=0.75\text{m}$，周期 $\overline{T}=3.46\text{s}$，波长 $\overline{L}=18.73\text{m}$，库水位及土坝护坡设计如图 11-27 所示，验证设计的可靠性并求波浪爬高。

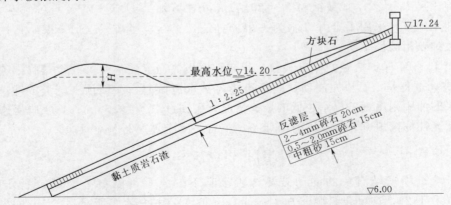

图 11-27　棘洪滩水库护坡设计

【解】　波浪模型，一般是按重力相似的弗劳德模型律设计，在很浅的水域中，摩擦作用也有影响；有破碎波时，表面张力以及掺气也将发生作用。因此，应取较大一些的模型，以消除表面张力和黏滞性的影响。本例坝体护坡稳定性试验，比尺 $L_r=15$，在高

---

[1]　贺辉华、乔树梁、杨正己等的试验报告。

0.8m、宽 0.5m、长 30m 的玻璃水槽内进行，水槽一端装有悬挂式推板生波机，另一端为坝坡。风浪爬高试验的模型比尺 $L_r = 20$，是在风浪水槽中进行，一端是生波机，另一端是鼓风机，水槽上半部为 0.375m×0.8m 的风道，下部为 0.6m×0.4m 的水槽。测验仪器是日本的电容式测波仪，国产的热球式风速仪，以及光线跟踪示波仪等。

波浪模型已由规则波发展到用波谱进行试验，为简便起见，经常把海域波系简化为有效波高 $H_{1/3}$ 及相应的周期 $T_{1/3}$ 的特征波，即天然波系中占 1/3 的大波平均值使之在模型中发生这种均匀规则波浪。本例为安全设计，采用了出现频率为 1‰ 的特征波，即按与全波系平均值的关系计算为[27]：波高 $H = 2.42\overline{H} = 1.81m$ 及其周期 $T = 1.15\overline{T} = 3.98s$，再按弗劳德模型律换算为模型量的规则波进行试验。护坡方块石按比尺 $L_r = 15$ 缩小应为 1.67cm×1.67cm×2cm 的石块 3000 余块，缝宽仅 0.13cm（相当原型 2cm），因此用水泥掺铁粉拌和浇制成比重 2.7，反滤层砂石料也按比尺缩小。

试验时先以小波再换成作用的波高，为避免生波机推板产生二次反射作用，采用间断开启生波机方式连续作用 3h 来检验护坡石块的稳定性。试验结果是静水位 14.20m 以下的 1m 范围内石块最先发生摇动，受波浪上卷下拖的频繁抽吸作用而被吸出；同时，石块逐渐调整位置使坝面变形，方块石缝加大，其下的垫层滤料就从这些大的缝隙中流失，造成石块坍陷失稳。经过比较试验，原设计 0.3m 厚石块只能适应波高 1.35m；适应 1.81m 的波高，应加厚为 0.4m。垫层滤料的最上层应改粗一些，即为粒径 2～6cm 碎石。关于波浪爬高试验，得出无风时爬高 2.72m，有风时爬高 3.34m 的结果，对于波高 1.81m 来说将近加倍，但仍不会产生越浪，原设计防浪墙高程 18.24m 是合理的。

第四节 河道模型试验
§ 4. Model test of river

河道或河工模型，主要是确定兴修建筑物后上、下游河流水面线的变化和冲淤的河道变迁，以及河口和海湾的发展；选定有关发电或航运整治的河流调节方案，研究丁坝、顺坝、堤防、疏浚、裁弯等治河工程以及防洪、蓄洪、分洪的治理方案；结合水资源污染问题，近年来还研究由于排入河流的各种出流引起河段的水质变化和对其预测等。

河道模型有定床与动床之分。固定河床模型试验，虽然不能在模型内重演河床的形成过程，但能在河槽整治与修建工程对于水流发生影响的情况下，很好地显示出水流内部的结构，根据测验的流速、流向等资料，分析河床的演变趋势和优选设计方案；动床模型的河床和河岸是用可冲刷材料构成，每组试验后需要修刮河床地形，修复工作甚为繁重。

一、定床模型及其变态

河道模型的水面变化平缓，除重力作用受控于弗劳德模型律外，摩阻力的作用也很显著，因此有必要引用描述水力粗糙面上的紊流经验公式，例如常用的谢才公式和曼宁公式，即

$$v = C\sqrt{RJ}$$

(11-31)

$$v = \frac{1}{n}R^{2/3}J^{1/2} = \frac{1}{n}R^{1/6}(RJ)^{1/2} \tag{11-32}$$

回忆前面描述水力粗糙面上的紊流图解（图 11-1）及式（11-15）与式（11-31）和式（11-32）相比较，可知谢才系数 C 与曼宁糙率 n 和摩阻系数 λ 存在以下关系：

$$C = \frac{R^{1/6}}{n} = \sqrt{\frac{8g}{\lambda}} \tag{11-33}$$

因为完全紊流时 $\lambda = f\left(\dfrac{\Delta}{R}\right)$，故 n 与 Δ 有一定关系，对于明渠水流可引用一个近似公式（Garbrecht，1961）[3]：

$$n = \Delta^{1/6}/26 \tag{11-34}$$

将式（11-34）代入式（11-33），可得摩阻系数与相对粗糙率之间的指数关系（比一般的对数关系简便）为

$$\frac{1}{\sqrt{\lambda}} = \frac{9.2}{\sqrt{g}}\left(\frac{\Delta}{R}\right)^{-1/6} \tag{11-35}$$

比较式（11-33）、式（11-34）和式（11-35）可知，表示明渠粗糙度的 $n/R^{1/6}$ 与 Δ/R（或管流 $\dfrac{\Delta}{D}$）都是相对糙率参数。但是，值得注意的是绝对糙率 Δ 变化千倍而曼宁糙率 n 只变化 3 倍左右，说明利用相当的 Δ 值来计算 n 值有较高的精度[18]。

根据莫迪图解（图 11-1），已知完全紊流粗糙区的界限式（11-16），将式（11-35）引入式（11-16），则得满足完全紊流的雷诺数必须为

$$Re \geqslant 2350\left(\frac{\Delta}{R}\right)^{-7/6} \tag{11-36}$$

当宽浅河流时，水力半径近似为水深，R 可以 h 代替。

式（11-36）表明，模型比尺选择受一定限制。式（11-36）的要求是较难达到的，不过，据欧文（Owen）意见[18]，较宽的河道模型试验，$Re = \dfrac{4Rv}{\nu} > 11000$ 已为完全紊流，$Re = 4000$ 为紊流临界值。因此河道模型水流必须 $Re > 4000$，确保为紊流的流态。

其次，尚应考虑紊流中发生急流与缓流的局部相似，这是下面要介绍的变态模型，当变态率大时，需要考虑加以检验的一个界限。从水力学中已知，波浪传播速度 $v = \sqrt{gh}$ 是区别急流和缓流的界限，该波速与谢才公式 $v = C\sqrt{RJ}$ 相等，并结合水头损失的达西公式或曼宁公式可得 $C = \sqrt{\dfrac{8g}{\lambda}} = \dfrac{1}{n}R^{1/6}$，从而可求得定床河道底坡的界限为

$$\left.\begin{array}{ll} \text{急流} & J > \dfrac{\lambda}{8} = \dfrac{n^2 g}{R^{1/3}} \\[3mm] \text{缓流} & J < \dfrac{\lambda}{8} = \dfrac{n^2 g}{R^{1/3}} \end{array}\right\} \tag{11-37}$$

河道模型较长，包括范围大，故模型比尺 L_r 常大于 100，以致模型水流，特别是宽浅河流的滩地部位，难以保证紊流的流态。另外，此时的模型河床面常极光滑而难以模制，例如几何正态河道模型长度比尺 $L_r=100$，按照弗劳德模型律比尺关系由式（11-32）求得糙率比尺为

$$n_r=L_r^{1/6} \qquad\qquad (11-38)$$

当天然河道糙率 $n_p=0.018$ 时，则模型糙率应为 $n_m=0.018/(100)^{1/6}=0.0083$，或绝对糙率由式（11-34）得 $\Delta=0.0001\text{m}=0.1\text{mm}$。此种光滑面的模制已很困难。克服这些难点，除了放大模型或以糙率补偿外（图 11-1），最常用的方法是变态模型，虽然牺牲点几何相似性，但保证了重点的动力相似性。

最简便、常用的变态模型为垂直变态，使水深加大，坡度变陡，以保证紊流和输移能力的相似，并方便流速和水深的测定。例如水平比尺 $L_r=1000$，垂直比尺 $h_r=250$，变率 $\delta=L_r/h_r=4$，使模型的坡度加陡 4 倍，即

$$J_m=\frac{L_r}{h_r}J_p=\delta J_p \qquad\qquad (11-39)$$

按照弗劳德模型律 $(Fr)_r=1$，或直接引用流速水头与总能头的变化关系，可推得变态模型的各比尺。下面以 L_r 代表水平比尺，h_r 代表垂直比尺时，则有

流速　　　$v_r=\sqrt{h_r}$

时间　　　$T_r=L_r/v_r=L_r/\sqrt{h_r}$

流量　　　$Q_r=L_r h_r v_r=L_r h_r^{3/2}$ $\qquad\qquad (11-40)$

加速度　　$a_r=\dfrac{v_r}{T_r}=h_r/L_r$

力　　　　$Fr=M_r a_r=L_r^2 h_r(h_r/L_r)=L_r h_r^2$

曼宁糙率比尺可从 $J_r=h_r/L_r$，$v_r=\sqrt{h_r}$ 代入式（11-38）求得为

$$n_r=R_r^{2/3}L_r^{-\frac{1}{2}} \qquad\qquad (11-41)$$

当河道宽时

$$n_r=h_r^{2/3}L_r^{-\frac{1}{2}}=L_r^{1/6}/\left(\frac{L_r}{h_r}\right)^{2/3}=L_r^{1/6}/\delta^{2/3} \qquad\qquad (11-42)$$

或绝对糙率比尺，由式（11-34）得

$$\Delta_r=L_r/\delta^4 \qquad\qquad (11-43)$$

相对糙率比尺

$$\left(\frac{\Delta}{h}\right)_r=\delta^{-3} \qquad\qquad (11-44)$$

以上糙率比尺关系式与正态模型 $\delta=1$ 相比，可知变态模型的糙率加粗了，避免了技术上做不到很光滑表面的困难，同时也避免了浅水限制。

下面将河道模型常用量的比尺关系列入表 11-3，设模型、原型的流体相同，都是水。

表 11-3　　　　　　　　　　　　河道模型各量的比尺关系

常用物理量	符号	比尺关系（弗劳德模型律）	
		正态模型	变态模型
速度	v_r	$L_r^{1/2}$	$h_r^{1/2}$
时间	T_r	$L_r^{1/2}$	$L_r h_r^{-1/2}$
流量	Q_r	$L_r^{5/2}$	$L_r h_r^{3/2}$
加速度	a_r	1	$h_r L_r^{-1}$
力	F_r	L_r^3	$L_r h_r^2$
功或能	W_r	l_r^4	$L_r^2 h_r^2$
压强	p_r	L_r	h_r
坡度	J_r	1	$h_r L_r^{-1}$
雷诺数	Re	$L_r^{3/2}$	$h_r^{3/2}$
曼宁糙率	n_r	$L_r^{1/6}$	$R_r^{2/3} L_r^{-1/2}$

上述加大垂向深度的垂直变态是最简便的方法，其他还有模型加陡底坡（比尺关系见后面［例 2］）与缩短水道长度以及三维变态等。所以采用这种方法，是为了使控制河流过程的某些特征参数，使之能够在较小模型中达到相当好的相似，而放弃了技术上存在困难的几何相似的正态模型。不过，对变态模型所产生的不良影响应注意以下几点：

（1）改变了河道断面形状，坡变陡易冲坍岸。

（2）水力半径比尺随水深递变而非一常数，影响流量比尺也非常数，糙率比尺须相应改变；试验时，常需逐次修正涂抹模型壁面，以保证迎合各种流量的比尺不变。

（3）模型糙率随变态率的增大而增粗，甚至在模型河床上需贴附石子、块体，树立铅丝、钉棒等。

（4）流速分布不相似，以河湾、分流、沙洲及阻塞水流处较为显著，以致该处临底流向控制的泥沙运动会产生预报错误。

（5）水面横比降加大，助长副流的产生，河床泥沙输移量也将增大。

由于以上变态的不良影响，因此变态率 δ 不宜大，多限制 $\delta < 6$，甚至还有些欧洲学者主张：采用大尺寸的正态模型研究重大河工问题。

二、动床模型与模型砂[10-16]

动床河工模型用于研究泥沙输移问题，如航道、河口和水库的淤积以及修建工程后的河床变迁。设计模型除满足水流动力相似的弗劳德模型律和河道糙率相似（曼宁公式）外，还得考虑泥沙输移相似。对于推移质泥沙来说，选模型砂可按照起动流速比尺关系式（11-21）或临界推移力比尺关系式（11-20）。对于悬移质泥沙来说，按照扩散理论不恒定流悬沙运动方程可推出沉降速 ω 及含沙量重量比 P 和挟沙量能力 P_* 的相似比尺关系，即

$$\frac{\partial(QP)}{\partial x} = -\frac{\partial(AP)}{\partial t} - \alpha \omega B(P - P_*)$$

写其比尺式

$$\left(\frac{Lhh^{1/2}P}{L}\right)_r = \left(\frac{LhP}{T}\right)_r = (\alpha\omega LP)_r = (\alpha\omega LP_*)_r$$

式中的沉降几率 α 可设模型、原型相同，即 $\alpha_r=1$，因而可得悬沙相似比尺关系为

$$时间比尺 \qquad T_r = L_r/h_r^{1/2}$$

$$沉速相似 \qquad \omega_r = h_r^{3/2}/L_r = v_r\frac{h_r}{L_r} \tag{11-45}$$

$$实际挟沙量与挟沙能力之间的比尺 \qquad P_r = P_{*r}$$

挟沙能力的公式尚不统一，这里引用下式[13]：

$$P_* = K\frac{s}{s-1}\frac{vJ}{\omega}$$

写其比尺式时，由于在重力相似条件下 $J_r=\dfrac{h_r}{L_r}$，在沉速相似条件下 $\omega_r=v_r\dfrac{h_r}{L_r}$，故得

$$P_r = P_{*r} = \frac{s_r}{(s-1)_r} \tag{11-46}$$

式（11-46）悬沙的含沙量比尺关系同样也适用于异重流的模型试验。对于悬沙模型的沙粒径，可借用泥沙在静水中的沉速公式

$$\omega = \frac{g}{18\nu}(s-1)d^2$$

求得粒径比尺为

$$d_r = \sqrt{\frac{\omega_r}{(s-1)_r}} \tag{11-47}$$

其次，还有泥沙输移的时间比尺，这个比尺与弗劳德模型律推得的水流运动的时间比尺不同，此时可引用河床变形的输沙量连续方程推求，即

$$\frac{\partial(QP)}{\partial x} + \gamma_0 B\frac{\partial z}{\partial t} = 0$$

写上式的比尺式可得泥沙冲淤时间比尺为

$$T_{sr} = \frac{\gamma_{0r}L_r}{P_r h_r^{1/2}} = \frac{\gamma_{0r}}{P_r}T_r \tag{11-48}$$

式中　P_r——以重量比表示的含沙量，%；

γ_0——泥沙的干容重；

T_{sr}、T_r——泥沙运动和水流的时间比尺。

关于泥沙运动的相似比尺，除上述的推导外，不少学者提出来必须满足表示泥沙颗粒特性的弗劳德数和雷诺数在模型与原型中相等的条件[3]，这两个参数表示为

$$颗粒弗劳德数 \qquad Fr_* = \frac{v_*}{\sqrt{(s-1)gd}}$$

$$颗粒雷诺数 \qquad Re_* = \frac{v_*d}{\nu} \tag{11-49}$$

式中　s——颗粒的比重或质量比，$s=\gamma_s/\gamma=\rho_s/\rho$；

v_*——剪切速度，以底部摩阻应力表示，$v_* = \sqrt{\tau_0/\rho} = \sqrt{ghJ}$。

因为希尔兹、爱因斯坦等人[3]研究表明各种悬移质运动和垂向浓度分布决定于参数

Fr_* 和 Re_*，对于细泥沙而言，在越过起动的界限之后，直接成为悬移的输送形式。当水流速度根据弗劳德模型律模拟时，如模型和原型中的 Re_* 和 Fr_* 相同，输沙量就可以正确地在模型中重演。因此使参数的比尺 $Fr_{*r}=1$，$Re_{*r}=1$，则必须[3]满足

$$Fr_{*r}=\frac{\sqrt{g_r h_r J_r}}{\sqrt{(s-1)_r g_r d_r}}=\frac{h_r}{\sqrt{(s-1)_r d_r L_r}}=1 \qquad (11-50)$$

$$Re_{*r}=\frac{\sqrt{g_r h_r J_r}\,d_r}{\nu_r}=\frac{h_r d_r}{\sqrt{L_r}}=1 \qquad (11-51)$$

式（11-50）、式（11-51）相比，形成一个新的参数 $A_*=\left(\dfrac{Fr_*}{Re_*}\right)^2=\dfrac{\nu^2}{(s-1)g d^3}$，从而可得模型砂颗粒比尺与其比重的比尺关系为

$$d_r=(s-1)_r^{-\frac{1}{3}} \qquad (11-52)$$

河床糙率可用其表层的粒径大小表示，即式（11-34）为 $n=d^{1/6}/26$，$n_r=d^{1/6}$；结合曼宁公式的糙率比尺 $n_r=L_r^{1/2}/h_r^{2/3}$，可得糙率的比尺条件

$$L_r^3 d_r/h_r^4=1 \qquad (11-53)$$

这样，式（11-50）、式（11-51）、式（11-53）就可作为设计模型比尺的依据。此时 4 个变量 3 个方程式，只能有一个比尺自由选择。如果在短的模型中，允许略去糙率比尺关系；或者是推移质运动，而 $Re_*>60$ 时，允许略去 Re_* 的影响；则剩下两个方程，就可自由选择两比尺。若只剩下一个方程式（11-50）时，则又可多一个自由度，此时对正态模型，式（11-50）即变为 $d_r=L_r/(s-1)_r$，与式（11-20）相同。由此也可得知，如果不用河床推移力的表达式而用起动流速式时，即得出 $d_r=L_r/(s-1)_r^{3/2}$ 就与式（11-21）相同了。

至于泥沙冲淤时间比尺，则确定性更差了，现引用单宽的输沙率 g_s 的基本概念，以单位时间的质量表示时，定义比值 $g_s/(\rho_s d v_*)$ 为输沙数，并以该数在模型、原型中相同为相似条件，则写其比尺关系式再参照 Fr_* 的比尺式（11-50），可得泥沙冲淤时间比尺[12,13]

$$T_{sr}=\frac{L_r^{3/2}}{d_r}=\frac{L_r^{5/2}}{h_r^2}(s-1)_r \qquad (11-54)$$

台湾学者研究泥沙运动模型试验的时间比尺为[29]❶

$$\lambda_t=\frac{\lambda_x^{3/2}}{\lambda_y}\lambda_{(\gamma_s-\gamma)} \qquad (11-55)$$

式中 λ 代表比尺，脚标是物理量。只有等比模型（正态模型）模型砂才能与弗劳德模型律时间比尺一致，不等比模型（变态）泥沙比尺 λ_t 大于水流的，需要选重质沙。

对于水流挟带泥沙量（挟沙能力）的时间比尺知道得还不够确切，所以，在模型中推得沙岸滩的淤积增长和冲刷坑的发展速率尚有问题。1946 年黄河花园口堵口工程，模型

---

❶ 模型比尺有两种写法：一是本书和文献 [1，2] 采用的，即物理量为主体，下标为比尺，例如长度比尺 L_r、速度比尺 v_r、时间比尺 T_r 等。另一种是文献 [29] 等采用的，即比尺（λ）为主体，下标是物理量，例如 λ_l、λ_v、λ_τ 等。关于原型（P）、模型（m），或用天然（N）、模型（M）表示都可，例如 $L_r=L_P/L_m$ 或 $\lambda_l=\lambda_N/\lambda_M$ 等。

试验采用了架桥进站抛石平堵方案。一天，忽然河床冲深 18m，桥桩悬空，无法进站抛石，当时束手无策。谁知经过一夜大风又全部淤平，才得以恢复抛石工作。因此，对于泥沙运动的时间比尺以及不确定性的比尺（如 P_r 等），常需根据河道实测资料在模型中加以验证来确定，而且要确保重点研究现象的相似，略去次要因素，以便使选择模型比尺有较多的自由度。

最后列出常用的轻质模型砂（比重 s）供参考：塑料砂（聚苯乙烯），$s=1.05$；硬沥青，$s=1.04$；褐煤，$s=1.27$；煤屑，$s=1.52$；电木粉，$s=1.50$ 等。

三、河道模型试验举例

【例 1】[20] 一水电站在河流入海口的上游，用模型研究水轮机泄水不规则流对电站附近河床以及河口沙岸的影响。试选择适宜模型比尺，以适合 $20m \times 10m$ 的试验室面积和最大供水泵流量 $0.06m^3/s$。河道宽 70m，深 3m，最大流量 $Q=580m^3/s$，河口到海面长 5km，平均宽 1km，最大潮水流速 2.06m/s，河口处的最低河床在平均海面下 12m，潮位变幅为 $\pm 2.50m$。

【解】 至少需两个模型，都按弗劳德模型律设计。一个完整模型包括海到电站以上部分，研究沙岸受到的影响；另一模型包括电站附近部分，研究水轮机处的动河床。

河口模型 5km 缩小为 20m，水平比尺 $L_r=\dfrac{5000}{20}=250$；垂直水深在水轮机处只有 3/250，即 1.2cm，太小。故应放大水深，用变态模型，取垂直比尺 $h_r=50$ 时，最大海水深为 $\dfrac{12+2.5}{50}=0.29m$，河深 6.0cm，潮差为 $\pm 2.5/50=\pm 5.0cm$，可取。流速比尺 $v_r=\sqrt{50}=7.07$，最大潮速为 $\dfrac{2.06}{7.07}=0.29m/s$；取河口模型平均深 0.15cm 及平均流速 0.15m/s，并设 $\nu=10^{-6}m^2/s$，则

$$Re=\frac{vh}{\nu}=\frac{0.15 \times 0.15}{10^{-6}}=22500$$

超过河流的层流限界，确保紊流合格。

水流的时间比尺 $\qquad T_r=\dfrac{L_r}{v_r}=\dfrac{250}{7.07}=35.4$

即 12h 的潮循环相当于模型的 $12 \times 60/35.4=20.4min$。

至于水轮机出射流对河床作用的相似，以不使用变态模型为好，宜选更大的正态模型。用流量公式 $Q=vA$ 及 $Q_r=L_r^{5/2}$ 核算模型供水量时可知，最大线性比尺 $L_r=\left(\dfrac{580}{0.06}\right)^{2/5}=39.3$，可取 $L_r=40$。此时，模型河宽为 1.75m，可代表长 800m 的河，深 7.5cm 的模型水深对活动河床适宜。平均流速 $v=\dfrac{580}{70 \times 3}=2.76m/s$，则模型流速 $v_m=\dfrac{2.76}{\sqrt{40}}=0.44m/s$，模型的 $Re_m=\dfrac{75}{10^3} \times \dfrac{0.44}{10^{-6}}=33000$，已可保证为紊流。

上面演算过程说明：应选用适宜的模型，并应注意使潮水发生器不要太靠近模型，以免给出歪曲的潮流，同时对变态的河口模型所得的沙岸信息要谨慎解释。

【例 2】[7] 淮河峰山切岭新河，长 22km，注入洪泽湖，河底宽 100m，边坡 1：3，底

坡 1/10000，河床细砂的允许流速为 $0.3\sim0.34\text{m/s}$，糙率 $n=0.0225$，流量 $1000\sim$ $1630\text{m}^3/\text{s}$，因有弯道，需要通过模型试验研究该河段的沿程流速分布、河湾冲刷和岸坡滑坍的可能性以及防冲护坡脚等措施。

【解】 初步考虑该段河道模型取 $L_r=100$ 的正态模型，核算已可超过临界雷诺数为紊流，但河道流速 1m/s 左右时，模型流速只 0.1m/s，施测感到精度不够，选模型砂也有困难。因此采用加大河床底坡 4 倍的变态模型，断面形状和水深不变，只是流量及流速均加大为 2 倍，流速水头加大为 4 倍。最大模型流量为 $2\times1630/(100)^{5/2}=0.0326\text{m}^3/\text{s}$，测得的模型流速乘以 $\sqrt{100/2}$ 换算到天然原型。为论证加陡模型坡度对弯道水流的影响，曾在活动玻璃水槽中先进行预备试验，经改变 3 种底坡，比较其结果，说明了比降加大为 4 倍后，弯道内各点的流速都相应加大 2 倍，能保持缓变弯道水流的相似。因此，决定采用此法。然后进行河道水面坡线糙率校正试验。按照糙率比尺推算模型 $n_m=n_p/L_r^{1/6}=$ $0.0225/(100)^{1/6}=0.01045$，或绝对糙率 $\Delta_m=(26n_m)^6=0.4\text{mm}$，故模型床面用水泥细砂浆粉面再磨光，并放水经与流量 $1630\text{m}^3/\text{s}$ 和 $1000\text{m}^3/\text{s}$ 的曼宁公式计算水面坡线比较，正规水深大致符合时就不再修正糙率。如果天然河流有实测各级流量的水面线资料，自然要以它为标准来校正河床糙率。

定床模型试验测定河床质及水面浮质流动的迹线，如图 11-28 所示。最大流速的主流线如图 11-29 所示。图 11-28 及图 11-29 说明水面和河底的主流向沿程变化，

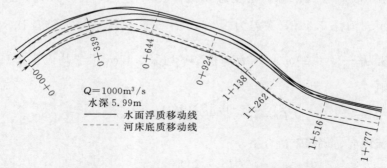

图 11-28 定床弯道水流浮质及河床质移动迹线

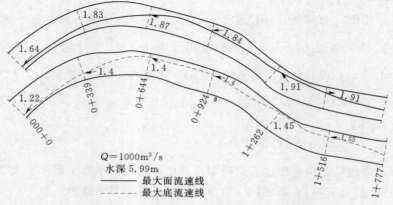

图 11-29 定床弯道水流表面及河底最大流速迹线（单位：m/s）

由于弯道影响，水面流势趋向凹岸而底部流势趋向凸岸，形成横剖面上的环流或副流，以致弯道水流呈螺旋流动前进。由此主流向测定可以预估凹岸冲刷和凸岸淤积的位置。若流量由 1000m³/s 加大到 1630m³/s 时，此种流势变化逐渐向上游移动，并随之加剧。由测得的各断面流速分布等值线可知，最大流速从弯道的偏下游断面 0+644 开始移向左岸。此处凹岸水面高出凸岸 0.12m，比一般估算式 $\Delta h = \dfrac{bv^2}{rg}$ 略大（r 为弯道半径，b 为河面宽）。此水面差形成环流把泥沙搬运到凸岸造成淤积，而纵向流速加大集中于凹岸造成冲深。

　　动床模型冲淤试验的结果完全与定床试验主流测定图示相一致，如图 11-30 所示。所不同者是河床冲淤变形更加影响了河道流速分布，流势偏向凹岸也稍前移。

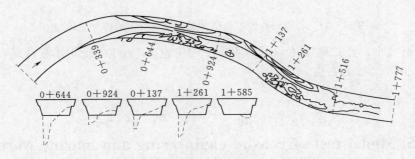

图 11-30　动床模型弯道冲淤地形及剖面

　　动床模型砂选用煤屑，粒径 0.5mm，比重 $s=1.5$。按照推移力相似的比尺式（11-20）推算到原型 $d_p = \dfrac{L_r d_m}{(s-1)_r} = \dfrac{100 \times 0.5}{(2.65-1)/(1.5-1)} = 15.2\text{mm}$，按照起动流速相似的式（11-21）换算 $d_p = L_r d_m / (s-1)_r^{3/2} = 100 \times 0.5 / \left(\dfrac{1.65}{0.5}\right)^{3/2} = 8.3\text{mm}$；但模型底坡加陡 4 倍，推移力 $\tau = \gamma RJ$，也应加大 4 倍，故模型砂推算到不加陡的正态底坡原型砂，应再按比例缩小为 15.2/4=3.8mm。同样，当底坡加陡 4 倍时，流速加大 2 倍，而由起动流速公式 $v_c = 1.51\sqrt{(s-1)gd}\left(\dfrac{h}{d}\right)^{1/6}$ 可知 v 正比于 $d^{1/3}$，故推算到原型砂应再缩小为 8.3/8=1.04mm，因此，可认为模型煤屑相当于原型砂粒径在 1～3.8mm 之间，或作为黏性土的等效粒径考虑。因为原型弯道河床土质不一，第一、三弯道为砂土，第二弯道为黏壤土，故模型中凹岸河床最大冲深 11.5m，对于黏壤土河床来说应小于此值。虽然冲深推算方法不同，误差较大，但河床冲淤形态仍应与天然一致。故可指导设计确定弯道护坡护底防冲的范围。

　　最后，为确保高边坡稳定，进行了弯道护底防冲、转流屏防冲、潜坝防冲等各种方案比较试验，认为结合实际仍以块石护底护坡为好，并宜稍深入河床面做好护坡脚砌石及伸进河床的防冲槽抛石，以备其坍陷过程中覆盖冲坑坡面。块石下面应铺砾碎石垫层。终结试验提出的块石护底范围及其结构型式如图 11-31 所示，弯道河床冲淤形态大为改善，流量 1000m³/s 时，最大冲深由凹岸坡脚冲深 11.5m 改善为位于河中部，冲深 4.8m。当最大流量 1630m³/s 时冲深 7.9m，此时最大近水面流速 1.7m/s，临底流速 1m/s，断面上分布较均匀，认为已满足设计要求。

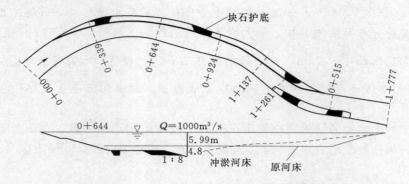

图 11-31　弯道河段的护底防冲范围及块石护坡脚护底结构

至于抛石大小，经试验粒径 7cm 即可在平均流速 1.7m/s 情况下不被冲动，故可选用惯例采石 0.2~0.3m 的石块。

第五节　海 工 模 型 试 验
§ 5. Model test of coastal engineering and marine works

海工模型试验主要是河口、港口海岸、海堤等以及开发利用的海事工程在波浪、潮汐、水流作用下的优化设计问题。模型试验除需要引用第四节河道水流方面的相似性基本原理和泥沙输移的相似性比尺关系外，还需要了解补充一些波浪、潮汐方面的相似性比尺关系。因为这些内容已经写入近年来出版的文献［30］《堤防工程手册》第 5 章海堤中的第 5.15 节（P.410—419），这里就不再重复。

第六节　几 种 模 拟 试 验
§ 6. Models of analog simulation

人们进行科学试验，由天然原型观察到同类物质现象的模型试验是一次跃进，如前面各节所述的水工模型或水力模型。但有时又感到制模工作量和费用都较大，甚至测量困难和有些物理现象难以掌握等。因此，又进一步提出了模拟方法，即不利用现象本身的相似性，而是用类似的其他物理现象来重演所要研究的现象。换句话说，就是利用那些相同数学方程式所表示的物理现象来互相模拟。这种模拟法在地下水模型中应用最多，下面选择几种常用的模拟试验简要介绍。

一、气流模型

以空气代水研究水流问题，其优点是模型小，制模简单、经济、模型可在台面上试验。鼓风、抽气的离心泵等动力设备也经济。图 11-32 所示的整个模型布局为研究分洪闸上游导堤的形式❶。气流模型的缺点是：空气有压缩性及模拟水表面的封闭顶而影响流速分布。

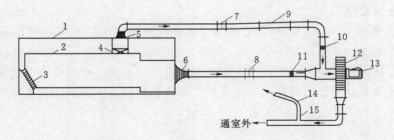

图 11-32　气流模型设备布局[1]

1—模型平台；2—模型边界；3—模型进口；4—分洪闸；5、6—渐变段；7、8—量气孔板；9—毕托柱率
定管；10、11—光圈式阀门；12—鼓风机；13—4.5kW 马达；14—通烟雾发生器管；15—ϕ1in 阀门

空气压缩性对使用毕托管或毕托柱测得的压力水头差换算成流速时发生误差，此误差可由伯努利能量方程求得，如图 11-33 所示，可知只要气流速度不到音速的 25% 就无影响，此项限界一般都能满足。其次，关于自由面受模型顶面有机玻璃板的摩擦影响，也可稍抬高顶面来修正原自由面以下的流速分布，如图 11-34 所示。至于自由水面的位置，预先需要按照水力学计算或设计来确定，以便制模时装置顶板。然后根据试验测定的压力和流速加以修正，此修正值可分别由水和气的伯努利方程求得[2]。但是一般很少再去反复作修正了。

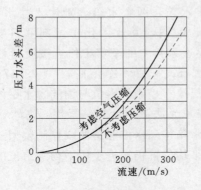

图 11-33　空气压缩的影响[2]

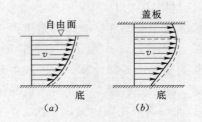

图 11-34　盖板对自由面的影响[2]

模型比尺换算只需欧拉数相等，代入式 (11-7)。从鼓风机的风量出发，可先决定流量比尺 Q_r，但必须使 Re 达到紊流粗糙区。然后推算流速比尺 $v_r = Q_r/A_r = Q_r/L_r h_r$，压力比尺 $P_r = \rho_r v_r^2$，时间比尺 $T_r = L_r/v_r$。试验时，可放入烟雾、纸花、锯木屑、米糠等观察回溜以确定冲淤位置。因为试验简便，故分水口的流量分配、导流堤的形式等，常可采用气流模型进行规划设计方案的比较。如太湖新夏港防淤堤、三河闸上游切滩和箭江口分洪

❶　参考文献 [1] 周名德等的试验报告。

闸等都选用了图 11-32 所示的气流模型。国外，如多瑙河及莱茵河上引冷却水的渠道进口形式等也都采用过气流模型试验。

二、黏滞流模型

英国学者 Hele-Shaw 于 19 世纪末创用了在间隙很窄的二平行板间形成黏滞流来模拟地下水层流运动的试验，如图 11-35 所示，也称狭缝槽模型，可用色液测流线，显示其流动图形。其原理可从纳维—司托克斯方程出发，或直接由水力学中的层流原理导出来与达西渗流定律完全相似的方程，从而求得二平行板间流动的达西渗透系数为[23]

$$k = \frac{b^2 g}{12\nu} \tag{11-56}$$

式中 b——二板间的缝宽；

ν——流体的运动黏滞系数；

g——重力加速度。

为了使二板间为层流运动，常用甘油等黏性大的流体，以争取较大的缝宽。单宽流量的关系可推得

$$q = \frac{12\nu k L_r}{g b^3} q_m \tag{11-57}$$

此种模型适宜于研究有自由面的非稳定地下水运动，缺点是板间缝隙不易控制均匀。我们曾做海水入侵地下水的试验，试验装置参见图 11-35，二平行有机玻璃板长 1.3m，高 0.9m，缝宽 1mm，板面划有方格用以量测位置。两端各衔接有扩大断面的供水容器，此容器又分别连接一个可升降的溢流水箱，两个水箱分别注入盐水和淡水，并控制两端的水位。盐水按海水密度 $1025kg/m^3$ 配制，并放入化学试剂罗丹明—B 使呈橘红色以便与淡水区别。试验前做了缝宽的渗透系数 k 的率定工作，按流量计算实测 $k=0.79m/s$，与按式（11-56）计算，取 $\nu=0.01cm^2/s$，$b=1mm$ 时，$k=0.817m/s$，尚属一致，且检验缝中流动在试验坡降范围内也属层流。控制海水位与内陆含水层淡水位的一组试验结果，如图 11-36 所示（专为验证有限单元法数值计算结果用）海水入侵地下水的分界线颇为明显，并与计算一致。若由升降水箱按潮水位涨落曲线控制模型一端容器的水位，则盐、淡水分界线左右变位，但变位的平均位置仍接近于用平均潮水位的试验分界线位置[24]。此项研究在国内尚属首次。

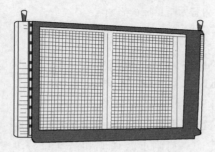

图 11-35　平行板间黏滞
流模型装置

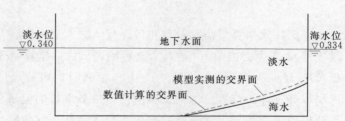

图 11-36　海水入侵地下水的黏滞流模型试验

三、电模型

电流与地下水流动具有相同的微分方程式，达西定律与欧姆定律形式相同。因此，地下水在各种土质中的渗流阻力可用不同的电阻场来模拟，地下水流量相当于电流，测压管水头相当于电位势，其对比关系列入表 11 - 4。对于含水层的蓄水能力释放过程则可用电容来模拟[31]。

表 11 - 4 电场与渗流场的对比关系

渗 流 场	电 场
达西定律 $v = -k \dfrac{\partial h}{\partial l}$	欧姆定律 $i = -\dfrac{1}{\rho} \dfrac{\partial u}{\partial l}$
拉氏方程 $\nabla^2 h = 0$	拉氏方程 $\nabla^2 u = 0$
水头 h	电位（势） u
渗透系数 k	电导系数 $\dfrac{1}{\rho}$（ρ 为电阻系数）
渗流速度 v	电流密度 i
渗流量 Q	电流 I
不透水层面	绝缘面
全透水面（出渗和入渗面）	导体面（铜极板）

将几何相似的模型电阻场（自来水或其他导电液，电导纸或电阻网）以电线连接成回路，用惠斯顿电桥原理测量模型场的等势线分布，相当电压差的最高最低水头面以 100% 和 0% 表示，如图 11 - 37 所示。测出的两极板间电位 U 的百分数等势线分布完全相当地下水渗流场上、下游总水头 H 的百分数。因此，只需推导渗流量的换算关系。从达西定律和欧姆定律对比关系就可推出水与电的组合式为

$$Q = \frac{L_r \rho k H I}{U} = \frac{L_r \rho k H}{R} \tag{11 - 58}$$

其中 L_r 仍为模型长度比尺，只要测出模型的电压 U 和电流 I，或测出电阻 R 及场内导电液或导电纸的电阻系数 ρ，就可结合已知渗流场的渗透系数 k 和总水头 H 算出渗流量 Q。

对于薄层导电液厚度为 δ 的二向模型，因其代表宽度 $b = L_r \delta$，故单宽渗流量应为

$$q = \frac{Q}{b} = \frac{\rho k H I}{\delta U} = \frac{\rho k H}{\delta R} \tag{11 - 59}$$

对于由不同渗透系数的多种土层组合的模型，只能任选取其中的一种电阻系数，其他必须符合下式关系：

$$\rho_1 k_1 = \rho_2 k_2 = \cdots = 常数 \tag{11 - 60}$$

若电场不是连续介质而是离散的电阻元件组成的电阻网模型，则此电阻元件 r 对二向模型来说，就可认为代表的是单元面积 $\Delta x \Delta y$，如图 11 - 38 所示，式（11 - 60）中的电阻系数 $\rho = \dfrac{\Delta y}{\Delta x} r$。

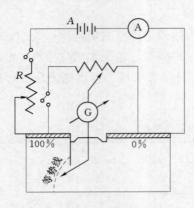

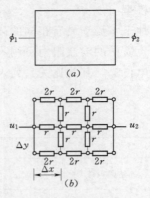

图 11-37 电模拟试验
一般布置示意图

图 11-38 连续场与离
散化的电阻网对比示意图

电模拟试验简便精确，自 1920 年巴甫洛夫斯基创用以后，很快得到发展普及，迄今仍不失为研究渗流问题的重要手段。

电模拟试验不仅应用于地下水渗流问题，而且对于温度场、地震、波浪、调压井等问题都有应用。

四、离心模型[2,25]

20 世纪 30 年代初，苏联最早应用了离心模型研究了土力学和流体力学问题，其原理是以离心力模拟重力来提高模型重力场（几十倍到几百倍重力加速度 g）使其达到原型自重应力水平以便更逼真地重演原型性状。至于离心模型的相似性仍需满足几何相似性和动力相似性，对于土力学问题，很多情况可设其控制力为质量力和弹性力，若质量力为重力，并以密度乘体积表示质量时，则为 $Mg = \rho L^3 g$；弹性力以材料的弹性模量和面积表示时，则为 EL^2；按照相似性原理引导关系，此二力的比值在模型与原型必须相等，即

$$\left(\frac{\rho L g}{E}\right)_m = \left(\frac{\rho L g}{E}\right)_p \tag{11-61}$$

或写成比尺式

$$\frac{\rho_r L_r g_r}{E_r} = 1 \tag{11-62}$$

由式（11-62）相似准则可知：当模型与原型的材料相同而均受相同的重力时，只有 1：1 的模型才能满足。因此，可选取与原型材料不同或者加速度不同的模型，以满足式（11-62）的相似准则，但选取材料不同最多只能缩小比尺 10~15 倍，而加速度可达数百倍，故以采取增大加速度的途径为宜，即将模型置放在离心场中，此时离开离心机旋转轴心半径距 R 处的模型加速度为

$$g_m = R\omega^2 \tag{11-63}$$

式中 ω——旋转角速度。

这样，就可很方便地改变半径和转速，从而选取合适的模型比尺。但模型尺寸与 R 相比较应足够小，以避免受离心力不均匀的影响。

由式（11-62）可知模型与原型的材料完全相同时，则得模型加速度

$$g_m = L_r g \qquad (11-64)$$

例如，以同样土层分布的土料研究淤泥层上填土筑坝的滑坡问题，采用 1：100 模型，则知离心加速度需 $100g$，此时可得到模型与原型相同的应力及应变。经试验结果表明，在填土高度达 6m 之后经过时间大约 6s（相当原型 $6 \times 100^2/3600 \approx 17h$）即产生一圆弧滑坡。而且，根据离心作用下测得不排水剪强按总应力计算，该滑弧安全系数为 1.04；由测得的孔隙水压力（滑坡前一个峰值），按有效应力计算，安全系数为 0.9，并可测出最大的应力应变区。

五、水力与结构应力的耦合模型[2]

水工建筑物的设计除受水力作用外，还要考虑结构应力变形问题。设建筑物在自重荷载和水压力的情况下发生变形：Δl 或应变 $\varepsilon = \Delta l/l$；若设结构物材料的密度和弹模为 ρ_1 及 E，则引用尺度分析原理可求得一特征的组合数为

$$\Pi = \frac{l\rho^2 g}{E\varepsilon\rho_1} \qquad (11-65)$$

因此，模型与原型的相似准则为保持此特征数相等，即

$$\left(\frac{l\rho^2 g}{E\varepsilon\rho_1}\right)_m = \left(\frac{l\rho^2 g}{E\varepsilon\rho_1}\right)_p \qquad (11-66)$$

实际上，比尺 $g_r=1$，模型仍用水时，$\rho_r=1$。若设计模型长度比尺 L_r，并使应变与原型相同时，$\varepsilon_r=1$，则简化式（11-66）准则写成比尺式应为

$$L_r/E_r = \rho_{1r} \qquad (11-67)$$

若选取模型流体密度与结构物材料密度的比值与原型者相同，$(\rho/\rho_1)_m = (\rho/\rho_1)_p$，且应变相同 $\varepsilon_r=1$ 时，则式（11-66）可简化为

$$L_r/E_r = 1/\rho_r \qquad (11-68)$$

若由于死荷载的应力可以略去不计，则结构材料的密度可从组合关系式中消去，若欲使模型与原型应力相同，就应使荷载力缩小 L_r^2 倍，并可得到

$$L_r = 1/\rho_r \qquad (11-69)$$

此时，常以水银为模型流体，或以水压机模拟静水压力。

若建筑物设计必须分解荷载为两个方向应力时，则以泊松比 $\mu = \delta_x/\delta_y$ 表示。

结构应力与水力耦合问题采用模型试验比较简便，有些水坝设计，包括温度影响在内都可引用。对高坝岩基和坝肩的裂隙岩体中渗流，也可考虑与应力相耦合的问题。

参 考 文 献
References

［1］ 南京水利科学研究院与水利水电科学研究院合编. 水工模型试验. 北京：水利电力出版社，1985.
［2］ Ivicsics L. . Hydraulic Models. VITUKI. Budapest，1975.
［3］ Kobus H. 主编. 水力模拟. 清华大学译. 1988.
［4］ Stevens J. C，et al. Hydraulic Models. ASCE，1942.
［5］ Allen J. . Scale Models in Hydraulic Engineering. 1950.

［6］ Symposium on Comformity between Model and prototype. Trans. ASCE，Vol. 109，1944.

［7］ 南京水利实验处．研究试验报告汇编，1952—1955.

［8］ 南京水利科学研究所（院）．研究试验报告汇编，1966—1978.

［9］ 毛昶熙．滚水坝面负压问题与试验研究方法．南京水利实验处研究报告，1953.

［10］ 李昌华，金德春．河工模型试验．北京：人民交通出版社，1981.

［11］ Лосисвский А. И. и Летнев，М. В. 河工模型试验．焦文生，朱鹏程译．北京：财经出版社，1956.

［12］ 窦国仁，等．全沙模型相似律及其设计实例．水利水运科技情报，1977，3.

［13］ 罗肇森，等．潮汐河口悬沙淤积和局部动床冲淤模型试验．水利水运科技情报，1977，3.

［14］ 毛佩郁，陈志昌．南港水文泥沙特性及模型沙的选择．南京水利科学研究院报告，1991.

［15］ 沙玉清．泥沙运动学引论．北京：中国工业出版社，1965.

［16］ 左东启，等．模型试验的理论和方法．北京：水利电力出版社，1984.

［17］ 毛寿彭．水工模型试验．水利学会（台湾），1974.

［18］ 郭青云，等．流体力学．台湾：新亚出版社，1970.

［19］ 刘德润．普通水力学．上海：正中书局，1946.

［20］ Francis J. R. D. and Minton P. Civil Engineering Hydraulics，1984.

［21］ 毛昶熙．力学相似性与模型定律．工程建设，1952（29）.

［22］ 毛昶熙．水工模型定律的应用．工程建设，1952（33）.

［23］ 毛昶熙．研究地下水运动的层流模拟试验．水利水运专题述评，1962（2）.

［24］ 李白玲，毛昶熙．海水入侵地下水研究．水利水运科学研究，1992（2）.

［25］ Davies M. C. R. Centrifuge model of an embankment failure. Failures in Earthworks，London，1985：451.

［26］ 杨谦，陈子湘．泥沙实体模型相似性探讨．人民长江，1992（10）.

［27］ 余广明．堤坝防浪护坡设计．北京：水利电力出版社，1987.

［28］ Li Bailing and Mao Chang-xi. Research on salt water intrusion into fresh water，Proc. of 7th Congress APD. IAHR，Vol. 3，1990：317 - 322.

［29］ 李光敦，刘奕良．泥沙运动试验之模型比尺．台湾水利，2002，50（1）：60 - 68.

［30］ 毛昶熙，等．堤防工程手册．北京：中国水利水电出版社，2009.

［31］ 毛昶熙．研究水工问题的电模拟试验．工程建设，1953（34）.

［32］ 戴子荘．中国水利述评．台湾：明文书局，1990.

［33］ 刘家驹．海岸泥沙运动研究及应用．北京：海洋出版社，2009.

［34］ 陈椿庭．七十五年水工科技忆述．北京：中国水利水电出版社，2012.

［35］ Li Yun and Shiqiang Wu（rditors）：Advances in Hydraulic Modeling and Field Investigation Technology-Proc. of Intern. Symposium 2011，Nanjing，China.

［36］ 徐啸，余小建，毛宁，等．人工沙滩研究．北京：海洋出版社，2012.

附 录 简 介

　　附录 A、B 是两篇原始论文，都是单行本。附录 A 是一篇局部冲刷消能方面的研究报告，附录 B 是一篇渗流方面关于闸坝地下轮廓线设计方法的论文。两篇论文均与闸坝工程水力学密切相关，其主要成果都已写入书中，有兴趣者可参考这两篇原始论文。附录 A 原是中文，有较详细的俄文摘要，后曾写过短文参加在印度召开的国际学术会议，不少与会者多次信函联系作者，并寄来专著《冲刷手册》介绍现有的冲刷公式都是经验性的，希望能把笔者公式推导全篇译成英文互相交流。所以趁这本书再版时把附录 A 主要内容译成英文附在书末，便于国内外学者讨论交流。附录 B 也是早期送到美国参加国际学术讨论会交流的论文，会议有兴趣讨论，并抽印单行本寄来。

　　附录 C 的闸坝设计要点是为方便引用《闸坝工程水力学》书中的有关公式、图、表等进行设计而写，都是普通水力学知识。如果能总结提高写一本闸坝水工设计图册的书来减少模型试验工作量，是很有意义的，且南京水利科学研究院水工研究所有着 80 年悠久历史，从高速水流到最低速的渗流都有专题水力学研究，也是有条件的。不幸碰上野蛮拆迁渗流试验室，损失了多年来积累的包括在欧美有关水工渗流研究的大学及科研单位考察访问带回来的技术资料，不得不放弃想法，只好留给后学者了。

　　附录 D 是作者自己从事科研 75 个春秋的学术观点，主要叙述主写 8 本专著的过程。也包括《岩土工程学报》院士主编写文号召岩土界组织讨论来攻击反对水工渗流组发表的关于滑坡计算提出的渗透力有限元法取代垂直条分法的两篇论文而引起学术观点争论不休 30 年的学风现状。在岩土学报和有关刊物上出现拒登为"渗透力"申辩的讨论文等迷信"权威"的怪现象，严重影响了学术正规的发展。再回想过去，深感迷信权威思想是阻挡学术发展创新的一座大山。因此最后勉强写这一篇学术观点来维护百家争鸣和科学发展观的尊严。虽然写文上访已是精疲力竭，心有余力不足了，但仍想着"愚公移山"的美梦会成为现实的。

Appendixes
Simbly Introduced

Appendixes A and B are two original research papers, may be read directly if necessary.

Appendix C is a concise "main points for design of sluic – dams" in order to quote the concept and algorithm of formula and diagram in this revised hydraulics conveniently.

Appendix D is the "academic view point" of author who has engaged scientific research work undergoing 75 years course. Its main contents to be that the course of how to write the published 8 books of specialist works and some papers including discussion on different a cademic view points.

The academic view point to be that a theory or a research paper which did not undergo public discussion is unreliable. So the academician chief editor of Journal Geotechical Engineering who organzed discussion to oppose what the seepage group suggested algorithm of slope sliding by using seepage force with F. E. M. instead of vertical slices metnod. But refused to publish any different view point. So that the argument has been lasted 30 years already and exposed some strange phenomena, such as what the academician said is always correct, "superstition authority" etc. which strongly obstruct academic development. Although "go up visitation" with many times of report appeal to safeguard seepage technology nomal development. But result was "kick ball" each other, No way could be taken except propagate scientific "academic view point" and abolish view point of "superstiton authority".

附录 A
Appendix A

Synthetic Study on Local Scour below
Hydraulic Structures

Mao Chang-xi

This Chinese article with Russian abstract was the research report paper No. 1 of Nanjing Hydraulic Research Institute, published by Water Resource and Power Press, 1959. A short essay about this article "A general formula for local scour below hydraulic structures" has been published on Proc. of 6th Intern. Symposium on River Sedimentation, New Delhi India 1995, which entailed notice to participant of this Symposium. Dr. Hoffmans, the author of book 《Scour Manual, 1997》 had written a letter to me and said "Many scour formulas have been introduced in 'Scour Manual', but they are all empirical. Hope deeply that your scour formula including derivation can be translated into English in order to mutual communication and discussion." So we have tried to translate this Chinese paper into English for a long time. The following translated sections are given by student Huang Jinmin, read and revised by senior engineer Mao Ning.

1   Explanation of synthetic data

The main source of data is the downstream scour of hydraulic structures such as sluice dams and reservoir spillway. There are 35 entrusted pilot projects in total, including 40 hydraulic model tests, listed in Table 1 (omit). The analyzed result with plotting graph of scouring depth relationship collected 219 points of all scour data. According to the property of the data, the research results in this article will be mainly suitable for scour of tranquil flow below hydraulic structures, that is the sluice outflow or dam crest overflow after energy dissipation by passing the hydraulic jump or stilling basin, dented sill and then to the scouring bed becomes sub-critical flow. Next, it is also suitable for undular jump or supercritical flow without breaking away from downstream water body. Meanwhile, the soil on the riverbed should be sand-like or cohesionless.

2   Formation of local scour

After the construction of spillway structure, the spillway width is smaller than the original river channel, which leads to a raise of discharge per unit width. Meanwhile, the raise of the upstream water level leads to significant water head between upstream and downstream. Therefore, flowing water passes the structure and converts to huge kinetic energy, which acts on river bed intensively. Despite of energy dissipation actions, the local flow rate and velocity near structure downstream should be still over normal velocity or allowable flow velocity in original river bed and then the local scour be formed.

The scour process in observation of models, from the view of the two-dimensional flow of vertical section as shown in Fig. 1 and Fig. 2, the brief description is as follows:

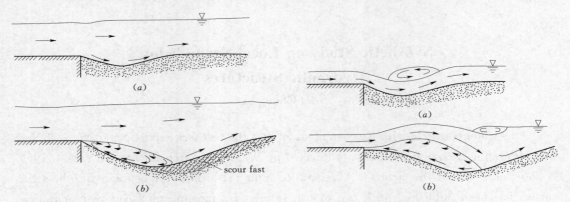

Fig. 1   Scouring progress of tranquil flow   Fig. 2   Scouring progress of shooting flow

When the flowing water leaves from fixed apron end and enters to the scouring riverbed, the flow start forward clinging to the riverbed. Due to the direct effect of the water flow, the riverbed scoured strongly, and a scour pit formed quickly near the end of apron, as shown in Fig. 1(a). Then, because of the scouring of riverbed, the main flow leaves from the front slope of scour pit and eddy flow appears, as shown in Fig. 1(b).

The end of the eddy flow coincides with the deepest point at the scour pit roughly, or behind the deepest point a little. The silt sand on the behind slope of scour pit still moves to downstream along the bottom, and the behind slope becomes flat. Meanwhile, because of the bottom eddy flow effect, the scour pit moves to downstream slowly, and the depth becomes deeper and deeper until the scouring balance.

When the shooting flow leaves out the apron end, two upper flow states will also happen as shown in Fig. 2. The flow phenomenon becomes more obvious and serious.

But the actual flow situation, due to the turbulence inside the flow, unbalance fluctuating pressure, the continually changing of scouring riverbed, despite of the uniform flow rate distribution on each point of the cross section, the real two-dimensional flow is still hard to maintain with so complicated scouring condition.

Hence, it is necessary to illustrate scouring process on further from the plane of flow as follows:

On the plane flow, from the transverse distribution of velocity, if there is a concentrated flow, the lateral vortex will be often in company with the main flow on both sides.

Due to the unbalanced vortex on both sides, it is hard to maintain symmetrical and the mains flow will be sucked to one side. When the main flow is deflected to left side, the vortex flow on left side will be forced to shrink and speed up, which swirls up silt sand and scouring temporarily. The vortex flow on right side enlarges and becomes weak, coming into silting temporarily. Meanwhile, some silt-sand goes to downstream along with the main flow. Then, the left and right side riverbed continue to scour and silting alternately as shown in Fig. 3.

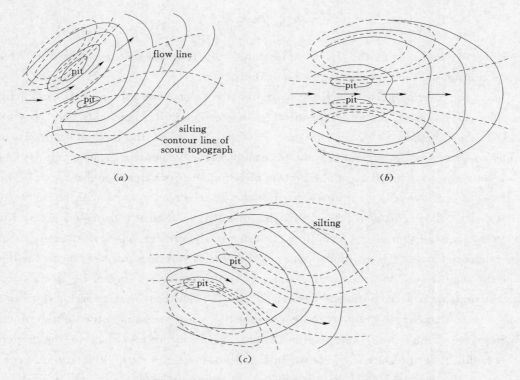

Fig. 3   Scouring progress of main flow with lateral vortexes

The above local scour process which observed from model test sectional profile flow and plane flow is actually similar. That means the action on the concentrated main flow by bottom roller eddy and that by lateral vortex flow is similar to strengthen the scour of river bed.

3   Analysis of scour pit and its flow

The relation between the formation of local scour and flow effect has been described in the phenomenon above. However, if we want to get the real relation of scouring depth, a further research for scour pit location and internal structure of flowing water on scouring riverbed is still necessary. Now only the related flowing water structures and the model test data of scour pit are stated below.

The observed scour phenomena as mentioned in above section, is mainly caused by eddy or vortex over scour pit. This force can be indicated by tangential or shear stress of flow. If we just take the resistance of turbulent flow into account, according to the previous research result by Reynolds, the instantaneous tangential stress (τ) of turbulent flowing related to pulse velocity:

$$\tau = -\rho v'_x v'_y$$

Or using Boussinesq's velocity gradient expression:

$$\tau = \rho \varepsilon \frac{\mathrm{d}v}{\mathrm{d}y} = \eta \frac{\mathrm{d}v}{\mathrm{d}y}$$

Here, we just borrow the above expression to illustrate the factor and relation which affect scouring, no more mathematical algorithms.

As to the internal pulse velocity of hydraulic jump, has been proving that the fluctuating pulse velocity is maximum on the interface between main flow and eddy flow, approximately equal to half outlet velocity of shooting flow. Likewise, the flow on scour pit, according to surveying determination, the maximum vertical fluctuating pulse velocity happens also in the eddy interface at the bottom of scour pit. Its value can also reach beyond 0.2 times of outflow velocity from apron. For the plane spreading flow with lateral vortex on both sides, the experiment proved that the turbulent coefficient ε changes a little on the transverse cross section of the main flow. But due to the greater velocity gradient, turbulence tangential stress τ is still maximum near eddy flow interface, decreasing to the middle of the main flow, and the τ value along eddy flow interface increasing to maximum from the outflow section to the middle part. In short, from those determinations, it can be firmly proved that the maximum turbulence tangential shear stress is in the district of eddy flow interface. Thus, the research on the formation of scour pit must base on the property of these eddy flow interfaces, as shown in Fig. 4 shadow lines part. Velocity gradient is steepest on this part, which is directly leading to scour riverbed.

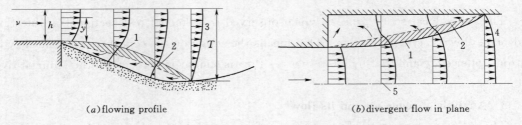

(a) flowing profile   (b) divergent flow in plane

Fig. 4   Interface district between main flow and eddies
1—interface; 2—interface district; 3—velocity distribution;
4—unit discharge distribution; 5—center line of river

Problems of flow in interface and interface district on scouring riverbed are still in lack of study and lack of accurate test data in this field. But based on the observation of two-dimensional local scouring process in model test, that interface goes directly to the pit bottom or slightly downstream, slowly deepening the scouring pit and pushing silt sand to downstream, as shown 1, 2, 3 in Fig. 5. In addition, because of the persistent scour to the pit bottom and the adjacent

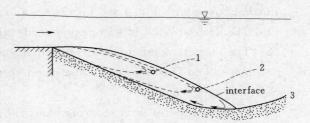

Fig. 5　Effect of eddy interface to the scour pit

front slope, eddies area extended, pressure might be increased, so flow interface moves up correspondingly. Fig. 5 shows the change of relative location between interface and scour pit in progress, but this change is slightly in tranquil flow and significant in shooting flow.

The curve form of flow interface, except a slight droop and bend after flow just leaves apron, it gradually becomes a straight line down to the downstream. Due to the turbulence fluctuation, the river bed just below apron end will be scoured to a vertical drop. Hence, a cut-off wall need to be built. The trajectory of the vertex of flow interface (dots in Fig. 5 represent interface) is more significant for forming a scour pit. According to various scouring data, we plotted the locus of interface vertex as shown in Fig. 6 and locus of the deepest point in scour pit as show in Fig. 7.

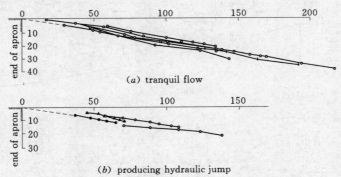

Fig. 6　Locus of vertex of flow interface

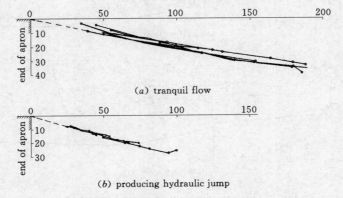

Fig. 7　Locus of deepest point of scour pit

In comparison with Fig. 6 and Fig. 7, we know that:

(1) The deepest point in scour pit coincide with the vertex of flow interface.

(2) The deepest point in scour pit and the vertex of flow interface are mainly in a straight line. When shooting flow appears on apron end, the line gets steeper in consequence of stronger scour.

According to experimental scouring data, the front slope of scour pit is 1 : 3~1 : 6, and behind (downstream) slope is around 1 : 10 or even smaller. Therefore, the distance between scour pit bottom and the end of the apron is 3~6 times of scour pit depth. Except that the above interface position affects the shape of scour pit, the tangential stress or shear strength of flow interface and the soil of scouring riverbed also impact it directly. As to the shear strength distribution along the interface, the silt sand moves to upstream on the front slope of scour pit and the distance between interface and pit surface, can also illustrate that the maximum shear strength is in the middle part of the eddy.

If we keep considering the factor that impacts flow interface location and shear strength, the velocity distribution with transition process of flow for each cross section on scour pit is important as shown in Fig. 8. Due to different initial flow pattern leaving from

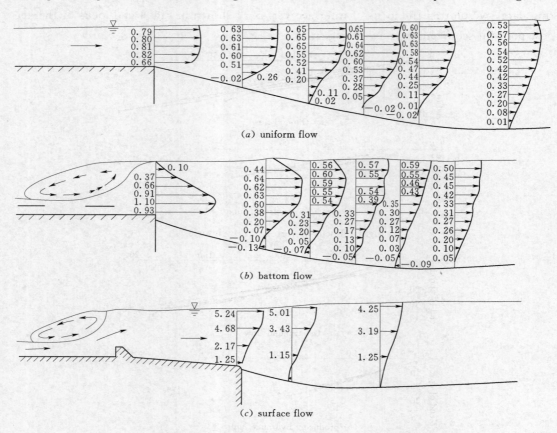

Fig. 8   Velocity distribution of flow on scour pit

the apron end to the entrance of the scouring riverbed, the transitional velocity distribution is also different. The scour pit slope surface has been affected differently. The maximum velocity is closer to the lower part. It will increase the velocity gradient of interface flow to steepen the scouring slope and deepen the pit bottom. Hence, some scholars used bottom velocity directly to research the silt movement and scour problem, thereby acquired regular relationship easily.

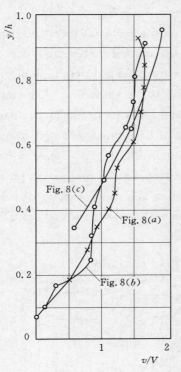

Fig. 9　Relative velocity distribution on scour pit

Despite of different kinds of flow pattern and various of flow velocity transition form, the velocity distribution at the pit bottom tends to be similar. According to the testing data from Fig. 8, the ratio of point velocity v to average velocity v (relative velocity v/V) was acquired and plotted as Fig. 9. It is the basic situation of velocity distribution on the pit bottom. This rule, Rossinsky (1956) had also proved before. Besides, when the outflow from the apron end is bottom flow pattern and becomes to surface flow pattern at the pit bottom as Fig. 8(b), its velocity distribution adjusts too rapidly. Thus, the scour is deeper and the scouring slope is steeper.

If research further on the velocity distribution at each cross section along the pit bottom we can calculate the nonuniform velocity distribution coefficient by equation as follows:

$$\alpha = \frac{1}{hV^2}\int v^2\,\mathrm{d}h$$

According to the measurement data of different flow patterns and soil grain sizes, it can be arranged as a ratio of the distance from apron end to the water depth on apron end, plotted this ratio x/h_1 with α as Fig. 10. We can know that the change of α from apron end to scour pit bottom reaches a nearly same value.

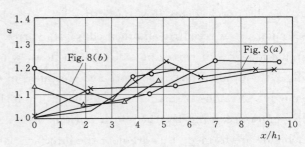

Fig. 10　Variation of α along front slope of scour pit

They are almost in a straight line except the beginning. Meanwhile, in general case, α is increasing along with the flow direction to pit bottom.

With regard to plane divergent spreading flow, as shown in Fig. 4 (b), the effect from the lateral vortex flow interface to riverbed scour is still needed to be researched. In the model test, main flow with lateral vortex flow can be found usually. This phenomenon corresponds to bottom eddy flow in vertical profile flow as shown in Fig. 4 (a).

The effect of plane spreading flow with lateral vortex on the scour pit form and location, that can be known from the above flow property. The circulatmg flow velocity of lateral vortex will increase the impact of bottom eddy, thereby steepening the front slope and deepening scour pit, and enlarging the scouring vertical drop at the apron end. Especially when the energy dissipation on fixed apron is nonuniform and leads to strong local vortex at the riprap apron end, or near the behind slope where shall be formed scour pit deepening, the scouring topography as shown in Fig. 11 point A. In Fig. 11 (a), local vortex scour still happens at the riprap apron end because of nonuniform energy dissipation previous. Fig. 11 (b) is that outflow from riprap apron still be over allowable velocity of bank soil, forming local vortex at the junction of slope protection with earth slope and scouring bank slope.

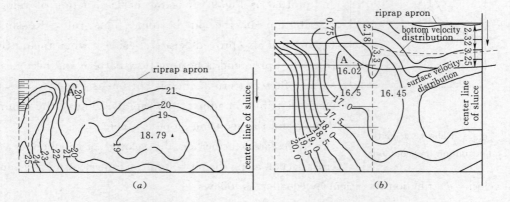

Fig. 11   Effect of local vortex in plane spreading flow on scour pit

Each lateral vortex flow on both sides of plane spreading flow like circulating current is similar as an eccentric elliptical eddy. Its vortex center is close to interface. Due to the circulation flow of vortex on side of main flow, which will compress main flow concentratedly. It not only affects the depth and steepness of scour pit, but also affect the location of scour pit. Various of model tests listed in Table 1 have proved several times that if the flow enters scouring riverbed with obvious vortex flow on both sides, two scour pits on each side are formed. Pits are near the interface between mains flow and vortex flow. Due to the deep pit close to bank slope, it will affect the stability of bank slope. If the divergent spreading flows without vortex flow on both sides, only the middle scour pit will exist.

Now a typical example of model test for Yunheji intake lake sluice is given here. If downstream water level as shown in Fig. 12 is getting higher ($H_2 = 26.1$m), the water level exceeds the top of wing wall and comes into vortex flow at both sides, expanding out of the riprap apron and formed two scour pits on river bed. If the downstream water level

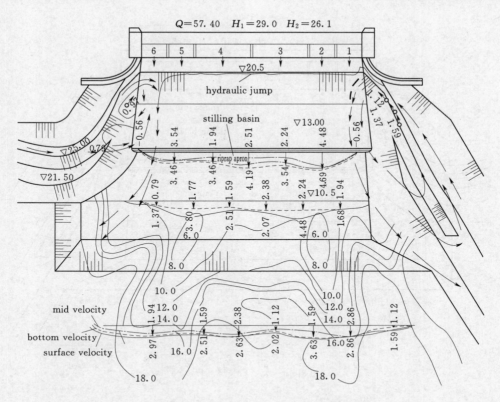

Fig. 12　Scour model test of Yunheji intake
sluice of lake（lateral vortex）

is decreasing 1 meter ($H_2 = 25. 1m$), the lateral vortex is disappear and scour pit is only one in the middle, as shown in Fig. 13. We can know that despite the decrease of tail water level and the downstream average velocity is increased, the scouring depth does not increase. It shows that vortex flows on both sides are disadvantageous to scour depth and location. Furthermore, if we open some gates concentratly, dangerous result will happen due to flow losing diversion action of wing wall.

But we must point out from the mentioned scour topograph, that when serious scour happens, two scour pits due to vortex flow on both sides could be moved to downstream and combined together into middle pit. As shown in Fig. 14, it is the locus of the two pits deepest points.

The above mentioned relationship between scour pit and flow condition is only analyzed and based on model test data of separated profile sectional flow and plane spreading flow. But the real flow is affected by comprehensive complexity. For conveniently apply the scouring relationship to real flow, the relational expression will be derived further below.

4　Derivation of local scouring relational expression

According to previous described formation of local scour, the interface between eddy

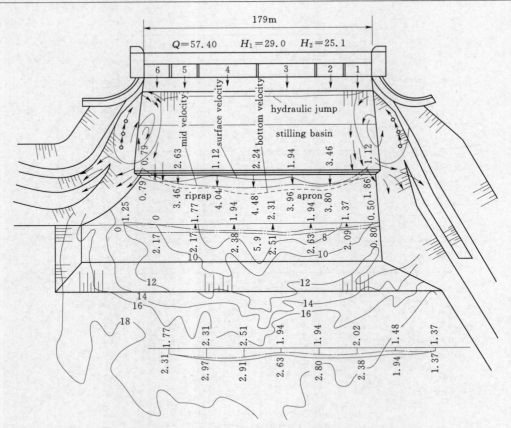

Fig. 13   Scour model test of Yunheji sluice intake of lake (no lateral vortex)

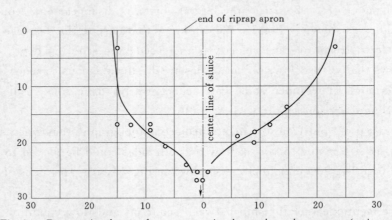

Fig. 14   Progressing locus of two scour pits due to lateral vortexes (unit: m)

flow and mainflow on riverbed behind the fixed apron has the strongest turbulence fluctuation. This is the reason of forming scour pit. Hence, we start from the flowing shear stress on this interface to research scouring depth.

Now, based on two dimensional flow, we derive the scour depth relational expression by writing the equation of motion along profile flow. As shown in Fig. 15, taking differen-

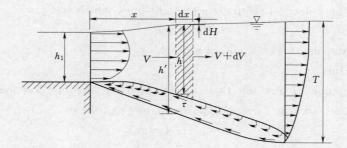

Fig. 15　Sketch of local scour by acting forces on flow with bottom eddy

tial stretch of flow as dx, there are two acting forces, ① tangential or shear stress along flow interface; ② horizontal pressures on two vertical sections. If the internal flow still be hydrostatic pressure distribution, we can write horizontal flow momentum equation:

$$M_2 - M_1 = F_1 - F_2$$

that is:

$$\frac{\gamma q}{g} d(\alpha v) = \frac{1}{2}\gamma h^2 - \frac{1}{2}\gamma(h + dH)^2 - \tau dx$$

neglecting infinite small of second order, we have the following differential equation:

$$\frac{\gamma q}{g} d(\alpha V) = -\gamma h dH - \tau dx$$

where

q——discharge per unit width;

V——average velocity of cross sectional flow;

τ——tangential or shear stress on interface of main flow and eddy;

h——flow depth over eddy interface;

H——height of water surface;

α——correction factor of nonuniform velocity distribution;

γ——unit weight of water;

g——acceleration of gravity.

Due to $V = q/h$, substitute into above equation, after arrangement we have:

$$\tau = -\frac{\gamma q^2}{g}\frac{d}{dx}\left(\frac{\alpha}{h}\right) - \gamma h\frac{dH}{dx} \tag{1}$$

In the above equation, if we know the changes relationship of α along flow, and that of H, h and relation of τ along flow interface, the above equation can be solved. But there is no sufficient actual testing data. Thus, we cite some reasonable assumption is also necessary to deal with the above equation.

About the flow interface, according to the demonstration in last section (as shown in Fig. 5, Fig. 6, Fig. 7), we assume that the deepest scour pit point superposes with flow interface vertex. In other words, when scour at different periods or different soil is in scouring balance, pit bottom is scoured by flow interface directly and allowable to assume the trajectory of these deepest points is a straight line, which is:

$$h = h_1 + \kappa_1 x \tag{2}$$

where h_1——water depth at the end of apron;

κ_1——a constant.

About the change of α along flow direction, from the last section (as shown in Fig. 10), we assume a linear variation approximately as follows:

$$\alpha = \alpha_1 + \kappa_2 (x/h_1) \tag{3}$$

where α_1——correction factor of nonuniform flow velocity distribution at the end of apron;

κ_2——a constant.

Substitute equation (3) into equation (1), in which the term $\dfrac{\mathrm{d}}{\mathrm{d}x}\left(\dfrac{a}{h}\right)$ becomes,

$$\frac{\mathrm{d}}{\mathrm{d}x}\left(\frac{a}{h}\right) = \left(\frac{\kappa_2 h}{h_1} - \left(\alpha_1 + \frac{\kappa_2 x}{h_1}\right)\frac{\mathrm{d}h}{\mathrm{d}x}\right)/h^2$$

Then from equation (2), $x = (h - h_1)/\kappa_1$ and $\dfrac{\mathrm{d}h}{\mathrm{d}x} = \kappa_1$ substitute into the above equation and simplify it:

$$\frac{\mathrm{d}}{\mathrm{d}x}\left(\frac{a}{h}\right) = -(\kappa_1 \alpha_1 - \kappa_2)/h^2 \tag{4}$$

Secondly, about the change of water level $\dfrac{\mathrm{d}H}{\mathrm{d}x}$, the water surface differential equation can be referred as an approximate derivation:

$$\frac{\mathrm{d}H}{\mathrm{d}x} = \frac{\mathrm{d}h'}{\mathrm{d}x} - \frac{\mathrm{d}z}{\mathrm{d}x} = \frac{\dfrac{\mathrm{d}z}{\mathrm{d}x} - \dfrac{q^2}{C^2 h'^3}}{1 - \dfrac{q^2}{g h'^3}} - \frac{\mathrm{d}z}{\mathrm{d}x}$$

where h'——water depth on scouring river bed;

C——coefficient in chezy's formula;

$\dfrac{\mathrm{d}z}{\mathrm{d}x} = i$——slope of river bed.

Now, write the above equation as:

$$\frac{\mathrm{d}H}{\mathrm{d}x} = \frac{i - \dfrac{q^2}{C^2}\left(\dfrac{1}{h'^3}\right)}{1 - \dfrac{q^2}{g}\dfrac{1}{h'^3}} - i = f\left(\frac{1}{h'^3}\right)$$

We don't need to worry about the shape of scour pit bottom i or what function it is, taking the first above equation into Taylor series expansion in terms of $\dfrac{1}{h'^3}$:

$$f(0) = 0$$

$$f'(0) = q^2\left(\frac{i}{g} - \frac{1}{C^2}\right)$$

$$f''(0) = \frac{2q^4}{g}\left(\frac{i}{g} - \frac{1}{C^2}\right)$$

...

Then we get

$$\frac{\mathrm{d}H}{\mathrm{d}x}=q^2\left(\frac{i}{g}-\frac{1}{C^2}\right)\left(\frac{1}{h'^3}\right)+\frac{q^4}{g}\left(\frac{i}{g}-\frac{1}{C^2}\right)\left(\frac{1}{h'^3}\right)^2+\cdots \tag{5}$$

Since the above series converge fastly, we take the first one term.

Substitute equations (4) and (5) into equation (1):

$$\tau=\frac{\gamma q^2}{g}\left[\frac{\kappa_1\alpha_1-\kappa_2}{h^2}+\left(\frac{g}{C^2}-i\right)\frac{h}{h'^3}\right] \tag{6}$$

We only calculate the depth of scour pit, according to previous assumption that the flow interface vertex coincides with the deepest point of scour pit. Thus, the maximum scouring depth $T=h'=h$, and pit bottom slope $i=0$. Let τ_0 represents the shear stress of flow on pit bottom. When the scour is in balance, it is equivalent to the critical tractive force of riverbed soil. And due to $\gamma=\rho g$, then the above equation could be solved to get the relational expression of maximum scouring depth:

$$T=\frac{q}{\sqrt{\tau_0/\rho}}\sqrt{\kappa_1\alpha_1-\kappa_2+\frac{g}{C^2}} \tag{7}$$

In the above equation: $\sqrt{\tau_0/\rho}=v_*$, is the dynamic velocity, friction velocity or shear velocity on pit bottom, which can be expressed by the allowable non-scouring velocity or threshold velocity of scouring riverbed soil, or using the critical tractive force of soil directly (refers to later, below Eq. 15). It can be known from the above equation that the main factors of affecting local scouring depth are unit discharge q and allowable non-scouring velocity of soil or critical tractive force τ_0; the minor factors are the velocity distribution at the apron end (α_1), the trace of flow interface (κ_1), the change of velocity distribution along the flow (κ_2), and the roughness factor C of riverbed, etc.

About the coefficient κ_1 which represents water interface and the coefficient κ_2 which represents the velocity distribution of the flow from apron end to scour pit bottom, we can decide them from data of model experiments. By analysis of data, that both factors κ_1 and κ_2 closely connect with the flow pattern of flow entering the scouring riverbed. Now, letting y be the position height (counting from the apron end) of maximum velocity in vertical distribution of velocity at the apron end, and then the ratio y/h_1 represents the flow pattern (bottom flow, surface flow and uniform flow). According to flow pattern, to analyze κ_1 and κ_2 by utilizing model test data, getting the result as shown in Fig. 16 and Fig. 17, and the relations as follows:

$$\kappa_1=0.213-0.035\frac{y}{h_1} \tag{8}$$

$$\kappa_2=\frac{0.076}{\alpha_1}\frac{y}{h_1} \tag{9}$$

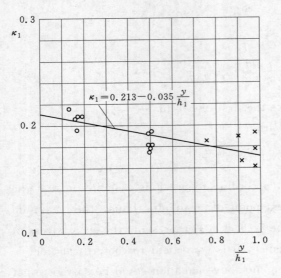

Fig. 16　Relation of κ_1 with y/h_1

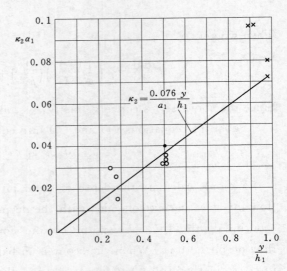

Fig. 17　Relation of $\kappa_2 \alpha_1$ with y/h_1

The value of κ_1 shown in above, slightly relates to Froude number. But most of those data demonstrate that the flow is already tranquil when flow comes out from the apron. The variation of Froude number is small, not included in the equation.

About the term g/C^2 in equation (7) can be kept calculating as the relation of riverbed soil grain size. Now, we quote Zhang Youlin's experimental formula (Proc. ASCE 1937):

$$n = 0.0166 d^{1/6} \tag{10}$$

where　n——the coefficient of roughness (same as the n in Manning's formula);

　　　d——the average soil grain size on riverbed surface, unit in mm.

For the consistency of the unit in future scouring formula to be derived, we use unit m for the above grain diameter d, and introduce $\sqrt{g}$ into the equation to keep dimensional homogeneity of the equation. Thus the above equation may be written:

$$n = \frac{0.163}{\sqrt{g}} d^{1/6} \tag{11}$$

Also based on the relationship between Chezy's C and the n in Manning formula:

$$C = \frac{1}{n} R^{1/6} \approx \frac{\sqrt{g}}{0.163} \left(\frac{h_1}{d}\right)^{1/6} = 6.13 \sqrt{g} \left(\frac{h_1}{d}\right)^{1/6}$$

The above equation has similar result with what Goncharov (Russian 1953) got in laboratory. So we have:

$$\frac{g}{C^2} = 0.0264 \left(\frac{d}{h_1}\right)^{1/3} \tag{12}$$

Substitute results of equations (8), (9) and (12) into equation (7):

$$T = \frac{q}{\sqrt{\dfrac{\tau_0}{\rho}}} \sqrt{0.213 \alpha_1 - 0.035 \frac{y}{h_1}\left(\alpha_1 + \frac{2.17}{\alpha_1}\right) + 0.0264 \left(\frac{d}{h_1}\right)^{1/3}}$$

The term in brackets $\left(\alpha_1+\dfrac{2.17}{\alpha_1}\right)$ changes slightly between $3.17 \sim 2.95$ for all test data of α_1. So we can take an approximate constant $\left(\alpha_1+\dfrac{2.17}{\alpha_1}\right)=3.04$. The above equation can be simplified as:

$$T=0.324\ \frac{q}{\sqrt{\dfrac{\tau_0}{\rho}}}\sqrt{2\alpha_1-\frac{y}{h_1}+\frac{1}{4}\left(\frac{d}{h_1}\right)^{1/3}} \tag{13}$$

In the above equation, the derived coefficient 0.324 should be revised from testing data (the systematic illustration at the foot note on page of Fig. 23). Now we symbolize it with φ_1:

$$T=\varphi_1\ \frac{q}{\sqrt{\dfrac{\tau_0}{\rho}}}\sqrt{2\alpha_1-\frac{y}{h_1}+\frac{1}{4}\left(\frac{d}{h_1}\right)^{1/3}} \tag{14}$$

We can know from the above equation that the depth of local scour does not only connect with discharge per unit width and allowable non-scouring velocity of soil or critical tracitve force [because $\sqrt{\dfrac{\tau_0}{\rho}}$ can be represented by the property of bed soil (see next section)], but also relates to nonuniform coefficient of velocity distribution and flow pattern leaving from the apron end to the scouring riverbed, and the relative roughness of scouring bed. On other words, factors that affect local scouring depth are flow conditions and riverbed soil conditions, that is scouring factors and anti-scouring factors.

Because the relative roughness $\dfrac{d}{h_1}$ in the above equation has a very small value in case of soil riverbed, which can be ignored. Then simplify above equation as:

$$T=\varphi_1\ \frac{q}{\sqrt{\dfrac{\tau_0}{\rho}}}\sqrt{2\alpha_1-\frac{y}{h_1}} \tag{15}$$

Again the $\sqrt{\dfrac{\tau_0}{\rho}}=v_*$ is the shearing velocity or dynamic velocity When the scour pit bottom in balance, it is corresponding to bottom flow velocity which is having a certain proportional relationship with the average velocity v on the vertical section. (Note: $v_*=\sqrt{\dfrac{\tau_0}{\rho}}=\sqrt{ghi}=\sqrt{gh}\sqrt{\dfrac{\lambda}{h}\dfrac{v^2}{2g}}=\sqrt{\dfrac{\lambda}{2}}v$, λ is resistance coefficient). Hence, we substitute for $\sqrt{\dfrac{\tau_0}{\rho}}$ in above equation by the threshold average velocity of the bottom sediment or critical average velocity of the bottom sediment or critical average velocity for soil grain motion. The above equation can be written as:

$$T=\varphi_2\ \frac{q}{V_c}\sqrt{2\alpha_1-\frac{y}{h_1}} \tag{16}$$

Although we quoted shear velocity or threshold velocity respectively in above two e-quations. But quantitatively, the shear velocity on scouring pit will greater than that on the general riverbed. On the other hand, the ability to resist scouring average velocity of sediment on scouring pit will be smaller than that on general riverbed.

Equations (15) and (16) may be called relational expression of local scouring depth. They are dimensional homogeneity. Only dimensionless coefficient and a ratio exists in the root. If scour pit depth and maximum local discharge per unit width of flow and vertical distribution of flow velocity are known, taking the allowable non-scouring velocity of soil or critical tractive force into the above equation, we can get the scouring coefficient φ in relational expression.

5 The formula of local scouring depth

According to the scouring relational expression (16), we can quote some known threshold velocity equations and decide to use the following form of threshold velocity equation:

$$V_c = \varphi_3 \sqrt{\left(\frac{\rho_1}{\rho} - 1\right) g d} \left(\frac{h}{d}\right)^{1/6} \tag{17}$$

ρ_1 is the density of sand grain.

The above equation is basically corresponding to Goncharov (1954) or Levy (1952) formula. We just change the logarithmic functions of relative roughness or relative water depth into approximative exponential function, for facilitating the calculation. Thus, we take equation (17) into (16), substituting a coefficient $\varphi = \dfrac{\varphi_2}{\varphi_3}$ and taking the specific grav-ity of soil grain $s = \rho_1/\rho$. The local scour relational expression of sandy riverbed is:

$$T = \varphi \frac{q\sqrt{2\alpha - \dfrac{y}{h}}}{\sqrt{(s-1)gd}\left(\dfrac{h}{d}\right)^{1/6}} \tag{18}$$

Now, according to the scouring data of hydraulic structure model experiments which are done by our institute in the 1950' s after liberation, we verify equation (18) and see-king the scouring coefficient φ in the equation. The model-sand is natural sand gravel and coal dust which are in uniform size. The size is around $0.175 \sim 4.8$mm (the unit in the formula is m) and specific gravity $s = \dfrac{\rho_1}{\rho} = 1.35 \sim 2.75$. The relative water depth $\dfrac{h_1}{d} = 30 \sim$ 500. For the three dimensional flow entire model experiment, the maximum discharge per unit width q is taken at apron end as shown in Fig. 18. That is the position of maximum velocity on transverse section. Then the unit discharge q is determined on this position, and calculated by equation:

$$q = hV = \int v dh = h\left(\frac{\sum v}{n}\right) \tag{19}$$

In general, the maximum q and scour pit are both in the middle of riverbed. But when

obvious vortex flow exists in the case of individual or side opening gates, there are proba-
bly two or more q and scour pits. We use all of them for analyzing data. As shown in
Fig. 18, that is the distribution of discharge per unit width of apron or riprap apron end in
quoted data and using its position of maximum q.

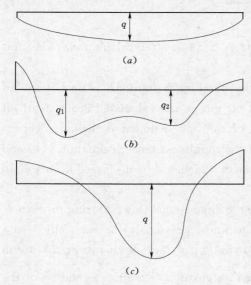

Fig. 18　Distribution of unit discharge q of
plane divergent flow at apron end

The nonuniform coefficient of vertical dis-
tribution of velocity at position of maximum q
on apron or riprap apron end, due to various
energy dissipation, $\alpha = 1 \sim 1.4$. And we calcu-
late α as follows:

$$\alpha = \frac{1}{h} \int \left(\frac{v}{V} \right)^2 dh = \frac{\sum v^2}{nV^2} \qquad (20)$$

Where n is the number of uniformly-spaced di-
visions on vertical line of velocity distribution.
v is the velocity of every equal division. Other
symbols are as before.

Abouta the relative height of maximum ve-
locity position on vertical distribution of veloci-
ty at the apron end, due to energy dissipation
as well, the variation range is extensive, $\frac{y}{h} =$
$0 \sim 1$. But this index which represents flow pat-
tern is suitable for obvious major velocity. As for common situation, although the maxi-
mum value is close to water surface, its entire velocity basically vary in a small range. We
can count it as uniform velocity distribution. For example, when α is close to 1, and the
ratio between the maximum velocity and average velocity $\frac{v_{max}}{V} < 1.1$, it can be considered
as uniform flow, thereby $\frac{y}{h_1} = 0.5$. If there are two obvious peaks on vertical distribution of
velocity, the lower peak to be taken for safety of scouring calculation. The vertical distri-
bution of velocity in calculation is shown in Fig. 19.

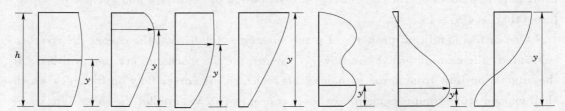

Fig. 19　Various vertical distribution of velocity at apron end

After a plenty of arrangement and calculation, the functional expression for calculat-
ing the depth of scour pit and the actual measurement depth of scour pit T are drawn as

Fig. 20. The number of data point in the Fig. 20 refers to the engineering item in Table 1. According to the method of least square, we calculated the scouring coefficient $\varphi = 0.66$ in the relational expression. Hence, we get the scouring depth formula:

$$T = \frac{0.66q \sqrt{2\alpha_1 - y/h_1}}{\sqrt{(s-1)gd}\left(\frac{h_1}{d}\right)^{1/6}} \tag{21}$$

The average error of above scouring formula is $\pm 14\%$ after calculation. The unit should be consistent in the formula.

After analysis for dots dispersed on Fig. 20 that the bigger grain size is on left side of straight line and the finer grain on right side. That means the calculated scour depth of coarse sand gravel is inclined shallower and that of the fine sediment is inclined deeper. This reason may be that the former is due to omit the roughness term in equation (14) and the latter is no counting the cohesive force of sediment which will be discussed in threshold velocity of sediment movement.

The formula (21) which directly applied to three dimensional flow scouring problems, still exists some difficulties. Because, we ought to know previously the vertically transverse sectional velocity distribution and flow distribution of unit discharge at the apron end. And then, we can ensure the maximum q and its position as well as α_1 and $\frac{y}{h_1}$ of the velocity distribution. Thus, the outflow property must be known. That means we should research how do various of energy dissipation facilities in front of apron end to form transverse spreading flow and come into hydraulic jump or surface flow pattern (refers the next section).

6　Relationship between local scour and energy dissipation

Scour prevention is the aim of energy dissipation, and energy dissipation is the method of scour prevention. There is no doubt that we strengthen energy dissipation without concerning scour also unrealistic. It can be seen the basic requirement of energy dissipation from formula (21). Firstly, it requires that the transverse spreading at apron end should be uniform, minimizing the local discharge per unit width q. Secondly, it is supposed to contribute to a small coefficient of vertical distribution of velocity α and surface flow pattern (that is $y/h_1 = 1$).

One of the significant property of plane spreading flow is that the deeper the riverbed is scoured, the more intensive the flow is, the greater the discharge per unit width is. If the original outflow from apron is undesirable, such as the vortex flow on the side, which shall expand scope compress main flow more concentrated. Meanwhile, the vortex flow interface moves slightly to the middle of river. According to experimental data of our institute, bank slope is scoured and the scope of vortex flow is more expanded at the apron end. The discharge per unit width and velocity distribution trend on scour pit as shown in Fig. 21.

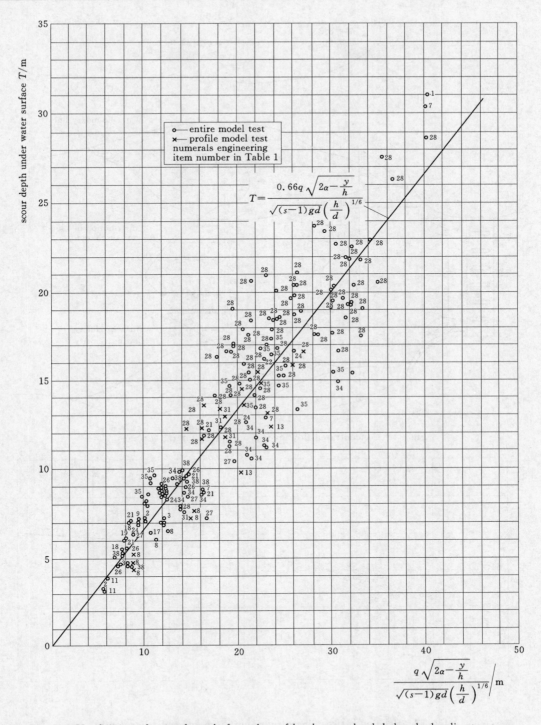

Fig. 20   Verification of scour formula from data of local scour depth below hydraulic structures

(scour coefficient in formula $\varphi = 0.66$)

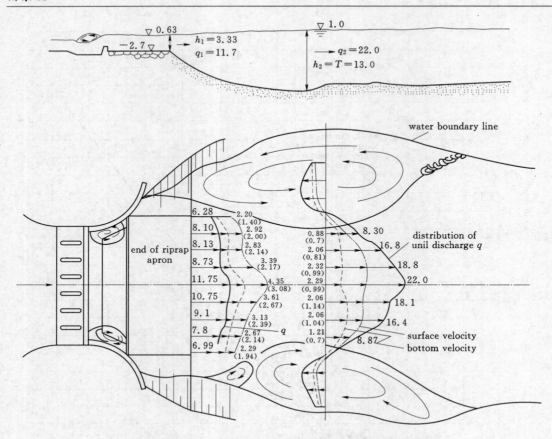

Fig. 21   Concentrated flow over scour pit by lateral vortexes

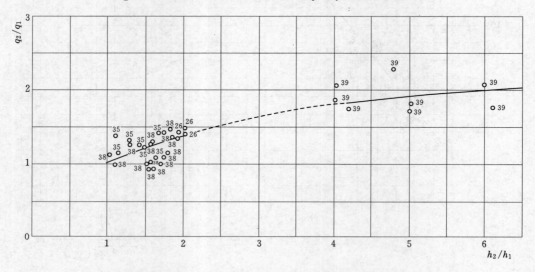

Fig. 22   Relation between increase of unit discharge and scour depth

About the relation that the increase of more concentrated unit discharge q due to the deepening of scour pit, we have analyzed scour depth data of model test as shown in

Fig. 22 (the number of data point is the engineering item in Table 1). In this figure, h_1 and h_2 are the water depth on apron end and on scour pit bottom, q_1 and q_2 are the corresponding unit discharge. When the lateral vortex flow is very serious, the unit discharge q_2 on scour pit is twice that in the front of pit q_1, that is $q_2/q_1 = 2$.

In order to use scour formula correctly and conveniently, the unit discharge q should be chosen the local maximum q_{max} which is better determined from relative to the average unit discharge along width of apron end $q_m (=Q/B)$ and the ratio may be referred as follows.

$q_{max}/q_m = 1.05 \sim 1.5$ for good spreading flow without lateral vortex after energy dissipation, $3.10 \sim 5.5$ for no wing wall and energy dissipator or individual gate opening with serious lateral vortex.

About the vertical distribution of velocity and flow pattern before entering scouring riverbed, it still need further to research the energy dissipation as follows:

The tail sill of stilling basin or baffle pier on the apron and dented baffle in row not only prevent plane divergent flow, but also change the flow behind the baffle from bottom flow pattern to surface flow pattern swiftly, as shown in Fig. 23 (a).

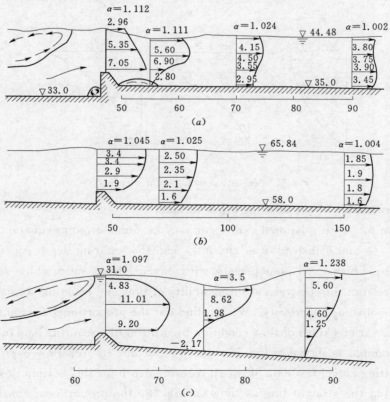

Fig. 23   Relation between velocity distribution of flow out from
stilling basin and energy dissipation

Behind apron or stilling basin tail sill, we often build riprap apron to adjust the velocity distribution close to the normal flow of river. Long horizontal riprap apron, although the flow changes to surface flow pattern after passing baffle sill, but flow reaches riprap end, it gradually changes into approximately uniform flow pattern [refer Fig. 23 (a) (b)]. Therefore, long horizontal riprap apron mainly plays a role of decreasing local q, and does not help for the flow pattern. The riprap apron that inclined down stream will ensure the surface flow pattern [refers Fig. 23 (c)]. From the flow pattern index y/h in scouring formula (18), it can be known the advantage of inclined riprap apron. Its inclined ratio is $1 : 6 \sim 1 : 10$.

At the same time the flow becomes surface flow pattern before entering scouring riverbed, the momentum correction factor of vertical distribution of velocity α is required to be not large. That is, insignificant surface flow pattern, as shown in Fig. 24 (a), $\alpha_1 = 1.05 \sim 1.15$, which is better than Fig. 24 (b) and (c), $\alpha_1 = 1.2 \sim 1.25$. The flow pattern index $\sqrt{2\alpha_1 - \dfrac{y}{h_1}} = 1.05 \sim 1.25$ for surface flow and uniform flow, and that for bottom flow pattern $\sqrt{2\alpha_1 - \dfrac{y}{h_1}} = 1.3 \sim 1.6$.

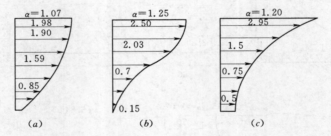

Fig. 24　Velocity distribution of surface flow

7　Generalization of the scouring depth formula

The scouring depth relational expression may be summarized as equation (15) and equation (16) (α and h instead of α_1 and h_1), and the scouring depth equation (18) for sandy soil. The dimensional homogeneity with dimensionless ratio which represents the proportional relationship between scouring ability of flow and resisting scour ability of bed material. It is obvious superiority. We can find out the proportional constant in relational expression for various kinds of flow condition by utilizing the scouring data of riverbed material. For example as shown in Fig. 25, riprap scour due to drop flow over end sill of apron. By plotting model test data of riprap scouring depth for this bottom flow pattern ($y/h_1 = 0$), getting the straight line as show in Fig. 26, the proportional constant $\phi = 0.9$, i. e. the scour coefficient in scour equation (18).

Likewise, plotting the scour data for other flow conditions such as at bridge pier, riv-

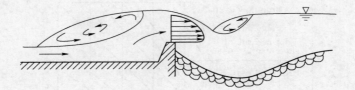

Fig. 25　Riprap scour due to drop flow

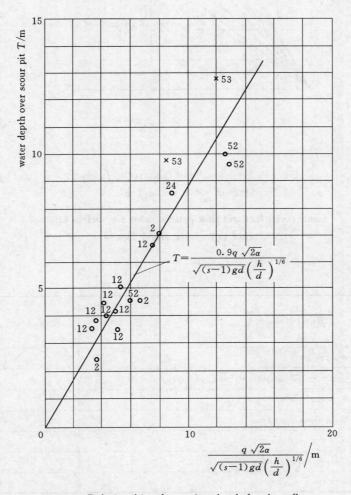

$$T=\frac{0.9q\sqrt{2\alpha}}{\sqrt{(s-1)gd}\left(\dfrac{h}{d}\right)^{1/6}}$$

Fig. 26　Relationship of scouring depth for drop flow

er bend etc. 〔Fig. 27～Fig. 33 (omitted) and Table 1～Table 3 with description in the o-riginal Chinese paper are omitted here〕 getting straight lines are shown as in Fig. 34 and the proportional constants (scour coefficient ϕ) are shown in Table 4. Therefore the equa-tion (18) may be called general scour formula.

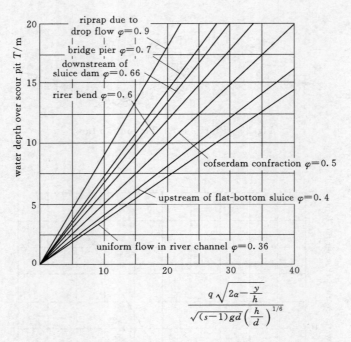

Fig. 34   Scouring depth relationship for various
kinds of scour（refer Table 4）

Table 1   **Scour coefficient and flow pattern index for various kinds of
scour in formula（refer Fig. 34）**

$$T = \varphi \frac{q \sqrt{2a - y/h}}{\sqrt{(s-1)gd}\left(\dfrac{h}{d}\right)^{1/6}}$$

Kinds of scour	Scour coefficient φ	Index of flow pattern $\sqrt{2a - \dfrac{y}{h_1}}$
1. Scour below sluice-dam	0. 66	1. 05～1. 61
2. Scour of riprap apron due to drop outflow from stilling basin	0. 9	1. 48
3. Scour at bridge pier and abutment	0. 7	1. 24
4. Scour of concave bank along river bend	0. 6	1. 14
5. Scour at cofferdam or flow contraction	0. 5	1. 22
6. Scour upstream of flat-bottomed sluice	0. 4	1. 26
7. General scour of uniform river channel	0. 36	1. 12

8   Discussion about scour of clay and rock bed

In the end, we will discuss how to apply scouring depth relational expression to the common clayey soil and rock bed. It can be known from previous relational equations (15) and (16) that if we know the relationship of threshold velocity of the scouring bed material, we can find out the proportional constant in formula. For instance, we quote Koncharov's threshold velocity formula (1954):

$$V_c = 1.07 \sqrt{\left(\frac{\rho_1}{\rho} - 1\right) gd} \quad \lg \frac{8.8h}{d} \tag{22}$$

when $\frac{h}{d} = 10 \sim 1000$, we use the approximation average value $1.41 \left(\frac{h}{d}\right)^{1/6}$ instead of $\lg \frac{8.8h}{d}$, and derive into a similar formula:

$$V_c = 1.51 \sqrt{(s-1)gd} \left(\frac{h}{d}\right)^{1/6} \tag{23}$$

Substitute into scour formula equation (21), we get that the coefficient ϕ_2 in equation (16) is 1 ($= 1.51 \times 0.66$), then:

$$T = \frac{q}{V_c} \sqrt{2\alpha - \frac{y}{h}} \tag{24}$$

In equation (24), the identical equation $T = h = q/V$ does not hold (Since $\sqrt{2\alpha - y/h} > 1$). That indicates the local scour depth is greater than the general scour depth. Reversely substitute equation (23) into above equation (24), it returned to equation (21), i. e. $1/1.51 = 0.66$, illustrates that the quoted V_c equation (23) is suitable to the local scour for cohesionless material, such as sand gravel or stone block. Likewise if there is any V_c equation for clay or rock bed. We shall be able to substitute it into equation (24) to get the scouring depth equation for clay or rock bed. However, up to now, only the data of allowable or critical velocity for clay or rocks can be utilized. Therefore we can only quote the V_c equation, such as equation (23) to solve the equivalent grain diameter d and then substitute this equivalent d into scouring depth formula (refers the corresponding flow condition in Table 4) to calculate scouring depth T.

In general, the specific gravity of bed material $s = 2.65$, V_c equation (23) may be simplified:

$$V_c = 6.1 \sqrt{d} \left(\frac{h}{d}\right)^{1/6} \tag{25}$$

And the equivalent grain diameter:

$$d = \frac{V_c^3}{216 \sqrt{h}} \tag{26}$$

For example to illustrate the calculation process: suppose the river bed is cohesive soil, its allowable velocity at water depth 1 meter is known $V_{c1} = 1.3 \text{m/s}$. We shall use this data to calculate the allowable velocity at water depth 4m by depth relation $V_c = V_{c1} (h)^{1/6} = 1.3 \times (4)^{1/6} = 1.64 \text{m/s}$. Substitute into equation (26) getting equivalent grain diameter $d = (1.64)^3 / 216 \sqrt{4} = 0.01 \text{m}$. Then substitute this $d = 0.10 \text{m}$ into equation (21) calculate the scouring depth below sluice dams or other equations (refers Table 4) to calculate the corresponding scour kind and flow condition.

Another method about how to calculate the scouring depth of cohesive soil and rock bed will be discussed by substituting allowable shear velocity into relational expression equation (15). As to the shear velocity near river bed of uniform flow, the Shields diagram (1936) is often used to study sediment movement. From this diagram we can find out the critical Shields number Ψ_c which is the ratio of shear stress of flow $\tau_0 = \rho v_*^2$ to resisting force of sediment $(\rho_1 - \rho)gd$, i. e. $\Psi_0 = \dfrac{v_*^2}{(s-1)gd}$. Thus, the critical shear velocity $v_* = \sqrt{\tau_0/\rho}$ is known for given sediments. Substitute value of $\sqrt{\tau_0/\rho}$ into equation (15) try to find scour depth relation. However the shear velocity could not be determined from flow near bed exactly. It is still yet to find out the relationship with the average velocity of flow.

Note: Afterwards the above discussion on scour of clayey soil and rock bed had been researched for long time and the results had been already written in Chinese book 《Safety of Earth Dam and Levee with Hydrodynamic Forces Calculation》 (2012) and this revised book 《Engineering Hydraulics of Sluice-Dams》 (2018).

That is the scour of clay or rock bed can be transformed into corresponding equivalent grain size diameter d. Besides the general scour depth equation (18).

$$T = \varphi \frac{q \sqrt{2\alpha - y/h}}{\sqrt{(s-1)gd}\left(\dfrac{h}{d}\right)^{1/6}}$$

May be directly transformed into formula of threshold or no scuring critical velocity V_0, since $T = h$, $q = V_c h$, substitute into ahove scour depth equation (18), get

$$V_c = \frac{\sqrt{(s-1)d}\left(\dfrac{h}{d}\right)^{1/6}}{\varphi \sqrt{2\alpha - y/h}}$$

This formula V_c is suitable for various kinds of flow condition with knowing flow pattern factor $\sqrt{2\alpha - y/h}$. For instance, the normal surface flow pattern on riprap apron below sluice dam as in Table 1, kind 1 of scour. $\varphi = 0.66$, $\alpha = 1.1$, $y/h = 1$, substitute in formula V_c, get

$$V_c = 1.38 \sqrt{(s-1)gd}\left(\frac{h}{d}\right)^{1/6}$$

By this formula the required no scoring stone block can calculated from given flow condition with average velocity V or unit discharge $q(=Vh)$. For stone block $s = 2.5$, $g = 9.8\,\text{m/s}^2$, substitute into formula V_c, get

$$V_c = 5.1 \sqrt{d}\left(\frac{h}{d}\right)^{1/6}$$

In which the unit of d is same with h in meter.

The scour is due to near bed or shear velocity which shall be decreased with flowing water depth increased.

Therefore V_c is increased with relative flowing water depth $(h/d)^{1/6}$ in above formula. If h is unknown the following formula may be used

$$V_c = (6 \sim 8)\sqrt{d}$$

in which 6 used for shallow water depth $h/d < 5$, 8 used for deep water deep water depth near to $h/d = 15$.

This last formula my be compared each other with the formula of Isbash (1936) and Hartung (1972) as shown in following.

$$V_c = (0.86 \sim 1.2)\sqrt{2gd(s-r)} = (5 \sim 7)\sqrt{d}$$

in which the specific gravity $s = 2.5$ for stone block.

附录 B
Appendix B

A New Method of Designing Underground Contour for Sluice-dams on Permeable Foundations*

Mao Changxi

ABSTRACT: The usual methods of designing underground contour for sluice-dams, such as Bligh's, Lane's and Chugaev's methods, all of which are based on "average" idea in calculating percolation length, are unreliable. Having analyzed data from laboratory experiments and investigation of many sluice-dams including the failures due to seepage on different soil foundations, we discover that the horizontal contact erosion as well as outlet erosion plays a key role on seepage control along underground countour. Therefore, based on this new idea, the allowable seepage gradients under horizontal floor and at exit are provided and recommended as the criteria in design. A design procedure and how to design a good underground contour by this new method are described.

1 Introduction and Review

How to design both an economic and safe "underground contour" of sluice-dams is an important subject in hydraulic engineering. Although design methods are available yet, but they are sometimes unreliable, either unsafe or wasteful. Therefore, it is necessary to find a more reliable design method in order to save large amount of dollars for constructing so much quantity of sluice-dams on permeable foundations.

The main purpose of designing underground contour of sluice-dams is to resist seepage erosion and prevent deformation of foundation soil. However, the seepage resistance along the underground contour of sluice-dams would be less than directly through foundation soils due to the loose contact between dam and its foundation caused by unequal settlement or improper construction method. Thus, sufficient seepage length must be provided along the line of creep. Firstly, Bligh (1910) recommended a minimum "creep ratio", i. e. the ratio of seepage length to hydraulic head for different foundation soils should not be less than his recommended values. Obviously, his calculating method of seepage

---

* Offprint from book 《Design of Hydraulic Structures 89》 pp. 129 – 138.

length one by one meter is not correct, because the resistance along vertical path is much greater than that along horizontal path by the same creep length. Thereafter, Lane (1935) based on the observation of more than two hundreds dams, recommended a weighted creep length as follows.

$$L = L_z + L_x/3 \tag{1}$$

That is the summation of all the vertical paths plus one-third the sum of all the horizontal paths along the undergound contour of sluice-dam. Lane's recommended weighted creep ratio (L/H) and the corresponding average seepage gradients $(J = H/L)$ are given in Table 1.

Lane's method in calculation the horizontal length is very approximate and the values given in Table 1 are generally too conservative, especially when the filter protection is considered.

Table 1　　　　　　　**Lane's weighted creep ratios and seepage gradients**

Kinds of soils	L/H	$J = H/L$
Very fine sand or silt	8.5	0.118
Fine sand	7.0	0.143
Medium sand	6.0	0.167
Coarse sand	5.0	0.20
Fine gravel	4.0	0.25
Medium gravel	3.5	0.286
Coarse gravel, including cobbles	3.0	0.333
Boulders with some cobbles and gravel	2.5	0.40
Soft clay	3.0	0.333
Medium clay	2.0	0.50
Hard clay	1.8	0.556
Very hard clay or hardpan	1.6	0.625

Later on, Chugaev (1965) adopting the same general theory and studying more than one hundred dams, recommended the allowable seepage gradients J for different conditions as in Table 2.

Table 2　　　　　　　**Chugaev's allowable average seepage gradients**

Kinds of soils	Ranks of structures			
	I	II	III	IV
Fine sand	0.18	0.20	0.22	0.26
Medium sand	0.22	0.25	0.28	0.34
Coarse sand	0.32	0.35	0.40	0.48
Loam	0.35	0.40	0.45	0.54
Clay	0.70	0.80	0.90	1.08

According to Chugaev's method of resistance coefficients (1962), the gradient J may be calculated by the following equation.

$$J = \frac{H}{L} = \frac{H}{T\sum\zeta} = \frac{q}{kT} \tag{2}$$

in which H-total head, T-thickness of pervious foundation, $\sum\zeta$-summation of resistance coefficient for individual fragments along underground contour, q-seepage discharge per unit width, k-seepage coefficient, L-calculated seepage length.

Although Chugev's method is comparablly reasonable but he still adopted the average concept of the seepage length and did not consider the principal factors controlling the seepage erosion under sluice-dams.

2 Horizontal contact erosion, a controlling factor in design

Seepage erosion of foundation soil always begins at the exit downstream. As soon as the soil near exit is scoured by seepage, the internal progressive piping will develop from downstream to upstream gradually along the shortest path or loose texture in soil foundation. Therefore the exit point should be always protected by filter. However, if any fissures, cavities or holes exist within the soil foundation, they will act as exits and should be carefully considered if not far from the structure. Along the contact surface of structure and soil foundation, seepage may occur more easily due to its less intimate contact or unequal settlement. Thus the seepage erosion will be beginning at these weak locations and piping will develop gradually toward upstream as shown in Fig. 1. Once the piping passage is formed the structure would fail due to settlement or deformation.

The underground contour of sluice-dams could be split off into two foundamental elements, i. e. vertical and horizontal elements as shown in Fig. 2. Generally, the vertical contact with soil is more intimate than horizontal contact. The vertical contact along sheet-piling or cut-off wall would be safer against seepage. For instance the critical seepage gradient around sheet-pilting is approximately unity by sand model test, but the actual gradient occurred in nature is always much less than unity. Therefore the vertical contact may be put out of consideration and the horizontal contact is considered as a controlling factor in design.

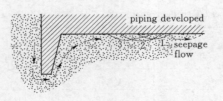

Fig. 1 Progressive piping
along contact surface

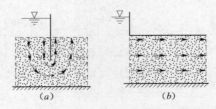

Fig. 2 Two elements of underground
contour against seepage

A sand model test of seepage erosion along horizontal contact has been carried out in a glass flume. The model was constructed by placing a plexiglass plate 68cm. Long over fine sand (0. 1~0. 25mm), so that the course of seepage erosion just under the plate could be observed by injecting dye. After five runs of model test the critical seepage gradient of faiture due to piping action was obsrved about 0. 1 (0. 09~0. 13) and the erosion takes place always beginning at downstream exit. Having placed a layer of filter material at the exit, the gradient of failure increased to 0. 61. Another sand model test has been carried out to study the contact erosion between two layers of sand and gravel, the similar result was obtained. With regard to such a small gradient of failure, the horizontal contact erosion being the controlling factor for designing underground contour has been verified in laboratory.

Furthermore, we proceeded to investigate some sluice-dams of failure on fine sand and silt foundations. By analyzing these structure failures with the aid of approximate computation or electric analog studies, the results are tabulated in Table 3.

Table 3 **Analysis of sluice-dams failures due to seepage**

Sluice-dams	Seepage length		Head	Lane's	Chugaev's			Foundation soil
	L_x/m	L_z/m	H/m	J	J	J_x	J_z/J_x	
1	14	2	1. 5	0. 225	0. 064	0. 073	3. 3	silt, very fine sand
2	32	1	2. 3	0. 197	0. 055	0. 065	3. 6	silt, very fine sand
3	48	1	3. 5	0. 206	0. 061	0. 066	5. 3	very fine sand
4	40	10	3. 0	0. 129	0. 056	0. 07	2. 4	fine sand
5	59	24	10. 0	0. 23	0. 1	0. 125	1. 2	fine sand
6	55	15	11. 4	0. 34	—	0. 107	—	fine sand

Note   Names of sluice-dams and date of failure or serious piping are: 1 Panbao (1960), 2 Liangchai (1977), 3 Ding-danghe (1974), 4 Qinhuaihe (1970), 5 Wohe (1958), 6 Qinchangyinhuang (1958).

Regarding the critical gradients J_x of the horizontal contact erosion in Table 3, we see that these values are in good agreement with the model test and are compatible with the foundation soil, i. e. the finer the cohesionless soil grains the smaller the value of J_x. But the values of Lane's J can not be correlated with soil conditions and the values of Chugaev's J are much smaller than that of the allowable in his suggested Table 2.

Next, we proceeded to investigate a number of existing sluice-dams on different soil foundations as shown in Tables 4 and 5. Note on the data of Lane's J in Table 4 for silt and sand foundations, it indicates that 13 sluice-dams should have failed by comparison with the allowable gradients in Table 1. It proved that Lane's method is too conservative in design of underground contour. We can also discover that all values of J_x in Table 4 are less than the allowable. So that the horizontal contact seepage gradient is playing an important role to control the design of underground contour of dams. Note on the data in Table 5 for clay and cohesive soil foundations, the values of J_x still correlated with soil conditons.　The maximum value of $J_x \approx 0.2$ in Table 5 which being much less than the allowable, indicates that these sluice-dams have been constructed are very conservative and hence no sluice-dams has failured due to seepage through clay foundation up to date in China.

Table 4　　　　　**Analysis of existing sluice-dams on sand foundations**

Sluice-dams	Seepage length		Max. head	Lane's			Foundation soil
	L_x/m	L_z/m	H/m	J	J_x	J_z/J_x	
7	45	13	5	0.179	0.067	1.22	silt
8	50	2	3	0.161	0.059	—	silt
9	24	16	3	0.125	0.045	2.58	silt
10	33	25	5.7	0.158	0.015	11.4	silt
11	43	20	5.5	0.161	0.06	2.46	fine sand
12	38	4	5.2	0.305	0.086	10.8	sand loam
13	37	27	4	0.101	0.036	2.54	fine sand
14	29	20	4	0.135	0.047	3.74	fine sand
15	33	20	4.6	0.148	0.066	1.8	fine sand
16	49	3	4.4	0.228	0.054	—	fine sand
17	35	21	4.4	0.135	0.045	2.54	very fine sand
18	87	5	12.0	0.353	0.122	1.05	medium fine sand
19	33	4	3.5	0.234	0.123	1.33	medium sand
20	59	3	7.5	0.33	0.121	1.22	medium coarse sand
21	40	4	5.6	0.133	0.133	1.6	coarse sand

*　　Names of sluice-dams and date of conatruction are: No. 7 Liuduo (1953), 8 Zhendong (1957), 9 Erdou (1953), 10 Sheyanghe (1956), 11 Xinyanggang (1957), 12 Dayanggang (1964), 13 Xizhauhe (1965), 14 Shiweigang (1960), 15 Jiuweigang (1959), 16 Sancanghe (1955), 17 Doulunggang (1966), 18 Shilianghe (1962), 19 Wongzhuang (1966), 20 Siyang (1960), 21 Yanhe (1959).

Table 5　　　　　**Analysis of existing sluice-dams on clayey soil foundations**

Sluice-dams	Seepage length/m		Max. head	Lane's		Foundation soil
	L_x	L_z	H/m	J	J_x	
22	36	6	6	0.33	0.058~0.102	silty loam
23	40	6	7.5	0.39	0.12~0.14	sandy loam
24	40	5	5.8	0.317	0.09~0.11	clayey loam
25	48	4	8.1	0.405	0.14	loam
26	45	5	6.0	0.3	0.1	silty loam
27	41	3	5.0	0.3	0.1	silty loam
28	58	3	8.0	0.36	0.116	clayey loam

Sluice-dams	Seepage length/m		Max. head	Lane's		Foundation soil
	L_x	L_z	H/m	J	J_x	
29	41	4	6.9	0.39	0.128	clay
30	43	3	6.5	0.375	0.125	clay
31	43	3	8.0	0.46	0.15	clay
32	48	3	7.5	0.394	0.134	clay
33	57	3	11.0	0.5	0.169	hard clay
34	30	3	7.9	0.607	0.195	hard clay
35	37	3	5.0	0.407	0.125	silty clay
36	43	3	7.0	0.405	0.128	hard clay

*   Names of sluice-dams and date of construction are: No. 22 Shaoxian (1964), 23 Jiangdu pumping station (1963), 24 Jianydu (1959), 25 Dongfeng (1962), 26 Yundong (1952), 27 Zhaohe (1952), 28 Gaoliangjian (1952), 29 Liulaojian (1953), 30 Suqian (1958), 31 Liutonghe (1958), 32 Luomahu (1952), 33 Changsun (1961), 34 Anfengsan (1958), 35 Gaoliangjianyue (1967), 36 Sanhe (1953).

Table 6   **Experimental results of critical gradients for contact seepage erosion**

Contact condition of soils	Critical gradient	Remarks	Investigators
Fine sand under plate	0.09~0.13	d=0.1—0.25mm dry unit wt. =1.38	Nanjing Hydraulic Iustitute (1971)
Fine sand under solid levee	0.08~0.1	Rhine river Levee	H. Sommer (1980)
Fine sand under gravel-layer	0.095~0.16	$D50/d50$=53	B. S. Istomina (1957)
Fine sand under gravels and cobbles	0.09~0.3	$D50/d50$=200—50	F. Spaargaren and J. J. Vinje (1969)
Fine and medium sands under cobbles	0.22	$D50/d50$=36	Nanjing Hydraulic Institute (1974)
Silty clay under gravel-layer	1.6	dry unit wt. =1.65	B. S. Istomina (1957)
Soft clay contacted to vertical wall	1.56	dry unit wt. =1.1	Nanjing Hydraulic Institute (1976)
1mm gap of clay	0.6	dry unit wt. =1.4	Nanjing Hydraulic Institute (1976)
2mm gap of clay	0.35	dry unit wt. =1.4	Nanjing Hydraulic Institute (1976)

Finally, we summerize the experimental data for critical contact seepage gradient studied either in laboratory or in field in Table 6. This table shows that the critical gradient depends upon the soil types and the gaps between contact surfaces. They can be used to establish new rules for designig underground contour of sluice-dams.

3   A new method for designing underground contour

Based on the data shown previously, the allowable horizontal contact seepage gradients for different soil conditions are summerized in Table 7. Another important factor, the exit gradient, should also be considered in design and its allowable values are also listed in the table. So that the allowable gradients in Table 7 control the design of underground contour, i. e. two controlling regions, horizontal contact and exit. When the downstream exit has been protected with filter the allowable gradients in Table 7 can be increased by 30% to 50%.

Table 7   Allowable gradients for designing underground contour of sluice-dams

Kinds of soil foundation	Allowable seepage gradients	
	Horizontal J_x	Exit J_o
Silt or very fine sand	0.05~0.07	0.25~0.30
Fine sand	0.07~0.10	0.30~0.35
Medium sand	0.10~0.13	0.35~0.40
Coarse sand	0.13~0.17	0.40~0.45
Fine and medium gravels	0.17~0.22	0.45~0.50
Coarse gravels with cobbles	0.22~0.28	0.50~0.55
Sandy loam	0.15~0.25	0.40~0.50
Clayey loam	0.25~0.35	0.50~0.60
Soft clay	0.30~0.40	0.60~0.70
Hard clay	0.40~0.50	0.70~0.80

In case of earth dam on sand or gravel foundation, the allowable seepage gradient would be greater than that in Table 7, because of the intimate contact under earth than under concrete slab.

An example is given as shown in Fig. 3 to illustrate the design procedures. By using electric analog or approximate solution (Mao 1980, 1981), the heads at key points along underground contour are obtained as follows:

Key points	A	B	C	D	E	F	G	H	I
Head/%	92	88	69	67	49	34	13	11	7

With the total head $H = 1123.5 - 1118.8 = 4.7$m, we can get the average seepage gradient along the horizontal portion FG of 9.5m long to be:
$$J_x = (0.34 - 0.13) \times 4.7/9.5 = 0.104$$

Because this value is beyond the limit 0.1 in Table 7 for fine sand foundation, the design should be revised by increasing the depth of downstream cutoff wall. Let us shorten the upstream sheet piling by 2m and lengthen the downstream cutoff by 2m as shown in Fig. 4. Then the heads along the underground contour of this revised design are found as follows:

Key points	A	B	C	D	E	F	G	H	I
Head/%	91	87	64	62	50	43	34	22	5

The average seepage gradient along portion FG is $J_x = 0.0445$ which is smaller than

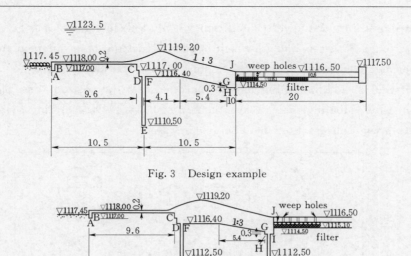

Fig. 3   Design example

Fig. 4   Revised design

the allowable value in Table 7.   It shows that different arrangement of sheet pilings without changing their total length gives differernt results.   Here, the revised design gives smaller J_x along portion FG, but it may increase J_x ($= 0.113$) along upstream apron BC, which is slightly greater than the allowable value of 0.1.   Without increasing the length of this upstream apron, the fine sand foundation may be displaced by a layer of clay to improve the contact feature and raise the ability of resisting seepage erosion.

As to the exit gradient which can be computed on the safe side by using the average gradient along the downstream face of cut-off wall, i. e.

Original design:
(Fig. 3)
$$J_o = 0.07 \times 4.7/0.6 = 0.55$$

Revised design:
(Fig. 4)
$$J_o = 0.05 \times 4.7/0.6 = 0.392$$

Although the exit gradient of revised design is still slightly greater than the allowable value of 0.35 in Table 7, it will still be safe with filter protection.

4   Vertical efficiency and good design

Now, we shall discuss the vertical efficiency and drainage exit which are important in designing a good underground contour of sluice-dams.

4.1   Vertical efficiency

Generally, the seepage resistance along vertical elements is much greater than that along horizontal, so that the relationship between them is an interesting problem to many authors.   Let us define the vertical effciency to be the loss of head per unit length of vertical path divided by that of horizontal path.   Thus, it can be expressed as follows:

$$\text{Vertical efficiency} = J_z/J_x \qquad (3)$$

As shown in Table 4, the vertical efficiency is not a fixed value of 3 as given by Lane, but varied within $1 \sim 11$. In Fig. 5, which is computed from data obtained from electric analogs experimented by Dyck (1965), Selim (1974), Sarkalia (1955) etc. are plotted. The curve of dotted line in Fig. 5 (a) expresses that the horizontal seepage gradient J_x is calculated by deducting the exit loss of head of 0.44 T. By analyzing these curves in Fig. 5, the following observations may be made.

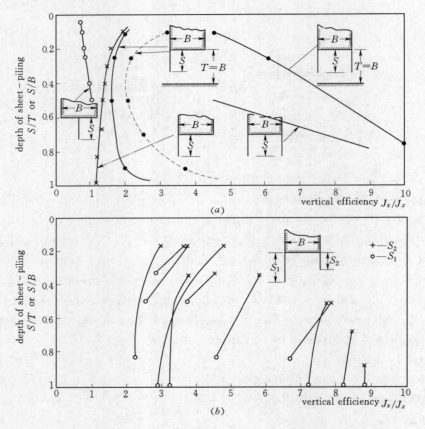

Fig. 5　Vertical efficiency of sheet piling

(a) Single sheet piling and double equal sheet-pilings; (b) Unequal sheet-pilings

(1) The intermediate sheet piling is of low efficiency. When the relative depth of sheet-piling $S/B = 0.5$, its vertical efficiency $J_z/J_x \leqslant 1$, i.e. the ability against seepage is less or equal to horizontal floor.

(2) With sheet-piling on one end of floor, the vertical efficiency is about $1 \sim 2$, and gradually increasing to 3 by shortening the length of sheet-piling, and rapidly increasing over 3 by lengthening it near to impervious stratum. Thus, the end sheet-piling of medium length ($S/T \approx 0.5$) gives the least vertical efficiency of about 1.5.

(3) Two rows of sheet-piling at ends would be more efficient than that of one row of sheet-piling whose length is equal to the total length of the two rows. Then the brace of sheet-piling

increases in length, the vertical efficiency would be increased rapidly from 4 to 8.

(4) With the same total length of two row sheet piling, the sheet pilings with unequal depths would give less efficiency than that of sheet pilings with same depth and the short one gives more efficiency than the longer.

(5) The deeper the pervious foundation the more the vertical efficiency is reduced.

(6) Layered stratum or foundations with permeability increasing downward as well as the horizontal permeability larger than the vertical, the vertical efficiency would be greater than that of homogeneous foundation (Table 3 and Table 4).

(7) The influence of 3-dimensional seepage would make the vertical efficiency of sheetpiling or cut-off wall decrease conspicuously.

The above observations on vertical efficiency can be applied to design a good underground contour. Not necessary to provide the underground contour with the greatest vertical efficiency, but should maximize the ability of horizontal and vertical elements to prevent seepage erosion. So that we must know first the ability against erosion for different elements of underground contour and then the vertical efficiency is easily decided. Consequently, the rational underground contour may be roughly designed. According to the contact erosion already analyzed above, the critical gradient along vertical face is large (J_z ≈ 1) that the actual value is seldom attained, but the critical gradient along horizontal contact face is very small. Therefore we shall make the vertical face develop full efficiency, say $J_z = 0.8$, then compute the vertical efficiency J_z/J_x by using the allowable horizontal gradient J_x in Table 7, and a rational design is selected or checked. For instance consider the simple design shown in Fig. 5 (a) with the worst soil foundation of silt and fine sand. Its allowable gradient is $J_x = 0.07$ and $J_z/J_x = 0.8/0.07 \approx 11$. From the curves in Fig. 5 (a) we see that two row sheet-piling with sufficient depth ($S/T \approx 0.8$) would be required. But for clay foundation, $J_z/J_x = 0.8/0.5 = 1.6$, very short cut-off ($S/T <$ 0.1) at either end of floor is sufficient. This example also illustrates that the sheet-piling is always necessary in silt and fine sand foundation.

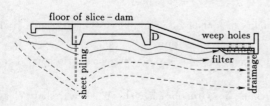

Fig. 6 General design sketches
for comparison (dot line and solid line)

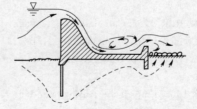

Fig. 7 Similar requirement of design
to prevent erosion of underground
water and surface water flow

4.2 Downstream drainage

Similar to seepage prevention, vertical drainage is also better than horizontal drainage because the vertical drainage (e. g. relief wells) leads seepage flow into deep foundation as shown by dotted lines in Fig. 6. Accordingly the gradient and uplift under dam floor should be reduced. It has been found by an electric analog model or numerical computation that the vertical drainage are more advantageous than the horizontal drainage layer (see Fig. 6). The uplift force under sluice-dam and the average gradient along base of the dam as well as the exit gradient can make a reduction of 25% to 75%.

In short, the requirement against seepage erosion is similar to the scouring of surface water in many aspects (see Fig. 7). As a rule, the scouring velocity near structure should be reduced to minimum and the greater velocity gradient or concentrated current should be avoided or diverted away far from the structure. And the weak foundation may be replaced or protected by materials that are capable of resisting erosion.

5 Conclusion

Based on laboratory studies and field investigations we have discovered the horizontal contact erosion along underground contour of sluice-dam and its downstream exit are two dangerous regions for failure due to seepage. we must consider them as the local controlling regions in design works and their allowable seepage gradients are given in Table 7 which has been compiled in manuscript of "Design code of sluice-dams" in China. At the same time, the data of seepage analyses from a great number of sluice-dams show that the usual design concept of average seepage gradient or creep ratio of percolation length to head is questionable.

In order to design a good underground contour of sluice-dams, the vertical efficiency of sheet-piling and general design sketches are discussed.

Acknowledgments: The writer is deeply indebted to Chen-ping, Zhu-chengyin and Zhu-dan, Engineers of Nanjing Hydraulic Research Institute, for assistance in collecting field data and in laboratory model tests.

REFERENCES

Chugaev, R. R. 1965. Calculation of seepage stability of foundation under dams. (in Russian) Hydrotechnical Construction, Vol. 35, No. 2, pp. 34 – 77.

Chugaev, R. R. 1962. Underground contour of hydraulic structures, (in Russian), Moscow, Leningrad, Gosenergoizdat.

Dyck, S. 1965. Empirische Ansatze zur Untersuchung des Grundbruchgefahr. Wasserwirtshaft-Wassertechnik, Apr. pp. 108 – 112.

Lane, E. W. 1935. Security from underseepage, masonry dams on earth foundations. Trans. ASCE, pp. 1234 – 1272.

Mao, Chang-xi. 1981. Electrical Anolog and Seepage Researches (in Chinese), Water Resources Press.

Mao, Chang-xi and Zhou Bao-zhong. 1980. Improved method of resistance coefficiencs for seepage computation under dams and weirs, (in Chinese), Journal of Hydraulic Engineering, No. 5, pp. 51 – 59.

附录 C
Appendix C

土基上闸坝设计要点
Major Points of Design for Sluice-Dam on Earth Foundation

主要是有关水工水力学方面的设计问题。

一、闸型选择

横拦河流建闸调节控制水位的拦河闸，需要不影响泄洪流量。一般采用河底高程的平底闸，例如淮河上的蚌埠节制闸，黄河上的三盛公闸等。同样，河口的挡潮闸也是平底闸，例如海河挡潮闸、射阳河挡潮闸等。再者沿江河的分洪闸、进水闸、退水闸，也多为平底闸，例如沿淮河的濛河凹地蓄洪的进、退水闸，都是平底闸，其闸底高程可参考分洪区地形水位选定。

灌溉渠道与河流相交，水位持平的平交道工程，需要控制分水流量来维持平交道水位的分水闸，则常建带有低坝溢流式闸，以低坝顶高程控制最低水位。例如洪泽湖灌溉总渠与运河相交处的运东分水闸。

若渠道与河流相交而水位较低，则可采用地涵式闸穿过河流。同样，沿江河的排涝渠道也是地涵式闸穿过堤防自流或泵站排洪入河。同时也可由泵站抽河水入渠道。

关于闸门，较窄的闸孔 3～5m，常用简易的平板门，门底缘和门槽去掉棱角形成流线形边界，避免旋涡水流发生闸门振和含气水流响声。较宽闸孔，10m 以上多用扇形门，启闭闸门较省力。闸墩上的转动门轴设在水流面之上。

关于闸孔上面的胸墙底缘，可稍高于最大流量过闸孔水流的水面，即临界水深（2/3 上游水深）的水面胸墙底缘为流线形。

关于闸墩的墩头应为半圆形，墩尾可取流线形。

二、闸址

闸址应选择在河势适宜的河段，也要考虑在河弯顶点的稍下游的凹岸处，避免弯道水流挟泥沙流入渠道。甚至在多泥沙河流直河段需要建无坝灌溉渠首工程时，还可在进水闸前河流中修建人工岛形成弯道水流。我国 2000 多年前的都江堰就是人工形成弯道水流最早的成功先例，即利用山区出口地形砌石堤鱼嘴工程分流引岷江水形成弯道水流，在弯道水流的左侧凹岸凿开渠道进水口，右侧岸堤为飞沙堰溢流排沙回归岷江。都江堰是一项完全符合因地制宜弯道水流原理排沙引清水灌溉的重大水利工程。

对于挡潮闸，宜选在河口内一段距离（视河流大小，1km 左右）的河段，维持闸下的原有入海河势。

闸址地基尽量避免闸底板坐落在粉细砂土质上或淤泥软基上，以节约工程投资。

三、决定闸孔数目

根据泄水流量和上、下游水位要求，核算最大流量及其相应最小水位差，计算泄流宽度，决定闸孔宽度及闸孔数目。一般多是决定于淹没度大的缓流情况，计算误差较大，注意选用合理公式比较计算。参考第四章第六节"堰闸隧洞泄流能力计算公式的改进"。

四、消能扩散工程选择

消能扩散的目的是使闸孔出流在最短距离内达到与下游河道基本相同的正规水流分布，以节约工程造价，而且要选用最危险水位流量组合（即水位差大、流量也大的组合），还需要考虑开闸放水的始流情况进行消能工效果的水力学演算。

首先是水跃消能，根据流出闸孔的急流水深 h_1 和流速 v_1 或单宽流量 q 计算平底二元水流产生水跃的共轭水深 h_2，见式（2-43）。如果下游水深小于共轭水深，就需要消力池满足水跃的产生。这时再计算满足水跃产生的消力池深度，见式（2-46）。比较两三次危险水位流量组合使水跃跃头产生在出流平台连接消力池底的斜坡上，池长不小于 5 倍的跃后池水深。池末端尾槛稍高出下游抛石海漫河床。视水深可取高出 $0.5\sim1m$，然后进行三元扩散水流的演算，见式（2-44）。一般在扩散良好情况下的三元水跃和斜坡上的水跃都比平底二元水跃的消能功效好，需要的共轭水深也稍小。

其次，作为辅助消能工，还可在消力池后半部加几排消力齿。撞击水流消能扩散均匀。但池中布置齿槛都必须低于尾槛，不能破坏或缩短了水跃旋滚消能功效。同时也得注意到长期撞击水流会发生空蚀损坏。如果消力槛是在弯道水流处，还得左、右槛高不等调节过槛均匀的要求。

若挖池太深或下游地形坡降较低，则可设计为二级、三级消力池水跃消能，或沿斜坡地形护底，加上几排消力槛撞击水流消能扩散。

五、翼墙扩张角度与型式

对于全开闸孔的出流情况，主要是水流左、右扩散均匀，不发生左、右边回溜现象。这就需要翼墙扩张不能太快的合理设计。同时，扩散也是消减集中水流能量作用的必要消能工程。

出闸水流两侧边墙或翼墙的扩张角度 θ，在出闸急流段为 $\theta=7°$，$\tan7°=0.123$，约 $1/8$。水跃后的缓流段可初步设计取 $\theta=20°$，$\tan\theta=0.364$，可引用式（2-68）验算。还要注意在水跃消能段边墙多为直立式；而下游河道边坡是斜坡式，从直立式过渡到斜坡式翼墙最好是扭曲面，可以避免侧边产生回溜。这是施工上的技术，采用块石或砖头砌，容易做到，混凝土施工就比较困难。因此可以设计逐段突扩式翼墙，由直立式过渡到斜坡式。这样墙面都是平面，即由过渡段底脚连线向上逐段加大倾斜度形成几段错开的突扩式墙面；水流在此突扩处发生局部水漩涡，可以加大翼墙扩张角度（图2-46）。

如果出闸流量大，水深也大，翼墙高出水面又不经济时，尚可沿墙顶加一排墩柱阻止岸侧水流形成大范围回溜。

同样，闸上游水流缩窄，流速加大，也需要较短简单的护底和护岸翼墙。

六、局部冲刷与防冲措施

出消力池或固定护坦的水流仍将冲刷土质河床，故铺块石海漫比较经济，海漫长度与块石大小与水流的消能扩散好坏和河床土质情况有关。都可以引用冲刷式（3-18）和表3-1、表3-2以及式（3-20）演算局部冲深不影响工程安全即可。海漫长度可代入式（3-43）和式（3-44）核算，一般可取消力池或固定护坦的长度。海漫块石大小除在出消力池尾槛后附近需要稍大，并需底部铺滤层防止基土被紊动水流冲吸破坏外，其他海漫块石大小可引用式（3-49）核算。

黏土河床局部冲刷深度可用式（3-31）和式（3-29）换算为等效粒径，或查表3-7，再代入冲刷公式（3-18）计算冲深。

闸孔上、下游翼墙衔接的岸坡，一般需要一段块石护坡，特别是下游护坡常需超出海漫一段较长距离方可进入正规河道流速分布。

若地形不利于平铺块石海漫防冲，则可在消力池末端或混凝土护坦末端尾槛下打板桩防止冲坑危及工程安全。

七、地下轮廓线选择

在过闸水流选定的闸底板和上、下游护坦消能的总长度基础上，可选择图5-41的地下轮廓线作为初设，只是黏土地基上可不要板桩防渗和垂直排水；在粉细砂地基上需要板桩防渗，有时还可在闸底板下游布置短板桩；多层砂基或水平渗透性大于垂直者的地基还宜采用垂直排水井列。注意排水层必须做好滤层保护基砂不被冲出。设在出流平台和斜坡下的排水滤层因是水跃急流区，其冒水孔出口最好引到两侧边（图5-34）。

按照初设地下轮廓线采用改进阻力系数法计算各点的扬压力水头见第五章第二节中的三。土层复杂时用有限元程序计算，根据计算的沿地下轮廓线的水头分布，核算下游护坦或消力池底板的厚度是否能抗衡其下的扬压力，同时也要考虑其上的水流冲击破坏的可能性，参考式（2-66）。然后再根据计算的沿底渗流水头分布，算出水平段和出口的渗流坡降对照表5-4是否安全。不安全时，再修改地下轮廓进行计算分析，直到安全又经济为止。一般粉细砂地基沿闸底板水平段接触面的渗流坡降 $J_x < 0.1$ 时方可避免细砂冲蚀形成管涌通道。欲降低底板下水平段渗流坡降的措施可延长水平段防渗，更有效措施则是板桩齿墙垂直防渗。这也就说明垂直段防渗能力有3倍或更多于水平段防渗能力的原因。再者应注意上、下游护坦端的防渗齿墙与滤层保护集中渗流出口都是必要的。

然后，同样引用阻力系数法进行侧岸边墙、翼墙在岸土中轮廓线的绕渗计算，见第五章第八节算防渗刺墙伸入侧岸土中的长度并注意夯实墙面填土，防止接触冲刷。再者粉细砂地基，还要核算边墙、翼墙底脚下会否发生管涌冲蚀。参见图5-44某水闸下游翼墙外填土绕渗的、流网，就在渗流集中的下游岸边附近河底，沿墙脚发生冒砂现象，导致翼墙裂缝险情。还有一座水闸的边墙发生同样管涌冲蚀墙底脚现象，造成墙倾斜险情。此时则可在下游边墙最低水位处开设冒水孔，间距2m左右，减低墙外渗流压力。如果能在边墙外填土分区，中、上游部位填黏土，下游部位填砂性土，就可减免防绕渗措施。最后还应注意侧岸绕渗还会影响闸基二向渗流计算的结果抬高边闸孔下游护坦下的扬压力，较窄的水闸会抬高整个下游护坦的扬压力，可引用式（5-92）修正二向渗流计算结果，并可考虑在边孔下游护坦上开设冒水孔滤层减压。

八、整体稳定性核算

在以上所述闸孔出流水和地下水渗流对水闸的局部破坏防护的设计完成后，再对水闸整体稳定性进行核算，即滑动和倾覆的稳定性安全系数要求如下：

$$抗滑\ \eta = \frac{\mu \sum N}{\sum P} \geqslant 1.2$$

$$抗倾\ \eta = \frac{\sum M_r}{\sum M_0} \geqslant 1.5$$

式中　$\sum N$——闸底板上所有垂直作用力之和（闸底板在内的上面总压重减去底板下渗流扬压力）；

　　　$\sum P$——闸上所有水平作用力之和；

　　　$\sum M_r$——闸上绕闸底板下游末端闸趾所有抗倾力矩之和；

　　　$\sum M_0$——闸上绕闸趾所有倾覆力矩之和；

　　　μ——闸底板与基土之间的摩擦系数，软硬黏性土地基 $\mu = 0.25 \sim 0.45$，砂砾地基 $\mu = 0.4 \sim 0.5$，也可现场拖混凝土板试验决定，为增加抗滑阻力，闸底板两端的齿墙是不可少的。

其次是考虑软土地基上水闸的不均匀沉陷，要满足地基承载力的允许值。

一般来说，静力作用下的水闸整体破坏失事少见，主要是流动的动力作用（水动力）下的局部破坏，特别是地下水渗流管涌冲蚀发展导致工程失事者有之。因此必须做好下游渗流出口的滤层，保护基土的稳定性。砂石料粒状滤层规格可按照太沙基（Terzaghi）的滤层设计规格如下：

基土稳定性　　　　　　　　　　$\left. \begin{array}{l} \dfrac{D_{15}}{d_{85}} < 5 \\[2mm] \dfrac{D_{15}}{d_{15}} > 5 \end{array} \right\}$

滤层透水性

式中 D 代表滤层料的颗粒直径，d 是基土的。

在颗分曲线上都可查到。太沙基滤层规格是几何封闭型的，滤层与基土都是非管涌土，逐级细颗粒填充了各自粗颗粒孔隙，只要使基土粗颗粒（d_{85}）填充滤层细颗粒（D_{15}）的孔隙即可。滤层规格中的取值 5 是因为颗粒最密实排列的菱形体，其孔隙道直径为 $d_0 = 0.155d$，$d/d_0 = 6.4$，为安全取值稍小。滤层料中的粉细砂也要筛除。透水性是滤层比基土大于 25 倍，因为渗透系数经验公式 $k = d_{10}^2$（Hazen，1911）或 $k = 2d_{10}^2 e^2$（Terzagh，1955）都是与细颗粒直径的平方关系。式中 k 的单位为 cm/s，d_{10} 的单位为 mm，e 是土体孔隙比。关于砂砾石地基缺少填充粒径的管涌土，还可考虑不是几何封闭型滤层，允许流失不影响骨架颗粒稳定性的细粒土，例如 d_5，结合计算各级粒径的渗流临界坡降确定保护哪一级粒径后再选取适应的滤层（参考《堤坝安全与水动力计算》第 4 章管涌和第 5 章滤层）。

九、低坝设计

筑低坝控制适当高水位引水灌溉更有保障，例如陕西省的渭惠渠、泾惠渠、汉惠渠，河南省的白惠渠、湍惠渠等。坝端渠首进水闸前可设冲沙闸，免得泥沙进渠；另一端还可设船闸通航。当然也可建拦河闸取代坝满足更大泄洪流量的要求。在土基上建混凝土溢流坝或砌石垆工坝，只能是低坝，不宜超过 10m；一般是 3～5m，也可在坝基底板上安装更低的橡胶坝供城市人民戏水游玩。

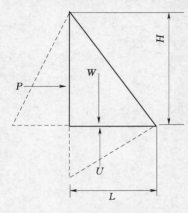

附图 C-1　坝体受力示意图

作为重力坝的挡水建筑物，其合理的稳定性垂直断面自然也应是类同水压力分布的三角形。因此初设断面核算坝体的整体稳定性，仍与前述水闸的相同，初设断面受力见附图 C-1，渗流扬压力水头分布可初设为坝底前端为 H，末端坝趾为零的三角形，这样核算绕坝趾的倾覆力矩算式如下：

$$\frac{1}{2}\gamma H^2\left(\frac{1}{3}H\right)=\left(\frac{1}{2}\gamma_c HL-\frac{1}{2}\gamma HL\right)\left(\frac{2}{3}L\right)$$

解之，得坝底宽为

$$L=\left[\frac{\gamma}{2(\gamma_c-\gamma)}\right]^{1/2}H$$

设混凝土坝体材料比重 $\frac{\gamma_c}{\gamma}=2.4$ 时，$L=0.6H$。

若考虑坝体结构为砌石垆工坝不能承受拉应力，则应使水平力与垂直力的合力作用点在坝底的中部三分段内，此时垂直力 W 和 U 的力臂由 $\frac{2}{3}L$ 改为 $\frac{1}{3}L$，解上面力矩方程式就得 $L=\left(\frac{\gamma}{\gamma_c-\gamma}\right)^{1/2}=0.85H$。

考虑坝体材料承受拉应力的大小，可选取 $L=0.6H$ 与 $L=0.85H$ 之间的断面作为初设坝体断面，核算整体稳定性和局部稳定性，即上面所述水闸设计的内容与公式。核算不满足要求时可加厚坝趾增加重量和增加上游护坦或板桩防渗降低扬压力。坝顶泄洪时按照坝顶设计高度做成溢流坝面，参看图 5-45 与图 11-12，坝顶不过水断面加上适当宽度的超高。

在坝基渗流控制合理布局下（上游防，下游排），能降低坝底扬压力大半。例如降低坝底前端、扬压力水头为 $0.5H$ 时，计算坝底初设宽 L 在 $0.51H$ 与 $0.72H$ 之间。像图 5-11 所示的坝基渗流控制布局算例，在坝底前端 D 点扬压力水头降低为 $0.3H$，计算 L 在 $0.49H$ 与 $0.69H$ 之间。由此可见，如何降低坝底扬压力是设计重力坝的关键。

十、闸门设计

最简单常用的提升式平板闸门，其等强度横梁间隔布置，如附图 C-2 所示，可引用下面公式计算（见《工程》1945 年第 1 期）：

$$h_i=\left(\frac{H^2-h^2}{n}+h_{i-1}^2\right)^{1/2}$$

$$y_i=\frac{2n}{3(H^2-h^2)}(h_i^2-h_{i-1}^2)-h$$

式中　　H——上游水深；

　　　h——上游水面超出闸门顶的水头；

　　　n——横梁数目，等分水压力分段数；

　　　h_i——任一分段底线水头，$i=1，2，\cdots，n$；

　　　y_i——任一分段横梁至闸门顶的距离。

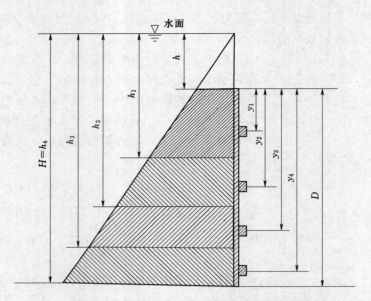

附图 C-2　平板闸门横梁位置与水压力示意图

当 $i=1$ 时，$h_i=h$。

若水面与闸门顶齐平时，$H=D$，则上式横梁位置更为简单，简化为

$$y_i = \frac{2}{3}\frac{D}{\sqrt{n}}\left[i^{3/2}-(i-1)^{3/2}\right]$$

式中　D——闸门高。

这样设计横梁的位置，都各在其等水压力分段的重心高程，也即分段水压力的作用点。

附录 D
Appendix D

学 术 观 点 自 述
Academic View Point of Myself

凡是一个学术观点，没有经过深入互相讨论，那个观点就很难说是正确可靠的。如果从事科研多年，人云亦云，没有自己的学术观点，也就不可思议了。为此，需将自己从事科研 75 年来写文、编书及学术交流活动的学术观点写出来，附在本书末，表示对社会、对科学的忠诚。主要阐述写作专著和论文的经历过程与不同学术观点的讨论，希望有助于学术的正确发展。

抗日战争期间，1939 年夏，由于闹学潮，从西北农学院水利系转到西北工学院（原北洋工学院，现天津大学），从此就专心致力于学习。1941 年毕业，学士论文《河湾水流的形成》被评选为优秀论文第一篇，获得水利学会"李仪祉奖学金"[❶]。

1942—1943 年在当代中国水利学会、中国工程师学会主办的刊物《水利》和《工程》上发表了《西峡口的水利》和《闸门横梁的设计》两篇文章（部分内容已写入本书附录 C），虽内容不多，但是自己后续发表百余篇论文的思想基础。

20 世纪 50 年代初，参与水利学会编写出版的英中对照《水工名词》。因在学校曾参与和讲授两遍刘德润编著的《普通水力学》，这《普通本水力学》上、下册主要参编者是杜镇福，参考取材于英、美、德、法等国家有关水力学名著 20 多种，是我国第一部融合欧美长处和作者自己实验研究成果、教学经验的专著，附以实用性例题、习题，并结合国情把实验公式都算改成公制，与以前有过的一本翻译性英制水力学大不相同。所以首次在大学作为中文水力学教材，该书 1945 年 6 月出版，1946 年在上海再版，后来台湾又再版，台湾大学水利系也采用该书作为教材，曾让我前往教这门课，因故未能前往，只是把教材和自己编写的书稿寄到台湾大学水利系。该书最后附有详细的中英和英中名词对照表。所以《水工名词》也就让我参加了编写。当时发现有些水力学名词翻译有误，例如力

---

❶ 李先生辞别黄委会到陕西省兴修八惠灌溉工程（泾惠渠、渭惠渠等），显著提高了农民生活；并在西北农林专科学校（后西北农业院）创办水利系，培养人才，还令他的侄辈攻读水利专业协同他治水兴利，功绩类同都江堰。惜因辛劳病逝于 1938 年，享年 56 岁。病危时还念念不忘兴修水利抗日救国，深受人们敬仰爱戴。后学为其整理出版了遗著《水功学》，其中灌溉工程现代化与水土保持治黄治水方针及种草护堤等都已取得了典范式成效，在水利界有"水利大师泰斗"之称。

学相似性（mechanical similarity）都译成机械相似性，为此我还特别写了一篇"力学相似性与模型律"发表于《工程建设》第 29 期，1952 年。后来出版的《英汉水电工程词典》上，虽然改正了，但是其他很多带有 mechanical 字头的还保留着"机械"字样，如机械管涌、机械阻力、机械能等。而且发现中学物理教科书上都是如此错误，把力学篇章中的力学能也是译成机械能。把字尾变化来的原名词 mechanics 本义都忘掉了。像这样的字很多，如 Hydraulics，Physics，Mathematics 等，都有类同的字尾变化。其他方面如把 filter 译成反滤层也就到处出现在规范中。在《英汉水电工程词典》中和最近的名著中也是这个译名，但是国际文献包括太沙基（Terzaghi）的两本土力学，也早已不用反滤层七八十年了。为此不妨再重复一下这段故事：

土力学开拓者太沙基初期注意到一座建造在沙基上的拦河坝，蓄水时下游坝趾河床发生管涌翻沙而失事。他研究砂石料滤层压盖渗流出口成功，并提出了滤层设计规格。因为当时自来水工程常用的沙滤层（filter）是水向下流的，坝工渗流出口是向上流的，故称为反滤层（inverted filter）。随后广泛应用，渗流方向各有不同，自然就简化都用"滤层"了。译名不正确，会导致读者产生糊涂概念。但屡提意见不被重视，就有感于那种坚持错误不改的社会保守势力的顽固性，是受那些权威人士的影响。所以曾在一次江苏省召开的学习中央文件《关于正确处理人民内部矛盾的意见》大会上提出了五点意见，其中第四点就是学术观点，提出百家争鸣，要打破权威思想。这篇"几点意见"的解说短文随后被登在 1957 年 5 月 16 日的《新华日报》。

20 世纪 50 年代初，开始全面治理淮河，以当时的南京水利实验处为治淮试验研究基地，让我和陈惠泉同志前往蚌埠治淮水利委员会接受水工模型试验任务。后积极开展了闸坝试验和水库试验工作。日夜放水，两个月就完成模型试验报告提供设计修改。例如，1952 年内完成润河集闸、东淝河闸、濛河洼地进/退水闸、皂河闸等五项试验报告与专题研究报告《冒水孔试验研究》（单行本）。回顾当时治淮试验工作，积极性之高，令人兴奋难忘，不但迅速发展了水工试验技术，加深认识到水工模型试验是优化设计的较好方法，更广泛应用到各河流水工建设中，扩充了水工模型试验的领域。

（注：闸坝水库水工模型试验只能优化工程设计，更重要的流域性规划问题还要靠有经验的水利专家根据水文资料分析或河流模型试验研究确定，早年我与水工室领导陈椿庭主任参加当时的上海华东水利部治淮会议，讨论到中游控制工程水位时，争论不休。1952 年开始建造了淮河中游润河集闸枢纽工程和上游的水库工程。不幸 1975 年 8 月，上游遭到了特大暴雨，发生了"75·8"洪水灾难，板桥水库等多座水库溃坝决口，死亡人数不详，洪水漫野，消退不畅。虽然已经拆除了润河集控制工程。回忆前人治淮机构名称，区别其他河流，定名为"导淮水利委员会"也有其道理。）

1955 年，水利部在南京召开全国水工试验研究成果大会，报告多篇，讨论热烈，最后认为南京水利实验处水工室闸坝组编写的《闸下消能初步综合研究》提出了三元扩散水跃、扩散也是消能，消能的目的是防冲等学术观点等，被清华大学、武汉大学等教授专家组成的专家组评选为优秀论文第一篇。随后收入由水电部教育司编的《水工建筑物下游消能问题》，列为首篇，并附评选意见，由水利电力出版社 1956 年出版。这次大会充分展示了百家争鸣的范例，没有考虑作者来自何方和资历、学历等。

　　1954—1956 年，为适应科研队伍迅速发展，在水工室领导下，让我与陈惠泉同志负责举办三届水工模型试验学习班，组编教材精选后于 1959 年由南、北两水科院合编出版了《水工模型试验》一书，1985 年再版。

　　1956 年南京水利实验处人员分出一半到北京筹建成立水科院，我也曾是其中的一员，后又回到南京水科院。我在消能综合研究的基础上再继续局部冲刷研究任务，总结分析了参与过的水闸、滚水坝、溢洪道、围堰等 40 个水工模型试验的水流冲刷过程，提出了河床局部冲刷机理是旋涡水流剪切应力的观点，从而引用动量守恒原理和急流到缓流的水面升高特点建立了水流剪应力的微分方程式。经过较长篇幅的推导和水流剪应力与河床砂粒大小抗冲能力间的平衡关系，最后取得了较为理想的局部冲深公式，既有横向扩散水流分布的最大单宽流量因素，也有面流式或底流式分布的流态因素。而且点绘了 200 余组冲深资料，验证了公式计算可靠性误差分析只有 ±14%。对于不同水工建筑物的河床冲深，包括桥墩、河弯、河道普遍冲刷在内，只是冲刷系数的不同，因此可称之为普遍性局部冲深公式。得到水电部的支持，当即把报告交给水利电力出版社，1959 年出版了专著《水工建筑物下游局部冲刷综合研究》（已编入《堤防渗流与防冲》的附录 A）。这也是南、北水科院分家后，南京水科所（院）的第 1 号研究报告。随后水利部又列黏土冲刷专题等让南京水科院继续研究，把公式更加广泛地应用到黏土、岩基以及浑水等的局部冲刷问题。《人民黄河》还特别列专题"闸坝泄流局部冲刷问题"连续发表了 8 篇研究试验成果。后来，国际泥沙学会在印度召开，征集论文，我就写短文《A General Formula for Local Scour below Hydraulic Structures》（已编入《堤防渗流与防冲》的附录 B），介绍了这篇称之为普遍性局部冲刷公式。由水电部派人员带往新德里讨论，引起荷兰 Delft 水工所 Hoffmans 博士的兴趣，他写信寻找作者一年后取得联系，他寄来他的书《ScourManual》写道：书里所收集的全是经验冲刷公式，希望我把自己的理论推导公式全文译成英文寄出发表（再版此书时，把公式内容译成了英文编入此书的附录 A）。但是我已经基本上把时间由地上水流冲刷消能转向地下水渗流了。虽然很希望有后学能沿着新思路"消能是防冲的前奏，冲刷公式必须考虑消能扩散"继续研究。曾有河海大学郭教授（有专著《消能防冲原理与水力设计》）推荐研究生来南京水科院攻读消能冲刷问题，可惜未能成功。

　　1956 年南、北水科院分家后，在南京水科院水工室添置了地下水渗流组，在两位苏联专家（电模拟专家龙仁和管涌滤层专家卢巴契可夫）指导帮助下盖起了我国第一座渗流试验室。苏联先进的渗流经验得以在南京实现，北京水科院黄文熙院长从苏联 1 万卢布买来的水力积分仪图纸也送来南京试制（即将完成时，因"文革"运动批判大洋全，把它送给西北农学院水利系。曾在苏联学习应用过该仪器的李佩成教授完成应用，李教授后来是地下水渗流专业的中国工程院院士）。两位苏联专家提供的电力积分仪和管涌设备图纸也都试制安装。蓬勃兴起的治淮工程中水库大坝等都是在渗流试验室进行三向电模拟试验研究，出了不少大型工程的渗流研究报告。水工渗流组技术人员发展至二三十人。当时爱国学者钱学森回国就来南京参观该渗流试验室，并称赞当时正在试制的电力积分仪（电阻网模型），这也是后来到美国访问商讨试制混合计算机的一个因素。

　　为引进国外渗流先进技术，渗流组与情报室合作组织翻译英、俄、德、法、日文 5 种外文的当代渗流文献。从 1959 年到 1983 年共出版了《渗流译文汇编》12 辑，每辑 20 余篇，开始两辑有两位苏联专家所写论文，对促进渗流学术的发展起了很大作用。例如多篇有限元的译文就对攻关有限元算法程序起很大作用，英文《坝基和坝座的渗流控制》，俄文《论渗透力》，法文《岩石裂隙渗流的试验研究》（作者 Louis 在西德学习，24 岁博士论文就是岩体裂隙渗流），德译文《堤坝渗流与稳定性》（作者 Davidenk 原计划应邀来我院讲学，不幸来前病逝）等的长篇译文都强调岩土渗流水力学对工程安全的重要性，对开展这方面的研究工作和解决工程实际问题都有帮助。

20 世纪 50 年代末灾荒缺粮，为增产粮食，进一步发展江苏丰产地农业的需要，承担了水电部"河网地区明沟排水适宜沟距沟深"专题研究项目，这是一个从未进行过试验研究的包括蒸发降雨入渗、沟水位变化的非稳定渗流课题。经过水电比拟的电模拟试验方法周详设计进行测试，结果认为适宜沟距为 50 多米。但水利部长带领专家组来南京验收成果，开大会听取报告后发言批评，比照当时苏联土壤改良书上明沟间距需要百米以上到几百米的结论有很大偏差，甚至水电部验收专家组认为研究成果完全脱离实际，但是当时南京水科院新领导严恺院长却维护我们的试验成果，说："这是科学实验么"，且当即宣布由水工室姜国干主任带队下去调研，组织人力在昆山实施沟距现场试验，经过苏州、无锡地区几个县的调研和昆山圩区一年多的不同沟距现场试验成果，论证了苏南地区土质气候要求等与苏联不同，适宜沟距就是 50 多米，且采用了试制成功的电力积分仪和电模拟网络模型与被怀疑的试验方法验证，得到一致结果，至此才把搁下来的成果报告和调研现场实验成果著文《苏南圩区三麦适宜地下水位及其控制措施研究》刊登在《江苏农学报》第 1 期创刊号（1962 年）。从此，电模拟试验、电网络模型试验得到推广普及。

1965 年 1 月水利部优选论文《三向电模拟试验》参加国际学术会议，我们组织人力将其翻译成英文《Study of Seepage Flow by Means of Three Dimensional Electric Analogy》，派员带到巴基斯坦学术讨论会交流。并应水利出版社约稿编写了《电模拟试验与渗流研究》一书，因"文革"运动迟至 1981 年正式出版。该书前半部是各类渗流问题的电模拟试验方法（水电比拟和电阻网模拟）及其试验成果和工程优化设计建议，后半部是渗流基本理论和应用及试验成果进一步规律化分析与寻求经验公式的资料分析方法，并列出此前的渗流研究分析成果，都是水工渗流组不懈努力积累的独特学术观点和研究成果。其中也包括当时正在发展中的土石坝渗流分析和有限元数值计算，提出了渗透力取代静水压力条分法的滑坡稳定分析算法。虽然该书因"文革"延迟出版，仍是当代渗流研究方面的较早著作，所以受主编安排，编写了以较长篇幅的渗流专章列入同期出版的《水工设计手册》和河海大学《土工原理与计算》等的土力学著作中。这样多方面著述渗流学科在水利建设中的发展，也就引起了水利部的重视。

1982 年，水利部副部长指派我组织渗流考察访问组出访欧美，编写了具体考察内容。1983 年和 1984 年两次访问了东欧罗马尼亚、匈牙利、德国和美国等，这是南京水科院首次组团访问这几个国家，甚是重视。可是水电部文到了南科院却变了样，幸亏水利部坚持原则，基本上恢复了组团原样，使我体会到部领导决心发展渗流学科计划的可贵，也就如期出访了。出访按照原计划访问了各著名大学和水工渗流科研机构，开展了学术交流。签订了合作和互访协议，取回了大量技术资料和计算程序，成功实现了后来的德国德累斯顿（Dresten）大学 Luckner 教授，匈牙利水资料源研究中心（VITUKI）、布达佩斯大学

Haszpra 教授等来南京水科院短期讲学，邀请了美国 Neuman 院士来华讲学并聘为南京水科院地下水渗流名誉教授顾问。初步打开与国外学者学术交流的窗口。后来与东欧国家签订的地下水渗流交流三年互访协议，再后来这个协议被南京水科院改为泥沙项目互访协议，但是由于各种原因，都被搁浅。出访美国准备与加州大学洛杉矶分校 Karplus 教授合作试制混合计算机等仪器设备和专题研究项目的定额拨款，也被挪到其他项目。虽这两项协作项目未能按原计划实现，但取回的技术资料和学习到的有关水工渗流学术较为关键，特别是学术观点方面体会到他们竭诚相待、无私无国界、毫无保留、广泛交流这些密切关系社会民生问题的渗流学术。记得在纽约访问普林斯顿大学 Pinder 教授时，他热情介绍他的著作中有限元有限差等混合计算技术后，赠送一套离心机设计图纸给我带回来，交给土工室朱维新教授作为试制离心机设备的参考。随后我们到了最南方城市阿里桑那大学访问，他派人千里专程送来一盘有限元数值计算程序替换原来错给我们的旧程序，如此严谨认真，实在令人感动。在阿里桑那大学时，曾与 Nenman 和 Desia 等教授讨论数值计算，有一次谈到土坝下游边坡渗流出逸点不收敛问题，因我们程序计算中不存在此问题，所以问及他曾发表论文用流量平衡算法解决渗出点不收敛的内容，当时 Nenman 坦然承认他那篇论文有问题。毫不护短，这种实事求是的科学精神令人敬佩。后来再会面，他已经是美国院士，仍是那样谦虚，为我 1999 年那本《渗流数值计算与程序应用》专著写序，称他自己不过是科学院的一个成员，笑谈自己并非万能科学家，这点值得我国学术界思考。另外较深刻的印象是访问美国的几所大学，都是处在树林之中，无高楼大厦。走访的研究单位和大学的试验室也都是平房。他们注重试验方法和测试仪器，不追求豪华建筑，这也是值得借鉴的。

由于渗流问题在水库大坝、堤防水闸等水利工程中的重要性日益提高，也受到水利学会的重视，在岩土专业委员会中设立渗流学组，并决定由岩土专委会与工程管理专委会发起组织全国水工渗流学术研讨会，首届在 1983 年山东泰安召开，两专业委员会的主任黄文熙教授、刘德润教授都亲自到会讲话，强调要发展渗流学科在水利建设中的作用，并让我向大会汇报了水利学会要召开渗流学术研讨会的筹备经过。确定南京水科院、北京水科院、长江科学院、黄河水科院四个科研单位轮流负责每 3 年召开一次全国渗流学术研讨会。在这次首届会议上，出席代表 197 名，收到论文 111 篇。会后以全国水利工程渗流学术讨论会议名义出版了一本《专题总报告与论文提要汇编》。在这次会议上，南京渗流组在当时严恺院长的同意下，公开交流了南京水科院有限元渗流计算程序，随后又由河海大学出版社正式出版了《渗流数值计算与程序应用》一书，公开了三个源程序，美国科学院 Neuman 院士写序推荐，以期推动促进电算的迅速发展。这也是对当时存在阻碍学术交流的保密思想学术观点是个挑战。

"文革"后，水电部队兴建的 8 万多座（库容 10 万 m³ 以上）水库进行了调查（截至 1980 年），达不到安全标准的近一半。仅就大型水库（1 亿 m³ 以上）326 座来说就有 40% 被列为病险水库，主要是土坝，而且是渗流破坏险情。因此水电部工程管理司决定委托南京水科院渗流组编写教材《土坝渗流分析》，从 1980 年开始在丹江口培训中心举办学习研讨班多期，全国各地水库土石坝有关工程管理部门派技术人员参加，例如 1981 年第 2 期研讨班学员 70 人，讲课、实例分析等历时 50 多天，对提高水库大坝安全管理水平有一定作用。此外水利学会工程管理专业委员会也创办刊物《水利工程管理技术》，发展学术交流，并列出专题"水工渗流问题"让我结合病险水库调研分析，连续写文 6 篇，从 1987 年第 1 期开始。说明 20 世纪 80 年代在水库大坝等工程安全管理方面急需发展渗流学科的愿望。在 1984 年国家科技进步奖首届颁奖大会上，以《土坝渗流分析》教材为主的区域病险水库项目获得三等奖。

就在这水工渗流学科发展开始被重视的年代，20 世纪 70 年代渗流组攻关渗流有限元法取得成效后写了一篇渗透力取代条分法边界静水压力计算滑坡的论文，却遭到土力学派不同学术观点的反对，南京水科院为协调水工与土工业务范围关系就把此文压置下来。后来寄到黄文熙教授那里，才被推荐到《岩土工程学报》1982 年第 3 期发表了论文《渗流作用下坝坡稳定分析有限元法》，但却遭到学报组织土力学派讨论来反对此文。后来再发表一篇《渗流作用下土坡圆弧滑动有限元计算》于《岩土工程学报》2001 年第 6 期，再遭到学报组织讨论反对。到了 2003 年第 6 期《岩土工程学报》院士主编突然对水工渗流组发表的那两篇渗透力有限元法的滑坡计算文写了一篇"焦点论坛"命题为《莫把虚构当真实》的短文，攻击滑波分析的渗透力算法，一开始写道："岩土工程界概念混乱来自渗透力或动水压力的应用上。自从《岩土工程学报》1982 年第 3 期发表了毛教授等人的滑坡计算论文以来，一直有人主张土坡稳定分析考虑渗透力，近几年许多报刊上发表过类似主张的论文。更有甚者，2002 年发布的国家标准《建筑边坡工程技术规范》（GB 50330—2002）还把动水压力的边坡稳定分析方法纳入强制性规范。""岩土工程界的概念混乱现象已到非治不可的程度了"，所以要号召岩土界反对那两篇论文都是错误概念。说"渗透力是虚构的，用于真实土体不合理"，又称"论文不合格是故意刊登，组织大家批评的，但却没有达到预期的目的"等语，完全失去主编刊物的职责。而且在随后的"焦点论坛"不断出现攻击"渗透力不是改进，是改退"都是肯定的语气，不讲出任何道理；或讲些不知也知之的"理"。例如，攻击曲解渗透力或动水压力时写道："动水压力是从苏联俄文译过来的不恰当的名字。渗透力只是作用在土骨架上的切向力。""渗透力算法与周边孔隙水压力算法是等价的。但是渗透力是体积力，是矢量，孔隙水压力（面力），是标量。矢量比标量麻烦，这是常识，可是渗透力算法鼓吹者偏要背道而驰，岂不笑话。"这些"新奇"学术观点，把基本概念"力的三要素"也否定了（此问题也反映到滑坡计算条分法土条间作用力各家不同说法的不确定性问题。对于水压力来说，如果采用渗透力算法就没有力的不确定性多解问题）。甚至还编造了渗流计算中不存在的一些"莫须有"词句"渗透力必须积分，很繁，不符合科学求简的原则"。充分暴露出有预谋不轨的学霸学风。于是即刻就引来了 6 篇申张正气咨询的讨论文，还有一篇可能是怕报复没有署名的讨论文以及被攻击者的申辩文。学报主编只好选出尚可接受的 3 篇登了出来。其他几篇拒登。再者，在《岩土工程学报》主编号召下组织讨论文中，除坚持维护土石坝规范中垂直条分边界水压力滑坡算法外，更进一步发挥反对渗透力的"莫须有"词句。例如，自称组织讨论撰稿人写到某工程时，"不可能按原文对渗透力积分"；写到某工程时，"这能对渗透力积分吗？"说明他从事计算的滑坡工程都是静孔隙水压力，真是值得再讨论的。同时也说明对渗流计算不太了解，因为渗透力计算不需要积分；也可能不太了解渗透力是土力学开拓者 Terzaghi 最早提出来的，是动水压力转换过来的，它与静水压力转换成浮力同样是简化计算把边界水压力转换为单一体积力的一大贡献。所以会盲从组织讨论，横加攻击渗透力。后来就被推选为院士，经办在中国西安召开的国际滑坡学术会议，却把我们一篇关于渗透力的论文最后毫无理由删掉，完全继承了院士主编办刊物一言堂的学风。以上这些情况虽然多次投诉反映到上级中科院与院士所在大学，只是互相踢皮球，也无下文，这样就有损于科学真理的至尊，也失职于百家争鸣的方针，也就更助长了不正学风。例如其他学报刊物也拒登渗透力学术观点，有一篇鉴定会上推荐的论文，得到的退稿通知是"赐稿《渗透力计算承压水降深》一文不能接受，依据是《岩土工程学报》主编写文反对渗透力，文附后，鉴谅"。博士生毕业论文中的渗透力字样也要考虑删掉，把该主编攻击渗透力是虚构的、很繁、要积分等"莫须有"词句编入高等土力学教材，误导后学等。在学术界出现了不少这样或那样迷信权威的怪现象，甚至迄今还在认为稳定渗流是静孔隙水压力（《岩土工程学报》2013年第5期最后讨论论文），完全与渗流的流网图示相违背。似乎也不太理解"渗透力与边界水压力算法是等价原理"的涵义，在渗流场必须是动水压力而不是静水压力。所以出现这些误解，说明只从土力学观点来攻击渗流渗透力是有局限性的，往往会违反了水力学压力概念的基本原理。所以苏联渗流学者在讨论 Terzaghi 的渗透力时，特别描绘形象图示说明土粒间孔隙水渗流是动水压力而不是静孔隙水压力（见《堤坝安全与水动力计算》图 3-31）。因此有必要加强土力学与渗流水力学的互相渗透，公开讨论，促进共同发展、提高，更好地服务于江海堤防、闸坝、水库等水利工程。

注：该段渗透力问题争论 30 年，初见成效。最近《岩土工程学报》2016 年第 8 期"焦点论坛"发表了一篇代表性论文"论土骨架与渗透力"，不再反对渗透力，还专门对土力学中渗透力片面性定义作了补充改进，对渗透力计算公式试图从土骨架颗粒出发加以引证等；看后就从渗流水力学观点写了一篇讨论文，希望《岩土工程学报》在这次"焦点论坛"不反对渗透力的基础上，能把以前"焦点论坛"和高等土力学教材中的否定渗透力或否定引用渗透力算法的当代文献及设计规范等的词句删除，免得误导读者。该讨论文和答复文已登在学报 2017 年第 2 期。

另一篇论文是针对《建筑边坡工程技术规范》（GB 50330）中边坡稳定计算引用动水压力算法的讨论，因该国标 2002 年版遭到《岩土工程学报》院士主编在该刊"焦点论坛"上特别点名批评，称该规范"也受渗透力算法影响采用了动水压力算法是岩土界概念混乱现象"，因而《建筑边坡工程技术规范》2013 年版中竟然删去了动水压力算法。为此不得不写这篇讨论再说明渗流水压力必须是动水压力，而不是静水压力，并举算例解说动水压力与渗透力之间的转换关系，希望对岩土渗流水压力问题不再出现概念上的混乱现象。此讨论文已得到学报认可，登在 2017 年第 11 期。

20 世纪 80 年代，地下水渗流问题急需深入发展，特别是 1983 年、1984 年考察访问带回很多技术资料和课题，希望能开展研究。于是在 20 世纪 80 年代中期组织水工渗流组集体编写《渗流计算分析与控制》，把上述争论不休的动水压力转换为渗透力的不同引证方法都写了进去，也把 1983 年、1984 年考察访问欧美取得的先进的有关资料等编写进去。因为有了这本编写教材，也就接收了 3 位研究生。一位在渗透力滑坡计算方面有所领会和发展；一位是在防洪堤非稳定渗流有所发展；另一位为海水入侵地下水问题，是发表此类论文最早的（1989 年）。再者，从国外带回来的技术资料，其中结合高坝建设的岩基渗流研究最为迫切。经过水工渗流组在参与获得国家科技进步一等奖的"七五"攻关高土石坝项目中对黄河小浪底工程岩基渗流计算研究已有初步成果，再结合从美国带回的三孔交叉压水试验法求算岩体各向异性渗流参数的新技术，经过黄河地质总队与北京地质大学合作攻关在黄河小浪底岩基钻孔试验取得成功，就促使我们有开展岩基渗流的条件。于是又参与了"八五"攻关岩体裂隙研究项目，其中除了渗流与岩体结构应力应变耦合计算数学模型外，还有试验研究。因为当时的试验都是 1∶1 模型，是不能实现如此高压下原型渗流现象机理的。所以必须研究模型律问题。因为缺少人力资源，此项工作未能进行，只好把这项想法计划写在 1995 年出版的《闸坝工程水力学与设计管理》最后一章"模型试验基础"最后一节，留给后学者攻关。

截至 20 世纪 80 年代末，始终坚持着科研岗位，结合实际致力于科研事业。在此期间，为工程安全管理跑了几十座病险水库，对 30 余座水库作了渗流观测资料分析，已写入后来的堤坝安全书中，还为有关部门举办多次土坝渗流分析、闸坝水力学等研习班，编写教材讲课，这些学术活动是学用结合互相发展学术的观点。为赋予自己学术性职称（水利学会工程管理专委会副主任、水力学专委会委员、江苏省水利学会水力学专委会主任、外聘水工渗流学术顾问等）尽一份职责。其中值得一提的《闸坝工程水力学》研讨班，是这本再版书的原始教材。当时江苏省水利厅领导黄莉新（现任江苏省副省长）带队开班，邀请笔者前往讲授 10 天，学员是水闸管理设计技术人员，互相讨论起到了提高这本书的编写水平的作用。希望这本书的再版出版后，再一次能在全国水闸设计领先的江苏省举办研讨，互相讨论，提高设计管理水平。

20 世纪 80 年代是渗流学科被重视、渗流组发展兴旺的年代，但也发生过行政干涉阻碍学术活动推广成果应用的行为。例如外请办学习班讲课，外请到病险水库出差及招收研究生等，都遭到过阻拦，更可惜的是 1991 年南京大学主办国际地下水模拟讨论会，邀请南京水科院为主办方之一，因院方只愿意出资 5000 元遭拒绝。对国内外地下水渗流学术交流协作发展不无影响。至此说明了水工渗流学术活动在水科院从此落入波谷。而且此时先后调升渗流组成员出任院长、所长，还调出 5 位成员支援成立的水利部大坝安全管理中心，一位任总工。于是要想再深入研究似不可能，只好将那些初步成果写在 20 世纪 90 年代出版的三本书留待后学者研究了。

20 世纪 90 年代，主编完成了《渗流计算分析与控制》（1990）、《闸坝工程水力学与设计管理》（1995）、《渗流数值计算与程序应用》（1999）三本书。90 年代初在北京参加了"联合国减灾十年活动"的防灾规划座谈会，与会者各提出其研究课题，笔者提出的见效快、直接关系民生问题的"防洪堤防"研究意见被重视，当即在水利部订了课题研究计划，经费准备落实到具体工程项目内，并要原单位 3 天内盖章有效。因行政效率较低，只好请协作单位长江科学院盖章，申请经费 20 万元，南京水科院主持，长江科学院和黄河水科院协作。立项迅速，深感水利部重视和信任及协作单位的热情支持。1994 年开始全国性堤防调研工作，国家防办和水利部建设管理司大力支持，给了深入了解设计、施工、管理和存在问题等方便之门。1998 年长江特大洪水又增加了堤防研究的工作量。水利部科技司特别让补订了"海堤"专题（补贴原课题经费不足），但是经费到院，却直接拨到河港所，堤防研究经费再次紧张。幸后接受了工程项目"北江大堤管涌"问题研究任务，经费 100 多万元解决了项目科研经费困难，研究成果连续 6 篇发表在 2004—2005 年的《水利学报》，也充实深入了堤防研究内容。2003 年把调研分析计算试验等论文 30 篇整编分类出版了《堤防渗流与防冲》一书。为最后写《堤防工程手册》打下了基础，在这本书的后面还附上近 10 年写的参加过国际学术会议有关渗流冲刷的论文 8 篇。但是作者并未去参加会议，包括其他方面的几篇国际学术会议的论文，也是这样，不无遗憾。到 2009 年组织编写的《堤防工程手册》正式出版，接着连续两年办培训班推广交流，希望能提高设计管理水平，完成了合同协议的要求。手册编写的学术特点是力求实用性、全面性、先进性。对需要改进的存在问题也适当讨论。

完成《堤防工程手册》后，就考虑到类同的水库土坝也应总结编写成册。因为《土坝渗流分析》早已出版，并办过多次研讨培训班，病险水库分析过几十座，又得过首届国家科技进步三等奖。而且渗流组提出的"滑坡计算渗透力有限元法"与《岩土工程学报》组织讨论反对渗透力算法的争论 30 年尚无定论，因此，就写了《堤坝安全与水动力计算》，于 2012 年出版。内容分为 6 章（渗流渗透力，水流波浪，滑坡，管涌，滤层，观测资料分析），主要是我们的研究成果和学术观点与评述、讨论。该书出版正是第七届全国水工渗流学术讨论会与第四届全国岩土力学讨论会联合在郑州开会期间，得以散发给与会者，希望讨论指正。后来可能引起注意，水利部科技培训中心决定举办"堤坝安全设计与水动力计算研讨会"，并将培训大纲内容发文给有关单位和作者。我们表示非常赞同，并愿无偿提供该书给研讨会参与者。后来时间推迟，地点改变，研讨会未能形成值得思考。

学术交流自然离不开出版界，21 世纪以来，出版费公开化。《堤防工程手册》因为历时长，财务制度改革，出版也是颇费周折，最后能够顺利出版，要感激水利部和南京水科院出版基金的格外资助。但也感觉到自从出版自费公开化后，出版图书渐被轻视，甚至滥竽充数。当然也阻碍了资金缺乏的学者发表学术观点。笔者《电模拟试验与渗流研究》这本书是"文革"前预约，有稿费，"文革"后 1981 年正式出版。当时水工室支书杜方同志拿这本书找南京市长王召全，介绍这本书是南京水科院 30 多年来的第一部著作等情况，王市长当即写条子下去，几天之内就把支边支农下放长达 14 年的我女儿调回来安排了工作，解决了我家的难题。这本书如此被重视，后来就把它放在她妈妈（南京市先进教师，学生为她编写书《不灭的烛光》并立碑怀念）的墓穴里作为纪念。可是现在出书，例如《堤防渗流与防冲》和《堤坝安全与水动力计算》除了南京水科院出版基金资助外，还需作者出资。作者自付出版费的模式也适用于学报、刊物，称之为版面费，计算起来还要比出书版面费高一倍。例如我们曾在 2013 年某学报上发表的讨论文，版面一页半，需要作者自付 500 元。如此模式完全违反了学术讨论宗旨，而国外刊物不但不取分文，而且欢迎任何年轻学者来文讨论。例如 ASCE 主办的几种刊物，重点论文都有讨论文。可是我们学报刊物很少有讨论文，就是那些把渗流的动水压力误解为静水压力等存在问题的论文，也不例外。

谈到学术界这些现象，自然都会反映在某些出版物方面。但另一方面也有执行百家争鸣较好、不拒登不同学术观点的论文。例如在西部大开发的号召下，2001 年 8 月在乌鲁木齐召开"力学与西部开发学术会议"邀请了 8 位院士，各作了天然气、油田、风力、电力等资源的开发及其相关联的西气东输、公路交通、信息化等方面的学术报告，并没有一位水利方面的院士参加会议。但是大西北贫困的根本问题是生活在干旱缺水荒漠戈壁滩上。开发大西北似乎应当把"水"的问题放到首位。全国沙漠戈壁滩面积，西北占了90％，而且土地沙漠化正在每年 2460km² 的速度扩展，也是东部城市风沙的来源。会后沿大西北长途跋涉考察，大巴汽车行驶几天都是一望无际的沙漠戈壁滩，也就是昔日的丝绸之路，只留有几个点的绿洲。到酒泉卫星发射中心休息两天，回南京后将这次会议和沿途考察的感想写文"西部开发中的关键问题"表示自己的不同学术观点，投稿到水利界权威性杂志刊载，仔细看出版稿发现最后一段防止西北大开发投资被贪污的史话却被删去，不知何故。因为这段被删去的史话很有教育意义，不妨补写，即"沿途跋涉到安息县一个小镇"桥湾"，参观了人皮鼓展览馆（门票 18 元）介绍说，康熙皇帝西巡后，见此荒漠贫困地区，就决定在此建立行宫，是开发西北的先兆，拨出大批经费、金银财宝。两年后派人来验收，发现被地方官贪污，于是把太守父子剥皮做成鼓，遇事敲几下，警示后人。现在只留下一段土城墙的遗迹。"虽然该文被删去了一段，但略感欣慰的是，西部开发应把重点放在缺"水"问题上，不能热衷去开发资源东输等学术观点都登出来了。

上面所谈主写的几本书的经过，代表了自己 70 余年的科研生涯历程，都是南京水利实验处、南京水科所（院）水工室（所）闸坝组和渗流组的科研成果的总结。每本书的编写都是经过办学习研讨班讲授讨论修改过的。其中以 1990 年和 1995 年出版的《渗流计算分析与控制》和《闸坝工程水力学与设计管理》办学习班次数最多。所以出版社早就来约再版事宜。前一本已经于 2003 年再版，后一本也早有想法，准备在"堤坝"总结编写成书后，再补充这本"闸坝"书成为较全面的《闸坝工程水力学》。而且与我们水工所一脉相承的台湾大学水工试验所早已编著出版了一本《工程水力学》（1977）。所以很想我们水工所也能有一本工程或水工水力学问世。但后来逐渐感到问题不少，难度大，只好限于个人曾经研究过的问题论文加以整理作为这本再版《闸坝工程水力学》的补充材料。其中有渗流固结理论（或换称原理）与土基沉降计算的论文内容。因为固结理论是土力学奠基人Terzaghi 在提出渗透力算式（1922）的次年又首先提出来的一大贡献。我们读后，深深体会到，他也是渗流水力学的先导。于是就结合渗流研究，分别在他的研究基础上加以推广应用。而且固结与渗透力密切相关，没有渗流渗透力也就没有固结过程。所以分别整理过两篇论文。前一篇"渗透力"公开发表，曾遭到岩土学报号召岩土界组织讨论反对，争论不休（见前述）。如果再发表这一篇"渗流固结理论"可能再遭到《岩土工程学报》的反对。考虑再三，还是公开发表为好。因为"凡是一个学术观点，没有经过深入互相讨论，那个观点就很难说是正确可靠的"。而且该论文内容有一些未曾见到别人发表过的学术论点，例如水库涨水荷载的固结沉降算法，非达西渗流固结沉降算法等。所以很想发表公开讨论。但不出预料，又一次遭到土力学派学报刊物拒登。理由是"与土力学教材中的算法不同，自然是土力学算法正确"。这显然是"一言堂"学风，又是与上一次学报组织讨论反对渗透力类同。我们经过多方面请教查考，包括土力学专家指出来的美国土力学教材（Lamb，1960）都没有水库涨水荷载的黏土固结算法，如果硬搬土力学一般荷载算法到涨水荷载是错误的。例如西部大开发下坂地水库涨水荷载渗流计算黏土铺盖沉降是1.70m，按设计规范土力学算法是 2.30m，误差 $(2.3-1.7)/1.7=35\%$。这完全是不理解渗流，硬搬土力学算法，把黏土铺盖上面也当作排水边界，最终固结也当作静水压力等错误概念的结果。因为生搬硬套土力学算法，已经影响到设计规范和工程实践，所以很希望早点让这个新问题露出水面，公开讨论。为了学术发展，我们就作为再版这本水力学补充材料，编入第五章第十、第十一两节，欢迎讨论指正，也希望土力学派刊物再次组织台前公开讨论，促进学术发展。

作为这本《闸坝工程水力学》的补充材料，土基固结沉降、高坝岩基渗流、船闸灌泄水时间、流量系数改进、消能冲刷等，即将整编完成时，可惜，意外发生了。2013 年 5 月 24 日，周末，水工渗流楼（20 世纪 50 年代两位苏联渗流专家协助建造的我国第一座渗流试验室）野蛮拆迁，把我原来的办公室的东西当作无用的垃圾处理。这里主要是多年积累的技术资料，包括从欧美访问取回的，要整编写作的资料（其中有几十张经过试验的水闸设计蓝图，准备整编水闸标准设计，提供参考。现在只好写为设计要点，作为再版书的附录了）和历史文件、协议、合同、聘书、照片、信件、奖状、礼品等资料，也有"文革"开始贴的第一张大字报"彻底打垮资产阶级权威渗流组祖师爷的威风"等学习材料。次日看到这些装满图书资料的、尚不知去向的部分垃圾袋和垃圾堆上的被拆散的电阻网络模型，能不令人痛心疾首！不幸就发生了眼底出血、视力骤降。关于拆迁的后果，虽然院长亲笔批示有关方面"要高度重视毛老提出的问题"但也难挽回损失，眼底出血及时医治已有年余，但也还恢复不了看书查资料的视力。春风秋雨，往事知多少？只好告别 75 年的科研写作生涯。

在主写的这 8 本专著中，也不难看出作者的学术观点是符合科学发展观、实事求是的。每本书的作者名次都是按照写文贡献多少排的，序言是请与专著密切相关的上级权威部门领导和有联系知情的欧美专家（南京水科院特聘顾问）写的，引用参考文献清楚，讨论问题直言不讳。

在过去讲学授课写作过程中，深切体会到"教学相长"的道理，同样更加深入体会到"写学相长"的道理。在自己主写的几本专著中前后虽有重复之处，但感到越写作越能深入领会，则可改进、完善、维护、发展自己的学术观点，更加完善这个学术观点的合理性与实用性，因其是基于理论、便于实践的。纯经验的公式是有局限性的。漫长的数学推导，最后没有得出便于实用性的公式或方向性的先兆，也不可取；甚至理论推导，概念不清，还会得出错误的结论，更不可取。出现这些现象，主要是缺少学术讨论、评审、监控不严所致。记得有一次某学报刊物比较认真，寄来要发表的 4 篇论文，希望复审。看后就发现有两篇存在概念上的问题。此时，如果学报再认真些，尚可联系作者与评审专家的不记名互相讨论，提高发表论文和著作的出版质量。我们确实也碰到过评审论文稿件有问题，也曾把问题提出，通过学报主编与评审专家联系，互相讨论，但无回音。

春风秋雨，往事知多少。回忆水利部如此支持所从事的民生工程科研项目，还未发挥预期效果，得不到应有的发展，不无遗憾。规劝后学，有志于科学研究者：科研之道，崎岖不平，攀登一山，又会看见前方更高更美的山；学无止境，乐趣无穷。千万不可迷信权威，人云亦云，但也要学点能适应环境的艺术，有助于学术观点的传播和学术的发展。

最后感谢领导照顾白发老翁科研总结工作所安排的舒适安静的高楼办公室和住处的花木绿化环境。感谢南京水科院资助和出版社赞助再版这本《闸坝工程水力学》，并附上自己的学术观点，表示对有关水工学术发展的希望。能勉强完成这项学术总结性工作，也要感谢渗流组同志帮助打字复印放大字样方便我删改之功（此书修改多次，历时三载）。

上面正文是在合理性实用性、不迷信权威尊重科学和学术讨论观点指导下，从事科学研究，不断总结整理主写 8 本书的漫长过程。这 8 本书可称之为"堤坝、闸坝消能防冲渗流控制系列丛书"，以江海堤防、水库土石坝和水闸混凝土坝等最广泛的民生水利工程为对象，研究其最普遍存在的泄流局部冲刷和渗流冲蚀等破坏机理与防护措施，为优化工程设计提供适应性计算方法或可行性途径。

下面再将堤坝闸坝系列丛书中泄流渗流研究成果要点整理作为正文的附录罗列如下，便于查阅讨论。关于水工水力学方面的成果，基本上是前期是水工所闸坝组研究成果的总结；关于水工渗流方面的研究成果，基本上是后期水工渗流组研究成果总结。

水工水力学方面：主要成果是消能防冲的多项论文，其中核心是局部冲刷计算基本公式，它是从水流动量方程式建立的微分方程，求解得出的理论冲刷公式，包括消能扩散水力因素，可以应用到多项水工建筑物附近河床的局部冲深，也包括了正规水流的普遍冲刷。河床土质砂性、黏性和块石岩基等均可转换为等效粒径代入公式计算局部冲深。所以也可称之为普遍性冲深公式。同时说明冲刷公式必须考虑消能扩散功效，否则是局限性的。

其次是堰闸隧洞的泄流能力计算公式和测流控制断面的改进。公式是由能量方程式得出的。与一般采用的手册上的公式稍有不同，改进后流量系数趋近常数，计算精确，特别是水闸设计，可不再发生设计有多个闸孔的误差；泄洪隧洞出口有了计算势能水头的公式，可以考虑静水压力或零压计算发生偏大流量的设计。因为泄流能力公式中的流量系数决定于上、下游两测流断面间的能量损失，损失愈小，流量系数大而且精确。所以上、下游两控制断面及其测流水尺的位置有改进的必要。即测流两断面间水流能量损失最小为好。由此也可知，"文革"中热衷一时的泄洪洞中孔板消能等在管道中布置消能工的试验研究是概念上的误导。所谓"消能"是要消去有害的能，防止冲刷等，而不是消有利的能。

再者是泥沙砾石起动流速公式。这是对泥沙起动研究实验曲线方便应用方面的改进。最常用的是 Shields 曲线，国内的泥沙研究者的实验曲线也完全类同。只是前者纵坐标是 Shields 数，无量纲；后者则是平均流速，局限于试验水深情况，不及前者能广泛应用。这也是分析资料的技巧。但 Shields 数中有不易确定的临底剪流速。因此我们把两者的实验曲线分别找出经验公式，然后，再根据水力学原理补上水深关系，就可广泛应用；对于剪流速也可换成平均流速，给出了可以互相比较的不同粒径泥沙起动流速的实用性计算公式。比较结果，国内的泥沙起动流速公式都比 Shields 的稍小，例如南京水科院的比 Shields 的小约 20%。只有武汉水利电力学院的实验曲线与 Shields 曲线的计算结果较接近。如果再结合局部冲刷公式还可求得有消能情况下的非正规流速分布的起动流速公式（见《堤坝安全与水动力计算》书中的第 2.1.2 节）。

其他成果还有：河湾凹岸冲深、水下抛石落距定位、波浪冲击护岸抛石大小和人工异形块体等的计算公式，判断河床是否冲淤平衡的估算方法与各种块体护岸的稳定性计算方法，以及低水头船闸头部输水非恒定流灌泄水时间计算方法与三角闸门门缝输水时间计算公式。

水工渗流方面：主要成果是滑坡有限元渗透力计算方法及其程序。经过 30 年不断与反对渗透力的土力学派的争论。更加可以肯定，采用动水压力的渗透力取代静水压力计算滑坡问题的学术观点是正确的，而且应当理解动水压力转换为渗透力与静水压力转换为浮力的阿基米德原理是同等的简化水压力计算的重大贡献。此外，在滑坡方面还有地震力作用下发生泥石流滑坡的计算成果，而且考虑持续地震导致的超静孔隙水压力也是以渗透力引入滑坡泥石流计算公式的。

其次是管涌问题的一系列试验研究成果。例如分析推导的渗流向上或坡面上发生管涌的临界坡降公式、砂砾石各级颗粒发生管涌的临界坡降公式以及形成管涌通道或管涌土的内部管涌临界坡降公式。还有判别非达西流管涌险情的临界流速公式和估计地面渗流量判别险情的简易方法等。而且体会到引用渗透力概念推导内部通道发生管涌的临界坡降比较简易精确。采用作用在颗粒边界上的作用力，推导颗粒被冲动的管涌临界坡降时还没有唯一的解。这些成果推导分析都是一般水力学基础上的半理论半经验公式。更有代表性的较多理论分析成果为堤基管涌在洪峰水位下和洪峰过程中的发展的一系列理论推导公式。前者是洪峰水位稳定渗流情况下管涌冲蚀发展的范围，是借用源汇点镜像映射原理结合渗流井孔出水量推导的计算公式。后者是在洪峰传播过程水位升降非稳定渗流情况下的管涌发展计算公式。结合波浪传播概念求解可压缩，非稳定渗流微分方程得到的计算公式。这些公式的简要推导过程与验证资料都加以整理写入 2012 年出版的《堤坝安全与水动力计算》第 4 章 "管涌" 中，书中的洪水峰值传播滞后时间公式（4 - 57）还可引用来进行试验寻求各类土的单位贮水量 S_s，也是一个能直接测算该渗流参数 S_s 的试验研究课题。此外，还有地震力导致的液化流沙等问题的分析成果，认为也是渗透力的作用。不能说是孤立的孔隙水点压力作用。

再者是渗流固结理论和应用，以及非达西渗流的黏土固结沉降计算方法。理论建立在水和固相土粒不可压缩，只是土体孔隙压缩的基础上。此时只需考虑压缩沉降完全是排出的水量，不必再考虑土体压缩变形应力应变等很繁的微分方程组计算问题。这样只需求解可压缩非稳定渗流微分方程得出各时段的渗流水头改变即可。然后根据土体参数单位贮水量 S_s 与沿土层厚度各点水头改变值的积分与排水边界单位面积上排出水量相等的关系，就得到土层厚度压缩沉降量。此法计算结果与 Terzaghi 的固结理论的结果完全一致，并由原来地面重固结最终止于零压静止孔隙水拓广应用到水库（新疆下坂地水库）蓄高水位压缩其下黏土层排水固结最终止于稳定渗流的孔隙水流情况。也评述了 Terzaghi 固结理论中的初始条件问题。还建立了有起始坡降的黏土渗流的固结算法，算例结果的沉降值比达西渗流时可能减半。而且渗流固结理论很容易推广到二维、三维土层固结问题，以及不均匀沉降问题。因为非稳定渗流方程只需要求解各时段的水头改变值，似属研究土体固结问题的捷径。至于黏土地基固结沉降的机理，分析认为与滑坡管涌者相同，只要是土体的渗流破坏，不管是整体的还是局部的都是渗透力的水动力作用。同样，对于饱和土层，没有渗流也就没有固结过程。所以土力学奠基人 Terzaghi 强调 "要精通渗流水力学"。

再次是土基上闸坝地下轮廓线的设计方法与渗流计算改进阻力系数法。前者是对布莱的直线比例法计算渗径长度和莱恩的加权平均法计算渗径长度的改进。调查研究分析和计算结果比较，可取得较好的闸坝地下轮廓线的设计。

其他成果主要有非稳定渗流计算的一系列推导公式。例如库水位缓降过程土坝浸润线下降位置、库水位骤降时浸润线下降位置、洪峰过程土堤坝浸润线进展距离、考虑非饱和土的吸引力时浸润线进展距离等的公式；还有资料分析在稳定渗流理论基础上推导的冒水孔、减压井、减压沟等的半理论半经验计算公式，以及绕坝端三向渗流抬高浸润线、绕水闸侧岸三向渗流抬高底板扬压力等的计算公式；还有点绘曲线关系求纯经验公式，例如，求得的 Terzaghi 固结度常用曲线经验公式（比《理论土力学》中求得的分两段经验公式简便些）半对数纸上点绘的倾斜 S 形曲线（类同颗分曲线）求得的渗流参数给水度经验公式，河网化地区农田排水沟（管）降低地下水位的沟距试验资料多个变数点绘多条曲线求得的经验公式等。在《电模拟试验与渗流研究》中有"经验公式"专章叙述电模拟试验资料分析求经验公式的各种方法。

最后一项重要成果是把成功的计算方法和试验方法编制程序在计算机上实现计算过程，取得成果。20 世纪 70 年代国内最早编写的渗流有限元算法程序应用至今未发现问题，成功取代了电模拟试验；其次在 20 世纪 50 年代提出的水管网算法原理基础上比照电阻网模型试验编写了《网络模型算法程序》，该程序不仅可完全取代电模拟、电阻网和水力网模型试验，还能计算非达西、非稳定渗流和岩体裂隙渗流等问题，也可计算城市自来水管网流量分配问题、下水道及农田河网化等问题，还可与有限元程序互相验证，提高计算结果的可靠性。网络程序引用数理知识简单，仅需一般水力学、电学概念即可，概念清楚，易理解和应用，详见《渗流数值计算与程序应用》一书，并附有三个源代码。

毛昶熙

2015—2017 年　于南京

毛昶熙教授在办公室伏案工作（2014 年 9 月 19 日晚）

庆祝南京水科院80周年
留恋科研园地之美

学 无 止 境

乐 趣 无 穷

毛昶熙 2015.5.
在此园地从了科研最长者

毛昶熙自1948年一直在南京水科院工作，迄今未曾间断

堤坝闸坝消能防冲渗流控制系列丛书

毛昶熙教授百岁寿辰座谈会

参加座谈会的有天津大学、南京大学、河海大学、中国水利科学研究院、黄河水利科学研究院、黄河勘测规划设计有限公司、长江科学院、南京水利科学研究院、河南省水利勘测有限公司和河南省豫北水利勘测设计院有限公司等单位的友好人士